次世代共役ポリマーの超階層制御と革新機能

Control of Super-Hierarchical Structures and
Innovative Functions of Next-Generation Conjugated Polymers

《普及版／Popular Edition》

監修 赤木和夫

シーエムシー出版

はじめに
― 次世代共役ポリマーの超階層制御と革新機能 ―

1 共役ポリマー

　共役ポリマーは，主鎖上に非局在化したπ電子をもつため，さまざまな電気・電子および光機能を有する。2000年のノーベル化学賞の対象となった導電性高分子であるポリアセチレンをはじめ，これまでにポリピロール，ポリチオフェン，ポリアニリン，ポリパラフェニレンビニレンなど極めて多種多様な共役ポリマーが開発されてきた。わが国の共役ポリマーの研究は，ポリアセチレンの薄膜合成とケミカルドーピングによる導電性の発現を契機として，今日まで世界の研究をリードし，世界に冠たる研究領域へと発展してきたといえよう。しかしながら，共役ポリマーを含む物質科学の研究は，国際競争の極めて激しい領域であり，将来にわたって当該分野を先導するには，世界に先駆けて萌芽を発掘し，応用開拓につながる基礎研究を中長期的に推進することが必要である。

　現在，共役ポリマーは，静電防止材，コンデンサー，ポリマー電池などの用途に加えて，発光材料や半導体材料に向けた基礎および応用研究が活発に展開されている。特に，ポリマーEL（電界発光）あるいは別称のポリマーLED（発光ダイオード）や有機トランジスター，有機太陽電池の研究動向とその進展状況は衆目の的となっている。また，当該分野で世界をリードする潮流としては日，米，欧の3極があり，これに近隣アジア各国が急追している。

2 新機能化への道

　共役ポリマーは，学術面においても多くの先進機能を包含する物質群として認識されている。しかし，その秘めた未曾有のポテンシャルを引き出し，次代を拓くブレークスルーを達成するには，これまでに蓄積された豊富な知見と経験を結集し，確固とした研究コンセプトとフィロソフィーを確立し，これに基づく研究展開を集中的にかつ機動的に推進することが望まれる。

　共役ポリマーを機能性材料として捉えた場合，材料としての働きや機能は，ポリマーの高次構造や秩序，理にかなった組織形態の有無によって決定づけられることは自明であろう。このことは，遺伝情報伝達の機能を司るDNAなどの生体高分子や，積層構造化された光・電子デバイス向けの合成高分子においても成り立つ。また，ホモポリマーやコポリマー，有機と無機との複合ポリマー材料，あるいは有機ポリマーと生体ポリマーとの複合体においては，ファンデルワールス力や水素結合力などの分子間相互作用やそれらを基にした階層構造により，物性や機能が大きく左右されることが広く認識されている。さらに，生体系においては，独立した分子や組織が協

同的に作用し，巧みな運動や機能を生み出している。

　ナノサイズのデバイス設計がトップダウン型からビルトアップ型に移行している現在，その機能を十二分に引き出すには，個々の機能を有する分子材料を単に積層，配列するだけではなく，それらを高次に組織化し，階層性を制御して大域的に配列することが極めて重要となる。これにより，次代のポリマーサイエンスをリードする新概念，新物質，新機構の萌芽が発掘され，豊穣な沃野へとつながる基礎研究が育まれ，新たな学域創成につながる研究成果がもたらされるものと期待される。

3　超階層制御

　共役ポリマーのサブミクロンからナノメートルレベルでの微細加工や階層構造の精密制御は，次世代の光・電子材料への展開を進める上で，必要不可欠な科学技術である。そのためには，新しい共役ポリマーの創成に始まり，ポリマーのナノ構造制御や次元性をはじめとするトポロジー制御，大域的なモルホロジーおよび結晶構造の制御，およびそれらの構造が発揮する高度な機能設計が必要とされる。電子・光機能においては，無機半導体を中心とする量子構造の構築や物性研究と共通する点も多く，両分野の技術や知見の相互フィードバックも望まれる。

　低分子化合物においては自己組織化による階層構造が議論されることはあったが，共役ポリマーにおいてはその精緻な超階層制御と機能に関する基礎的検討は皆無に近い。空白であったこの領域を開拓・深化させることは，ポリマー材料が持つ低環境負荷性やバイオ・医療分野との深い関わりなどからも，周辺分野への波及効果は大きく意義深い。また，ソフトマター中心の物質系を探索するという意味でも，共役ポリマーは環境適合性に優れ，次世代サステイナブル社会の建設に資するといえる。

　高分子科学，生物化学，物性物理，電子・光工学の枠を越えた学域共同研究を構築することで，次代の共役ポリマー群の創成とその構造・物性・機能の解明が促進され，ナノスケールからメゾスケールにわたる物質・材料（電子・磁気・光学応用・生命機能）の研究が格段に進展すると期待される。これにより，新素材開発につながる幅広い萌芽的研究を育むと同時に，社会的ニーズが急速に高まりつつあるプラスチックオプトエレクトロニクス分野の飛躍的発展にも大きく貢献できるものと期待される。こうした観点と時代の要請に応えるべく，新しい研究グループが組織され，現在，活発に協同研究が展開されている[1]。

　わが国は，導電性ポリマーの始動期から今日まで，共役ポリマー研究における中心的役割を果たすとともに，世界を牽引する優れた先導的研究成果を挙げてきた。機能性物質群の中核としての共役ポリマーの研究展開を強力に推進し，世界をリードする機能性材料としての共役ポリマーの学術的水準をより一層引き上げ，その格段の発展を期待して止まない。

文 献

1) 平成17年度から4年間にわたって，文部科学省科学研究費補助金・特定領域研究の「超階層制御，http://www.choukaisou.com/」が発足し，当該研究領域の推進が図られている。

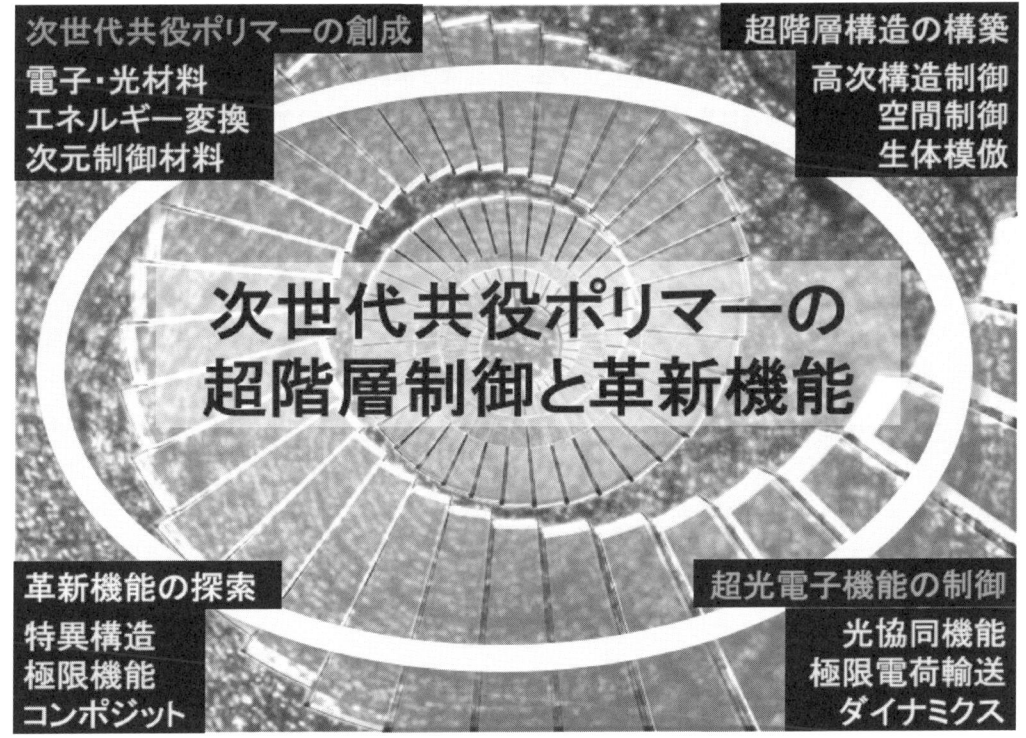

2009年1月

京都大学
赤木和夫

普及版の刊行にあたって

　本書は2009年に『次世代共役ポリマーの超階層制御と革新機能』として刊行されました。普及版の刊行にあたり，内容は当時のままであり加筆・訂正などの手は加えておりませんので，ご了承ください。

2014年9月

シーエムシー出版　編集部

執筆者一覧（執筆順）

緒方　直哉	上智大学名誉教授；千歳科学技術大学名誉教授
吉野　勝美	島根県産業技術センター　所長；大阪大学名誉教授
徳丸　克己	筑波大学名誉教授
山邊　時雄	長崎総合科学大学　新技術創成研究所　所長
小林　孝嘉	電気通信大学　量子・物質工学専攻　レーザー新世代研究センター　特任教授
寺本　高啓	電気通信大学　量子・物質工学専攻　レーザー新世代研究センター　特任助教
三田　文雄	京都大学　大学院工学研究科　高分子化学専攻　准教授
増田　俊夫	福井工業大学　工学部　環境・生命未来工学科　教授
山本　隆一	東京工業大学　資源化学研究所　教授
西出　宏之	早稲田大学　理工学術院　教授
竹岡　裕子	上智大学　理工学部　物質生命理工学科　講師
陸川　政弘	上智大学　理工学部　物質生命理工学科　教授
青木　俊樹	新潟大学　自然科学系　教授
安蘇　芳雄	大阪大学　産業科学研究所　教授
家　　裕隆	大阪大学　産業科学研究所　助教
大下　浄治	広島大学　大学院工学研究科　教授
鬼塚　清孝	大阪大学　大学院理学研究科　高分子科学専攻　教授
関口　　章	筑波大学　大学院数理物質科学研究科　化学専攻　教授
冨田　育義	東京工業大学　大学院総合理工学研究科　物質電子化学専攻　准教授
中野　幸司	東京大学　大学院工学系研究科　化学生命工学専攻　助教
野崎　京子	東京大学　大学院工学系研究科　化学生命工学専攻　教授
髙島　義徳	大阪大学　大学院理学研究科　助教
原田　　明	大阪大学　大学院理学研究科　教授
灰野　岳晴	広島大学　大学院理学研究科　教授
岩本　　啓	広島大学　大学院理学研究科　助教
幅上　茂樹	修文大学　健康栄養学部　管理栄養学科　教授
赤木　和夫	京都大学　大学院工学研究科　高分子化学専攻　教授
岡田　修司	山形大学　大学院理工学研究科　教授
小林　範久	千葉大学　大学院融合科学研究科　教授
大塚　英幸	九州大学　先導物質化学研究所　准教授
秋山　　毅	九州大学　大学院工学研究院　応用化学部門　助教
小野寺恒信	東北大学　多元物質科学研究所　助教（研究特任）
増原　陽人	東北大学　多元物質科学研究所　助教
若山　　裕	㈱物質・材料研究機構　半導体材料センター　主席研究員
根本　修克	日本大学　工学部　物質化学工学科　准教授

及川 英俊	東北大学　多元物質科学研究所　教授	
太田 和親	信州大学　大学院総合工学系研究科　スマート材料工学　教授	
金子 隆司	新潟大学　超域研究機構　教授	
沓水 祥一	岐阜大学　工学部　応用化学科　教授	
竹内 正之	㈱物質・材料研究機構　ナノ有機センター　グループリーダー	
中 建介	京都工芸繊維大学　大学院工芸科学研究科　物質工学部門　教授	
永野 修作	名古屋大学　大学院工学研究科　助教	
児玉 誠一郎	名古屋大学　大学院工学研究科	
戸田 章雄	名古屋大学　大学院工学研究科	
松本 章一	大阪市立大学　大学院工学研究科　化学生物系専攻　教授	
佐藤 宗英	慶應義塾大学　理工学部　化学科　助教	
山元 公寿	慶應義塾大学　理工学部　化学科　教授	
小嵜 正敏	大阪市立大学　大学院理学研究科　准教授	
坂口 浩司	愛媛大学　大学院理工学研究科　教授；㈱科学技術振興機構　さきがけ	
髙田 十志和	東京工業大学　大学院理工学研究科　有機・高分子物質専攻　教授	
中薗 和子	東京工業大学　大学院理工学研究科　有機・高分子物質専攻　特任助教	
金藤 敬一	九州工業大学　大学院生命体工学研究科　教授	
森田 壮臣	九州工業大学　大学院生命体工学研究科　博士後期課程	
奥 慎也	九州工業大学　大学院生命体工学研究科　博士後期課程	
高嶋 授	九州工業大学　先端エコフィッティング技術研究開発センター　准教授	
黒田 新一	名古屋大学　大学院工学研究科　教授	
伊東 裕	名古屋大学　大学院工学研究科　准教授	
田中 久暁	名古屋大学　大学院工学研究科　助教	
丸本 一弘	筑波大学　大学院数理物質科学研究科　准教授	
河合 壯	奈良先端科学技術大学院大学　物質創成科学研究科　教授	
岸田 英夫	名古屋大学　工学研究科　マテリアル理工学専攻　准教授	
加藤 大輔	青山学院大学　大学院理工学研究科　理工学専攻　博士後期課程	
阿部 二朗	青山学院大学　理工学部　化学・生命科学科　准教授	
梶井 博武	大阪大学　先端科学イノベーションセンター　助教	
加藤 貴	長崎総合科学大学　大学院工学研究科　新技術創成研究所　准教授	
坂本 章	埼玉大学　大学院理工学研究科　准教授	
清水 洋	㈱産業技術総合研究所　ナノテクノロジー研究部門　ナノ機能合成グループ　グループリーダー	
藤田 克彦	九州大学　先導物質化学研究所　准教授	

松井　　淳	東北大学　多元物質科学研究所　多元ナノ材料研究センター　助教；㈱科学技術振興機構　さきがけ　研究員	
宮下　徳治	東北大学　多元物質科学研究所　多元ナノ材料研究センター　教授	
柳　　久雄	奈良先端科学技術大学院大学　物質創成科学研究科　教授	
冨田　知志	奈良先端科学技術大学院大学　物質創成科学研究科　助教	
山下　兼一	京都工芸繊維大学　大学院工芸科学研究科　助教	
米村　弘明	九州大学　大学院工学研究院　応用化学部門　准教授	
池田　篤志	奈良先端科学技術大学院大学　物質創成科学研究科　准教授	
梅山　有和	京都大学　大学院工学研究科　分子工学専攻　助教	
今堀　　博	京都大学　物質—細胞統合システム拠点　教授	
籔下　篤史	National Chiao-Tung University Department of Electrophysics Contract Assistant Professor	
岩倉　いずみ	㈱科学技術振興機構　戦略的創造研究推進事業「光の利用と物質材料・生命機能」研究領域　さきがけ　研究員	
藤木　道也	奈良先端科学技術大学院大学　物質創成科学研究科　教授	
溝口　憲治	首都大学東京　理工学研究科　物理学専攻　教授	
堀田　　収	京都工芸繊維大学　大学院工芸科学研究科　高分子機能工学部門　教授	
山雄　健史	京都工芸繊維大学　大学院工芸科学研究科　高分子機能工学部門　助教	
阿部　修治	㈱産業技術総合研究所　ナノテクノロジー研究部門　副部門長	
下位　幸弘	㈱産業技術総合研究所　ナノテクノロジー研究部門　主任研究員	
片桐　秀樹	㈱産業技術総合研究所　計算科学研究部門　主任研究員	
関　　和彦	㈱産業技術総合研究所　ナノテクノロジー研究部門　主任研究員	
藤井　彰彦	大阪大学　大学院工学研究科　電気電子情報工学専攻　准教授	
有賀　克彦	㈱物質・材料研究機構　WPI国際ナノアーキテクトニクス研究拠点　主任研究者（超分子グループディレクター兼任）	
Jonathan P. Hill	㈱物質・材料研究機構　WPI国際ナノアーキテクトニクス研究拠点　MANA研究者	
小柳津　研一	早稲田大学　理工学術院　准教授	
藪　　　浩	東北大学　多元物質科学研究所　助教；㈱科学技術振興機構　さきがけ　研究員	
下村　政嗣	東北大学　原子分子材料科学高等研究機構；東北大学　多元物質科学研究所　教授；㈱科学技術振興機構　CREST	
関　　修平	大阪大学　大学院工学研究科　応用化学専攻　准教授	
佐伯　昭紀	大阪大学　産業科学研究所　助教	
中嶋　直敏	九州大学　大学院工学研究院　応用化学部門　教授	

藤ヶ谷 剛彦	九州大学　大学院工学研究院　応用化学部門　特任准教授	
藤内 謙光	大阪大学　大学院工学研究科　生命先端工学専攻　准教授	
久木 一朗	大阪大学　大学院工学研究科　生命先端工学専攻　助教	
宮田 幹二	大阪大学　大学院工学研究科　生命先端工学専攻　教授	
藤田 典史	東京大学　大学院工学系研究科　化学生命工学専攻　講師	
前田 大光	立命館大学　総合理工学院　薬学部　薬学科　准教授；�独科学技術振興機構　さきがけ	
増尾 貞弘	京都工芸繊維大学　大学院工芸科学研究科　高分子機能工学部門　助教	
板谷 明	京都工芸繊維大学　大学院工芸科学研究科　高分子機能工学部門　教授	
町田 真二郎	京都工芸繊維大学　大学院工芸科学研究科　高分子機能工学部門　准教授	
川井 秀記	静岡大学　電子工学研究所　准教授	

執筆者の所属表記は，2009年当時のものを使用しております。

目　次

【緒言】

第1章　超分子構造と機能の発現　　緒方直哉　……………………3

第2章　超階層制御とその性質，革新機能　　吉野勝美　……………5

第3章　共役高分子ELの課題：一重項励起子と三重項励起子の生成比
　　　　　　　　　　　　　　　　　　　　　徳丸克己

1　ELにおける一重項励起子と三重項励起子の生成 …………… 8
2　一重項，三重項励起子の生成比に関する研究の状況 …………………10
3　おわりに …………………………12

第4章　先端共役材料の革新機能とナノテクノロジー　　山邊時雄 ………14

第5章　ポリアセチレンの超高速分光を例として　　小林孝嘉，寺本高啓 …16

【第Ⅰ編　次世代共役ポリマーの創成】

第1章　カルバゾール含有置換ポリアセチレンの合成と性質
　　　　　　　　　　　　　　　　　　　三田文雄，増田俊夫

1　はじめに ……………………21
2　カルバゾール含有置換ポリアセチレンの合成と性質 ……………………21
3　おわりに ……………………26

第2章　高秩序パイ共役ポリマーの合成と自己集積・配列によるキャリア移動制御
山本隆一

1　はじめに …………………………28
2　新規パイ共役ポリマーの合成と構造・物性 …………………………28
　2.1　側鎖にアルキニル基を有するポリチオフェンの合成と自己集積・機能 …………………………28
　2.2　9,10-ジヒドロフェナントレンポリマーの合成と機能 …………………30
　2.3　新規ポリピロールの合成と自己集積 …………………………31

第3章　ラジカル共役ポリマーの合成とスピン機能
西出宏之

1　はじめに …………………………33
2　有機ラジカルポリマーと電子過程 …………33
3　ラジカル担体としてのらせん共役高分子 …………………………35
4　多分岐共役ラジカル高分子でのスピン整列とナノ磁石 …………………36
5　おわりに …………………………37

第4章　超階層化を実現する無機半導体ハイブリッド共役ポリマーの創成
竹岡裕子, 陸川政弘

1　はじめに …………………………39
2　配位子としての共役系有機分子の合成 …………………………39
3　オリゴフェニレン共役系有機分子によるハイブリッド …………………40
4　おわりに …………………………43

第5章　主鎖のみに不斉構造を持つ安定キラルらせんフェニルアセチレン高分子の第三の合成法
青木俊樹

1　本研究の背景—キラル置換基を持つフェニルアセチレンの不斉誘起重合— …………………………45
2　主鎖のみに不斉構造を持つ安定キラルらせんフェニルアセチレン高分子の第一の合成法—キラル共触媒を用いたらせん選択重合— …………………45
3　主鎖のみに不斉構造を持つ安定キラルらせんフェニルアセチレン高分子の第二の合成法—膜状態での脱キラル置換

基— ………………………………46	4.3　第三の合成法の第二段階 ………48
4　主鎖のみに不斉構造を持つ安定キラルらせんフェニルアセチレン高分子の第三の合成法 ………………………………47	4.4　第三の合成法の第三段階 ………48
	5　おわりに―主鎖のらせんのみに起因する不斉を持つポリフェニルアセチレンの機能― ………………………………48
4.1　第三の合成法の流れ ……………47	
4.2　第三の合成法の第一段階 ………48	

第6章　電荷輸送制御のための多分岐共役系階層構造構築と機能

安蘇芳雄，家　裕隆

1　はじめに ………………………………51
2　分岐型オリゴチオフェンの開発と機能 ………………………………………52
3　分岐型オリゴチオフェン／アクセプター連結系の開発と機能 ……………54
4　おわりに ………………………………55

第7章　新規σ-π共役型ポリマーの合成と発光キャリア輸送材料への応用

大下浄治

1　はじめに ………………………………57
2　ジチエノシロール誘導体の合成と機能 ………………………………………57
3　星型ケイ素架橋オリゴチオフェンの合成と機能 ………………………………59
4　光反応性ケイ素ポリマーの利用 ………61
5　おわりに ………………………………62

第8章　有機金属ハイブリッド共役ポリマーの創成と新機能発現

鬼塚清孝

1　はじめに ………………………………64
2　トリス（4-エチニルフェニル）アミン架橋三核ルテニウムアセチリド錯体の合成と性質 ……………………………64
3　トリス（4-エチニルフェニル）アミン架橋ルテニウムアセチリドデンドリマーの合成と性質 ………………………67
4　おわりに ………………………………69

第9章　ケイ素を含む新規σおよびπ共役電子系の創出と物性　　関口　章

1　はじめに …………………………… 71
2　ポリシランデンドリマーの合成ルート
　　の開拓と光物性 ………………… 71
3　ケイ素π共役ポリマーへのステップ …… 73
3.1　ブタジエンケイ素類縁体の合成，
　　構造及び物性 ………………… 73
3.2　ケイ素－ケイ素三重結合化合物ジ
　　シリンの合成と構造 ………… 74

第10章　主鎖型反応性有機金属ポリマーの設計とこれを経由する多彩なπ共役高分子の創製　　冨田育義

1　はじめに …………………………… 77
2　主鎖型反応性有機金属ポリマーの合成
　　とπ共役高分子への変換反応の開拓 …… 77
3　主鎖の組み替えを伴う高分子反応に基づく多彩な機能性π共役高分子の構築
　　……………………………………… 80
4　おわりに …………………………… 81

第11章　縮合多環芳香族ユニットを主鎖にもつ新規π共役系高分子の創製　　中野幸司, 野崎京子

1　はじめに …………………………… 83
2　ヘテロアセンの合成 ……………… 84
3　新規π共役高分子への展開 ……… 86
4　おわりに …………………………… 86

第12章　共役高分子の超分子形成による機能化に関する研究　　髙島義徳, 原田　明

1　超分子化学における共役高分子 …… 88
2　ポリロタキサン構造を利用した分子被覆導線 …………………………… 89
　2.1　Phenanthroline 部位を有する環状化合物を利用したポリロタキサン形成 ……………………………… 89
　2.2　Cyclophane を利用したポリロタキサン形成 …………………… 90
　2.3　Cyclodextrin を利用したポリロタキサン形成 …………………… 90
　　2.3.1　Phenylene 系ポリマーを軸分子とするポリロタキサン形成
　　　　………………………………… 90
　　2.3.2　Polythiophene（PT）を軸分

　　　　子とするポリロタキサン形成
　　　　　　…………………………91
　　2.3.3　その他の共役系高分子を利用
　　　　　したポリロタキサン形成………93
　3　高分子による共役高分子の被覆……93
　4　まとめ……………………………94

第13章　超分子化学を基盤とするフラーレンポリマーの合成と機能制御

灰野岳晴, 岩本　啓

1　はじめに………………………………97
2　超分子化学とフラーレン……………97
3　超分子フラーレンポリマー…………99
4　おわりに……………………………104

第14章　クロスカップリング選択的酸化カップリング重合

幅上茂樹

1　クロスカップリング選択的酸化カップリング重合によるハイパーブランチポリマーの合成………………………108
2　クロスカップリング選択的酸化カップリング重合によるポリナフチレンの合成………………………………110

【第Ⅱ編　超階層構造の構築】

第1章　次世代共役ポリマーの超階層性らせん構造の制御と革新機能の創出

赤木和夫

1　はじめに……………………………115
2　ヘリカルポリアセチレン……………116
3　らせん誘起力の強いキラル化合物を用いた不斉液晶場……………………116
4　橋かけ構造をもつキラルビナフチル誘導体を用いた不斉液晶場………117
5　フィブリル束を形成しないH-PAの合成……………………………………118
6　温度によるキラル液晶場のらせん制御とH-PAの合成……………………119

第2章　単結晶状共役ポリマーの超階層構造の構築と制御

岡田修司

1　はじめに……………………………122
2　ビス（3-キノリル）ブタジインにおける低転化率の原因の検討………………122
3　4-ピリジル基が直結したポリジアセチ

	レンの合成 …………………………… 123	5	共役主鎖の末端を修飾したポリジアセ
4	共役多重結合の中への二重結合導入に		チレンの合成 ……………………… 126
	よる重合部位の制御 ……………… 124	6	おわりに …………………………… 127

第3章 階層制御されたDNA／共役ポリマー高次組織体の構築と光電機能

小林範久

1	はじめに ……………………… 129		機能 ………………………………… 132
2	DNA高次組織体の構造的特長 ……… 130	4	将来展望 …………………………… 134
3	Ru錯体を含むDNA組織体の電界発光		

第4章 無機ナノ構造体を基盤とする共役ポリマーの階層構造制御

大塚英幸

1	はじめに ……………………… 136		した高分子組織体の構築 ………… 137
2	無機ナノ構造体 ……………………… 136	3.2	ホスホン酸基との相互作用を利用
3	無機ナノファイバーを基盤とする共役		した高分子組織体の構築 ………… 140
	ポリマーの階層構造制御 …………… 137	4	おわりに …………………………… 141
3.1	スルホン酸基との相互作用を利用		

第5章 ポリチオフェン―機能性色素電解重合複合膜による光電変換と階層構造制御

秋山 毅

1	はじめに ……………………… 143	3	逐次電解重合法によるポリチオフェン
2	電解共重合法によるポリチオフェン―		―機能性色素複合膜の階層構造化 …… 146
	機能性色素複合膜の作製と光電変換 … 143	4	おわりに …………………………… 147

第6章 共役系有機・高分子ナノ結晶の超階層構造形成とその光・電子物性

小野寺恒信, 増原陽人, 若山 裕, 根本修克, 及川英俊

| 1 | はじめに ……………………… 149 | 2 | 再沈―マイクロ波照射法によるPDAナ |

ノ結晶の単分散化 …………… 150
3　パターン基板上での高分子ナノ粒子の位置・配列制御 …………… 150
4　カプセル化粒子の作製と配列制御 …… 152
5　まとめと今後の展望 …………… 154

第7章　円盤状パイ電子系化合物の超階層構造構築とその次元性の自動制御

太田和親

1　はじめに …………… 155
2　実験 …………… 157
　2.1　合成 …………… 157
　2.2　測定 …………… 158
3　結果と考察 …………… 159
　3.1　ダブルデッカー（2）とトリプルデッカー（3）の合成と分離 …… 159
　3.2　電子吸収スペクトル …………… 159
　3.3　相転移挙動 …………… 160
　3.4　Col_{tet} 相の自発的ホメオトロピック配向 …………… 160
4　おわりに …………… 162

第8章　キラル共役ポリラジカルの合成と磁性・不斉光学機能

金子隆司

1　はじめに …………… 164
2　らせん不斉共役ポリラジカルの分子設計 …………… 164
3　光学活性モノマーとラジカル骨格を有するモノマーとの共重合 …… 165
4　らせん選択重合によるキラルポリラジカル合成 …………… 168
5　光学不活性ポリマーからの片巻きらせん誘起 …………… 169
6　おわりに …………… 169

第9章　キュービック液晶形成化合物の階層構造と機能創出

沓水祥一

1　はしがき …………… 171
2　構造形成の解明―アルキル鎖長依存性 …………… 171
3　サーモトロピック系特有の $Im3m$-PP 型 Cub 相の組織構造の解明―二つの分子凝集構造の存在 …………… 174
4　機能創出の可能性―まとめにかえて … 175

第10章 機能性分子による共役ポリマーの超階層構造の構築　　竹内正之

1　はじめに ……………………………… 177
2　Aligner アプローチ ………………… 178
3　Twimer アプローチ ………………… 181

第11章 混合原子価状態積層化によるπ共役分子の階層構造制御
　　　　　　　　　　　　　　　　　　　　　　　　　　中　建介

1　はじめに ……………………………… 183
2　高分子化電荷移動錯体 ……………… 184
3　有機無機ハイブリッドナノワイヤー … 186
4　おわりに ……………………………… 189

第12章 疎水性共役高分子の新規分子組織化手法の開発と界面超階層構造の構築　　永野修作, 児玉誠一郎, 戸田章雄

1　はじめに ……………………………… 190
2　疎水性π共役高分子の広がった単分子膜形成（液晶混合展開法）………… 191
3　疎水性π共役高分子の分子組織膜の構築 ……………………………… 193
4　おわりに ……………………………… 194

第13章 固相重合によるポリジアセチレンの合成と構造ダイナミクス
　　　　　　　　　　　　　　　　　　　　　　　　　　松本章一

1　はじめに ……………………………… 196
2　カルボン酸アンモニウム型ポリジアセチレン …………………………… 197
3　π共役拡張型ポリジアセチレン …… 199
4　光学活性ポリジアセチレン ………… 200
5　可溶性ポリジアセチレン …………… 201

第14章 金属集積分子カプセルを用いた精密クラスター
　　　　　　　　　　　　　佐藤宗英, 山元公寿 ……………… 204

第15章　デンドリマー集積による共役ネットワークの構築とその特性

小嵜正敏

1　序論 …………………………………… 211
2　共役鎖内包型デンドリマー ……………… 211
3　共役鎖内包型デンドリマーを応用した
　　分子集積 ………………………………… 213
4　十字型集積体の合成と特性評価 ……… 214
4.1　A_4型, AB_3型共役鎖内包型ポルフィリンデンドリマーから十字型集積体の合成 ………………… 214
4.2　十字型集積体の特性 ……………… 214
5　まとめ ………………………………… 216

第16章　単一分子ワイヤーの超階層制御

坂口浩司

1　はじめに ……………………………… 218
2　電気化学エピタキシャル重合による単一分子ワイヤーの形成 …………… 218
2.1　モノマー・ヨウ素混合法 ………… 219
2.2　表面核埋込法 ……………………… 221
3　異種分子ワイヤーの連結 …………… 222
4　おわりに ……………………………… 223

第17章　らせん状に集積されたロタキサン組織体の構築と特性

高田十志和, 中薗和子

1　人工らせんポリマーとポリアセチレン ……………………………………… 225
2　側鎖にロタキサン構造を有するフェニルアセチレンモノマーの設計 ………… 226
3　ロタキサン型アセチレンモノマーの重合と主鎖の幾何構造 ………………… 227
4　C_2キラルな輪成分をもつモノマーの重合と主鎖の構造 …………………… 228
5　おわりに ……………………………… 229

【第Ⅲ編　超光電子機能の制御】

第1章　共役ポリマーの階層ナノ界面における新規電子機能の創成

金藤敬一, 森田壮臣, 奥　慎也, 高嶋　授

1　はじめに ……………………………… 235
2　P3HT/Al界面の電気的特性 ………… 235

3 両極性電界効果トランジスタ （Ambipolar Field Effect Transistors） ………………………………… 237	5 p/n 積層膜の FET ……………… 239 6 相補型 MOS-FET ………………… 240 7 おわりに ………………………… 241
4 バルクヘテロ材料による FET 特性 … 237	

第2章 ソリトン，ポーラロンによる共役ポリマーデバイスの機能発現とその制御

黒田新一，伊東　裕，田中久暁，丸本一弘

1 はじめに ………………………… 243	3 共役ポリマー MIS デバイスの ESR … 245
2 共役ポリマーのポーラロン ……… 244	4 今後の展望 ……………………… 248

第3章 π共役高分子の光機能化

河合　壯

1 はじめに ………………………… 250	スイッチング …………………… 251
2 フォトクロミック反応に基づくπ共役	3 π共役平面の自発的なねじれ構造 …… 254

第4章 構造制御した共役ポリマーの三次非線形光学応答

岸田英夫

1 はじめに ………………………… 257	形感受率 ………………………… 259
2 立体規則性ポリアルキルチオフェンにおける三次非線形感受率 ………… 258	4 電荷移動型共役ポリマーにおける三次非線形感受率 ……………………… 260
3 ポリアルキニルチオフェンの三次非線	5 種々のポリマー間の比較 ………… 260

第5章 π共役ラジカルポリマー

加藤大輔，阿部二朗

1 はじめに ………………………… 263	3 π共役ラジカルポリマー ………… 264
2 非局在ビラジカル ………………… 263	4 おわりに ………………………… 267

第6章 加熱溶融法による共役ポリマー有機トランジスタの高機能化

梶井博武

1	はじめに ………………………… 269	3	おわりに ………………………… 274
2	薄膜特性とその応用 …………… 269		

第7章　反磁性環電流発現機構の考察：室温超伝導実現に向けて
　　　　　　　　　　　　　　　　　　　　　　　　　　　　　加藤　貴

1	緒言 ……………………………… 275		ズム（BCS理論）……………… 278
2	電子の運動量と電気伝導性との関係 … 276	5	反磁性環電流発現機構の考察 … 280
3	電子配置と電気伝導性との関係 ……… 277	6	室温での超伝導発現の実現に向けて … 281
4	従来の固体における超伝導発現メカニ		

第8章　配列制御された共役ポリマーのピコ秒赤外吸収測定と励起電子—分子振動相互作用の解明
　　　　　　　　　　　　　　　　　　　　　　　　　　　　　坂本　章

1	はじめに ………………………… 284	3	共役ラジカルアニオン・2価アニオンの赤外吸収スペクトルの測定と電子—分子振動相互作用の解析 ………… 287
2	ピコ秒時間分解赤外分光法による延伸配向ポリ（p-フェニレンビニレン）フィルムの光励起ダイナミクスの研究 …… 284		
2.1	実験 …………………………… 285	3.1	実験と計算 …………………… 288
2.2	結果と考察 …………………… 285	3.2	結果と考察 …………………… 288

第9章　メソフェーズ系電子材料における分子の動的階層秩序制御と電荷輸送機能
　　　　　　　　　　　　　　　　　　　　　　　　　　　　　清水　洋

1	はじめに ………………………… 291	5	高性能自己組織化有機半導体と次世代共役系ポリマーの創出 …………… 295
2	液晶とメソフェーズ …………… 291		
3	有機半導体としての液晶性半導体 … 292	6	おわりに ………………………… 296
4	液晶における階層構造 ………… 293		

第10章 キャリア蓄積型・発生型デバイスを目指した高分子半導体／無機ナノ粒子複合薄膜開発　　藤田克彦

1 はじめに ………………………… 298
2 二電極型低分子有機メモリ ……… 299
3 二電極型高分子有機メモリ ……… 300
4 おわりに ………………………… 302

第11章 界面場を利用したπ共役高分子の超階層制御　　松井　淳, 宮下徳治

1 はじめに ………………………… 303
2 液―液界面へのコロイド粒子の集積メカニズム ……………………… 303
3 液―液界面を用いたカーボンナノチューブ集積体の構築 ……………… 305
　3.1 MWCNT のぬれ性制御 ……… 305
　3.2 種々のエタノール濃度を滴下した際の MWCNT の液―液界面への自己集積化 ………………………… 306
4 π共役高分子ナノ結晶への応用 … 306
5 おわりに ………………………… 308

第12章 構造制御したπ共役ポリマー薄膜の誘導共鳴ラマン散乱によるレーザー作用　　柳　久雄, 冨田知志, 山下兼一

1 はじめに ………………………… 309
2 PPV 誘導体薄膜導波路の ASE …… 310
3 三層非対称スラブ型導波路モデルによる導波解析 ……………………… 311
4 PPV 誘導体薄膜導波路の SRRS … 313
5 おわりに ………………………… 313

第13章 強磁場とスピン化学を活用した共役ポリマーの超階層構造の構築と光機能特性の磁場制御　　米村弘明

1 はじめに ………………………… 315
2 強磁場によるナノ構造の制御 …… 315
　2.1 カーボンナノチューブ及びその複合体の強磁場によるナノ構造の制御 … 315
　2.2 ドナー-C_{60} 系ナノクラスターの構造及び特性制御 ………………… 318
　2.3 共役ポリマーから成るナノワイヤーの構造及び配向制御 …………… 319
3 スピン化学によるナノ構造における光機能特性の磁場制御 …………… 319
4 おわりに ………………………… 320

第14章 共役ポリマー／カーボンナノチューブ複合体の構造特性
池田篤志

1 はじめに ………………………… 322
2 カーボンナノチューブの可溶化 ……… 323
  2.1 超分子錯体によるカーボンナノチューブの可溶化 ………… 323
  2.2 有機金属錯体によるカーボンナノチューブの可溶化 ………… 324
  2.3 カーボンナノチューブを鋳型とする共役ポリマーの伸長 ………… 325
3 おわりに ………………………… 327

第15章 カーボンナノチューブの複合化
梅山有和, 今堀 博

1 はじめに ………………………… 328
2 共役系高分子によるSWNTの孤立分散と光誘起エネルギー移動 ……… 328
3 ポルフィリンが共有結合で結合されたSWNTによる光電変換 ……… 330
4 ビンゲル反応で修飾されたSWNTの電子構造 ………………………… 331
5 おわりに ………………………… 333

第16章 極限的短パルスによる共役ポリマーの超高速分光
籔下篤史, 岩倉いずみ, 小林孝嘉

1 序論 ……………………………… 334
2 超短レーザーパルスによるPDA-3BCMUの超高速分光 ……………… 335

【第Ⅳ編 革新機能の探索】

第1章 弱い相互作用による超構造の設計と超機能化
藤木道也

1 自然界を支配する基本的な力 ………… 343
2 化学における強い力と弱い力 ………… 344
3 弱いC-F/Si相互作用の発見と構造・物性・機能相関 ………………… 345
4 長距離ファンデルワールス相互作用によるらせんコマンドサーフェイス …… 347
5 弱い相互作用による発光性ナノサークル共役高分子の常温・常圧作製 …… 348

第2章 有機材料として見た天然および金属イオンを導入したDNAの電子状態
溝口憲治

1 はじめに ………………………… 352
2 天然のDNA ……………………… 353
3 金属イオンを入れたDNA：M-DNA
　（M＝Ca, Mg, Mn, Fe, Co, Ni, Zn）
　　………………………………… 354
3.1 M-DNAの磁性・電子状態 ……… 354
3.1.1 Ca-, Mg-, Zn-DNA ……… 354
3.1.2 Mn-DNA, Fe-DNA ……… 355

第3章 寸法と分子形状を超精密制御したハイブリッド共役ポリマーの極限性能
堀田 收, 山雄健史

1 はじめに ………………………… 358
2 結晶作製 ………………………… 359
3 光学特性：レーザー発振と狭線化発光
　………………………………… 361
4 電気物性：トランジスタ応用 …… 363
5 まとめと将来展望 ……………… 363

第4章 次世代共役ポリマーの革新機能の理論・シミュレーション
阿部修治, 下位幸弘, 片桐秀樹, 関 和彦

1 はじめに ………………………… 366
2 オリゴチオフェンの電荷状態と分子間相互作用 ……………………… 366
3 アントラセン分子性結晶の光励起状態と緩和励起状態 ………………… 368
4 フォトクロミック高分子の光異性化過程 ……………………………… 369
5 多励起子状態からの単一光子発生過程
　………………………………… 370

第5章 共役ポリマーのリングレーザー応用と有機レーザーダイオード用ポリマー複合体の開発
藤井彰彦

1 はじめに ………………………… 372
2 共役ポリマーのリングレーザー応用 … 372
3 電流注入用共役ポリマー複合体の開発
　………………………………… 375
4 おわりに ………………………… 377

第6章 ポルフィリン分子アレイ：共役系オリゴマーの超分子配列を用いた革新的ナノリソグラフィー法の開発を目指して

有賀克彦, Jonathan P. Hill, 若山 裕

1 はじめに …………………… 379
2 熱振動によるパターン変換 ………… 380
3 分子自らが相境界を補正する ………… 381
4 水素結合ネットワークによるカゴメ格子の形成 …………………… 382
5 おわりに …………………… 383

第7章 チエニルポルフィリン類を用いた共役ポリマーの拡張と新機能の開拓

小柳津研一

1 はじめに …………………… 384
2 ポルフィリン置換ポリチオフェンの合成と電極触媒への応用 ………… 385
3 チエノアセンの合成とn型ドープに基づく有機負極材料への展開 ……… 387

第8章 導電性ハニカム膜の自己組織的作製と透明導電フィルムへの応用

藪 浩, 下村政嗣

1 はじめに …………………… 390
2 水滴を鋳型としたハニカムフィルム … 391
3 共役系ポリマーを用いたハニカムフィルムの作製と透明導電フィルムへの応用 …………………… 394
4 おわりに …………………… 395

第9章 マイクロ波による共役ポリマー分子鎖の1次元伝導特性の電極レス評価

関 修平, 佐伯昭紀

1 はじめに …………………… 397
2 DC法とAC法による電荷移動度の定量 …………………… 398
3 AC法（TRMC法）による測定の実際 …………………… 401
3.1 溶液中の単一分子鎖の伝導特性 … 401
3.2 有機薄膜の光電気物性 ………… 403
4 まとめ …………………… 405

第10章　カーボンナノチューブナノ複合体の構築　　中嶋直敏，藤ヶ谷剛彦

1　はじめに―カーボンナノチューブ可溶化の重要性 …………………… 407
2　ポリイミド／孤立溶解CNT複合体の開発 ……………………………… 407
3　ポリベンズイミダゾール／CNT複合体の開発 ………………………… 408
4　高性能CNT／光硬化性樹脂複合体導電性膜の開発―CNTナノインプリンティング …………………………………… 409
5　導電性カーボンナノチューブハニカムフィルム ……………………… 410
6　おわりに …………………………………… 412

第11章　超分子ポリマーの階層的構築および機能性ナノ空間に基づく革新的機能の創出と応用展開　　藤内謙光，久木一朗，宮田幹二

1　はじめに …………………………………… 414
2　有機塩による系統的機能性結晶の構築 ………………………………… 415
3　アントラセン有機塩結晶の構造的特徴 ………………………………… 415
4　アントラセン有機塩結晶の発光挙動 … 416
5　第3成分による発光特性制御 ………… 419
6　おわりに …………………………………… 420

第12章　超分子相分離構造の設計と機能化　　藤田典史 …………………………………… 421

第13章　アニオン応答性ナノ構造の創製　　前田大光

1　はじめに …………………………………… 426
2　π共役系非環状型アニオンレセプターの合成と共役系拡張への展開 ………… 426
3　π共役系非環状型アニオンレセプターの積層化による機能発現 …………… 429
4　おわりに …………………………………… 432

第14章　共役ポリマー超階層構造のナノサイズ化による単一光子発生源の創製　　増尾貞弘，板谷　明，町田真二郎

1　はじめに …………………………………… 434
2　試料作製 …………………………………… 435
3　単一光子発生挙動の測定方法 ………… 436
4　単一共役ポリマー鎖の単一光子発生挙

動 …………………………… 437 ｜ 5　おわりに …………………………… 440

第15章　高次光増感型デンドリマーの構造制御と発光素子への応用
川井秀記

1　はじめに …………………………… 441
2　光増感型デンドリマーの合成 ………… 442
3　光増感型デンドリマーのエネルギー移
　　動 …………………………… 443
4　増幅自然放出光（ASE） …………… 443
5　おわりに …………………………… 445

緒　言

第1章　超分子構造と機能の発現

緒方直哉*

　低分子化合物の化学構造と物理的性質とは1対1の関係にある。つまり沸点，融点などの物理的性質は低分子化合物では化学構造によって決まる。従って，未知物質の同定のためには，まずその物理的性質の測定から始まる。ところが分子量が大きい高分子物質ではその化学構造と物理的性質とは必ずしも一致しない。もちろん，合成高分子であるナイロンとポリ（エチレン）を比較すると，その物理的性質の相違は化学構造の違いによるところは大きい。しかし，同じナイロン，ポリ（エチレン）であっても結晶構造，つまり高次構造の違いによって物性はかなり違ってくることは昔から知られていた。

　一方，天然高分子では同じ繰り返し単位であっても高次構造の違いによって全く違った性質を示すことは良く知られている。たとえば繰り返し単位として同じグルコース単位を有するセルロースと澱粉とでは全く違った性質を有しているし，特に動物の体を構成しているタンパク質になると高分子の高次構造の違いによってもっと大きな物性の違いを示す。たとえば蚕の体内にある絹タンパク質はゲルになっているが，一旦蚕の口から出て絹糸になると固体となって溶媒には全く不溶となる。このような高分子の高次構造の違いによって物性の大きな違いが生ずることは超分子構造といわれて，合成高分子であってもこのような超分子構造による物性の違いが生ずることが1990年頃から次第に明らかにされた。

　いわゆる導電性高分子は共役系構造を有する高分子であって，分子内を自由に電子が移動できることは古くから知られていて導電性を有する有機材料となることが期待されて研究が行われてきたが，分子間の電子移動が起こりにくいために材料としての導電性は半導体領域を抜けることが無かった。しかし，東京工業大学に居られた白川英樹氏によって共役系高分子であるポリ（アセチレン）の薄膜が1971年に得られて，さらにこの薄膜に微量のヨウ素をドーピングすることによって飛躍的にその導電性が金属導電に匹敵するまで向上することがMacDiarmidおよびHeeger教授によって1977年に見出されて，この三人の業績が2000年のノーベル化学賞の対象となったことはまだ記憶に新しい。

　共役系高分子は一般的には剛直な直線的な高分子構造となるが，不斉液晶場での重合によってらせん構造を有するポリ（アセチレン）の合成が京都大学の赤木和夫先生の研究によって得られることが見出されて，電気的異方性や発光二色性を持つ液晶性共役ポリマー，さらには高速電場応答性を有する強誘電型液晶性共役ポリマーなどが次々に合成された。これらの研究によって一

＊　Naoya Ogata　上智大学名誉教授；千歳科学技術大学名誉教授

次世代共役ポリマーの超階層制御と革新機能

次構造から高次構造までらせん構造を自在に制御できることが明らかにされ，共役系高分子の階層的構造の制御によってその物理的性質が変化することで材料としての応用範囲が飛躍的に広がることから，文部科学省の特定領域研究として取り上げられ平成17〜20年度の4年間にわたって，多数の研究者の参加の元でプロジェクトが編成されて研究開発が進められた。

共役系高分子の高次構造，特に超階層構造の制御によって材料としての性質が大きく変化することはこれまでに予測はされているものの，その具体的な方法についてはあまり明らかにされてこなかった。このプロジェクトによって共役系高分子，つまり導電性高分子の超階層制御の具体的方法が示されたことは大きな意義を有している。

20世紀後半に入ってからコンピュータ技術が急速に発展して情報・通信技術の革命的な発展へと繋がったが，これらの技術を支える光・電子材料としてはシリコン，ガリウム，砒素，ガラスなどの無機系材料が中心となって応用範囲が拡大されてきた。しかし，2000年に入ってから軽くて自由な形に変形加工が可能な有機系材料が注目されるようになって，有機薄膜トランジスタ，有機電界効果トランジスタ，有機発光材料，有機太陽電池などへの応用開発が盛んに進められている。これらの有機系光・電子材料は共役系高分子を中心として開発されているものであり，その階層構造の制御によって新しい機能を付与することが可能となっている。有機系光・電子材料は無機系材料と比べると安定性や耐久性の点では劣るとされていたが，最近では大きく改善されて実用化に向けた動きが慌しい。我々の実生活と情報世界との境界を結ぶインターフェース材料としての共役系高分子材料の超階層構造制御による革新的な機能の発現に大きな期待を寄せている。

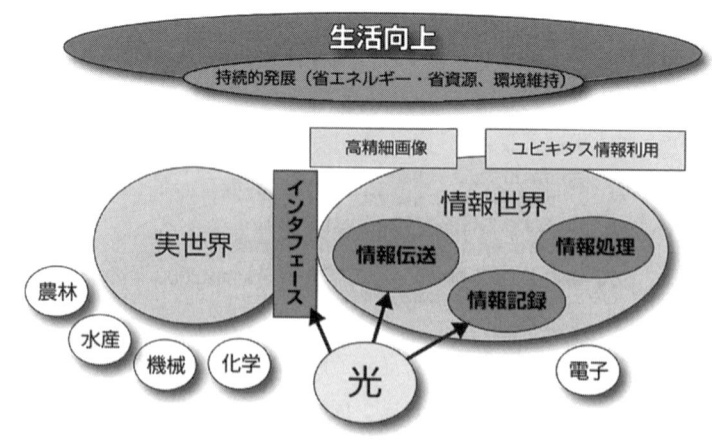

第2章　超階層制御とその性質，革新機能

吉野勝美*

　超階層制御と革新機能の研究をどこから，どういう形でアプローチするかはその人の経歴，経験，好み，置かれている状況などによって多様である。
・材料から，それも有機結晶，高分子などの有機材料，金属，セラミックなどの無機材料，さらにはその複合体など材料から出発する研究，本特定領域研究では共役高分子が中心となっている。
・単結晶，多結晶，アモルファス，積層構造，液晶などその形態に注目する研究
・化学合成，気相成長，プラズマ利用，ラングミュアブロジット法，自己集積法，切り刻んだりエッチングなどの加工法などを始めとする作成法から出発する研究
・一次元，二次元，三次元，0次元などの次元性に着目してアプローチする研究
・分子構造，結晶構造，界面，無機―有機複合機能などの理論的研究
・電子物性，光物性，磁性，機械物性，化学的性質など性質という視点からの研究
・電子励起，励起子ダイナミックス，電子輸送，光電変換などどんなプロセスに注目するかの研究
・どのような機能，素子，デバイスを実現したいのかという目的からの発想での研究
・生物から学ぶという姿勢の研究

などなど様々な研究ターゲット，方法論があり，どういう形でアプローチするかはその人の経歴，経験，好み，置かれている状況などによって多様である。その人の得意とする知識，技術，経験，協力体制によっていろいろな展開があり，そのような多様性が超階層研究に大きな発展をもたらすと考えられる。

　筆者はもともと材料，電子光物性に重心をおいて研究を進めてきたが，どちらかというと系統だったというより，直感に導かれて研究開発を行ってきたといえるように思う。しかし，最近になって生物の構造，機能に直接関心を持ち，そこから学ぶのが非常に有意義であるという姿勢で研究を行い，楽しんでもいる。ここでは共役高分子に限定することなく一般的に述べてみたい。

　たとえば，水中いたるところにいる珪藻について触れてみる。

　珪藻はシリカの殻の中に葉緑体が入っていて光合成を行っている。淡水，汽水，海水とあらゆるところに勢力を維持して活発な光合成を行っており，その対応力は非常に優れている。この珪藻の殻の堆積したものが珪藻土である。

＊　Katsumi Yoshino　島根県産業技術センター　所長：大阪大学名誉教授

次世代共役ポリマーの超階層制御と革新機能

　この珪藻のシリカは diatom と呼ばれ，非常に多様な規則的なナノ，マイクロスケールの構造を作っている。図1に示す例は千曲川から採集した diatom であり，蓋付きのカップ構造をとっている。しかもこのカップを形作っているシリカには図2に示すようなナノスケールの周期構造が形成されている。この構造がどのようにして形成されるかは別として，何故このような構造を作るのかを考察して見ると興味深い。たとえば水中で浮き沈みができる，酸素，炭酸ガスなどのガスや水の出入りができる，あるいは光の強弱によって葉緑体は壁面から遠ざかったり，壁面に近づいたりするなど，カップの中で葉緑体がその位置と向きを変えられる，光の導波や伝播の仕方を制御するなど，いろいろなことが考えられる。

　たとえば，我々はこのナノ周期構造をフォトニック結晶と見て光伝搬を理論計算してみた。その結果を，図3に示す[1]。この結果は，波長によって伝搬の様子が大きく異なることを示してい

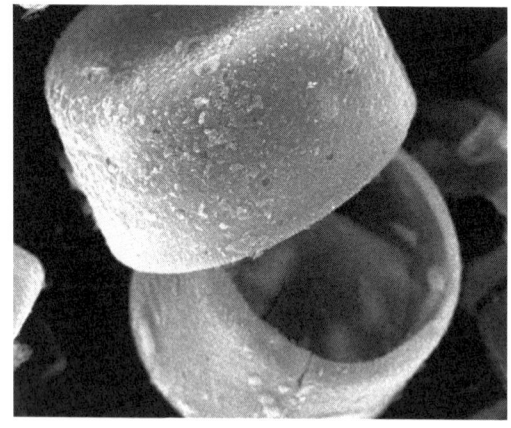

図1

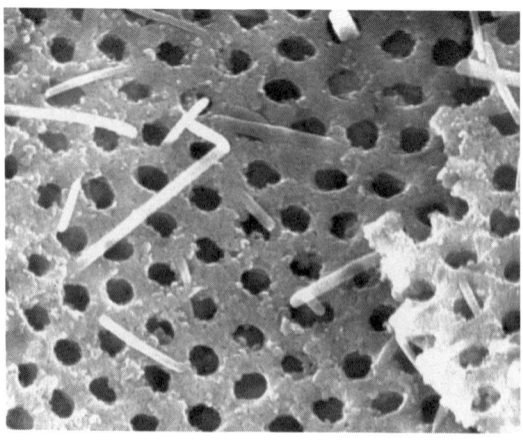

図2

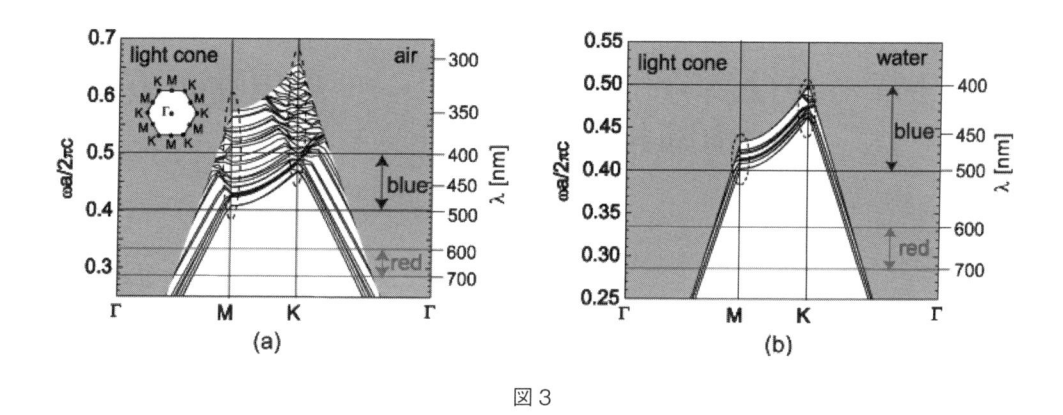

第2章　超階層制御とその性質，革新機能

図3

　る。すなわち，この例では青色の光の伝搬速度が非常に遅くなることを示している。これは葉緑素のクロロフィル分子と青色光の相互作用が強くなることを示唆するものである。

　さらに，葉緑体がどのように配列しているか，葉緑体の中でクロロフィルがどのように配置しているのかも非常に興味深いところである。

　この例で示すように，自然の中には我々が英知を絞って創造したと思っている構造がその長い歴史の中で作られ，無駄なく，効率的に自然に適合する構造となっていると考えられる。その際，超階層構造が自ずと形成されていることが多い。もう一つ忘れてはならないことは長い地球の歴史の中で，空気の組成，海水の組成などは大きく変化しているということであり，それに合わせるかたちで生物も変化してきており，そのとき利用する材料の元素，ナノ構造，積層構造を含めて画期的な変化が起こっているのである。

　我々はさらに自然の事物，生物，現象を最新の目，先入観のない目でもって充分に解明し，21世紀を支える基盤材料，素子，デバイスを実現する上でも学ばなければならないと考えている。共役高分子研究についても当然このことが言える。たとえば，珪藻で学びつつあることをどう共役高分子の革新機能発現に生かせるのか，楽しみながら検討している昨今である。

文　　献

1) Shigeru Yamanaka, Rei Yano, Hisanao Usami, Nobuaki Hayashida, Masakatsu Ohguchi, Hiroyuki Takeda and Katsumi Yoshino, *Journal of Applied Physics*, **103**, 074701 (2008)

第3章 共役高分子 EL の課題：一重項励起子と三重項励起子の生成比

徳丸克己*

1 EL における一重項励起子と三重項励起子の生成

一般に，有機物質のエレクトロルミネッセンス（EL）[1~5]では，陽極と陰極からそれぞれ正電荷と負電荷が発光材（E）に注入され，そのホール（ラジカルカチオン；$E^{+\cdot}$）と電子（ラジカルアニオン；$E^{-\cdot}$）あるいは電子が広く非局在化した形の正，負のポーラロンを生成し，これらが再結合するときに，発光材の励起子（励起状態；E^*）が生成し，それが発光して基底状態に失活する。ホールと電子はそれぞれ正負の電荷を持つとともに不対電子を持ち，それに応じた電子スピン（α スピンあるいは β スピン）を持っているが，それらがある距離に接近したときに，ラジカルイオン対（$[E^+\cdot, E^-\cdot]$）を生成し，その際に，互いに別の種類のスピンを持っているか，あるいは同じ種類のスピンを持っているかにより，それぞれ一重項ラジカルイオン対（$^1[E^+\cdot, E^-\cdot]$），三重項ラジカルイオン対（$^3[E^+\cdot, E^-\cdot]$）を生成し，これらを 1：3 の比率で与える。

ラジカルイオン対で電荷が再結合するときは，一重項ラジカルイオン対は一重項励起子（$^1E^*$）を速度定数 k_S で，また三重項ラジカルイオン対は三重項励起子（$^3E^*$）を速度定数 k_T で生成する。ラジカルイオン対からの一重項と三重項励起子の生成率をそれぞれ χ_S および χ_T で表す。

$E^{+\cdot} + E^{-\cdot} \rightarrow (1/4)^1[E^{+\cdot}, E^{-\cdot}] + (3/4)^3[E^{+\cdot}, E^{-\cdot}]$
$^1[E^{+\cdot}, E^{-\cdot}] \rightarrow {}^1E^*(\chi_S) + E\ (k_S)$
$^3[E^{+\cdot}, E^{-\cdot}] \rightarrow {}^3E^*(\chi_T) + E\ (k_T)$

一重項励起子は蛍光を放出し，他方三重項励起子は燐光を放出する。アントラセン等の多くの芳香族有機化合物や高分子は，蛍光（下式の $h\nu_f$）を常温でも低温でも放出するが，他方燐光（下式の $h\nu_p$）は低温では観測されるものの，常温では観測し難い。

$^1E^* \rightarrow E + h\nu_f\ ;\ ^3E^* \rightarrow E + h\nu_p$

したがって，芳香族の低分子を発光材とする EL では，常温では，注入された電荷の 1/4 までは一重項励起子からの蛍光として取り出すことができるものの，残りの 3/4 は発光として取り出し難い。

しかし，近年着目されてきた *fac*-イリジウムトリス（2-フェニルピリジン）［*fac*-Ir(ppy)$_3$］

---

* Katsumi Tokumaru　筑波大学名誉教授

第3章 共役高分子 EL の課題：一重項励起子と三重項励起子の生成比

や一連の常温燐光材料は，その三重項が常温で効率よく燐光を放出するとともに，一重項励起子も速やかに項間交差して三重項を与えるので，注入した電荷のほぼすべてを発光に利用し得る。

$$^1E^* \to {}^3E^* ; {}^3E^* \to E + h\nu_p$$

さて，ポリ（p-フェニレンビニレン）（PPV）等の共役高分子を発光材とする EL は，1990年頃に英国の R. H. Friend らとわが国の住友化学の大西敏博ら，さらに大阪大学の吉野勝美ら，米国の A. J. Heeger らにより提唱，研究された[6～9]。通常の共役高分子は常温では蛍光を放出するが，燐光は観測できない。もしも，電荷注入により生成した発光材のホールと電子が再結合するときに，一重項励起子を三重項の励起子に対して，1：3 よりも高い比率（$\chi_S > 0.25$）で与える系があるとすると，注入した電荷を発光のために，より高い効率で利用することが可能となる。そこで，とくに高分子 EL では，電荷注入により生成するホールと電子，あるいはポーラロンは，高分子ではその共役性が高いために，低分子系に比べて長い寿命を持つのではないかと考えられるので，電荷再結合により生成する一重項と三重項励起子の比率について，1990年代末からいくつかの研究が進められてきた。

EL と光励起はともに励起状態を生成するが，非常に大きな違いは，EL では三重項が高い効率で生成することである。光励起では，分子が励起されてまず一重項励起状態が生成し，これが蛍光放出（速度定数 k_f）やその他の無輻射過程（速度定数 k_{nr}）と競争して項間交差（速度定数 k_{ST}）して三重項を生成する。したがって，三重項の生成効率すなわちその量子収率（Φ_{ST}）は一重項がどの程度の収率で項間交差をするかにかかり，物質によってはゼロ程度の低い値にすらなる。蛍光放出の量子収率（Φ_f），一重項励起状態の平均寿命（τ_S）は下式の通りである。

$$E + h\nu \to {}^1E^* ; {}^1E^* \to E + h\nu_f \; (k_f)$$
$$^1E^* \to E \; (k_{nr}) ; {}^1E^* \to {}^3E^* \; (k_{ST})$$
$$\Phi_{ST} = k_{ST}/(k_f + k_{nr} + k_{ST}) = k_{ST}\tau_S ; \Phi_f = k_f \tau_S$$
$$\tau_S = 1/(k_f + k_{nr} + k_{ST})$$

他方，EL では，電荷注入とそれに続くホールと電子の再結合により一重項に対して，三重項が3倍程度多く生成するので，光励起に比べて，三重項が圧倒的に高い密度で生成している。そのため，2個の三重項間の作用により一重項を生成する三重項消滅（triplet-triplet annihilation，T-T 消滅，あるいは T-T coupling という語もある：以下 TTA と略する）が起こりやすい。この過程が起これば，最初の電荷再結合に加えて，さらに一重項励起子が生成するので，全体としての一重項の生成が増加する。

$$^3E^* + {}^3E^* \to {}^1E^* + E ; {}^1E^* \to E + h\nu_f$$

したがって，EL では，電荷再結合がどの程度一重項励起子を与えるのか，また TTA がどの程度一重項励起子を与え得るのかを明確にできると，発光材の設計やデバイスの構築に有用であ

る。しかしながら，この約十年いろいろの試みが行われてきたが，この課題は未だに明確ではない。本稿は，さらなる検討のために，とくに高分子ELに関するこの課題の現状を概観するものである。

2 一重項，三重項励起子の生成比に関する研究の状況

　HeegerらのグループはPPVの誘導体（$\phi_f = 0.15 \sim 0.20$）を発光材とするデバイスについて，これを光励起したときのフォトルミネッセンス（PL）の外部量子収率は$\eta_{ext}(PL) = 8\%$であり，他方これを電流励起したときのELの外部量子収率は$\eta_{ext}(EL) = 4\%$であった。彼等は，ELにおいて一重項と三重項が1:3で生成するならば，$\eta_{ext}(EL) = 2\%$になるはずと考え，観測値がその倍の値であることは，ELの電荷再結合では，一重項は三重項に対して，1:3よりも高い比率で生成するのではないかと推論した[10]。

　またFriendらのグループは，この課題についていくつかのアプローチを報告している。まず，2種のPPV誘導体の発光の角度分布の解析から，これらが一重項を0.35〜0.45の割合で生成すると推定した[11]。

　また，彼らのグループは，共役高分子の主鎖に常温で燐光を示す白金錯体の単位を導入して，常温でも燐光を観測できる高分子とし，その光励起では，蛍光と燐光をそれぞれ82，18%の割合で与えるが，他方ELでは，これらを64，36%の割合で与えることを認めた。ELでは，電流励起に伴って最初から三重項が高い濃度で生成すると考えられるので，ある仮定のもとでの解析により，電荷再結合は，一重項，三重項をそれぞれ，0.4と0.6の割合で与えると推定した。ただし，彼らが，光励起では，主として蛍光を放射しているにもかかわらず，EL，PLのいずれにおいても，項間交差の量子収率を1と仮定している点には議論があろう[12]。

　また，Dhootらは，PPV誘導体のELで過渡吸収を測定し，三重項励起子とともに，ポーラロンに帰属される吸収を観測した。ポーラロンの吸収は10Kから常温にわたり観測されるが，他方三重項の吸収は50K以下では強いものの，150K以上では観測されなかった。これらの解析から，低温では励起子の83%は一重項として生成すると推定した。また，三重項励起子の寿命は駆動電圧の増加とともに減少し，その消失速度はポーラロンの濃度とともに直線的に増加するので，三重項の減衰は，三重項間のTTAによるよりは，一分子的な失活とともに，荷電体であるポーラロンとの作用によると帰属した[13]。

　Wholgenanntらは，一連の共役高分子やオリゴマーの薄膜を低温でcwレーザー励起し，チョッパーを用いて，$10\mu s \sim 10ms$の比較的遅い時間帯で正，負のポーラロンおよび三重項の吸収を観測した。これに，電子スピン共鳴に相当する磁場の下，共鳴周波数に相当するマイクロ波を作用させると，これらの吸収の強度が減少するとともに，一重項による吸収が出現した。彼等は，より高密度に存在するホール・電子の三重項対が共鳴磁場の下で一重項対に変換しやすいと考え，その吸収の変化から，ホールと電子の対の再結合により生成する一重項，三重項の比率を

第3章 共役高分子 EL の課題:一重項励起子と三重項励起子の生成比

推定することを試みた。この方法は,磁気共鳴により光誘起吸収の変化を検出するので,photoinduced absorption detected paramaganetic resonance (PADMR;光吸収検出常磁性共鳴) と呼ばれる。彼等の推定によれば,共役高分子の電荷再結合による一重項と三重項の生成比は1.5から5.5程度にまで変化する[14]。しかし,先に述べたように,光励起と電流励起では,最初に生成する化学種の分布が異なるので,彼等の解析は,実際の EL 系には適用し難いうらみがあると思われる。

Lupton らのグループは,常温における蛍光と燐光の消長を追跡するために,燐光発光を促進するように高分子共役系 (通称:PhLPPP) に 1/1000 程度の密度でパラジウムを導入した高分子を用いた。その常温の光励起は蛍光 (λ_{max}=460nm) の発光帯の裾に弱い燐光 (λ_{max}=600nm) を与える程度であるが,他方電流励起では,上と同じ波長領域に蛍光とともに強い燐光を示す。また,燐光は,励起後500ns〜5μsの時間範囲では,光励起でもパルス電圧励起 (3μs;〜1.2MVcm^{-1}) でも,4K あるいは 300K のそれぞれの温度で,まったく同じように減衰した。しかし,パルス電圧励起では,蛍光と燐光の消長は異なる。すなわち,蛍光は励起後すぐに立ち上がってくるが,他方燐光はそれよりも遅れて立ち上がり,蛍光よりも遅く消失する。彼らは,これらのことから,ホールと電子が再結合するとき,一重項はきわめて速やかに生成するのに対し,三重項はそれよりも遅く,100ns以下程度の時定数,$k_S \gg k_T > 10^7 s^{-1}$で生成すると推定している。彼らは,種々の解析を試み,この高分子の電荷再結合による励起子生成について,Wholgenannt らは χ_S=0.53 と報告しているものの,統計的な χ_S=0.25 にとどまると推定している[15]。

阪大の岩崎,大佐々,朝日,松村,理研の坂口,沖見,住友化学の鈴木らは,この課題について,すでに確立されている溶液のスピン化学の立場からアプローチをしている。二種の PPV (通称 DMO-PPV:MEH-PPV;98:2) からなる高分子の EL デバイスに 19μs のパルス電圧を作用させ,その後10〜18μsの時間領域で観測される蛍光に由来する EL に対する磁場の効果を研究した。電圧駆動させている EL に磁場を作用させると,発光強度が増加し,磁場が100mT程度に達すると,ほぼ飽和値に達する。磁場による発光の増加は駆動電圧5.4Vでは8.5%程度であるが,電圧が増加すると発光の増加する割合は低下する。これは,一重項ラジカル対と三重項ラジカル対との変換が磁場により抑制されるため,一重項励起子からの蛍光が放出されやすくなるためである。磁場を作用させない場合,発光強度も電流あたりの発光強度もともに駆動電圧とともに増加し,とくに8V以上で顕著である。速度論的解析の結果,電荷再結合では,一重項は $\chi_S \sim 0.18$ で生成するが,電圧の増加とともに,TTA により一重項が顕著に生成し,たとえば,12V ではそれによる χ_S=0.4〜0.5 に達し,全体としての一重項の生成は χ_S=0.6〜0.7 に達すると推定した[16,17]。

C. Rothe らは,ポリ (スピロビフルオレン) 型の高分子の薄膜の,20K におけるレーザー励起,パルス電圧励起 (1ms) のいずれの励起でも,三重項の過渡吸収がほぼ等しい速度で生成することを認め,TTA の寄与を除いた解析から電荷再結合による一重項の生成比率 χ_S=0.44 という高

い値を推定した[18]。

3　おわりに

このように，現時点では，共役高分子 EL において電荷再結合で生成する一重項および三重項励起子の生成比率については，なお議論の最中である。一重項あるいは三重項のラジカル対がそれぞれ一重項あるいは三重項の励起子を生成する速度について，$k_S > k_T$，$k_S \sim k_T$ あるいは $k_S < k_T$ のいずれであるかについて，いまだ推定が別れており，この問題には多くの本質的な課題の議論が含まれている。

また，しばしば触れたように，三重項間の消滅（TTA）は，EL では生成する三重項の密度が高いので，かなりの程度起こっている過程と考えられるが[19,20]，紙数の関係で，ここでは割愛したい。また，三重項励起子のラジカルイオンあるいはポーラロンによる消光も重要な課題の一つである。

文　　献

1) 時任静士，安達千波矢，村田英幸，「有機 EL ディスプレー」，オーム社（2004）
2) 吉野和美，「有機 EL のはなし」，日刊工業新聞社（2003）
3) 城戸淳二，「有機 EL のすべて」，日本実業出版社（2003）
4) 大西敏博，小山珠実，「高分子 EL 材料—光る高分子の開発—」（高分子先端材料 One Point），共立出版（2004）
5) 徳丸克己，現代化学，2006 年 4 月号～2007 年 10 月号の連載「光エレクトロニクスのための光化学の基礎」，東京化学同人
6) R. H. Friend, J. H. Burroughes, D. D. C. Bradley, PCT Int. Appl. WO 90 13,148, 01 Nov. 1990; GB Appl. 89/9.011, 20 Apr. 89；J. H. Burroughes, D. D. C. Bradley, A. R. Brown, R. N. Marks, K. Mackay, R. H. Friend, P. L. Burns, A. B. Holmes, *Nature*, **347**, 539 (1990)
7) T. Nakano, S. Doi, T. Noguchi, T. Ohnishi, Y. Iyechika, Eur. Pat. Appl. EP 433,861, 28 Aug. 1991; JP Appl. 90/43,930, 23 Feb. 1990；S. Doi, M. Kuwabara, T. Noguchi, T. Ohnishi, *Synth. Metals*, **55-57**, 4174 (1993)
8) Y. Ohmori, M. Uchida, K. Muro, K. Yoshino, *Jpn. J. Appl. Phys.*, **30**, L1938 (1991)；Y. Ohmori, M. Uchida, K. Muro, K. Yoshino, *Jpn. J. Appl. Phys.*, **30**, L1941 (1991)
9) D. Braun, A. J. Heeger, *Appl. Phys. Lett.*, **58**, 1982 (1991)
10) Y. Cao, I. D. Parker, G. Yu, C. Zhang, A. J. Heeger, *Nature*, **397**, 414 (1999)
11) J.-S. Kim, P. K. H. Ho, N. C. Greenham, R. H. Friend, *J. Appl. Phys.*, **88**, 1073 (2000)
12) J. S. Wilson, A. S. Dhoot, A. J. A. B. Seeley, M. S. Khan, A. Koehler, R. H. Friend, *Nature*,

409, 494 (2001)
13) A. S. Dhoot, D. S. Ginger, D. Beljonne, Z. Shuai, N. C. Greenham, *Chem. Phys. Lett.*, **360**, 195 (2002)
14) M. Wohlgenannt, K. Tandon, S. Mazumdar, S. Ramasesha, Z. V. Vardeny, *Nature*, **409**, 494 (2001); M. Wohlgenannt, Z. V. Vardeny, *J. Phys.: Condens. Matter*, **15**, R 83 (2003); M. Wohlgenannt, X. M. Jiang, Z. V. Vardeny, *Phys. Rev. B*, **69**, 241204 (2004)
15) M. Reufer, M. J. Walter, P. G. Lagoudakis, A. B. Hummel, J. S. Kolb, H. G. Roskos, U. Scherf, J. M Lupton, *Nature Mater.*, **4**, 340 (2005)
16) Y. Iwasaki, T. Osasa, M. Asahi, M. Matsumura, Y. Sakaguchi, T. Suzuki, *Phys. Rev. B*, **74**, 195209 (2006)
17) H. Okimi, Y. Sakaguchi, K. Asada, M. Hara, *Bull. Chem. Soc. Jpn.*, **81**, 469 (2008)
18) C. Rothe, S. M. King, A. P. Monkman, *Phys. Rev. Lett.*, **97**, 076602 (2006)
19) D. K. Kondalov, *J. Appl. Phys.*, **102**, 114504 (2007)
20) 高橋淳一, 萩原俊成, 熊均, 第6回有機EL討論会講演予稿集, S9-3 (2008)

第4章　先端共役材料の革新機能とナノテクノロジー

山邊時雄[*]

　20世紀後半に現れた代表的な新材料であるシリコン半導体と合成高分子は，その後の人類の生活を大きく変えることになり，現在ではもはやそれらなしでは人類の生活は成り立たなくなっていると言っても過言ではない。この合成高分子の発展の中で，1970年代後半における白川英樹博士らによる導電性ポリアセチレンの発見を皮切りに，現在では多種多様な導電性高分子が合成され，これらはシリコンに代わる新たな電子材料，機能性材料として注目を集めている。さらに，このような先端共役材料は，フラーレン，カーボンナノチューブ，特に最近注目されている"グラフェン"等，新炭素系材料にまで拡がっている。

　これらの材料の構造や物性を調べる手段は，電子顕微鏡等によってナノメートル（10^{-9} m），すなわち10Åの世界に及び，表面から端の構造等も含め，まさに材料のその部分を目で見ることができるようになっている。高分子のような柔らかい材料も，NMR等を含めた同様の手段によって，このサイズの部分の様子を知ることが可能になっている。さらに光科学の進歩により，材料によってはナノからピコ秒（10^{-9}～10^{-12} 秒）の原子の動きも観測されるようになっている。このように現代の科学技術をもってすれば，材料の構造や動きは，好むと好まざるに関わらず，空間的にはナノサイズ，時間的にはピコ秒のオーダーで考察することを余儀なくされる。このサイズの材料といえば，もはや大型の分子に相当し，分子材料と呼ぶにふさわしくなる。これらは有限の大きさと形で規定され，端あるいは表面が重要となる。いずれにしても，これら分子材料の諸物性は，分子の大きさに大きく依存することになろう。

　高分子の超階層を制御する二次，三次構造を決める因子も，その強弱は別として，分子間相互作用に他ならない。それらの相互作用において多くみられる高度な選択性は，それに関与する複雑な分子系のつくる分子的な場の選択性に起因することは間違いないところであろう。本プロジェクト「次世代共役ポリマーの超階層制御と革新機能」においても，これらの線に沿って多数のすばらしい成果があげられている。

　今，次のような思考実験を考えてみよう。まず，数ミリの長さの超伝導状態にある物質を考えてみる。これを半分にしても超伝導状態にあることは変わらないであろう。さらに半分にしても同様であろう。この操作を繰り返していくと，いつかナノサイズになるが，そこでも超伝導状態は保持されるのであろうか？　また，そこではいったいどのような電子状態として表されるのであろうか？　「サイエンス」の発表した本年の画期的な10の科学研究成果の中には，有名なiPS

---

　[*]　Tokio Yamabe　長崎総合科学大学　新技術創成研究所　所長

第4章　先端共役材料の革新機能とナノテクノロジー

細胞作製を筆頭として，東京工業大学の研究者が開発した鉄系超伝導物質が入っている。その中での最近の物質としては，鉄とセレンの化合物シートが層状に重なった構造であるという。共役材料でも類似のことが可能かもしれない。これらの超伝導状態の原因はクーパー対の形成にあるが，ナノサイズのクーパー対の分子論的解明や，そのサイズ依存性の解明が待たれるところである。

　エレクトロニクスの世界で主役である電子についても，このメゾからナノスペースに移行することによって，物理的イメージに近い粒子的電子像から，化学的イメージに近い波動的電子像に変わっていくことが予測される。例えば，ナノテクノロジーの代表格とも目されるカーボンナノチューブについていえば，円筒軸方向はミクロンの長さであるが，直径方向はナノサイズであることから，この電子の波動関数は，軸方向は粒子的性質で，垂直方向は波動的性質の関数で表現され，これが思いもよらない新しい電子物性を示すことになる。グラファイト金属層間化合物における超伝導性発現のメカニズムも興味深いものがある。高電導性は当然ながらグラファイト面内にあるが，超伝導状態に入るときは垂直方向の振動とカップルするという。

　ナノサイズのエレクトロニクス，すなわちナノエレクトロニクスの世界では，同じサイズでも，円形であるか菱形であるかによって電子状態は全く異なり，例えば前者は半導体的であるが，後者は金属的であるといったことになり，いずれこの素子の形状が大きな問題となってくるであろう。メゾからナノスペースの材料に移って行くとき，そこには思いがけない新物性発見の可能性が秘められている。この分野の発展に大いに期待したい。

第5章　ポリアセチレンの超高速分光を例として

小林孝嘉[*1]，寺本高啓[*2]

　ポリアセチレンは，炭素と水素のみからなり，炭素原子間の結合の次数が交互に一重，二重を繰り返す最も単純な構造を持つ共役高分子である。理想化して無限に長い共役ポリエンの理論と対応させるモデル的な系として，非常によく研究されてきた。ポリアセチレンには二重結合の立体配置により trans 型と cis 型の2種類存在するが，そのうち trans-polyacetylene（PA）では基底状態が縮退しており，ソリトンが存在することが知られている。光誘起による PA のソリトン対生成過程は理論・実験的に興味が持たれており，光照射により生成した電子・正孔対は100fs以内に緩和し，電荷ソリトン対が生成することが知られている。また同時に緩和による余剰エネルギーは周辺格子に分配され局所的な格子振動（ブリーザ）を誘起することが理論[1~3]的に予想されている。本研究では可視超広帯域・超短パルス光源を用いた超高速実時間分光法により，PA の可視領域における超高速光誘起ダイナミクスの解明を目指した。

　実験手法の詳細を以下に記す。チタンサファイアレーザー（Spectra Physics, Spitfire, 130μJ, 800nm, 50fs, 5kHz）の出力光をチタンサファイアプレートにより自己位相変調し白色光を生成した。白色光は非直線増幅パラメトリック（Nonlinear Optical Parametric Amplification）により，可視領域広帯域化・パルス圧縮し，可視超広帯域・超短パルス光源（1.67-2.38eV, 6.2fs, 5kHz）を得た。超広帯域・超短パルス光をポンプ光（40nJ）とプローブ光（2nJ）に分岐し，ポリアセチレンフィルムの透過光強度変化を128チャンネルのマルチチャンネルロックインアンプに取り込み，ポンプ光とプローブ光の相対遅延時間を1fs刻みで，−100fs から 1100fs まで測定した。

　PA の二次元吸光度変化スペクトルを図1に示す。吸光度変化の遅延時間依存性は，式(1)に示す3つの時定数（τ_1, τ_2 と定数）を持つ指数減衰関数でよく再現される。

$$\Delta A(t) = A_1 \exp(-t/\tau_1) + A_2 \exp(-t/\tau_2) + A_3 \tag{1}$$

実験結果に式(1)でフィットすると，それぞれの時定数は $\tau_1 = 66 \pm 20$fs, $\tau_2 = 565 \pm 50$fs と求まり，前者は電子・正孔対の寿命に対応する。また後者は電荷ソリトン・アンチソリトン対の再結合過

[*1] Takayoshi Kobayashi　電気通信大学　量子・物質工学専攻　レーザー新世代研究センター　特任教授

[*2] Takahiro Teramoto　電気通信大学　量子・物質工学専攻　レーザー新世代研究センター　特任助教

第 5 章　ポリアセチレンの超高速分光を例として

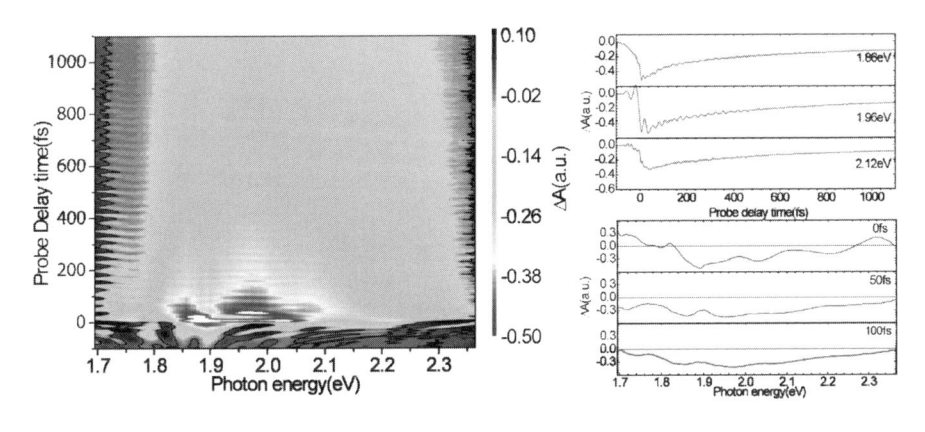

図 1

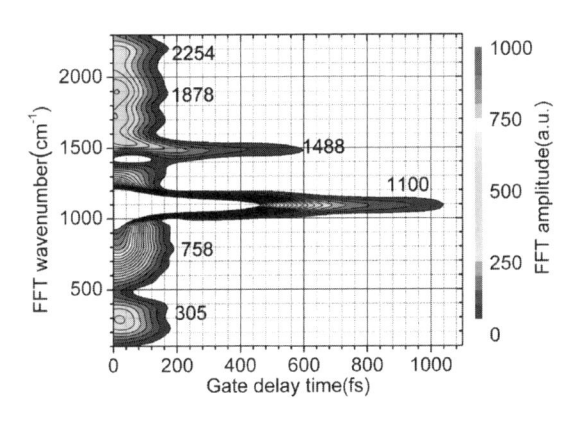

図 2

程による対消滅の寿命である。

　図1を時間掃引フーリエ変換（スペクトログラム解析）すると，100fs以下の超短時間において，C-C，C＝C伸縮振動モード（1100および1488cm^{-1}）に加え，サイドバンド（305，757，1877，2254cm^{-1}）の存在が明らかとなった（図2）。メインバンドとサイドバンドの間隔（約770cm^{-1}）は43fsの変調周期に対応しており，これは理論的に予測されているブリーザによる変調周期（33-50fs）と良い一致を示す。またサイドバンドの振動振幅の寿命は70fsであり，これは電子正孔対の寿命と一致する。すなわち電子正孔対からの電子緩和過程時に，ブリーザが生成し，C-CおよびC＝C伸縮モードと結合し変調を起こすと考えられる。

　振動周波数の変調には，振幅変調および周波数変調がある。振幅変調は双極子遷移における遷移モーメントが変調されることを意味し，振幅変調は振動モードのポテンシャル超曲面の非調和性を変調することに対応する。

　振幅変調は以下の式で記述される。ここで $m_A(t)$ は振幅 m_{A0}，変調周波数 ω_m の変調関数である。

17

$$m_A(t) = m_{A0} \cos\omega_m t$$

$$\begin{aligned}A(t) &= A_0[1+m_A(t)]\cos\omega_0 t \\ &= A_0\cos\omega_0 t + \frac{A_0 m_{A0}}{2}\cos(\omega_0+\omega_m)t \\ &\quad + \frac{A_0 m_{A0}}{2}\cos(\omega_0-\omega_m)t\end{aligned} \tag{2}$$

また周波数変調は瞬時周波数 $m_F(t)$ を用いて以下の式で記述される。

$$m_F(t) = \phi_m \omega_m \cos\omega_m t$$

$$\begin{aligned}A(t) &= A_0\cos(\omega_0 t + \int dt\, m_F) \\ &\approx A_0\cos\omega_0 t + \frac{A_0 \phi_m}{2}\cos(\omega_0+\omega_m)t \\ &\quad - \frac{A_0 \phi_m}{2}\cos(\omega_0-\omega_m)t\end{aligned} \tag{3}$$

　式(2)と(3)から周波数変調が振幅変調に含まれると，$\omega_0+\omega_m$ および $\omega_0-\omega_m$ のサイドバンドの振幅強度は非対称になることがわかる。実験データから振幅変調と周波数変調の比を求めると，C-C および C=C 伸縮モードではそれぞれ 0.11 および 0.25 であることが明らかとなった。これらの解析から，ソリトン発生の機構を明らかにし分子エレクトロニクスにおけるソリトンスイッチなどの将来の発展に期待したい。

文　　　献

1) Heeger, A. J., Kivelson, S., Schrieffer, J. R. & Su, W. -P. *Rev. Mod. Phys.* **60**, 781-850 (1988)
2) Su, W. P. & Schrieffer, J. R. *Proc. Natl. Acad. Sci. USA*, **77**, 5626-5629 (1980)
3) Bishop, A. R. *et al*, *Synth. Met.* **9**, 223-239 (1984)
4) Sasai, M. & Fukutome, H. *Prog. Theo. Phys.* **79**, 61-76 (1987)
5) Adachi, S., Kobryanskii, V. M. & Kobayashi, T. *Phys. Rev. Lett.* **89**, 027401-1-4 (2002)

第Ⅰ編
次世代共役ポリマーの創成

第1章　カルバゾール含有置換ポリアセチレンの合成と性質

三田文雄[*1]，増田俊夫[*2]

1　はじめに

ポリアセチレン誘導体は主鎖に交互二重結合を有し，導電性，エレクトロルミネッセンス(EL)，気体透過性，らせん構造の形成といった機能を示す[1)]。一方，カルバゾールはホール輸送性を有することから，ポリ（*N*-ビニルカルバゾール）（図1）をはじめとするカルバゾール含有ポリマーの電子写真感光体の電荷輸送材料や有機EL素子材料への応用が検討されている。カルバゾールを側鎖に有する置換ポリアセチレンは主鎖の共役と，側鎖カルバゾールの双方の性質を併せ持つ高分子材料として興味が持たれる。本稿では筆者らがこれまでに検討してきたカルバゾール含有置換ポリアセチレン（式1，表1）[2～16)]の合成と性質について述べる。

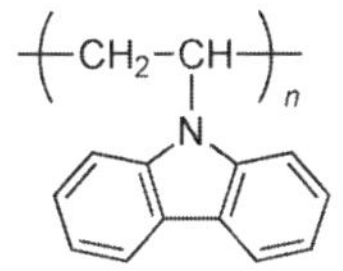
CH2-CH
n
N

図1　ポリ（*N*-ビニルカルバゾール）

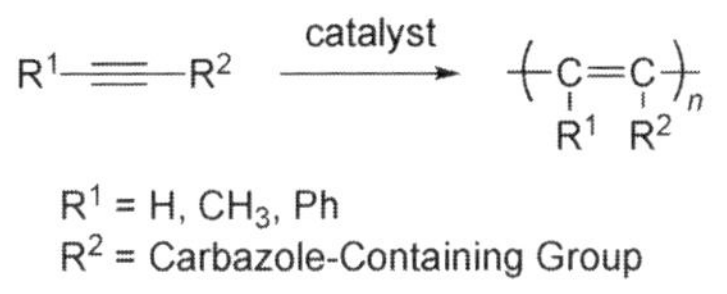
R1—≡—R2
catalyst
C=C
n
R1 R2
R1 = H, CH3, Ph
R2 = Carbazole-Containing Group

式1　カルバゾール含有置換アセチレンの重合

2　カルバゾール含有置換ポリアセチレンの合成と性質

置換アセチレンの重合触媒にはニオブ（Nb），タンタル（Ta），モリブデン（Mo），タングステン（W），鉄（Fe），ロジウム（Rh）などの遷移金属の塩化物やカルボニル錯体，ノルボルナジエン錯体などが用いられる。アミノ基を含有する置換アセチレンは一般に重合性に乏しい。こ

＊1　Fumio Sanda　京都大学　大学院工学研究科　高分子化学専攻　准教授
＊2　Toshio Masuda　福井工業大学　工学部　環境・生命未来工学科　教授

表1 カルバゾール含有置換ポリアセチレンおよび重合触媒（R^1, R^2 は式1を参照）

R^1	R^2	Catalyst	Reference
H	**1** (カルバゾール-N-イル)	Mo, W, Fe, Rh	2
H	**2a**: R =H, **2b**: R = *t*-Bu; **2c**: R = -C≡C-C$_6$H$_4$-C$_8$H$_{17}$ (-CH$_2$-カルバゾリル)	Mo, W, Rh	3-5
CH$_3$	**3a**: R =H, **3b**: R = *t*-Bu (-CH$_2$-カルバゾリル)	Nb, Ta, W	4
H	**4a**: R =H, **4b**: R = *t*-Bu; **4c**: R = -C≡C-C$_6$H$_4$-C$_8$H$_{17}$ (-C$_6$H$_4$-N-カルバゾリル)	Mo, W, Rh	4-6
CH$_3$	**5** (-C$_6$H$_4$-N-カルバゾリル)	Nb, Ta, W	4

（つづく）

第1章 カルバゾール含有置換ポリアセチレンの合成と性質

Ph	**6** (carbazole-phenyl)	Nb, Ta	7
H	**7a**: *m*-, **7b**: *p*-, **7c**: *m*-,*m*- (di-*t*-Bu carbazole-benzyl)	W, Rh	8
H	**8a**: *m* = 3, **8b**: *m* = 6, **8c**: *m* = 8 (carbazole-(CH$_2$)$_m$-O-phenyl)	Rh	9
H	**9** (di-*t*-Bu carbazole-C(=O)-phenyl)	W, Rh	6
H	**10a**: R = *t*-Bu; **10b**: R = *sec*-butyl; **10c**, **10d**: R = menthyl isomers; **10e**: R = bornyl; **10f**: R = cholesteryl (carbazole-N-C(=O)-O-R)	W, Rh	10–13

(つづく)

H	**11a**: R = (sec-butyl branched) **11b**: R = (branched alkyl) (carbazole)	Rh	10
H	**12** (N-phenylcarbazole)	Mo, W, Rh	14
H	**13a**: R = *t*-Bu **13b**: R = (sec-butyl) **13c**: R = (menthyl) (N-carbamate carbazole)	W, Rh	10-12
H	**14a**: R = CH$_3$, **14b**: (CH$_2$)$_2$CO$_2$CH$_2$Ph	Rh	15
H	**15**	Mo, Rh	16

れは，アミノ基が遷移金属に配位し，触媒作用を低下させるためである。しかしながら N-エチニルカルバゾール（**1**）の場合，窒素原子の電子対がカルバゾール環に非局在化されているために，その重合性は比較的高く，例えば WCl$_6$ を触媒に用いると，数平均分子量（M_n）数千程度の深紫色のポリマー［poly(**1**)］が得られる[2]。poly(**1**) の M_n は n-Bu$_4$Sn を助触媒として用いることにより1万程度まで増大する。poly(**1**) は 550nm に極大吸収を示し，その吸収端は 740nm に達する。また，poly(**1**) は高い三次非線形光学感受率を示す。poly(**1**) のポリアセチレン主鎖はカルバゾール側鎖と効率よく共役しており，かつ，かさ高い側鎖がポリアセチレン主鎖の平面性を高めていると考えられる。**1** の重合触媒に Mo, Fe, Rh を用いると，各種溶媒に不溶なポリ

第1章　カルバゾール含有置換ポリアセチレンの合成と性質

マーが生成する。これはポリマー主鎖のシス二重結合の割合が高いためと推測される[17]。

　ポリアセチレン主鎖とカルバゾール側鎖間にメチレンスペーサーを有するpoly(2a)はいずれの溶媒にも不溶で，500nmに吸収端を示し，黄色に呈色している[3]。poly(2a)はpoly(1)に比べ共役が短いことが分かる。カルバゾール環へのt-Bu基の導入により溶解性が向上する［poly(2b)］[4]。主鎖炭素にメチル基を置換したpoly(3b)の光照射下での導電性は，非照射の場合に比べて一桁高い。カルバゾール基にp-オクチルフェニルエチニル基を置換すると，極大吸収波長，蛍光の波長が長波長側に移動する［poly(2c)］[5]。これは側鎖カルバゾール部位の共役の度合いを反映していると考えられる。

　Wを重合触媒に用いて得られる，ポリアセチレン主鎖とカルバゾール側鎖間にフェニレンスペーサーを導入したpoly(4a)，poly(4b)の吸収端は，Mo，あるいはRhを触媒に用いて得られたものよりも100nm長波長側に観測される[4,6]。前者のポリマーの主鎖のトランス二重結合の割合は後者のそれよりも高く，共役が長いと考えられる。Wを重合触媒に用いて得られるトランスリッチなpoly(4b)の蛍光量子収率は，Rhを用いて得られるものよりも一桁高く，主鎖構造がポリマーの光学的性質に大きな影響を及ぼすことが分かる。poly(4b)にイリジウム錯体を加えて作製した素子はEL特性を示す。もう一方の主鎖炭素をフェニル基で置換したpoly(6)も光導電性を示し，その空気中での分解開始温度は470℃と極めて高い[7]。

　ポリアセチレン主鎖に結合したフェニレン基と，カルバゾール基間にメチレン［poly(7a)〜poly(7c)］[8]，オキシメチレン［poly(8a)〜poly(8c)］[9]，カルボニル基［poly(9)］[6]をスペーサーとして有するポリマーも合成されている。poly(8a)〜poly(8c)をITO電極上に塗布し，電解重合すると，カルバゾール環がポリマー側鎖間で酸化カップリングし，共役ネットワークポリマーフィルムが生成する[9]。

　カルバゾール含有ポリマーの多くは9-位の窒素原子またはその延長上に導入したビニル基，エチニル基の重合により合成されているが，カルバゾールの2-位も重合性基を導入する部位として活用可能である。9-位にアルキルオキシカルボニル基を有する種々の2-エチニルカルバゾールモノマー（10a〜10f）はW，Rh触媒により効率よく重合し，対応するポリマーを与える[10〜13]。カルバゾールの9-位に光学活性なアルキルオキシカルボニル基を有するpoly(10b)〜poly(10f)は，対応するモノマーよりも一桁〜二桁大きい比旋光度を示し，主鎖の吸収領域に強いCotton効果を示す。これらのポリマーは一方向巻き優先のらせん構造を形成していると考えられる。これに対して，9-位に光学活性なアルキル基を有するpoly(11a)，poly(11b)はらせん構造を形成しない[10]。これらのことから，9-位のカルボニル基間の双極子相互作用がpoly(10b)〜poly(10f)のらせん構造の安定化に寄与していると推測される。

　3-エチニルカルバゾールモノマーも効率よく重合し，対応する置換ポリアセチレンpoly(12)〜poly(13c)を与える。poly(13a)をITO電極上に塗布し1.5V程度電圧を印加すると，ポリマーフィルムは薄黄色から濃青色に変化し，電圧印加を停止すると直ちに黄色に戻る[12]。なお，このエレクトロクロミズム現象はpoly(10a)でも発現し，poly(13a)よりも低電圧でスペ

クトル変化が認められる[12]。このことから，カルバゾールの2-位でポリアセチレン主鎖と結合する構造は，3-位で結合するものよりもカチオンラジカルを生成しやすいと結論できる。poly(13b)，poly(13c)はpoly(10b)，poly(10c)と異なり，一方向巻き優先のらせんを形成しない。これは光学活性置換基が主鎖から遠く，不斉情報が側鎖から主鎖に伝達されないためと考えられる。この他，らせん構造を形成するポリマーとして，poly(14a)～poly(15)が報告されている。poly(15)のサイクリックボルタモグラムではカルバゾール部位の酸化・還元に基づくピークと，カルバゾールのカップリングに基づくピークが観測される。これらのらせんポリマーでは，らせん構造の主鎖の回りにカルバゾールが規則正しくらせん状に配列されていることから，ランダム構造のポリマーには見られない新奇な機能の開拓が今後期待される。

3 おわりに

光・電子機能性共役高分子の用途は，高分子有機EL材料への応用をはじめとして今後ますます拡大すると予想される。有機ELディスプレーは，液晶やプラズマディスプレーに比べ，省電力性と薄さに優れているものの，商品化にあたっては寿命に難点があった。しかしながら，封止性の向上をはじめとする近年の長寿命化技術の著しい進歩により，2007年末には11インチの有機ELテレビが市販されるに至った。この製品は低分子型を採用しているが，すでに複数の大手メーカーが高分子型有機ELテレビの試作に成功している。高分子型は大画面のディスプレー，照明の製造に向いており，今後の実用化が期待される。高分子有機ELディスプレーをはじめとする光・電子機能性高分子材料の発展に相伴って，共役高分子の研究が進展していくことを望み，結言としたい。

文　献

1) T. Masuda, *J. Polym. Sci., Part A: Polym. Chem.* **45**, 165-180 (2007)
2) T. Sata, R. Nomura, T. Wada, H. Sasabe and T. Masuda, *J. Polym. Sci., Part A: Polym. Chem.*, **36**, 2489-2492 (1998)
3) M. Nakano, T. Masuda and T. Higashimura, *Polym. Bull.*, **34**, 191-197 (1995)
4) F. Sanda, T. Kawaguchi, T. Masuda and N. Kobayashi, *Macromolecules*, **36**, 2224-2229 (2003)
5) K. Tamura, M. Shiotsuki, F. Sanda and T. Masuda, *Polymer*, under submission
6) F. Sanda, T. Nakai, N. Kobayashi and T. Masuda, *Macromolecules*, **37**, 2703-2708 (2004)
7) H. Tachimori and T. Masuda, *J. Polym. Sci., Part A: Polym. Chem.*, **33**, 2079-2085 (1995)
8) F. Sanda, R. Kawasaki, M. Shiotsuki and T. Masuda, *Polymer*, **45**, 7831-7837 (2004)

9) T. Fulghum, S. M. Abdul Karim, A. Baba, P. Taranekar, T. Nakai, T. Masuda and R. C. Advincula, *Macromolecules*, **39**, 1467-1473 (2006)
10) F. Sanda, R. Kawasaki, M. Shiotsuki and T. Masuda, *J. Polym. Sci., Part A: Polym. Chem.*, **45**, 4450-4458 (2007)
11) J. Qu, R. Kawasaki, M. Shiotsuki, F. Sanda and T. Masuda, *Polymer*, **48**, 467-476 (2007)
12) F. Sanda, R. Kawasaki, M. Shiotsuki, T. Takashima, A. Fujii, M. Ozaki and T. Masuda, *Macromol. Chem. Phys.*, **208**, 765-771 (2007)
13) J. Qu, M. Shiotsuki, F. Sanda and T. Masuda, *Macromol. Chem. Phys.*, **208**, 823-832 (2007)
14) J. Qu, R. Kawasaki, M. Shiotsuki, F. Sanda and T. Masuda, *Polymer*, **47**, 6551-6559 (2006)
15) H. Zhao, F. Sanda and T. Masuda, *J. Polym. Sci., Part A: Polym. Chem.*, **45**, 253-261 (2007)
16) J. Qu, Y. Suzuki, M. Shiotsuki, F. Sanda and T. Masuda, *Polymer*, **48**, 4628-4636 (2007)
17) (a) T. Masuda, N. Sasaki and T. Higashimura, *Macromolecules*, **8**, 717 (1975) ; (b) C. Simionescu, S. Dumitrescu and V. Percec, *J. Polym. Sci., Polym. Symp.*, **64**, 209 (1978) ; (c) A. Furlani, C. Napoletano, M. V. Russo and W. J. Feast, *Polym. Bull.*, **16**, 311 (1986)

第2章　高秩序パイ共役ポリマーの合成と自己集積・配列によるキャリア移動制御

山本隆一[*]

1　はじめに

　ポリピロール，ポリフェニレン類，ポリチオフェン類等のパイ共役ポリマーをさらに広範に応用しようとする研究が進められている[1]。応用のターゲットとなっている機能，デバイスとしては，トランジスター，ポリマーELデバイス，ファラデーローテション等が挙げられる。この様な機能の発現においては，パイ共役ポリマーの超階層構造が重要であるとの認識が広がりつつある。我々は，有機金属重縮合法によって得られたパイ共役ポリマーの自己集積と界面配列及び機能について研究を行っており，下記のポリマー等を合成しその物性，固体構造等を明らかにしてきている。

2　新規パイ共役ポリマーの合成と構造・物性

2.1　側鎖にアルキニル基を有するポリチオフェンの合成と自己集積・機能

　下記のようなモノマーのパラジウム錯体を用いる重縮合により合成された，側鎖にアルキニル基を有するポリチオフェンについて，自己集積挙動と光学的機能を解析した。

側鎖にアルキニル基を有するモノマーの例。
　ポリマーの合成には例えば，下記の方法を用いた[2]。

---

　*　Takakazu Yamamoto　東京工業大学　資源化学研究所　教授

第2章 高秩序パイ共役ポリマーの合成と自己集積・配列によるキャリア移動制御

$$\text{(1)}$$

HH-P3(C≡CR)Th

得られたポリマーは，元素分析，^{1}H NMR 等により同定した。多くのポリマーは室温では難溶性であるが，120℃以上では，オルトジクロロベンゼンに溶解するものがある。そして，そのようなポリマーについてはオルトジクロロベンゼン溶液の紫外可視スペクトルを測定すると，パイスタッキングを起こすパイ共役ポリマーに特徴的な温度変化を示すことが分かった。

得られた約10種類のポリマーについて，その分子集合共同および固体構造を解析した結果，

① 側鎖の数密度が大きい場合には，ポリマーは end-to-end 型のパッキング構造をとる。しかし，側鎖の数密度が小さくなるとポリマーは interdigitation 型（互いに側鎖が組み合った形式）のパッキング構造をとる。

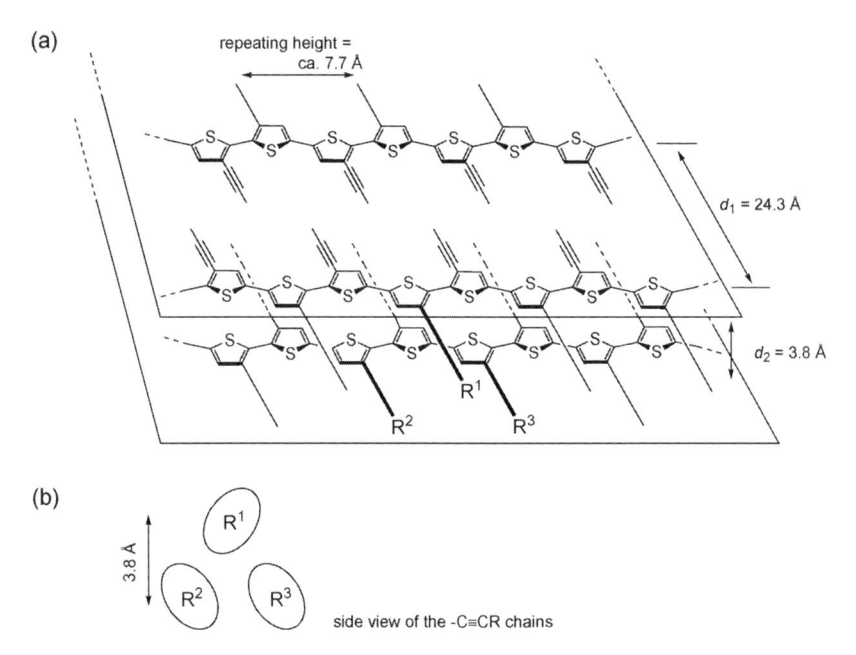

図1 式(1)で合成した HH-P3(C≡CR)Th ポリマーのスタッキング固体構造
–C≡CR 側鎖は(b)図に示すように，pseudo-hexagonal の密なパッキンをしている。この側鎖のパッキング力と π-π スタッキングによる力により HH-P3(C≡CR)Th は安定な層状スタッキング構造をとる。

② 側鎖がアルキニル基であるポリマーは側鎖がアルキル基である規則性ポリマーよりも分子集合しやすい。

③ 得られたポリマーの幾つかは，白金板等の上で界面に対して垂直配列や平行配列を行う。

式(1)で合成した HH-P3(C≡CR)Th については，図1に示す end-to-end 型のパッキング構造を示すことが分かった。

そして，このようにして得られたポリマーフィルムについて3次非線形光学感受率を測定したところ $\chi^{(3)} = 3.6 \times 10^{-11}$ esu が得られ，頭—尾型ポリアルキルチオフェン HT-P3RTh よりも大きな3次非線形光学感受率を示すことが分かった[3]。また，HH-P3(C≡CR)Th（R＝アルキル基等）がピエゾクロミズムを示すことが分かった（測定範囲は約 0-11 GPa）[4]。現在このポリマーについて，キャリアの分子内移動を ESR 法により解析している。

2.2 9,10-ジヒドロフェナントレンポリマーの合成と機能

ポリ（9,10-ジヒドロフェナントレン-2,7-ジイル）類を，ニッケル錯体やパラジウム錯体を用いる有機金属重縮合法により合成した。例えば，下記の合成法により基本的にはポリパラフェニレン構造骨格を主鎖とするパイ共役ポリマーを合成した。

上記の様に，ジヒドロキシ化合物をビス（トリアルキルシリオキシ）モノマーに変換して，このモノマーをゼロ価ニッケル錯体（上記反応式中の Ni(0)Lm）を用いる脱ハロゲン化重縮合により，たとえば $PH_2Ph(9,10-OSiBu_3)$ の様な多様なパイ共役ポリマーを合成することができる。

側鎖には，OH 基や $-OSiMe_2(CH_2)_{17}CH_3$ 基を有するポリマーが得られた。ポリ（9,10-ジヒドロフェナントレン-2,7-ジイル）類は一般的に強い蛍光（PL）を示し，これらのポリマーについては，エレクトロルミネッセンス（EL）機能及びレーザー発信の機能があることが分かっている[5]。ポリ（9,10-ジヒドロフェナントレン-2,7-ジイル）類については，その発光特性に関してポリフルオレン類と比較して化学安定性が優れていることが期待される。

また，(R,R)-モノマー単位からなるポリマーと (S,S)-モノマー単位からなるポリマーを合成した。このポリマーはフィルム状態及びコロイド状態で大きな円偏光2色性を示した[6]。この大きな円偏光2色性は，高分子の固体状態での分子間電子相互作用に基づく特殊な電子状態（たとえば，エキシトン状態）の生成によるものと考えられる。

第 2 章 高秩序パイ共役ポリマーの合成と自己集積・配列によるキャリア移動制御

2.3 新規ポリピロールの合成と自己集積

　側鎖にアルキニル基等の置換基を有する新しいポリピロール類を合成し，その自己集積をX線回折法等により解析すると共に，光学的特性等を明らかにした．例えば，下記のポリマーを合成した．

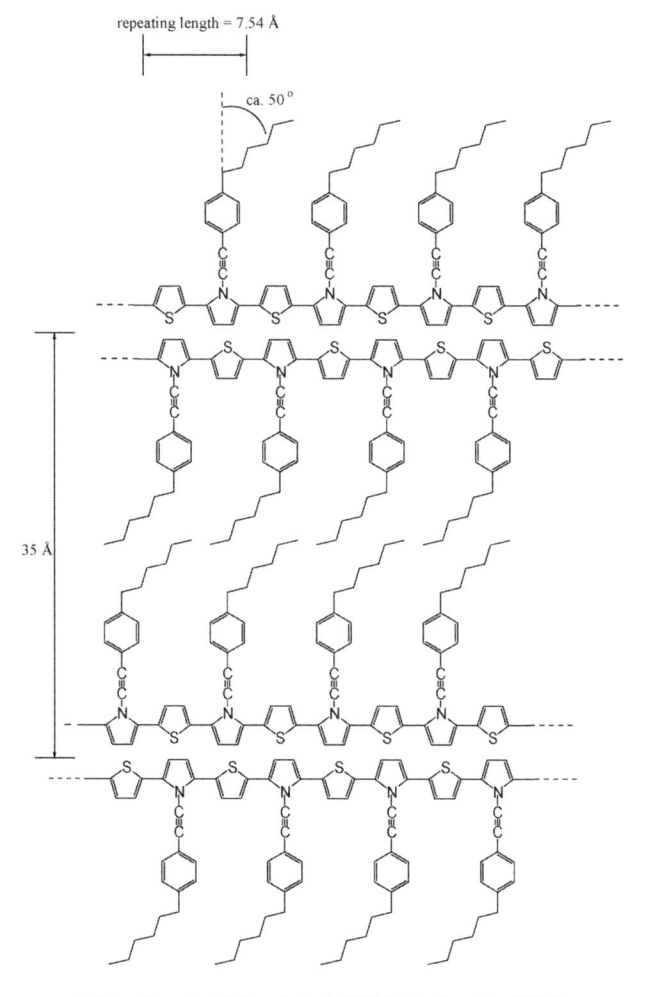

PPr(3-Hep;N-BOC)　　**Copoly-1**　　**Copoly-2**

図2　Copoly-2のヘキシル誘導体のパッキング構造

粉末X線回折のデータから，上記の double-running（2重鎖集合）のパッキング構造をとると考えられる[7]。図中の repeating length（繰返単位の長さ）は類似低分子化合物の分子構造から推定した．

新規ポリピロールの合成例を示す。Hep, Boc, Ph は各々ヘプチル基，t-ブトキシカルボニル基，フェニル基を示す。

また，Copoly-2 において，フェニル基のパラ位にヘキシル基を導入したパイ共役ポリマーを合成した[7]。そして，Copoly-2 及びそのヘキシル誘導体が平面性の高い主鎖骨格を持ち，例えば，図2に示すパッキング構造を固体中で持つことが粉末X線構造解析の結果分かった。

文　　献

1) T. Yamamoto and T.-A. Koizumi, *Polymer*, **48**, 5449 (2007)
2) T. Sato et al., *Polymer*, **47**, 37 (2006)
3) T. Sato et al., *Synth. Met.*, **157**, 318 (2007)
4) T. Sato et al., *React. Funct. Polym.*, **63**, 369 (2008)
5) K. Maruyama et al., *Jpn. J. Appl. Phys.*, **47**, 4724 (2008)
6) T. Yamamoto et al., *J. Polym. Sci. Part A: Polym. Chem.*, **45**, 548 (2007)
7) R. Yamashita et al., *Polym. J.*, **39**, 1202 (2007)

第3章 ラジカル共役ポリマーの合成とスピン機能

西出宏之[*]

1 はじめに

　通常の有機分子とは異なり不対電子をもち，開殻電子配置をとった有機ラジカル分子に我々は着目し，高分子骨格を足場としてラジカル基を密度高く，かつ化学的な安定性を保って導入することにより，不対電子の相互作用にもとづく新たな機能の発現を狙っている。特に，共役ポリマーは精密な分子形状に基づいて，剛直ならせん構造や分子間の組織体を自発的に形成する。有機ラジカルの不対電子を組み込んだ新しいπ共役ポリマーでは，共役構造とスピンが相関してはじめて発現する電磁機能が期待される。ここではラジカルポリマーに独特な電子過程と機能の一例としてメモリ機能について，また精密に制御され階層的なπ共役系を介した有機不対電子の振る舞いを多スピン間の交換相互作用として紹介する。

2 有機ラジカルポリマーと電子過程

　室温大気下でも取り扱える安定ラジカル分子をモノマー単位として高分子化したのが有機ラジカルポリマーで，不対電子を著しく高い濃度でもつ有機物質である。その一群は脂肪族主鎖の側鎖に安定ラジカル基をもつラジカルポリマーとして分類できる（図1(a)）。一方，π共役ポリマーの側鎖または主鎖にラジカル部が配置されたポリマー（図1(b)）では，ラジカル不対電子のスピン（磁気モーメント）が強磁性的または反強磁性的に相互作用するため，有機分子にもとづく磁性体の研究対象となる。

　電子一個が軌道にある半占有分子軌道SOMO（Singly Occupied Molecular Orbital）をラジカル分子はもつことから，化学構造の大きな変化なしに一電子酸化と還元反応が可能である（図2）。TEMPOに代表されるニトロキシドラジカルは迅速に一電子酸化されオキソアンモニウム体になり（電子移動速度定数は10^{-1}cm/s桁で，銅の酸化溶出や電気化学の標準となるフェロセンの酸化に匹敵），還元されラジカルが再生する。p型ドーピングに対応するが，例えばTEMPOポリマー（図1(a)(**1**)）のすべてのラジカル単位でこの一電子酸化は生起するので100％近い究極のヘビードーピングとなる。フェノキシラジカルは一電子還元されフェノラートアニオンに変換され，酸化によりラジカルに戻る，n型ドーピングに当る酸化還元が生起する。

　ラジカルポリマーの速やかな電子授受は，p型，n型の電荷輸送体としての活用につながった。

---

[*] Hiroyuki Nishide　早稲田大学　理工学術院　教授

次世代共役ポリマーの超階層制御と革新機能

図1 ラジカルポリマー：側鎖ラジカル基と脂肪族主鎖(a)および共役高分子主鎖(b)

図2 ラジカル分子の一電子酸化と還元

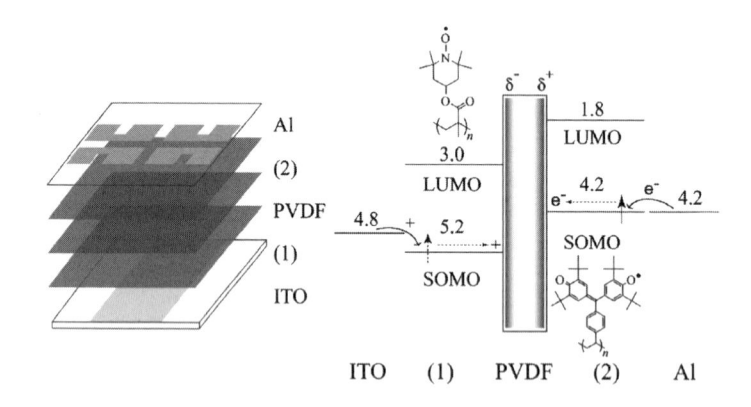

図3 ラジカルポリマーからなるメモリー素子と電荷注入，移動とトラップ

図3はメモリー素子の構成である。ラジカルポリマーの成膜性と溶媒溶解性の差を利用して，一電子酸化が可逆的なp型ラジカルポリマー（**1**），高誘電体ポリマーとしてポリフッ化ビニリデン（PVDF），さらに一電子還元が可逆的なn型ラジカルポリマーであるポリ(ガルビノキシルスチレン)（図1(a)(**2**)）の3層を各100 nm厚みで積層した素子を作製した[1]。ラジカルポリマー

第3章 ラジカル共役ポリマーの合成とスピン機能

自身は絶縁体（高抵抗）であるが，素子に電圧印加すると3V前後の閾値電圧で電荷輸送による低抵抗状態にスイッチし，ON-OFF比10^4桁，双安定性の電流—電圧曲線を与えた。書き込み，消去，読み出しの繰り返し性高く，PVDF層界面が電荷トラップに働き，1ヶ月以上の状態保持も可能で不揮発性メモリーとして働いた。湿式法で容易に作製でき，かつ大容量が可能と期待されている。

SOMO不対電子の授受によるホールの注入，輸送能から，ラジカルポリマーはEL構成にも利用が検討されている[2]。二次電池の蓄電（蓄電材料）としての展開も進んでいる[3~5]。いずれもキャリアとなるラジカル部位（不対電子）の濃度が，ラジカルポリマーでは極めて高いことを活用している。

3 ラジカル担体としてのらせん共役高分子

ヘリセンと呼ばれる芳香族縮環π共役らせん分子は，縮環構造に由来してらせん構造は剛直で，らせん巻き性による特異な光学活性など明らかにされ始めている。しかしベンゼン環やチオフェン環を多段逐次的に縮合して合成されているため，高分子量ヘリセン誘導体の報告は従来無かった。我々はスルホニウムカチオンの極めて高い求電子性を利用し，簡便なポリフェニレンスルフィドの合成法を開拓してきた。定量的に分子量＞10^5で，溶解性高いポリスルホニウム体が得られ，塩基により容易に脱アルキル化する。ポリフェニレン，ポリフェニレンオキシドの側鎖にアルキルスルホキシド基を導入すれば，分子内で同反応が定量的に生起して閉環，複素環形成し，硫黄を含む芳香環が縮合したポリ（チアヘテロアセン）を合成できる。さらにメタ位で連結したポリ（1,3-フェニレン）を主鎖骨格にすることにより，分子内閉環時に5，6員環が縮合し，共役系が巻いたらせん高分子ポリ（チアヘテロヘリセン）の合成法（図4）へと発展できた[6]。

側鎖にキラルなアルキルチオ基を有するポリ（1,3-フェニレン）では貧溶媒中にてらせん構造が誘起され，それを保持したまま分子内閉環反応してスルホニウム体を生成した。巻き性は溶媒，温度によらず固定され，剛直ならせん構造を保った。ヒドロキシル基を有するポリ（1,3-フェニレン）においてはキラルアミン添加によりらせんが誘起され，同じく閉環反応でポリ（チアヘテロヘリセン）の巻き性に導けた。溶媒可溶なスルホニウム前駆体を経由する合成法により，らせん高分子の自己組織化も可能となった。側鎖にドデシル基をもつポリスルホニウムは配向構造を

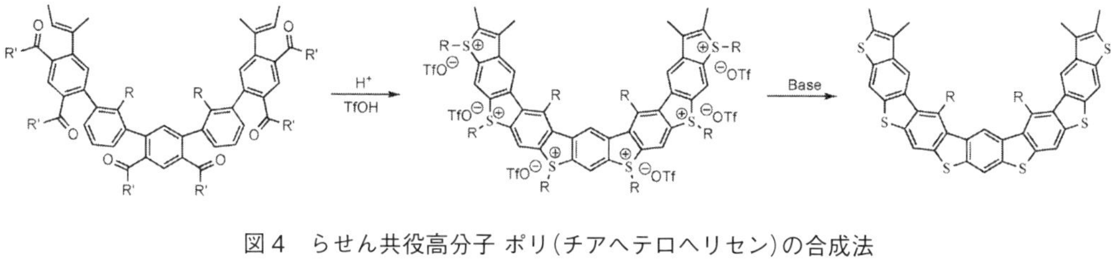

図4　らせん共役高分子 ポリ（チアヘテロヘリセン）の合成法

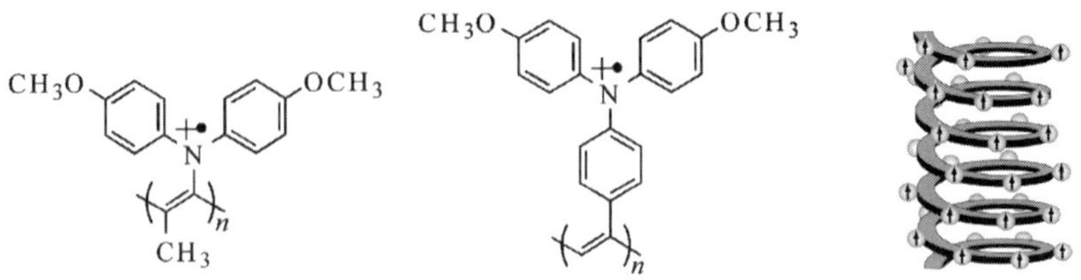

図5 高スピンラジカルポリマー：ポリ（アミニウムアセチレン）

とった。塩基により脱アルキル化し，さらにドープ処理したポリ（チアヘテロヘリセン）は対応した導電性を示した[7]。

ポリ（チアヘテロヘリセン）は分子量高く合成でき，かつヘリセン同等に固相でも剛直ならせん構造を保持している。光学特性とあわせ，縮合環構造に基づくn型ドープの安定性も見られ，分子ループ状の導電による電磁性能に期待が持てる。

置換アセチレンの増田法による重合などにより，らせんポリアセチレンが生成することは我が国研究者を中心に明らかにされている[8]。不対電子源としてアリールアミニウムカチオンラジカルはスピン密度の流れ出しも有効で，かつ室温大気下でも副反応なく安定である。1-ジアニシルアミノ-2-メチルアセチレンの重合，酸化によりポリ（ジアニシルアミニウムアセチレン）を得た（図5）[9]。側鎖ラジカル間の距離が短く，共役系を介した不対電子間の相互作用は強く，室温でも平均スピン量子数 (S) = 4/2 を示した。キラル溶媒下で重合したポリ[4-（ジアニシルアミノ）フェニルアセチレン]はラジカルへの誘導後もらせん構造を保持しており，高スピン状態との相関を議論できた。

4 多分岐共役ラジカル高分子でのスピン整列とナノ磁石

ラジカルポリマーは多数の不対電子をもつが，これら不対電子のスピンが同方向に揃った強磁性ポリマーを得るために，π共役結合を介して高分子内の多くのスピンを一定の相互作用により整列させる分子設計が提案されている。上記アリルアミニウムラジカルを高い密度でかつ特定の位置（非ケクレかつ non-disjoint を満たす置換位置）に選択的に導入したπ共役一次元鎖ポリ（4-ジアニシルアミニウム-1,2-フェニレンビニレン）（図1(b)(3)）は低温で(S) = 5/2 を与えた[10]。同じ分子設計指針に沿って強固なスピン整列を目指してこの共役構造を二次元へ拡張した。多分岐ポリ（1,2,(4)-フェニレンビニレンアニシルアミニウム）（図6）が一例である[11]。立体障害を避けながら共役面を保って分岐・網目構造を拡げる必要がある。一つの（高）分子内で室温において平均7スピンの整列が実現した。トリス（アミニウム）トリフェニレンを合成し[12]，これを高スピンの3官能性サブパートとして，ゲル化を避けながら縮合して，ポリ（アミニウムトリフェニレン）7を合成した。例えば図6右の15量体では (S) = 21/2 と，重合度に応じたスピン整列がほぼ達成できた。

第3章　ラジカル共役ポリマーの合成とスピン機能

図6　擬二次元に拡張した共役ラジカルポリマーと室温スピン整列

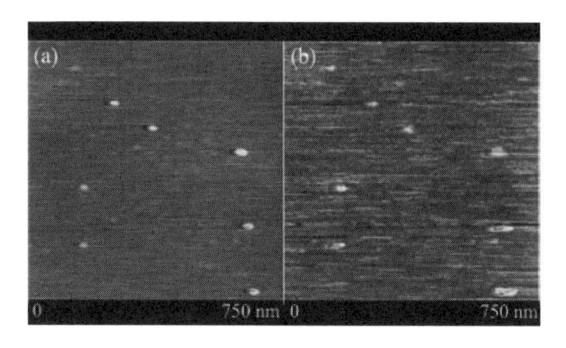

図7　強磁性ラジカルポリマー（単分子で約15 nm径）の
AFM像(a)およびMFM像(b)

　共役有機ラジカルポリマーは自発磁化をもつ強磁性体までには現時点で到っていないものの，ナノ寸法の単一分子で超常磁性挙動を示す強磁性有機物である。不対電子のスピンが揃い大きなスピン量子数（S）を持つことにより，分子当りの磁化率は著しく大きい。無機磁性材料と比較すると，磁性の強さ・密度でまったく歯が立たないものの，10 nm余の距離での引・斥力としては充分に作用する。分子量5千余で分子径約15 nmの多分岐共役構造から成る強磁性ラジカルポリマーを基板に分散した単分子像（AFM像）が図7(a)である。磁気力顕微鏡（MFM）観測（図7(b)）では，AFM分子像の位置に磁化探針で磁気応答を検出できるのである[11]。強磁性ポリマーの磁気像のコントラストは不対電子濃度に相当して多値表現できる[13]。不対電子数の多少と分子の大きさ・形で，連続的な濃淡として磁気情報を表すことができることから，従来のS，N極による2値表現の無機磁性材料とは異なるナノ寸法磁性素子として位置づけることもできよう。

5　おわりに

　純有機共役ラジカルポリマーによる磁性の発現は，有機機能性材料での唯一の未開拓領域であ

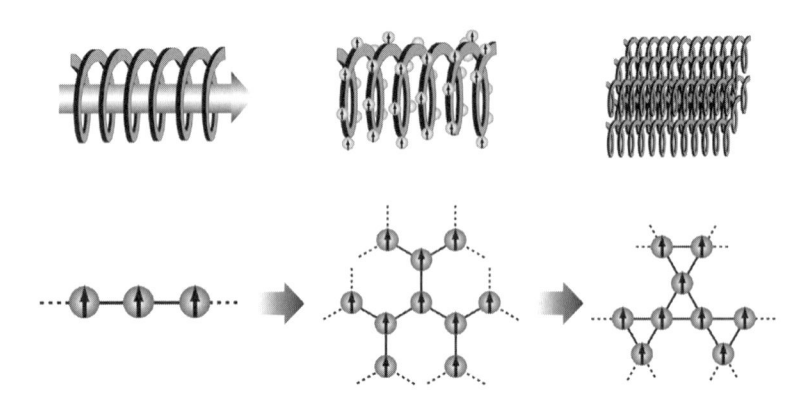

図8 超階層構造によるスピン機能の創出

る。同じ共役ポリマーでも，分子間のキャリア移動も含めたバルク物性を対象とした導電性高分子とは違って，単一分子内の物性として磁性発現に挑戦している。まさに分子レベルから階層的にボトムアップしての分子素子の創製である。不対電子を取り込んだπ共役ラジカルポリマーは，強磁性純有機分子の創製，分子ソレノイドなど電磁機能の単分子モデル（図8）として，電子の一側面であるスピン機能を開拓し，機能有機材料のフロンティアに踏み込める物質系の一つである。

文　　献

1) Y. Yonekuta, K. Oyaizu, K. Honda, H. Nishide, *J. Am. Chem. Soc.*, **129**, 14128 (2007)
2) T. Kurata, K. Koshika, F. Kato, J. Kido, H. Nishide, *Chem. Commun.* 2986 (2007)
3) H. Nishide, K. Oyaizu, *Science*, **319**, 737 (2008)
4) K. Oyaizu, Y. Ando, H. Konishi, H. Nishide, *J. Am. Chem. Soc.*, **130**, 14459 (2008)
5) T. Suga, H. Konishi, H. Nishide, *Chem Commun.* 1730 (2006)
6) T. Iwasaki, Y. Kohinata, H. Nishide, *Org. Lett.*, **7**, 755 (2005)
7) I. Takemura, R. Sone, H. Nishide, *Polym. Adv. Tech.*, **19**, 1092 (2008)
8) Y. Misumi, T. Masuda, *Macromolecules*, **31**, 7572 (1998)
9) H. Murata, D. Miyajima, H. Nishide, *Macromolecules*, **39**, 6331 (2006)
10) H. Murata, M. Takahashi, K. Namba, N. Takahashi, H. Nishide, *J. Org. Chem.*, **69**, 631 (2008)
11) E. Fukuzaki, H. Nishide, *J. Am. Chem. Soc.*, **128**, 996 (2006)
12) E. Fukuzaki, H. Nishide, *Org. Lett.*, **8**, 1835 (2006)
13) M. Tanaka, Y. Saito, H. Nishide, *Chem. Lett.*, **35**, 1414 (2006)

第4章 超階層化を実現する無機半導体ハイブリッド共役ポリマーの創成

竹岡裕子[*1], 陸川政弘[*2]

1 はじめに

近年，電子・光機能性材料として様々なπ共役系高分子が研究され，多くの新規な機能材料が開発されてきた。その成果として，現在ではポリマーコンデンサー，高分子EL素子，高分子トランジスタなどが，実用化もしくはそれに近づきつつある。しかしながら，材料の性能が十分に発揮されている事例は少なく，無機半導体を凌駕する革新的な電子，光学素子を開発するには，さらなる材料設計，合成技術，高次構造制御の研究が不可欠である。

我々は今までに共役系高分子の分子設計ならびに合成技術の研究を行い，立体規則性ポリチオフェンや無機半導体とポリジアセチレンをナノハイブリッドした自然量子閉じ込め材料を開発した[1〜5]。これらの自己組織化技術は，有機・高分子半導体の高次構造を自在に操ることのできるツールとして認知されつつある。さらに，革新機能を有する次世代材料の創成を期待して，この自己組織化技術を応用し，超階層化を有する有機共役系分子と無機半導体とによるナノハイブリッド材料の合成を試みた。本報告では，その一例として共役系有機分子を配位子として，これと無機半導体である金属ハライドをハイブリッド化することで，ナノレベルの超階層構造を実現した結果を概説する。

2 配位子としての共役系有機分子の合成

アルキルアンモニウムと金属ハライドの自己組織性を利用することで，図1に示すような層状ペロブスカイト型物質 $(RNH_3)_2MX_4$ (R：アルキル基，M：二価金属イオン，X：ハロゲンイオン) が得られる[6,7]。これらの物質群では，有機層のバンドギャップが大きいため，無機層が井戸層となった自然量子井戸を形成する。これまでの研究によって，その励起子は極めて大きな束縛エネルギー（〜350meV）と振動子強度を持ち室温でも安定であること，そのBohr半径は隣接Pb原子間距離程度で局在性が強いことなどが明らかになっている[2,3,8]。

上述のような従来の無機半導体−有機絶縁体型の有機−無機ハイブリッド材料から脱却して，アルキルアンモニウムの代わりに有機層に共役系を導入することで，有機層にも半導体特性等の

[*1] Yuko Takeoka　上智大学　理工学部　物質生命理工学科　講師
[*2] Masahiro Rikukawa　上智大学　理工学部　物質生命理工学科　教授

$(C_nH_{2n+1}NH_3)_2PbI_4$

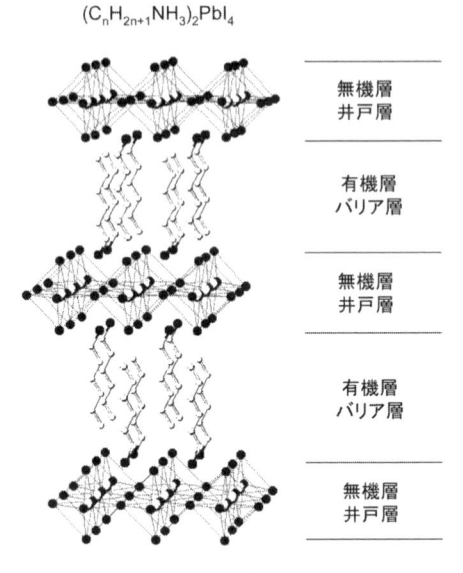

図1 層状ペロブスカイト構造

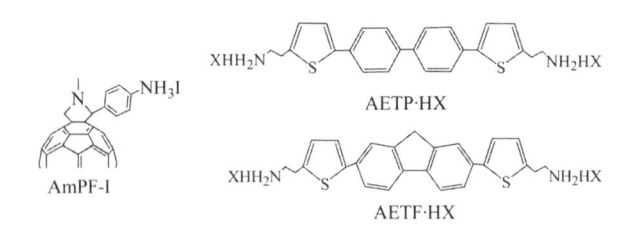

図2 合成した共役系有機分子

機能を付与することを試みた。そのために図2に示した共役系有機分子を合成した。フェニレンとチオフェン環を有するAETP・HX,フルオレン骨格を有するAETF・HXを,Grignardカップリング,若しくはPd(0)触媒を用いたカップリング法により合成した。

3 オリゴフェニレン共役系有機分子によるハイブリッド

合成したAETPのアンモニウム塩を,ハロゲン化鉛とともにジメチルホルムアミド(DMF)に溶解した(モル比1:1)。調製した溶液をキャスト法またはスピンコート法を用いて製膜した。図3にAETP・HIと(AETP)PbI_4キャスト膜のX線回折の結果を示す。AETP・HIでは17.0Å(5.2°)の面間隔に基づくピークが観察されたのに対し,(AETP)PbI_4では15.0Å(5.9°)の面間隔に基づくピークが観察された。これより,オリゴマー配位子のみをキャストした場合と,PbI_2とオリゴマー配位子をハイブリッド化した場合とでは,層間距離の異なる構造が形成されたこと

第4章　超階層化を実現する無機半導体ハイブリッド共役ポリマーの創成

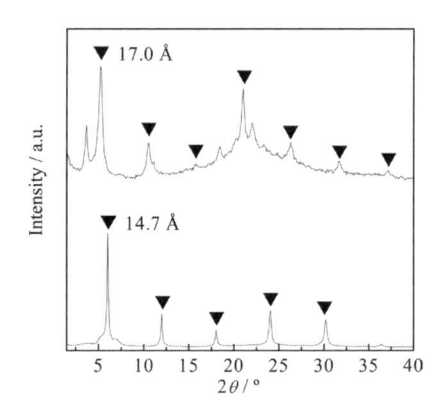

図3　AETP・HI膜（上）と（AETP)PbI$_4$膜（下）の
Out-of-plane XRD（2θ/θスキャン）

が分かった。基本的には，オリゴマー配位子では骨格が基板に対して垂直に配向しており，ハイブリッド薄膜ではPbI$_6^{4-}$の2D平面が基板に対して平行に形成されていると考えられる。CPK modelにより算出したAETPの分子長が約22.1Åであることも考慮すると，いずれの場合もオリゴマー配位子は角度を持って配向していると考えられる。2Dシートの垂線とオリゴマー骨格の成す2面角をθとすると，(AETP)PbI$_4$薄膜の場合は約70.5°と算出された。さらに，薄膜測定を行うことにより，基板に対する2D平面の配向性を調べた。θ = 1°スキャン，及びθ = 0.5°スキャンにおいても2θ/θ測定と同様の回折ピークが得られた。従って，バルクの(AETP)PbI$_4$結晶が完全な配向性を持たない多結晶薄膜であることが確認できた。

（AETP)PbI$_4$薄膜とAETP・HI薄膜のAFM観察の結果を図4に示す。AETP・HI薄膜，(AETP)PbI$_4$薄膜とも，Heightモードでは粒子状の表面が観察され，先のXRDの結果から推察された多結晶薄膜であることを証明した。一方，Phaseモードでは，Heightモードで見られた粒子単体には位相の変化がなく，いずれの粒子も単一の結晶であることを示した。(AETP)PbI$_4$薄膜では粒子界面で大きな位相の変化が観察された。これは結晶性の高い粒子がランダムに多結晶化しているために，向き合う粒子面で異なる結晶面を有することが原因で位相の変化が観察されたものと推察する。

（AETP)PbI$_4$薄膜，PbI$_2$薄膜，及びAETP・HI薄膜の室温におけるUV-Vis吸収スペクトル測定の結果を図5に，(AETP)PbI$_4$薄膜の4Kから300Kまでの温度範囲における吸収スペクトル測定の結果を図6に示す。室温における吸収スペクトル測定の結果より，AETP・HI薄膜では309nmに，PbI$_2$薄膜では418nmにそれぞれ吸収極大が観察されたのに対し，(AETP)PbI$_4$薄膜においては新たに516nmに吸収極大が観察された。Mitziらの報告では，有機層にphenylethylammoniumを用いると518nm，quarterthiopheneを用いると523nmに，無機層領域に閉じ込められた励起子に起因する吸収が観察される。このことから，(AETP)PbI$_4$薄膜において観察された吸収極大も，500nm付近に現れるヨウ化鉛系層状ペロブスカイト化合物の励起

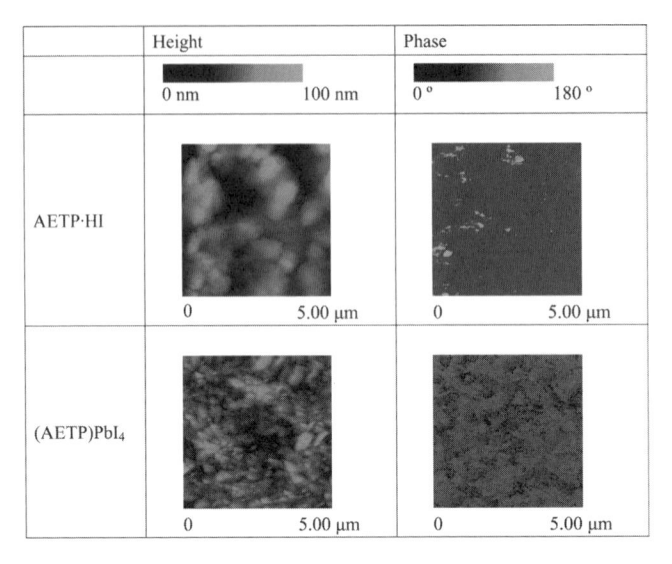

図4 AETP·HI 膜と（AETP）PbI$_4$ 膜表面の AFM 観察

子吸収と考えられる。これより，AETP を有機層に導入したヨウ化鉛系層状ペロブスカイト化合物においても，2次元の量子閉じ込め構造が構築されていることが示唆された。

4～300K の各温度における吸収スペクトル測定の結果より，（AETP）PbI$_4$ 薄膜の励起子吸収極大波長は，4K，及び 300K においても 516nm に観察されている。層状ペロブスカイト化合物は，室温から低温に温度を変化させると相転移を起こし，さらには励起子の閉じ込め効果にも変化を及ぼすことが報告されている。しかし，（AETP）PbI$_4$ 化合物の場合には，各温度において励起子吸収の波長のシフトが観察されなかったことから，室温以下でも相転移のない安定な励起子準位を有することが分かった。

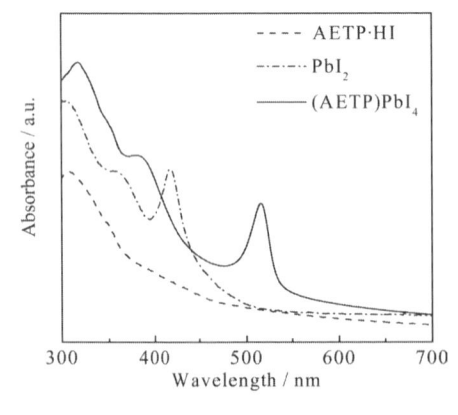

図5 AETP·HI，PbI$_2$，（AETP）PbI$_4$ スピンコート膜の UV-Vis 吸収スペクトル（室温）

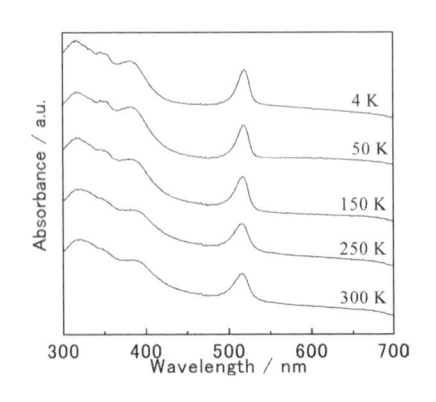

図6 （AETP）PbI$_4$ スピンコート膜の UV-Vis 吸収スペクトルの温度依存性

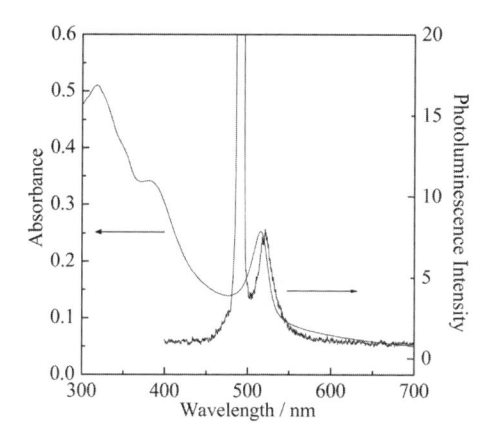

第4章　超階層化を実現する無機半導体ハイブリッド共役ポリマーの創成

図7　(AETP)PbI$_4$スピンコート膜の蛍光スペクトル（室温）

(AETP)PbI$_4$薄膜の室温における蛍光スペクトル測定の結果を図7に示す。(AETP)PbI$_4$薄膜の室温における蛍光スペクトル測定の結果より，522nmに蛍光が観察された。しかしこれは微弱であり，(AETP)PbI$_4$は，アルキルアンモニウムを有機層に用いた従来の層状ペロブスカイト化合物で観察されるような蛍光性は示さないことが分かった。これは励起されたエネルギーが，有機層に導入したAETP分子に移動しエネルギーが熱に変換され，放出されているためと考えられる。

4　おわりに

共役系有機分子と無機半導体である金属ハライドを分子レベルでハイブリッド化することに成功した。これら新規な化合物は，2次元の層状構造を有し，有機分子の電子的性質により，量子閉じ込め構造からエネルギー移動の場に変化することが分かった。このような超階層構造を分子設計の立場から制御することで新たな機能性物質が創出されることが期待できる。

文　　献

1) Y. Takeoka, K. Asai, M. Rikukawa, K. Sanui, *Bull. Chem. Soc. Jpn.*, **79**, 1607 (2006)
2) Y. Takeoka, M. Fukasawa, T. Matsui, K. Kikuchi, M. Rikukawa, K. Sanui, *Chem. Commun.*, 378 (2005)
3) T. Matsui, A. Yamaguchi, Y. Takeoka, M. Rikukawa, K. Sanui, *Chem. Commun.*, 1094 (2002)

4) Y. Takeoka, K. Asai, M. Rikukawa, K. Sanui, *Chem. Commun.*, 2592 (2001)
5) K. Ochiai, M. Rikukawa, K. Sanui, *Chem. Commun.*, 867 (1999)
6) T. Ishihara, J. Takahashi, T. Goto, *Phys. Rev. B*, **42**, 11099 (1990)
7) G. C. Papavassiliou, I. B. Koutselas, A. Terzis, M. H. Whangbo, *Solid State Commun.*, **91**, 695 (1994)
8) R. Ito, C. Q. Xu, T. Kondo, *Solid State Materials*, 157 (1991)

第5章　主鎖のみに不斉構造を持つ安定キラルらせんフェニルアセチレン高分子の第三の合成法

青木俊樹*

1　本研究の背景—キラル置換基を持つフェニルアセチレンの不斉誘起重合—

　筆者らは以前かさ高いキラル置換基としてメントール残基を持つフェニルアセチレンを合成，重合したところ，そのポリマーがモノマーに比して非常に大きい比旋光度を示すことを偶然見出した。その後，CD測定によりこの大きな比旋光度は主鎖のらせん不斉に起因している事が判明した[1]。この重合はモノマー中の光学活性基の影響で主鎖に片まき優先のらせん構造が生成する不斉誘起重合である[2]。この不斉誘起重合の発見後，筆者らはこの現象が他の多くのキラル置換基を持つフェニルアセチレンに見られることを見出した[2,3]。この方法により得られたポリフェニルアセチレンは主鎖とペンダントの両方に不斉を持っていたため主鎖またはペンダントのそれぞれの不斉構造を明確に議論することができなかった。特に高分子に特有である主鎖のらせん不斉，かつ共役ポリマーであるからこそのコンホーメーションのみに起因する不斉構造とその機能を明確に抑える事は興味深い。そこで筆者らは主鎖のみの不斉構造とその機能を確かめるため，不斉誘起重合で得られた主鎖不斉高分子より光学活性置換基をいくつかの方法で化学的に切断し，主鎖不斉が維持されるかどうかを調べた。最初に筆者らは光学活性なメンチル置換基と主鎖をつなげているエステルを還元して切断した。得られたポリマーは最初旋光性を示したがすぐに消失した。また，加水分解で光学活性基を除去した時もCDはほぼ消失した[4]。つまり，ペンダントの光学活性基無しでは主鎖不斉構造は溶液中では安定に存在できなかったのである。このような経緯から，筆者らは主鎖のらせんのみに起因する不斉を持つポリフェニルアセチレンを得ることに関心を持って研究を続けていたところ，最近，3種の合成法を見出したので以下に詳述する。

2　主鎖のみに不斉構造を持つ安定キラルらせんフェニルアセチレン高分子の第一の合成法—キラル共触媒を用いたらせん選択重合—

　筆者らは市販の重合触媒にキラルアミンを単に共存させるだけで，アキラルフェニルアセチレンのらせん選択重合を実現することに成功した[4,5]。つまり，主鎖のコンホーメーションのみに起因する不斉アセチレン高分子を溶液中で安定に初めて得ることができたのである。さて，この

---

　*　Toshiki Aoki　新潟大学　自然科学系　教授

らせん選択重合に適するモノマーはモノマー中に重合後，分子内水素結合可能な官能基（例えば水酸基やアミド基）が存在することである。水素結合の効果は極性溶媒の添加でCD吸収が消失することから明らかである。なお，主鎖らせんを保持する分子内水素結合可能な水酸基がモノマーユニットあたり2つ必要であることがわかっている。また，モノマー中の疎水基（アルキル基）の存在も重要である。この置換基が重合後の分子間水素結合による不溶化を阻止し，分子内水素結合を促進していると考えている[6]。事実このアルキル鎖が短いとき，高分子は不溶化した。キラル触媒系に共触媒として用いるキラルアミンはフェネチルアミンを始め，ナフチルアミン，シクロヘキシルアミンなどを用いることが可能である[7]。また，高分子キラルアミン[8]でも可能であることも見出した。さらに筆者らは同様にモノマー単位に水酸基を2つ持つモノマーにおいても同様のらせん選択重合が起こることを数多く報告している[9]。

得られた高分子は以下のようなユニークな特徴を有している。①らせん主鎖不斉以外の不斉要素（キラル置換基，キラル末端，主鎖中の不斉炭素など）をいっさい含まない。②この主鎖不斉は水素結合のON-OFFにより制御可能である。③主鎖のらせんとともに連続した分子内水素結合を介したもうひとつのらせんを有する，いわばラダーキラル二重らせん構造を取っている。

3 主鎖のみに不斉構造を持つ安定キラルらせんフェニルアセチレン高分子の第二の合成法—膜状態での脱キラル置換基—

2節で述べたキラル共触媒を不斉源としたらせん選択重合により，初めて主鎖のらせんのみに起因する不斉を持つポリフェニルアセチレンを合成することが可能になった。しかしながら，このらせん選択重合に適するモノマーの構造にはある程度の制限がありそうである。そこで3節では第二の合成法として，より幅広い構造のモノマーからの主鎖のらせんのみに起因する不斉を持つポリフェニルアセチレンの合成ルートを紹介する。1節で述べたキラルモノマーのアキラル触媒による不斉誘起重合で得られたポリマーは，主鎖のらせん不斉とともにペンダントも光学活性であり，2種の不斉構造が共存している。しかし，このペンダントのキラル置換基は主鎖のらせん不斉を維持するのに必要であった。ただし，この現象は溶液中でのものであった。そこで，1節で述べたキラルモノマーのアキラル触媒による不斉誘起重合で得られたポリマーを製膜し，そのペンダントキラル置換基を膜状態で除去する方法で，主鎖のらせん不斉のみをキラル構造として持つポリマーの第二の合成法を検討した。

キラル置換基を持つジフェニルアセチレンを不斉誘起重合し，製膜した。この状態でトリフルオロ酢酸を用いてSi-C結合を切断し，脱キラル置換基反応を行った。その結果，不均一系反応であるが，ほぼ定量的に反応が進行した。しかも，このポリマーはキラル置換基が完全に除去されているのにもかかわらずCD信号を有しており，主鎖のみに起因するキラル構造が確認された[10]。

キラル置換基とらせん主鎖不斉を持ち，置換基と主鎖がSi-C結合で連結されているポリフェ

ニルアセチレンでも同様に膜状態でトリフルオロ酢酸を用いた脱キラル置換基反応を行った。その結果，不均一系反応であるがほぼ定量的に反応が進行し，得られたポリマーはCD信号を有しており，主鎖のみに起因するキラル構造の合成が確認された[11]。この場合，生成ポリマー膜中に水酸基が生成する。さらに筆者らは，置換基と主鎖がエステル結合やアミド結合で連結されているポリフェニルアセチレンでも膜状態で脱キラル置換基反応を行った結果，同様に不均一系反応であるがほぼ定量的に反応が進行し，得られたポリマーはCD信号を有しており，主鎖のみに起因するキラル構造の合成が確認された[12]。

4 主鎖のみに不斉構造を持つ安定キラルらせんフェニルアセチレン高分子の第三の合成法[13]

上述の2種の合成法によって，初めて主鎖のらせんのみに起因する不斉を持つポリフェニルアセチレンを合成することが可能になった。ただし，第一の方法では適用できるモノマー構造の範囲が限られる可能性のあること，および不斉源がキラルモノマー置換基として大量に必要でかつ廃棄され再利用ができないという問題点があり，第二の方法では，膜状態での脱キラル置換基後のポリマーが不溶であり（可溶になると主鎖不斉は維持されない），その不斉構造を溶液状態で確認することはできないという問題があった。

そこで，第三の合成法として，上記の二つの方法をあわせた第二の方法の改良型合成ルートを開発したので紹介する。この方法により，膜状態での脱キラル置換基後に可溶なポリマーを得，その不斉構造を溶液状態で確認することが初めて可能になった。また，生成するキラル高分子の化学構造を同一にすることで，不斉源をキラル共触媒とする場合（第一の合成法）とキラルコモノマーとする場合（第三の合成法）の不斉重合の効率を直接比較することが可能になった。

4.1 第三の合成法の流れ（図1）

本方法は3段階からなる。第一段階では二つの水酸基を持つアキラルモノマーを少量の二つの水酸基とキラル置換基を持つキラルコモノマーとアキラル触媒を用いて共重合する。次に得られ

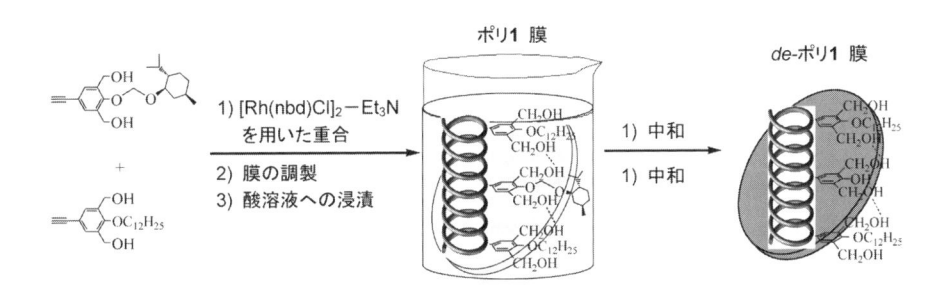

図1 ポリ1の膜状態での高分子反応による主鎖のみに不斉構造をもつキラルポリマーの合成経路

た主鎖に不斉構造を持つ安定キラルらせん共重合体を溶媒製膜（ポリ1膜）し，膜状態で脱キラル置換基を行う（de-ポリ1膜）。最後にこの膜ポリマーを溶解し，溶液状態での不斉構造を確認する。

4.2　第三の合成法の第一段階

第一の方法で用いた二つの水酸基を持つアキラルモノマーを，不斉源としての二つの水酸基とキラルなメントキシ置換基をアセタール結合を介して有するモノマーと共重合した。得られたポリマー（ポリ1）は，第一の方法で得たポリマーと同様のCDパターンを示した。少量のキラルコモノマーを用いて大きなCD信号を得ることができた。極性溶媒を加えるとCDは消失し，これも第一の方法で得たポリマーと同様であった。この主鎖片巻きらせんが分子内水素結合で安定化されていることが示唆された。

4.3　第三の合成法の第二段階

4.2項で得られたキラルコポリマー（ポリ1）は高分子量かつ溶媒に可溶で，ソルベントキャストにより容易に自己支持膜を作成できた。キラル置換基を高分子反応により除去するため，この膜を塩酸とメタノールの混合溶液に浸漬後，中和した。反応後の膜は可溶なままであった。この膜状態での脱置換基反応は定量的であることをNMR等で確認した。

4.4　第三の合成法の第三段階

完全なキラル脱置換基後もほぼ同じ強度の同じパターンのCDが観測され，主鎖のみに不斉構造を持つ安定キラルらせんフェニルアセチレン高分子の生成が確認された（図2）。このポリマーも極性溶媒を加えるとCDが消失し，この主鎖片巻きらせんが分子内水素結合で安定化されていることが示唆された（図3）。

5　おわりに—主鎖のらせんのみに起因する不斉を持つポリフェニルアセチレンの機能—

上述の3種の合成法によって，初めて主鎖のらせんのみに起因する不斉を持つポリフェニルアセチレンを合成することが可能になった。これによりらせん主鎖不斉の機能を明確に検出できる。本章ではこれらのポリマーを用いて筆者らが見出した機能の例を簡単に述べる。いずれもらせん主鎖不斉の機能であることが明確である。

第一の方法により得られた主鎖のらせんのみに起因する不斉を持つポリフェニルアセチレンは良好な製膜性を有し，これを用いてエナンチオマーの選択透過を実現できた[14]。また，第二の方法で得られた主鎖のらせんのみに起因する不斉を持つポリフェニルアセチレン膜は十分な強度を保っており，いずれもエナンチオマーの選択透過性を示した[14]。以上よりらせん主鎖不斉が光学

第5章　主鎖のみに不斉構造を持つ安定キラルらせんフェニルアセチレン高分子の第三の合成法

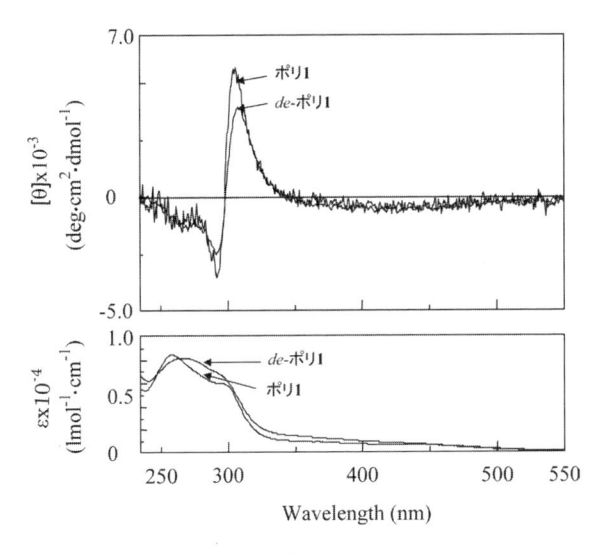

図2　de-ポリ1溶液のCDスペクトル

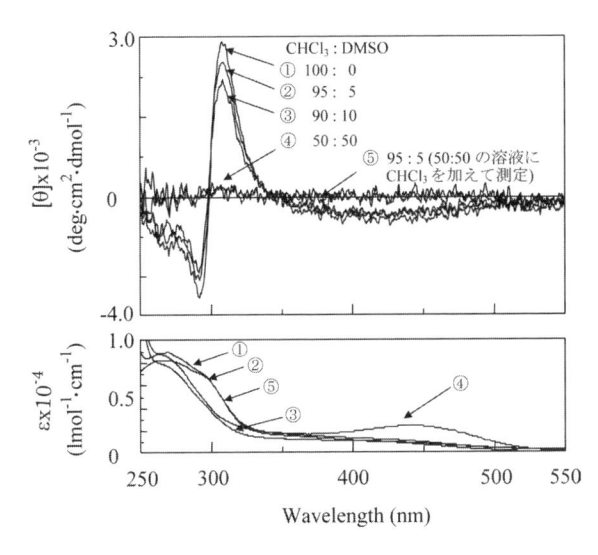

図3　de-ポリ1溶液への極性溶媒の添加によるCDスペクトルの消失

分割膜に有効であることが明確になった。2節で述べたモノマーとアキラル配位子モノマーをらせん選択共重合し，主鎖のらせんのみに起因する不斉を持つ高分子配位子を合成し，ジエチル亜鉛のベンズアルデヒドへの不斉付加反応を試みたところ，不斉反応が見られた。このことかららせん主鎖不斉が不斉反応に有効であることが明確になった。また，この主鎖不斉は重合条件や溶媒により制御可能であるので，不斉反応の制御も可能である[15]。さらに，水素結合で安定化された片巻きらせんポリマーは，らせんの制御の機能が期待できる。

以上，主鎖のらせんのみに起因する不斉を持つポリフェニルアセチレンの合成法の概要を第三の方法を中心に紹介した．今後さらに，主鎖のらせんのみに起因する不斉を持つポリフェニルアセチレンの種類が増えることが期待できる．また，このような主鎖のらせんのみに起因する不斉を持つポリマーを使って初めて明らかになることは，構造的知見のみならず，機能面でも少なからず考えられ，今後の発展が大いに期待できる．

文　献

1) T. Aoki, M. Kokai, K. Shinohara and E. Oikawa, *Chem. Lett.*, **1993**, 2009 (1993)
2) 青木，金子，寺口，高分子加工，**51**, 168 (2002)
3) T. Aoki, T. Kaneko, M. Teraguchi, *Polymer*, **47**, 4867 (2006)；T. Aoki and T. Kaneko, *Polym. J.*, **37**, 717 (2005)；T. Aoki, K. Shinohara, T. Kaneko and E. Oikawa, *Macromolecules*, **29**, 4192 (1996)；T. Aoki, Y. Kobayashi, T. Kaneko, E. Oikawa, Y. Yamamura, Y. Fujita, M. Teraguchi, R. Nomura and T. Masuda, *Macromolecules*, **32**, 79 (1999)
4) 角，青木，金子，及川，日本化学会第76春季年会講演予稿集 II, 1353 (1999)
5) T. Aoki, T. Kaneko, N. Maruyama, A. Sumi, M. Takahashi, T. Sato and M. Teraguchi, *J. Am. Chem. Soc.*, **125**, 6346 (2003)
6) 岸本，波多野，青木，金子，寺口，金，高分子学会予稿集，**54**, 253 (2005)
7) T. Sato, T. Aoki, M. Teraguchi, T. Kaneko and S.-Y. Kim, *Polymer*, **45**, 8109 (2004)
8) 金谷，寺口，青木，金子，支部合同新潟地方大会講演要旨集，83 (2005)
9) 金子，打矢，寺口，青木，高分子学会予稿集，**52**, 2644 (2003)；金子，吉本，寺口，青木，支部合同新潟地方大会講演要旨集，56 (2005)；寺口，谷岡，金子，青木，日本化学会第83春季年会講演予稿集 II, 818 (2003)；寺口，谷岡，金子，青木，高分子学会予稿集，**52**(2), 203 (2003)；寺口，谷岡，金子，青木，高分子学会予稿集，**52**(8), 1591 (2003)；松本，寺口，浪越，マルワンタ，金子，青木，高分子学会予稿集，**56**, 3308 (2007)；鈴木，寺口，浪越，マルワンタ，金子，青木，高分子学会予稿集，**57**, 199 (2008)
10) M. Teraguchi, J. Suzuki, T. Kaneko, T. Aoki and T. Masuda, *Macromolecules*, **36**(26), 9694 (2003)
11) M. Teraguchi, K. Mottate, S.-Y. Kim, T. Aoki, T. Kaneko, S. Hadano and T. Masuda, *Macromolecules*, **38**, 6367 (2005)
12) 持舘，寺口，波多野，青木，金子，高分子学会予稿集，**54**, 252 (2005)
13) 安部，寺口，浪越，マルワンタ，金子，青木，高分子学会予稿集，**56**, 3312 (2007)；安部，寺口，浪越，マルワンタ，金子，青木，高分子学会予稿集，**57**, 200 (2008)；安部，寺口，浪越，マルワンタ，金子，青木，高分子学会予稿集，**57**, 2284 (2008)
14) 谷岡，高橋，寺口，金子，青木，高分子学会予稿集，**50**, 3092 (2001)
15) 原，寺口，金子，青木，高分子学会予稿集，**52**, 907 (2003)；原，青木，寺口，金子，高分子学会予稿集，**53**, 1645 (2004)；原，寺口，金子，青木，高分子学会予稿集，**53**, 2926 (2004)

第6章 電荷輸送制御のための多分岐共役系階層構造構築と機能

安蘇芳雄[*1], 家 裕隆[*2]

1 はじめに

オリゴマー系π共役化合物は，有機電界発光（EL）素子，光電変換素子，電界効果トランジスタ（FET）などの多彩な有機薄膜電子素子の活性物質として注目され，開発と応用の研究が活発に行なわれている。中でも，オリゴチオフェンは鎖長伸長を伴ってカチオン状態を安定化できるため，正孔輸送性材料として期待され応用されている。ここでは，有機薄膜における階層構造構築による電荷輸送制御を目的とした，オリゴチオフェン多分岐共役系の開発と機能に関する筆者らの研究を概説する。

単分散のπ共役オリゴマー化合物では構造が明確であるが故に構造物性相関の研究が容易であり，鎖長の調節や置換基導入による物性の制御が可能なことから興味深い研究対象となっている[1]。筆者らは，チオフェン6量体をビルディングブロックとした48量体までのオリゴマーの合成や[2]，シクロペンテン縮環チオフェンをモノマーユニットとした96量体までのオリゴマーの合成に成功し[3]，鎖長と物性の相関を明らかにしてきた[4]。また，オリゴチオフェンの光機能化に取り組み[5]，各種のオリゴチオフェン／[60]フラーレン連結化合物を開発した（図1）[6]。電子吸収・発光スペクトルと時間分解スペクトルの検討の結果，nT-C_{60}が極性溶媒中でオリゴチオフェンからフラーレンへのほぼ定量的な光誘起分子内電子移動により安定な電荷分離状態を生成することが明らかとなったので，光電変換素子の活性層として応用を試みた。nT-C_{60}系で単

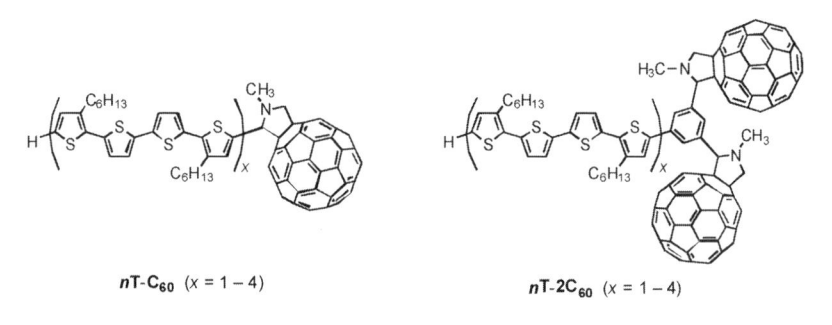

図1 オリゴチオフェン／フラーレン連結系

---

*1 Yoshio Aso 大阪大学 産業科学研究所 教授
*2 Yutaka Ie 大阪大学 産業科学研究所 助教

色光照射下の量子収率（IPCE）がオリゴチオフェンの鎖長の伸長と共に大きく増加し，フラーレンを複数導入した化合物 nT-2C$_{60}$ から作製した素子では IPCE がさらに増加した。これらの結果は，オリゴチオフェンを介した正孔輸送経路と共にフラーレンを介した電子輸送ネットワークが薄膜中に形成されていると推測され，この状況は 16T-2C$_{60}$ の FET 素子が両極（ambipolar）特性を示すことで明らかとなった[7]。しかし，フラーレンの連結数をさらに増すだけでは化合物の溶解性の低下を招き，素子化が困難となって性能向上に繋がらなかった。そこで新たに超分子的相互作用による薄膜中での階層構造の構築を狙い，オリゴチオフェンを骨格に用いた多分岐型共役系の開発を行った。

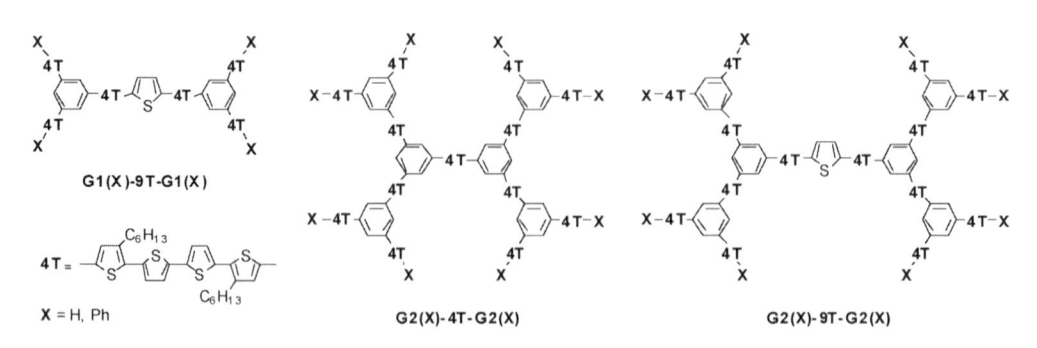

2 分岐型オリゴチオフェンの開発と機能

薄膜中での電荷輸送経路の構築を目的として，オリゴチオフェンを複数の分岐点で連結してπ電子系を二次元的に拡張する分子設計を行った。これにより，直鎖状オリゴチオフェンでは不十分な分子間相互作用の増大と薄膜における階層構造の形成を期待した。チオフェン4量体（4T）あるいは鎖長の長い9量体（9T）の両末端に4Tで構築した分岐構造を導入したオリゴチオフェン（G1(H)-9T-G1(H)，G2(H)-4T-G2(H)，G2(H)-9T-G2(H)）を開発した（図2）[8]。

これらの分岐型オリゴチオフェンは，重クロロホルム中での ^{1}H NMR 測定において，芳香族プロトンのケミカルシフトが溶液濃度の上昇に応じて高磁場シフトを示した（図3）。これは溶液中でπ共役面間が近づくことで置換している水素原子が環電流効果を受けるためであり，自発的にπスタック形成を伴う分子間会合を起こしていることを示している。連結部ベンゼンプロトンのシグナルが大きなシフトを示しているが，末端チオフェンのプロトンシグナルはほとんど移動しておらず，分岐部を中心とした会合であることが分かる。この自己会合を二量化会合と近似し，その二量化会合定数 K を非線形最小二乗法により求めたところ，G2(H)-9T-G2(H) の K 値は 3480 M^{-1}（30℃）と高い値で G1(H)-9T-G1(H)（29.2 M^{-1}）より 120 倍大きな値を示した。これは分岐構造の拡張に伴いπ-π相互作用が増大したことによる効果である。また，G2(H)-

図2　多分岐型オリゴチオフェン

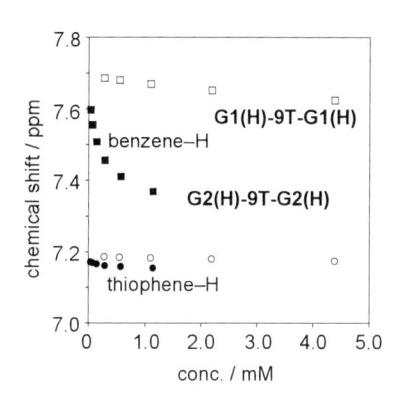

第6章 電荷輸送制御のための多分岐共役系階層構造構築と機能

図3 ^{1}H NMR ケミカルシフトの濃度依存性（30℃ in CDCl$_3$）

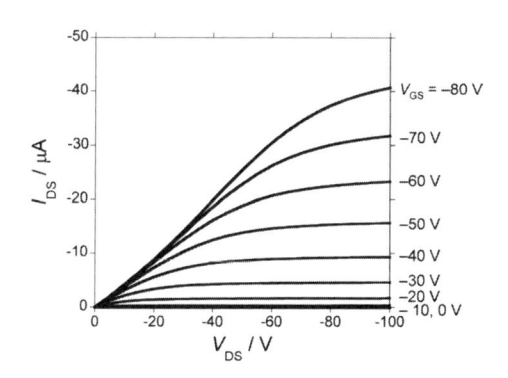

図4 G2(Ph)-9T-G2(Ph) の FET 特性

9T-G2(H) の K 値は G2(H)-4T-G2(H)（1440 M^{-1}）より2倍以上大きく，中央オリゴチオフェンの鎖長の影響も大きいことが分かる。このような会合挙動は，一般的な極性置換基の効果に依存した自己会合系とは異なった例であり，π-π スタッキング相互作用に起因する自己会合としては極めて高いものである。溶液中で会合挙動を示す多分岐型オリゴチオフェンについての構造同定には MALDI-TOF MS が非常に有効であり，明確な分子イオンピークが観測されるが，さらに，弱いながらも会合体に帰属できる分子量ピークも現れた。会合定数の大きい G2(H)-9T-G2(H) のスペクトルでは7量体までのピークを確認することができ，これらの多分岐型オリゴチオフェンが，固体マトリックス中においても会合体を形成している可能性が示唆された。

サイクリックボルタンメトリー測定より，末端が水素の分岐型オリゴチオフェンは酸化状態での安定性に欠けることが示唆されたため，すべての 4T 末端をフェニル基で置換した化合物 G1(Ph)-9T-G1(Ph)，G2(Ph)-9T-G2(Ph) についてクロロホルム溶液からスピンコート法により薄膜を作製し，ボトムコンタクト型 FET 素子でキャリア移動度を評価した。G2(Ph)-9T-G2(Ph) の正孔移動度は高い π スタック会合性を反映して 2.0×10^{-4} cm^2 V^{-1} s^{-1} であり（図4），G1(Ph)-9T-G1(Ph) の 1.2×10^{-6} cm^2 V^{-1} s^{-1} より二桁高い値を示した。これにより，多分岐オリ

ゴチオフェンの薄膜中では強いπ-π相互作用により有効な正孔輸送経路が形成されていることが分かった。また，薄膜のXRD測定より回折ピークが観測されなかったことから，溶液中で予想されたπ共役面が重なった会合体が，さらに分岐鎖を介して他の会合体と絡み合った3次元ネットワークを形成しているのではないかと予想している。

3 分岐型オリゴチオフェン／アクセプター連結系の開発と機能

多分岐型オリゴチオフェンが，高い溶解性にもかかわらず強い自己会合特性を有し，薄膜状態で良好な正孔キャリア移動度を示したので，電子キャリア担体としてフラーレンを導入した化合物 Gn-C$_{60}$，(Gn)$_2$-C$_{60}$ を合成した（図5）[9]。これら一連の連結系のFET特性には系統的な変化が現れ，正孔移動度は分岐世代の増加に伴って順次増大した。また，G1-C$_{60}$ および G2-C$_{60}$ を用いた素子からは典型的な ambipolar FET 特性が確認でき，分岐型オリゴチオフェン部が正孔輸送経路を，置換されたフラーレン部が電子輸送経路を構築していることが確認できた。しかし，G3-C$_{60}$，(G1)$_2$-C$_{60}$，(G2)$_2$-C$_{60}$ から成る素子では電子輸送特性は見られず，嵩高い分岐構造部によって，フラーレンを介する電子輸送経路の形成が阻害されていると考えられる。

一方，多分岐オリゴチオフェン末端部へのフラーレンの連結は，溶解性の著しい低下を招き，

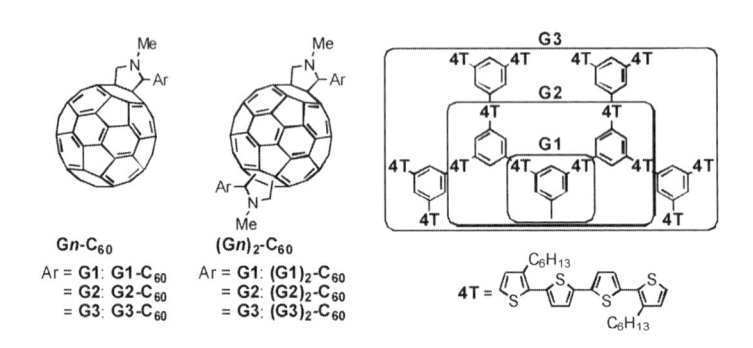

図5 分岐型オリゴチオフェン／フラーレン連結系

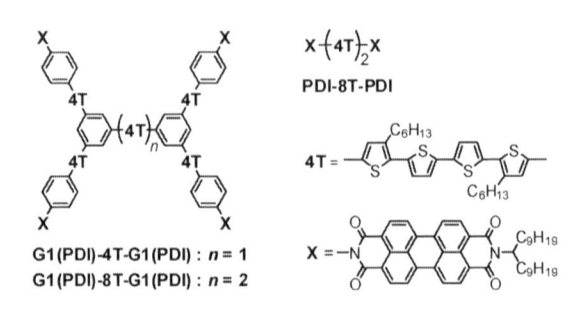

図6 分岐型オリゴチオフェン／ペリレンビス（ジカルボキシイミド）連結系

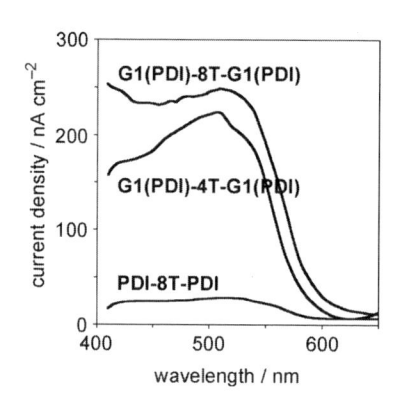

第6章　電荷輸送制御のための多分岐共役系階層構造構築と機能

図7　光電変換アクションスペクトル（10μW）

表1　光電変換特性[a]

compd	J_{sc}/nA cm^{-2}	λ_{inc}/nm	IPCE/%	$V_{oc.}$/V	FF	η/%
G1(PDI)-4T-G1(PDI)	204	470	5.5	0.46	0.27	0.25
G1(PDI)-8T-G1(PDI)	224	410	6.7	0.66	0.29	0.40
PDI-8T-PDI	25	460	0.67	0.22	0.26	0.014

a　Upon illumination with 10μW cm^{-2} monochromatic light.

溶液から満足な薄膜を作製することができなかった。そこで，分岐アルキル基（スワローテール）の導入で溶解性が確保でき，πスタックに好都合な平面性と高いアクセプター性を有するペリレンビス（ジカルボキシイミド）（**PDI**）ユニットの導入を行った（図6）[10]。これら化合物のクロロホルム溶液の蛍光スペクトルではオリゴチオフェン部励起，PDI部励起，いずれの場合も，PDI部分構造の比較化合物に比べて蛍光強度の著しい減少が観測され，効率的な光誘起分子内電子移動を示唆している。また，MALDI-TOF MS測定で，会合に由来するピークが観測され，^{1}H NMRケミカルシフトの濃度依存性から見積もった**G1(PDI)-8T-G1(PDI)**の会合定数Kは3387 M^{-1}（30℃）と高い値を示した。そこで，スピンコート薄膜を用いて光電変換素子ITO/**G1(PDI)-nT-G1(PDI)**/Alを作製し，単色光による評価を行った。化合物の電子吸収スペクトルに対応して，光電変換アクションスペクトル（図7）は広い可視光領域で高い電流値を示し，分岐を持たない比較化合物**PDI-8T-PDI**に比べて著しい向上が明らかとなった。表1にまとめたように，IPCE値およびI-V特性から求めた素子特性は**G1(PDI)-8T-G1(PDI)**が最も高く，分岐構造と中央オリゴチオフェン鎖長の効果が顕著に認められた。

4　おわりに

本稿で解説したように，筆者らが開発した分岐型オリゴチオフェンは分岐部でのπスタック自己会合性に基づく階層構造を形成し，薄膜における電荷輸送経路の構築に有効であることが分

かった。さらに，構造―機能相関の解明から精緻な分子設計によって分子エレクトロニクスに応用可能な高機能分子材料の開発を目指している。

文　　献

1) K. Müllen, "Electronic Materials: The Oligomeric Approach", Wiley-VHC, Weinheim (1998)
2) (a) H. Nakanishi *et al., J. Org. Chem.*, **63**, 8632 (1998)；(b) N. Sumi *et al., Bull. Chem. Soc. Jpn.*, **74**, 979 (2001)
3) T. Izumi *et al., J. Am. Chem. Soc.*, **125**, 5386 (2003)
4) (a) T. Otsubo *et al., Bull. Chem. Soc. Jpan.*, **74**, 1789 (2001)；(b) T. Otsubo *et al., J. Mater. Chem.*, **12**, 2565 (2002)
5) T. Otsubo *et al., Prue Appl. Chem.*, **77**, 2003 (2005)
6) (a) T. Yamashiro *et al., Chem. Lett.*, 443 (1999)；(b) N. Negishi *et al., Chem. Lett.*, **32**, 404 (2003)；(c) N. Negishi *et al., Chem. Lett.*, **33**, 654 (2004)；(d) N. Negishi *et al., Synth. Metals*, **152**, 125 (2005)
7) Y. Kunugi *et al., J. Mater. Chem.*, **14**, 2840 (2004)
8) N. Negishi *et al., Org. Lett.*, **9**, 829 (2007)
9) N. Negishi *et al., Chem. Lett.*, **36**, 544 (2007)
10) Y. Ie *et al., Chem. Commun.*, **2009**, DOI:10.1039/B819008A

第7章 新規σ-π共役型ポリマーの合成と発光キャリア輸送材料への応用

大下浄治*

1 はじめに

ケイ素系ポリマー材料として，これまでポリシロキサン，ポリシラザン，ポリカルボシランなどがよく知られており盛んに研究されている。ここでは，著者らが展開しているケイ素架橋したπ電子系ポリマーの合成と機能開発について紹介する。ケイ素基は，機能性π電子系に置換して溶解性を増すなど，物理的な効果を示すが，電子的な影響を引き起こすことも知られている。たとえば，ケイ素σ軌道は，炭素のものと比べてエネルギー的に高いレベルにあり，空間的な広がりも大きいので，炭素のπ軌道と相互作用することが可能である（σ-π共役）。ほかにも，ケイ素基の高い電子供与能は，HOMOレベルの上昇を促し，ホール親和性を向上させるなどの効果がある。我々は，このようなケイ素置換による効果を利用して，機能性のπ電子系化合物の高機能化およびπ電子系への新しい機能の付与を検討した。

2 ジチエノシロール誘導体の合成と機能

シロール（シラシクロペンタジエン）は，電子受容性の高い骨格としてよく研究されており，電子輸送性材料として有機電界発光（EL）素子にも応用されている。これは，シロール環内のケイ素基のσ*軌道とのブタジエンユニットのπ*軌道の間の結合性の相互作用（σ*-π*共役）によってLUMOが低くなっているためとされている[1]。我々は，以前からこのような電子受容性のシロールと電子供与性のチオフェン環を縮環したジチエノシロールに興味を持ち，その合成と物性・機能の評価を行ってきた[2]。これらの化合物では単純なシロールと同様にσ*-π*共役が機能し，LUMOが低下していることがモデル化合物の分子軌道計算から示唆されるが，それとともに，ケイ素架橋によってビチオフェン骨格が強制的に平面に固定されるため，π共役が有効に働いており，例えばジチエノシロール紫外可視吸収極大は，ビチオフェンおよび類似の炭素架橋体[3]に比べて明らかに長波長シフトしており，バンドギャップが小さいことが分かる（図1）。一方，CVの酸化電位は，炭素架橋体の方がジチエノシロールよりも低電位側に現われており，そのHOMOレベルが高いことを示している。すなわち，分子軌道計算の結果と一致して，ジチエノシロールのLUMOは，炭素架橋体に比べて低いエネルギーにあることになる。このような

* Joji Ohshita　広島大学　大学院工学研究科　教授

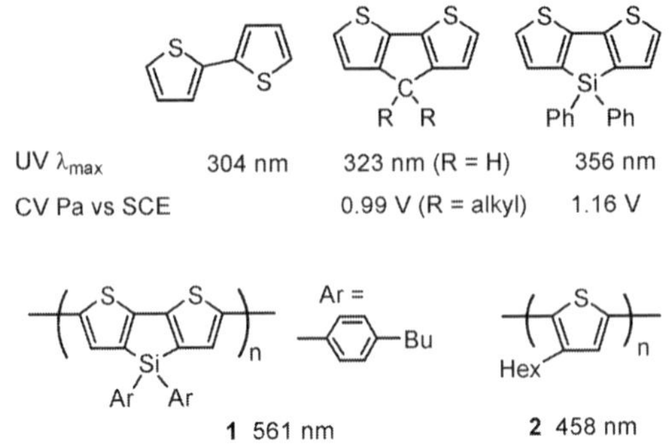

次世代共役ポリマーの超階層制御と革新機能

図1 チオフェン誘導体の紫外吸収極大と酸化ピーク電位

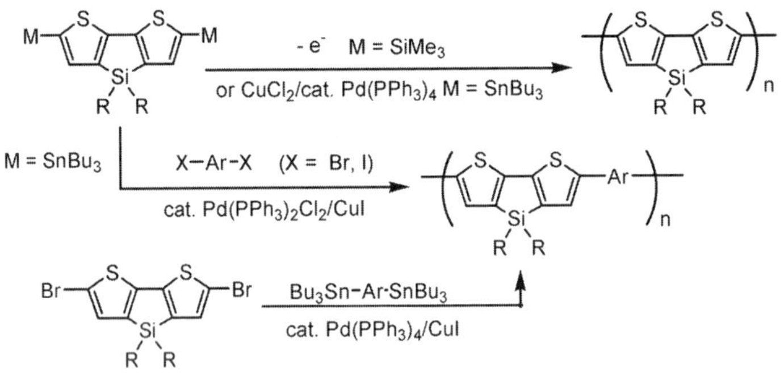

図2 ジチエノシロールから誘導されるポリマーの合成

特異な電子状態にあるため，ジチエノシロール誘導体は，非縮環型のシロールと同じように有機EL素子の電子輸送材料として利用できるが，それ以外にも，高効率の発光材料[4]，クロミック材料[5]など，あるいはチオフェン環状の置換基によっては，EL素子のホール輸送材料[6]としても利用可能である。

さらに，ジチエノシロールの材料としての有効性をより明らかにする目的で，最近，電気化学的手法[7]，パラジウム触媒によるカップリング反応[8]によって，ジチエノシロール骨格をπ共役ポリマー主鎖に導入することに成功した。図2には，ジチエノシロール骨格を組み込んだπ共役ポリマーの合成スキームを示している。得られたポリマーは，クロロホルム，THFなどに可溶な固体であり，スピンコートなどで，良質な薄膜へと加工できた。また，ゲル浸透クロマトグラフ分析（GPC）で求めた分子量はポリスチレン換算で1万前後であった。

これらのジチエノシロール骨格からなるポリマーは，モノマーレベルでの電子状態を反映して，非常に拡張された共役系を有し，例えば，ポリ［4,4-ビス（4-ブチルフェニル）ジチエノシロール］（1）は，ケイ素架橋の無いポリ（3-ヘキシルチオフェン）（2）と比べて，UV吸収極大において最大で100nm以上の長波長シフトを示した（図1）。これらのポリマーのスピンコート膜は，有機EL素子の発光層として利用することができ，電子輸送性のAlq3（トリスキノリノ

第7章　新規σ-π共役型ポリマーの合成と発光キャリア輸送材料への応用

ラートアルミニウム（Ⅲ）錯体）と組み合わせたITO/ポリマー/Alq3/Mg-Ag（ITO：インジウムスズ酸化物）という単純な構成の素子でも発光を示した。興味深いことに，この素子は低電圧側では，Alq3が主に発光し緑色の発光色を示すのに対し，電圧を上げていくとポリマーからの赤色発光が支配的になる。一度，赤色の発光が起こると，電圧を下げても緑色になることはなく低電圧から赤色の安定した発光が起こることがわかった。また，図2にあるようにStille-カップリング反応を用いて，他のπ電子系ユニットとの交互ポリマーの合成も可能であり，主鎖に共存するπ電子系（Ar）の種類に応じて様々な電子状態を取らせることができた。

EL素子の材料として以外にも，導電性材料やトランジスタ材料への展開を期待して検討を行ったが，ドープ後の電気伝導性，薄膜トランジスタ（TFT）内でのp-型キャリア輸送特性は，良好とは言えなかった。しかし，同時期に，Marksらによって，アルキル置換したジチエノシロール—チオフェン交互ポリマーが中程度のp-型TFT特性を示すことが報告され，分子構造の最適化によって有機半導体としても利用できる可能性が示された[9]。

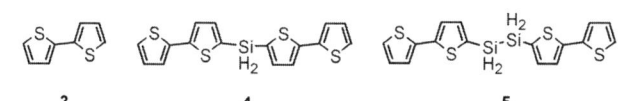

3　星型ケイ素架橋オリゴチオフェンの合成と機能

ここまで述べてきたジチエノシロールは，ビチオフェンのβ-位を骨格内で架橋した分子であるが，オリゴチオフェンをα-位でユニット間架橋することにより，p-型のTFT材料としての展開を検討した[10]。β-位ではなくα-位でオリゴチオフェンを架橋することにより，$\sigma^*-\pi^*$共役は期待できなくなるが，一方でこれらの化合物では，(a)ケイ素基の高い電子供与性がオリゴチオフェンのHOMOレベルを上昇させる，(b)架橋することによって，オリゴチオフェンを集積し，ユニット間のポッピングによるキャリア移動を有利にすることが考えられる。しかしながら，ケイ素基の電子的な効果を確認する目的で，実際にビチオフェン（3）と，モデル化合物（4，5）の分子軌道計算を行ったところ，ケイ素架橋があまりHOMOレベルを上昇させず，むしろLUMOを低下させていることが分かった（表1）。ケイ素基のπ受容性が現われた結果と考えら

表1　ケイ素架橋オリゴチオフェンモデルの計算結果[a]

化合物	HOMOレベル[b]	LUMOレベル[b]	生成熱差[c]
3	−5.82eV	−1.55eV	186.6kcal/mol
4	−5.84eV	−1.78eV	158.3kcal/mol
5	−5.76eV	−1.84eV	155.0kcal/mol

a：Gaussian 03, Revision B.03
b：B3LYP/6-31+G (d,p)
c：UB3LYP/6-31+G (d,p)，中性分子とラジカルカチオンの生成熱の差

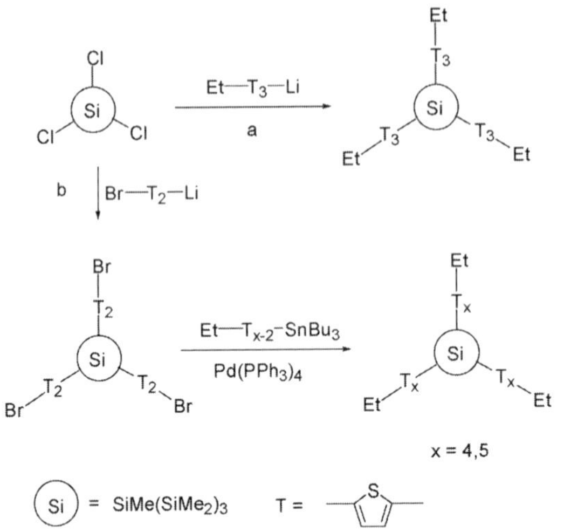

図3 星型ケイ素架橋オリゴチオフェンの合成

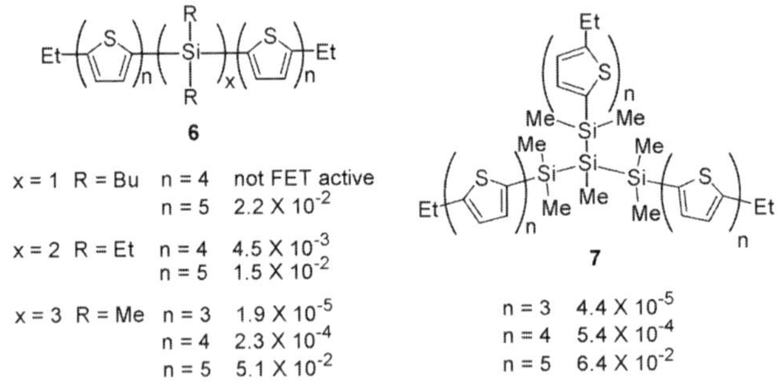

図4 ケイ素架橋オリゴチオフェン真空蒸着膜のp-型TFT特性
数値はキャリア移動度 /cm^{2}V^{-1}s^{-1}

れる。一方，実際に分子がホールを受容した際に生成するカチオンラジカルの生成熱を計算し中性状態との差を見積もったところ，表1にあるようにケイ素架橋することでエネルギー差が減少し，カチオンラジカルが生成しやすくなっていることが明らかになった。図3には，ケイ素架橋オリゴチオフェンの合成ルートを示した。ターチオフェンの誘導体は，相当するクロロシランなどのケイ素反応剤とターチオフェンのリチオ化物の反応から合成し（ルートa），クオーターチオフェン以上のものについては，いったんブロモチエニル基をケイ素上に導入した後，オリゴチオフェン鎖の伸長を行った（ルートb）。

次に，合成した化合物の真空蒸着膜を活性層とするTFTを作製，評価した。その結果，ほとんどの化合物でTFT活性が見られたが，オリゴチオフェン鎖が長くなるほど移動度が向上することがわかった（図4）。ケイ素鎖の構造と化合物のTFT特性には明確な相関は見出せなかったが，分子内にオリゴチオフェンユニットを2つ含む直鎖のもの（**6**）より，3つを架橋した星形

第7章　新規σ-π共役型ポリマーの合成と発光キャリア輸送材料への応用

分子（**7**）の方が常に良好な性能を示す傾向があった。もっとも高い移動度は $0.062 cm^2V^{-1}s^{-1}$ で，3つのキンキチオフェンを含む星形化合物**7**（n=5）で観測され，この際の on/off 比は 10^4 であった。星形分子の分子軌道計算からは，図5に示すようなオリゴチオフェンが3方向に向いたファン型と2つが対になったフォーク型の2種類の安定構造が得られたが，類似分子の単結晶X線構造解析の結果と真空蒸着膜の薄膜X線回折測定から，真空蒸着膜中ではフォーク型分子が少し傾きながらシリカ（SiO_2）基板上に立って並んでいると予想される。このため，基板と平行方向のキャリア輸送が分子間・分子内のπ-πスタッキングを利用してスムースに起こっていると考えられる。有機TFT材料の開発において，このように sp^3 結合からなるコアで拡張したπ電子系を複数架橋したタイプの分子設計は，例が少なく，今後の展開に期待が持てる。特に，これらの分子がフレキシブルなコア骨格を持つことから，溶液プロセスへの応用が考えられ，実際にクオータチオフェン2つをトリシラン架橋した化合物**6**（x=3, R=Me, n=4）は，真空蒸着膜よりもスピンコート膜で1桁高い移動度を示した。

4　光反応性ケイ素ポリマーの利用

　一般に，ケイ素基には光反応性があることが知られており，特にケイ素—ケイ素結合は，紫外光照射によって容易に解裂する。これを利用すると，ケイ素架橋π電子系を用いて新しいプロセス的な展開が可能になる。我々は，ジシラン—オリゴチオフェン交互ポリマー（**8**）の溶液に酸化チタン（TiO_2）電極を浸して400nm以上の紫外光を不活性ガス中で照射したところ，ポリマーが固定化された電極を得ることに成功した。これは，図6に示すように，光励起したジシランユニットが直接 TiO_2 表面の水酸基と反応するか，一旦 TiO_2 表面に吸着している水と反応した後に脱水して Ti-O-Si 結合を形成し，TiO_2 表面に固定化されたものと考えられる。ポリマーを固定化した TiO_2 電極は，色素増感太陽電池に応用することができ，FTO/TiO_2・ポリマー/I_2・I^-/Pt というセルで効率は低いながらも活性を見ることができた（表2）[11]。この手法は，酸化チタ

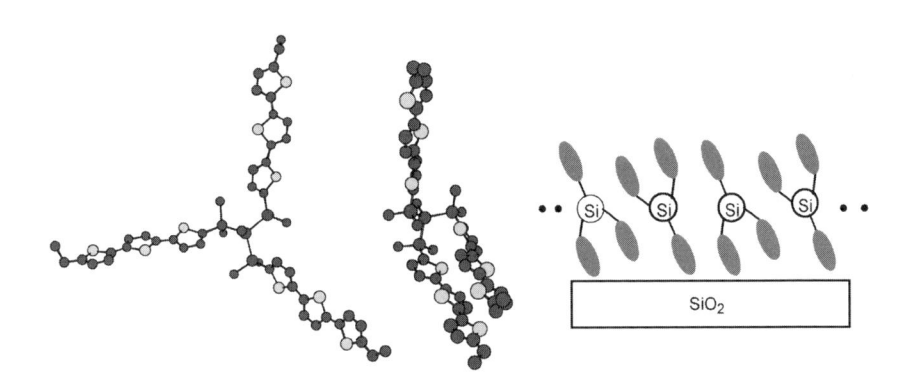

図5　星型ターチオフェン架橋体の分子モデル（左：ファン型，右：フォーク型）と蒸着膜中での予想配向

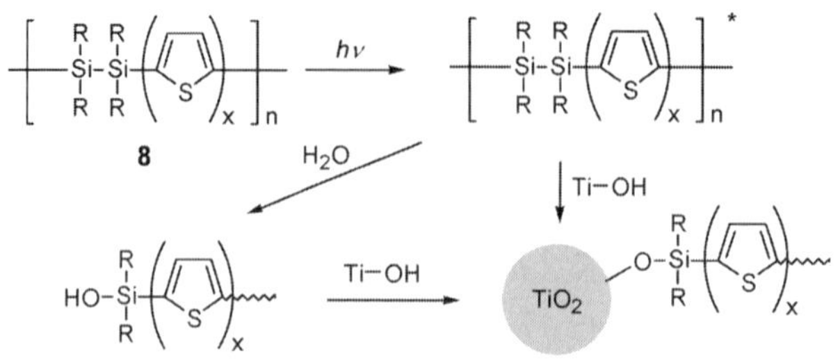

図6 ジシラン架橋したポリマーの光反応を用いた酸化チタン表面へのオリゴチオフェンの固定化

表2 ジシラン架橋ポリマー8の光反応で生成したオリゴチオフェン－固定化電極を用いた色素増感太陽電池の性能

8 x	R	I_{sc} / mAcm^{-2}	V_{oc} / mV	FF / %	η / %
5	Bu	0.76	292	0.52	0.11
6	Et	0.86	296	0.48	0.12

ン以外の無機酸化物表面へのπ電子系ユニットの固定化に有効であると予想される。

5 おわりに

以上述べてきたように，我々はオリゴチオフェンを例として，π電子系をケイ素架橋することによって，以下のようにもともとのπ電子系の持っている機能を向上させる，あるいは新しい機能をπ電子系に付与することができることを示した。これらは，ケイ素を使った新しい材料設計として，広く利用できることと考えている。

① σ-π共役を利用したπ電子系の分子軌道のエネルギーレベルのチューニング
② ケイ素置換基の電子供与能に由来するπ電子系のホール受容性の向上
③ ケイ素―ケイ素結合の光反応性を利用した新しい有機―無機ハイブリッドの作製プロセス

文　　献

1) S. Yamaguchi *et al.*, *Chem. Lett.*, **34**, 2 (2005)
2) (a) J. Ohshita *et al.*, *Organometallics*, **18**, 1453 (1999)；(b) J. Ohshita *et al*, *Organometallics*, **20**, 4800 (2001)
3) G. Zotti *et al.*, *Macromolecules*, **27**, 1938 (1994)

4) J. Ohshita *et al., Organometallics*, **26**, 6591 (2007)
5) J. Ohshita *et al., Org. Lett.*, **4**, 1891 (2002)
6) K.-H. Lee *et al., Organometallics*, **23**, 5481 (2004)
7) J. Ohshita *et al., J. Organomet. Chem.*, **690**, 3027 (2005)
8) J. Ohshita *et al., J. Polym. Sci., Part A, Polym. Chem.*, **45**, 4588 (2007)
9) H. Usta *et al., J. Am. Chem. Soc.*, **128**, 9034 (2006)
10) J. Ohshita *et al., Organometallics*, **26**, 6150 (2007)
11) J. Ohshita *et al., Chem. Lett.*, **37**, 316 (2008)

第8章　有機金属ハイブリッド共役ポリマーの創成と新機能発現

鬼塚清孝*

1　はじめに

　共役系有機基を架橋配位子とする有機金属高分子錯体は，有機配位子のπ軌道と金属のd軌道との相互作用によって多彩な構造や電子状態をとることができ，新しい機能性材料として興味が持たれている。我々は，熱的にも化学的にも高い安定性を有し，容易に合成できる遷移金属アセチリド錯体を構成単位に選び，架橋アセチレン配位子の分子設計に基づいた高分子錯体の三次元的な構造制御を基本概念として，様々な分子形状をとる遷移金属アセチリド高分子錯体の合成研究を行ってきた[1]。例えば，中心から規則的な枝分かれ構造を持った高分子であるデンドリマーに注目し，白金アセチリド錯体を主鎖骨格とする新しい有機金属デンドリマーを精密合成し，その特性や機能を明らかにしている[2〜8]。最近，有機遷移金属錯体の電気化学的特性を活用した新しい有機金属ハイブリッド共役ポリマーの開発に取り組んでいる。優れた酸化還元特性を示すルテニウムアセチリド錯体を用いて，金属種のレドックス反応に伴った構造変化が可能な共役系架橋有機配位子を設計し，金属原子と有機共役系とが大きな相互作用を有する有機金属共役系の構築を目指している。本稿では，トリス（4-エチニルフェニル）アミンを架橋配位子とする三核ルテニウムアセチリド錯体の分子設計とそれを構成単位とする新しい有機金属デンドリマー合成への展開，並びにそれらの性質について紹介したい。

2　トリス（4-エチニルフェニル）アミン架橋三核ルテニウムアセチリド錯体の合成と性質[9]

　ルテニウムアセチリド錯体は可逆的な1電子酸化還元挙動を示し，酸化した状態ではアレニリデン型構造の寄与があることが知られている[10]。酸化状態を安定化しかつ分子内電子移動を伴った共鳴が可能な架橋配位子としてトリス（4-エチニルフェニル）アミンを選んだ。また，トリフェニルアミンは電子に富む有機化合物であり，光電子デバイスの分野ではホール輸送材料として広く利用されている[11〜13]。トリフェニルアミン誘導体がσ-結合した有機金属錯体では新たな機能の発現が期待され，実際二つのトリフェニルアミンをジエチニル白金種で連結した錯体では，一方のトリフェニルアミンのみを酸化した混合原子価状態をとることができ，白金種を介して電子

---

　　*　Kiyotaka Onitsuka　大阪大学　大学院理学研究科　高分子科学専攻　教授

第8章　有機金属ハイブリッド共役ポリマーの創成と新機能発現

移動することが報告されている[14]。しかし，これまでの合成例はこの白金単核錯体だけであり，多核錯体については全く報告されていなかったことから，合成ターゲットとして興味が持たれた。

目的とする三核ルテニウムアセチリド錯体の架橋配位子であるトリス（4-エチニルフェニル）アミンは，トリス（4-ブロモフェニル）アミンから2段階で合成した。ヘキサフルオロリン酸アンモニウム存在下，cis-Ru(dppe)$_2$Cl$_2$と反応させてルテニウム種を導入し，塩基で処理してアセチリド錯体（**1**）を得た。また，塩素末端部位をフェニルアセチレンで置換して，三核ルテニウムアセチリド錯体（**2**）へ変換した金属間相互作用を評価するための比較対象として対応する単核ルテニウムアセチリド錯体（**3**，**4**）を合成した。

1のサイクリックボルタンメトリーを測定すると，四つの可逆的な酸化還元波（$E_{1/2}$ = −0.17, 0.11, 0.29, 0.60V）が観測された（図1）。同様に，**2**も四つの可逆的な酸化還元波を示した。それに対して，**3**では2つの可逆的な酸化還元波（$E_{1/2}$ = −0.03, 0.48V）が観測され，架橋配位子は$E_{1/2}$ = 0.68Vに可逆的な酸化還元波を示すことから，三核ルテニウム錯体では段階的にルテニウム種が酸化され，最後に中心のトリフェニルアミン部位が酸化されることがわかった。**2**のUV-Visスペクトルを測定すると，金属アセチリドのMLCT遷移の吸収がλ_{max} = 380nmに観測

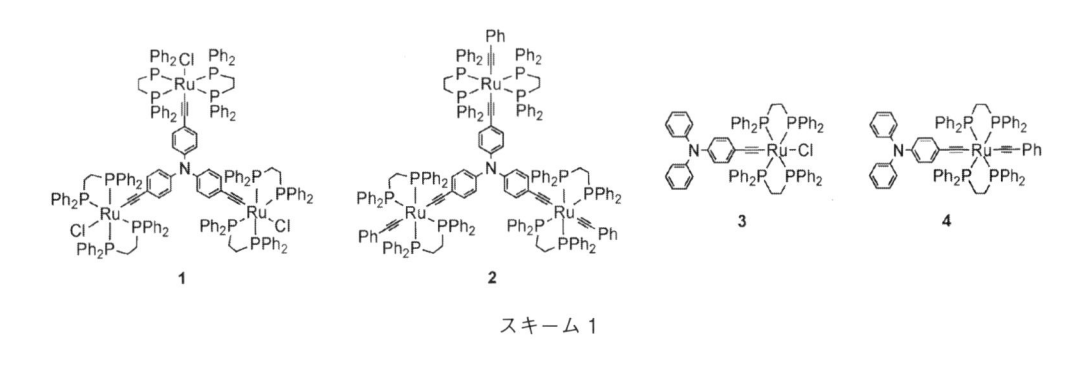

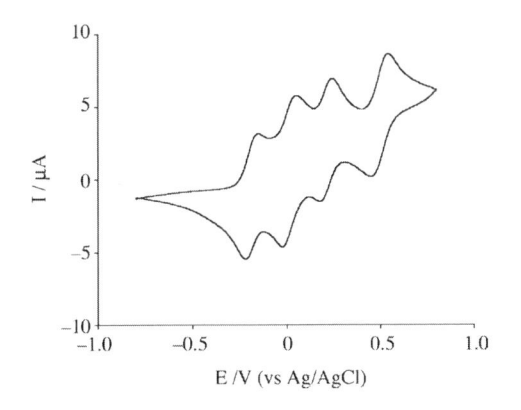

スキーム1

図1　錯体1のサイクリックボルタモグラム（in CH$_2$Cl$_2$）

された。一方，4では同様の吸収が$\lambda_{max}=349$nmに現れ，三核ルテニウム錯体では架橋配位子を介して金属間で相互作用していることが示唆された。次に，2の電解UV-Visスペクトルを測定し，各酸化状態での吸収を比較検討した（図2）。その結果，一電子酸化すると金属アセチリドのMLCT吸収帯が弱くなり，450nmと500nm付近に新たな吸収が現れることがわかった。二電子酸化した状態では，金属アセチリドのMLCT吸収帯はさらに弱くなり，450nmの吸収はほとんど変わらなかったが，500nm付近の吸収は弱くなった。さらに酸化すると，500nm付近の吸収が少し弱くなるだけで大きな変化はなかった。それに対して，4の電解UV-Visスペクトルでは，一電子酸化すると金属アセチリドのMLCT吸収帯が弱くなると共に450nm付近に新たな吸収が観測されるだけで，500nm付近には全く吸収は現れなかった。以上のことから，三核ルテニウム錯体では一電子酸化した状態で金属間相互作用が最大になると考えられた。また，酸化状態での安定性についての情報を得るために2への還元を試みたところ，2^+から2が定量的に再生され，数回酸化還元を繰り返し可能であることがわかった。しかし，二電子以上の酸化還元を繰り返すとスペクトル強度が少しずつ弱くなり，若干の分解を伴っていることが示唆された。また，4^+を還元しても4は全く再生されなかった。以上のことから，一電子酸化体2^+は化学的に安定であることがわかった。

一電子酸化体2^+は等量の[Cp_2Fe][PF_6]との反応により，[2][PF_6]として単離することができた。[2][PF_6]のIRスペクトルでは，アセチリド錯体の$\nu_{C\equiv C}$の吸収が2020cm^{-1}に観測されただけでなく，アレニリデン錯体に特徴的な吸収が1957cm^{-1}に現れた。またNear-IRスペクトルでは，混合原子価CT遷移に帰属される幅広い吸収（$\lambda_{max}=4760$cm^{-1}，$\varepsilon=6.05\times10^4$dm^3 mol^{-1} cm^{-1}）が現れた。その半値幅は約3000cm^{-1}で，分子内で電荷移動が起こっているclass II混合原子価状態での計算値$\Delta\nu_{1/2}=(2310\nu_{max})^{1/2}=3316$cm^{-1}と良く一致していた（図3）[15, 16]。以上の結果から，2^+ではスキーム2に示すような構造変化を伴った金属間での電子移動が起こっていることが強く示唆された。

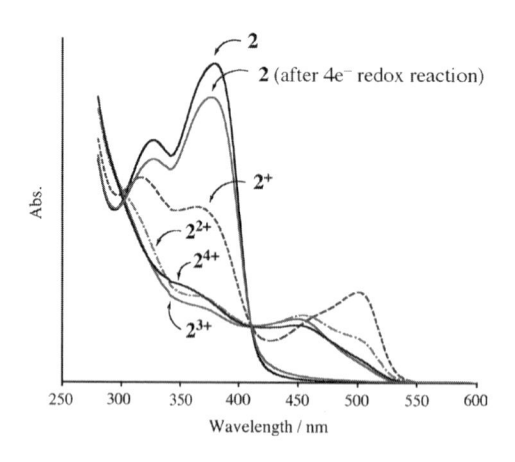

図2　錯体2の電解UV-Visスペクトル（in CH_2Cl_2） 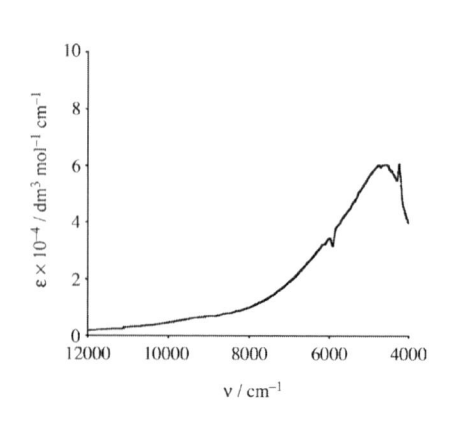　　図3　錯体2^+の近赤外吸収スペクトル（in CH_2Cl_2）

第8章 有機金属ハイブリッド共役ポリマーの創成と新機能発現

スキーム2

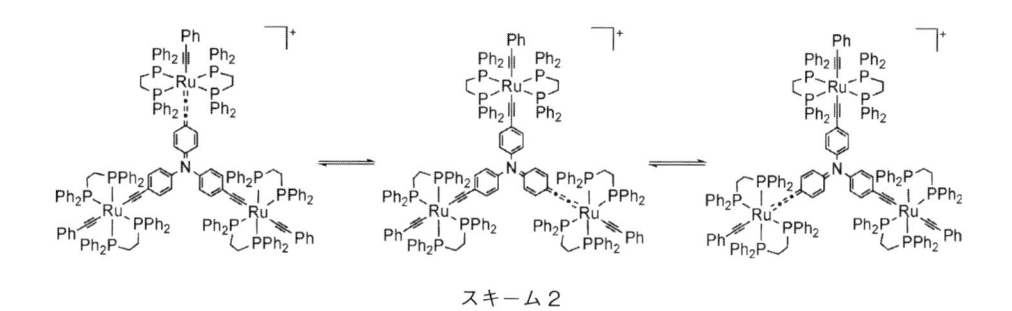

3 トリス（4-エチニルフェニル）アミン架橋ルテニウムアセチリドデンドリマーの合成と性質[17]

トリス（4-エチニルフェニル）アミン架橋三核ルテニウムアセチリド錯体が興味深い特性を有していることがわかったので，それを構成単位とするデンドリマー合成へ展開した。デンドリマーの合成法には，中心から外側に向かって逐次合成するダイバージェント法と，外側から内側に向かってデンドロンを合成し，最後に中心部位で連結するコンバージェント法がある。本研究では，デンドリマーを単一分子として単離することが容易なコンバージェント法を採用した。トリ（4-エチニルフェニル）アミン架橋ルテニウム二核錯体（**5**）を合成ユニットとして，デンドロンを逐次合成し，コアとなる**1**で三分子を連結して第1世代デンドリマー（**G1**）並びに第2世代デンドリマー（**G2**）を合成した。

G1並びに**G2**のサイクリックボルタンメトリーを測定すると，**2**とほぼ同じ電位でブロードな三つの可逆波が観測され，**2**と同様に分子内のルテニウム種間で電気化学的に相互作用していることが示唆された（図4）。これは，1,3,5-トリエチニルベンゼン架橋ルテニウムアセチリドデンドリマーでは一つの酸化還元波しか観測されなかったこととは対照的な結果である[18]。UV-Visスペクトルを測定すると，λ_{max} = 350-400 nm の範囲にルテニウムアセチリド錯体に特徴的なMLCT吸収帯が観測され，その極大吸収波長は単核ルテニウムアセチリド錯体**4**からデンドロン合成ユニットのフェニルアセチレン置換体であるルテニウム二核錯体（**6**），三核錯体**2**九核錯体である**G1**の順に分子内のルテニウム原子数が増加するにしたがって長波長シフトし，共役系の拡大傾向がみられた（図5）。しかし，二十一核錯体である**G2**は**G1**とほぼ同じ吸収スペクトルを与えた。次に，最初の酸化反応が起こる電位（0V vs Ag/AgCl）で**G1**及び**G2**の電解UV-Visスペクトルを測定したところ，450nm付近と500nm付近に新たな吸収が現れ，MLCT吸収帯の吸収強度で規格化すると400nm以上領域で**2**$^+$のスペクトルと完全に一致していた。DDQを酸化剤に用いた滴定実験によって，**G1**と**G2**で500nm付近の吸収が最大になるのはそれぞれ三電子並びに七電子酸化した状態であることがわかり，各三核ルテニウムユニット中で一つのルテニウム種が酸化した状態になっていることが示唆された。

スキーム 3

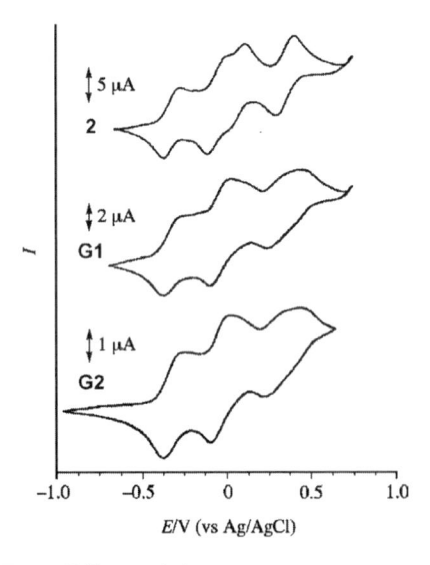

図 4 錯体 2 及びデンドリマー G1, G2 のサイクリックボルタモグラム（in CH_2Cl_2）

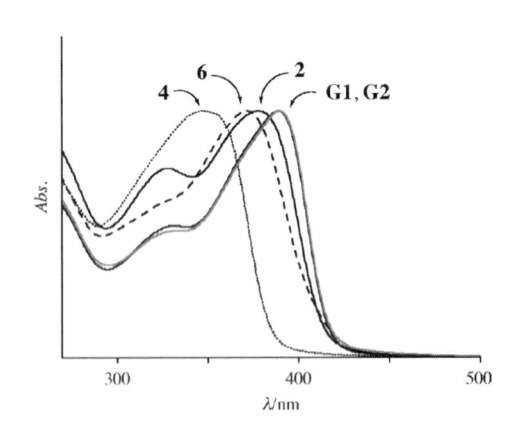

図 5 MLCT 吸収帯の極大吸収で規格化した錯体 2, 4, 6 及びデンドリマー G1, G2 の UV-Vis スペクトル（in CH_2Cl_2）

第8章 有機金属ハイブリッド共役ポリマーの創成と新機能発現

4 おわりに

　有機金属共役系を構築するためには，遷移金属原子と有機共役系のエネルギーレベルの差が問題となることが多かったが，本研究で金属種の酸化還元特性を活用することがその解決策の一つとなり得ることが示された。また，ヘテロ元素を導入することによって炭化水素のみの共役系とは異なる電子系を構築でき，混合原子価状態を安定化できることが明らかになった。第3周期元素を活用することによって遷移金属原子と有機共役系のエネルギーレベルの差をさらに縮小する効果も期待できる。現段階では，第1，第2世代デンドリマーでも三核ルテニウム種が独立して相互作用している可能性が高いが，各世代で異なる架橋配位子を用いて電子的な傾斜をつけることによってより大きな共役系へと展開できるであろう。

文　　　献

1) S. Takahashi, K. Onitsuka, F. Takei, *Macromol. Sympo.*, **156**, 69 (2000)
2) N. Ohshiro, F. Takei, K. Onitsuka, S. Takahashi, *J. Organomet. Chem.*, **569**, 195 (1998)
3) K. Onitsuka, S. Yamamoto, S. Takahashi, *Angew. Chem. Int. Ed.*, **38**, 174 (1999)
4) K. Onitsuka, M. Fujimoto, N. Ohshiro, S. Takahashi, *Angew. Chem. Int. Ed.*, **38**, 689 (1999)
5) K. Onitsuka, A. Iuchi, M. Fujimoto, S. Takahashi, *Chem. Commun.*, 741 (2001)
6) K. Onitsuka, H. Kitajima, M. Fujimoto, A. Iuchi, F. Takei, S. Takahashi, *Chem. Commun.*, 2576 (2002)
7) K. Onitsuka, A. Shimizu, S. Takahashi, *Chem. Commun.*, 280-281 (2003)
8) K. Onitsuka, M. Fujimoto, H. Kitajima, N. Ohshiro, F. Takei, S. Takahashi, *Chem. Eur. J.*, **10**, 6433 (2004)
9) K. Onitsuka, N. Ohara, F. Takei, S. Takahashi, *Dalton Trans.* 3693 (2006)
10) M. C. B. Colbert, J. Lewis, N. J. Long, P. R. Raithby, M. Younus, A. J. P. White, D. J. Williams, N. N. Payne, L. Yellowlees, D. Beljonne, N. Chawdhury, R. H. Friend, *Organometallics*, **17**, 3034 (1998)
11) Y.-J. Pu, M. Soma, J. Kido, H. Nishide, *Chem. Mater.*, **13**, 3817 (2001)
12) M. I. Ranasinghe, O. P. Varnavski, J. Pawlas, S. I. Hauck, J. Louie, J. F. Hartwig, T. Goodson, III, *J. Am. Chem. Soc.*, **124**, 6520 (2002)
13) P. Furuta, J. Brooks, M. E. Thompson, J. M. J. Fréchet, *J. Am. Chem. Soc.*, **125**, 13165 (2003)
14) S. C. Jones, V. Coropceanu, S. Barlow, T. Kinnibrugh, T. Timofeeva, J.-L. Brédas, S. R. Marder, *J. Am. Chem. Soc.*, **126**, 11782 (2004)
15) N. S. Hush, *Prog. Inorg. Chem.*, **8**, 391 (1967)
16) M. B. Robin, P. Day, *Adv. Inorg. Chem. Radiochem.*, **10**, 247 (1967)

17) K. Onitsuka, N. Ohara, F. Takei, S. Takahashi, *Organometallics*, **27**, 25 (2008)
18) M. P. Cifuentes, C. E. Powell, J. P. Morrall, A. M. McDonagh, N. T. Lucas, M. G. Humphrey, M. Samoc, S. Houbrechts, I. Asselberghs, K. Clays, A. Persoons, T. Isoshima, *J. Am. Chem. Soc.*, **128**, 10819 (2006)

第9章 ケイ素を含む新規σおよびπ共役電子系の創出と物性

関口　章*

1　はじめに

　ポリシランは，ケイ素を主鎖骨格とするポリマーであり，軌道準位の比較的高いケイ素—ケイ素σ結合電子は主鎖に沿って非局在化し，σ共役が発現する[1]。そのため，ポリシランポリマーは，ポリエチレンなどの飽和炭素系ポリマーよりも，むしろπ電子の非局在化（π共役）したポリアセチレン，ポリ（フェニレン—ビニレン）などの炭素π電子系ポリマーと類似した性質を示す（図1）。しかし，一般的にポリマーはある分子量分布を持つ混合物であるため，詳細な解析には単一化合物での測定が望ましい。著者らは，単一化合物として得られるポリマーとして規則正しい分岐構造を有する，樹状ポリマー「デンドリマー」に着目し，骨格元素がケイ素であるポリシランデンドリマーの合成及びその発光特性について検討した[2]。また，炭素—炭素二重結合と比較し，ケイ素—ケイ素二重結合は準位の高い占有π軌道，低い非占有π*軌道を持つという性質に加え，反応性においても大きな相違がある[3]。したがって，ポリアセチレンのケイ素類縁体（ポリジシリン）では，ケイ素—ケイ素結合のσ共役のみならず，π共役が同時に発現する無機π共役ポリマーという新しい領域へと展開しうる。本稿では，①樹状ポリシランデンドリマーの合成と発光特性，②ケイ素π共役ポリマー創製の基礎となるブタジエンケイ素類縁体の合成と構造，③ケイ素—ケイ素三重結合化合物ジシリンの合成と物性，反応性について述べる。

2　ポリシランデンドリマーの合成ルートの開拓と光物性

　デンドリマーの合成法の一つである発散法は，コア部に対して分岐点を有する反応試剤を順次反応させ，世代を段階的に伸張させる方法論である。高世代になるに従い，反応点が指数関数的

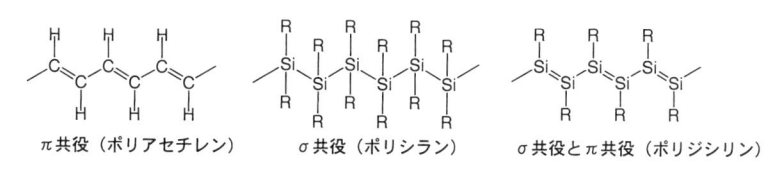

図1　ポリアセチレンとポリシランおよびポリジシリン

---

*　Akira Sekiguchi　筑波大学　大学院数理物質科学研究科　化学専攻　教授

に増加していくことに加え,立体的な要因などから一般的には反応を完結させにくい。しかし,鍵となる分岐合成試剤は共通に使うことができる。そこで,ポリシランデンドリマー合成で鍵反応剤となる分岐状シリルリチウム化合物 Me(RMe$_2$Si)$_2$SiLi(R = Ph,Me)を開拓し,発散法を用いた結果,ポリシランデンドリマー(1-3)の合成に成功した(スキーム 1)[4]。

　第 2 世代ポリシランデンドリマー 3 におけるケイ素—ケイ素結合長は,2.312-2.397 Å であり,比較的長いケイ素—ケイ素単結合を含んでいることから,分岐鎖間の立体反発による構造的な特徴を持つと考えられる。ケイ素主鎖の配座では,ケイ素主鎖上の σ 共役に有利なアンチ配座(Si-Si-Si-Si 二面角:139.9-164.4°)のほか,分岐鎖間の立体反発を避けるために σ 共役には不利なオルソゴナル型配座(Si-Si-Si-Si 二面角:80.4-99.6°)も部分的に存在している。また,第一世代の 2 と第二世代の 3 では,ケイ素骨格に起因する σ-σ* 遷移の吸収が,それぞれ 269nm(ε 49,100)と 279nm(ε 96,400)で観測された(図 2)。

　ケイ素の一次元鎖で構成されるポリマーは,主鎖骨格が単結合でありながらも,共役性を示すなどの特異な性質を持つ[1]。ポリシランデンドリマーは,これらを三次元的に組み上げたもので,半導体としての性質を有するダイヤモンド構造と同時に,ケイ素単体の部分構造をも反映した構造を有している[3]。実際,ポリシランデンドリマーは,有機ケイ素ナノクラスターの発光特性と類似しており,ポリシランデンドリマーを液体窒素温度に冷却して紫外光で励起すると可視域での発光が観測され,青色の光を放つ[5]。紫外域の発光がポリシランデンドリマーの吸収とミラーイメージであるのに対し,可視域の発光は,ストークスシフトの大きいブロードな発光である。

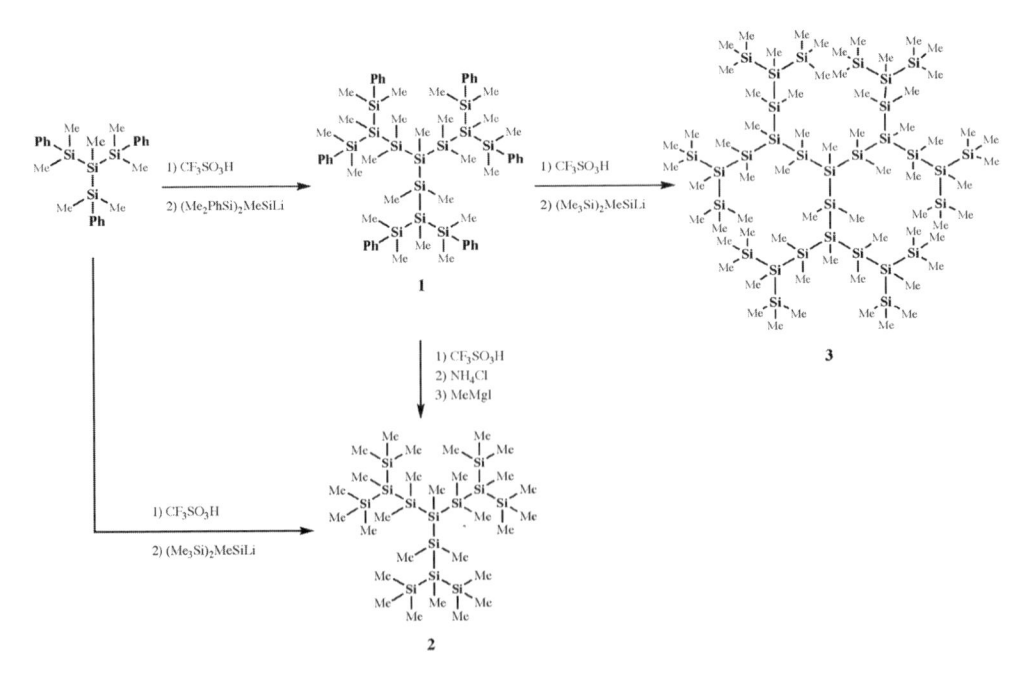

スキーム 1　ポリシランデンドリマーの合成

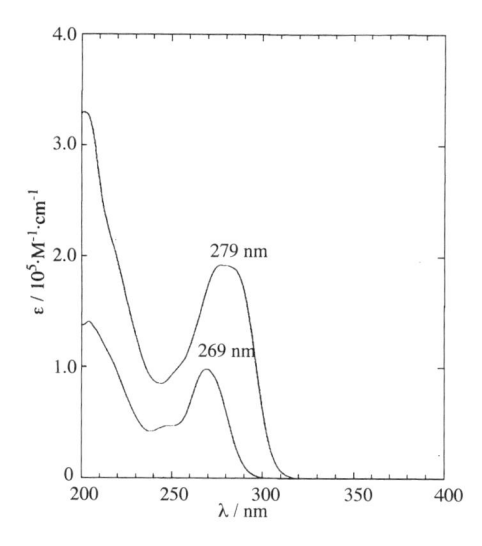

第9章 ケイ素を含む新規σおよびπ共役電子系の創出と物性

図2 ポリシランデンドリマー2（λ_{max}=269nm）と
3（λ_{max}=279nm）のヘキサン中での電子スペクトル

時間分解発光スペクトルを使用し，詳細な検討を行った結果，励起直後に紫外域（350ナノメートル）と可視域（450ナノメートル）で二つの発光帯が観測されることがわかった。前者の発光は直鎖ケイ素—ケイ素鎖を有するポリシラン，後者は分岐したケイ素—ケイ素鎖に由来している。このような二重発光的な挙動は，ポリシランデンドリマーに特徴的なものといえる。紫外発光サイトと可視発光サイトとの間ではエネルギー障壁は低いが，両者の励起状態間でエネルギー移動がランダムホッピング的に生じるためである。吸収した光エネルギーは，ポリシランデンドリマーのケイ素鎖を伝って中心核に移動する。励起状態で中心の構造が大きく変化するため，大きなストークスシフトが観測される。これらのことから，一次元鎖のポリシランの蛍光挙動とは全く異なる現象であるといえる。

3 ケイ素π共役ポリマーへのステップ

複数のケイ素—ケイ素二重結合を含む分子の合成法には一般性が無いため，主鎖が高周期元素のみからなるπ共役ポリマーの合成例はない。ケイ素—ケイ素二重結合を持つ安定な化合物が単離された1981年以来[6]，多くの研究者の努力により，ケイ素—ケイ素二重結合を一つだけ有する安定な化合物が報告されるようになった[3]。しかし，複数のケイ素—ケイ素二重結合を持つ安定な化合物やケイ素—ケイ素三重結合化合物は未知の領域であった。

3.1 ブタジエンケイ素類縁体の合成，構造及び物性

著者らは，同一ケイ素上が二つの求核反応点となるジリチオシラン化合物 R_2SiLi_2 の実用的合

成法を開発し，ジハロシラン類 R_2SiX_2 との反応によるケイ素─ケイ素二重結合化合物の合成へと展開させてきた。ジリチオシランを 1,1,2,2-テトラクロロジシラン誘導体 $MesCl_2SiSiCl_2Mes$ (Mes = 2,4,6-トリメチルフェニル基) との反応を検討した結果，1,3-ブタジエンのケイ素類縁体 **4** の合成に成功した[7]。ブタジエン骨格を形成する 4 つのケイ素は平面 3 配位であるが，置換基の立体的な嵩高さに起因し，各々の二重結合周りでは 14.6° 及び 16.6° のねじれが認められた。π共役の発現に大きく影響する二つのケイ素─ケイ素二重結合のなす二面角は 72° であり，π共役には不利な直交に近い配座を持つことがわかった（図3）。また，テトラシラ-1,3-ブタジエン **4** の紫外可視吸収スペクトルにおける最長波長吸収帯が 531nm に観測されたことのほかに，ケイ素─ケイ素二重結合を一つ有する化合物と比較した場合，100nm 程度の長波長シフトしていることがわかった。これは，ケイ素─ケイ素二重結合におけるπ軌道の空間的広がりが対応する炭素─炭素二重結合のπ軌道と比べると大きく，ブタジエンケイ素類縁体では，直交に近い構造を持ちながらも二つのπ軌道間及びπ*軌道間での相互作用が少なからず発現しうること，さらには，ケイ素─ケイ素二重結合π軌道ともう一方のケイ素─ケイ素二重結合中のσ軌道間での相互作用が発現した結果であると推定される。これらは，高周期元素π共役系化合物ではπ共役のみならず，σ電子系が複合的に相互作用していることを示唆している。

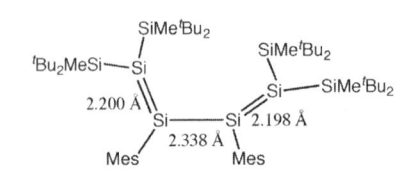

図3 π共役テトラシラブタジエン **4** の分子構造

3.2 ケイ素─ケイ素三重結合化合物ジシリンの合成と構造

テトラシラ-1,3-ブタジエンで見出されたπ及びσ複合共役系をポリマーへと拡張するためには，既存の合成法では得難いポリジシリンの合成法を開発しなければならない。そこで，著者らは，ケイ素─ケイ素三重結合化合物ジシリンの重合によるポリジシリンの合成を目標として，未知の化合物である三重ケイ素化合物ジシリンの合成方法について検討した。Dsi_2^iPrSi 基を有するテトラブロモジシランの還元的脱臭素化反応を行った結果，良好な収率でジシリン **5** をエメラルドグリーン色の結晶として合成することができた（図4）[8]。X 線結晶構造解析で決定したジシリン **5** の中心のケイ素─ケイ素結合長は 2.0622Å であり，これまで知られてきたケイ素─ケイ素二重結合長（2.15Å）よりも明らかに短く，**5** がケイ素─ケイ素三重結合性を持つことを明確に示している。さらに，**5** は直線構造ではなく，137.4° の折れ曲がり角を持つトランス折れ曲がり構造を有することも明らかとなった。アセチレンの炭素─炭素間が等価な直交した 2 つのπ結合があるのに対し，ジシリンではケイ素─ケイ素間に 2 つの非等価なπ結合がある[9]。実際，折

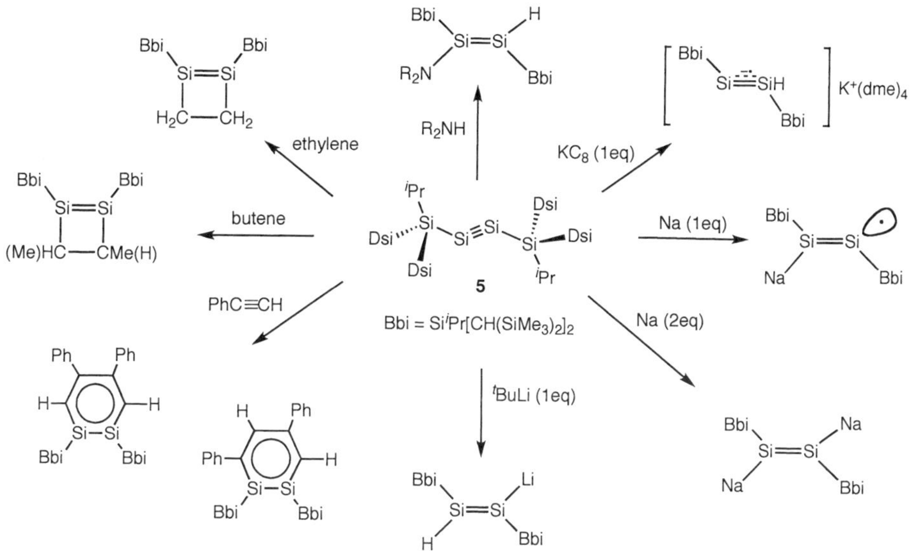

第9章 ケイ素を含む新規σおよびπ共役電子系の創出と物性

図4 三重結合ケイ素化合物5の多様な反応性

れ曲がった三重結合を持つことにより，紫外可視吸収スペクトルで複数のπ-π*吸収帯が観測される。また，最長波長の吸収帯が690nmに観測され，直交したπ-π*（HOMO-LUMO）禁制遷移がみられた。2つの非等価な占有π軌道の存在は，固体NMRを使った^{29}Si NMRスペクトルによる磁気テンソルでも明らかにされた[9]。大きく反遮蔽した2つの成分では非等価なπ結合の存在を示しており，置換基方向のテンソルは大きく遮蔽された成分で，アセチレンに特徴的な環電流が生じている。

炭素のアセチレンは，金属触媒により環化してベンゼン誘導体を生成したり，重合することでポリアセチレンを生成する。しかし，三重結合化合物ジシリンでは，炭素アセチレンと無触媒下で容易に［2+2+2］環化反応が起こり，安定なジシラベンゼン体が得られる[10]。また，オレフィンとの反応においても，無触媒下で［2+2］環化反応が生じる。そして，容易に1電子還元反応や2電子還元反応が起こるだけでなく，安定なジシリンラジカルアニオンやジシレンジアニオンなどをも合成することができる（図4）[11,12]。夢の化合物とされてきた三重結合ケイ素化合物の存在が現実となった今，次の合成目標は，σ共役とπ共役を有するポリアセチレンのケイ素類縁体の合成である。

文　　献

1) R. D. Miller and J. Michl, *J. Chem. Rev.*, **89**, 1359 (1989)
2) M. Nanjo and A. Sekiguchi, in Silicon Containing Dendritic Polymers; P. R. Dvornic and M. J. Owen Eds.; Springer, Chapter 4 (2009)
3) M. Weidenbruch, The Chemistry of Organic Silicon Compounds, Z. Rappoport, Y. Apeloig (Eds.) Wiley, Chichester, U.K., Vol. 3, Chapter 5 (2001)
4) A. Sekiguchi, M. Nanjo, C. Kabuto and H. Sakurai, *J. Am. Chem. Soc.*, **117**, 4195 (1995)
5) A. Watanabe, M. Nanjo, T. Sunaga and A. Sekiguchi, *J. Phys. Chem. A*, **105**, 6436 (2001)
6) R. West, M. J. Fink and J. Michl, *Science*, **214**, 1343 (1981)
7) M. Ichinohe, K. Sanuki, S. Inoue and A. Sekiguchi, *Organometallics*, **43**, 4610 (2004)
8) A. Sekiguchi, R. Kinjo and M. Ichinohe, *Science*, **305**, 1755 (2004)
9) V. Kravchenko, R. Kinjo, A. Sekiguchi, M. Ichinohe, R. West, Y. S. Balazs, A. Schmidt, M. Karni and Y. Apeloig, *J. Am. Chem. Soc.*, **128**, 14472 (2006)
10) R. Kinjo, M. Ichinohe, A. Sekiguchi, N. Takagi, M. Sumimoto and S. Nagase, *J. Am. Chem. Soc.*, **129**, 7766 (2007)
11) R. Kinjo, M. Ichinohe and A. Sekiguchi, *J. Am. Chem. Soc.*, **129**, 26 (2007)
12) A. Sekiguchi, *Pure and Appl. Chem.*, **80**, 447 (2008)

第10章 主鎖型反応性有機金属ポリマーの設計とこれを経由する多彩なπ共役高分子の創製

冨田育義[*]

1 はじめに

　主鎖にベンゼン環やチオフェン環などの各種のπ電子系をもつユニットを連結したπ共役高分子は，電子材料，光学材料をはじめとする多彩な分野における応用の可能性をもつ重要な機能性高分子である。これらのポリマーを合成するためには，通常対応する骨格をもつモノマー単位を逐次的に連結し主鎖を構築する重縮合法が広く用いられている。すなわち，遷移金属触媒による脱ハロゲン化を伴うホモカップリング反応や金属塩の脱離を伴うクロスカップリング反応など，様々な素反応に基づく重縮合によって多彩なπ共役高分子の合成が達成されてきている。これらの手法は多様なπ共役高分子の合成法として重要な位置づけにあり，今後も有用なπ共役高分子が本手法によって創出され続けるものと考えられる。しかしながら，カップリング反応を阻害する可能性のある官能基や重合条件で分解が懸念される不安定な骨格などをもつ高分子を本手法を用いて合成することは困難と考えられ，より多彩なπ共役高分子を得るためには，新しい高分子合成の手法の開拓が望まれる課題である。

　筆者らは，多彩な反応性を示す骨格としてメタラサイクル部位を主鎖に導入した新しいタイプの主鎖型反応性高分子に関する研究を検討してきており，特に，主鎖の結合位置の規制された有機チタンポリマーを経由する高分子反応では，従来法では合成の困難な骨格を含むπ共役高分子が構築できることが示されつつある。本稿では筆者らの高分子反応を経由するπ共役高分子の合成に関する研究の概要を述べる。

2 主鎖型反応性有機金属ポリマーの合成とπ共役高分子への変換反応の開拓

　高分子反応によって多彩なπ共役高分子を設計，合成するためには，高効率で様々な骨格に誘導できる反応性をもつ有機金属骨格を，前駆体となる高分子に規則正しく導入する必要がある。筆者らは，これらの条件を満たす系として，佐藤らによって開発された $Ti(OPr^i)_4$ から容易に系中で誘導できる低原子価のチタン錯体（1）と2分子の末端アセチレン誘導体から高効率かつ位置特異的にメタラサイクル化が進行し，チタナシクロペンタジエン誘導体を生成する素反応[1]を選び，これを鍵反応とした重合により，同骨格を主鎖の繰返し単位に規則正しく導入した有機金

---

[*] Ikuyoshi Tomita　東京工業大学　大学院総合理工学研究科　物質電子化学専攻　准教授

次世代共役ポリマーの超階層制御と革新機能

属ポリマーを合成し，その高分子反応によってπ共役高分子を合成する手法の開拓について研究を行ってきている。すなわち，低原子価のチタン錯体（**1**）と 2,5-位に長鎖アルコキシ基を置換基にもつ 1,4-ジエチニルベンゼン誘導体（**2a**）との重合を，エーテル中，$-78℃ \sim -50℃$ の条件で行うことにより有機チタンポリマー（**3a**）を得ている。**3a**は室温では不安定であり，単離精製および構造の同定は難しいが，直接塩酸やヨウ素を高分子反応の試薬として加え，徐々に室温まで昇温する条件で反応を行うと，ジエン部位をもつ有機溶媒に可溶なポリマー（**4a**，**5a**）が高効率で得られる（式1）[2]。同様に，有機チタンポリマー（**3a**）と一塩化硫黄やプロパルギルブロミド[3]との反応では，それぞれチオフェン環およびベンゼン環を繰返し単位としたπ共役ポリマー（**6a**，**7a**）が効率よく得られている。類似の構造をもつ単量体モデル化合物との紫外可視（UV-vis）スペクトルの評価結果から，高分子反応によって得られるこれらのポリマー（**4a-7a**）は，いずれの場合にも期待どおり主鎖に沿ってπ共役系が拡張していることが強く支持されている。一例として，チオフェン骨格をもつポリマー（**6a**）およびモデル化合物として o-エチニルアニソールから誘導できるチオフェン誘導体の UV-vis スペクトルを図1に示すが，単量体モデルの吸収極大（λ_{max}）が 287nm に観測されるのに対し，**6a** の λ_{max} は 386nm に観測され，100nm 程度の長波長シフトが認められている。なお，対応するモノマー単位をクロスカップリング反応によって連結する重縮合により類似の繰返し単位構造をもつポリマーが合成されているが[4]，その λ_{max}（337nm）と比較しても全く遜色なく長波長領域に吸収が認められていることから，高分子反応によって十分なπ共役系の広がりをもつポリマーが構築されていることが支持される。

式1　有機チタンポリマー（**3a**）の合成とこれを経由するジエン，チオフェン，およびベンゼン環を有するπ共役ポリマー（**4a-7a**）の合成

第10章　主鎖型反応性有機金属ポリマーの設計とこれを経由する多彩なπ共役高分子の創製

　類似のメタラサイクル化合物であるジルコナシクロペンタジエン誘導体は，フェニルジクロロホスフィンとの反応により1-フェニルホスホール誘導体を与えることが報告されている[5]。我々は，同様の変換反応がチタナシクロペンタジエン誘導体においてもスムーズに進行することを示すとともに，本反応を用いた有機チタンポリマー（3a）の高分子反応によって，対応する有機リンポリマー（8a）が得られることを明らかにしている。さらに，各種ジクロロホスフィン誘導体との反応を検討し，芳香族置換基をもつ場合にはホスホール部位をもつポリマーが得られるのに対し，脂肪族置換のジクロロホスフィンとの反応では精製過程で自動酸化が起こり，ホスホールオキシド骨格をもつポリマー（8a'）の構造として単離されることを報告している（式2）。なお，ここで合成される有機リンポリマーの場合にも，主鎖に沿ってπ共役系が拡張していることがUV-visスペクトルから強く支持されている。

　さらに，14族元素の各種ハロゲン化物とチタナシクロペンタジエン誘導体との反応を検討した結果，特に四塩化スズやジメチルジクロロスズなどとの反応がジルコナシクロペンタジエン誘導体における報告[6]よりも温和な条件（−50℃〜室温）で円滑に進行し，スタンノール誘導体を効率よく与えることが分かった。そこでこの結果に基づき，3aの高分子反応を行ったところ，スタンノール骨格をもつπ共役ポリマー（9a）が効率よく得られることが明らかになっている。ホスホールや14族元素を含むヘテロール類は低いLUMO順位をもつ特徴があるが[7]，このこととよく一致して，主鎖の組み替えを伴った高分子反応によって合成された一連のπ共役高分子

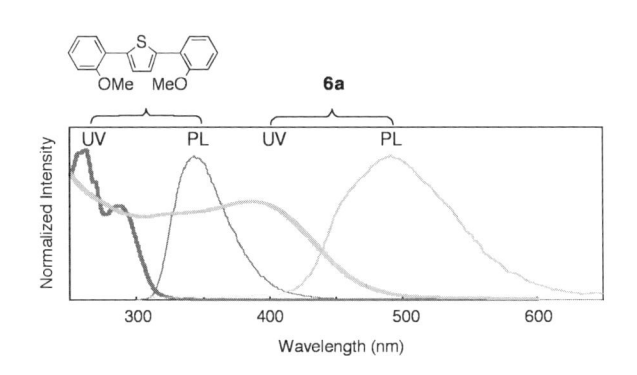

図1　有機チタンポリマー（3a）の高分子反応により得られるチオフェン骨格をもつポリマー（6a）およびそのモデル化合物の紫外可視（UV-vis）および蛍光（PL）スペクトル

式2　有機チタンポリマー（3a）のホスホールおよびスタンノール部位を有するπ共役ポリマー（8a, 9a）への変換

(8a, 9a) は，例えば 6a のようにチオフェン等の一般的な複素環をもつπ共役ポリマーと比較して低い LUMO レベルをもつことが UV-vis スペクトルおよび電気化学測定の結果から支持されており，新しい機能材料としての応用が期待できると考えられる（表1）。

表1 有機チタンポリマーの高分子反応により得られるポリマー（6a, 8a, および 9a）の光学特性および HOMO-LUMO エネルギー順位

Polymers	λ_{max} (nm)	λ_{onset} (nm)	Optical band gap (eV)[a]	HOMO (eV)[b]	LUMO (eV)[c]
6a	386	480	2.58	−4.92	−2.71
8a	504	670	1.85	−5.48	−3.63
9a	518	770	1.61	−5.62	−4.01

a) λ_{onset} の値をもとに算出。b) LUMO 順位と光学的バンドギャップをもとに算出。
c) $E_{LUMO} = -E_{red} + 4.40$ (eV) に基づき算出。

3 主鎖の組み替えを伴う高分子反応に基づく多彩な機能性π共役高分子の構築

以上のように，有機チタンポリマーの一連の高分子反応では，チタナサイクル部位の変換反応によって生じる構造とジインの部分構造に由来するユニットを交互にもつπ共役高分子が生成する。従って，この方法を用いると，有機チタンポリマーの合成に用いるジイン類の比較的簡単な分子設計および有機チタンポリマーに対して行う高分子反応の種類によって，多様な性質や機能性をもつπ共役高分子を高効率で一挙に合成できると考えられ，高効率なπ共役高分子のパラレル合成手法への応用が期待できる。

例えば，ホモキラルなビナフチル部位をもつジインモノマー（2b, 2c）を用いて有機チタンポリマーの合成を行い，塩酸，一塩化硫黄，ならびにジクロロフェニルホスフィンとの高分子反応を行うと，ジエン，チオフェン，ないしはホスホール骨格とホモキラルなビナフチル骨格が交互に位置特異的に連結されたポリマーが効率よく得られる。これらのポリマーは高分子反応に

第10章 主鎖型反応性有機金属ポリマーの設計とこれを経由する多彩なπ共役高分子の創製

式3 ジイン類の分子設計に基づくπ共役ポリマーのパラレル合成

よって生じる部分構造によって光学的性質が異なり，またジインモノマーのアセチレン部位の結合位置によって不斉高次構造が大きく変化することが示唆されている（式3）。同様に，フルオレン部位をもつジイン（2d）を用いて1との重合を行い，高分子反応を行うと，優れた発光特性を示す高分子が各々得られ，これらのポリマーの発光色は主鎖に含まれる部分構造，すなわち高分子反応に用いた試薬に応じて青からオレンジまで顕著に変化することが示されている。

4 おわりに

反応点として結合位置の規制されたメタラサイクルを主鎖に導入した有機金属ポリマーを中間体として用い，それらの主鎖の骨格変換を伴った高分子反応によって主鎖に様々な機能団をもつπ共役高分子が合成できることが明らかになった。本系では，多彩な主鎖構造をもつπ共役高分子を高分子反応に用いる反応試薬を選択するだけで作り分けることができる特徴がある。また，対応するモノマーの重縮合が困難と予想される，スタンノールのような不安定な骨格を繰返し単位に含んだ高分子についても合成が可能であることから，重縮合法よりも簡便に多彩な構造をもつπ共役高分子を設計，合成できる手法としての展開の可能性を秘めていると考えられる。これらの方向性を明確に示すためには，今後さらに多彩な有機金属ポリマーを設計し，それらの反応を開拓するとともに，実際に高分子反応を用いて従来にはないπ共役高分子の材料設計を推進することが特に重要であると考えられる。

文　　献

1) S. Yamaguchi, R. Z. Jin, K. Tamao, F. Sato, *J. Org. Chem.* **63**, 10060 (1998)
2) (a) I. Tomita, M. Ueda, *Macromol. Symp.* **209**, 217 (2004)；(b) I. Tomita, "Polymers Possessing Reactive Metallacycles in the Main Chain", In "Macromolecules Containing Metal and Metal-Like Elements, vol. 6", Transition Metal-Containing Polymers, eds. By A. S. Abd-El-Aziz, C. E. Carraher Jr., C. U. Pittman Jr., M. Zeldin, Wiley-Interscience, Hoboken, p59 (2006)；(c) I. Tomita, "Reactive Polymers Possessing Metallacycles in the Main Chain", In "Metal-Containing and Metallo-Supramolecular Polymers and Materials" eds. by U. S. Schubert, G. R. Newkome, I. Manner, *ACS Symp. Ser.*, 928: American Chemical Society, Washington, DC, p514 (2006)
3) (a) R. Tanaka, Y. Nakano, D. Suzuki, H. Urabe, and F. Sato, *J. Am. Chem. Soc.* **124**, 9682 (2002)；(b) F. Sato, H. Urabe, S. Okamoto, *Chem. Rev.* **100**, 2835 (2000)；(c) E. Block, M. Birringer, C. He, *Angew. Chem. Int. Ed.* **38**, 1604 (1999)
4) S. A. Lee, S. Hotta, and F. Nakanishi, *J. Phys. Chem.* **104**, 1827 (2000)
5) S. S. H. Mao, T. D. Tilley, *Macromolecules* **30**, 5566 (1997)
6) Y. Ura, Y. Li, Z. Xi, T. Takahashi, *Tetrahedron Lett.* **39**, 2787 (1998)
7) (a) T. C. Dinadayalane, R. Vijaya, A. Smitha, G. N. Sastry, *J. Phys. Chem. A.* **106**, 1627 (2002)；(b) S. Yamaguchi, Y. Itami, K. Tamao, *Organometallics* **17**, 4910 (1998)；(c) S. Yamaguchi, R.-Z. Jin, Y. Itami, T. Goto, K. Tamao, *J. Am. Chem. Soc.* **121**, 10421 (1999)

第11章　縮合多環芳香族ユニットを主鎖にもつ新規π共役系高分子の創製

中野幸司[*1]，野崎京子[*2]

1　はじめに

　大きく拡がったπ共役系を有する分子は，導電材料，光電変換材料，電界発光材料，電界効果トランジスタ材料など，様々な有機機能性材料として研究されている[1,2]。特に近年，有機電界効果トランジスタ（OFET）素子の高機能化に向けて，縮合多環芳香族化合物を中心とする有機半導体材料の開発が活発に進められている[3〜6]。代表的な化合物群は，図1に示したようなベンゼン環やヘテロ芳香環が直線状に縮環したアセン系の化合物である[7〜9]。これらの中には，アモルファスシリコンに匹敵する電荷移動度（＞1cm^2/Vs）を達成する材料もある。

　最近では，これらのアセン骨格を主鎖に組み込んだπ共役高分子が報告され始めている。高分子材料とすることで，溶液プロセスでの成膜性が向上して大面積化が容易になる，柔軟性が向上するなど，低分子材料に比べて利点がある。アセン骨格を主鎖にもつπ共役高分子の代表例を図2に示す[10〜12]。これらの高分子のいくつかは実際にOFET材料として評価されており，例えばスピンコート法で作成した高分子2の薄膜をもちいたOFET素子は，0.31cm^2/Vsという高いホール移動度を達成している[11]。

　今後の高機能化に向けて，低分子材料，高分子材料いずれにおいても，分子の電子状態やパッキング状態と性能との関係を見極めることが重要であり，そのためには様々な構造の化合物を評価していく必要がある。本稿では，著者らが検討しているヘテロアセンの合成と得られたヘテロ

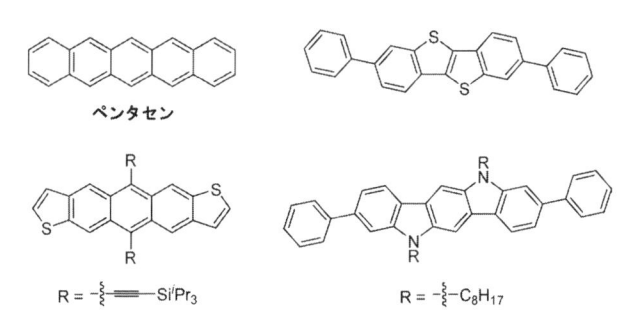

図1　代表的なアセン化合物

[*1]　Koji Nakano　東京大学　大学院工学系研究科　化学生命工学専攻　助教
[*2]　Kyoko Nozaki　東京大学　大学院工学系研究科　化学生命工学専攻　教授

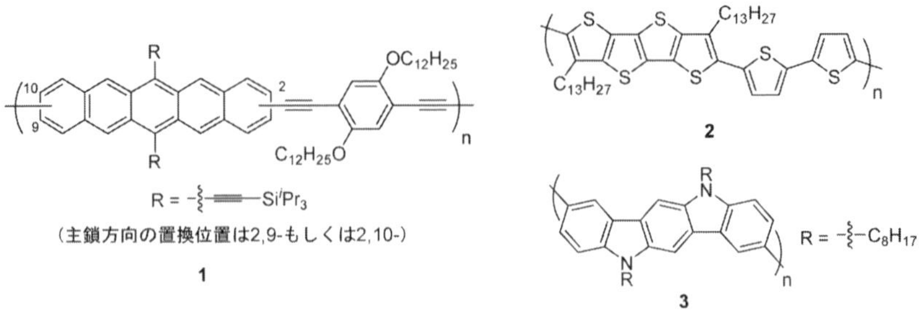

図2 主鎖にアセン骨格を含有するπ共役高分子

アセンを主鎖に含有する新規π共役高分子の合成について，最近の研究成果を紹介する。

2 ヘテロアセンの合成

アセン化合物は，ペンタセンに代表される炭化水素アセンおよびチオフェン環やピロール環などのヘテロ芳香環のみもしくはそれらがベンゼン環と縮環したヘテロアセンに大別される。一般に後者のヘテロアセンは，同じ環数の炭化水素アセンに比べて，酸素による酸化等に対して安定であり，今後の実用的な材料として期待されている。

著者らは，遷移金属触媒をもちいたヘテロ芳香環構築法を利用して，種々のヘテロアセンの合成を検討している。例えば，図3に示すように，テルフェニル4を原料として，パラジウム触媒による水酸基のO-アリール化反応を利用することで，フラン環が縮環したヘテロアセンであるジベンゾ[d,d']ベンゾ[1,2-b : 4,5-b']ジフラン（5）が効率的に合成できることを明らかにしている[13]。本合成法における原料のテルフェニルは，遷移金属触媒をもちいたクロスカップリング反応により多様に合成できるので，様々な置換形式の誘導体を合成できる。また，同じテルフェニルを原料として，スルホン酸エステル化とパラジウム触媒をもちいたアミンのダブルN-アリール化反応をおこなうことで，インドロ[3,2-b]カルバゾール7も合成できる。さらに，同様の反応をジベンゾフラン誘導体8に適用して，フラン環とピロール環1つずつをもつベンゾフロ[3,2-b]カルバゾール9も合成している[14]。

単結晶中では，ヘテロアセン5aはヘリンボーン状にパッキングする（図4）[13]。一方，ヘテロアセン9は，大きく拡がったπ共役平面どうしを向かい合わせるようにパッキングする[14]。有機半導体薄膜中での各分子の配列は，OFET素子での電荷輸送に大きな影響を及ぼすため，このような置換基によるパッキング状態の変化に関する知見は，今後の分子設計に重要である。

ヘテロアセン5，7，9は，対応する五環性の炭化水素アセンであるペンタセンに比べて，低いHOMOエネルギー準位（5a：-5.78，5b：-5.80，5c：-6.04，7a：-5.08，7b：-5.07，7c：-5.17，9：-5.59，単位はeV）と大きなHOMO-LUMOエネルギーギャップ（5a：3.50，5b：3.48，5c：3.26，7a：2.95，7b：2.86，7c：2.74，9：3.15，単位はeV）を有している[13,14]。

第11章　縮合多環芳香族ユニットを主鎖にもつ新規π共役系高分子の創製

図3　パラジウム触媒によるO-アリール化およびダブルN-アリール化を利用したヘテロアセンの合成

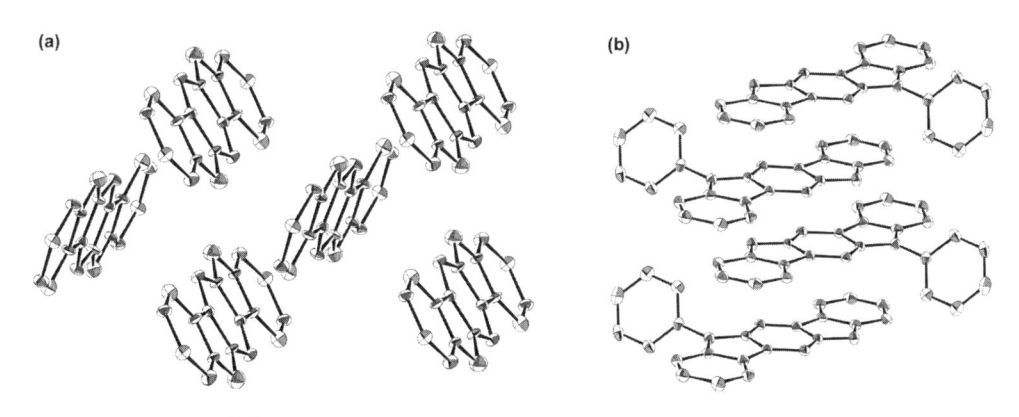

図4　単結晶中でのパッキング（a：ヘテロアセン5a，b：ヘテロアセン9）

これは，これまでに報告されている他のヘテロアセンと同様の傾向であり，酸素による酸化などに対して高い安定性が期待できる。

　ヘテロアセン5bは，真空蒸着法およびスピンコート法どちらの場合でも，規則性の高い良質な薄膜を形成する。また，これら二つのプロセスで得られる薄膜をもちいて大気下で作成したOFET素子は，それぞれ0.20cm^2/Vs前後の高いホール移動度を達成している。これまでのヘテロアセンに関する研究では，ヘテロ芳香環としてチオフェン環やピロール環が縮環したものが多く，フラン環が縮環したヘテロアセンに関する研究例はほとんどなかったため，今後の研究開発に期待が持たれる。

3 新規π共役高分子への展開

著者らは，上記で合成したヘテロアセンユニットをもつ新規π共役高分子の合成についても検討をおこなっている。ヘテロアセン 5a の中央のベンゼン環に対して，選択的にヨウ素置換基2つを導入することができる。このジョウ素体 10 は，π共役高分子の一般的合成法である遷移金属触媒による重縮合のモノマーとして利用することができる。したがって，ヘテロアセン 5a の骨格を主鎖に有する様々なタイプの新規π共役高分子が合成可能である。例えば，ジエチニルベンゼン 11 を共モノマーとして共重合をおこなうと，高分子 12 が得られる（図5）。

4 おわりに

これまでに，様々な有機半導体材料が開発され，OFET 材料として評価されてきた。低分子材料の場合，電荷移動度という点においては，既にアモルファスシリコンの域に達している。今後のOFET の高性能化に向けては，トランジスタとしての性能は言うまでもなく，安定性や耐久性，コストやプロセスの容易さなど，あらゆる意味で高性能化された材料の登場が望まれる。高分子材料は，耐久性や柔軟性，プロセスの容易さという点で低分子材料に比べて優位な点もある。一方で，主鎖間の配列制御が難しく，π共役骨格間の相互作用が大きくなるように分子配列させることが重要な OFET では不利である。今後，π共役高分子の配列制御法も確立することで，OFET の分野が大きく進歩すると期待できる。

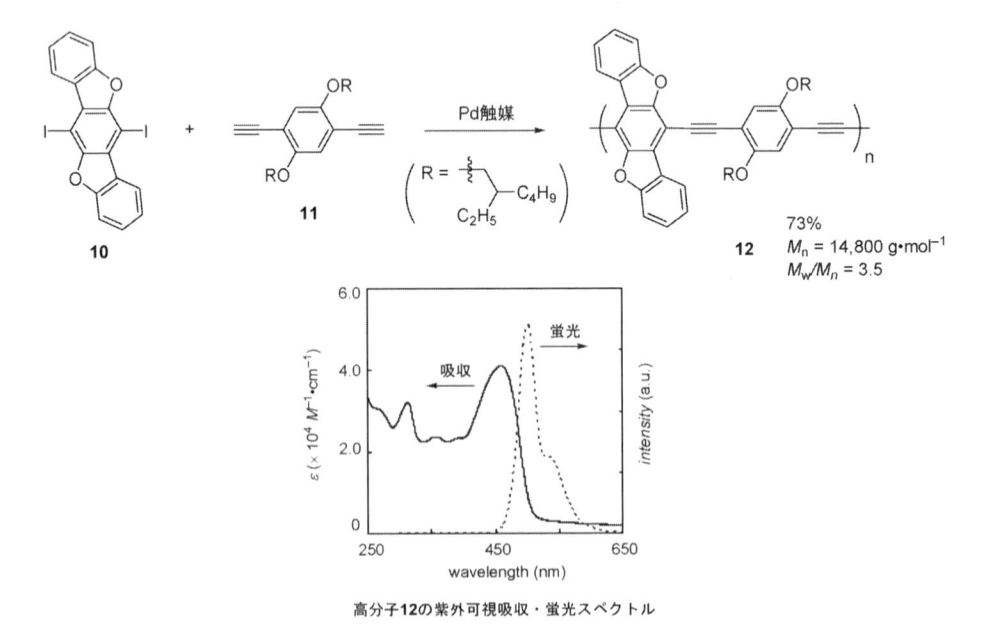

図5 ヘテロアセン 5a の骨格を主鎖に含有するπ共役高分子 12 の合成

第11章　縮合多環芳香族ユニットを主鎖にもつ新規π共役系高分子の創製

文　　献

1) 筒井哲夫ほか，進化する有機半導体～有機エレクトロニクス創成に向けた光・電子機能デバイスへの応用最前線～，エヌ・ティー・エス（2006）
2) H. Klauk, "Organic Electronics, Materials, Manufacturing and Applications", Wiley-VCH Verlag GmbH & Co. KGaA, Weinheim（2006）
3) J. E. Anthony, *Chem. Rev.*, **106**, 5028（2006）
4) K. Takimiya *et al. Chem. Lett.*, **36**, 578（2007）
5) A. Facchetti, *Materials Today*, **10**, 28（2007）
6) A. R. Murphy *et al. Chem. Rev.*, **107**, 1066（2007）
7) K. Takimiya *et al.*, *J. Am. Chem. Soc.*, **128**, 12604（2006）
8) M. M. Payne *et al.*, *J. Am. Chem. Soc.*, **127**, 4986（2005）
9) P. L. Boudreault *et al.*, *J. Am. Chem. Soc.*, **129**, 9125（2007）
10) T. Okamoto *et al.*, *J. Am. Chem. Soc.*, **129**, 10308（2007）
11) H. H. Fong *et al.*, *J. Am. Chem. Soc.*, **130**, 13202（2008）
12) Y. Li *et al.*, *Macromolecules*, **39**, 6521（2006）
13) K. Kawaguchi *et al.*, *J. Org. Chem.*, **72**, 5119（2007）
14) K. Kawaguchi *et al.*, *Org. Lett.*, **10**, 1199（2008）

第12章　共役高分子の超分子形成による機能化に関する研究

髙島義徳[*1]，原田　明[*2]

1　超分子化学における共役高分子

近年，共役高分子は発光ダイオード[1~3]，電界効果トランジスタ[4]，太陽電池[5]，センサー[6]などに利用されており，生活に欠かすことの出来ない物質になっている。個々の共役高分子鎖は高い電荷移動度を有しており，分子ワイヤー[7]と呼ばれている。一方，ポリアセチレンやポリフェニレンビニレンなどの共役高分子は酸素によって酸化され易い。ポリチオフェンやポリピロールはより安定ではあるが，空気に暴露されることにより，徐々に劣化が見られる[8~10]。これら化学的な劣化に対して如何に対処するかが課題である。さらに熱的・機械的強度の向上が要求され，共役高分子鎖の被覆が注目されるようになった。単一共役高分子鎖を被覆することにより，高分子鎖間の短絡やクロストークの防止が期待され，単一高分子鎖としての特性が注目されている。

このような共役高分子鎖の被覆は"分子被覆導線"として注目され，超分子化学における報告例がもとになったといわれる。分子被覆として初期の報告例にBeinらによるゼオライトやメゾポーラスシリカの空孔にポリフェニレンビニレンを貫通させた例が挙げられる[11]（図1）。

また同時期に，環状の有機ホスト分子であるシクロデキストリン（CD）により高分子鎖を包

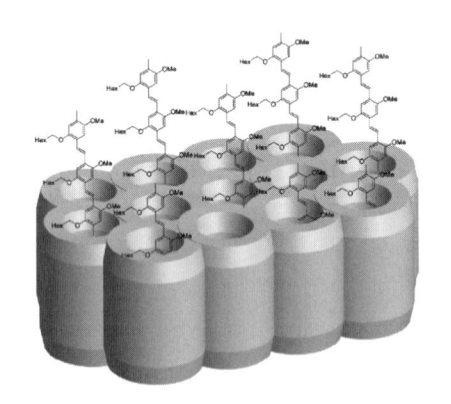

図1　メゾポーラスシリカの空孔内を貫通した Poly[2-methoxy-5-(2'-ethylhexyloxy)-1,4-phenylenevinylene]

[*1]　Yoshinori Takashima　大阪大学　大学院理学研究科　助教
[*2]　Akira Harada　大阪大学　大学院理学研究科　教授

第12章 共役高分子の超分子形成による機能化に関する研究

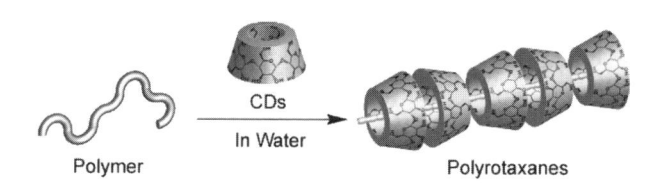

図2 シクロデキストリンによる高分子鎖の包接を利用したポリロタキサン形成

接したポリロタキサン[12]が報告された（図2）。このポリロタキサンは"分子ネックレス"とも呼ばれるが，高分子鎖を"被覆"した例として注目された。本章においてはこのような共役高分子の分子被覆について，有機ホスト分子をもとに超分子化学の要素を踏まえて作成された例について紹介する。

2 ポリロタキサン構造を利用した分子被覆導線

高分子を有機環状ホスト分子にて分子被覆する方法として，高分子鎖に環状化合物を通していく方法（Threading法）と低分子モノマーと環状化合物からなるロタキサンを重合させる方法（包接重合法）の二つが代表例として挙げられる（図3）。

共役高分子の多くは分子量が高くなるほど溶媒に対する溶解度が低くなるため，包接重合法をとられる場合が多い。本章では環状化合物と低分子共役化合物との間でロタキサンを形成した後に重合した例について紹介する。

2.1 Phenanthroline部位を有する環状化合物を利用したポリロタキサン形成

Lehnらは芳香環6分子からなるPyridazine分子とPhenanthroline部位を有する環状化合物を銅イオン存在下，混合することにより［4］ロタキサンの合成に成功している[13]。またSwagerらはBipyridineの両端にBithiopheneを有する共役分子とPhenanthroline部位を有する環状化合物をZn^{2+}共存下，混合することにより，［2］ロタキサンを合成した。さらに電界重合により環状化合物にて覆われた共役高分子の合成に成功している[14]。SauvageらはPhenanthrolineの両端にbithiopheneを有する共役分子とPhenanthroline部位を有する環状化合物を混合し，電界

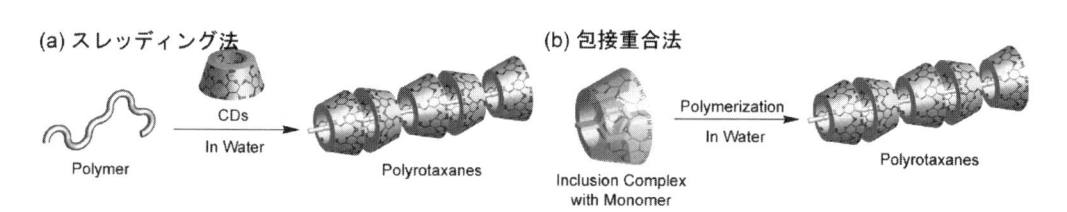

図3 分子被覆された共役高分子の代表的な合成方法

重合にて共役高分子を合成した[15]。

　金属配位を利用したポリロタキサンにおいては金属のレドックスポテンシャルとπ-共役系の酸化ポテンシャルが良い一致を示したとき，高い伝導性を示すことが明らかとなっている[16]。

2.2　Cyclophane を利用したポリロタキサン形成

　水溶性の Cyclophane は疎水性空洞を有しており，芳香族化合物などを水溶液中にて包接することが知られている。H. Anderson らは水溶性の Cyclophane とアルキン化合物を混合することにより包接錯体を作成し，Glaser カップリング反応を利用して，Phenylenebutadiynylene を包接した[3]ロタキサンを作成した。蛍光スペクトル測定の結果，Cyclophane の数が増加するに従って蛍光強度が増加する事が確認された（図4)[17]。

2.3　Cyclodextrin を利用したポリロタキサン形成

　シクロデキストリン（Cyclodextrin, CD）はグルコピラノース（Glucopyranose）単位からなるα-1,4 結合にて繋がれた環状オリゴ糖である。一分子中に含まれるグルコピラノース単位の数により，α-CD（6量体），β-CD（7量体），γ-CD（8量体）と区別される（図5）。X線結晶構造解析の結果から，広い口側の二級水酸基が分子内にて水素結合により，CD は比較的高い対称性・安定性を実現している。この結果，ホスト－ゲスト化学において代表的なホスト分子であるカリックスアレーン（Calix[n]arene）にて見られる分子骨格の反転など構造の不安定性は少ない。

　CD は外部が親水性であるのに対し，空孔内部は疎水的であるために水中では疎水性化合物を包接する。特にその最大の特徴は CD の空孔サイズに応じた疎水性化合物が包接されること（基質特異性）にある。

2.3.1　Phenylene 系ポリマーを軸分子とするポリロタキサン形成

　H. Anderson らは共役分子として Bisdiazonium[18]，Stilbene[19, 20]をα-CD を組み合わせたロタ

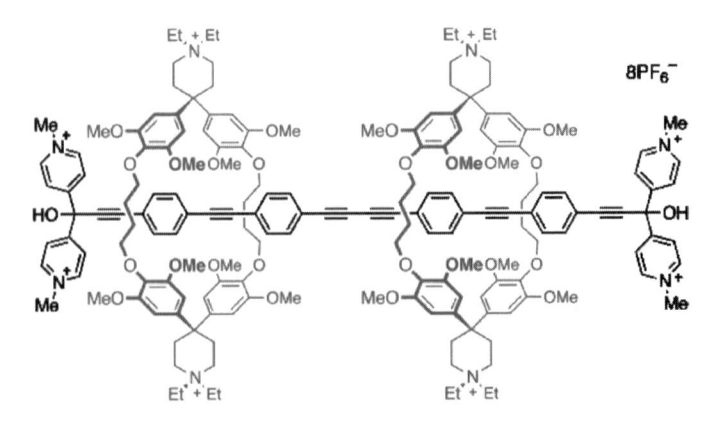

図4　Cyclophane を環状化合物として分子被覆された共役高分子

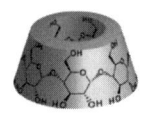

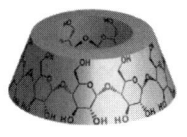

第 12 章　共役高分子の超分子形成による機能化に関する研究

	α-CD	β-CD	γ-CD
分子量	972	1135	1297
グルコースユニット数	6	7	8
空洞径（Å）	4.7	6.0	7.5
空洞高（Å）	7.9	7.9	7.9

図 5　シクロデキストリンの構造

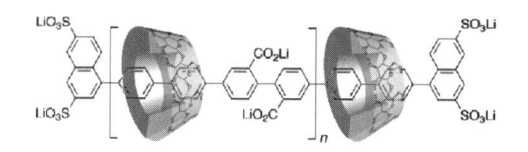

図 6　CD を環状化合物として分子被覆された共役高分子

キサンを水中にて合成した。合成方法として，Suzuki coupling 反応などを利用した点も特徴である。

Polyfluorene や Poly(4,4'-diphenylenevinylene)，Poly(*para*-phenylene)[21] も水中にて重合を行い，β-CD にて被覆されたポリロタキサンを合成している（図 6）。Poly(*para*-phenylene)[22] を用いた系については平均 152 ユニットからなり，分子被覆の効果を蛍光強度から明らかにしている。

2.3.2　Polythiophene（PT）を軸分子とするポリロタキサン形成

Polythiophene（PT）は有機半導体の中でも広く利用されており，分子被覆導線として CD を用いたポリロタキサン形成に有効である。オリゴマーである Bithiophene（2T）は，β-CD，hydroxylpropyl-β-CD，2,6-*O*-dimethyl-β-CD（DM-β-CD）と 1:1 錯体を形成した。その結晶構造についても報告され，図 7 に示すような [2]ロタキサン構造を形成する[23]。

CD と 2T を水溶液中にて混合すると，結晶性の包接錯体は析出しないが，可溶化された 2T 包接錯体の形成が示され，電界重合により Polythiophene を軸分子としたポリ擬ロタキサンが形成される（図 8(a)）[24]。$FeCl_3$ を酸化カップリング反応の触媒として利用するのも有効である。DM-β-CD と 2T を混合すると可溶化された 1:1 包接錯体が形成する。この包接錯体に触媒である $FeCl_3$ を作用させると，Polythiophene を軸分子としたポリ擬ロタキサンが形成する[23]。上

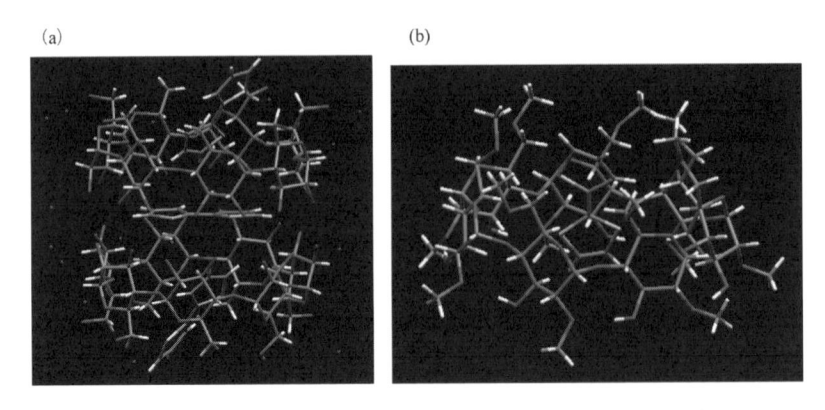

図7 β-CD(a)と2,6-O-dimethyl-β-CD(b)の2T包接錯体の結晶

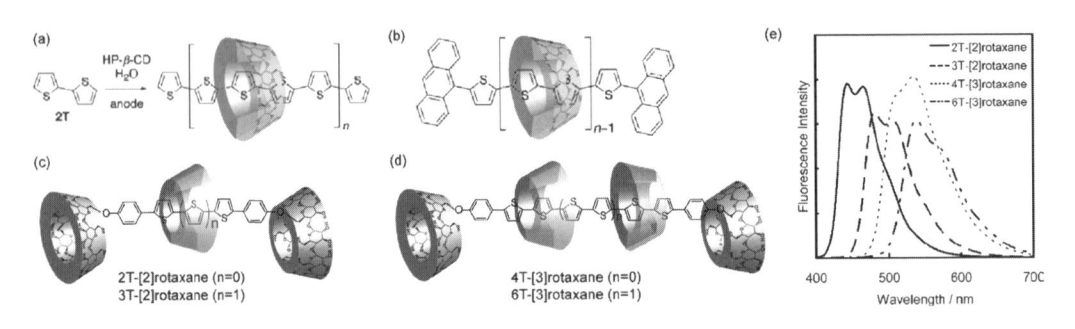

図8 Polythiopheneを軸分子としたポリロタキサンの合成とオリゴチオフェンを軸分子とするCDロタキサンの蛍光スペクトル

記の報告例ではポリ擬ロタキサンであったが，Polythiopheneの末端にAnthracene分子を有するポリロタキサンがニッケル触媒を用いることによって生成する事も報告されている（図8(b)）[25]。

上記のオリゴチオフェンを軸分子とするポリロタキサンの合成方法ではポリマー鎖のユニット数を正確に制御する事が出来ず，ユニット数と被覆分子であるCDの個数の関係を考察する事が困難である。オリゴチオフェンの溶媒に対する溶解度の低さがこれらの研究の障害となっている。溶解度の向上とゲスト分子とロタキサンとの間のエネルギー移動を議論するために，オリゴチオフェン誘導体の両末端にβ-CDを修飾した，新たなポリロタキサンが報告された。β-CDの修飾によりオリゴチオフェンは水に溶解し，DM-β-CDの包接数，軸部分の鎖長が厳密に定まり，ロタキサンの特性評価が容易になった（図8(c),(d)）。

水中にて吸収，蛍光スペクトル測定を行った結果，軸部分の共役長の増加に伴いピーク位置の長波長シフトが観測された（図8(e)）。また，ロタキサンではダンベル型分子（軸にシクロデキストリンの包接していない）と比較してより高い蛍光強度が観測された。このことはDM-β-CDの包接によりロタキサンの分子間でのスタッキングによる相互作用や振動によるエネルギー

の散逸が抑制されたためであると考えられる。この傾向は軸の長いロタキサンにおいて顕著であった。また，電子受容性のゲスト分子を添加するとロタキサンの発光が消光されることから，ゲスト分子がCDストッパー内に取り込まれ効率よい消光が起こることが報告されている[26]。

2.3.3 その他の共役系高分子を利用したポリロタキサン形成

その他の共役系高分子として，Polyaniline（PANI）[27]やPolyazomethine[28~30]を用いて，CDにて被覆されたポリロタキサンが報告されている。Polyanilineからなるポリ擬ロタキサンはN-methyl-2-pyrrolidineと温度が重要な要素となっており，275K以下ではポリ擬ロタキサンが形成されるが，275K以上ではポリ擬ロタキサンが解離する事が報告されている[27a,b]。また被覆分子として，CD nanotubeを用いた例についても報告されている[27c]。Polyazomethineを軸分子としたポリロタキサンの合成はBis-amine誘導体とdialdehyde誘導体を酸触媒を用いて反応させることにより，合成されている。Polyazomethineの合成は容易であるが，重合条件は有機溶媒混合系にて行われており，CDの被覆率の上昇，重合度の制御の点で難しい（図9）[28~30]。

3 高分子による共役高分子の被覆

高分子であるPolysaccharideを用いて共役高分子を分子被覆する研究も開発された。特にSchizophyllan（SPG）を用いた研究例では，SPGとButadiyneをDMSO中にて混合すると，single-strand SPG（s-SPG）とButadiyneは包接錯体が形成し，s-SPGの中で一軸にbutadiyneが配向されていることが明らかとなった。この配向された状態にて，光重合を行うと，s-SPG中にてButadiyneが重合し，1,4-polymerが優先的に生成する[31]。さらにAmyloseとPolyanilineの錯体は水溶性が極めて低いのに対し，SPGはPolyaniline[32]やカチオン性の

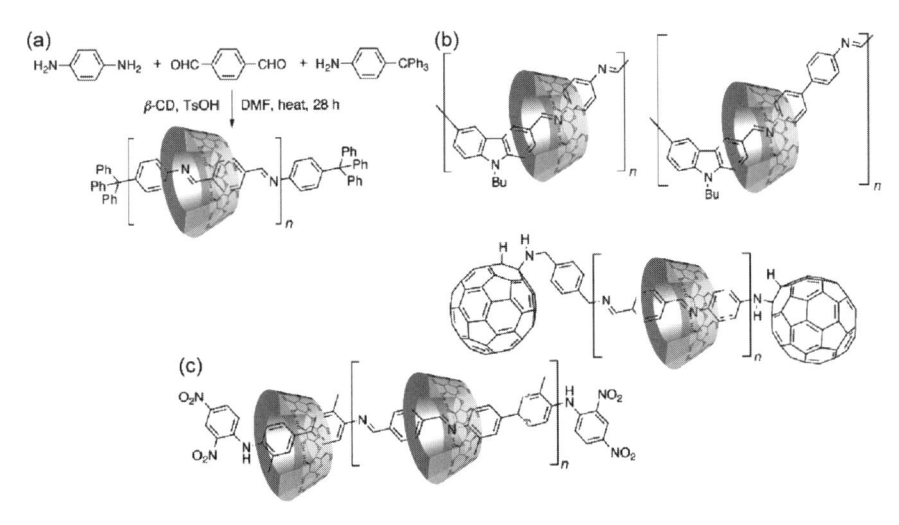

図9 Polyazomethineを軸分子とするCDロタキサンの例

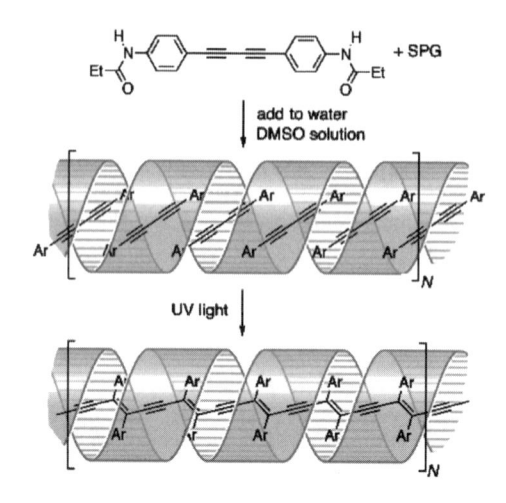

図10 SPG による Polybutadiyne の分子被覆

Polythiophene[33]と高い水溶性の錯体を形成した（図10）。

4 まとめ

本章では共役高分子の分子被覆について超分子化学的な手法を用いた研究例について紹介した。特に有機ホスト分子や Polysaccharide を用いて共役高分子の分子被覆について最近の報告例を纏めた。近年では共役高分子鎖の側鎖にデンドロン（樹状分子）を修飾し、共役高分子主鎖を分子被覆する例も報告されつつある。このような分子被覆導線は蛍光強度の増加といった特徴を示し、単一分子鎖を特徴付けている。最近ではナノ電極間を分子被覆導線にて接続する研究も盛んに行われており[34]、今後の技術展開にて更に期待される。

文　　献

1) J. H. Burroughes, D. D. C. Bradley, A. R. Brown, R. N. Marks, K. Mackay, R. H. Friend, P. L. Burn, A. B. Holmes, *Nature*, **347**, 539-541 (1990)
2) S. R. Forrest, *Nature*, **428**, 911-918 (2004)
3) (a) R. H. Friend, R. W. Gymer, A. B. Holmes, J. H. Burroughes, R. N. Marks, C. Taliani, D. D. C. Bradley, D. A. Dos Santos, J. L. BrRdas, M. L Wgdlund, W. R. Salaneck, *Nature*, **397**, 121-128 (1999); (b) A. Kraft, A. C. Grimsdale, A. B. Holmes, *Angew. Chem. Int. Ed.*, **37**, 402-428 (1998)
4) (a) H. Sirringhaus, N. Tessler, R. H. Friend, *Science*, **280**, 1741-1744 (1998); (b) C. D.

第 12 章　共役高分子の超分子形成による機能化に関する研究

Dimitrakopoulos, P. R. L. Malenfant, *Adv. Mater.*, **14**, 100-117 (2002)
5) (a) K. M. Coakley, M. D. McGehee, *Chem. Mater.*, **16**, 4533-4542 (2004); (b) M. GranstrWm, K. Petritsch, A. C. Arias, A. Lux, M. R. Andersson, R. H. Friend, *Nature*, **395**, 257-260 (1998)
6) A. Rose, Z. G. Zhu, C. F. Madigan, T. M. Swager, V. Bulovic, *Nature*, **434**, 876-879 (2005)
7) (a) J. H. Wosnick, T. M. Swager, *Curr. Opin. Chem. Biol.*, **4**, 715-720 (2000); (b) N. Robertson, C. A. McGowan, *Chem. Soc. Rev.*, **32**, 96-103 (2003); (c) R. L. Carroll, C. B. Gorman, *Angew. Chem. Int. Ed.*, **41**, 4378-4400 (2002); (d) J. M. Tour, *Acc. Chem. Res.*, **33**, 791-804 (2000); (e) R. E. Martin, F. Diederich, *Angew. Chem. Int. Ed.*, **38**, 1350-1377 (1999); (f) T. M. Swager, *Acc. Chem. Res.*, **31**, 201-207 (1998); (g) M. D. Ward, *Chem. Soc. Rev.*, **24**, 121-134 (1995)
8) S. Hotta, S. D. D. V. Rughooputh, A. J. Heeger, F. Wudl, *Macromolecules*, **20**, 212-215 (1987)
9) M. Yan, L. J. Rothberg, E. W. Kwock, T. M. Miller, *Phys. Rev. Lett.*, **75**, 1992-1995 (1995)
10) G. J. Denton, N. Tessler, N. T. Harrison, R. H. Friend, *Phys. Rev. Lett.*, **78**, 733-736 (1997)
11) (a) T. Bein, P. Enzel, *Angew. Chem. Int. Ed. Engl.*, **28**, 1692-1694 (1989); (b) P. Enzel, T. Bein, *J. Chem. Soc. Chem. Commun.*, 1326-1327 (1989); (c) P. Enzel, T. Bein, *J. Phys. Chem.*, **93**, 6270-6272 (1989); (d) C.-G. Wu, T. Bein, *Science*, **264**, 1757-1759 (1994); (e) L. Zuppiroli, F. Beuneu, J. Mory, P. Enzel, T. Bein, *Synth. Met.*, **57** (2-3), 5081-5087 (1993)
12) (a) A. Harada, M. Kamachi, *Macromolecules*, **23**, 2821-2823 (1990); (b) A. Harada, M. Kamachi, *J. Chem. Soc., Chem. Commun.*, 1322-1323 (1990); (c) A. Harada, J. Li, M. Kamachi, *Nature*, **356**, 325-327 (1992)
13) (a) H. Sleiman, P. Baxter, J.-M. Lehn, K. Rissanen, *J. Chem. Soc. Chem. Commun.*, 715-716 (1995); (b) P. N. W. Baxter, H. Sleiman, J.-M. Lehn, K. Rissanen, *Angew. Chem. Int. Ed. Engl.*, **36**, 1294-1296 (1997); (c) H. Sleiman, P. N. W. Baxter, J.-M. Lehn, K. Airola, K. Rissanen, *Inorg. Chem.*, **36**, 4734-4742 (1997)
14) S. S. Zhu, P. J. Caroll, T. M. Swager, *J. Am. Chem. Soc.*, **118**, 8713-8714 (1996)
15) P.-L. Vidal, B. Divisia-Blohorn, G. Bidan, J.-M. Kern, J.-P. Sauvage, J.-L. Hazemann, *Inorg. Chem.*, **38**, 4203-4210 (1999)
16) B. J. Holliday, T. M. Swager, *Chem. Commun.*, 23-36 (2005)
17) S. Anderson, H. L. Anderson, *Angew. Chem. Int. Ed. Engl.*, **35**, 956-1959 (1996)
18) S. Anderson, T. D. W. Claridge, H. L. Anderson, *Angew. Chem. Int. Ed. Engl.*, **36**, 1310-1313 (1997)
19) C. A. Stanier, M. J. O'Connell, W. Clegg, H. L. Anderson, *Chem. Commun.*, 493-494 (2001)
20) J. Terao, A. Tang, J. J. Michels, A. Krivokapic, H. L. Anderson, *Chem. Commun.*, 56-57 (2004)
21) P. N. Taylor, M. J. O'Connell, L. A. McNeill, M. J. Hall, R. T. Aplin, H. L. Anderson, *Angew. Chem. Int. Ed.*, **39**, 3456-3460 (2000)
22) J. J. Michels, M. J. O'Connell, P. N. Taylor, J. S. Wilson, F. Cacialli, H. L. Anderson, *Chem. Eur. J.*, **9**, 6167-6176 (2003)
23) (a) Y. Takashima, Y. Oizumi, K. Sakamoto, M. Miyauchi, S. Kamitori, A. Harada, *Macromolecules*, **37** (11), 3962-3964 (2004); (b) Y. Takashima, K. Sakamoto, Y. Oizumi, H.

Yamaguchi, S. Kamitori, A. Harada, *J. Incl. Phenom. Macrocycl. Chem.*, **56** (1-2), 45-53 (2006)

24) C. Lagrost, K. I. C. Ching, J.-C. Lacroix, S. Aeiyach, M. Jouini, P.-C. Lacaze, J. Tanguy, *J. Mater. Chem.*, **9**, 2351-2358 (1999)

25) M. van den Boogaard, G. Bonnet, P. van't Hof, Y. Wang, C. Brochon, P. van Hutten, A. Lapp, G. Hadziioannou, *Chem. Mater.*, **16**, 4383-4385 (2004)

26) K. Sakamoto, Y. Takashima, H. Yamaguchi, A. Harada, *J. Org. Chem.*, **72** (2), 459-465 (2007)

27) (a) K. Yoshida, T. Shimomura, K. Ito, R. Hayakawa, *Langmuir*, **15**, 910-913 (1999) ; (b) T. Akai, T. Abe, T. Shimomura, K. Ito, *Jpn. J. Appl. Phys.*, **40**, L1327-L1329 (2001) ; (c) T. Shimomura, T. Akai, T. Abe, K. Ito, *J. Chem. Phys.*, **116**, 1753-1756 (2002)

28) (a) A. Farcas, M. Grigoras, *J. Optoelectron. Adv. Mater.*, **2**, 525-530 (2000) ; (b) A. Farcas, M. Grigoras, *Polym. Int.*, **52**, 1315-1320 (2003) ; (c) A. Farcas, M. Grigoras, *High Perform. Polym.*, **13**, 201-210 (2001)

29) D. Nepal, S. Samal, K. E. Geckeler, *Macromolecules*, **36**, 3800-3802 (2003)

30) Y. Liu, Y.-L. Zhao, H.-Y. Zhang, X.-Y. Li, P. Liang, M.-Z. Zhang, J.-J. Xu, *Macromolecules*, **37**, 6362-6369 (2004)

31) (a) T. Hasegawa, S. Haraguchi, M. Numata, T. Fujisawa, C. Li, K. Kaneko, K. Sakurai, S. Shinkai, *Chem. Lett.*, **34**, 40-41 (2005) ; (b) T. Hasegawa, S. Haraguchi, M. Numata, C. Li, A.-H. Bae, T. Fujisawa, K. Kaneko, K. Sakurai, S. Shinkai, *Org. Biomol. Chem.*, **3**, 4321-4328 (2005)

32) M. Numata, T. Hasegawa, T. Fujisawa, K. Sakuai, S. Shinkai, *Org. Lett.*, **6**, 4447-4450 (2004)

33) (a) S. Haraguchi, T. Hasegawa, M. Numata, F, Fujiki, K. Uezu, K. Sakurai, S. Shinkai, *Org. Lett.*, **7**, 5605-5608 (2005) ; (b) T. Sanji, N. Kato, M. Kato, M. Tanaka, *Angew. Chem. Int. Ed.*, **44**, 7301-7304 (2005)

34) M. Taniguchi, Y. Nojima, K. Yokota, J. Terao, K. Sato, N. Kambe, T. Kawai, *J. Am. Chem. Soc.*, **128**, 15062-15063 (2006)

第13章　超分子化学を基盤とするフラーレンポリマーの合成と機能制御

灰野岳晴[*1], 岩本　啓[*2]

1　はじめに

　フラーレンは化学修飾や金属ドーピングにより液晶性や導電性，超伝導材料など多様な機能を発現する[1]。近年ではその応用範囲は大きく広がり，有機ゲル化剤や太陽電池の材料物質，医薬，レジスト材料など多岐にわたっている。しかし組織化されたフラーレンの配列構造はエレクトロニクス，エネルギーなどの分野で新規炭素材料の基盤構造として注目を集めているにもかかわらず，電子材料としての興味はフラーレンからカーボンナノチューブへ大きくシフトしている。この大きな理由として，フラーレンの配列構造の合成が難しいことがあげられる。フラーレンの高い対称性と三十個の二重結合の高い反応性のため，フラーレンの選択的化学修飾や均一な重合反応は極めて難しく，自由なフラーレンの配列構造の合成を妨げている。フラーレンの結晶構造から直接重合させる方法や，あらかじめ合成しておいたポリマー構造にフラーレンをペンダントするなどの方法が報告されているが，汎用性に乏しい。

　一方，化学反応を使わずにフラーレンをナノ空間で自由に配列することができれば，新たなナノ電子材料の基盤物質として利用可能となると考えられる。この手法として，非共有結合による超分子化学を基盤とした手法が注目を集めている。水素結合，疎水性相互作用，π-π相互作用などの非共有結合による自己組織化を巧みに利用することで，多彩な超分子集合体を合理的にデザイン，合成することが可能である。またこの集合体の重合度や形態は，濃度や溶媒などの外的因子により可逆的に変化する。このような集合体は集合状態に付随して発現する機能を外部刺激により調節できることから極めて興味深い。

　以下本稿では，この超分子化学を基盤とする，連続的なホスト－ゲスト相互作用を利用して，ナノ空間で組織化されたフラーレンポリマーの合成とその構造，機能について解説する。

2　超分子化学とフラーレン

　1990年にKrätschmerらによってフラーレンの大量合成法が開発され[2]，フラーレンを用いたさまざまな研究が行われるようになった。超分子化学も例外ではない。フラーレンは凹凸のない

---

*1　Takeharu Haino　広島大学　大学院理学研究科　教授
*2　Hajime Iwamoto　広島大学　大学院理学研究科　助教

次世代共役ポリマーの超階層制御と革新機能

球体であり，表面は他の分子と相互作用をしやすいπ電子で覆われているため，ゲスト分子として用いるには非常に興味深い分子であった。

フラーレンのホスト分子として，シクロデキストリン (CD)，ポルフィリン，カリックスアレーンなどが代表的な化合物として知られている。Wennerström らは，フラーレン C_{60} を γ-CD で包接して水溶化することに成功した（図1(a)）[3]。フラーレンはトルエン，二硫化炭素などの脂溶性の高い溶媒にしか溶解性を示さなかった。しかし，水溶性が高く，しかも疎水性空孔を持つ γ-CD にフラーレンが包接されると，γ-CD とともに水に溶解した。この包接に伴うフラーレンの水への可溶化は，α-，β-CD などの大きさの異なる CD では見ることができず，フラーレンの大きさにちょうど良い空孔を持つ γ-CD にのみ特異的に観測された。

Boyd らはビスポルフィリンが電荷移動相互作用によってフラーレンと非常に強く会合することを発見した（図1(b)）[4]。この会合は，ポルフィリンの電子供与性，フラーレンの電子受容性によるものである。相田らによって報告された環状ビスポルフィリンは，TLC で包接錯体を確

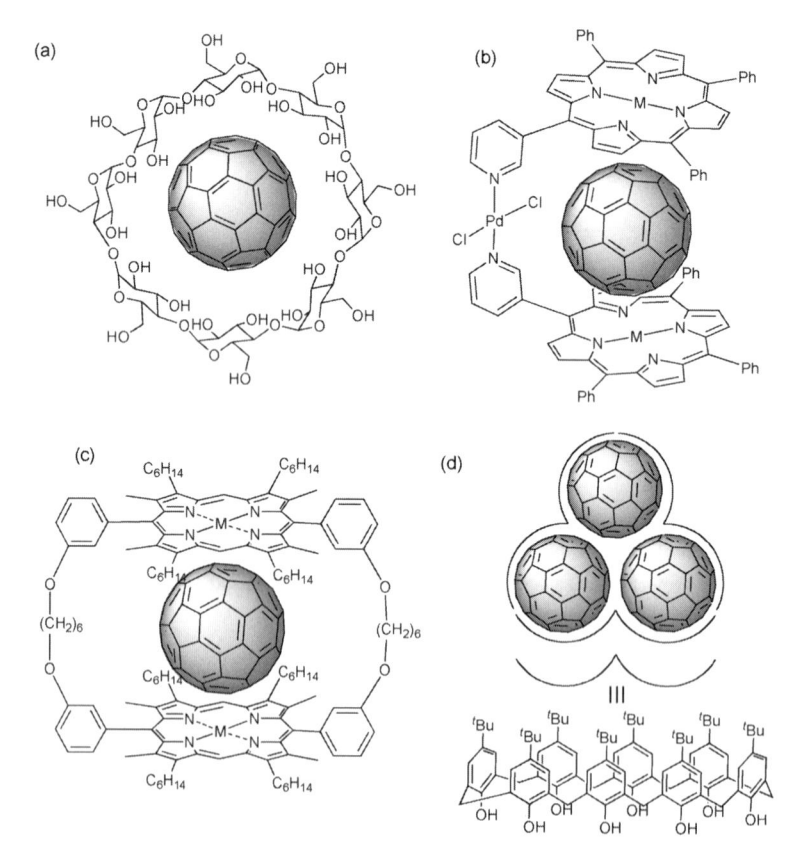

図1 フラーレン包接錯体
(a) γ-シクロデキストリンによる包接錯体，(b) 金属配位を利用したビスポルフィリンによる包接錯体，(c) 環状ビスポルフィリンによる包接錯体，(d) カリックス [8] アレーンによる包接錯体

第 13 章　超分子化学を基盤とするフラーレンポリマーの合成と機能制御

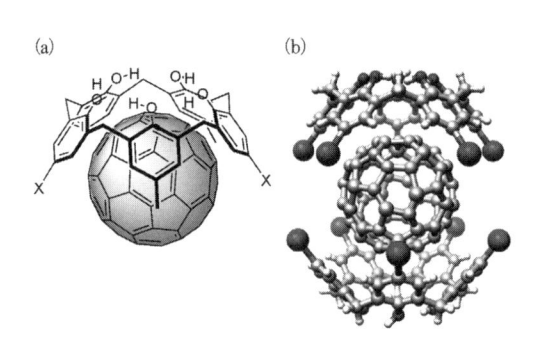

図 2　(a)カリックス［5］アレーン－フラーレン包接錯体，(b) X 線結晶構造解析によって得られた，カリックス［5］アレーン－フラーレン包接錯体の構造

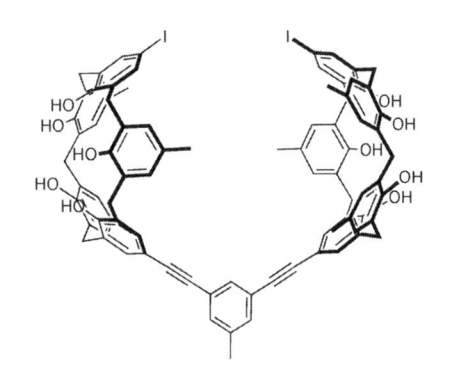

図 3　二つのカリックス［5］アレーンを架橋鎖で結んだホスト分子

認，分離できるほど強い包接能を示した（図1(c)）[5]。さらに相田らは，C_{96} 付近の高次フラーレンを強く包接する環状ビスポルフィリンを用いて，フラーレン混合物から高次フラーレンを抽出することに成功した[6]。

Atwood[7]，新海ら[8]は，杯状化合物のカリックス［8］アレーンがフラーレン類を含むトルエン溶液から C_{60} のみを選択的に取り込み，沈殿することを利用して，C_{60} の分離，精製法を開発した。この沈殿物は，フラーレンとカリックス［8］アレーンの 3：3 クラスレートであることが X 線解析により明らかとなった（図1(d)）。この手法により，フラーレン混合物から C_{60} が 99.8％の純度で単離された。

筆者らはカリックス［5］アレーンが C_{60} と有機溶媒中において安定な包接錯体を形成することを見いだした（図2(a)）[9]。このホスト分子は溶液中において C_{60} と 1：1 の比で包接錯体を生成した。一方結晶中では，ホスト分子二分子で形成する空孔の中に C_{60} を包み込んだ錯形成をしていた（図2(b)）。

X 線結晶構造解析の結果を基に，二つのカリックス［5］アレーンを架橋鎖で結んだダブルカリックス［5］アレーンをデザインし，合成した（図3）[10]。このホスト分子は，カリックス［5］アレーン単体を遙かに上回る C_{60} との錯形成安定化をもたらした。二つのカリックス［5］アレーンにより形成される空孔にフラーレンが包み込むように包接されるため，フラーレンに対する会合は極めて強いものであった。またこのダブルカリックス［5］アレーンは，C_{60} より C_{70} に対して高い包接能を示した。

3　超分子フラーレンポリマー

フラーレンの超伝導，電気，光，磁気機能など多くの興味深い機能と高分子化学の融合により，

次世代共役ポリマーの超階層制御と革新機能

様々な機能が期待されるフラーレン含有ポリマーの合成に興味が持たれ，研究が行われた。Eklundら[11]は固体状態のC_{60}に可視光，もしくは紫外光を照射することで，岩佐[12]やNúñez-Regueiroら[13]は，酸素を遮断した雰囲気下において，C_{60}結晶に高圧力・高温処理を施すことにより，[2+2]付加環化反応したフラーレンポリマーが得られることを報告した（図4(a), (b)）。これらのポリマーはフラーレン同士が直接共有結合することで形成しているため，フラーレン配列構造の制御が困難であった。またフラーレンポリマーの溶解度の悪さなど多くの問題点を抱えており，材料として応用するにはこれらの問題を克服する必要があった。溶解度の問題を克服するために，スペーサーを介してC_{60}をポリマー化する方法（図4(c)）[14]や，ポリマーの側鎖にC_{60}をペンダントする方法（図4(d)）[15]が開発された。しかしフラーレンポリマーの構造を自由に制御することが極めて難しく，規則的な繰り返し構造を持つフラーレンポリマーの合成は困難であった。

近年，非共有結合を利用した超分子フラーレンポリマーが注目を集めている。分子を綿密に設計することにより多様なポリマーを合成できることや，可逆的な結合を利用することでポリマーの構造や物性を制御するなど，超分子特有の特長を生かした興味深い機能が期待できる。

フラーレンに導入した水素結合部位の相互作用を利用したフラーレンポリマーが報告されている。Hummelenらはフラーレンをペンダントに持つウレア誘導体を用い，ウレア誘導体の水素結合による二量化を駆動力に超分子フラーレンポリマーを形成した（図5(a)）[16]。またBassaniらはフラーレンにバルビツール酸を導入した誘導体と，メラミンを導入したオリゴチオフェンとを混合することで超分子フラーレンポリマーを合成した（図5(b)）[17]。この超分子フラーレンポリマーから作成した薄膜は光起電力効果を示した。

一方，フラーレンとの直接的な相互作用を駆動力に形成されるポリマーも報告されている。Liuらはシクロデキストリンとフラーレンとの間に働く疎水性相互作用を利用し，水溶液中でフ

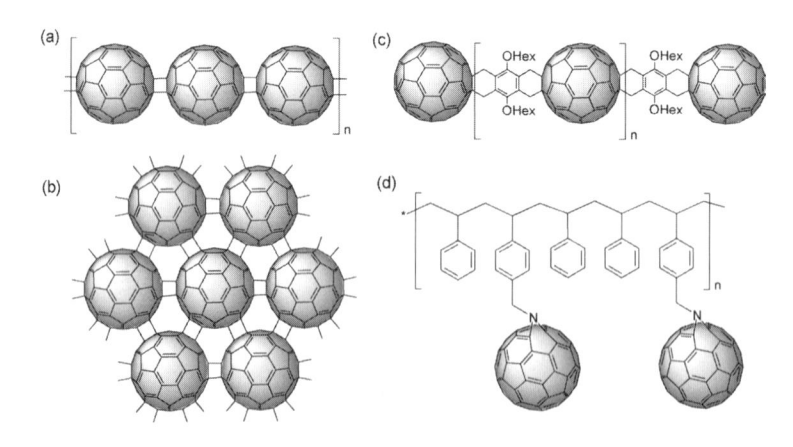

図4 (a)一次元フラーレンポリマー，(b)二次元フラーレンシート，(c)フラーレンを主鎖に含むポリマー，(d)フラーレンを側鎖に持つポリマー

第 13 章　超分子化学を基盤とするフラーレンポリマーの合成と機能制御

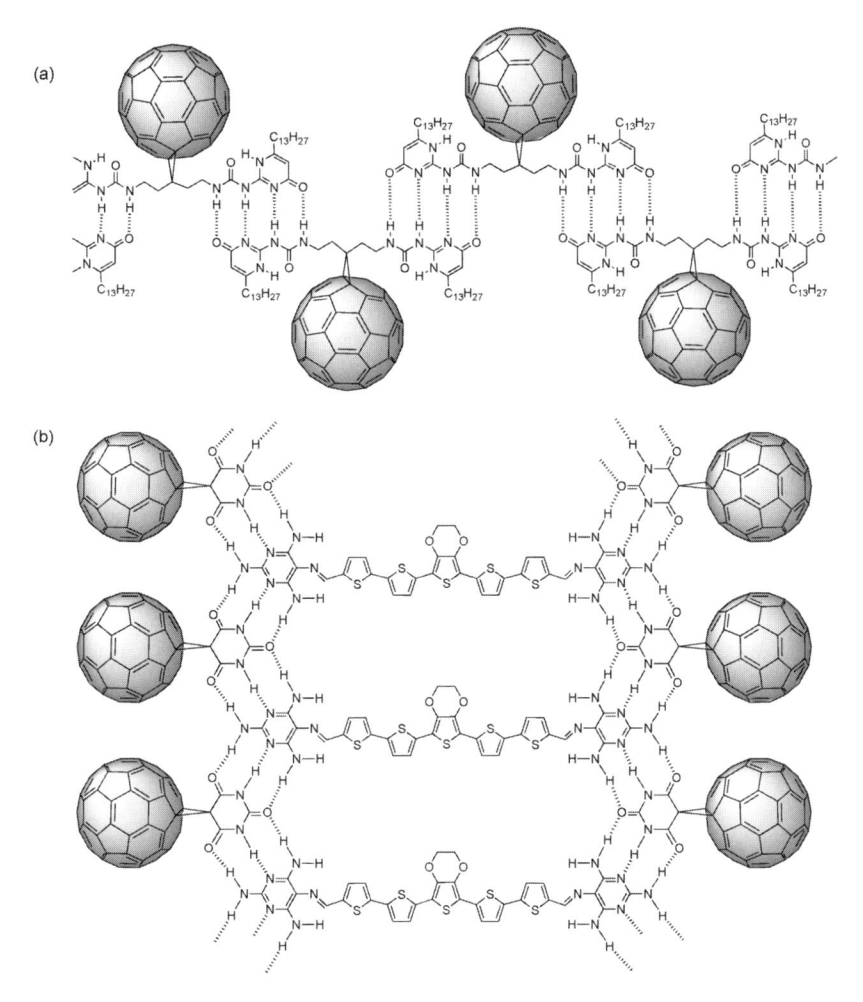

図 5　水素結合を駆動力に形成される超分子フラーレンポリマー

ラーレンポリマーを合成した（図 6(a)）[18]。新海らはフラーレンとポルフィリンとの間に働く相互作用を利用したフラーレンポリマーを形成した（図 6(b)）[19]。水素結合部位を持つポルフィリン分子は，フラーレンが存在しないとシート状の形態となった。一方フラーレン存在下では，ポルフィリン二分子で形成する空間にフラーレンを包接し，この 2 : 1 包接錯体が水素結合により集積し，繊維状につながった形態を与えた。Martín らは，テトラチアフルバレン誘導体とフラーレンとの π-π 相互作用を利用したフラーレンポリマーを作成した（図 6(c)）[20]。

筆者らはカリックス[5]アレーンとフラーレンの相互作用を駆動力とするフラーレンポリマーの合成を試みた（図 7）[21]。二つのフラーレン部位を持つダンベル型フラーレン 1 と二つのゲスト結合部位，ダブルカリックス[5]アレーンを有するホスト分子 2 を合成し，これらの分子の逐次会合により非共有結合でつながった新規フラーレンポリマーが合成とその形態，機能につい

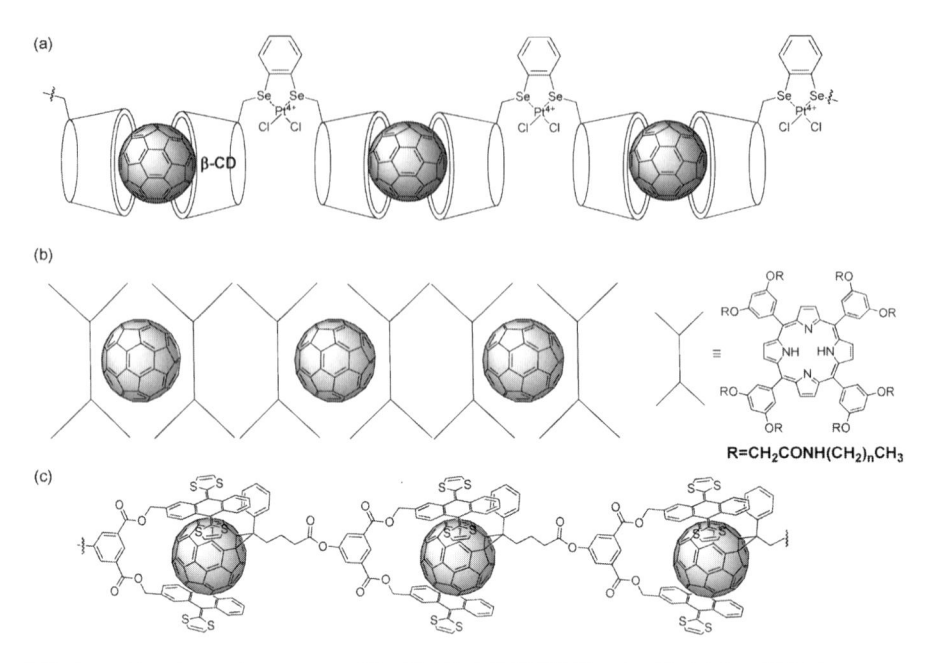

図6 (a)シクロデキストリンとフラーレン間に働く疎水性相互作用により形成される超分子フラーレンポリマー，(b)ポルフィリンとフラーレン間に働くπ-π相互作用により形成される超分子フラーレンポリマー，(c)テトラチアフルバレン誘導体とフラーレン間に働くπ-π相互作用により形成される超分子フラーレンポリマー

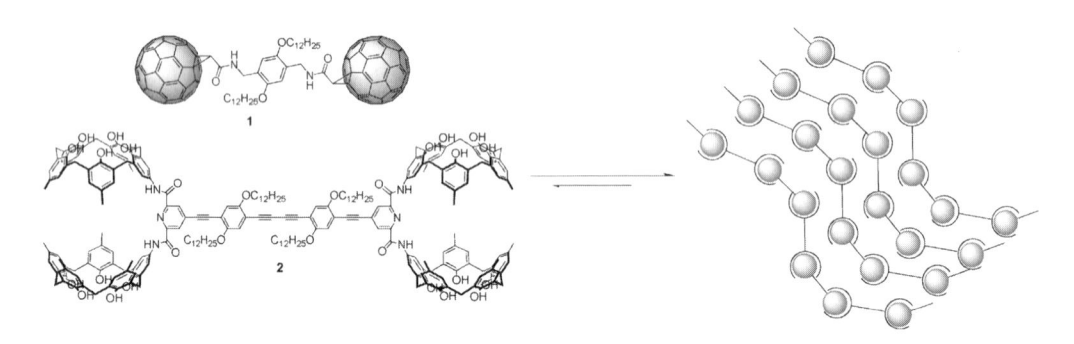

図7 ダンベル型フラーレンとダブルカリックス［5］アレーンによるフラーレン含有ポリマー形成

て研究を行った。

　1と2の溶液中での会合挙動を温度可変紫外可視吸収スペクトルを用いて解析した。1と2の混合テトラクロロエタン溶液の紫外可視吸収スペクトルを測定では，温度が上昇するに伴い，390nm付近の吸収バンドが増加し，450nm付近の吸収バンドが減少するスペクトルが得られ，このスペクトル変化は等吸収点を与えた。450nm付近の吸収バンドはカリックス［5］アレーンとフラーレンの包接錯体に見られる特徴的な吸収バンドである。このスペクトル変化より，1と

第13章　超分子化学を基盤とするフラーレンポリマーの合成と機能制御

2は可逆的な会合体を形成しており，温度上昇に伴い，この会合体は分解することがわかった。動的散乱法によりトルエン中での会合体の大きさを求めたところ，1.2mm程度の大きさを持つ巨大な集合体の存在が示唆され，有機溶媒中で巨大な会合体の形成が確認された。

この超分子集合体の固体状態をSEM，AFMを用いて観測した。ガラス表面，およびマイカ表面に1と2の1：1混合溶液から調整した組織を作成し，SEM，AFMを用いて観察した(図8(a)，(b))。観察像にはポリマーの生成を示唆する，長さ100μm以上，太さ約250-500nmの繊維状組織が確認された。1と2の混合溶液にC_{60}を阻害剤として添加し，SEMおよびAFMを用いて生じた組織を調べたところ(図8(c)，(d))，先に見られたような繊維状組織は全く確認されなかった。この結果は，1と2の混合により生じた繊維状組織は1と2のフラーレンとカリックス［5］アレーンの包接を駆動力に生成した超分子ポリマーであることがわかった。

図8(b)で観測された非常に均一な繊維状組織の高さや幅を計測したところ(図9(a))，非常に均一な繊維状組織が形成されていることがわかった(図9(b))。分子計算により得られたオリゴマーの構造では，アルキル鎖の長さが3.5nmとAFMより得られた繊維の高さ1.2nmより大きいことから，アルキル基はマイカ表面と平行に配列していると考えられた(図9(c))。また，カリックス［5］アレーンとフラーレンの包接部分の高さが1.4nmと実測の繊維の高さと非常に良く一致することから，マイカ表面上で40-60本の超分子ポリマー鎖がアルキル基を絡めながら，平行に配列したフィルム状の組織が形成されていると現在考えている。

生じるポリマーの形態は，1や2の混合比を変えることで変化した。1に二当量の2を混合した溶液からは，非常に均一なポリマーネットワークが形成された。一方，二当量の1を2に添加して得られるポリマーはフィルム状の組織やリング状の組織が形成され，これまでに見いだしてきた組織形態とは全く異なるポリマー形態が観測された。

以上のようにフラーレンとカリックスアレーンの非共有結合を利用して超分子ポリマーを合成することに成功し，得られるポリマーの形態がポリマーの構成ユニットの混合比を変えるだけで制御可能であることがわかった。

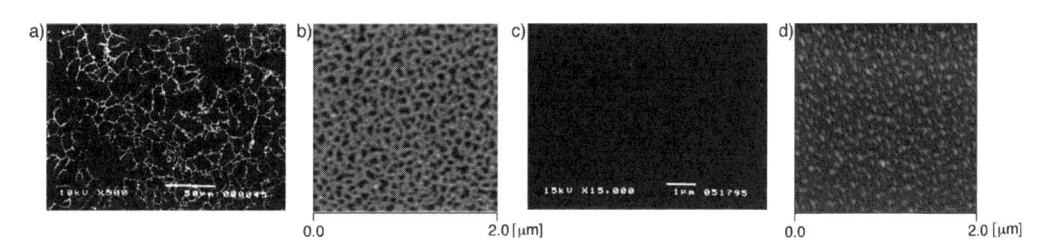

図8　ダンベル型フラーレン1とダブルカリックス［5］アレーン2から形成される超分子集合体の形態変化
1と2の1：1混合溶液から調製した薄膜のSEM画像(a)とAFM画像(b)。1と2の混合溶液にC_{60}を阻害剤として加えて作成した薄膜のSEM画像(c)とAFM画像(d)

次世代共役ポリマーの超階層制御と革新機能

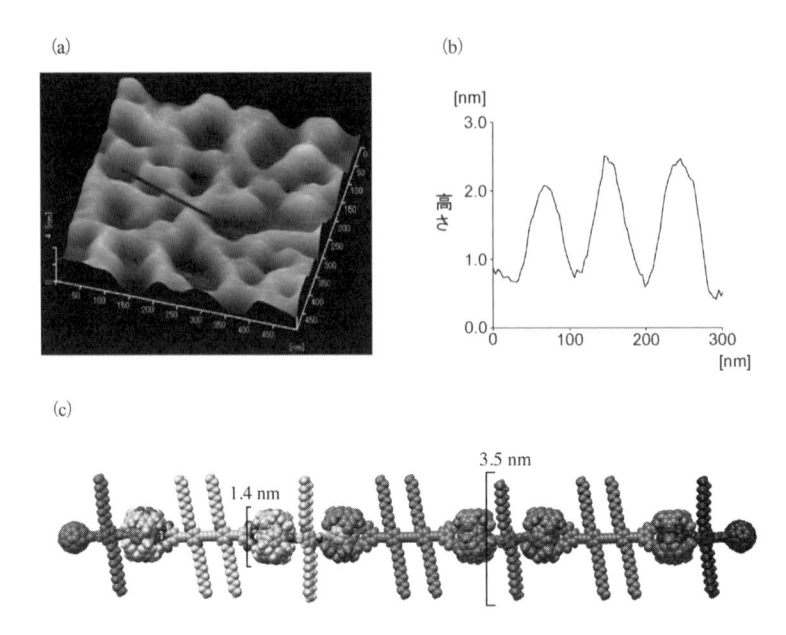

図9 超分子フラーレンポリマーのAFM画像(a)と断面図(b)，およびオリゴマーの計算最適化構造(c)
図中の数字は各部位の長さを示す。

4 おわりに

　以上，非共有結合による超分子化学を基盤とするフラーレンポリマーについて紹介した。超分子化学の利用は，ナノ空間で組織化されたフラーレンポリマーの合成，構造制御を可能であることを示した。この手法はフラーレンをナノ空間で自由に配列，集積化することができ，今後組織化されたフラーレンの配列構造によるエレクトロニクス，エネルギー分野における新規炭素材料の基盤構造としての応用展開が期待される。

謝辞
　本研究は科研費特定領域研究「次世代共役ポリマーの超階層制御と革新機能」の援助および㈶材料科学研究助成金，㈶稲盛財団，㈶倉田記念日立科学技術財団，㈶小笠原科学技術振興財団，㈶池谷科学技術振興財団，㈶村田学術振興財団，㈶ゼネラル石油研究奨励財団，㈶日産科学振興財団の助成により行われました。ここに感謝申し上げます。

第13章　超分子化学を基盤とするフラーレンポリマーの合成と機能制御

文　　献

1) A. Hirsch, "The Chemistry of the Fullerenes", p.203, Thieme (1994)；M. S. Dresselhaus, G. Dresselhaus, P. C. Eklund, "Science of Fullerenes and Carbon Nanotubes", p.965, Academic Press (1996)
2) W. Krätschmer, L. D. Lamb, K. Fostiropoulos, D. R. Huffman, *Nature*, **347**, 354 (1990)
3) T. Andersson, K. Nilsson, M. Sundahl, G. Westman, O. Wennerström, *J. Chem. Soc., Chem. Commun.*, 604 (1992)
4) P. D. W. Boyd, M. C. Hodgson, C. E. F. Rickard, A. G. Oliver, L. Chaker, P. J. Brothers, R. D. Bolskar, F. S. Tham, C. A. Reed, *J. Am. Chem. Soc.*, **121**, 10487 (1999)；D. Sun, F. S. Tham, C. A. Reed, L. Chaker, P. D. W. Boyd, *J. Am. Chem. Soc.*, **124**, 6604 (2002)
5) K. Tashiro, T. Aida, J.-Y. Zheng, K. Kinbara, K. Saigo, S. Sakamoto, K. Yamaguchi, *J. Am. Chem. Soc.*, **121**, 9477 (1999)
6) Y. Shoji, K. Tashiro, T. Aida, *J. Am. Chem. Soc.*, **126**, 6570 (2004)
7) J. L. Atwood, G. A. Koutsantonis, C. L. Raston, *Nature*, **368**, 229 (1994)
8) T. Suzuki, K. Nakashima, S. Shinkai, *Chem. Lett.*, 699 (1994)
9) T. Haino, M. Yanase, Y. Fukazawa, *Angew. Chem., Int. Ed. Engl.*, **36**, 259 (1997)；T. Haino, M. Yanase, Y. Fukazawa, *Tetrahedron Lett.*, **38**, 3739 (1997)
10) T. Haino, M. Yanase, Y. Fukazawa, *Angew. Chem., Int. Ed.*, **37**, 997 (1998)
11) A. M. Rao, P. Zhou, K. A. Wang, G. T. Hager, J. M. Holden, Y. Wang, W. T. Lee, X. X. Bi, P. C. Eklund, D. S. Cornett, M. A. Duncan, I. J. Amster, *Science*, **259**, 955 (1993)
12) Y. Iwasa, T. Arima, R. M. Fleming, T. Siegrist, O. Zhou, R. C. Haddon, L. J. Rothberg, K. B. Lyons, H. L. Carter, A. F. Hebard, R. Tycko, G. Dabbagh, J. J. Krajewski, G. A. Thomas, T. Yagi, *Science*, **264**, 1570 (1994)
13) M. Núñez-Regueiro, L. Marques, J. L. Hodeau, O. Bethoux, M. Perroux, *Phys. Rev. Lett.*, **74**, 278 (1995)
14) A. Guegel, P. Belik, M. Walter, A. Kraus, E. Harth, M. Wagner, J. Spickermann, K. Müllen, *Tetrahedron*, **52**, 5007 (1996)
15) C. J. Hawker, *Macromolecules*, **27**, 4836 (1994)
16) L. Sánchez, M. T. Rispens, J. C. Hummelen, *Angew. Chem., Int. Ed.*, **41**, 838 (2002)
17) C. H. Huang, N. D. McClenaghan, A. Kuhn, J. W. Hofstraat, D. M. Bassani, *Org. Lett.*, **7**, 3409 (2005)
18) Y. Liu, H. Wang, P. Liang, H.-Y. Zhang, *Angew. Chem., Int. Ed.*, **43**, 2690 (2004)
19) M. Shirakawa, N. Fujita, S. Shinkai, *J. Am. Chem. Soc.*, **125**, 9902 (2003)
20) G. Fernández, E. M. Pérez, L. Sánchez, N. Martín, *Angew. Chem., Int. Ed.*, **47**, 1094 (2008)
21) T. Haino, Y. Matsumoto, Y. Fukazawa, *J. Am. Chem. Soc.*, **127**, 8936 (2005)

第14章 クロスカップリング選択的酸化カップリング重合

幅上茂樹*

　フェノール類の酸化カップリング重合は，エンジニアリングプラスチックの一つであるポリフェニレンオキシド（PPO）の合成法としてよく知られている。この反応は，一電子酸化によって発生したフェノキシラジカル種同士のカップリングを経て進行する。そうしたことから，反応条件が極めて温和であること，また，重合系からは水のみが副生成物として生成するなどの特徴を有しており，近年，環境調和型の重合法としても注目されている[1,2]。

　しかしその反面，反応機構にラジカルカップリング過程を含むため，フェノキシラジカルの反応制御が極めて困難であり，モノマーとしては2,6-位を保護した2,6-ジメチルフェノールが実用的には用いられているのみである。フェノール類の酸化カップリング反応の位置選択性（C-O/C-C カップリング選択性）[2]の精密な制御が達成されれば，様々なフェノール誘導体の利用が可能となるばかりでなく，ポリフェニレンの簡便な構築が可能となる。ポリフェニレン類は従来，主に Wurz カップリングをはじめとするハロゲン化アリール類と種々の金属触媒を用いたカップリング反応などを応用することにより合成されてきた。しかしこの場合，出発物質であるハロゲン化アリールの合成，水酸基の保護，多量の金属ハロゲン化物の反応系からの排出など，簡便性，実用性の観点から多くの問題点を有しており，酸化カップリング反応の制御法の開発は，こうした点からも意義があると言える。

　有機合成の分野においては，2-ナフトール類の酸化カップリングが，最も重要な不斉骨格の1つである 1,1'-ビ-2-ナフトールを与えることから，多くの研究がなされてきており，銅などの様々な光学活性触媒を用いた不斉反応が報告されている[3]。しかし，不斉収率は基質の構造に大きく依存するなど，これまでのところ必ずしも十分な制御が達成されてきているとはいえない。さらに，これまでに報告されている反応のほとんどが，同じ基質同士のホモカップリング反応（セルフカップリング反応）についてのものであり，2種類の2-ナフトール間のカップリング反応，すなわちクロスカップリング反応を触媒的かつ選択的に達成した例は知られていなかった[4,5]。

　本章では，酸化カップリング反応の制御の可能性について，この2-ナフトール類の酸化カップリングに着目し，その制御法の開発と重合反応への応用を行った最近の結果を簡単にまとめた。

---

*　Shigeki Habaue　修文大学　健康栄養学部　管理栄養学科　教授

第14章 クロスカップリング選択的酸化カップリング重合

2-ナフトール 1 と 3-ヒドロキシ-2-ナフトエ酸メチル 2 の 1：1 混合物の酸化カップリング反応を行うと 3 種類のカップリング生成物，すなわち，ホモカップリング生成物 X および Z とクロスカップリング生成物 Y が得られる（図 1）。たとえば，Kozlowski らは，2 の不斉酸化（ホモ）カップリング反応で高い立体選択性を与える CuCl-(S,S)-1,5-diaza-cis-decalin を触媒として用いて，1 と 2 の 1：1 混合物の反応を行うと，わずかに 8％の収率でクロスカップリング体 Y が得られることを報告している[6〜8]。

これに対してわれわれは，新規な酸化カップリング重合の触媒である CuCl-(S)-2,2'-isopropylidenebis(4-phenyl-2-oxazoline)(Phbox)[9〜11]が，高クロスカップリング選択的に生成物を与えることを見出した[7,8]。たとえば，1 と 2 の反応（触媒量 10mol％）では，クロスカップリング選択性 98.5％，収率 81％でクロスカップリング体 Y が得られるなど，本触媒系が酸化クロスカップリング触媒として有効であることを明らかにした。

さらに最近，酸化クロスカップリング反応に触媒量のルイス酸，トリフルオロメチルスルホン酸イッテルビウム（Yb(OTf)$_3$），を添加することにより，CuCl-(S)Phbox 触媒を用いた反応のみならず，酸化カップリング反応の触媒として従来より知られている市販の CuCl(OH)-N,N,N',N'-tetramethylethylenediamine(TMEDA) 錯体[12]を用いた場合などにも，クロスカップリング特異的に反応が進行することを見出し，ルイス酸の添加によるクロスカップリング反応のより高度な制御に成功した[13〜15]。なお，ラジカル反応におけるルイス酸触媒の添加効果は，アクリルアミド類のラジカル重合をはじめ，数多く報告されてきているが[16〜19]，これらの反応のほとんどがラジカル付加反応についてのものであり，ラジカルカップリング反応の制御に関する報告例はほとんど知られていない。たとえば，酸素雰囲気下，THF 中，室温での CuCl(OH)-TMEDA（20mol％）を用いた 1 と 2 の反応は，クロスカップリング選択性 88％，収率 47％でクロスカップリング体 Y を与える。これに対して，10mol％の Yb(OTf)$_3$ を添加して同条件下で反応を行うと，Y 体のみが 91％の収率で得られる。

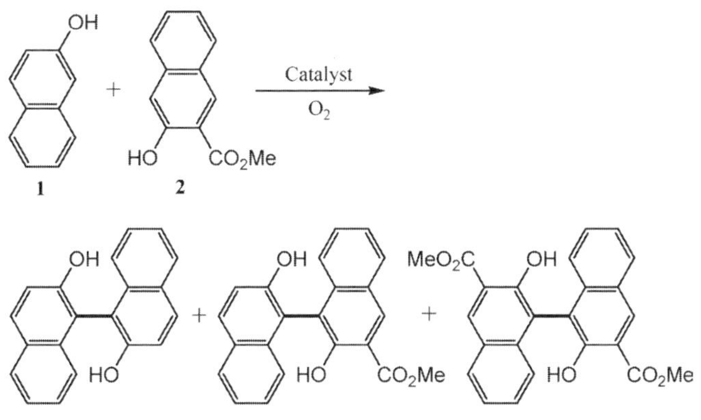

図 1

こうした酸化カップリングにおけるクロスカップリング制御法を利用することにより，酸化カップリング重合によるポリナフチレンの高度な構造制御が可能である。様々な 6,6'-ビ-2-ナフトール誘導体をモノマーとして，その単独重合や共重合を行うことにより，ほぼ完全な head-to-tail 型の構造（クロスカップリング選択性は最大で 99％）からなるポリマーの合成や交互共重合型ポリマーの選択的な構築を達成した（図2）[20~23]。ただし，これらの重合においては，現在のところ必ずしも十分な立体制御が達成されているとは言えず，課題も残している。

1 クロスカップリング選択的酸化カップリング重合によるハイパーブランチポリマーの合成[24, 25]

これまで，酸化カップリング重合によるハイパーブランチポリマーの合成例は知られていなかったが，高度なクロスカップリング制御が可能となったことから，AB_2 型の構造を有するモノマー設計が可能となった。すなわち，ナフトールユニットとアルキルオキシカルボニル基を有するナフトールユニットの 2 種類を有するモノマー 4, 5 を合成し[24]，酸化カップリング重合を行った。また比較のため，ナフトールユニットのみからなるモノマー 3 についても重合を行った（図3）。

モノマー 4, 5 の酸化カップリング重合では，図 1 に示した反応と同様に，X および Z に相当するホモカップリングユニットと Y に相当するクロスカップリングユニット（図4）の 3 種類のユニットが生成する可能性がある。この重合において，クロスカップリング反応のみが選択的に進行すれば，ハイパーブランチ型のポリマーが構築される。一方，ホモカップリングユニットの生成は架橋反応となりうる。

モノマー 3-5 の重合結果を表 1 に示す。ナフトールユニットのみからなるモノマー 3 の重合では，収率よくポリマーが得られたものの，THF などの有機溶媒に不溶な生成物を多く含み，しかも得られた可溶部の分子量は極めて小さく，これは架橋構造の生成によるものと考えられる。これに対して，モノマー 4, 5 の重合では，THF 不溶部の生成量は大きく減少し，さらに生成ポ

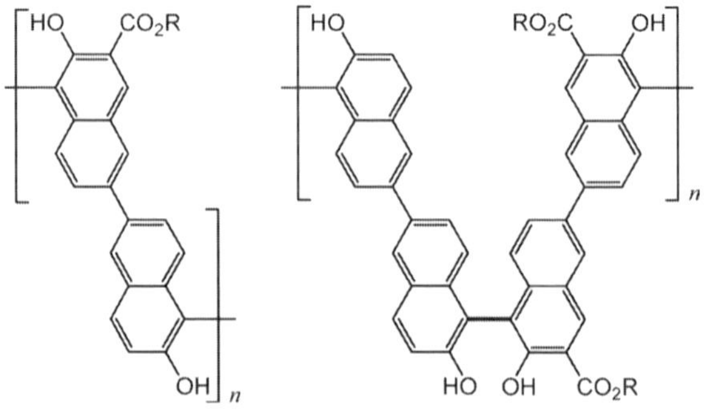

図2

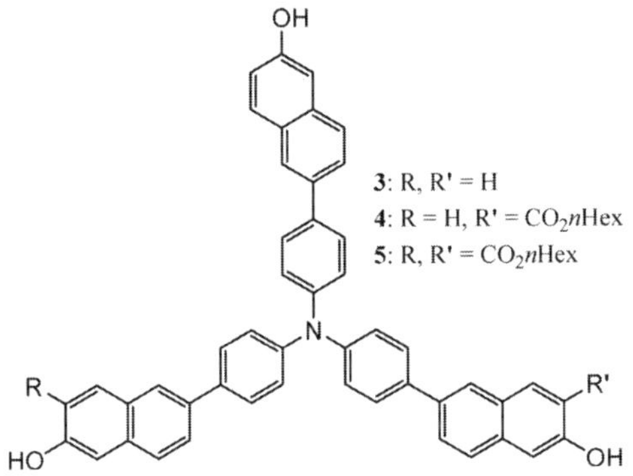

第 14 章　クロスカップリング選択的酸化カップリング重合

3: R, R' = H
4: R = H, R' = CO$_2n$Hex
5: R, R' = CO$_2n$Hex

図 3

Poly-**4**: R = H
Poly-**5**: R = CO$_2n$Hex

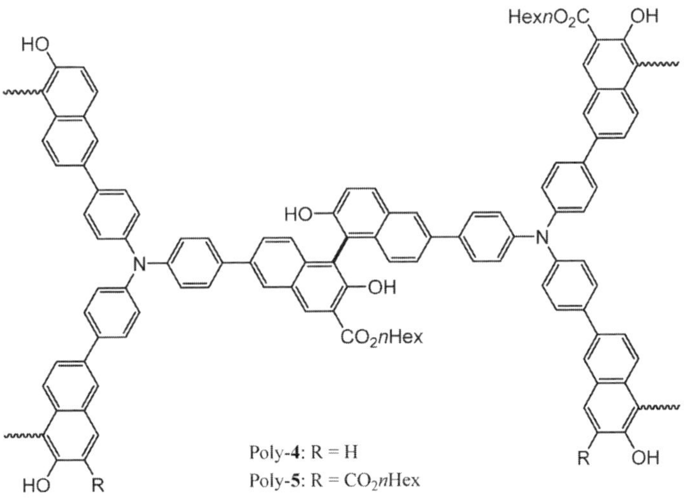

図 4

表 1　Oxidative Coupling Polymerization of **3–5** with CuCl-(S)Phbox Catalyst[a]

Entry	Monomer	Time (h)	Yield (%)[b]	M_n (M_w/M_n)[c]	Selectivity (%)[d]
1	3	1	83 (27)	1.1×10^3 (—)	—
2	4	0.5	78 (78)	5.4×10^3 (1.9)	91
3	4	1	87 (46)	8.3×10^3 (1.8)	92
4	5	0.5	92 (92)	4.8×10^3 (2.0)	>99
5[e]	5	1	95 (95)	10.2×10^3 (2.6)	99

a) Conditions: [CuCl-(S)Phbox]/[monomer] = 0.1/1, temp. = r.t., solvent = THF, O$_2$ atmosphere.
b) MeOH-1N HCl (9/1 v/v)-insoluble part. In parentheses, the values for the THF-soluble and MeOH-insoluble part are given.
c) Determined by SEC in THF.
d) Cross-coupling selectivity, estimated by ^{1}H NMR analysis.
e) (R)Phbox was used.

リマーの分子量は著しく増大した。特に，モノマー5の重合は高収率で，かつすべて有機溶媒に可溶なポリマーが得られ，SEC により見積もられた数平均分子量 M_n は1万を超えた。また，クロスカップリング選択性は99%以上に達した。さらに，^{1}H NMR の積分比より見積もられた M_n の値は，たとえば entry 5 のポリマーについて，2.03×10^4 と算出され，SEC により見積もられた値に比べ，非常に大きな値を示した。以上の結果より，ポリ-5 がほぼ完全なハイパーブランチ型の構造を有しており，本重合法が極めて有効であることが示された。

また，ポリ-5 のヒドロキシル基をアセチル化してポリマーの蛍光特性について検討を行った結果，ポリマーと低分子量のモデル化合物はほぼ類似したスペクトルパターンを示し，図2で示されているような鎖状のポリマーで観察されるエキシマー形成はほとんど起こっていないことが明らかとなった。これは，ハイパーブランチ型のポリマー構造の特徴に基づくものであると考えられる[26]。

2 クロスカップリング選択的酸化カップリング重合によるポリナフチレンの合成 [21, 27]

市販のジヒドロキシナフタレン 6 をモノマーとして用いて酸化カップリング重合を行うと（図5），この場合にも図1の反応と同様に，ホモカップリングユニットとクロスカップリングユニットの計3種類のユニットを含むポリマーが生成する可能性がある。しかし，CuCl(OH)-TMEDA や CuCl-(+)-1-(2-pyrrolidinylmethyl)pyrrolidine [PMP] などの典型的な酸化カップリング反応の触媒を用いて重合を行ってもオリゴマーしか得られない（表2，entry 1）[21]。

これに対して，新規な触媒である CuCl-(S)Phbox を用いることにより，定量的にポリマーが得られ（entry 3），この結果からも，本触媒系が酸化カップリング重合触媒として有効であることがわかる。しかし一方で，得られたポリマーは旋光性を示さず，立体構造についてはほとんど制御がなされていないことがわかった。なお，2,6-ジヒドロキシナフタレンの不斉重合においても立体構造制御が非常に困難であることが知られており[28]，これと同様の傾向が認められたとも言える。

そこで，この重合系に触媒量のルイス酸，$Yb(OTf)_3$ を添加して同条件下で反応を行った

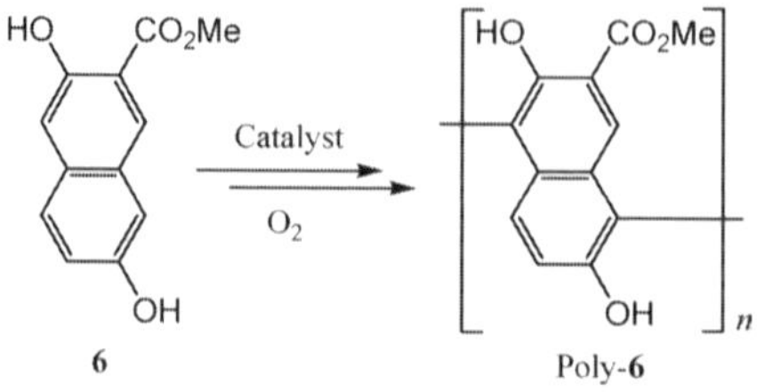

図5

第14章 クロスカップリング選択的酸化カップリング重合

表2 Oxidative Coupling Polymerization of **6**[a]

Entry	Catalyst	Time (h)	Yield (%)[b]	M_n (M_w/M_n)[c]	Selectivity (%)[d]
1	CuCl(OH)-TMEDA[e]	24	60 (60)	1.5×10^3 (—)	80
2	CuCl(OH)-TMEDA + Yb(OTf)$_3$	1	94 (56)	7.4×10^3 (2.2)	92
3	CuCl-(S)Phbox[e]	24	99 (25)	12.7×10^3 (2.1)	90
4	CuCl-(S)Phbox + Yb(OTf)$_3$	3	87 (17)	9.1×10^3 (2.2)	97

a) Conditions: [Cu]/[Yb]/[**6**] = 0.1/0.2/1, temp. = r.t., solvent = THF, O$_2$ atmosphere.
b) MeOH-1N HCl (9/1 v/v)-insoluble part. In parentheses, the values for the THF-soluble and MeOH-insoluble part are given.
c) Determined by SEC in THF.
d) Cross-coupling selectivity, estimated by ^{13}C NMR analysis.
e) Catalyst: 0.2 equiv.

(entries 2, 4)．その結果，ルイス酸無添加の場合に比べ，重合反応はいずれの場合にも短時間で完結し，収率よくポリマーが得られた．また，得られたポリマーのクロスカップリング選択性も向上し，たとえば，CuCl-(S)Phbox触媒を用いた系での選択性は97%に達した．したがって，ルイス酸触媒は触媒の活性のみならず，クロスカップリング制御にも大きな影響を及ぼしていることがわかる．

CuCl-(S)Phbox触媒を用いた重合の立体選択性は，現在のところ直接評価することはできない．そのためモデル反応を行い，立体選択性を推測したところ，約19%ee(S)と見積もられた．したがって，この点についてもルイス酸触媒の効果が認められたといえるが，その制御能は未だ不十分であり，今後の検討が必要である．

以上，酸化カップリング重合において，触媒を設計することにより，重合反応を高度に制御することが可能である．触媒系のさらなるデザインにより，様々なフェノール類の選択的な重合，ポリマーの構造制御が可能になるものと考えられる．

文　　献

1) A. S. Hey, *J. Polym. Sci. Part A: Polym. Chem.*, **36**, 505 (1998)
2) S. Kobayashi *et al.*, *Prog. Polym. Sci.*, **28**, 1015 (2003)
3) J. M. Brunel, *Chem. Rev.*, **105**, 857 (2005)
4) M. Hovorka *et al.*, *Tetrahedron*, **43**, 9503 (1992)
5) M. Smrčina *et al.*, *J. Org. Chem.*, **59**, 2156 (1994)
6) X. Li *et al.*, *Org. Lett.*, **3**, 1137 (2001)
7) T. Temma *et al.*, *Tetrahedron Lett.*, **46**, 5655 (2005)
8) T. Temma *et al.*, *Tetrahedron*, **62**, 8559 (2006)

9) S. Habaue *et al.*, *Macromolecules*, **36**, 2604 (2003)
10) S. Habaue *et al.*, *Polym. J.*, **35**, 592 (2003)
11) S. Habaue *et al.*, *J. Polym. Sci. Part A: Polym. Chem.*, **42**, 4528 (2004)
12) M. Nakajima *et al.*, *J. Org. Chem.*, **64**, 2264 (1999)
13) S. Habaue *et al.*, *Tetrahedron Lett.*, **48**, 8595 (2007)
14) S. Habaue *et al.*, *Tetrahedron Lett.*, **48**, 7301 (2007)
15) P. Yan *et al.*, *Tetrahedron*, **64**, 4325 (2008)
16) B. Ray *et al.*, *J. Am. Chem. Soc.*, **123**, 7180 (2001)
17) B. Ray *et al.*, *Macromolecules*, **36**, 543 (2003)
18) M. Sibi *et al.*, *Acc. Chem. Res.*, **32**, 163 (1999)
19) J. Zimmerman *et al.*, *Top. Curr. Chem.*, **263**, 107 (2006)
20) T. Temma *et al.*, *J. Polym. Sci. Part A: Polym. Chem.*, **43**, 6287 (2005)
21) T. Temma *et al.*, *Polym. J.*, **39**, 524 (2007)
22) T. Temma *et al.*, *Polymer*, **47**, 1845 (2006)
23) 幅上茂樹ほか, 高分子論文集, **63**, 297 (2006)
24) T. Temma *et al.*, *J. Polym. Sci. Part A: Polym. Chem.*, **46**, 1034 (2008)
25) 幅上茂樹ほか, 高分子論文集, **64**, 617 (2007)
26) S. R. Wyatt *et al.*, *Macromolecules*, **34**, 7983 (2001)
27) P. Yan *et al.*, *Polym. J.*, **40**, 710 (2008)
28) M. Suzuki *et al.*, *Chem. Commun.*, 162 (2002)

第Ⅱ編
超階層構造の構築

第1章 次世代共役ポリマーの超階層性らせん構造の制御と革新機能の創出

赤木和夫*

1 はじめに

　導電性高分子であるポリアセチレンはシス型あるいはトランス型に関わらず，主鎖上の強いπ電子共役により直鎖状平面構造をとるとされてきた。しかしながら，もし本来の高導電性を保ったまま，左右どちらかに捻れたヘリックス状あるいはスパイラル状のポリアセチレンが得られたら，従来にない電磁気的性質や光学的性質が発現することが期待される。

　近年，我々はキラルネマティック（N*）液晶を溶媒とするキラル液晶反応場を構築し，そこでアセチレンの重合を行い，高分子鎖およびそれらの束であるフィブリルが階層的らせん構造を有するヘリカルポリアセチレン（H-PA）を合成した（図1）[1~2]。最近では，N*-LCを溶媒する電解重合や化学重合により，らせん状形態や誘起キラリティを有する芳香族共役高分子も合成されている[3]。キラル液晶反応場は汎用性が高く，非共役高分子や化学反応におけるキラル制御にも応用できると期待される。本稿では，キラル液晶反応場とそこで得られるH-PAに焦点をあて，これまでの到達点と現在の進展状況[4~6]を概説する。

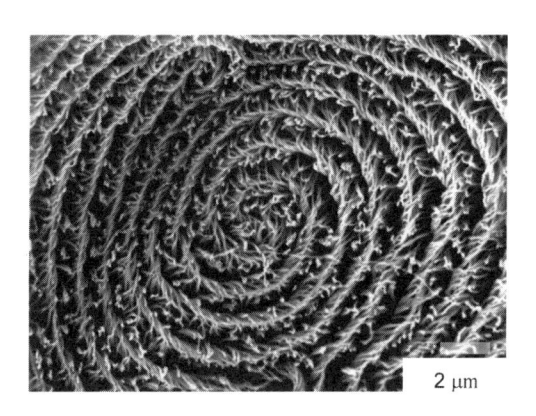

図1　キラル液晶反応場で合成した階層的らせん構造を有する導電性高分子ヘリカルポリアセチレンのスパイラル形態

＊　Kazuo Akagi　京都大学　大学院工学研究科　高分子化学専攻　教授

2 ヘリカルポリアセチレン

これまでに得られた知見は次の4つにまとめられる。①らせん構造は一次構造から高次構造に至るまで階層性を有する。また，ポリアセチレン鎖およびそれらの束であるフィブリルのらせんの向きは，キラルドーパントの左右の旋光性を使い分けることで自在に制御できる[1,2]。②不斉中心を持つフェニルシクロヘキシル化合物をキラルドーパントとする不斉液晶反応場においても，ヘリカルポリアセチレンを合成することができる。ねじれの度合いは，キラルドーパントの旋光強度により制御できる[2]。③触媒能を有するキラルチタン錯体を母液晶へのキラルドーパントとして用いても，ヘリカルポリアセチレンを合成することができる[3]。④基板に対して垂直に配向したホメオトロピックなN*液晶を用いると，フィブリルがフィルムの膜面に対して垂直に配向したヘリカルポリアセチレンを合成することができる[4]。

次に，N*液晶とヘリカルポリアセチレンの形態との関係を明らかにし，らせんのねじれの度合いを自在に制御することを目的に，らせん誘起力の異なるキラルドーパントを開発し，不斉液晶場のアセチレン重合を展開した[5,7~9]。

3 らせん誘起力の強いキラル化合物を用いた不斉液晶場

軸不斉ビナフチル部位の2,2'位と6,6'位を液晶基で置換した四置換誘導体を新規に合成し（図2），らせん誘起力を評価すると共に，これをキラルドーパントするN*液晶でのヘリカルポリアセチレンの形態を検討した。

フェニルシクロヘキサン系ネマチック液晶の混合物（PCH302とPCH304）に二置換あるいは四置換ビナフチル誘導体をキラルドーパントとして添加することにより（混合モル比：PCH302：PCH304：キラルドーパント = 100：100：1），キラルネマティック（N*）液晶を調製した。くさび型セルを用いてらせん誘起力βを評価した。四置換のビナフチル誘導体は二置換体より約2倍大きならせん誘起力を示した。また，置換基中のメチレンスペーサー（n = 3, 6, 12）はヘキサメチレン（n = 6）の時に最も大きならせん誘起力を示すことが分かった。次に，N*液晶を重合溶媒として，Ti(O-n-Bu)$_4$ 20 mmol/l，AlEt$_3$ 80 mmol/l からなる触媒溶液を調製しア

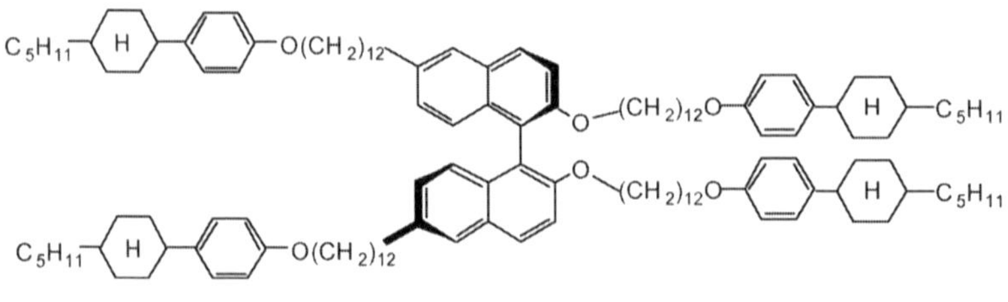

図2 四置換軸不斉キラルドーパント

第1章　次世代共役ポリマーの超階層性らせん構造の制御と革新機能の創出

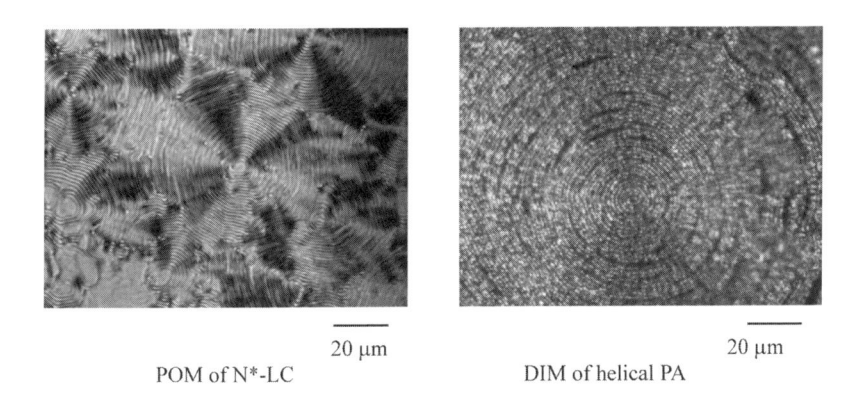

20 μm　　　　　　　　　　　20 μm
POM of N*-LC　　　　　DIM of helical PA

図3　四置換ビナフチル誘導体をキラルドーパントとするキラルネマティック液晶の偏光顕微鏡写真（左）と，この不斉液晶場で合成したヘリカルポリアセチレンフィルムの微分干渉顕微鏡写真（右）

セチレンの重合を行った。合成したヘリカルポリアセチレンフィルムを走査型電子顕微鏡と微分干渉顕微鏡で観察した（図3）。キラルドーパントのらせん誘起力が大きくなるにつれ，ヘリカルポリアセチレンのフィブリルのねじれは強くなり，フィブリル間の距離も短くなった。N*液晶の偏光顕微鏡観察で見られる指紋状模様とポリアセチレンの微分干渉顕微鏡下で観察されるモルフォロジーとは酷似している。このことは，不斉反応場としてのN*液晶のらせん模様を写し取るようにして，ヘリカルポリアセチレンのスパイラル形態が形成されることを示している。

4　橋かけ構造をもつキラルビナフチル誘導体を用いた不斉液晶場

　ヘリカルポリアセチレンのらせん方向を精密に制御すべく，種々のキラルビナフチル誘導体を合成した。特に，ビナフチル誘導体の2,2'位をテトラメチレン鎖あるいはヘキサメチレン鎖で橋かけしたキラルビナフチル誘導体について，そのキラルドーパントとしての働きに注目した。合成したキラルドーパントをネマティック液晶に少量（0.5モル％）添加してN*液晶を発現させた。N*液晶のらせんの向きは相溶試験で判定した。橋かけ構造でないビナフチル誘導体を用いた場合，N*液晶のらせんの向きは(R)体では右巻き，(S)体で左巻きであった。しかし，橋かけ型ビナフチル誘導体の場合，(R)体では左巻き，(S)体では右巻きと，全く逆方向のらせん構造が誘起されることがわかった。一方，CDスペクトルでは同符号のコットン効果が観察された。すなわち，光学的には同じ立体配置のビナフチル誘導を用いた場合でも，橋かけ構造の有無などの違いにより，N*液晶のらせんの向きは逆転することがわかった。事実，これらのN*液晶を用いて合成したヘリカルポリアセチレンにおいても，ポリエン鎖およびフィブリルのらせんの向きが逆転することが明らかになった（図4）。

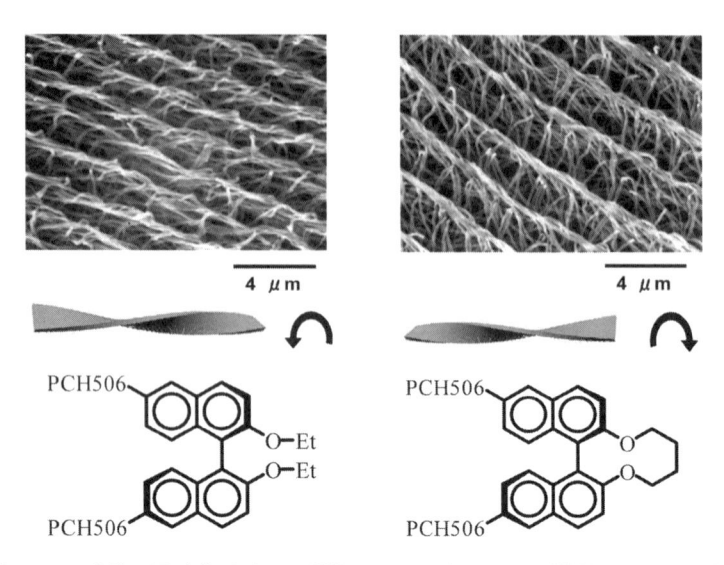

図4 同じ立体配置（R）をもつ二種類のキラルビナフチル誘導体をそれぞれ含むキラルネマティック液晶場で合成したヘリカルポリアセチレンのSEM写真

5 フィブリル束を形成しないH-PAの合成

H-PAはらせん状構造と高導電性を併せ持つため，そのフィブリル一本の電磁的性質の解明が待たれているが，通常のH-PAではフィブリルが束になったフィブリルバンドルを構成している。これまでシングルフィブリルを得るには，界面活性剤を含むジメチルホルムアミド溶液にH-PA薄膜を浸けて，超音波処理により分散させる方法が唯一であった。しかしこの方法ではフィブリルの破断や断裂が生じて，フィブリル本来の物性をより正確に評価することは困難である。そのため，破断などを回避するシングルフィブリルの合成手法の開発が望まれていた。

本研究では，当初，極限的にねじれたH-PAを合成するべく，従来を上回る高度にねじれたキラル液晶場を構築することを目的とした。そこで，ビナフチル環の2,2'位および6,6'位に液晶基を導入した四置換ビナフチル誘導体を合成した（図5，上図）。特に，6,6'位では，液晶メソゲンコアとナフチル環とをメチレンスペーサーを介さず直接結合させ，剛直性を高めることで周囲の母液晶に対するキラリティーの波及効果を高めることを意図した。これにより，当該ビナフチル誘導体のらせん誘起力（b）はこれまでで最高の値（400～450 mm^{-1}）を示したばかりか，ビナフチル誘導体そのものが液晶性を示した。そのため，母液晶との相溶性が格段に向上し，キラルドーパントとして添加できる濃度も増加させることができた。結果として，調製したN*液晶のヘリカルピッチは270 nmと，極めて強くねじれた液晶場を構築できた。興味あることに，このヘリカルピッチの値は，H-PAのフィブリル束の直径（約1 mm）より小さく，そのため，本液晶場で合成したH-PAは，フィブリルの束を形成することなく，高度にねじれながらもシングルフィブリル（直径70～120 nm）として得られることがわかった（図5，下図）。本法により，

第1章　次世代共役ポリマーの超階層性らせん構造の制御と革新機能の創出

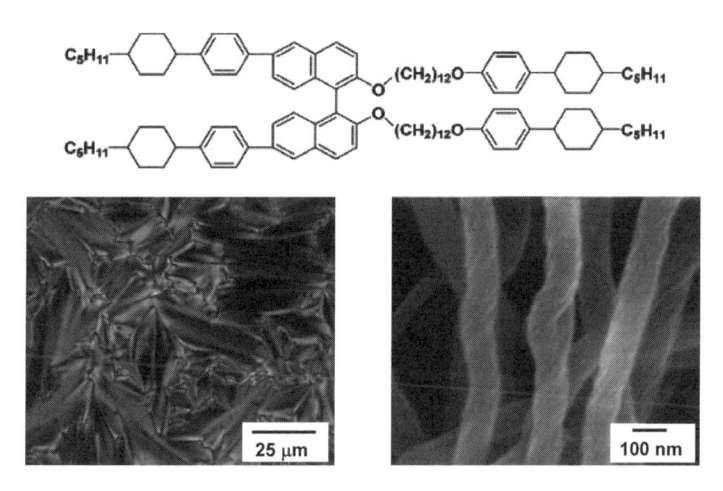

図5　四置換ビナフチル誘導体（上図），高度にねじれたキラルネマチック液晶の偏光顕微鏡写真（下左図），およびバンドルフリーのヘリカルポリアセチレンフィブリル（下右図）

単一のヘリカルフィブリルの物性測定に適した試料を供することが可能となった。

6 温度によるキラル液晶場のらせん制御とH-PAの合成

　H-PA鎖のらせんの向きは，反応場であるN*液晶のらせんの向きで決まることはすでに明らかにされている。N*液晶のねじれの強さやらせんの向きを外部摂動により変えることができれば，複数のN*液晶を調製する必要はなくなる。本研究では，特異な温度依存性を示すキラルドーパントを合成して，温度を変化させることで，N*液晶のねじれの強さやらせんの向きを制御することを試みた。まず，軸不斉型ビナフチルの2,2'位に，置換基として不斉中心型キラル部位をメチレンスペーサーを介して導入した（D-3，図6）。両タイプのキラリティーをいくつか組み合わせてその温度依存性を検討した。その結果，両タイプが同じ立体配置（例えばS配置）を有する場合，母液晶分子に対するねじれの向きは互いに逆となり，温度の上昇とともに，相殺の度合いが増加し，当該ビナフチル誘導体を含むN*液晶のねじれが著しく減少することを見いだした。これにより，0℃から20℃という狭い温度範囲内でも，N*液晶のヘリカル半ピッチは1.9 μmから3.4 μmへと変化し，このN*液晶下で合成したH-PAのフィブリル束（バンドル）間の距離も2.1 μmから3.6 μmと変化した（図7）。なお，このフィブリル束間の距離は，H-PAのねじれの度合いを示すバロメーターである。これにより，軸不斉と不斉中心からなるダブルキラル型ビナフチル誘導体を用いることで，室温近傍での20度という僅かな温度変化によっても，キラル液晶反応場のねじれの強さを可逆的に制御することが可能となった。

　次に，上記のダブルキラル型ビナフチル誘導体（D-3）と，不斉中心型キラル化合物（D-1）の二種類のキラルドーパントを含むN*液晶を調製した。偏光顕微鏡観察を通じて，0℃では筋

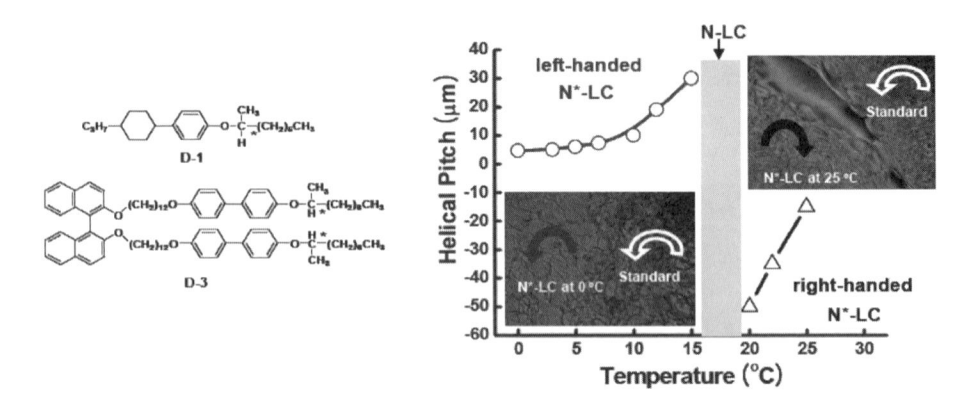

図6 キラルネマチック液晶 (N*-LC：混合モル比 PCH302：PCH304：D-1：D-3 = 100：100：7：2) の温度を変えた際のねじれの向きの変化と，接触試験時の偏光顕微鏡写真

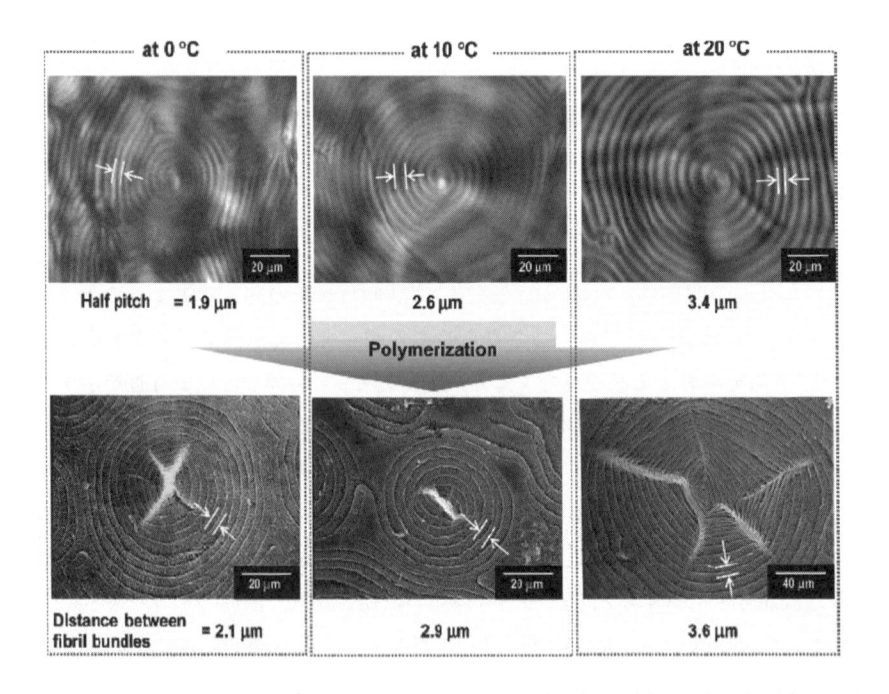

図7 キラルネマチック液晶 (N*-LC) の0℃ (上左)，10℃ (上中央)，20℃ (上右) での偏光顕微鏡写真，および0℃ (下左)，10℃ (下中央)，20℃ (下右) で合成したヘリカルポリアセチレン (H-PA) の走査電子顕微鏡写真

付きN*液晶（指紋状模様）を示したが，温度が上昇するとともにキラルピッチが増大し，16℃ではネマチック液晶（シュリーレン模様）となった．さらに温度を上げると，再び筋付き模様が現れ，25℃では明瞭な指紋状模様のN*液晶となった．ねじれの向きが既知のコレステリック液晶を標準試料として，本液晶との接触試験によりねじれの向きを判別した．その結果，本液晶は，

第1章　次世代共役ポリマーの超階層性らせん構造の制御と革新機能の創出

0℃では左巻き，25℃では右巻きであること，中間状態の15-20℃でねじれの向きが反転していることが明らかになった（図6）。これにより，本系の二成分キラルドーパントからなるN*液晶は，温度変化に対してキラリティが反転することが明らかになった。さらに，本キラル液晶場に用いることで，H-PAのらせんの向きを重合温度を変えるだけで制御することが可能となった。

文　　献

1) （a）Akagi, K., Piao, G., Kaneko, S., Sakamaki, K., Shirakawa, H., Kyotani, M., *Science*, **282**, 1683 (1998)；(b) Akagi, K., Higuchi, I., Piao, G., Shirakawa, H., Kyotani, M., *Mol. Cryst. Liq. Cryst.*, **332**, 463 (1999)；(c) Akagi, K., Piao, G., Kaneko, S., Higuchi, I., Shirakawa, H., Kyotani, M., *Synth. Met.*, **102**, 1406 (1999)；(d) Akagi, K., Guo, S., Mori, T., Goh, M., Piao, G., Kyotani, M., *J. Am. Chem. Soc.*, **127**, 14647 (2005)

2) （a）Lee, H. J., Jin, Z. X., Aleshin, A. N., Lee, J. Y., Goh, M. J., Akagi, K., Kim, Y. S., Kim, D. W., Park, Y. W., *J. Am. Chem. Soc.*, **126**, 16722 (2004)；(b) Aleshin, A. N., Lee, H. J., Park, Y. W., Akagi, K., *Phys. Rev. Lett.*, **93**, 196601 (2004)；(c) Aleshin, A. N., Lee, H. J., Jhang, S. H., Kim, H. S., Akagi, K., Park, Y. W., *Phys. Rev. B*, **72**, 153202 (2005)；(d) Ofuji, M., Takano, Y., Houkawa, Y., Takanishi, Y., Ishikawa, K., Takezoe, H., Mori, T., Goh, M., Guo, S., Akagi, K., *Jpn. J. Appl. Phys.*, **45**, 1710 (2006)

3) （a）Kang, S. W., Jin, S. H., Chien, L. C., Sprunt, S., *Adv. Funct. Mater.*, **14**, 329 (2004)；(b) Goto, H., Akagi, K., *Angew. Int. Ed. Engl.*, **44**, 4322 (2005)；(c) Goto, H., Akagi, K., *Macromolecules*, **38**, 1091 (2005)；(d) Goto, H., Nomura, N., Akagi, K., *J. Polym. Sci. Part A: Polym. Chem.*, **43**, 4298 (2005)；(e) Goto, H., Akagi, K., *Chem. Mater.*, **18**, 255 (2006)；(f) Goto, H., Akagi, K., *J. Polym. Sci. Part A: Polym. Chem.*, **44**, 1042 (2006)

4) （a）Akagi, K., in Handbook of Conducting Polymers, Third Edition, Conjugated Polymers, Eds. T. A. Skotheim, J. R. Reynolds. CRC Press, New York, 3-3 – 3-14 (2007)；(b) Akagi, K., in Thermotropic Liquid Crystals: Recent Advances, Ed. by A. Ramamoorthy, Springer, London, Chap. 9, 249 – 275 (2007)；(c) Akagi, K., *Polymer Inter.* (Review), **56**, 1192 (2007)

5) （a）Kanazawa, K., Higuchi, I., Akagi, K., *Mol. Cryst. Liq. Cryst.*, **364**, 825 (2001)；(b) Goh, M., Akagi, K., *Liq. Cryst.*, **35**, 953 (2008)

6) （a）Goh, M., Kyotani, M., Akagi, K., *J. Am. Chem. Soc.*, **129**, 8519 (2007)；Highlight in *Science*, **316**, 1815 (2007)；(b) Goh, M., Matsushita, T., Kyotani, M., Akagi, K., *Macromolecules*, **40**, 4762 (2007)；(c) Mori, T., Kyotani, M., Akagi, K., *Macromolecules*, **41**, 607 (2008)

第2章 単結晶状共役ポリマーの超階層構造の構築と制御

岡田修司*

1 はじめに

　卓越した光・電子新機能の実現へ向けて，共役高分子は非常に大きな可能性を秘めている。このような共役高分子の中でも，ポリジアセチレンは，結晶の格子支配下に重合が進行する固相重合（トポケミカル重合）によって単結晶状材料として得られる[1]という，他の共役高分子にはないユニークな特色を有している[2]。ポリジアセチレンのモノマーであるブタジイン誘導体がトポケミカル重合するためには，一般に結晶中でのブタジイン部分の配列として，ブタジインモノマー間の並進方向の距離sが約0.5nm，その並進方向とブタジイン部分のなす角ϕが約45°である必要がある（図1）[3]。ポリジアセチレンの光・電子機能の性能向上には，共役主鎖にさらに電子的な相互作用を与えることが有効である。そのためには，モノマーへの側鎖共役構造の導入と同時に固相重合性を付与する分子設計や，デバイス化に向けた結晶のサイズ・形態制御，配列制御といった階層的な構造制御の検討が重要である。このことに関連して，本稿では，主鎖と側鎖が共役したポリジアセチレンや共役主鎖の末端を修飾したポリジアセチレンに関する最近の知見をいくつか紹介する。

2 ビス（3-キノリル）ブタジインにおける低転化率の原因の検討

　一般に芳香環が置換したブタジインの多くは固相重合性を発現しない。3-キノリル基が両側に置換したブタジイン化合物1（図2）は，固相重合性を示す数少ない例の1つであるが，ポリマーへの転化率は22～24%に留まるとの報告があった[4]。結晶中のモノマー分子配列はどの部分でも同じであることを考えると，重合性配列であれば全て重合しても良いわけで，低転化率に留まってしまうことは不思議に思われる。しかしながら，このように転化率が低い重合性ブタジイン誘導体は，例外的なものではない。そこで1について，その重合挙動を詳細に検討した[5]。まず，190℃での加熱による転化率を調べたところ，筆者らの実験条件では5%とさらに低率であったが，この間の加熱実験において，結晶の一部が昇華して新たに結晶を生成し，その結晶は重合性を示さないことを見出した。すなわち，1は多形を示すことが示唆された。そこでいくつかの条件で結晶を作製し，その形状や結晶形についてまとめたものが表1である。結論として，3種の

---

* Shuji Okada　山形大学　大学院理工学研究科　教授

第 2 章　単結晶状共役ポリマーの超階層構造の構築と制御

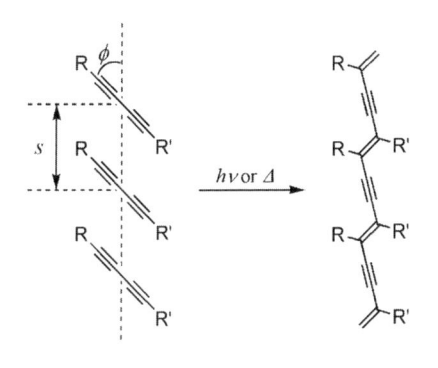

図 1　ブタジインモノマーの固相重合
s が約 0.5nm，ϕ が約 45° のときに固相重合が進行する。

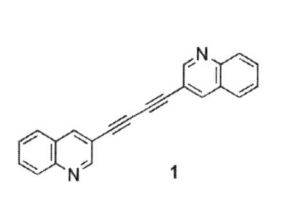

図 2　モノマー 1 の化学構造式

表 1　1 の結晶の作製法とその性質

結晶	作製法	結晶形	形状	融点/℃	UV 照射後の励起子吸収
I	アセトン溶液からの再結晶	1a	針状	231	有
II	加熱によって結晶 I の上に成長	1a	針状	231	有
III	結晶 I を昇華させガラス基板上に成長	1b	糸状	229	無
IV	アセトン溶液の水への注入による再沈殿	1b	粉末	230	無
V	加熱によって結晶 IV の上に成長	1c	薄板状	236	無

多形（表 1 の結晶形 1a～1c）が見出され，そのうち 1a のみが，重合時にポリジアセチレン構造特有の励起子吸収に基づく青色を呈し，規則正しく固相重合が進行していることがわかった。したがって，1 の熱重合時には一部の結晶形が 1a から変化してしまい，その結果転化率が低下していることが考えられた。そこで，加熱することなく重合が可能な γ 線照射による 1a の重合も検討した。しかしながら，この場合も転化率は 8% に留まり，結晶形の変化以外の原因があることが示唆された。このようにして得られた一部重合した結晶を，モノマーが可溶な溶媒であるクロロホルムで処理して光学顕微鏡で観察したところ，結晶の外形をほぼ保持したままモノマーが溶出していることがわかった。もし，ポリマーが結晶中ランダムに生成していたとすると，元の結晶の形状は保たれないはずであり，このことから，重合は結晶の表面近傍で進行したと考えられる。モノマー分子の動きは，結晶内部に比べると結晶表面近傍の方が大きくなると推定され，重合にはある程度の分子の動きが必要であることも考え合わせると，1 は結晶の表面近傍のみで重合し，その結果，転化率もあるところで飽和してしまうと推定された。

3　4-ピリジル基が直結したポリジアセチレンの合成

芳香族複素環が置換したブタジイン誘導体の転化率の向上には，固相重合性配列を形成しやす

い置換基を一方に導入することが有効である[6]。この手法で，5-ピリミジル基[7]や3-キノリル基[8]が置換した固相重合性誘導体が得られているが，いずれも，芳香族複素環の窒素原子が，共役主鎖と直接共役相互作用できる位置にはなかった。窒素を含む芳香族複素環では，直結による共役効果に加え，塩や水素結合性錯体，金属錯体などの形成による，複素環上の窒素原子を介した多様な電子的効果の発現が期待され，それを最大限に生かすためには，窒素原子が主鎖と共役できる位置にあることが望まれる。そこで，4-ピリジル基がポリジアセチレン主鎖に直結するようなモノマー2〜6（図3）を合成した[9]。その固相重合性を調べたところ，ウレタン基の分子間水素結合によってモノマーの重合性配列が形成されており，合成した2〜6の全てが重合性を示したが，転化率は最大でも50%以下に留まった。そこで，長鎖カルボン酸であるドデカン酸（DDA）との水素結合性錯体化によるパッキング効果をさらに付与し，分子配列の改変とそれに伴う重合性向上についての検討を行った。IRスペクトル，粉末X線回折・融点の測定から，DDAのカルボキシル基は5を除き，ピリジン環の窒素原子と1:1の水素結合性錯体を形成することがわかった。UV照射による2〜4および6の固相重合では，それぞれ単独の場合に比べて，水素結合性錯体の方が転化率が向上する傾向が見られた。DDAは固相重合後，溶媒に溶解させることが可能なため，純粋な2〜4，6のポリマーを取り出すこともできた。重合性付与のために導入された置換基は，通常光・電子物性に関しては不活性な場合が多いことから，そのような置換基が後で容易に脱離可能であることは，特性の向上にもつながる。これらの誘導体の金属錯体化などは，今後の検討課題である。

4 共役多重結合の中への二重結合導入による重合部位の制御

芳香環が直結したポリジアセチレンでは，隣接した芳香環同士の立体障害によって，共役主鎖平面と側鎖芳香環平面のなす角（二面角）を約43°以下にすることはできない。しかしながら，三重結合を有するエチニル基が主鎖に直結した場合には，二面角の問題を回避できる[10]。このような，側鎖にアセチレンが直結したポリジアセチレンは，モノマー中に3個以上の共役したアセチレンを有する化合物（オリゴイン）から合成することができる[11]。これまでにアセチレンが6個共役したモノマーからのポリジアセチレンまで合成に成功しており，モノマーの共役アセチレ

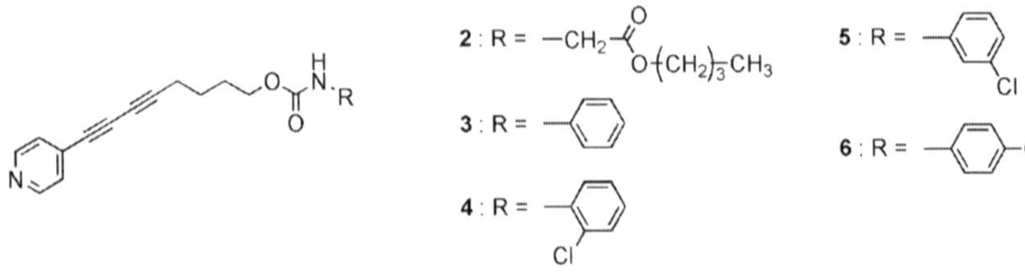

図3 モノマー2〜6の化学構造式

第2章　単結晶状共役ポリマーの超階層構造の構築と制御

ン数が増加するにしたがって，得られるポリジアセチレンの励起子吸収が長波長シフトすることが確認されている[12]。また，アセチレンが5個以上共役したオリゴインでは，ポリマー主鎖の励起子吸収のさらに長波長側の近赤外領域にも弱い吸収帯が見られることなどから，オリゴイン部位の両端のブタジインが重合したラダー型ポリジアセレンが生成していると考えている。アセチレンが6個共役したモノマーからのラダー型ポリジアセレンでは，安定なスピンソリトンが観測されており[13]，誘導体の合成研究も継続している。

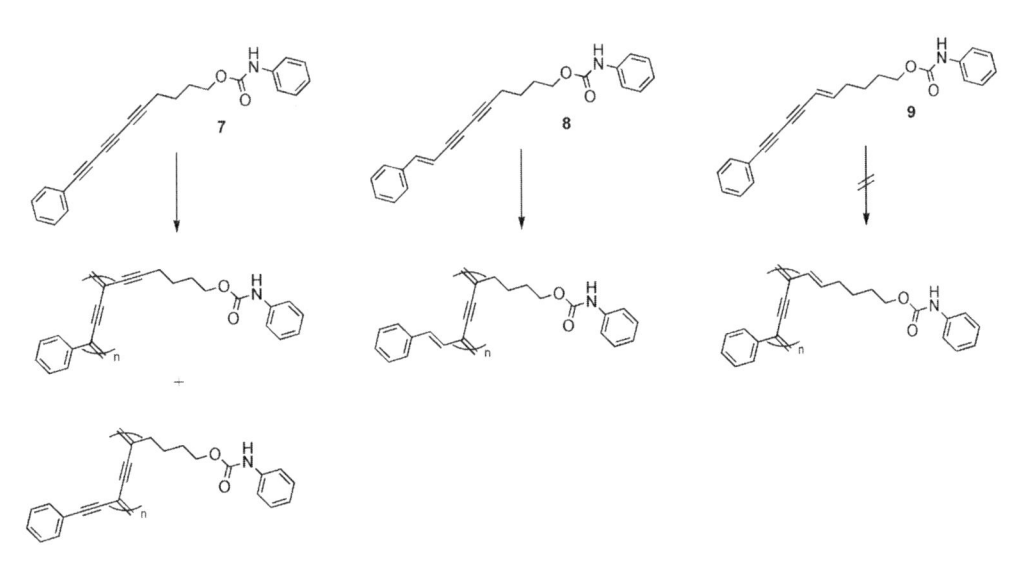

ところで，一般にn個の共役アセチレンを有し，そのオリゴインの両端の置換基が異なっている化合物の固相重合においては，ポリジアセチレンが生成する1,4-重合の組み合わせが（n-1）通り考えられる。実際には，上述のように置換基が付いたブタジイン部分の重合が優先的に起こる傾向があるため，最初の固相重合の段階では2通りの構造が生成する可能性があり，重合位置によって異なった共役構造をとることから，当然その光学特性も各々異なると考えられる。しかしながら，共役アセチレン化合物において重合位置を制御することは難しいため，重合すべき位置にはブタジイン構造を，その他の共役部位には二重結合を導入したようなモデル化合物7～9を合成して，その固相重合についての検討を行った（図4)[14]。7～9から得られた結晶についてまとめたものが表2である。7は唯一の結晶形を与え，UV照射により吸収極大を645nmに示す青色のポリジアセチレンを与えた。一方，8は2種の多形を与え，そのうちメタノール溶液の溶媒徐冷によって得られた8aは，UV照射により吸収極大を655nmに示す青色のポリジアセチレンを与えた。一方，エーテル溶液の溶媒蒸発法によって得られた8bは固相重合性を示さなかった。9の場合はさらに複雑であり，5種の多形（9a～9e）が見いだされたが，いずれも固相重合性を示さなかった。各結晶の粉末X線回折によると，固相重合性を示した7と8aは2θの低角

図4　モノマー7～9とそれらの固相重合によって得られるポリマーの化学構造式
9は固相重合性を示さなかった。

表2 7〜9の結晶の作製法とその性質

化合物	結晶形	作製法	d^* /nm	UV照射後の励起子吸収
7		クロロホルム溶液からの再結晶による針状結晶	3.15	有
8	8a	溶媒徐冷法によりメタノール溶液から得た針状結晶	3.56	有
	8b	溶媒蒸発法によりエーテル溶液から得られた粉末結晶	−	無
9	9a	溶媒徐冷法によりメタノール溶液から得た針状結晶	−	無
	9b	溶媒徐冷法によりメタノール溶液から得た針状結晶	−	無
	9c	溶媒徐冷法によりメタノール溶液から得た板状結晶	2.68	無
	9d	9cを80〜90℃に加熱することによって変換	2.42	無
	9e	溶融後の結晶化	−	無

*低角側の分子の層状構造に基づく回折ピークから求めた面間隔

側に分子の層状構造に基づく回折ピークが確認されたのに対して，9c，9d以外の固相重合性を示さない結晶では，それらは確認されなかった．結晶中での分子の層状構造では，その層内で分子が一方向に並んでいることが多く，事実，固相重合性のブタジイン誘導体で結晶中層状構造を有している例は多い．一方，9cと9dは層状構造を有しているにもかかわらず固相重合性を示さなかった．これは，X線回折より求めた面間隔d（表2）と分子模型から求められる分子長から推定されるブタジイン部位の傾き角ϕ（図1）が，45°より小さくなるということで説明された．7と8aの重合部位については，固体^{13}C-NMRを用いて詳細に検討した．その結果，7では重合後のポリマーのスペクトルにおいてポリジアセチレン主鎖の隣のメチレン炭素とアセチレン炭素の隣のメチレン炭素の両方が確認されたのに対して，8aではポリジアセチレン主鎖の隣のメチレン炭素のみが観測された．このことより，7はフェニル基から見て1,4-位および3,6-位の両方で重合しているが，8aでは二重結合の導入によって，フェニル基から見て3,6-位でのみ重合が進行していることがわかった．すなわち，モノマーの固相重合性の配列が実現できれば，共役した多重結合の中に二重結合を導入することによって，ブタジイン部分でのみ重合を進行させるように制御可能であることがわかった．

5 共役主鎖の末端を修飾したポリジアセチレンの合成

ブタジイン誘導体の固相重合は，光や放射線の照射あるいは加熱で行われるが，この際にモノマーは結晶中でランダムに励起されてポリジアセチレンを生成していると考えられ，ポリマーの末端の構造についての詳細は明らかになっていない．一方，ポリマー末端基が明らかな形で導入することができれば，主鎖の電子状態の制御の可能性に加え，導入した末端基を手掛かりとして，ポリジアセチレンを別の低分子や高分子と結合させるといったことも可能となる．そこで，ブタジイン誘導体結晶に対し，ラジカル開始剤を用いた重合を試みた[15]．モノマーとしては，再沈法[16]によって容易に数十〜数百nmのサイズの結晶（ナノ結晶）の水分散液が得られる10（図5）

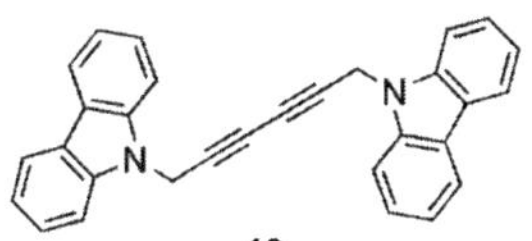

第 2 章　単結晶状共役ポリマーの超階層構造の構築と制御

図 5　モノマー 10 の化学構造式

を用いた[17]。まず，10 のナノ結晶分散液に過硫酸カリウム（KPS）や 2,2'-アゾビス（2-メチルプロピオンアミジン）塩酸塩（AMPAD）などの水溶性ラジカル開始剤を添加し，90℃で加熱することによって重合が進行するかを検討した。その結果，水溶性ラジカルを用いた場合もナノ結晶分散液の色は青色となった。吸収スペクトルの測定によると，重合によるポリジアセチレンの生成に伴い，その励起子吸収の吸光度が次第に増加し，最終的にその増加が飽和した時点での吸光度は，定量的に重合が進行することが明らかとなっている UV 照射時のときとほぼ同じになった。ラジカル開始剤を添加せずに 90℃で加熱した場合には重合は全く進行しないことから，ラジカル開始剤によってブタジイン結晶の固相重合が開始されていることがわかった。その際は当然のことながら，ラジカル開始剤残基がポリジアセチレン末端に結合していると考えられる。次に同様な実験を 10 の棒状バルク結晶に対して行った。すると興味深いことに，棒状結晶の両端部分のみが青色となり，結晶の中央部では重合が進行しなかった。10 の棒状結晶では，その長手方向にポリマーの共役主鎖が生成することが知られていることを考慮すると，ラジカル開始剤の攻撃は，重合方向に垂直な結晶面からは重合開始に有効であるが，それ以外の結晶面では重合を開始できないということを示している。結晶の端から始まった重合が中央部まで進行しないのは，結晶中の欠陥などによって重合が停止してしまうためではないかと考えている。ラジカル開始剤の残基として官能基を導入すれば，先に述べたように結晶表面を種々の分子で修飾することが可能となり，例えばナノ結晶同士の接合や，ナノ結晶と基板との結合など，さまざまなナノ構造の階層制御にも発展させることができる。

6　おわりに

高分子合成では，立体規則性の制御と分子量の制御が二つの重要な因子であり，それらが共役高分子において実現されれば，シャープな物性発現が期待される。ポリジアセチレンはトポケミカル重合で得られることから，ポリマーの立体規則性は満足しうるが，機能性を持った固相重合性モノマーの分子設計については，確率的な向上は見られるものの，100％確実なものではない。本稿でも紹介したように，例えば，9 には固相重合性を比較的発現しやすいフェニルウレタン基を導入したにもかかわらず，5 種の多形のいずれからもポリジアセチレンは得られなかった。分子構造から結晶構造が確実に予測することができない現状では，導入する置換基を絞り込むことなく，ある程度広い範囲の周辺化合物について，試行錯誤しつつ検討していくことが今後も必要

だと思われる．一方，固相重合性化合物から得られるポリマーの分子量制御には，結晶中に欠陥を作らずに重合方向の結晶長を制御すればよいことになるが，その点でナノ結晶は非常に興味深い．先に述べたように，結晶中のポリジアセチレンモノマーユニットの繰り返し距離は，ほぼ s に等しく約 0.5nm であることから，例えば分子量 500 のモノマーから得られるポリジアセチレンの場合，分子量 1 万，10 万，100 万のポリマーの長さはそれぞれ 10nm，100nm，1μm に対応し，まさにナノ結晶のサイズ領域である．したがって，機能を付与したブタジインモノマーについてサイズ制御したナノ結晶を作製し，それを固相重合させ，さらにその配向を制御しつつ配列させることにより，これまでにない光・電子機能の発現が期待され，関連研究は，今後さらに検討を進めていく価値があるものと考えている．本稿で得られた成果の多くは，科学研究費補助金特定領域研究「次世代共役ポリマーの超階層制御と革新機能」での成果である．

文　　献

1) G. Wegner, Z. *Naturforsch.*, **24b**, 824 (1969)
2) 岡田修司, 高分子, **50**, 774 (2001)
3) V. Enckelmann, "Polydiacetylenes (*Adv. Polym. Sci.*, **63**)", p.91, Springer-Verlag (1984)
4) S. S. Talwar *et al.*, *Polym. Commun.*, **31**, 198 (1990)
5) T. Li *et al.*, *Polym. Bull.*, **57**, 737 (2006)
6) H. Nakanishi *et al.*, "Frontiers of Macromolecular Science", p.469, Blackwell Scientific Publications (1989)
7) W. H. Kim *et al.*, *Macromolecules*, **27**, 1819 (1994)
8) A. Sarkar *et al.*, *Macromolecules*, **31**, 9174 (1998)
9) H. Sato *et al.*, *Chem. Lett.*, **35**, 412 (2006)
10) S. Okada *et al.*, *Mol. Cryst. Liq. Cryst.*, **189**, 57 (1990)
11) S. Okada *et al.*, *Bull. Chem. Soc. Jpn.*, **64**, 857 (1991)
12) S. Okada *et al.*, *Macromolecules*, **27**, 6259 (1994)
13) T. Ikoma *et al.*, *Phys. Rev. B*, **66**, 014423 (2002)
14) K. Mizukoshi *et al.*, *Bull. Chem. Soc. Jpn.*, **81**, 1028 (2008)
15) M. Arai and S. Okada, *Chem. Lett.*, **35**, 1012 (2006)
16) H. Kasai *et al.*, *Jpn. J. Appl. Phys.*, **31**, L1132 (1992)
17) H. Katagi *et al.*, *Jpn. J. Appl. Phys.*, **35**, L1364 (1996)

第3章　階層制御されたDNA／共役ポリマー高次組織体の構築と光電機能

小林範久*

1　はじめに

　生命現象の中心的な存在として広く認知されているDNAは構造的には，アデニン（A），チミン（T），グアニン（G），シトシン（C）の四つの塩基をそれぞれ持つ糖がリン酸を介してエステル結合した鎖状構造を持ち，通常，（A-T），（G-C）の相補的な水素結合形成により二本の鎖が立体的にからまった二重らせん構造をとっている（図1）。この素材自体は単純な二重らせん高分子が，外部刺激に対してダイナミックに応答，作用し，生命現象という驚くべき機能の発現に関与している。材料としてのDNAは既にバイオチップ等として実用化されており，今後ますます重要性が増していくのに疑いの余地はない。一方，この特徴ある素材を電子および光機能材料として応用しようとする試みが近年特に活発化している。DNAは図1に示すように汎用高

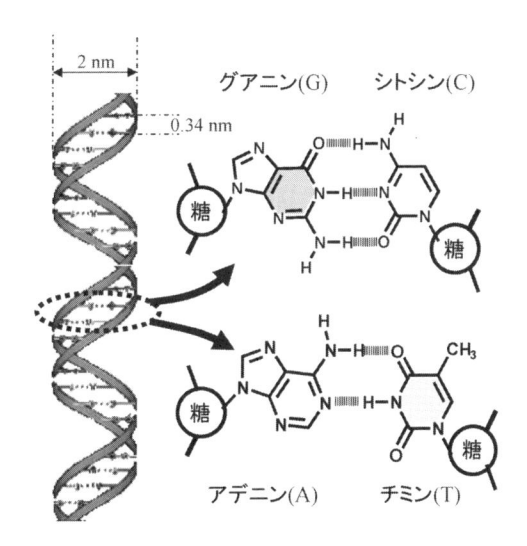

・塩基対間の相補的水素結合を利用した構造規則性
・静電的および疎水性相互作用を介した構造中への異種分子の取り込み
・導電性分子ワイヤーの可能性

図1　DNAの構造的特徴

＊　Norihisa Kobayashi　千葉大学　大学院融合科学研究科　教授

分子と比べ興味ある特性を有しており，光電機能材料としての展開が可能となれば省資源，低環境負荷，希望的には自己修復機能など種々の付加価値を兼ね備えたインテリジェントな素子への応用に期待が持てる。我々はこれまでDNAに電子機能ならびに光機能を付与する目的でDNAと導電性高分子：ポリアニリンおよび光機能性分子であるRu錯体（特にRu(bpy)$_3^{2+}$など）からなる高次組織体を調製し，その構造について報告してきた[1]。さらにこの組織体が興味深い電界発光（EL）特性を示すことも明らかにした[2,3]。ここでは，これらの例も含めたDNAの電子光機能材料としての展望について紹介したい。

2 DNA高次組織体の構造的特長

DNA内で連続的にスタックした塩基対配列が良好な電荷輸送パス（電荷のπ-way）として機能するという，いわゆるDNA分子ワイヤーに関する報告以来[4]，DNAを電子デバイスの機能材料として用いる試みが数多くなされてきた。その中で，我々はDNA自体の導電性を議論するより，むしろDNAの構造規則性等DNAが本来持っている，認知されている性質をうまく利用し，DNAに電子および光機能性を付与できないかと考え，導電性高分子を複合するに至った。

高次組織体の具体的な調製方法は非常に単純である。DNAは構造規則性高分子であると同時にリン酸基を有するポリアニオンであるためカチオン性の化合物を静電的にその構造中に取り込むことができる。また，塩基等の疎水性相互作用により他分子を塩基対間（インターカレーション）やグルーブ（2本鎖間の溝）内に取り込むこともできる。したがって，カチオン性や疎水基を有する機能性化合物をDNAと相溶させるだけで，DNA中にそれらが高次に固定・配列された，いわゆる超分子ポリマーを容易に調製することができる。たとえば光機能性（光触媒）分子であるRu(bpy)$_3^{2+}$と導電性高分子であるポリアニリン（PAn）の出発物質，アニリン二量体（PPD）をDNAとpH4程度の酸性水溶液中で混合するだけで，それらがDNA鎖に沿った高次組織体を形成できる[2]。Ru(bpy)$_3^{2+}$は光吸収によりPPDを光酸化的に重合できる（光重合）ため，この高次組織体に光を照射することで，光触媒であるRu(bpy)$_3^{2+}$と導電性高分子PAnがDNAに強く相互作用したDNA/PAn高次組織体を調製できる（図2：分子動力学計算ソフトMacromodel計算結果，Force Field：OPLS2005）。すなわち，構造規則性高分子DNAは，導電性高分子の光重合のテンプレート（鋳型）として機能し，成長するPAnに構造規則性を与えている。DNAを含まないpH4の水溶液系では，光重合によってドープ状態のPAnは得られ難いが，DNAを利用することでpH4でもドープ状態のPAnが安定に得られた。DNA鎖付近の局所的なpHがバルクのそれと異なり，DNA鎖がPAn形成に対してある種の「ナノリアクター」として機能していることを示唆している。別の実験から，ここで用いたDNA組織体はpH4で約90％程度の2重らせん構造を保っていることがわかっており，まさに図2に示す組織体内階層構造を，ある程度長い鎖長に渡って簡単な手順で構築できることが明らかとなった。言い換えればPAnを複合することでDNA自体の耐pH特性が向上することを示唆している。pHに関してさ

第3章 階層制御された DNA／共役ポリマー高次組織体の構築と光電機能

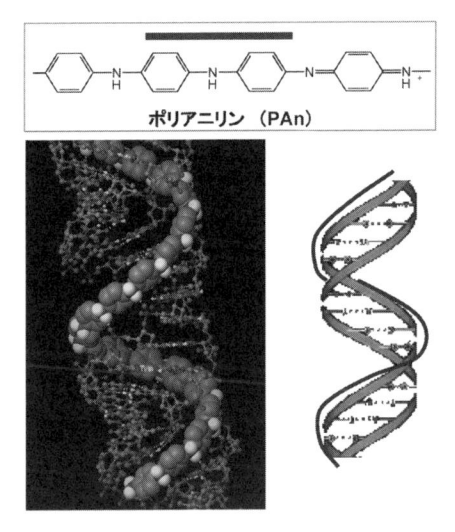

図2 DNA/PAn 高次組織体の模式図

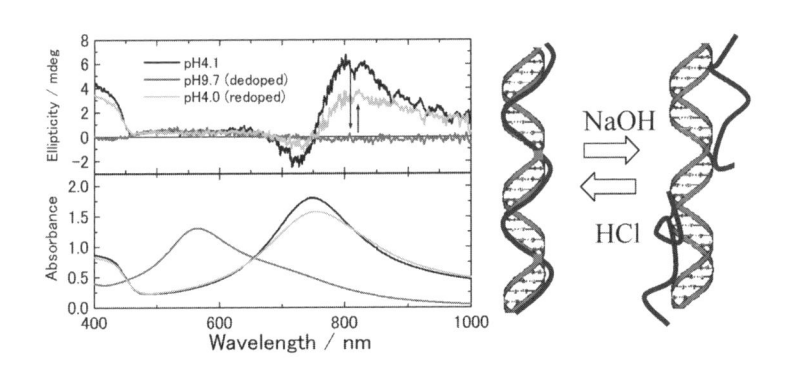

図3 DNA/PAn 高次組織体とその pH 応答の模式図

らに言えば，この組織体は pH により構造が可逆的に変化することも明らかとなった。図3の円偏光二色性（CD）スペクトルに示すように，ポリアニリンに起因する誘起 CD は高 pH 側では消失し，低 pH 側において可逆的に現れる。このことは図3右図に模式的に示した反応が起こっていることを示唆している。すなわち，低 pH 側での安定性が増し，高 pH 側では可逆的な構造変化を示す機能性 DNA が調製できることが明らかとなった。水に溶解性を示さない PAn が DNA と複合することで水溶性を示すなどの特徴も考慮すると，単分子鎖の性質を異種分子との組合せで改善できる，言わば材料設計の観点からもこの DNA 組織体は非常に興味があるものと思える[2]。

3 Ru錯体を含むDNA組織体の電界発光機能

DNA/PAn高次組織体は導電性高分子で修飾されているため,電気特性はDNA単体に比べ改善される。DNA／導電性高分子組織体を調製する報告はいくつかあるが,光重合を用いた調製法は電子および光機能の観点から大きな利点を有する。すなわち,光重合で調製したDNA/PAn高次組織体は正孔輸送性のPAnを含むだけでなく,光触媒・感光材料のみならず発光材料としても機能するRu(bpy)$_3^{2+}$を,精製した後も,その構造中に含む。しかも,Ru(bpy)$_3^{2+}$-PPD間の光誘起電子移動の結果引き起こされる光重合でPAnが調製されるため,PAnはPAn-Ru(bpy)$_3^{2+}$間の電子移動に,与えられた条件下でもっとも有利な状態でDNAに沿って形成される。したがって配列制御されたRu(bpy)$_3^{2+}$が電子輸送能を示せば,この組織体は単一鎖レベルで光吸収および発光,ならびに電子および正孔を輸送できる機能を持ち,EL発光分子ワイヤーおよび光電変換分子ワイヤーになりうる[5]。

この考察を実証する目的で,まず,(DNA/PAn＋Ru(bpy)$_3^{2+}$) 組織体単層からなる薄膜型のEL素子(膜厚30-50nm,電極:Al,ITO)を作成し,その発光特性を検討した[2]。光重合後のDNA/PAn高次組織体もRu(bpy)$_3^{2+}$を含むが,EL素子として十分な量を含んでいないため,適当量のRu(bpy)$_3^{2+}$を加えた。素子に電流が急激に流れ始める7V付近から赤橙色発光が観察された。導電性PAnを複合しているため発光に関与しない電流の寄与が大きく効率は低いが,その輝度は11Vにおいて1500cd/m^{2}とRu(bpy)$_3^{2+}$系EL素子としてはかなり高い値を示した。素子発光スペクトルはRu(bpy)$_3^{2+}$の光励起発光スペクトルに類似しており,Ru(bpy)$_3^{2+}$において電荷が再結合し発光が起こっていることを示唆している(図4)。この素子が従来報告されているRu錯体系EL素子(電気化学発光素子:ECL)と異なり特徴的なことは,非常に応答が速いことである。作製直後のセルに30Hzで電圧on-offを繰り返したところ,発光の点滅が目視にて観察された。このことは応答時間が少なくとも15msec以下であることを示している。同一の系ではないが,機構の詳細を解析するためより単純な系で,より定量的な評価を目的として,PAnを含まないDNA/Ru(bpy)$_3^{2+}$組織体単層膜をAlとITO電極ではさんだ作成直後の素子に0～10Vの矩形波を与えて発光挙動の応答を評価した(図5)[3]。低分子蒸着型のAlキノリニウム錯体／トリフェニルジアミン誘導体系EL素子(図5(c))が電界印加直後に速やかに定常値に達したのに比べ,電圧印加時の立ち上がりは鈍く(図5(b)),電気化学挙動の寄与も皆無とは言えない。しかしながら,電圧印加サイクルによって発光強度が初回から変化しないこと,また,70msec以下で定常強度に達することを考慮すると,従来の電気化学挙動で本セルの発光過程を説明することは困難である。すなわちDNA/Ru(bpy)$_3^{2+}$組織体膜の興味深い電気的な性質が発光挙動に関与していると考えられる。

さらに興味深いことは,DNA高次組織体膜とAlカソード間に緑の発光層を入れた素子を作製し電圧印加を行った場合である。図6に示すように印加電圧を増加させることで緑色,黄色(緑と赤の加法混色による黄色の発現),赤色と発色を変えることができる素子の作製に成功し

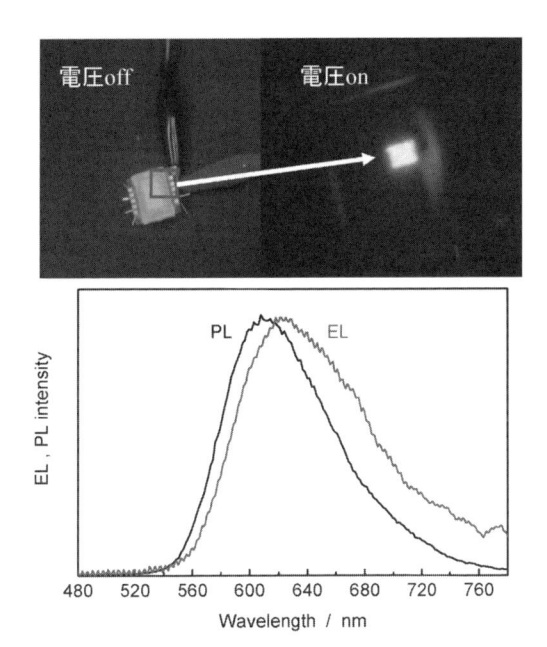

第 3 章　階層制御された DNA ／共役ポリマー高次組織体の構築と光電機能

図 4　DNA/PAn/Ru(bpy)$_3^{2+}$ 高次組織体 EL 素子の発光特性

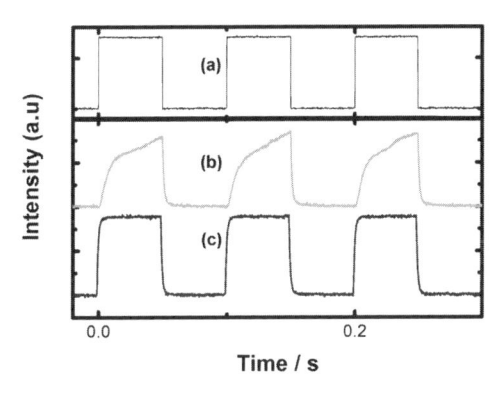

図 5　0-10V 矩形波印加に伴う DNA/Ru(bpy)$_3^{2+}$ EL 素子の発光応答
(a) 10Hz (0-10V) 参照矩形波，(b) 10Hz 矩形波印加に伴う発光応答，(c) 10Hz 矩形波印加に伴う
Al キノリニウム錯体／トリフェニルジアミン誘導体系素子の発光応答

た[6]。応答性は緑発色層を入れない場合と大差なく，緑発光層が電子的な電荷輸送層であること
を考慮すると，DNA 高次組織体が興味深い電荷輸送機構を示すことは疑いのない事実である。
詳細については今後検討する必要があるが，DNA が電子ならびに光機能材料として有効に機能
しえることを如実に物語っている。

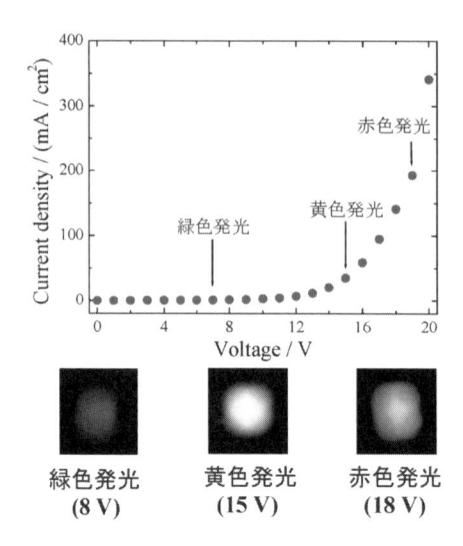

次世代共役ポリマーの超階層制御と革新機能

図6　DNA/PAn/Ru(bpy)$_3^{2+}$高次組織体と緑発光層からなる素子の発光特性
（　）内：撮影時電圧

4　将来展望

　Ru錯体を含むDNA高次組織体を用いたEL素子は素子寿命ならびに効率においてまだまだ十分ではない。しかしながら現時点で材料が持つベストパフォーマンスを我々が引き出しているとも思えず，その意味では改善の余地を大きく残している。DNAは単一の高分子でありながら数十μm以上の長さを有するものが簡単に手に入るため，基板表面に配列した櫛型電極間に単一鎖で橋渡しすることも可能である。多様で複雑だが単一分子としての取扱いが比較的容易でもある。ここで紹介したような高次組織体（分子組織体）を用いて，電場等外部刺激に応答する組織体単体内での種々の挙動を定量的に評価できれば，将来的な分子素子，分子集積回路へつながる基礎知見を得ることができると思える。DNAならではのonly-oneの特長を生かした応用展開が重要と考えている。

　DNAを用いた光電機能素子の設計は前述したDNAの多様性に関する興味から確実に増えており，2007年8月San DiegoでSPIE Optics + Photonics国際会議ではNanobiotronics会場[7]でこれらが包括的に取り扱われ活発な議論がなされた。2008年も昨年以上の発表件数を集め日本からも多くの研究者が優れた興味深い内容を発表し，日本が世界の中で高いポテンシャルを有することを示した。DNAが持つ多様性を積極的に利用して機能化し，将来的に分子素子につなげるためにはまだまだ解明すべき点は多い。しかしながら，素子材料として他物質では代替できないDNAの電子的，構造的特徴が反映できるのも事実である。EL素子をはじめとする電子および光機能材料への応用は将来的な展開への序章に過ぎず，DNAの多様性を生かしながら設計を行い，分子レベルでの詳細を明らかにすることで，今後の進展が大きく期待される材料系と思われる。

第 3 章　階層制御された DNA ／共役ポリマー高次組織体の構築と光電機能

文　　献

1) S. Uemura, T. Shimakawa, K. Kusabuka, T. Nakahira and N. Kobayashi, *J. Mater. Chem.*, **11**, 267 (2001)
2) N. Kobayashi, S. Uemura, K. Kusabuka, T. Nakahira and H. Takahashi, *J. Mater. Chem.*, **11**, 1766 (2001)
3) N. Kobayashi, M. Hashimoto and K. Kusabuka, *Electrochemistry*, **72**, 440 (2004)
4) C. J. Murphy, M. R. Arkin, Y. Jenkins, N. D. Ghatlia, S. H. Bossmann, N. J. Turro and J. K. Barton, *Science*, **262**, 1025 (1993)
5) N. Kobayashi, K. Teshima and R. Hirohashi, *J. Mater. Chem.*, **8**, 497 (1998). (Feature Article).
6) N. Kobayashi, D. Nishioka and T. Morimoto, in preparation.
7) SPIE Optics + Photonics 2007, 6646: Nanobiotronics, http://spie.org/x10913.xml

第4章　無機ナノ構造体を基盤とする共役ポリマーの階層構造制御

大塚英幸*

1　はじめに

サブミクロンからナノメートルレベルにおける高分子の微細加工や階層構造制御は，次世代の高分子材料の展開を進める上で必要不可欠な科学技術である。本章では特徴的な繊維状構造を有する無機ナノ構造体を基盤とした共役ポリマーの組織化，新規機能性材料の開発に向けたアプローチについて最近の研究成果を紹介する。

2　無機ナノ構造体

　無機ナノ粒子，無機ナノロッド，無機ナノファイバーは，代表的な無機ナノ構造体である。また，最近ではケイ素骨格を含むかご型シルセスキオキサンなどの有機／無機ハイブリッド型分子も，無機ナノ構造体の一つとして注目されている。具体的には，金，銀，パラジウムなどのナノ粒子，ケイ素やアルミニウム系の酸化物（シリカ，アルミナ）ナノ粒子，金属酸化物ナノロッドなどがあげられる。一方，無機ナノファイバーは，ナノ粒子・ナノロッドよりも大きな異方性を有する興味深いナノ構造体である。イモゴライト（図1）は外径2〜2.5nm，長さ数百nm〜数μmの繊維状構造を有するアルミノシリケートの一種である[1]。イモゴライト外表面に存在するアルミノール（Al-OH）基はリン酸，スルホン酸，カルボン酸などの官能基と特異的な相互作用を示し，複合体を形成することが知られている[2〜6]。同じくチューブ状構造を有するカーボ

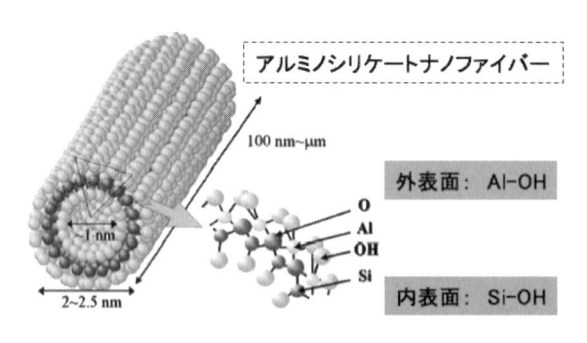

図1　イモゴライトの構造（模式図）

---

*　Hideyuki Otsuka　九州大学　先導物質化学研究所　准教授

第4章　無機ナノ構造体を基盤とする共役ポリマーの階層構造制御

ンナノチューブと比較すると，広い波長領域において高い透明性を有しており[7]，特に共役系ポリマーに代表される光・電子機能を指向した研究においては，高い潜在性を有する。無機ナノファイバーであるイモゴライトを用いることで，共役ポリマーの階層構造と光・電子機能を制御できることが期待される。

3 無機ナノファイバーを基盤とする共役ポリマーの階層構造制御

3.1 スルホン酸基との相互作用を利用した高分子組織体の構築

　イモゴライトは弱酸性条件下において，外表面のAl-OH基が正電荷を帯びるため（Al-OH_2^+)[3]，スルホネート基などのアニオン性官能基と静電的な相互作用が可能である。そこで，スルホネート基を有する共役ポリマーとイモゴライト表面との相互作用を検証するために，複合体の形成を試みた。その結果，両者が均一分散する溶液を混合することで，ゲル状の複合体が形成されることが明らかとなった。具体的には，イモゴライトと水溶性ポリ（p-フェニレン）誘導体であるWS-PPP[8]の弱酸性水溶液とイモゴライトの弱酸性水溶液を混合すると溶液粘度の上昇が観測され，その溶液に対して遠心分離操作を行うと図2に示すようなヒドロゲルの生成が確認された。このことは，WS-PPPのスルホネート基とイモゴライト表面のアルミノール基との間に静電的な相互作用が生じ，図3に示すようなネットワーク構造が形成されたためと考えられる。生成したヒドロゲルは比較的高い透明性を有しており，WS-PPPの励起波長の光を照射するとWS-PPP由来の青白い発光が観測されることが明らかとなった。

　WS-PPPのスルホネート基とイモゴライト表面のアルミノール基との相互作用を利用し，layer-by-layer assembly（LBL）法[9]およびspin-assisted layer-by-layer assembly法（spin-assembly）法[10]により交互積層化を行い，これらをナノレベルで積層することを試みた（図4）[11]。交互積層化の際に用いた基板（シリコンウエハおよび石英基板）は，酸による洗浄処理を行った後，メルカプトプロピルトリメトキシシランを化学気相吸着法により固定化し[12]，365nmのUV光を用いた酸化反応により表面上にスルホン酸基を導入した。その後，1mMのイモゴライト溶液（浸漬時間20分）とWS-PPPの溶液（浸漬時間10分）とを，洗浄を挟んで交

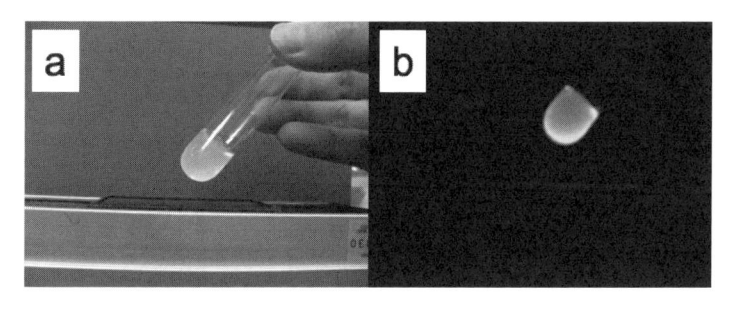

図2　365nmのUV光を照射されたWS-PPPとイモゴライトのハイブリッドゲル（右は暗所中）

次世代共役ポリマーの超階層制御と革新機能

互に吸着することで積層膜を形成させた。Spin-assembly 法に関しては，スピンコーターを用いて 6000rpm の回転数で，各溶液と洗浄液を交互に滴下させ積層膜を形成させた。

　各溶液を 30 回積層した LBL 積層膜の X 線光電子スペクトル測定を行った結果，103.6eV と 75.8eV に Si(2p) と Al(2p) に帰属されるピーク，169.7eV には S(2p) 由来のピークがそれぞれ観測されたことから，イモゴライトおよび WS-PPP の存在が確認された。Spin-assembly 法で作製した薄膜からも同様のピークが確認され，どちらの作製法においても交互積層膜の形成が示

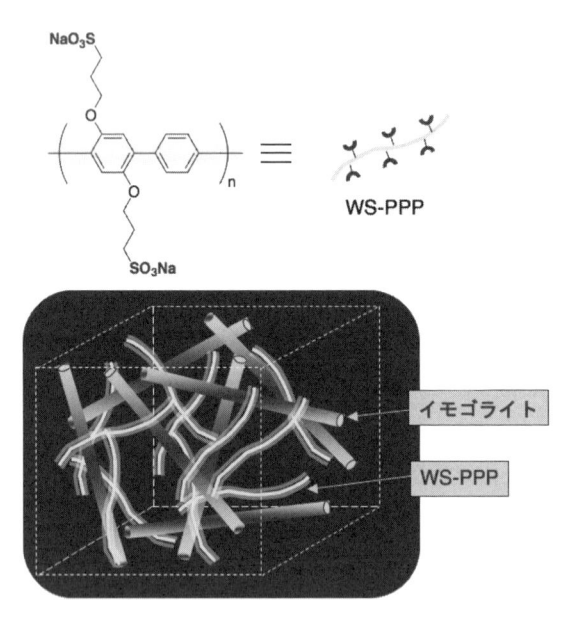

図3　イモゴライトと WS-PPP との複合体形成の模式図

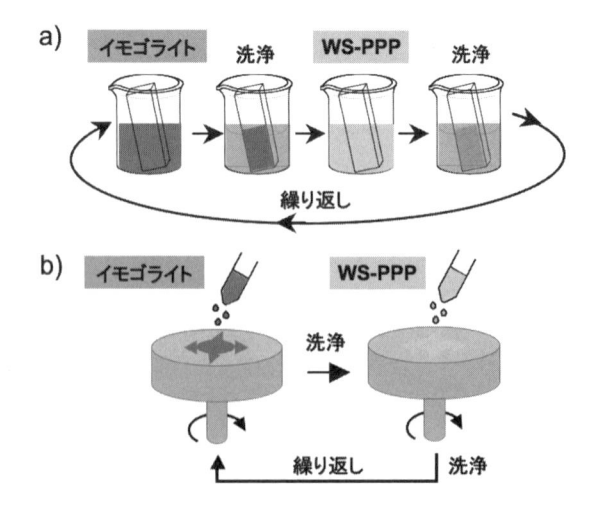

図4　Layer-by-Layer assembly (LBL) 法と Spin-assisted LBL assembly (Spin-assembly) 法

第4章 無機ナノ構造体を基盤とする共役ポリマーの階層構造制御

唆された。

一方,石英基板上に積層膜を形成することで,WS-PPP 由来の UV-Vis 吸収スペクトルを測定した。回数の増加に伴って膜厚および WS-PPP に由来する吸光度が直線的に増加することが明らかとなった(図5)。LBL 法と spin-assembly 法における bilayer あたりの 345nm における吸光度は,それぞれ平均で 0.048 と 0.027 と見積もられた[11]。WS-PPP 以外のスルホネート基を有する共役ポリマーを用いても同様の現象が観測された。

積層膜の膜厚変化を原子間力顕微鏡(AFM)観察により行った。積層膜の一部をスクラッチして,基板が露出した部分と積層膜が残っている部分との高さの差から膜厚を算出した。積層回数に対する膜厚変化の様子を図6に示す。LBL 法と spin-assembly 法のいずれにおいても,積層回数の増加とともに膜厚が直線的に増加していることが明らかとなった[11]。また,今回の条件下においては,spin-assembly 法と比較して LBL 法の方が厚い積層膜を与えた。

さらに積層膜の表面モルフォロジーについて解析を行った結果,spin-assembly 法で調製した薄膜は,原子間力顕微鏡観察によりファイバー状の構造体が基板の中心から放射状に配向してい

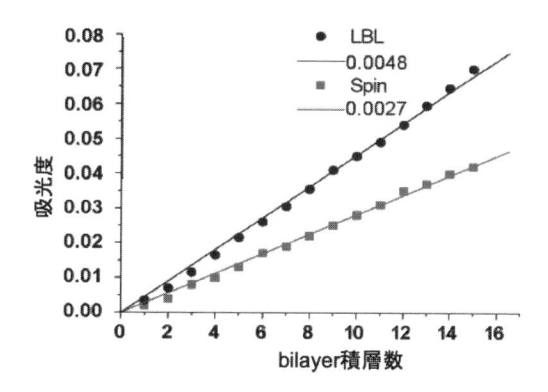

図5 LBL 法と spin-assembly 法で作製した積層膜の吸光度変化

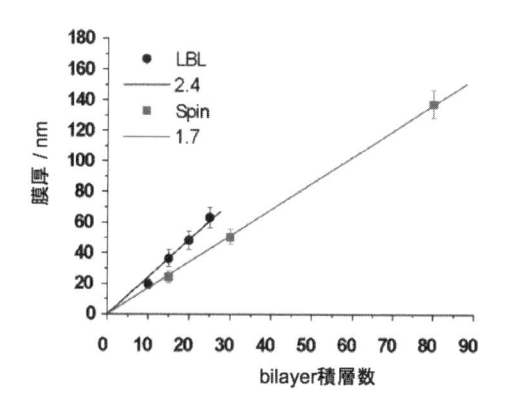

図6 LBL 法と spin-assembly 法で作製した積層膜の膜厚変化

る特徴的な表面構造を有していることが明らかとなった[11]。これはスピンコーターによる強い遠心力によりイモゴライトが配向したためと考えられる。実際にスピンコーター回転数を低くして調製したサンプルでは、あまり高い配向を示さなかった。偏光吸収スペクトル測定を行った結果、ファイバー状の構造体が基板の中心から放射状に配向していることに起因して、基板上の位置の違いにより偏光吸収特性が異なることも明らかとなった。spin-assembly法により調製された積層膜では、サンプル中心では偏光子に対して平行方向の吸光度$A(spin)_0$と垂直方向の吸光度$A(spin)_{90}$の比$A(spin)_0/A(spin)_{90}$は1.1以下（いずれも測定波長は345nm）であるが、大きく配向しているサンプルのエッジ部分では、$A(spin)_0/A(spin)_{90}$は1.5を超える大きな値を示した（図7）。一方、通常のLBL法により作製された積層膜では、どの場所で測定しても異方性は観測されないことから、spin-assembly法により作製された積層膜においてのみイモゴライトの配向に基づく共役ポリマーの配向制御が達成されたものと考えられる。

3.2 ホスホン酸基との相互作用を利用した高分子組織体の構築

イモゴライト表面のアルミノール基は、ホスホン酸基やリン酸基と特に強い相互作用を示すことがこれまでに明らかとされており、イモゴライトの表面修飾や高分子や酵素との複合化に利用されてきた。例えばアルキルホスホン酸誘導体は図8に示すように、イモゴライト表面に強く吸着する。そこで、共役系オリゴマーであるオリゴチオフェン誘導体（HT3P）を分子設計・合成し、イモゴライトとの相互作用を検討した。

固定化の確認は、赤外吸収スペクトル測定により確認した。イモゴライト表面に固定化されたチオフェン誘導体は、ナノファイバーによって構造制御されることが期待される。実際にHT3Pの吸収および蛍光スペクトル測定を行った結果、ナノファイバー上ではH会合体を形成していることが示唆された。HT3Pを単独で分散した場合と比較して、イモゴライト表面に固定化した場合は、イモゴライト表面で会合体を形成した状態で溶液中に分散しているため、吸収および蛍光スペクトルにおいてシフトが観測された[13]。このようなアプローチはナノ粒子などの別の無機ナノ構造体[14~21]にも適用可能であることも明らかにしており、様々な系へ展開する可能性を有している。

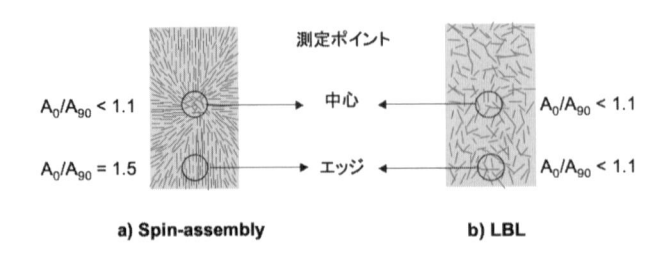

図7 LBL法とspin-assembly法で作製した積層膜の偏光吸収測定結果（偏光子に対して平行方向の吸光度A_0、垂直方向の吸光度A_{90}、波長345nm）

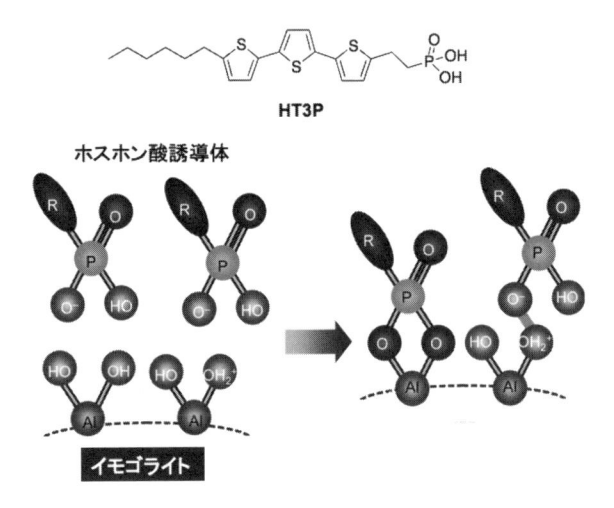

第4章 無機ナノ構造体を基盤とする共役ポリマーの階層構造制御

図8 HT3Pの化学構造式およびホスホン酸誘導体とイモゴライト表面との相互作用

4 おわりに

　本章では，特徴的な繊維状構造を有する無機ナノ構造体を基盤とした高分子の組織化，新規機能性材料の開発に向けたアプローチについて最近の研究成果を概説した。透明なナノ構造体の表面との相互作用を巧みに利用し設計を行うことで，様々な高分子の階層構造と光・電子機能を制御できる可能性が示された。無機ナノ構造体であるイモゴライトは，それ自身でもプロトン伝導性[22]，液晶性[23]などが報告されており，今後，緻密なシステム設計に基づく構造制御により更に革新的な機能発現へと繋がる可能性を充分に有している。

謝辞
　本章に記載した成果の一部は，文部科学省科学研究費補助金特定領域研究「次世代共役ポリマーの超階層制御と革新機能」によるものであり，高原淳先生（九州大学先導物質化学研究所教授），米村弘明先生（九州大学大学院工学研究院准教授）をはじめとする共同研究者の皆様に深く感謝いたします。

文　　献

1) a) P. D. G. Cradwick, V. C. Farmer, J. D. Russell, C. R. Masson, K. Wada, N. Yoshinaga, *Nature Phys. Sci.*, **240**, 187 (1972)；b) 高原淳，大塚英幸，山本和弥，和田信一郎，工業材料, **51**, 50 (2003)

2) R. L. Parfitt, A. D. Thomas, R. J. Atkinson, R. S. C. Smart, *Clays Clay Miner.*, **22**, 455 (1974)
3) K. Yamamoto, H. Otsuka, S.-I. Wada, A. Takahara, *Chem. Lett.*, 1162 (2001)
4) K. Yamamoto, H. Otsuka, S.-I. Wada, D. Sohn, A. Takahara, *Polymer*, **46**, 12386 (2005)
5) N. Inoue, H. Otsuka, S.-I. Wada, A. Takahara, *Chem. Lett.*, **35**, 194 (2006)
6) K. Yamamoto, H. Otsuka, A. Takahara, *Polym. J.*, **39**, 1 (2007)
7) K. Yamamoto, H. Otsuka, S.-I. Wada, D. Sohn, A. Takahara, *Soft Matter*, **1**, 372 (2005)
8) S. Kim, J. Jackiw, E. Robinson, K. S. Schanze, J. R. Reynolds, *Macromolecules*, **31**, 964 (1998)
9) a) G. Decher, J.-D. Hong, *Makromol. Chem., Macromol. Symp.*, **46**, 32 (1991) ; b) G. Decher, *Science*, **277**, 1232 (1997)
10) a) J.-D. Hong, D. Kim, K. Char, J.-I. Jin, *Synth. Met.*, **84**, 815 (1997) ; b) H. Hong, R. Steitz, S. Kirstein, D. Davidov, *Adv. Mater.*, **10**, 1104 (1998) ; c) B.-H. Sohn, T.-H. Kim, K. Char, *Langmuir*, **18**, 7770 (2002) ; d) P. A. Chiarelli, M. S. Johal, D. J. Holmes, J. L. Casson, J. M. Robinson, H.-L. Wang, *Langmuir*, **18**, 168 (2003)
11) N. Jiravanichanun, K. Yamamoto, H. Yonemura, S. Yamada, H. Otsuka, A. Takahara, *Bull. Chem. Soc. Jpn.*, in press.
12) T. Koga, H. Otsuka, A. Takahara, *Bull. Chem. Soc. Jpn.*, **78**, 1691 (2005)
13) A. Irie, N. Jiravanichanun, K. Yamamoto, H. Otsuka, A. Takahara, *Polym. Prepr. Jpn.*, **57**, 765 (2008)
14) R. Matsuno, K. Yamamoto, H. Otsuka, A. Takahara, *Chem. Mater.*, **40**, 3 (2003)
15) R. Matsuno, K. Yamamoto, H. Otsuka, A. Takahara, *Macromolecules*, **37**, 2203 (2004)
16) R. Matsuno, H. Otsuka, A. Takahara, *Soft Matter*, **2**, 415 (2006)
17) 松野亮介, 小林元康, 大塚英幸, 高原淳, 化学, **60**, 70 (2005)
18) 高原淳, 大塚英幸, 第2章 精密高分子合成を用いた表面ナノ構造の精密制御, 新海征治編著, モレキュラーインフォーマティクスを拓く分子機能材料, 日刊工業新聞社 (2006)
19) K. Miyamoto, N. Hosaka, H. Otsuka, A. Takahara, *Chem. Lett.*, **35**, 1098 (2006)
20) K. Miyamoto, N. Hosaka, M. Kobayashi, H. Otsuka, N. Yamada, N. Torikai, A. Takahara, *Polym. J.*, **39**, 1247 (2007)
21) N. Hosaka, H. Otsuka, M. Hino, A. Takahara, *Langmuir*, **24**, 5766 (2008)
22) J. Park, J. Lee, S. Chang, T. Park, B. Han, J. W. Han, W. Yi, *Bull. Korean Chem. Soc.*, **29**, 1048 (2008)
23) K. Kajiwara, N. Donkai, Y. Hiragi, H. Inagaki, *Makromol. Chem.*, **187**, 2883 (1986)

第5章 ポリチオフェン―機能性色素電解重合複合膜による光電変換と階層構造制御

秋山 毅*

1 はじめに

　ポリチオフェンなどの有機導電性高分子は，そのユニークな電子的特性・製膜性の高さなどの理由から，有機トランジスタ，有機発光材料，光電変換材料など，種々の有機電子デバイスへの応用が期待され，魅力的な研究対象であり続けてきた。その中でも導電性高分子と機能性色素を組み合わせた複合膜による太陽電池・光電変換系は大きな注目を集めており，基礎および応用のいずれの観点からも興味深い研究対象である[1~7]。

　導電性高分子―機能性色素の複合膜を用いた光電変換系はその構成分子の設計や複合膜の構造によって光電変換特性を容易に制御可能であるという特徴を原理的に備えており，化学の立場からも魅力的な系である。このような導電性高分子―機能性色素の複合膜を光電変換に用いるためには，まず電極上に複合膜を形成する必要がある。

　導電性高分子の製膜方法としては，スピンコーティング法や蒸着法の他，導電性高分子を形成するモノマーを電極上で電解重合製膜する方法（以下電解重合法）などが知られている。電解重合法は，電極への印加電位・電位印加の時間などの条件によって重合膜の膜厚制御が容易であること，基本的に電極の形状を選ばない製膜法であることなどの特徴を備えている。また，複数種の導電性高分子モノマーを共重合・逐次重合した複合膜を形成する手法として特に簡便な手法のひとつでもあり，電解重合製膜法は光電変換機能を有する導電性高分子―機能性色素の複合膜の作製法として有効であると考えられる。

　以上の背景から，本章では導電性高分子としてポリチオフェンを，機能性色素としてポルフィリンまたはフラーレンを用いた電解共重合複合膜の設計と作製について紹介した後，逐次電解重合法を用いた階層構造複合膜への展開について紹介する。

2 電解共重合法によるポリチオフェン―機能性色素複合膜の作製と光電変換

　天然の光合成系において重要な役割を果たしているポルフィリン色素は，吸光係数の高い光励起電子供与体である。また，フラーレン類は安定な電子受容体かつ光励起分子として知られている。このような機能性色素をポリチオフェン鎖に共有結合で組み込む事ができればより高効率で

＊ Tsuyoshi Akiyama　九州大学　大学院工学研究院　応用化学部門　助教

電子移動が生じることが予想され，新たな特性の発現が期待される。

実際に，ポルフィリンやフラーレンにチオフェンまたはオリゴチオフェン部位を導入して誘導体を合成し，電解重合法によって製膜をおこなった研究例が報告されており，光電流特性についての報告例も存在する[1,5,6]。しかしながら膜中に機能性色素を共有結合で導入した効果についての知見は十分ではない。著者らは，これらの研究を背景として，機能性色素を共有結合によってポリチオフェンに導入した構造を持つ光電変換膜の作製を計画し，ポルフィリンのチオフェン誘導体（TThP）を合成し，ビチオフェン（BiTh）との電解重合共重合複合膜を作製した（図1）[8]。電解重合は，インジウム―スズ―酸化物（ITO）透明電極を作用極，銀線を参照極，白金電極を対極とした三極式電解セルを用いて行った。TThP，BiTh および電解質として $_n$Bu$_4$NPF$_6$ を溶解させた塩化メチレン中で，撹拌条件下で参照極に対し，0～+2V の間で，電位挿引を行ったとこ

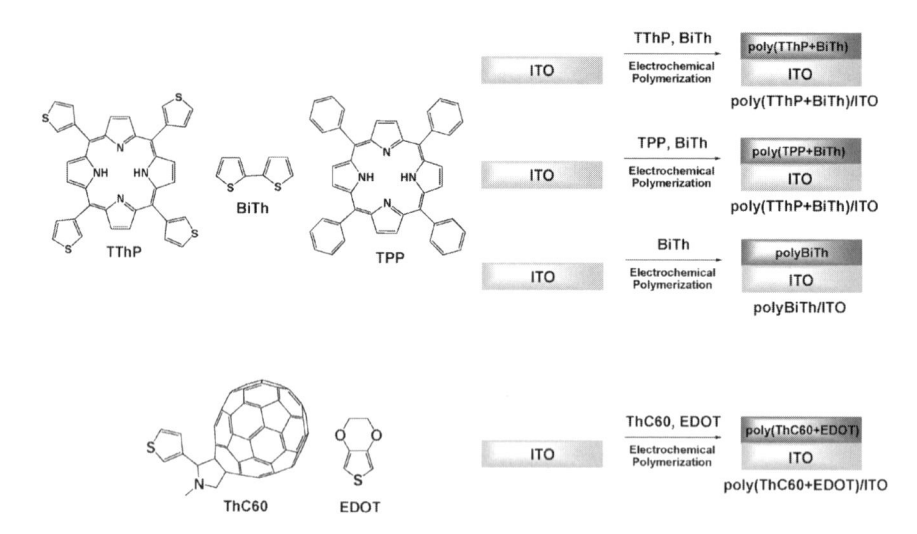

図1 ポリチオフェン―ポルフィリン電解重合複合膜およびポリチオフェン―フラーレン電解重合複合膜の作製

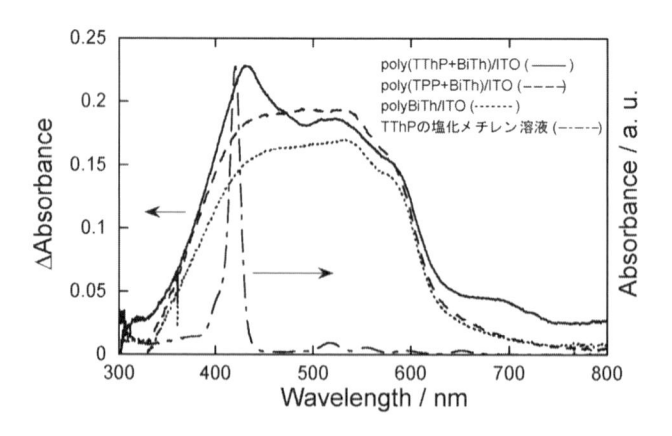

図2 電解共重合複合膜の透過吸収スペクトル

第5章 ポリチオフェン─機能性色素電解重合複合膜による光電変換と階層構造制御

ろ，TThPとBiThからなる共重合複合膜がITO作用極表面に生成した（poly(TThP+BiTh)/ITO）。参照系として，TThPの代わりにチオフェン部位を持たないテトラフェニルポルフィリン（TPP）とBiThからなる複合膜修飾電極poly(TPP+BiTh)/ITO，およびBiThのみを電解重合したpolyBiTh/ITOを作製して用いた。これらの電解共重合膜修飾電極の透過吸収スペクトルから電極に用いたITO電極の吸収を差し引いた差吸収スペクトルを図2に示す。

poly(TThP+BiTh)/ITOではポルフィリン骨格に特徴的なSoret帯と呼ばれる吸収ピークが420nm付近に明確に観測されたのに対して，poly(TPP+BiTh)/ITOおよびpolyBiTh/ITOにおいてはポルフィリン由来の吸収帯は観測されず，典型的なポリチオフェンが示すブロードな吸収帯のみが観測された。この差異はTThPのチオフェン部位が，BiThと共にポリチオフェン鎖を形成し，ポルフィリン骨格が共有結合でポリチオフェン鎖に組み込まれた事を強く示唆するものである。

これらの修飾電極を作用極，銀塩化銀電極を参照極，白金線を対極とした三極式電解セルを構成し，メチルビオローゲンを犠牲的電子受容体として共存させた電解質水溶液中で，作用極に単色光を照射したところ安定なカソード光電流を発生した。これらの光電流の照射光波長依存性を図3に示す。全ての修飾電極において，400-620nmに渡るブロードなポリチオフェン由来の吸収帯において光電流が発生した。さらに，poly(TThP+BiTh)/ITOでは，その吸収スペクトルと同様にポルフィリン部位のSoret帯に対応する420nm付近で光電流が極大を示しており，さらに全測定点において参照系に対して顕著に高い光電流値を示した。この結果は，本系における光励起種がポルフィリン部位およびポリチオフェン鎖であることを示しており，かつTThPが組み込まれたポリチオフェン膜poly(TThP+BiTh)/ITOにおいては，ポルフィリン部位の光励起によって光電変換の増感が生じたと考えられる。以上の結果から，図3に示す機構で光電流が発生したと考えることは妥当である。このpoly(TThP+BiTh)/ITOは白金コートしたITO電

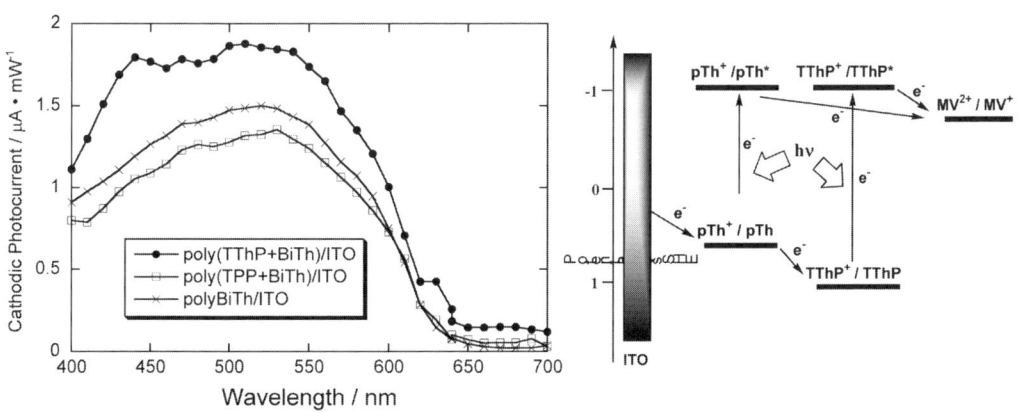

WE: **Modified Electrode** CE: Pt Wire, RE:Ag/AgCl(sat.KCl),
Electrolyte: 0.1M NaClO$_4$aq., Applied Potential: 0 V
Sacrificial Reagent: 5mM **Methyl Viologen (MV)**

図3　電解共重合複合膜の光電流波長依存性と光電流発生機構

極,ヨウ素／ヨウ化リチウムを含む電解質溶液を用いて二極式サンドイッチ型太陽電池としても動作可能であり,IPCE値で30%を超える効率を達成している[9]。

また,C60フラーレンにチオフェン部位を導入した誘導体(ThC60)を合成し,同様にエチレンジオキシチオフェン(EDOT)との電解共重合膜 poly(ThC60＋EDOT)/ITO を作製した(図1)。poly(ThC60＋EDOT)/ITO および対応する参照系の吸収スペクトル測定と光電変換特性評価の結果,ThC60 のチオフェン部位によって,共有結合によって ThC60 がポリチオフェン鎖により多く取り込まれ,光電変換効率が向上したことが示唆される結果を得た。

これらの結果から,機能性分子にチオフェン部位を導入した誘導体を合成し,対応するチオフェンモノマーと電解共重合膜を生成する方法は,ポリチオフェン膜の機能化に有効であるということができる。

3 逐次電解重合法によるポリチオフェン―機能性色素複合膜の階層構造化

電解重合製膜を逐次的に行う事によって,膜組成の階層的な変化が期待できる[10]。BiTh を ITO 電極表面に電解重合した修飾電極 polyBiTh/ITO を作用極として,撹拌条件下で TThP を含む電解質溶液中で 0-＋2V vs. Ag/Ag wire の範囲で電位挿引を 5～20 回行った[11]。その結果,polyBiTh/ITO に TThP が埋め込まれた polyTThP(n)/polyBiTh/ITO (n=5-20：電位挿引回数)(図4)を得た。この逐次電解重合複合膜の吸収スペクトルを測定したところ,TThP 中での電位挿引の回数が増加するに従ってポルフィリンの Soret 帯に対応する吸収ピークの吸光度が増加し(図5),複合膜中のポルフィリン部位の蛍光強度も同様な変化を示した。それぞれの逐次電解重合膜の組成分析を X 線光電子分光(XPS)法で行った。複合膜へのアルゴンイオンスパッタリングを併用して膜厚方向の組成変化を評価したところ,複合膜の外層部から内側(ITO 電極側)に向けて TThP 導入率が減少していくことが明らかとなった。アルゴンイオンのスパッタ時間に対する TThP のチオフェン骨格に対する存在比を,それぞれの polyTThP(n)/

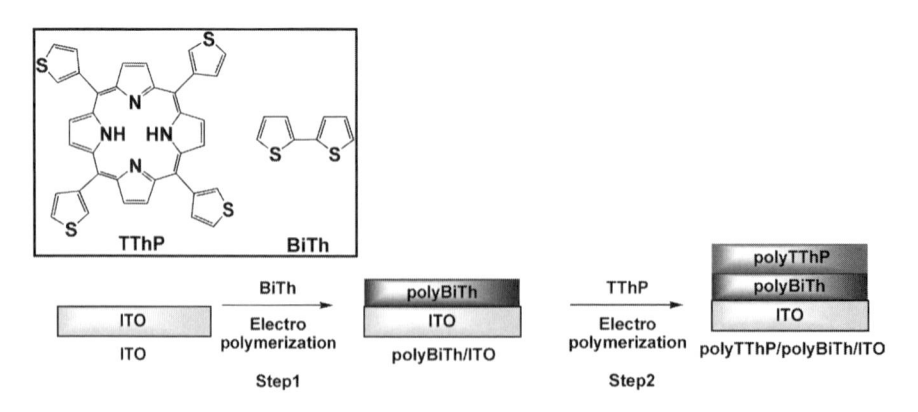

図4 逐次電解重合法によるポリチオフェン―機能性分子複合膜の作製

第5章 ポリチオフェン―機能性色素電解重合複合膜による光電変換と階層構造制御

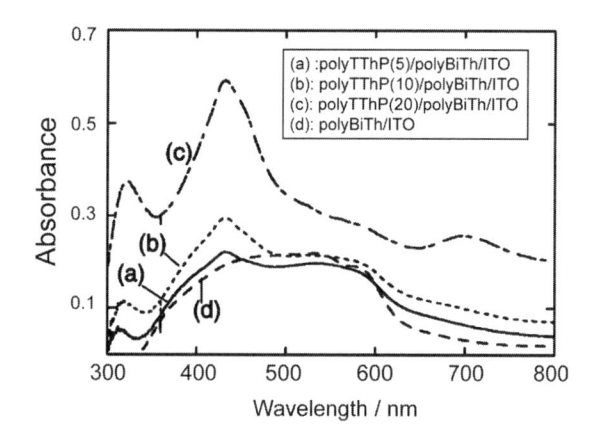

図5 逐次電解重合複合膜 polyTThP(n)/polyBiTh/ITO および polyBiTh/ITO の吸収スペクトル

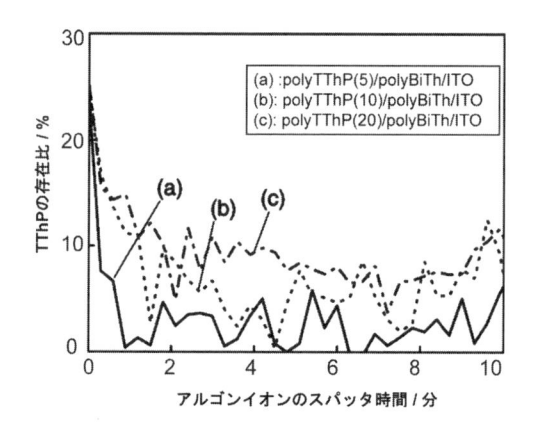

図6 逐次電解重合複合膜 polyTThP(n)/polyBiTh/ITO 中のチオフェン部位数に対する TThP の存在比

polyBiTh/ITO について算出してプロットした（図6）。n=5 では複合膜の表面近傍のみに TThP が存在していると言えるのに対し，n=20 の場合では複合膜のより深い部分においても TThP が組み込まれていると予想される。

以上の結果は，逐次電解重合の条件による，①ポリチオフェン膜への機能性色素の導入量制御，②階層構造複合膜の構造制御，が可能であることを示唆しており，特に有機電子材料・光電変換素子などへの応用が期待される。

4 おわりに

電解重合法を用いたポリチオフェン―機能性色素複合膜の作製とその光電変換への応用，さら

に階層構造複合膜への展開について紹介した。チオフェンモノマーとチオフェン部位を持つ機能性色素との混合溶液から電解重合製膜した系については，ポルフィリンまたはフラーレン部位の導入による光電変換効率向上効果を実現する事が出来た。さらに，逐次電解重合法に展開し，階層構造化する事で，ポリチオフェン—機能性色素の膜厚方向の組成比に傾斜を付与することに成功し，色素導入量の制御がより簡便になったことを示した。このようなポリチオフェン—機能性色素の電解重合複合膜は乾式光電変換素子への応用も可能であることを既に確認しており[12]，有機太陽電池を始めとする光エネルギー変換など，幅広い分野への展開が期待される。

謝辞

本章で紹介した研究の一部は科研費特定領域研究「次世代共役ポリマーの超階層制御と革新機能」の援助を受けて実施されました。ここに感謝の意を表します。あわせて，全ての共同研究者・共同研究パートナーに謝意を表します。

文　献

1) T. Shimidzu, H. Segawa, F. Wu, and N. Nakayama, *J. Photochem. Photobiol. A*, **92**, 121 (1995)
2) T. Yamaue, T. Kawai, M. Onoda, and K. Yoshino, *J. Appl. Phys.*, **85**, 1626 (1999)
3) Sean E. Shaheen, Christoph J. Brabec, N. Serdar Sariciftci, Franz Padinger, Thomas Fromherz and Jan C. Hummelen, *Appl. Phys. Lett.*, **78**, 841 (2001)
4) K. Takahashi, M. Asano, K. Imoto, T. Yamaguchi, T. Komura, J. Nakayama, and K. Murata, *J. Phys. Chem. B*, **107**, 1646 (2003)
5) B. Jousselme, P. Blanchrard, E. Levillain, R. Bettignies, J. Roncali, *Macromolecules*, **36**, 3020 (2003)
6) T. Yamazaki, Y. Murata, K. Komatsu, K. Fukukawa, M. Morita, N. Maruyama, T. Yamao, S. Fujita, *Org. Lett.*, **6**, 4865 (2004)
7) W. Ma, C. Yang, X Gong, K. Lee, A. J. Heeger, *Adv. Func. Mater.*, **15**, 1617 (2005)
8) K. Sugawa, K. Kakutani, T. Akiyama, S. Yamada, K. Takechi, T. Shiga, T. Motohiro, H. Nakayama, K. Kohama, *Jpn. J. Appl. Phys.*, **46** (4B), 2632 (2007)
9) K. Takechi, T. Shiga, T. Motohiro, T. Akiyama, S. Yamada, H. Nakayama, K. Kohama, *Solar Energy & Solar Cells*, **90**, 1322 (2006)
10) T. Akiyama, K. Kakutani, S. Yamada, *Jpn. J. Appl. Phys.*, **43** (4B), 2306 (2004)
11) K. Sugawa, T. Akiyama, S. Yamada, *Thin Solid Films*, **516**, 2502 (2008)
12) T. Akiyama, M. Matsushita, K. Kakutani, S. Yamada, K. Takechi, T. Shiga, T. Motohiro, H. Nakayama, K. Kohana, *Jpn. J. Appl. Phys.*, **44** (4B), 2799 (2005)

第6章　共役系有機・高分子ナノ結晶の超階層構造形成とその光・電子物性

小野寺恒信[*1]，増原陽人[*2]，若山　裕[*3]，
根本修克[*4]，及川英俊[*5]

1　はじめに

　ナノ材料の研究開発は，バルク状態では発現しない特異な特性の制御を中心に進展してきた。例えば，金属・半導体分野では，局在型表面プラズモン共鳴や量子閉じ込め効果を発現する金属ナノ粒子・半導体量子ドットに関する研究が精力的に展開されている[1,2]。これに対し，高分子材料分野においては，既に大きな材料体系を築いた高分子コロイド・マイクロスフィアーが様々な工業分野で利用されるようになって久しいが，明確に定義された高分子ナノ結晶の研究は作製手法「再沈法」の確立[3]を待ってようやく開始された。これまでに，三次非線形光学材料である共役高分子ポリジアセチレン（PDA）のナノ結晶が作製され，サイズに依存した光学応答[4]や貴金属とのハイブリッド化[5,6]が検討されている。他方，材料化へ向けた試みとしては，分散液試料の特徴を活かした静電吸着法による散乱損失の少ない累積多層薄膜が作製されている[7,8]。このように，再沈法を基盤技術として共役系高分子ナノ結晶の多角的な研究展開がなされてきた。しかし，更なる材料展開を考えた場合，解決すべき課題も多い。特に，フォトニクスデバイス用の素子材料としてPDAナノ結晶を想定した場合には，ナノ結晶は薄膜面内で無配向であり，積層方向の膜構造に生じる乱れも問題となる。そのため，これまで以上に精緻なサイズ・形状制御と基板上への位置選択的な配向・配列制御，高次構造化を行う必要がある。すなわちPDAナノ結晶をコアとした超階層構造の構築が求められている。

　本章では，①PDAナノ結晶サイズの更なる単分散化，次いで②パターン基板の設計と高分子微小球の基板上での配列制御法の確立，③非晶質高分子によるPDAナノ結晶のカプセル化と配列制御について最近の成果を紹介する。ここで，項目②は新たなフォトニック結晶材料としての意義と，項目③のモデル実験として位置付けられる。

---

*1　Tsunenobu Onodera　東北大学　多元物質科学研究所　助教（研究特任）
*2　Akito Masuhara　東北大学　多元物質科学研究所　助教
*3　Yutaka Wakayama　㈳物質・材料研究機構　半導体材料センター　主席研究員
*4　Nobukatsu Nemoto　日本大学　工学部　物質化学工学科　准教授
*5　Hidetoshi Oikawa　東北大学　多元物質科学研究所　教授

2 再沈—マイクロ波照射法による PDA ナノ結晶の単分散化

サイズ分布の制御は,ナノ結晶の配列制御だけでなく,共役高分子ナノ結晶の物性評価・機能発現にも大きく関わることから,根幹をなす重要な課題と言える。本研究で対象とした PDA ナノ結晶においては,再沈法によって作製したジアセチレン(DA)ナノ結晶のサイズ分布が固相重合した PDA ナノ結晶にそのまま反映される。そこで DA ナノ結晶の単分散化を目的に,DA 溶液を貧溶媒水中に注入した直後,マイクロ波(2.45 GHz)の照射を検討した。その結果,SEM 像(図1)のように,マイクロ波照射処理された PDA ナノ結晶の方がサイズ分布は狭く,明瞭な矩形状ナノ結晶体が得られた。さらに,固相重合可能な DA ナノ結晶を得るには通常の再沈法では20分程度を要するところが,密封セルに封入した分散液にマイクロ波を照射することで40秒まで短縮できた。これらは,分散液が均一且つ速やかに昇温・加熱されることから,均一な核形成・結晶成長が促され,再沈直後に生成すると考えられる不安定な無定型 DA ナノ粒子[4]が融着せず,速やかに結晶化したためと考えられる。

さらに,再沈法では注入速度を精密に制御することで,サイズの均一化・スケールアップ・自動化が期待できる。そこで,再沈操作に無脈流シリンジポンプと再沈—マイクロ波照射法を併せて用いることで,図1(c)に示すように PDA ナノ結晶のサイズ分布を維持したまま従来の数十倍スケールで作製可能となった。以上の議論は,PDA に限らず多くの有機化合物の単分散ナノ結晶化に共通して適用できると考えられる。

3 パターン基板上での高分子ナノ粒子の位置・配列制御

パターン基板を用いた位置制御および超階層構造となる配列・集積化のモデル実験を行った。市販の単分散ポリスチレンラテックス(PSL)を PDA ナノ結晶内包高分子ナノ粒子のモデル物質に見立てた。配列制御に用いたセルは既報のテーパードセル[9]を改良した構造で,電子線リソ

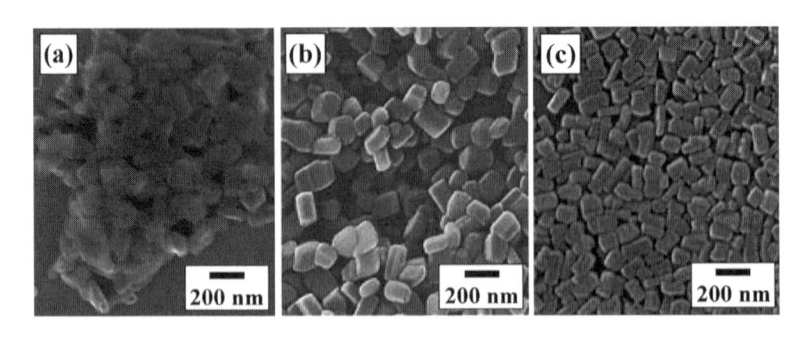

図1 PDA ナノ結晶の SEM 像
(a)従来法,(b)再沈後にマイクロ波照射処理(500 W,40秒,密封セルを使用),
(c)無脈流シリンジポンプとマイクロ波照射処理

第6章　共役系有機・高分子ナノ結晶の超階層構造形成とその光・電子物性

グラフィーで加工したシリコン基板の上にスライドガラスを傾けることで狭小なギャップを作製した（図2）。PSL水分散液をこのギャップに注入した後，乾燥させることでPSLの配列制御を行った。シリコン基板には，逆ピラミッド型ピットがヘキサゴナルおよびテトラゴナルパターンに配列したものを用い，作製条件（PSLのサイズと基板のパターンの組み合わせ，PSL分散液の濃度・注入量，温度・湿度管理によるメニスカスの移動速度の制御，基板表面処理）の最適化を行った。

作製条件を吟味した結果，濃度調整による分散液中のPSLの数とピット数との整合，室温下・湿度40％の条件設定，基板の親水処理がPSLの配列に最適であった。図3(a)は大面積にPSL配列を行った場合のSEM像である。PSL（サイズ：2μm）はすべてピット内に捕捉され，テラス上には残留しない。また，PSLのサイズと基板のパターンを相似関係で減少させた場合（PSLのサイズ：350 nm）にも，同様な結果が得られている。次に，基板上にPSLが半分以上突き出ている図3(a)の構造をテンプレートとして，再度PSL分散液をテーパードセル内に注入することで，2層目に「カゴメ構造」[10]を構築することに初めて成功した（図3(b)）[11]。また，テトラゴナルパターン基板上で2段階操作を行った場合においても，1層目をテンプレートとして2層目のPSLは方位制御された配置を取り得る[11]。1層目と2層目のPSLの配列過程を分離した結果，異なる性質の粒子を層毎に集積制御することもでき，カゴメ構造において伝播光の閉じ込めを観測している。他方，ピットサイズに対し粒径が十分に小さいPSLを用いた場合，ピット内にはテトラゴナル状に配列したコロイド結晶が生成する。ピットの配列パターンを変えることで，テトラゴナル状に配列したコロイド結晶のヘキサゴナル（図3(c-1)）あるいはテトラゴナル（図3(c-2)）アレイを作製でき，PSLの高次構造制御と見なすことができる[11]。

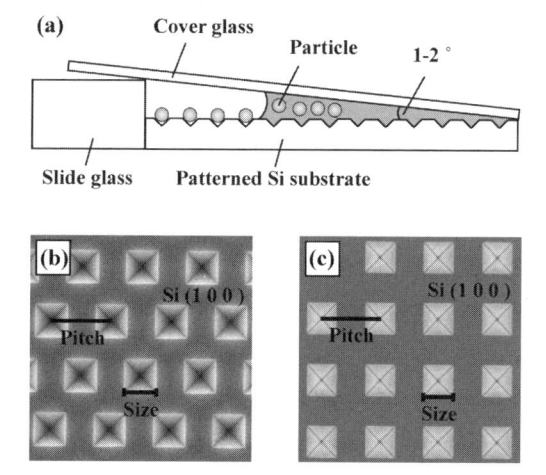

図2　(a)テーパードセルの模式図と(b)，(c)パターンシリコン基板のSEM像：(b)ヘキサゴナルパターン，(c)テトラゴナルパターン

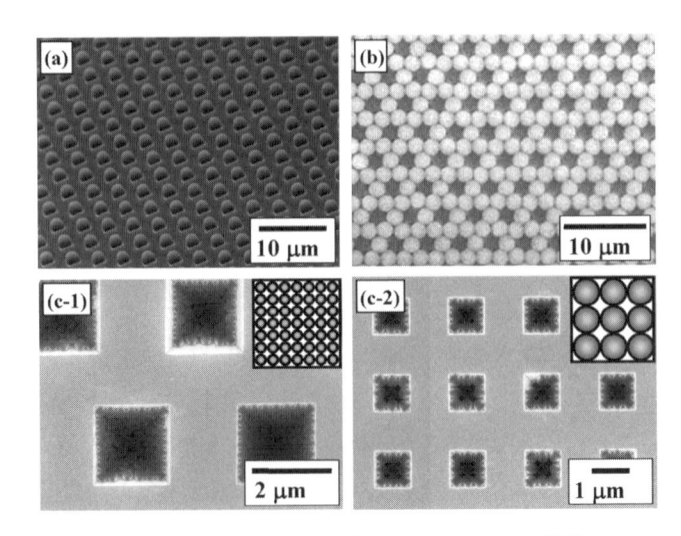

図3 パターンシリコン基板上でのPSLの配列制御
(a)ヘキサゴナル構造への配列, (b) a を鋳型とした2層構造（カゴメ構造),
(c-1)テトラゴナル―ヘキサゴナル配列構造, (c-2)テトラゴナル―テトラゴナル配列構造

4 カプセル化粒子の作製と配列制御

　無脈流シリンジポンプによる注入速度の制御と再沈後のマイクロ波照射による速やかな核形成・結晶成長は，サイズの単分散化に有効であるが（図1），完全な均一サイズには至っていない。また，PDAナノ結晶をはじめ多くの有機・高分子ナノ結晶は球状ではなく，形状異方性がある。そこで，カプセル化を施すことでPDAナノ結晶サイズを見かけ上単分散化し，その外形を球状にすることで，基板上での周期配列制御が容易となる。同時に，ナノ結晶表面を保護する機能も期待できる。

　濃縮・透析処理を行ったPDAナノ結晶水分散液（伝導度＜30μS）にスチレンモノマーと架橋剤（ジビニルベンゼン）を96：4の割合で加え，開始剤に過硫酸カリウムを用いて80℃で数時間撹拌（1000 rpm）し，乳化重合（シード重合）を行った。その結果，平均サイズはカプセル化前後で増大したものの，サイズが均一な球状カプセル化粒子を再現よく作製することは困難であった。多くの場合，図4(a)に示すように，サイズ・形状は不均一になった。一方，比較のため，既報[12]により作製した硫化亜鉛（ZnS）微小球のカプセル化を同様に行ったところ，再現性よく容易にカプセル化が進行した[13]。PDAナノ結晶とZnS微小球では粒径や形状が異なるため同等の議論はできないものの，コアとシェルとの親和性がカプセル化には重要と考えられる。そこでPDAナノ結晶のカプセル化が均一に進行しないのは，ポリスチレンとPDAナノ結晶との親和性が乏しいためと考え，スチレンと親水性スチレン誘導体（1-(4-vinylphenyl)ethane-1,2-diol）との共重合カプセル化を試みた。スチレン―ジビニルベンゼン混合液と親水性スチレン誘導体を99：1の割合で投入したところ，図4(b)のSEM像に示すようにサイズの均一な球状粒子

第6章　共役系有機・高分子ナノ結晶の超階層構造形成とその光・電子物性

が再現性よく生成することが分かった[14]。しかも，親水性スチレン誘導体を用いない場合に必要であった透析[15]を行わずともカプセル化は再現よく進行した。図4(c)のTEM像からPDAナノ結晶がポリスチレン粒子に内包されていることが確認できる。さらに，カプセル化操作を繰り返すことでシェル層を厚くでき，カプセル化ナノ結晶のサイズ制御とともに，より球状・単分散に近づくことが確認された。また，カプセル化前後でゼータ電位が−57.8 mMから−66.2 mMに上昇したことから，分散安定性も向上された。メカニズムの詳細は現在のところ確定できていないが，以下のよう考えられる。スチレン微小液滴から水溶液中に供給されるスチレンは微少量であり，反応初期においてPDAナノ結晶を取り巻く環境は親水性スチレン誘導体が過剰となる。そのため，親水性スチレン誘導体を取り込んだオリゴマーが生成し，PDAナノ結晶との親和性を向上させた結果，均一なシェル成長が進行する。あるいは，親水性スチレン誘導体がPDAナノ結晶に対して吸着することで，PDAナノ結晶上で重合反応が開始する。いずれにせよ，親水性スチレン誘導体もしくはスチレンとの共重合体がPDAナノ結晶に対して界面活性能を有していると考えられる。

次に，作製したカプセル化粒子の配列制御を試みた。確立したPSLの配列制御技術をもとにして行ったカプセル化PDAナノ結晶およびカプセル化ZnS微小球[13]の配列制御を図5に示す。

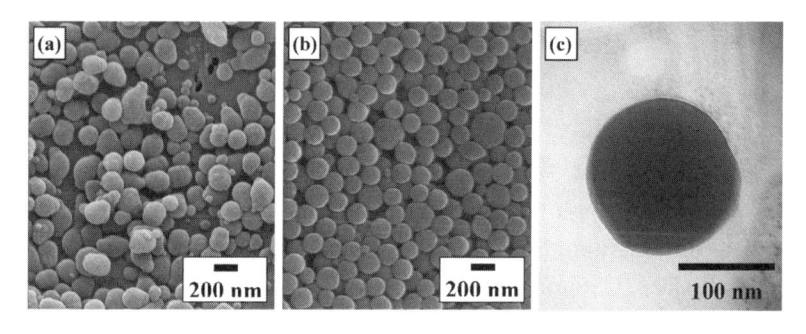

図4　カプセル化PDAナノ結晶
(a)ポリスチレンによるカプセル化PDAナノ結晶のSEM像，
(b)(c)親水性スチレン誘導体を用いたカプセル化PDAナノ結晶のSEM像とTEM像

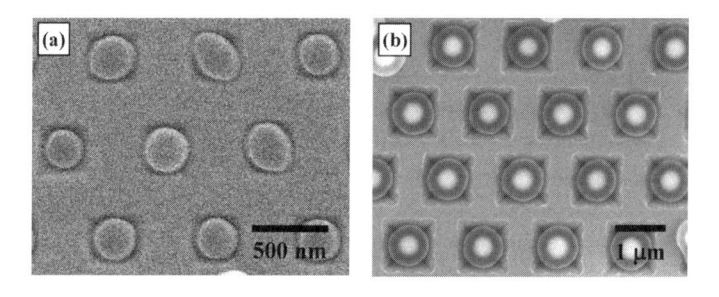

図5　(a)カプセル化PDAナノ結晶と(b)カプセル化ZnS微小球の配列制御

大面積での配列制御はまだ達成していないものの，粒径制御と適当なパターン基板の選択によって，カプセル化粒子の配列にも成功している。

5 まとめと今後の展望

　共役高分子 PDA ナノ結晶の更なる材料展開には，精緻なサイズ・形状制御と基板上への位置選択的な配列制御，高次構造化を行う必要がある。本研究では，再沈法に無脈流シリンジポンプとマイクロ波照射を導入することで，コアとなる PDA ナノ結晶サイズの単分散化と大量作製を達成した。次に，テーパードセルとパターン基板を組み合わせたセルを用い，粒子サイズと基板のレリーフパターンの組み合わせを様々に変えることで，高分子微粒子からなる超階層構造の作製制御法を確立した。さらに，ポリスチレンと親水性スチレン誘導体との共重合カプセル化を行うことで，球状のカプセル化粒子を再現性よく作製し，基板上への位置選択的な配列制御にも成功した。本研究の成果によって，カプセル化した様々な異形粒子の高度に配列制御された新たな光学材料の創成が期待できる。

文　　献

1) L. M. Liz-Marzán, *Langmuir*, **22**, 32 (2006), and references therein
2) X. Peng et al., *Nature*, **404**, 59 (2002)
3) H. Kasai et al., *Jpn. J. Appl. Phys.*, **31**, L1132 (1992)
4) H. Oikawa and H. Nakanishi, "Single Organic Nanoparticles (NanoScience and Technology)", Chap. 14, Springer (2002)
5) A. Masuhara et al., *Jpn. J. Appl. Phys.*, **40**, L1129 (2001)
6) T. Onodera et al., *Jpn. J. Appl. Phys.*, **46**, L336 (2007)
7) H. Oikawa et al., *Polym. Adv. Technol.*, **11**, 783 (2000)
8) A. Masuhara et al., *J. Macromol. Sci., Pure Appl. Chem.*, **38**, 1371 (2001)
9) T. Yamasaki and T. Tsutsui, *Jpn. J. Appl. Phys.*, **38**, 5916 (1999)
10) R. Gajié et al., *Phys. Rev. B* **73**, 165310 (2006)
11) T. Onodera et al., *Jpn. J. Appl. Phys.*, **47**, 1404 (2008)
12) T. Sugimoto, G. E. Dirige, A. Muramatsu, *J. Colloid Interface Sci.*, **180**, 305 (1996)
13) T. Onodera et al., *Polymer Preprints, Japan*, **57**, 1400 (2008)
14) T. Onodera et al., to be submitted
15) D. Zou et al., *J. Polym. Sci. A*, **28**, 1909 (1990)

第7章 円盤状パイ電子系化合物の超階層構造構築とその次元性の自動制御

太田和親*

1 はじめに

円盤状パイ電子系化合物であるディスコティック液晶半導体は,1次元性のカラムを自動構築し高速な電荷移動度を示すので[1],太陽電池やTFTなどに利用できる有機半導体として期待されている[2]。これはディスコティック液晶の中心コアのπ軌道がカラム内でオーバーラップし,電荷の移動が容易になる為である。ディスコティック液晶を太陽電池として応用する為には,さらに全てのカラムが基盤に対して垂直に立つホメオトロピック配向を完璧にかつ大面積に示す事が望ましい[3]。何故なら,大面積に完璧なホメオトロピック配向を示す事で配向欠陥やドメインバウンダリーによる電荷移動の妨げが無くなり,より高速な電荷移動度が期待できるからである。しかしながら,大多数のディスコティック液晶におけるホメオトロピック配向はポリドメインや線状欠陥を多数含んだものである[4]。従って,完璧なホメオトロピック配向を大面積に示すディスコティック液晶は非常に少ない。

最近,我々は2,3,9,10,16,17,23,24-octakis(3,4-dialkoxyphenoxy)phthalocyaninato copper(II)([$(C_nO)_2$PhO]$_8$PcCu((n=9-14):シングルデッカー(1) in 図1)がフタロシアニン(Pc)系錯体で初めて,2枚のガラス板の間で自発的に大面積に完璧なホメオトロピック配向した薄膜を形成する事を見出した[5]。一方,以前合成した2,3,9,10,16,17,23,24-octakis(3,4-dialkoxyphenyl)phthalocyaninato copper(II)([$(C_nO)_2$Ph]$_8$PcCu)(4)[6]は完璧にはホメオトロピック配向を示さず,ポリドメインに分かれ線状欠陥を含んだ薄膜となった。これら2種類のPc系Cu錯体1と4の構造上の違いは図1を見てわかるように,置換基(RとRO:R=3,4-dialkoxyphenyl)の酸素原子のみである。このことから,完璧なホメオトロピック配向するにはphenoxy(RO)基中の酸素原子が必須であることがわかる。そこで以前我々は,同じdialkoxyphenoxy基を置換したダブルデッカー型Pc系希土類金属錯体,bis[2,3,9,10,16,17,23,24-octakis(3,4-diakoxyphenoxy)phthalocyaninato]lutetium(III)({[$(C_nO)_2$PhO]$_8$Pc}$_2$Lu(n=12と13):ダブルデッカー(2))を合成しその配向性を調べた。このサンドイッチ型Pc系錯体はダブルデッカーで初めて,2枚のガラス板の間で自発的に大面積に完璧なホメオトロピック配向した薄膜を形成する事を見出した[3]。この結果は,置換基をphenoxy(RO)基にする事で,シングルデッカー(1)もダブルデッカー(2)も完璧なホメオトロピック配向させることができる事を証明している。

---

* Kazuchika Ohta 信州大学 大学院総合工学系研究科 スマート材料工学 教授

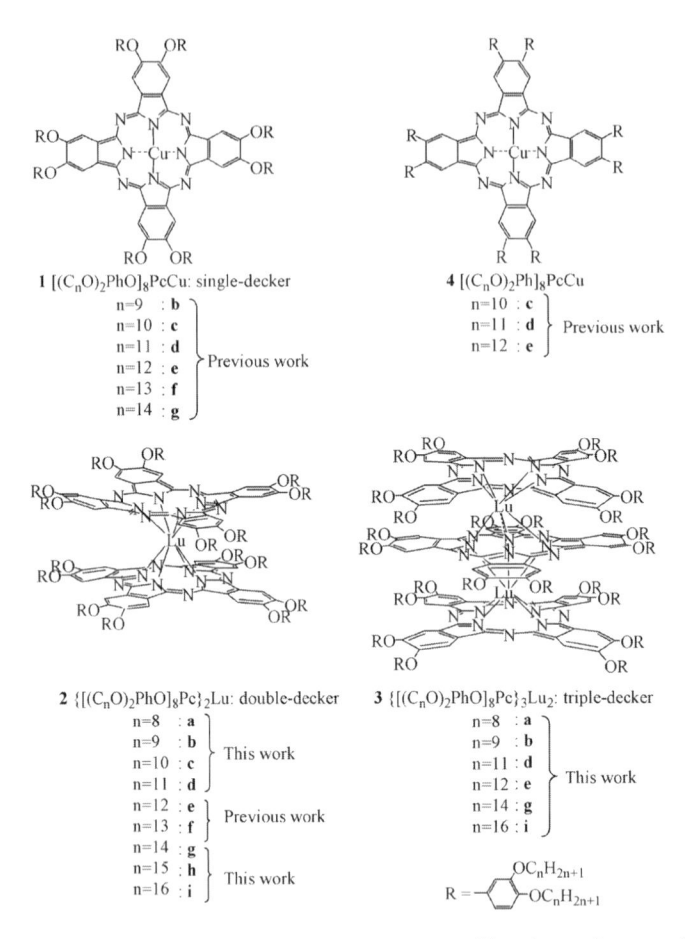

次世代共役ポリマーの超階層制御と革新機能

1 [(C$_n$O)$_2$PhO]$_8$PcCu: single-decker
n=9 : b
n=10 : c
n=11 : d
n=12 : e
n=13 : f
n=14 : g
} Previous work

4 [(C$_n$O)$_2$Ph]$_8$PcCu
n=10 : c
n=11 : d
n=12 : e
} Previous work

2 {[(C$_n$O)$_2$PhO]$_8$Pc}$_2$Lu: double-decker
n=8 : a
n=9 : b
n=10 : c
n=11 : d
} This work
n=12 : e
n=13 : f
} Previous work
n=14 : g
n=15 : h
n=16 : i
} This work

3 {[(C$_n$O)$_2$PhO]$_8$Pc}$_3$Lu$_2$: triple-decker
n=8 : a
n=9 : b
n=11 : d
n=12 : e
n=14 : g
n=16 : i
} This work

R = ⟨OC$_n$H$_{2n+1}$ / OC$_n$H$_{2n+1}$⟩

図1 Formulae of discotic liquid crystalline phthalocyanine [(C$_n$O)$_2$PhO]$_8$PcCu (**1**), {[(C$_n$O)$_2$PhO]$_8$Pc}$_2$Lu (**2**), {[(C$_n$O)$_2$PhO]$_8$Pc}$_3$Lu$_2$ (**3**) and [(C$_n$O)$_2$Ph]$_8$PcCu (**4**)

しかしながら，これらシングルデッカー（**1**）とダブルデッカー（**2**）には，大面積に完璧なホメオトロピック配向をするまでにかかる時間に大きな違いがあった。シングルデッカー（**1**）はほぼ瞬時に完璧なホメオトロピック配向を示すのに対し，ダブルデッカー（**2**）は完璧な配向を示すまでに9時間も必要とする。これは太陽電池として実際に応用する際に障害になる。この大きな配向時間の違いは，シングルデッカー（**1**）とダブルデッカー（**2**）の分子はほとんど同じ形をしているので，中心のPc環の平面性の違いに起因していると考えられる。シングルデッカー（**1**）は1枚の平面なPc環より構成されている。一方，ダブルデッカーは，電荷が−2のPc環2枚と電荷が+3のLuイオン1つから構成されているので，2つのPc環のうち1つは電荷のバランスが合っていない。そのPc環ではヒュッケル則に反するので平面性がなくなり，Pc環が歪む。ダブルデッカー（**2**）は中性ラジカル物質である[7,8]。この非平面性がカラムナー状に積み重なるのを妨害して，9時間もの時間がかかると考えられる。一方，平面性のシングルデッ

第7章 円盤状パイ電子系化合物の超階層構造構築とその次元性の自動制御

カー(**1**)では妨害がないので配向時間が短いと考えられる。

本研究では，この仮説を証明するために，dialkoxyphenoxy基を置換した新規なトリプルデッカー型Pc系希土類金属錯体，tris[2,3,9,10,16,17,23,24-octakis(3,4-diakoxyphenoxy)phthalocyaninato]-dilutetium(Ⅲ)({[(C$_n$O)$_2$PhO]$_8$Pc}$_3$Lu$_2$(n=8~16)：トリプルデッカー(**3**))の合成を企画した。トリプルデッカーは，電荷が-2のPc環3枚と，電荷が+3のLuイオン2つから構成されているので，分子全体の電荷バランスは合っており，このトリプルデッカー(**3**)の3枚のPc環は全て平面である。このトリプルデッカー(**3**)の配向時間は，上述の我々の仮説が正しければ，シングルデッカー(**1**)と同様に速いはずである。一般に希土類金属錯体のトリプルデッカーは合成や分離精製が大変困難な上[9]，溶液中で不安定で容易にダブルデッカーなどへ分解する。そのため報告例は極めて少なく十分に研究されていない[10~14]。しかしながら，我々はダブルデッカー(**2**)の合成において，これらトリプルデッカー(**3**)を副生成物として純粋に分離精製する事に今回初めて成功した。そこで，このトリプルデッカー(**3**)の液晶性とホメオトロピック配向性を調べた。このトリプルデッカー(**3**)は我々の期待通りに極めて速く自発的に完璧なホメオトロピック配向を大面積に示した。この結果は我々の上述の仮説を支持し，大変興味深い。

以上のように，ダブルデッカー型およびトリプルデッカー型サンドイッチ型フタロシアニンルテチウム金属錯体のカラムナー液晶性とそのホメオトロピック配向速度について大変興味深い結果を得たので，ここで述べたい。

2 実験

2.1 合成

スキーム1に合成経路を示した。ダブルデッカー(**2**)は先に報告した方法で合成した[3,5]。その副生成物としてトリプルデッカー(**3**)を分離精製した。代表的な錯体，{[(C$_{14}$O)$_2$PhO]$_8$Pc}$_2$Lu(**2g**)の合成法とその副生成物{[(C$_{14}$O)$_2$PhO]$_8$Pc}$_3$Lu$_2$(**3g**)の分離精製法を下に記す。

{[(C$_{14}$O)$_2$PhO]$_8$Pc}$_2$Lu(**2g**)と{[(C$_{14}$O)$_2$PhO]$_8$Pc}$_3$Lu$_2$(**3g**)

50ml三口フラスコに化合物(**8g**)(0.500g, 0.430mmol)，1-hexanol(7ml)，DBU(パスツールピペットで3滴)，lutetium acetate tetrahydrate(0.0228g, 0.0538mmol)を加え，窒素気流下48時間加熱還流した。室温まで放冷後，反応溶液をメタノールに注いだ。上澄みを除去した後の残渣は固液抽出(エタノール)を5回行った。更にカラムクロマトグラフィー(silica gel，クロロホルム，Rf=1.00)，続いてカラムクロマトグラフィー(silica gel, n-hexane：THF=95：5, Rf=0.63)で精製し混合物(**2g**, **3g**)0.1712gを分取した。これをリサイクル分取HPLCを用いて9cycleでダブルデッカー(**2g**)とトリプルデッカー(**3g**)に分離したところ，緑色固体ダブルデッカー(**2g**)を0.0737g(収率15%)と緑色固体トリプルデッカー(**3g**)を0.0030g収率(1%)得た。

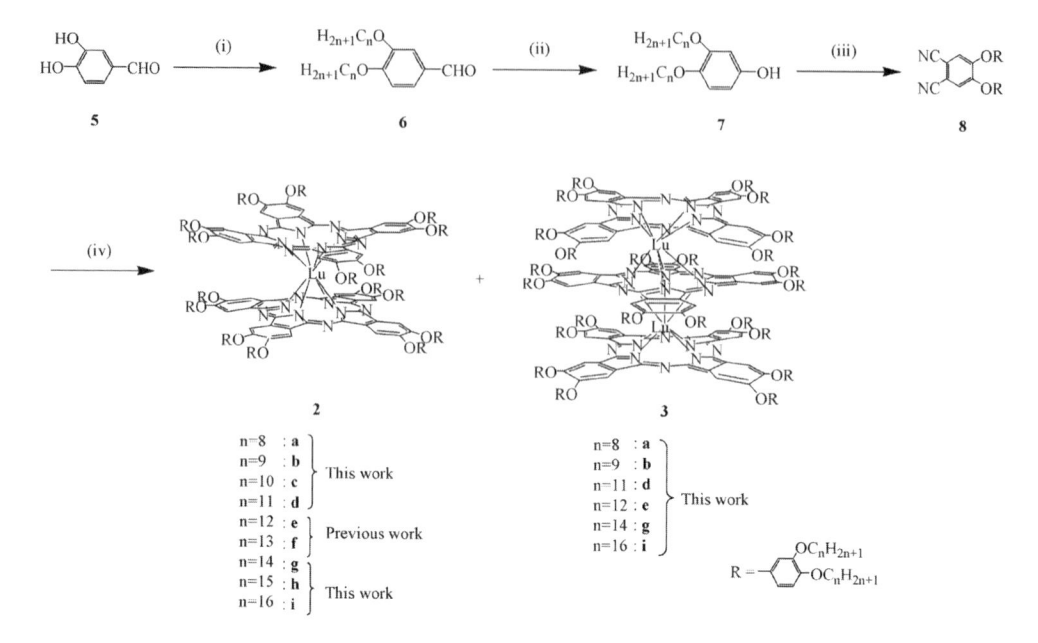

スキーム 1 Synthetic route to {[(C$_n$O)$_2$PhO]$_8$Pc}$_2$Lu (2a〜2i) and
{[(C$_n$O)$_2$PhO]$_8$Pc}$_3$Lu$_2$ (3a, 3b, 3d, 3e, 3g, 3i)

(i): alkylbromide, K$_2$CO$_3$, dry DMF; (ii): H$_2$O$_2$, conc. H$_2$SO$_4$, CHCl$_3$, CH$_3$OH; (iii): 4,5-dichlorophthalonitrile, dry DMSO, K$_2$CO$_3$; (iv): M(CH$_3$COO)$_3$・4H$_2$O, DBU(1,8-diazabicyclo[5.4.0]undec-7-ene), 1-hexanol.

これらダブルデッカー (2) とトリプルデッカー (3) の分離は日本分析工業社製の紫外検出器 (UV-50) を備えたリサイクル分取 HPLC LC-918 型 (展開溶媒: クロロホルム, カラム: JAIGEL 3H+4H, カラム圧力: 14〜15kg/cm^2, 流速: 3.9ml/min) を用いた。ダブルデッカー (2) とトリプルデッカー (3) の収率は次の通りであった。2a (28%), 3a (3%); 2b (25%), 3b (1%); 2c (11%), 3c (0%); 2d (15%), 3d (2%); 2e (20%), 3e (2%); 2f (19%), 3f (0%); 2g (15%), 3g (1%); 2h (13%), 3h (0%); 2i (7%), 3i (2%)。物性測定にはマススペクトルと元素分析の値が合致したものを用いた。

2.2 測定

精製物は, 元素分析 (Perkin-Elmer 元素分析器 2400), MALDI-TOF mass 分光計 (Perceptive Biosystem Voyager), そして電子吸収分光計 (Hitachi U-4100 Spectrophtometer) により同定した。電子吸収スペクトルの結果は表1にまとめて示した。2と3の相転移温度は温度調節器により制御されている加熱プレート (Mettler FP-82 HT hot stage) を備えた, 偏光顕微鏡 (Olympus BH2), そして示差走査熱量計 DSC (Shimadzu DSC-50) により測定した。加熱 X 線回折の研究は自作の温度調節器[15,16)]により制御された加熱プレートを備えた, リガク RAD で, Cu の K$_a$ 線を用いて行った。

第7章 円盤状パイ電子系化合物の超階層構造構築とその次元性の自動制御

表1 UV-vis spectral data in CHCl₃ of $\{[(C_nO)_2PhO]_8Pc\}_2Lu$ (2a〜2i) and $\{[(C_nO)_2PhO]_8Pc\}_3Lu_2$ (3a, 3b, 3d, 3e, 3g, 3i)

Compound	Concentration (10^{-6}mol/l)	Soret band				Q-band Q_{0-1}-band	*	Q_{0-0}-band
n=8: 2a	6.74	288.2(5.21)	328.6(5.19)	356.3(5.18)	460.4(4.64)	609.0(4.70)	649.4(4.76)	675.8(5.35)
n=9: 2b	6.70	288.1(5.12)	330.4(5.10)	355.7(5.09)	460.7(4.55)	609.3(4.61)	646.1(4.64)	675.5(5.25)
n=10: 2c	6.67	289.2(5.11)	329.9(5.10)	353.8(5.08)	460.9(4.55)	609.6(4.60)	644.9(4.63)	675.6(5.25)
n=11: 2d	6.71	288.8(5.14)	329.6(5.13)	355.2(5.12)	460.9(4.58)	610.3(4.64)	646.1(4.71)	675.0(5.30)
n=12: 2e	6.59	287.9(5.16)	328.3(5.14)	353.0(5.13)	460.1(4.60)	608.2(4.65)	644.1(4.71)	674.0(5.30)
n=13: 2f	6.61	287.9(5.14)	327.6(5.08)	350.9(5.05)	460.1(4.51)	609.2(4.52)	644.4(4.60)	673.6(5.14)
n=14: 2g	6.64	290.2(5.14)	328.2(5.11)	356.3(5.11)	460.1(4.57)	608.9(4.63)	647.7(4.65)	675.2(5.27)
n=15: 2h	6.71	289.6(5.19)	329.5(5.12)	352.9(5.10)	461.3(4.56)	610.2(4.62)	647.4(4.66)	675.2(5.24)
n=16: 2i	6.72	287.4(5.16)	329.5(5.08)	354.1(5.09)	461.1(4.53)	610.2(4.59)	648.0(4.63)	674.8(5.20)
n=8: 3a	6.65	290.1(5.27)	336.3(5.23)	393.4(4.98)				670.2(5.09)
n=9: 3b	6.71	289.3(5.29)	224.9(5.24)	391.8(5.01)				671.0(5.11)
n=11: 3d	6.73	290.6(5.29)	333.8(5.26)	393.0(5.02)				669.7(5.11)
n=12: 3e	6.69	289.0(5.31)	337.8(5.26)	392.4(5.02)				669.9(5.12)
n=14: 3g	6.66	288.7(5.31)	335.6(5.24)	391.8(5.03)				673.2(5.13)
n=16: 3i	6.69	289.6(5.30)	336.1(5.26)	394.0(5.03)				670.6(5.12)

*: Aggregation band of Q_{0-0}-band.

3 結果と考察

3.1 ダブルデッカー (2) とトリプルデッカー (3) の合成と分離

トリプルデッカー (3) はダブルデッカー (2) の合成における副生成物として得た。2と3の混合物の分離には最初バイオラド社製のバイオビーズ SX-1 をつめたカラム（直径3.0cm，長さ2.0m：展開溶媒 THF）を用いたが，分離できなかった。次にリサイクル分取 HPLC（展開溶媒：クロロホルム，カラム：JAIGEL 3H+4H）を用いたところ，この混合物の分離に成功した。たとえば，ダブルデッカーとトリプルデッカーの混合物（2gと3g）は1サイクル目では1つのピークとして現れたが，3サイクル目でダブルデッカー (2g) とトリプルデッカー (3g) に分かれ始めた。トリプルデッカー (3g) がショルダーとして出現した。そしてサイクルの回数が増えていくと，ダブルデッカー (2g) とトリプルデッカー (3g) のピークが徐々に離れていき，9サイクル目には完全に分離した。このように，リサイクル分取 HPLC は本混合物の分離に大変有用であった。しかしながら，分取したトリプルデッカー (3) はダブルデッカー (2) に比べ極めて少量であった。2.1項で既に述べたように，トリプルデッカー (3) の収率は1〜3%であり，3c, 3f, 3h では0%であった。

3.2 電子吸収スペクトル

表1に一連のダブルデッカー (2) とトリプルデッカー (3) の電子吸収スペクトルデータをまとめた。この表を見てわかるように，ダブルデッカー (2) は Q_{0-0}-バンドが約675nm にあり，トリプルデッカー (3) のQ-バンドは約670nm にある。つまり，トリプルデッカー (3) のQ-

バンドはダブルデッカー（**2**）のそれに比べ5nm短波長側にシフトしている。また，ダブルデッカーにはトリプルデッカーには見られない，461nmにラジカル由来のピークが見られる。ダブルデッカー（**2**）は中性ラジカル物質である[7,17,18]。一方，トリプルデッカー（**3**）はラジカル物質ではないので，ラジカル由来の460nmのピークは見られない。

3.3 相転移挙動

図2は一連のダブルデッカー（**2**）とトリプルデッカー（**3**）の相転移温度をアルコキシ鎖の炭素原子の数 n に対してプロットしたものである。これを見るとダブルデッカー（**2**）とトリプルデッカー（**3**）は共に高温側で Col_{tet} 相を発現していることがわかる。更に，トリプルデッカー（**3**）の方が，幅広い温度範囲で Col_{tet} 相が現れることがわかる。

3.4 Col_{tet} 相の自発的ホメオトロピック配向

ダブルデッカー（**2**）もトリプルデッカー（**3**）も Col_{tet} 液晶相では2枚のガラス板の間で自発的に大面積に完璧なホメオトロピック配向した薄膜を形成した。ダブルデッカー（**2e，2f**）のホメオトロピック配向性については，既に報告した[3]。今回新たに合成した同族体（**2c, d, g, h, i**）も Col_{tet} 相で自発的に完璧なホメオトロピック配向を示した。図3にはトリプルデッカー（**3e**）の偏光顕微鏡写真を示す。178℃のI.L.を160℃へ冷却し，160℃に保持すると，瞬時に C_4 対称性の樹状テキシスチャーが現れ，10秒後，成長して正方形のテクスチャーが多数発現した

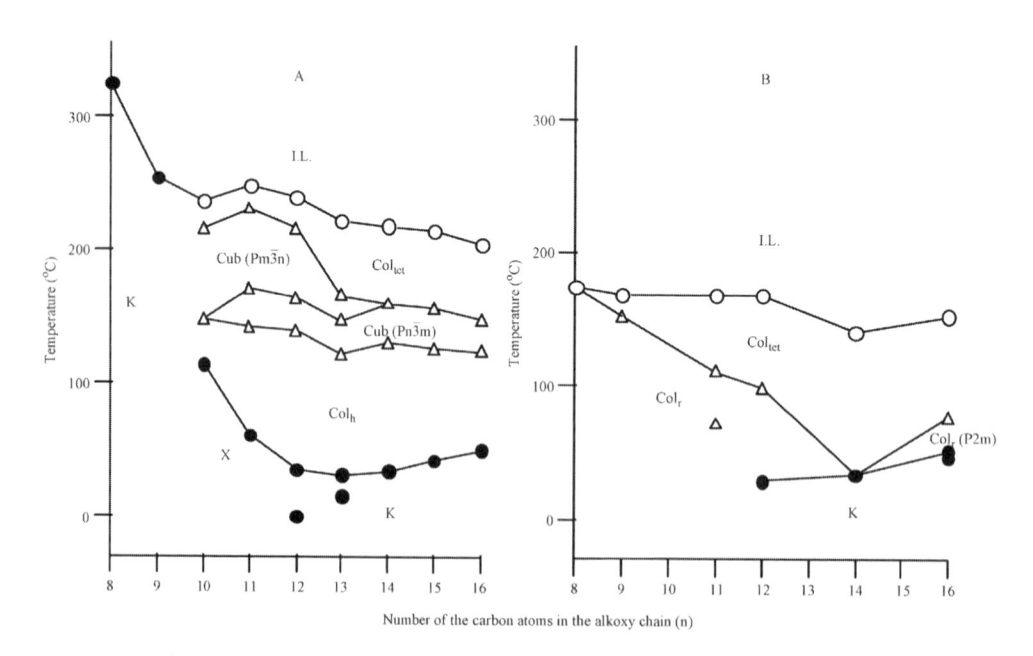

図2 Phase transition temperature vs. n for A: $\{[(C_nO)_2PhO]_8Pc\}_2Lu$ (**2a〜2i**) and B: $\{[(C_nO)_2PhO]_8Pc\}_3Lu_2$ (**3a, 3b, 3d, 3e, 3g, 3i**)

第7章　円盤状パイ電子系化合物の超階層構造構築とその次元性の自動制御

（図3A）。30秒後では正方形のテクスチャーが更に大きく成長し（図3B），1分後にはスライドガラス全面（1.5cm×1.5cm）に発達して，完璧なホメオトロピック配向を示した（図3C）。上述したようにダブルデッカー（2c〜2i）もCol$_{tet}$相で自発的に完璧なホメオトロピック配向を示した[3]。しかし，いずれのダブルデッカー同族体（2）も完璧なホメオトロピック配向に至るまでに9〜10時間もかかった。これに比べ本トリプルデッカー（3）はいずれの同族体も約1分以内と，非常に速かった。以前合成したシングルデッカー（1）[5]もほぼ瞬時に配向する。

そこでシングルデッカー（1），ダブルデッカー（2），トリプルデッカー（3）の配向時間が異なる原因を考察した。1〜3の錯体は中心金属以外全く同じ配位子から構成されている。ただ配位子のPc環の平面性が異なっているので，Pc環の平面性がこの配向時間の違いを引き起こしていると考えられる。図4に1〜3の分子構造の模式図を示した。これを見てわかるように，シングルデッカー（1）とトリプルデッカー（3）のPc環は全て平面であるのに対し，ダブルデッカー（2）の2枚あるPc環の片方が歪んでいる。錯体1〜3を比較すると，シングルデッカー（1），ダブルデッカー（2），トリプルデッカー（3）の順でPc環は平面，非平面，平面となっている。

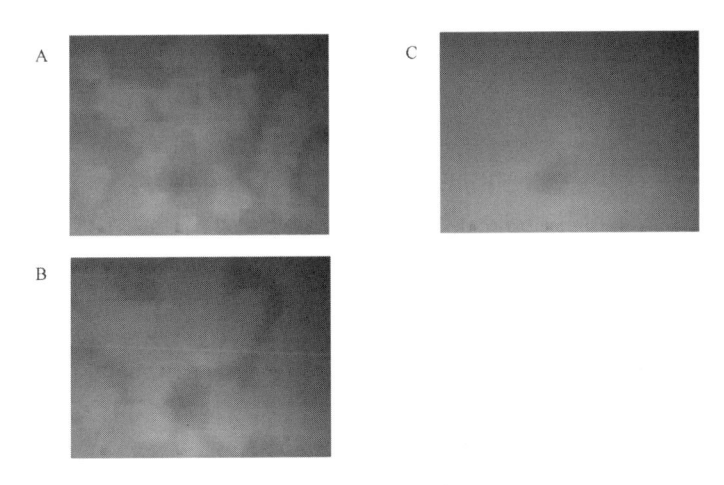

図3　Photomicrographs of triple-decker (3e) at 160℃, recorded with uncrossed polarizers;
A: after 10 seconds, B: after 30 seconds, C: after 1 minute.

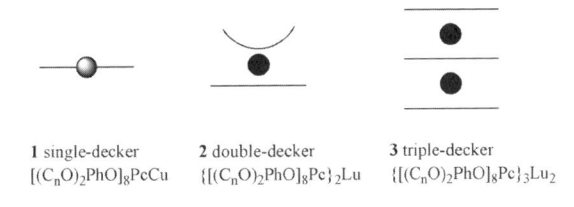

1 single-decker
$[(C_nO)_2PhO]_8PcCu$

2 double-decker
$\{[(C_nO)_2PhO]_8Pc\}_2Lu$

3 triple-decker
$\{[(C_nO)_2PhO]_8Pc\}_3Lu_2$

図4　Schematic representation of $[(C_nO)_2PhO]_8PcCu$ (1), $\{[(C_nO)_2PhO]_8Pc\}_2Lu$ (2) and $\{[(C_nO)_2PhO]_8Pc\}_3Lu_2$ (3)
——: Phthalocyanine ring　◯: copper ion　●: lutetium ion.

そして，ホメオトロピック配向性の時間は，1，2，3の順に速い，遅い，速いとなっている。従って，Pc環の平面性の違いがホメオトロピック配向にかかる時間の違いを生じていることは明らかである。これはdiskが積み重なってカラム構造を作るとき，平面性のPc環では積み重なり易くて速いが，非平面性のPc環では積み重なりにくくて遅いからだと考えられる。

4 おわりに

一連のサンドイッチ型錯体，bis[2,3,9,10,16,17,23,24-octakis(3,4-dialkoxyphenoxy)-phthalocyaninato]lutetium（Ⅲ）（{[(C_nO)$_2$PhO]$_8$Pc}$_2$Lu（n＝8～16）：ダブルデッカー（**2**））を合成した。その副生成物として，tris[2,3,9,10,16,17,23,24-octakis(3,4-diakoxyphenoxy)phthalocyaninato]-dilutetium（Ⅲ）（{[(C_nO)$_2$PhO]$_8$Pc}$_3$Lu$_2$（n＝8，9，11，12，14，16）：トリプルデッカー（**3**））を初めて分離精製することに成功した。ダブルデッカー（**2**）はn≧10で，トリプルデッカーはn＝9，11，12，14，16でCol$_{tet}$相を発現し，いずれのCol$_{tet}$液晶相も自発的に大面積にホメオトロピック配向した薄膜を形成した。これらは，液晶半導体として太陽電池などに利用する際に大変有用な性質である。完璧なホメオトロピック配向を示すのにダブルデッカー（**2**）では長時間必要だが，トリプルデッカー（**3**）は約1分以内と非常に速かった。大変興味深いことに，シングルデッカー（**1**），ダブルデッカー（**2**），トリプルデッカー（**3**）の順で，Pc環は平面，非平面，平面となっており，ホメオトロピック配向性は，速い，遅い，速いとなっていた。配向性と平面性の関係を明らかにしたのは，我々の知る限り，本研究が初めてである。

文　　献

1) K. Ban, K. Nishizawa, K. Ohta, A. M. van de Craats, J. M. Warman, I. Yamamoto and H. Shirai., *J. Mater. Chem.*, **11**, 321-331 (2001)
2) K. Ohta, K. Hatsusaka, M. Sugibayashi, M. Ariyoshi, K. Ban, F. Maeda, R. Naito, K. Nishizawa, A. M. van de Craats and J. M. Warman. *Mol. Cryst. Liq. Cryst.*, **397**, 25-45 (2003)
3) K. Hatsusaka, M. Kimura and K. Ohta. *Bull. Chem. Soc. Jpn.*, **76**, 781-787 (2003)
4) A. M. van de Craats, J. M. Warman, H. Hasebe, R. Naito and K. Ohta, *J. Phys. Chem. B*, **101**, 9224-9232 (1997)
5) K. Hatsusaka, K. Ohta, I. Yamamoto and H. Shirai, *J. Mater. Chem.*, **11**, 423-433 (2001)
6) K. Ohta, S. Azumane, T. Watanabe, S. Tsukada and I. Yamamoto. *J. Appl. Organometallic Chem.*, **10**, 623-635 (1996)
7) A. T. Chang and J. C. Marchon. *Inorg. Chim. Acta*, **53**, 241-243 (1981)

8) A. de Cian, M. Moussavi, J. Fischer and R. Welss. *Inorg. Chem.*, **24**, 3162-3167 (1985)
9) K. Takahashi, J. Shimoda, M. Itoh, Y. Fuchita and H. Okawa. *Chem. Lett.*, 173-174 (1998)
10) K. Kasuga, M. Ando, H. Morimoto and M. Isa. *Chem. Lett.*, 1095-1098 (1986)
11) M. M' Sadak, J. Roncali and F. Garnier. *J. Chim. Phys.*, **83**, 211-216 (1986)
12) K. Takahashi, M. Itoh, Y. Tomita, K. Nojima, K. Kasuga and K. Isa. *Chem. Lett.*, 1915-1918 (1993)
13) A. G. Martynov, I. V. Nefedova, Y. G. Gorbunova and A. Y. Tsivadze. *Mendeleev Commun.*, **17**, 66-67 (2007)
14) Y. Zhang, W. Jiang, J. Jiang and Q. Xue. *J. Porph. & Phthalocyanines*, **11**, 100-108 (2007)
15) H. Ema. Master Thesis, Shinshu University, Ueda, 1988, Ch 7
16) H. Hasebe. Master Thesis, Shinshu University, Ueda, 1991, Ch 5
17) K. Hatsusaka and K. Ohta. *J. Porph. & Phthalocyanines*, **6**, 642-648 (2002)
18) C. Clarisse and M. T. Riou. *Inorg. Chim. Acta*, **130**, 139-144 (1987)

第8章　キラル共役ポリラジカルの合成と磁性・不斉光学機能

金子隆司＊

1　はじめに

　固有の形と機能あるいは性質を持つ小分子を，共有結合あるいはファンデルワールス力や水素結合など分子間相互作用を用いて集積・階層制御することで，その階層構造に基づいた元の小分子を越える機能の発現を目指した研究が近年注目されている。有機分子の電子機能のうち，磁性機能はラジカル分子の配置構造に強く依存するので，それらの階層制御は格好の研究対象といえる。小分子であるモノマーを重合させることはそれら集積法の一つであり，その一次構造，二次構造が，得られる高分子の階層構造の基盤となることは言うまでもない。有機ラジカルを重合により集積した共役ポリラジカル高分子も有機強磁性体を目指した階層制御の一例であり，π共役系を介したスピンカップリングによる高分子鎖内の磁気的相互作用に関しては，その一次構造によるところが大きく，理論的・実験的にも明らかにされてきている[1]。しかしながら，二次構造による空間を介した分子内相互作用や，さらに高次構造の高分子鎖間の磁気的相互作用については，明確な設計指針はなく，実験的にもほとんど詳細には研究されていなかった。低分子結晶では並進対称性が高く，各々の分子と近接した分子間との相互作用がどの場所でも常に一定であり，強磁性体も得られているが，アモルファスな高分子では各々のラジカル部位と隣接したラジカル部位の相互作用に分散が生じ，時には相互作用を打ち消しあってしまうであろうという点が弱点となる。したがって，分子間での磁気的相互作用を制御するためには，高分子鎖の結合構造だけでなく，その立体構造も制御しなければならない。高分子の代表的な二次構造として，らせん構造が挙げられるが，本章では，二次構造を制御されたポリラジカルとして，らせん主鎖構造を有するポリラジカルの合成およびらせんキラリティの制御法，さらにそれらキラルポリラジカルの磁性および不斉光学機能について述べる。

2　らせん不斉共役ポリラジカルの分子設計

　光学活性ならせん高分子は，片巻きらせんの不斉構造に基づく，光学分割，キラルセンサー，不斉光学，マイクロエレクトロニクス，キラルマグネットなどへ興味ある応用が期待されるが，特に，らせん共役高分子の光学活性はπ共役系に基づく光学的，電子的，磁気的性質との融合が

　＊　Takashi Kaneko　新潟大学　超域研究機構　教授

第8章 キラル共役ポリラジカルの合成と磁性・不斉光学機能

期待できる。光学活性ならせん高分子を合成する手法としては，大きく分けて3種類の方法に分類できる。一つは，光学活性なモノマーを重合する方法であり，得られる左右のらせん構造がジアステレオマーとなることから一方のらせん構造が優先的に得られることになる。光学活性ならせん高分子を生成する光学活性モノマーのコモノマーとして，ラジカル残基を有するモノマーを共重合することで比較的簡単にキラルポリラジカルが得られると考えられるが，この場合，ラジカル導入率が低くなってしまう問題点が残る。二つめは，アキラルなモノマーをキラル触媒など光学活性な環境下で不斉合成的あるいはらせん方向選択的に重合させる方法である。らせん選択重合では，得られる左右のらせん構造は鏡像となるため，ラセミ化が生じないようにらせん反転を抑える工夫が必要となる。一方，モノマーに光学活性な構造を要求しないため，通常高価である光学活性化合物を触媒量しか使わない経済的な利点に加え，よりフレキシビリティの高いモノマー設計が可能となるはずである。三つめは，光学不活性な高分子に光学活性体を加え，相互作用または反応させることで一方のらせん構造を優先的に誘起させる方法である。以下の項目では，これら3つの合成法と，得られたキラルポリラジカルの磁気的性質についてまとめた。

3 光学活性モノマーとラジカル骨格を有するモノマーとの共重合

ポリ（フェニルアセチレン）を主鎖骨格としたポリラジカルは，Ovchinnikovにより早くから理論計算的に強磁性的な相互作用を示すことが予測されていた[2]ため，多数のポリ（フェニルアセチレン）型のポリラジカルが合成されてきた[3]。主鎖の立体構造制御に関しては，ロジウム錯体触媒により重合することで片巻き優先らせん主鎖構造を生成する光学活性なフェニルアセチレンモノマー1を安定なラジカル残基としてガルビノキシルを有するフェニルアセチレンモノマー2aと共重合させることで，ガルビノキシル側鎖を有する片巻き優先のポリフェニルアセチレン

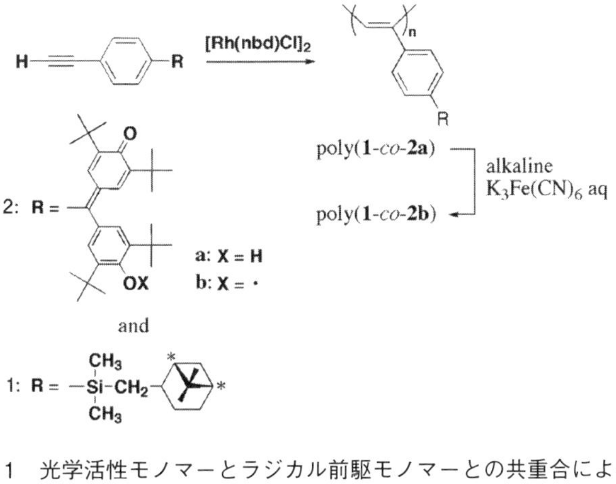

図1 光学活性モノマーとラジカル前駆モノマーとの共重合による
片巻き優先らせんポリ（フェニルアセチレン）の合成

誘導体が得られている（図1）[4]。Poly(1)とPoly(2a)の混合物ではPoly(1)と同じCDパターンしか示さないのに対し，Poly(1-co-2a)のCDスペクトルでは，ガルビノキシルユニット増大に伴う主鎖の可視吸収の長波長シフトに従ってモル楕円率の極大値のシフトも観測された。Poly(1-co-2a)（2a：67mol%）のヒドロガルビノキシル部位を化学酸化することでラジカルが生成し，片巻き優先らせん共役ポリラジカルPoly(1-co-2b)が得られた。このポリラジカルの粉末サンプルにおける磁気測定ではアキラルなホモポリラジカルに比べて大きな反強磁性を示した。しかしながら，コモノマー1の構造が2aと大きく異なるため，磁気的相互作用と片巻き優先らせん構造との相関が不明確となっている。一方，2aのヒドロキシル基に光学活性基を導入したモノマー2cを重合することでCD活性なポリマーpoly(2c)が得られた（図2）[5]。光学活性部位が主鎖から離れていても剛直でかさ高いガルビノキシルにより有効に片巻き優先のらせん構造が生起されることが分かった。また，2aと2cの共重合体では，共重合組成により主鎖らせんの巻き方向を制御できることも見いだされた。さらに，2a部位のヒドロキシル基を化学酸化してキラルポリラジカルpoly(2b-co-2c)も得られたが，十分な2bの導入率ではなかったため，弱い反強磁性に留まった。

　ポリ（1,3-フェニレンエチニレン）類は，置換基の選択や外部環境によりらせんフォルダマー構造を構築することが知られており[6]，安定ラジカルが導入されたポリあるいはオリゴ（1,3-フェニレンエチニレン）も合成されている[7]。例えば，側鎖にTEMPOを有するオリゴ（1,3-フェニレンエチニレン）では，フォルダマー形態を取ることでスピンスピン相互作用が増大し，ESRスペクトル線幅が増大すると報告されている[8]。安定ラジカル残基を有する光学活性なポリ（1,3-フェニレンエチニレン）は，安定ラジカル残基を有するモノマーと光学活性基を有するモノマーとの脱ハロゲン化水素重縮合を経て合成された（図3）。酢酸エチル中3a[9]のCDスペクトルでは，300nm付近の主鎖発色団および420nmのヒドロガルビノキシル発色団の吸収に対応するコットン効果が観測された。一方，3bは酢酸エチルに不溶となったが，3bのクロロホルム溶液

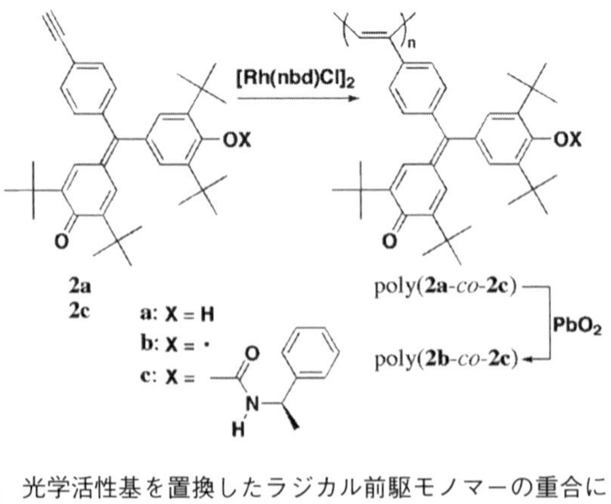

図2　光学活性基を置換したラジカル前駆モノマーの重合による
　　　片巻き優先らせんポリ（フェニルアセチレン）の合成

第8章 キラル共役ポリラジカルの合成と磁性・不斉光学機能

にメタノールを加えることでコットン効果が出現した。4[10]のCDスペクトルでは,ベンゼン溶液中でコットン効果が観測され,クロロホルムを加えることでCD強度が減少し,メタノールを加えることでCD強度が増大した。また,主鎖に光学活性なビナフチル基を導入したポリラジカル5[11]も合成された（図4）。オリゴ（1,3-フェニレンエチニレン）ユニットの重合度が増えることでフォルダマー構造を取ることが可能となり,磁気測定において反強磁性的相互作用が増大した。

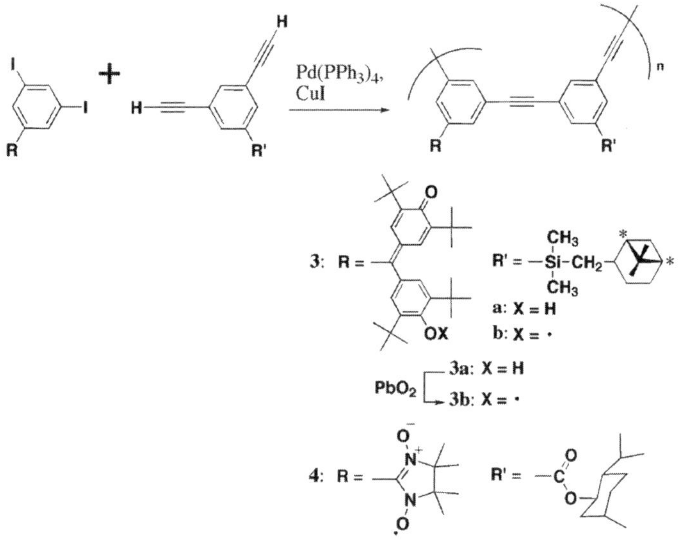

図3 安定ラジカル残基を有する光学活性なポリ（1,3-フェニレンエチニレン）

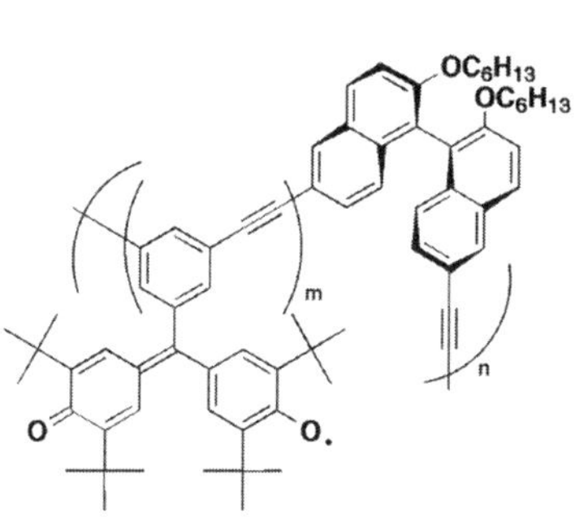

図4 主鎖に光学活性なビナフチルユニットを導入したポリ（1,3-フェニレンエチニレン）

4 らせん選択重合によるキラルポリラジカル合成

光学活性な 1-フェニルエチルアミンとロジウム錯体から調製されるキラル触媒を用いることで,安定ラジカル骨格を有する 2a[12] および 6a[13] でらせん選択重合が進行した (図5)。2a では,同一キラリティのアミンを用いても触媒のアキラルな要素 ([Rh(nbd)Cl]$_2$ と [Rh(cod)Cl]$_2$) でらせん方向が制御された[14]。poly(2a) は,アキラルモノマーから得られたらせん不斉高分子であるにも関わらず,CD スペクトルにおいて可逆的なサーモクロミズムやソルバトクロミズムを示した[15]。一方,poly(6a) は,m-位のヒドロキシメチル基による分子内水素結合により極めて安定ならせん構造を有しており,これを化学酸化することで高スピン濃度の光学活性ならせん高分子ポリラジカル poly(6b) が得られた。ラセミ体の 1-フェニルエチルアミンを用いて重合して得られた,鎖内でらせん方向がラセミ化していると考えられるポリラジカル poly(6b)$_{rac}$ と比較して,(R)-1-フェニルエチルアミンを用いて重合して得られた,光学活性ならせん高分子ポリラジカル poly(6b)$_R$ では,非常に強い反強磁性を示した。(S)-1-フェニルエチルアミンを用いて重合して得られた poly(6b)$_S$ とブレンドし,分子間でらせん方向をラセミ化させた poly(6b)$_{RS}$ においても比較的強い反強磁性を示したこと,および 2-メチルテトラヒドロフラン中の poly(6b)$_R$ の 77K での ESR スペクトルにおいて g=4 に $\Delta m_s = \pm 2$ の禁制遷移が観測されたことより,この強い反強磁性相互作用にらせん構造が大きく関与していることが示唆された[16]。また,ジアニシルアミニウムラジカルが置換されたポリ(フェニルアセチレン)では,その平均スピン量子数 S が,トリエチルアミン中での重合からのもの ($S=2$) と,光学活性な 1-フェニルエチルアミン中での重合からのもの ($S=0.9$) とで異なることも報告されている[17]。

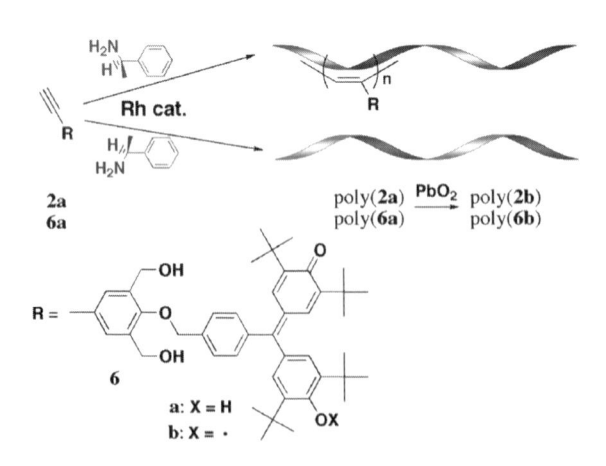

図5 らせん選択重合による光学活性基を持たない片巻き優先らせんポリ(フェニルアセチレン)の合成

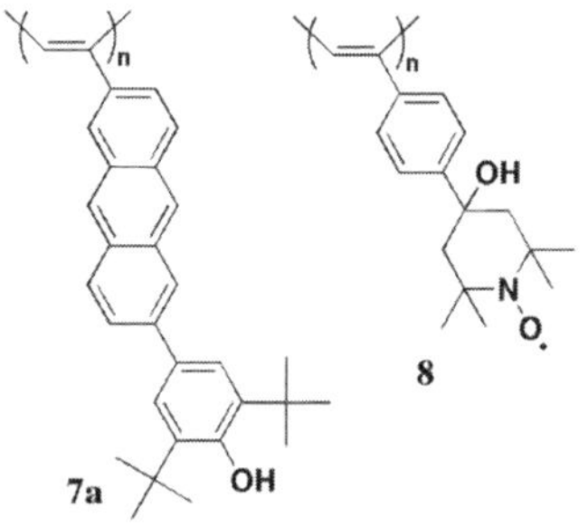

第 8 章　キラル共役ポリラジカルの合成と磁性・不斉光学機能

図 6　光学活性な 1-フェニルエチルアミン中で片巻き優先らせん構造が
誘起されるポリ（フリールアセチレン）

5　光学不活性ポリマーからの片巻きらせん誘起

2a に比べ側鎖のかさ高さが下がる 7a および 8 では，2a や 6a と同様の条件で重合してもアキラル溶媒中で CD 活性なポリマーが得られなかった（図 6）。poly(6a) のように立体構造を保持する水素結合が無く，立体障害も小さいため容易にらせん反転が生じ，アキラル溶媒中でらせん方向がラセミ化するためと考えられるが，得られたポリマーpoly(7a) と poly(8) を光学活性な 1-フェニルエチルアミン中に溶解させることで可視領域の吸収に CD シグナルが出現した。すなわち，光学活性な溶媒を用いて左右のらせん構造に生成エネルギー差を生じさせることで，片方の巻き方向に偏ったらせん構造を形成できることが明らかとなった。また，poly(8) の (R)-1-フェニルエチルアミン溶液を石英板上にキャストし，(R)-1-フェニルエチルアミンを減圧留去させて作製した膜においても溶液同様に CD シグナルが観測され，光学活性種を除去しても固体状態では片巻き優先のらせん構造が維持されていた[18]。

6　おわりに

共役ポリラジカルの共役電子構造を介した磁気的性質に関しては，共役構造の二次元的な拡張によりそのスピン多重度に飛躍的な向上が見られている[1]。特に，一次元高分子でありながら，ラダー状の強磁性的スピン結合構造を有するポリラジカルを合成することで，スピン欠陥に関わらず分子全体にわたる大きな強磁性的相互作用を有する高スピンポリラジカルも得られている[19]。これらポリラジカルを光学活性ならせん高分子と融合して階層制御されることで，3 次元的な磁気的相互作用の制御だけでなく，磁気不斉二色性など，新たな電子・磁気機能の導出に向けて発展していくことを期待したい。

文　　献

1) A. Rajca, *Chem. Eur. J.*, **8**, 4834 (2002); 日本化学会編, 化学便覧 応用化学編 第6版, p.1094, 丸善 (2003); T. Kaneko, T. Aoki and M. Teraguchi, *Electrochemistry*, **75**, 834 (2007)
2) A. A. Ovchinnikov, *Theoret. Chim. Acta*, **47**, 297 (1978)
3) H. Nishide and T. Kaneko, in Magnetic Properties of Organic Materials (Eds. P. M. Lahti), Vol. 279, Marcel Dekker, Inc., New York, p.285 (1999)
4) T. Kaneko, T. Yamamoto, T. Aoki and E. Oikawa, *Chem. Lett.*, **28**, 623 (1999)
5) Y. Umeda, M. Teraguchi, T. Aoki and T. Kaneko, *Polym. Prepr. Jpn.*, **56**, 3317 (2007)
6) J. C. Nelson, J. G. Saven, J. S. Moore and P. G. Wolynes, *Science*, **277**, 1793 (1997); D. J. Hill, M. J. Mio, R. B. Prince, T. S. Hughes and J. S. Moore, *Chem. Rev.*, **101**, 3893 (2001); M. T. Stone and J. S. Moore, *J. Am. Chem. Soc.*, **127**, 5928 (2005)
7) Y. Miura, Y. Ushitani, K. Inui, Y. Teki, T. Takui and K. Itoh, *Macromolecules*, **26**, 3698 (1993); Y. Miura, T. Issiki, Y. Ushitani, Y. Teki and K. Itoh, *J. Mater. Chem.*, **6**, 1745 (1996); P. Wautelet, T. Philippe and J. Le Moigne, *Synthesis*, 1286 (2002)
8) K. Matsuda, M. T. Stone and J. S. Moore, *J. Am. Chem. Soc.*, **124**, 11836 (2002)
9) T. Kaneko, S. Yoshimoto, S. Hadano, M. Teraguchi and T. Aoki, *Polyhedron*, **26**, 1825 (2007)
10) K. Kato, T. Namikoshi, Edy Marwanta, M. Teraguchi, T. Aoki and T. Kaneko, *Polym. Prepr. Jpn., Hokuriku branch*, **57**, in press (2008)
11) H. Abe, T. Namikoshi, Edy Marwanta, M. Teraguchi, T. Aoki and T. Kaneko, *Polym. Prepr. Jpn.*, **57**, 4213 (2008)
12) Y. Umeda, T. Kaneko, M. Teraguchi, T. Aoki, *Chem. Lett.*, **34**, 854 (2005)
13) H. Katagiri, T. Kaneko, M. Teraguchi, T. Aoki, *Chem. Lett.*, **37**, 390 (2008)
14) T. Kaneko, Y. Umeda, H. Jia, S. Hadano, M. Teraguchi, T. Aoki, *Macromolecules*, **40**, 7098 (2007)
15) T. Kaneko, Y. Umeda, T. Yamamoto, M. Teraguchi, T. Aoki, *Macromolecules*, **38**, 9420 (2005)
16) H. Katagiri, T. Namikoshi, Edy Marwanta, M. Teraguchi, T. Aoki and T. Kaneko, *Polym. Prepr. Jpn.*, **57**, 3963 (2008); T. Kaneko, H. Katagiri, Y. Umeda, T. Namikoshi, Edy Marwanta, M. Teraguchi and Aoki, *Polyhedron*, **28**, in press (2009)
17) H. Murata, D. Miyajima, and H. Nishide, *Macromolecules*, **39**, 6331 (2006)
18) A. Kawami, T. Namikoshi, Edy Marwanta, M. Teraguchi, T. Aoki and T. Kaneko, *Polym. Prepr. Jpn.*, **57**, 4208 (2008)
19) T. Kaneko, T. Makino, H. Miyaji, M. Teraguchi, T. Aoki, M. Miyasaka, and H. Nishide, *J. Am. Chem. Soc.*, **125**, 3554 (2003)

第9章 キュービック液晶形成化合物の階層構造と機能創出

沓水祥一[*]

1 はしがき

新しい組織構造創製のキーテクノロジーへの強い動機から，ブロック共重合体のミクロ相分離構造の研究が盛んに行われている。筆者は，類似の超分子系で，より多彩な組織構造の実現を目指し，研究を行っている。本章で扱う化合物は，1,2-bis(4'-n-alkoxybenzoyl)hydrazine (BABH-n, 略号における n は両末端のアルキル鎖炭素数) である。この分子は，大ざっぱに言えば，棒状である (図1の化学構造を参照)。棒状の分子が，一次元配向秩序をもつネマチック相や層状構造のスメクチック相を形成することは容易に理解できる。実際，この BABH-n も，温度とアルキル鎖の炭素数 n に依存して，層状のスメクチック C (SmC) 相を示す。しかし，この分子は，別の温度領域あるいはアルキル鎖長で，立方対称性の，したがって光学的に等方的な組織構造を形成する。この相をキュービック (Cub) 相という。

Cub 相は，殆どの液晶相の分子凝集構造と性質が解明された今日において，液晶科学において残されたフロンティアの一つである。この相の特異さは，三次元的な長距離周期の存在と分子レベルでの高い運動性の両方が同時に実現しているところにある[1]。筆者らの最終的な目標は，Cub 相の組織構造を生かした機能創出である。そのためには BABH-n より複雑な分子骨格の設計が必要となってくる。しかしながら，現状の定性的な理解では組織構造を自在に創り出すことは困難である。本研究は，そのためにも，組織構造の詳細と発現機構の両方の解明を目指す。最終節では，明らかになってきた分子凝集構造から期待できる機能にもふれたい。

2 構造形成の解明―アルキル鎖長依存性

図1はこれまでに明らかになった BABH-n の相図である[2,3]。以下に特筆すべき点をまとめる。
① $n=8-10$ にのみ層状構造の SmC 相を発現する。
② $n=5-22$ と類例がないほどに広い範囲の n で Cub 相を発現し，しかもその構造は $Ia3d$-G 型と $Im3m$-PP 型の二種類である。n の増加に対する $Ia3d$-G 型→ $Im3m$-PP 型→ $Ia3d$-G 型という相系列は，この BABH-n に限定されるものではない。他のキュービック液晶形成化合物，たとえば，4'-n-alkoxy-3'-nitrobiphenyl-4-carboxylic acid (ANBC-n) においても

---

[*] Shoichi Kutsumizu 岐阜大学 工学部 応用化学科 教授

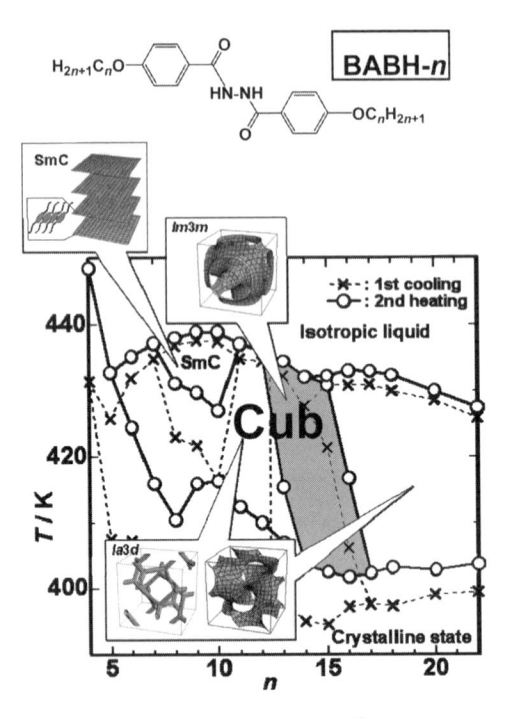

図1 BABH-nの相図[3]

下の横軸 n はアルキル鎖炭素数。SmC はスメクチック C 相，$Im3m$ と $Ia3d$ はそれぞれ双連結構造をもつ $Im3m$ 型および $Ia3d$ 型キュービック相。上段に BABH-n 分子の化学構造，また SmC 相の構造モデル，$Im3m$ 相の PP 型曲面モデル，$Ia3d$ 相の三分岐ネットワーク構造モデル（左）と G 型の極小曲面モデル（右）を挿入図で示す。

見られる[1,4]。
③ $Im3m$-PP 型はサーモトロピック系特有で，ブロック共重合体系には見られない。
④ $n = 13$，15，16 では，温度変化にともなって，$Ia3d$-G 型と $Im3m$-PP 型の間で Cub-Cub 相転移する。この転移過程は，図1の挿入図に示した界面構造を見る限り，トポロジー的に大きな変化をともなっており，極めて不思議である。

ジブロック共重合体では，ラメラ相（LAM）とヘキサゴナルカラムナー相（HEX）の中間組成領域にジャイロイド（Gyroid）と呼ばれる Cub 相の形成が理論的（図2参照）[5]にも実験的にも確認されている。この相の空間群は $Ia3d$ で，一方の成分が一対の三分岐のネットワークを形成し，もう一方の成分は残りの空間を占めるが，両成分とも三次元いずれの方向にも伸びている「双連結」構造となっている。また，ネットワークの中点を結ぶ面は G 型の極小曲面となっている。一方，サーモトロピック系で Cub 相を形成する分子は，BABH-n に限らず，中央に硬いコア部分を，両端にはアルキル鎖をもつから，構造形成はこの二つの部分のミクロ相分離により，すなわちブロック共重合体のアナロジーで解釈されることが多い。実際，BABH-n の Cub 相のひとつはジャイロイドと類似の構造と考えられるので，$Ia3d$-G 型と表記した。しかし，BABH-

第9章 キュービック液晶形成化合物の階層構造と機能創出

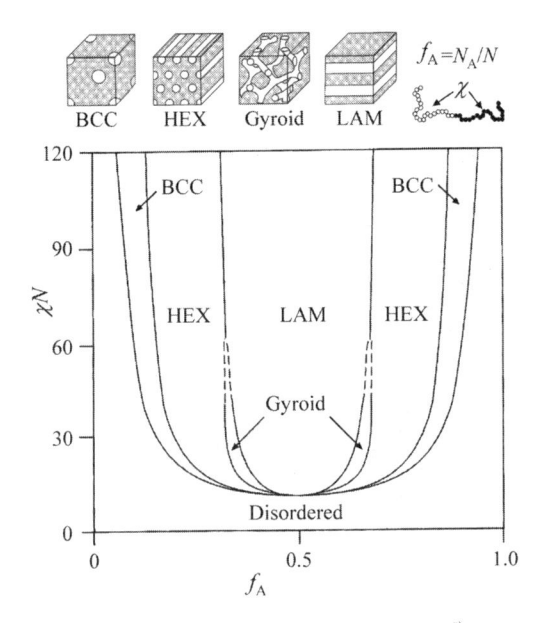

図2 ジブロック共重合体の理論相図[5]

χ はポリマーA, B間の反撥の強さを表すパラメーター。N_A, N_B はそれぞれのポリマー成分の重合度で、$N = N_A + N_B$ である。f_A はコポリマー全体に対する A ポリマーの分率。LAM はラメラ相、HEX はヘキサゴナルカラムナー相、BCC は球状ミセルの体心立方格子。

n では、極めて広い範囲の n で Cub 相を発現しており、系のアルキル鎖の重量分率は、$n=5$ で 0.34、一方 $n=22$ では 0.70 である。このことは、本系がブロック共重合体の単なるミニバージョンではないことを示唆している。

　サーモトロピック系の $Ia3d$-G 型 Cub 相が三分岐のネットワークや G 型極小曲面で特徴付けられることはこれまでにも指摘されてきたが、分子のアルキル鎖とコア部分をそれぞれどこに置くかという検討は殆どなされていなかった。筆者らは、X線回折パターンの強度分布から構造因子を計算し、それを理論計算と比較した。その結果、短鎖 ($n=5$-13) および長鎖同族体 ($n \geq 15$) のいずれの $Ia3d$-G 型 Cub 相においても、コア部分が三分岐のネットワークを形成し、アルキル鎖末端が極小曲面上にあることがわかった[6]。短鎖側と長鎖側では主成分が逆転しているが、その二つの領域でブロック共重合体系のようなコア部分とアルキル鎖部分の役割交換は見られない。言い換えれば、サーモトロピック系ではコア同士の凝集が Cub 相の形成と安定化に重要ということである。コア同士の凝集は、BABH-n 分子においてはコア横方向の水素結合により、類似のキュービック液晶形成化合物 ANBC-n では側方置換基であるニトロ基間の双極子—双極子相互作用によって達成されている。このことは、分子設計上、重要である。さらに詳細に分子の積層構造を考察すると、短鎖側では局所的には分子長軸の方向がある程度そろっているという点でいわゆる低分子液晶の性質が色濃く残っているのに対して、長鎖側の構造はブロック共重合体のそれと類似しているので、この系は、広い範囲の n で低分子液晶様領域からブロック共重

合体様領域へと移行していることがわかった[3]。そして，その移行の途中の領域に $Im3m$-PP 型 Cub 相が発現しているというわけである[3]。これは，$Im3m$-PP 型 Cub 相がブロック共重合体には見られないことを納得させる事実である。

3　サーモトロピック系特有の $Im3m$-PP 型 Cub 相の組織構造の解明—二つの分子凝集構造の存在

$Im3m$-PP 型 Cub 相の分子凝集構造はどのようであろうか。筆者らは，$Ia3d$-G 型と $Im3m$-PP 型の二種類の Cub 相の格子定数のアルキル鎖長依存性の比較から，$Im3m$ 相の単位格子中にその対称性を満足する P 型曲面は 2 枚ないといけないことを明らかにした[1]。Góźdź と Hołyst によって提案された P 型曲面を二重にした PP 型がそれにあたるので[7]，第一近似として，$Im3m$-PP 型と表記してきた。最近，Zeng, Ungar, Clerc によりさらに詳細な凝集構造が報告された[8]。彼らは，通常の単結晶 X 線構造解析と同様，求めた構造因子からフーリエ合成により電子密度マップを再構築した。彼らの構造は，大まかには，PP 型曲面と合致している。この一見精緻にも見える構造解析は，しかし，位相選択を恣意的に行っている点では問題がある。

このような問題を解決するために，筆者らは，まず棒状分子が等方性液体からキュービック対称性の凝集構造を形成する過程に Landau の現象論を適用した。その結果，$Ia3d$-G 型 Cub 相以外の構造の可能性として，{321} 反射と {400} 反射が強く出る $Im3m$-PP 型 Cub 相の出現が合理的に説明できることがわかった[9]。さらには，構造の安定化のために，これら二つの反射の構造因子の位相が，同符号である必要があることを明らかにした。最後の結論は次の電子密度マップの構築の際の位相選択の条件の一つとなる。

筆者らは，X 線回折の構造因子から電子密度マップを構築する際の最適化に，最大エントロピー法（MEM）を用いた[10]。MEM は，実験誤差の範囲内で実測の強度分布を満足するもっともフラットな電子密度分布を探索する方法であり，空間的にも動的にも乱れの多い，回折ピークの数が限られている液晶系においては，負の電子密度のようなゴーストピークを回避できる有効な最適化法と考えた。構造因子の位相については，中心対称性を仮定しても，＋と－の両方の可能性が残る。しかしながら，先の Landau モデルからは，{321} と {400} の構造因子については同符号であることが要請されるから，（＋,＋）と（－,－）が許される位相の組合せである。他のずっと弱い回折ピークについては＋と仮定して，コア部分の重量分率が 0.5 以下の，したがってコア部分の体積分率が 0.5 以下の $n = 13, 14, 15, 16$ の 4 試料について，MEM により電子密度マップを計算した。平均電子密度より高い部分の体積分率は，（＋,＋）の組合せに対しては 4 試料全てに対して 0.51–0.52 であり，（－,－）の組合せでは ≈ 0.49 であった。この結果は，計算から生じる誤差を考慮に入れても，{321} と {400} の構造因子の位相の組合せは，（－,－）以外にはありえないことを示している。こうして最終的に決定された電子密度マップを図 3 の(a)に示す。図 3 の(b)では，電子密度の高い部分の境界面を描いた。この面で囲まれた内部にコア部分

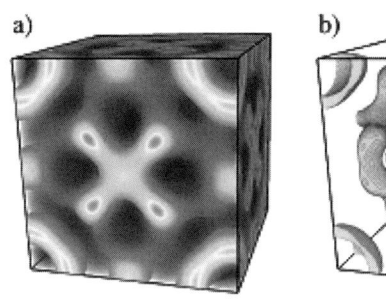

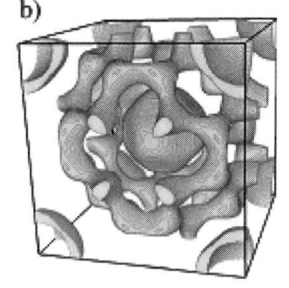

第9章　キュービック液晶形成化合物の階層構造と機能創出

図3　BABH-n（n=13-16）の $Im3m$ 相の(a)電子密度マップと(b)単位格子内の分子コア部分の位置に対応する電子密度の高い領域[10]

が凝集している。驚くべきことに，コア部分はベシクル状とネットワーク状の二種類の凝集状態を形成している[10]。ネットワーク状の凝集構造は，ところどころで三つに分岐し，かつ三次元いずれの方向にも伸びている。この三分岐ネットワークとベシクルの中点を結ぶと，それはほぼPP型曲面であるから，粗い近似では "chain on PP" と記述することができる。

$Im3m$ 相のネットワーク構造は，三分岐という点で，$Ia3d$ 相のコア部のネットワーク構造と似ている。また，ベシクルを層状構造の名残りと考えれば，$Im3m$ 相は層状構造と $Ia3d$ 相のまさに中間的な凝集構造ということができる。しかし，なぜ二種類の凝集状態が存在するのかは未解明であり，これは今後の課題である。

最後に，今回明らかにした $Im3m$ 相の分子凝集構造は，見かけ上は，Ungar らの結果[8]と多くの共通点をもつ。しかしながら，位相選択等に曖昧さを残す彼らの解析法と比べ，今回採用した方法は全く任意性のない手順に基づいて分子凝集構造を決定することに成功しており，方法論的にも有効なものであることを強調しておきたい。

4　機能創出の可能性—まとめにかえて

サーモトロピック系において，SmC 相から双連結構造を有する Cub 相への転移は，定性的には，SmC 相を形成していた棒状分子が温度変化の過程で棒状から変形し，そのため生じた積層フラストレーションの開放のためと説明されている。転移により構造対称性は一次元から三次元へと変化し，バルク物性，たとえば光学的性質や粘弾性挙動はそれぞれ異方的↔等方的，低粘性↔高粘性の間で劇的に変化する。しかし，転移エンタルピーは意外なほどに小さく（$\leq$ 2kJ mol^{-1}），SmC 相と Cub 相の自由エネルギーが近接していることを意味する。後者の事実より，わずかな刺激により転移が誘起可能と考えられ，分子素子への応用も期待できる。

また2節でふれたように，n=8-10 における Cub 相では，分子のコア部分が三分岐のネットワーク上にあり，分子拡散は局所的にはその一次元方向に制限されている。これに対して，SmC 相では層内の二次元方向で移動可能である。この分子拡散性の違いは，たとえば第二成分

として発光性分子を導入することにより，発光特性の違いになって現れると期待される。また，*Ia3d* 相や *Im3m* 相が内包する特異な三次元ネットワーク構造を利用した電荷移動パスの構築が可能になれば，機能性材料への展開が可能である。実際，加藤らは本系の分子とは随分分子形状の異なる扇形アンモニウム塩を用いて，*Ia3d* 相の三次元電荷移動パスの構築に成功している[11]。

上に述べたことからわかるように，SmC 相―*Im3m* 相―*Ia3d* 相の系列間で分子凝集構造の変化が制御できれば，さまざまな機能開発が可能なことは間違いない。しかし，応用用途への着実な道筋を描くためには，分子形状と分子凝集構造の間の相互の関係について今以上に情報の蓄積が必要不可欠である。

謝辞

本稿で紹介した研究成果の一部は，文部科学省科学研究費補助金特定領域研究「次世代共役ポリマーの超階層制御と革新機能」による支援を受けた。また成果の大部分は，筑波大学大学院数理物質科学研究科の齋藤一弥先生との共同研究の成果に基づいている。齋藤一弥先生，山村泰久先生，安塚周磨先生，小澤和巳君に感謝する。また筆者が所属する研究グループの守屋慶一先生，坂尻浩一先生，森博幸君，田口祐太朗君にお世話になった。ここに記して感謝する。

文　献

1) 杳水祥一，齋藤一弥，固体物理，**41**，379 (2006)
2) H. Mori, S. Kutsumizu, T. Ito, M. Fukatami, K. Saito, K. Sakajiri and K. Moriya, *Chem. Lett.*, **35**, 362 (2006)
3) S. Kutsumizu, H. Mori, M. Fukatami, S. Naito, K. Sakajiri and K. Saito, *Chem. Mater.*, **20**, 3675 (2008)
4) S. Kutsumizu, K. Morita, T. Ichikawa, S. Yano, S. Nojima and T. Yamaguchi, *Liq. Cryst.*, **29**, 1447 (2002)
5) M. W. Matsen and F. S. Bates, *Macromolecules*, **29**, 1091 (1996)
6) S. Kutsumizu, H. Mori, M. Fukatami and K. Saito, *J. Appl. Crystallogr.*, **40**, s279 (2007)
7) W. T. Góźdź and R. Hołyst, *Phys. Rev. E*, **54**, 5012 (1996)
8) X. Zeng, G. Ungar and M. Impéror-Clerc, *Nature Materials*, **4**, 562 (2005)
9) K. Saito, Y. Yamamura and S. Kutsumizu, *J. Phys. Soc. Jpn.*, **77**, 093601 (2008)
10) K. Ozawa, Y. Yamamura, S. Yasuzuka, H. Mori, S. Kutsumizu and K. Saito, *J. Phys. Chem. B*, **112**, 12179 (2008)
11) T. Ichikawa, M. Yoshio, A. Hamasaki, T. Mukai, H. Ohno and T. Kato, *J. Am. Chem. Soc.*, **129**, 10662 (2007)

第10章 機能性分子による共役ポリマーの超階層構造の構築

竹内正之[*]

1 はじめに

近年，共役ポリマーの機能を十分に発現させるための配列手法として，液晶を利用する手法，気液界面でLB膜を形成させる方法，ラビング法などが報告されており，共役ポリマーの電気的，光学的な機能を異方的に発現することが可能となった[1]。しかしながら，これまでの手法では，ポリマー主鎖の分離，主鎖間距離の制御およびナノレベルの精度で配向や次元を制御することは困難であり，新しいコンセプトを考える必要がある。細胞内におけるアクチンフィラメント（1次元高分子）の配列は，アクチンフィラメント認識部位を複数有する架橋タンパク質が架橋することにより形成される。このような架橋による1次元高分子の配列は，架橋タンパク質の認識部位間の距離や配向に応じて構造を作り分けることができるという特徴を有する。架橋タンパク質の認識部位間の距離が短いとアクチンフィラメントの配列は堅い緻密な構造となるため糸状仮足に存在し，逆に距離が長いと柔らかい構造となりミオシンの進入を可能とし，収縮性のある筋繊維を形成する[2]。このアクチンフィラメントの例は，2つの重要な知見を与えている。すなわち，①1次元高分子を規則的に配列させるために，ポリマー認識部位を複数有する架橋分子を用いる手法が有用であること，②認識部位間の距離，次元など架橋分子構造が1次元高分子の高次構造を決定づけ，その構造が種々の機能へと繋がる，ということである。以上の知見から，我々は共役ポリマーを配列し，階層構造を形成させるために，共役ポリマーを束ねることの出来る架橋分子（Aligner）を用いる新たな手法を提案した（図1(a)）[3~6]。基本的なAlignerの構造は2カ所以上の認識部位が分子の両端にあり，共役ポリマーを共有結合的に架橋するのではなく，「発散的に分子認識する」ことで，平行に配列された状態へと1次元高分子を織物のように編み上げる（1次元高分子の超分子化学的2次元重合）。そしてこの考え方の最大の特徴は，①認識部位間隔がそのまま共役ポリマー主鎖間隔になること，②設計次第で多彩な次元配列が可能であること，③ランダムにAlignerが挿入されるにも関わらず高い周期性をもつ結晶性集合体が生成すること，にある。本稿ではこのAlignerに関する研究成果とともに，共役ポリマーに巻き付き，その結果，結晶性の集合体へと変換する他のアプローチ（Twimer）についても紹介する[7]（図1(b)）。

---

[*] Masayuki Takeuchi （独）物質・材料研究機構　ナノ有機センター　グループリーダー

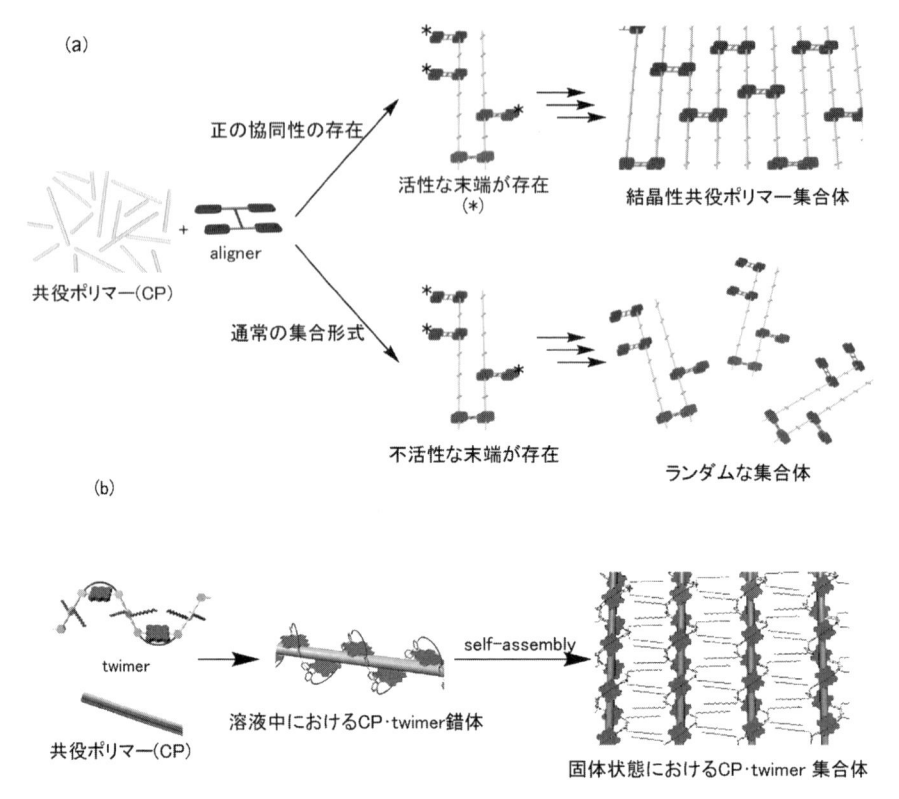

図1 (a) Aligner 系の集合体形成様式，(b) Twimer 系の集合体形成様式
(a)正の協同性がある場合，共役ポリマーの超分子化学的2次元重合が進行し，集合体が得られる。
(b)溶液中で複合体が形成され，その後，固化する過程で結晶性集合体が形成されると考えられる。

2 Aligner アプローチ

　我々はまず，このような架橋分子として，4つの亜鉛ポルフィリン部位を持つ Aligner 1[8]を用いることにした（図2）。Aligner 1 は向かい合った2組の亜鉛ポルフィリンの間に配位結合によりジアミン分子を2分子認識出来る。Aligner 1 はこの等価な2組の認識部位の間にブタジイン回転軸を有しており，一方の認識部位にゲスト分子を捕捉すると，ブタジイン軸の回転が抑制され，他方の認識部位が2分子目のゲスト分子構造に予備組織化される。その結果としてジアミン分子を認識する際に正の協同性[9, 10]（ホモトロピックなアロステリズム）を発現する。正の協同性の指標となる Hill 係数は，キシリレンジアミン分子 MCP を用いた場合，1.9（最大値は認識部位の数，すなわち Aligner 1 の場合2である）という非常に高い値を示した。この正のアロステリズムのため，先に述べたように，共役ポリマーを架橋する際に，1本目の共役ポリマー鎖を認識した Aligner 1 は2本目の共役ポリマーをより認識しやすくなる。その結果，「ランダムな構造」や「はしご形の構造」ではなく規則的な大きな集合体を形成する（図1(a)）。実際，Aligner 1 は

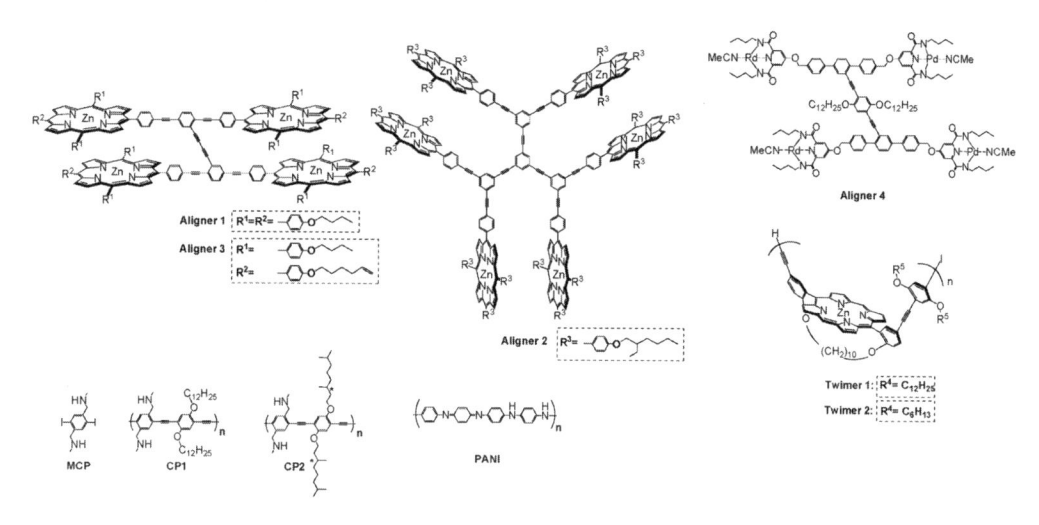

第10章　機能性分子による共役ポリマーの超階層構造の構築

図2　本系で用いた化合物および共役ポリマー

キシリレンジアミン部位を有する共役ポリマーCP1とクロロホルム中で混合した際に，非常に高い親和性を示した。

　集合体内部の分子の配列に関し，透過型電子顕微鏡（TEM）および高分解能TEM（HR TEM）は有用な知見を与える場合がある。特に結晶性の集合体を形成している場合，有機物であっても無染色で観察が可能である。原子間力顕微鏡で予め集合体を形成することを確認した（図3(a)）後にCP1とAligner 1とを混合した集合体のTEMおよびHR TEM観察を行うと，結晶性の数100 nm四方のシート状集合体が観察された。また，その内部はAlignerによって架橋された共役ポリマー間隔に相当する2 nm周期のラメラ構造を示しており，CP1がAligner 1の認識部位間隔に配列されていること，また，その集合体が高真空下においても安定に維持されることが明らかとなった（図3(b)）。Aligner 2[11]は，ジアミン分子認識部位を3カ所有し，共役ポリマーを3方向に架橋することが可能である。HR TEM観察の結果，多層チューブ状および2次元シート状構造を形成することが示された（図3(c)）。またAligner 1と側鎖に不斉を有するCP2を混合すると三角グリッドコントラストを示す集合体が得られた。我々のコンセプト，つまり超分子化学的な架橋分子Alignerを用いて共役ポリマーを規則的に配列させることが可能なこと，さらには架橋分子の構造により共役ポリマーの配列様式を制御できることが明らかとなった。

　これらの非共有結合性架橋分子の場合，得られる集合体は平衡系から得られたものであり，金属とアミンとの配位結合が維持できなくなる条件下（酸共存下，高希釈条件）においては壊れてしまう。この集合体を強固で半永久的なものとするため，ポルフィリン環のメソ位にオレフィンを導入したAligner 3を設計し架橋構造を固定化することを考案した。Aligner 3はオレフィンメタセシス反応により上下のポルフィリン環が架橋され，2環状構造となる。つまり，CP1と

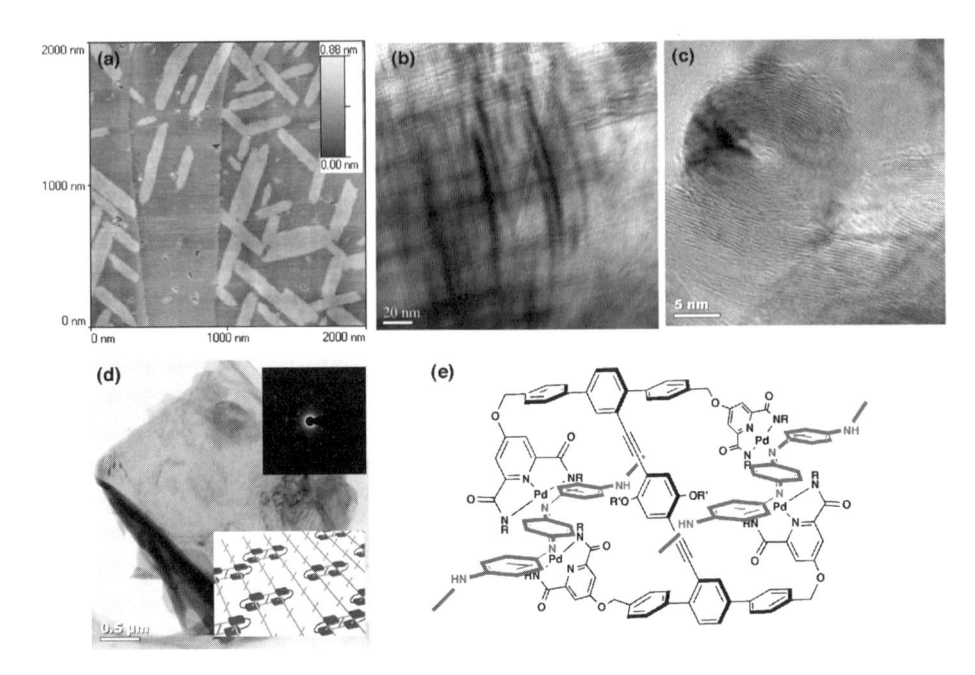

図3 (a) Aligner 1・CP1 集合体の AFM 像,(b) Aligner 1・CP1 集合体の HR TEM 像,(c) Aligner 2・CP1 集合体の HR TEM 像,(d) オレフィンメタセス後分離した Aligner 3・CP1 集合体,(e) Aligner 4・PANI 複合体の認識形式
(b) 2 nm 周期のラメラコントラストが確認できる。
(c) 多層チューブ構造が確認できる。
(d) 高い結晶性を有し非常に薄い薄膜が重なっている様子が確認できる。
(e) 2 本の共役ポリマーが束ねられる。

Aligner 3 との間に,配位結合だけでなくポリ擬ロタキサン構造という幾何学的な結合を付与することができる。Aligner 3 のメタセシス反応は,ゲストとなるジアミン分子を錯化させておくことにより,配向が固定化され効率的に進行する[12]。CP1 と錯化させた際も,このテンプレート効果により効率よくメタセシス反応が進行した(^{1}H NMR により確認された反応率は 70%)。平衡条件下で生成していた Aligner 1 や 2 における集合体の場合には,集合体形成が非共有結合形成の親和性に依存するため (集合体濃度に依存),選択的に分離することは困難であったが,この「固定化された」集合体の場合,サイズ排除クロマトグラフィにより分離することに成功した。HR TEM 観察の結果,CP1 と Aligner 3 とからなる固定化された結晶性集合体は,Aligner 1 の場合と同様に 2 nm 周期のラメラ構造を有し (図3(d)),酸の添加においてもそのシート構造が維持されたことから,ポリ擬ロタキサン構造形成が明らかとなった。また,メタセシス反応は集合体の周期構造に影響を及ぼさないことが明らかとなった[4]。

本コンセプトを利用して,導電性高分子として代表的なポリアニリン (PANI) を配列することも可能であることを見いだした。PANI は,プロトンの付加脱離,酸化還元により,4 つの状態を有する。その中でも,エメラルジン塩基型の PANI は,プロトンなどのドーピングにより

第 10 章 機能性分子による共役ポリマーの超階層構造の構築

導電性を有することが知られている。プロトンの代わりに，PANI のイミン部位と相互作用が期待される分子として金属錯体が挙げられる。その中でも，我々は，平尾らによって報告されている 2,6-ピリジンジカルボキシアミドパラジウム錯体[13]を選択し，類似パラジウム錯体を導入した新たな Aligner 4 を合成した（図 2）。この認識部位のパラジウム錯体は，PANI のキノンジイミン部位の窒素原子とのみ相互作用し，向かい合った認識部位間で PANI を挟み込んだ構造体を形成する（図 3(e)）。そして，この Aligner 4 とエメラルジン塩基型の PANI を溶液中にて混合した結果，これまでの系と同様な協同的な認識挙動が確認された。TEM 観察の結果から，得られた会合体は，2.5 nm 周期構造を有する結晶性の高いシート状であることを見いだした。さらに，イミン部位にプロトンによるドーピングを行ったエメラルジン塩型の PANI に関しても同様に，Aligner 4 と混合した結果，ドーパントであるプロトンが Aligner 4 のパラジウム錯体に置換され，その結果，2 次元シート状会合体が得られることが明らかとなった。配列された PANI の導電性は四端子法により測定されドロップキャスト膜の導電性は $0.16\ \mathrm{S\cdot cm^{-1}}$ であり，カンファースルホン酸のみの場合と比較して 20% ほど小さな値を示した。これは，Aligner 4 がキャリアトラップとなること（Aligner を加えるとポーラロン吸収帯の吸光度が減少）と配列による効果が相殺されたためであろうと推察している[5]。

以上のように，1 次元高分子と相互作用する認識部位を持つ Aligner との組み合せを選択すれば，様々な 1 次元高分子の配列制御が可能となることを明らかとした。

3 Twimer アプローチ

1 次元高分子に巻き付く高分子（Twining polymer：Twimer）を用いても共役系高分子の配列制御が可能である[7]。Twimer は，単独ではランダムに集合するが，共役系高分子と会合体を形成すると，規則的な構造に自己集合するように設計された高分子である。今回は Twimer として，R 部位にデシロキシを導入した Twimer 1 と，ヘキシロキシを導入した Twimer 2 を用いた。ストラップポルフィリンをマクロモノマーとして持つ Twimer は，ストラップのない面でアミンとの配位が優先的に起きる。さらに，ストラップが架かるメソ位フェニル基の回転も制限されるため，フェニレンエチニレン部位は必ず同じ面に出ている。そのため，アミノ基を有する共役系高分子 CP1 をゲストに用いると，Twimer は CP1 に巻き付き，複合体を形成する。形成された複合体は，アルキル鎖 R^4 が 2 次元方向に伸びているため，濃縮過程でアルキル鎖がパッキングし，結果として，1 次元高分子が等間隔で規則的に配列された集合体が形成されると期待される（図 1(b)）。偏光顕微鏡観察および電子線回折結果から結晶性の集合体が形成されていること，ならびに，HR TEM による詳細な検討より，アルキル鎖 R^4 の長さにより CP1 の高分子鎖間距離が制御できることを見いだした（Twimer 1 では 4.0 nm，Twimer 2 では 2.7 nm）。本手法はポリビニルピリジンの様な柔軟な高分子の配列をも可能とする。Aligner とは異なり，Twimer のポルフィリン π 平面との van der Waals 相互作用も利用できるため今後種々の共役ポ

次世代共役ポリマーの超階層制御と革新機能

リマーに適用できるものと思われる。

　本研究を遂行するに当たり，多数のご助言と励ましを頂いた九州大学大学院・新海征治教授，現在物材機構においてポリアニリン系，交互配列系の研究を非常に精力的に進めている忰山高大君（博士1年），本研究に携わって下さいました久保羊平博士，竹林新二博士，若林里衣博士，藤越千明さん，柴田誠之君，大城宗一郎君に深く感謝します。高分解能電子顕微鏡観察は九州大学大学院・金子賢治准教授との共同研究であり，深い議論を幾度となく交わさせていただきました。ここに感謝いたします。

文　　献

1) a) M. Hamaguchi and K. Yoshino, *Appl. Phys. Lett.*, **67**, 3381 (1995)；b) P. Dyreklev, M. Berggren, O. Inganas, M. R. Andersson, O. Wennestrom, T. Hjertberg, *Adv. Mater.*, **7**, 43 (1995)；c) J. Kim and T. M. Swager, *Nature*, **411**, 10300 (2001)；d) Z. Zhu and T. M. Swager, *J. Am. Chem. Soc.*, **124**, 9670 (2002)；e) H. Goto, K. Akagi, H. Shirakawa, *Synth. Met.*, **84**, 373 (1997)；f) K. Sakamoto, K. Miki, M. Misaki, K. Sakaguchi, R. Azumi, *Appl. Phys. Lett.*, **90**, 183509 (2007)；g) K. Müllen and G. Wegner, Electronic Materials：The Oligmer Approach, WILEY-VCH, Weinheim, 1998.
2) B. Alberts, A. Johnson, J. Lewis, M. Raff, K. Roberts, P. Walter, 4 ed. MOLECULAR BIOLOGY OF THE CELL, Garland Science, New York (2002)
3) Y. Kubo, Y. Kitada, R. Wakabayashi, T. Kishida, M. Ayabe, K. Kaneko, M. Takeuchi, S. Shinkai, *Angew. Chem. Int. Ed.*, **45**, 1548-1553 (2006)
4) R. Wakabayashi, Y. Kubo, K. Kaneko, M. Takeuchi, S. Shinkai, *J. Am. Chem. Soc.*, **128**, 8744 (2006)
5) R. Wakabayashi, K. Kaneko, M. Takeuchi, S. Shinkai, *New J. Chem.*, **31**, 790 (2007)
6) T. Kaseyama, S. Takebayashi, R. Wakabayashi, Y. Kubo, K. Kaneko, S. Shinkai, M. Takeuchi：submitted.
7) M. Takeuchi, C. Fujikoshi, Y. Kubo, K. Kneko, S. Shinkai, *Angew. Chem. Int. Ed.*, **45**, 5494-5499 (2006)
8) Y. Kubo, M. Ikeda, A. Sugasaki, M. Takeuchi, S. Shinkai, *Tetrahedron Lett.*, **42**, 7435 (2001)
9) a) S. Shinkai, M. Ikeda, A. Sugasaki, M. Takeuchi, *Acc. Chem. Res.*, **34**, 494 (2001)；b) 池田将，竹内正之，新海征治，有機合成化学協会誌，60巻，1201-1209 (2002)
10) M. Takeuchi, A. Sugasaki, M. Ikeda, S. Shinkai, *Acc. Chem. Res.*, **34**, 865 (2001)
11) M. Ayabe, A. Ikeda, Y. Kubo, M. Takeuchi, S. Shinkai, *Angew. Chem. Int. Ed.*, **41**, 2790 (2002)
12) R. Wakabayashi, Y. Kubo, O. Hirata, M. Takeuchi, S. Shinkai, *Chem. Commun.*, 5742 (2005)
13) T. Moriuchi, S. Bandoh, M. Miyashita, T. Hirao, *Eur. J. Inorg. Chem.*, 651 (2001)

第11章 混合原子価状態積層化によるπ共役分子の階層構造制御

中　建介*

1　はじめに

　テトラチアフルバレン類（TTF）をはじめとするジチアフルベン誘導体は強い電子供与体であり，様々な有機，無機電子受容体と電荷移動錯体もしくはラジカルイオン塩を形成し，場合によっては金属的導電性や超伝導を示すことはよく知られている。たとえばTTFは7,7,8,8-テトラシアノキノジメタン（TCNQ）のような電子受容体と安定な電荷移動錯体を形成する。TTF-TCNQ錯体結晶を含め金属的導電性を示す電荷移動錯体は分離積層型カラム構造を形成しており，π電子系有機分子は混合原子価状態で積層することにより，導電経路が確保されている（図1）。しかしながら，材料として応用を考えた場合，このような分子性金属電荷移動錯体は単結晶であるため成型が困難であることや，その結晶形態制御が難しいなどの欠点を有している。本稿では材料創成の立場から混合原子価状態積層化を利用した新たな展開を，筆者らの研究例を中心に紹介する。

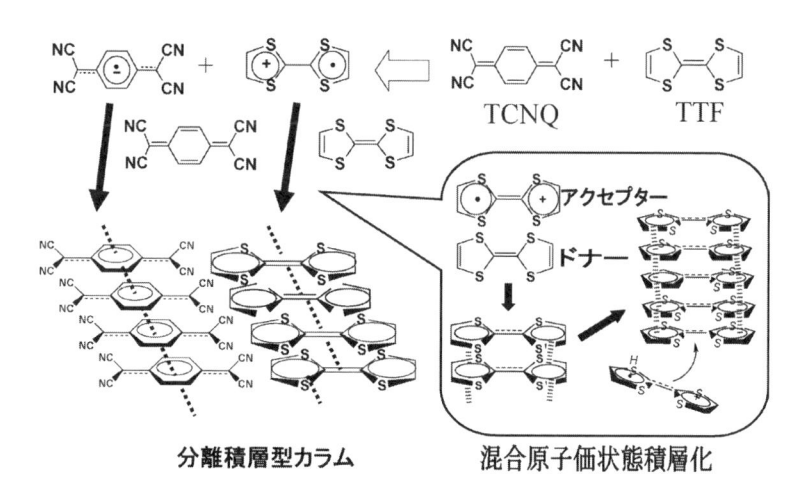

図1　分離積層型カラム構造を形成するTTF-TCNQ錯体結晶

＊　Kensuke Naka　京都工芸繊維大学　大学院工芸科学研究科　物質工学部門　教授

2 高分子化電荷移動錯体

　TTF-TCNQ錯体結晶においては，それぞれのπ共役分子が積み重なってカラムを形成し，そのカラムが混合原子価状態であれば，カラムの軸の方向に高い導電性が認められるようになる。したがって，π共役分子を接近して積み重ねられるような設計が可能になれば，積み重なった方向に導電性を示す材料が合成できると考えられる。そのような代表例として，高分子化四級アミン塩であるイオネン（ionene）を用いてTCNQを配列させようという試みが知られている[1]。イオネンは主鎖中にカチオンサイトを有しているため，これとの静電相互作用を利用して，アニオンラジカルとしたTCNQと錯体を形成させ，イオネン中のメチレン鎖を短くしてTCNQのカラム形成を達成させようとしたものである（図2）。TCNQアニオンラジカルとイオネンとの塩を作成した後，中性のTCNQを加えることで，TCNQの混合原子価状態積層化を達成させようというものである。しかし，半導体程度の導電性は示すものの，高度なカラム形成には至っていない。

　イオネンの代わりにTCNQと電荷移動を起こすほど強い電子供与性のπ共役高分子を用いることができれば，中性のTCNQを加えるだけでTCNQアニオンラジカルが生成すると同時にπ共役高分子がドーピングされた状態となり，π電子系の積み重なりによる導電性と導電性高分子の導電性を併せ持つ系が得られると考えられる。この目的のため，筆者らは含イオウπ共役ユニットであるジチアフルベン誘導体を組み込んだπ共役系高分子を新たに開発した。

　イオウ原子は電子供与性であり，含イオウπ電子系骨格を共役系高分子に組み込むことにより有用な光・電子機能性の発現が期待される。電子受容性ユニットとしてはチオフェン環などが代表的であるが，さらに強い電子供与性を有しているテトラチアフルバレン（TTF）類を代表とするジチアフルベン誘導体を組み込んだπ共役系高分子は従来にない電子系の発現が期待できる。種々の芳香族ジインから誘導されるアルキンチオールとその互変異性体であるアルドチオケ

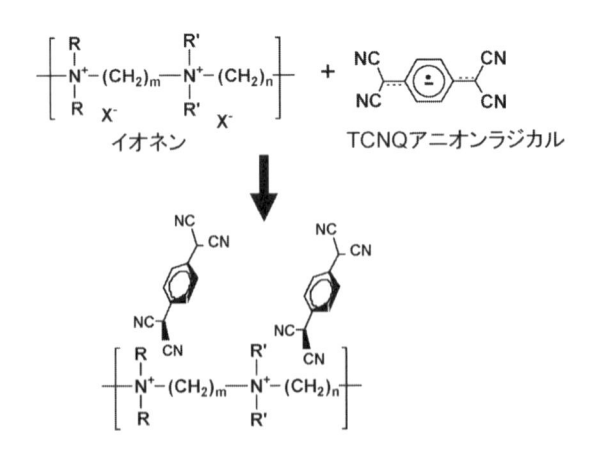

図2　イオネンを用いたTCNQの配列

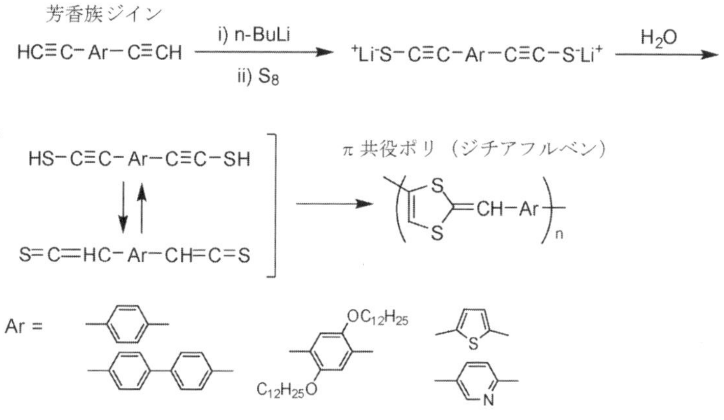

第11章　混合原子価状態積層化によるπ共役分子の階層構造制御

図3　芳香族ジインから誘導されるアルキンチオールとその互変異性体であるアルドチオケテンの環化付加重合によるπ共役ポリ（ジチアフルベン）の合成

テンの環化付加反応を用いて主鎖にジチアフルベンユニットを持つ一連のπ共役高分子を合成した（図3）[2,3]。

このπ共役ポリ（ジチアフルベン）のジメチルスルホキシド溶媒中にTCNQを加えることで可溶性の深緑色の高分子化電荷移動錯体が得られた[4]。電荷移動の程度はTCNQのC≡N伸縮振動における振動数の値から決定でき，中性のTCNQのそれは2227cm^{-1}であり，完全にイオン化したTCNQは2180cm^{-1}に現われる。得られた高分子化電荷移動錯体の場合，C≡N伸縮振動は2201と2170cm^{-1}に現われ，異なった二つのタイプのTCNQ分子が存在していることが示唆された。2170cm^{-1}のピークはTCNQのアニオンラジカルに由来するものである。2201cm^{-1}のピークはTCNQが部分的に電荷移動したいわゆる混合原子価状態で存在していることが強く支持された。後者のTCNQの電荷移動の程度は0.62であると見積もられ，この値は他のTTF-TCNQ錯体類の示す値とほぼ同じである。この結果は得られた電荷移動錯体中において電子受容体化合物であるTCNQが混合原子価状態での積層構造を一部有していることを意味している（図4）。この高分子化電荷移動錯体のキャストフィルムは導電率が10^{-4}Scm^{-1}程度の半導体としての性質を示すものであり，通常のヨウ素ドープされた導電性高分子と違い，空気中でも安定であるのが特色である。

π共役ポリ（ジチアフルベン）の還元能を利用すれば，金属塩と溶液中で混合するだけで，コロイド状の安定なπ共役高分子—金属ナノ粒子ハイブリッドが得られる[5,6]。酢酸パラジウム，塩化金酸，または塩化白金酸の各々のジメチルスルホキシド溶液にπ共役ポリジチアフルベンを加えて室温で撹拌したところ，溶液の色は，各々，黒，紫，または黒色に変化した。これは，それぞれの金属ナノ粒子が得られた際の特徴的な変化に対応している。これらの溶液は安定であり空気中で放置しても数カ月以上たっても沈殿は見られなかった。この系において，金属イオンの還元はπ共役高分子からの電子移動によって進行する。通常は還元により生じた金属原子は凝集

図4 π共役ポリ（ジチアフルベン）と TCNQ から形成される高分子化電荷移動錯体

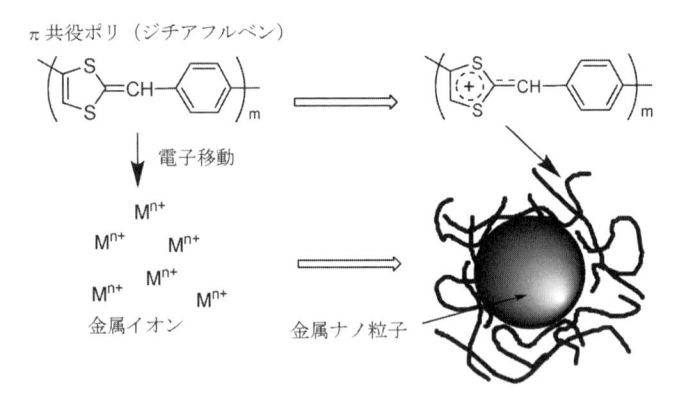

図5 π共役ポリ（ジチアフルベン）と金属塩との反応によるコロイド状
π共役高分子―金属ナノ粒子ハイブリッドの合成

するが，酸化されたπ共役ポリジチアフルベンがカチオン性を帯びることにより安定化剤としての役割を担い分散安定化したπ共役高分子―金属ナノ粒子複合体が得られる（図5）。これまでπ共役高分子―金属ナノ粒子の複合体は数例報告されているが，いずれも溶媒に不溶であった。ここで得られたπ共役高分子―金属ナノ粒子ハイブリッドは溶解性であり，フィルム形成能も有している。このフィルムはπ共役ポリ（ジチアフルベン）が安定にドープされた状態であるため，半導体としての性質を示す。

3 有機無機ハイブリッドナノワイヤー

前述のように，π共役ポリ（ジチアフルベン）と金属塩との電荷移動反応によって金属ナノ粒子が得られるが，低分子電子供与体である TTF を金属塩と溶液中で混合するとナノワイヤー状

第11章 混合原子価状態積層化によるπ共役分子の階層構造制御

の構造体が得られる[7]。たとえば，塩化金（Ⅲ）酸四水和物を溶かしたアセトニトリル溶液に所定量のTTF（塩化金（Ⅲ）酸に対するTTFのモル比を4.4）を加え室温で撹拌すると，溶液の色が黄色から黒紫色に変化し，紫色の沈殿が生成する。得られた沈殿を走査型電子顕微鏡（SEM）で観察したところ直径90 ± 36nmで長さが$31 \pm 8 \mu$mのナノワイヤーの生成が確認された（図6 (a)）。透過型電子顕微鏡（TEM）観察によって強いコントラストのナノワイヤーが認められたことと，粉末X線回折（XRD）から金の面心立方格子に相当するピークが確認されたことから，ナノワイヤーには金が含まれていることが示唆された。また紫外―可視―近赤外（UV-vis-NIR）吸収スペクトルを測定したところ，2000nm付近にTTF同士の混合原子価状態による電荷移動に由来するブロードな吸収が観測された。元素分析及び熱重量損失測定の結果から，成分比（$TTF \cdot Cl_{0.78}$）からなる結晶にTTFに対し金原子を0.12mol等量含む構造であることが分かった。これはアクセプターである金属イオンが還元されてゼロ価金属に変換されることにより，酸化されたTTFとの電子的な相互作用が減少し，結果的にTTF分子同士の積層化が促進されることによるものであると考えられる（図7）。

　TTFと塩素イオンからなる電荷移動錯体は通常は，塩素イオンを含む電解液中でTTFの電気化学酸化により，針状結晶として得られるものである。電気化学酸化の程度によって，TTFのジカチオン塩，モノカチオン塩および混合原子価塩として成分比がそれぞれ$(TTF)Cl_2$，$(TTF)Cl$，および$(TTF)Cl_{0.77}$に相当する結晶が得られる[8]。ジカチオン塩とモノカチオン塩は絶縁体であるが，混合原子価塩は導電体である。TTFと塩化金（Ⅲ）酸を混合するだけで得られたナノワイヤー中のTTFと塩素イオンからの成分比は電気化学酸化で得られる混合原子価塩とそれと一致している。このことからも前述のナノワイヤーは混合原子価状態で積層化したTTFから形成されていることが支持される。

　塩化金（Ⅲ）酸に対するTTFのモル比を変化させることで，有機無機ハイブリッドナノワイヤーのアスペクト比を変えることが可能である。たとえば，モル比を4.4から2.9と少なくして

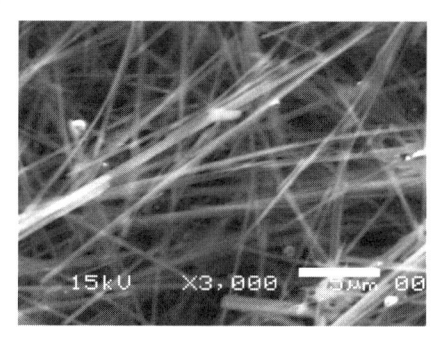

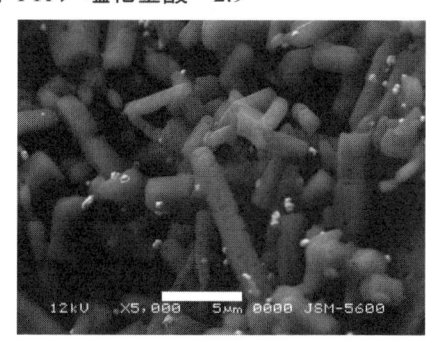

(a) TTF／塩化金酸＝4.4　　　(b) TTF／塩化金酸＝2.9

図6　塩化金（Ⅲ）酸に対するTTFのモル比が4.4(a)，および2.9(b)のアセトニトリル溶液から得られたナノワイヤーのSEM画像

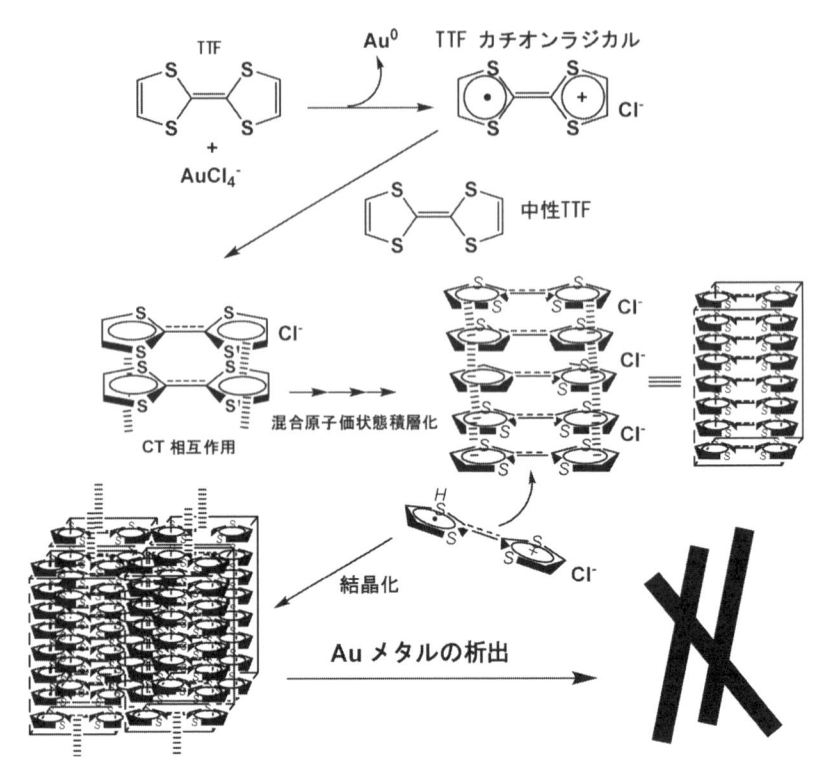

図7 塩化金（Ⅲ）酸とTTFとの反応で得られるナノワイヤー合成機構

同条件で反応を行うと，直径が$1.3±0.4\mu m$で長さが$4.4±2.1\mu m$のロッド状の沈殿が得られる（図6(b)）。元素分析の結果，モル比が4.4の場合と同様に成分比（$TTF\cdot Cl_{0.78}$）からなる結晶が得られたが，TTFに対する金原子は0.35mol等量とモル比が4.4の場合よりも増加したことが分かった。この結果は成分比（$TTF\cdot Cl_{0.78}$）からなる結晶に金属としての金が沈着することで得られた構造であることを示唆している。

　塩化金（Ⅲ）酸の代わりに硝酸銀を用いても有機無機ハイブリッドナノワイヤーが得られる。硝酸銀のアセトニトリル溶液にTTFを加えて室温で撹拌したところ，濃厚溶液において紫色の沈殿の析出が認められ，そのSEM観察より，直径$540±210nm$で長さ$31±8\mu m$のナノワイヤーの形成が確認された（図8(a)）。またUV-vis-NIR吸収スペクトルを測定したところ，2000nm付近にブロードな吸収が観測されたことと，溶媒を濃縮，冷却して析出する沈殿の元素分析から塩化金（Ⅲ）酸を用いた場合と同様の成分比［$TTF\cdot (NO_3)_{0.76}$］からなる結晶が得られたことから，TTF同士の混合原子価状態積層化が達成されたことを確認した。成分比［$TTF\cdot (NO_3)_{0.76}$］からなる結晶は上記の成分比（$TTF\cdot Cl_{0.78}$）からなる結晶よりも含まれるアニオンが大きいために，SEM観察した基板をアセトニトリル中に浸すことで成分比［$TTF\cdot (NO_3)_{0.76}$］からなる結晶を溶解させることが可能であり，その基板のSEM観察から，銀微粒子がワイヤー状に残存していることが確認できた（図8(b)）。

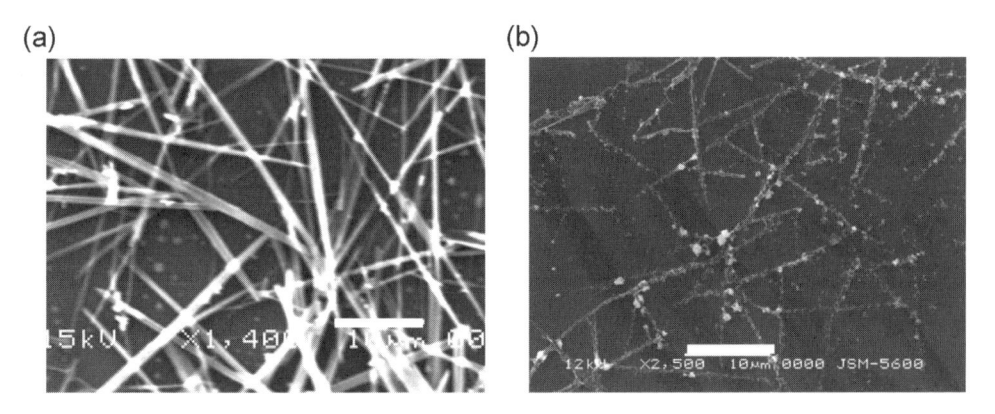

第11章　混合原子価状態積層化によるπ共役分子の階層構造制御

図8　硝酸銀に対するTTFのモル比が1.1のアセトニトリル溶液から得られたナノワイヤーのSEM画像(a),およびナノワイヤーをアセトニトリルで有機成分を溶解させた後のSEM画像(b)

4　おわりに

π共役有機化合物の混合原子価状態積層化を制御しようという試みを，筆者らの研究例を中心に紹介した。材料創成の立場からπ共役系高分子材料設計においてドナー分子とアクセプター分子が交互に積み重なった絶縁体となる交互積層型ではなく低次元金属的導電性を発現する混合原子価状態積層化である分離積層型カラムを分子レベルで制御する仕組みが開拓できれば，機能を有する分子材料の高次組織化による革新的な共役系有機高分子材料の創成に従来にない概念を提供できるものと期待される。

文　献

1) M. Kryszewski, J. Pecherz, *Polymers for Advanced Technologies*, **5**, 146 (1994)
2) K. Naka, T. Uemura, Y. Chujo, *Macromolecules*, **31**, 7570 (1998)
3) T. Uemura, K. Naka, Y. Chujo, *Advances in Polymer Science*, **167**, 81 (2004)
4) K. Naka, T. Uemura, Y. Chujo, *Polymer J.*, **32**, 435 (2000)
5) Y. Zhou, H. Itoh, T. Uemura, K. Naka, Y. Chujo, *Chem. Commun.*, 613 (2001)
6) Y. Zhou, H. Itoh, T. Uemura, K. Naka, Y. Chujo, *Langmuir*, **18**, 277 (2002)
7) K. Naka, D. Ando, X. Wang, Y. Chujo, *Langmuir*, **23**, 3450 (2007)
8) B. A. Scott, S. J. La Placa, J. B. Torrance, B. D. Silverman, B. Welber, *J. Am. Chem. Soc.*, **99**, 6631 (1977)

第12章　疎水性共役高分子の新規分子組織化手法の開発と界面超階層構造の構築

永野修作[*1]，児玉誠一郎[*2]，戸田章雄[*3]

1　はじめに

　高分子半導体材料の性能は，その分子配向や分子配列などの分子集合状態，電極や他の半導体界面の構造に強く影響を受ける。よって，高分子半導体デバイスの高性能化をはかるためには，分子の精密な設計とともに，分子集合状態の制御が鍵であり，分子組織化手法の開発が重要な役割を担う。このような高分子材料は，真空下にて蒸着やスパッタリング，レーザーアブレーションなど気相状態を用いたドライプロセスを用いることができないため，ナノレベルで高分子が組織制御された薄膜を達成するには，ウェットプロセスであるLangmuir-Blodgett（LB）法[1]や溶媒中にてイオン的な作用を利用した交互吸着膜[2]の適用が必要である。特にLB法は，膜面内方向の分子密度が高く，膜面外方向の分子集積が可能であること，さらには高分子主鎖の面内配向をも誘起できるため，古くからの手法ではあるが優れた分子組織化手法である。しかし，これら手法もまた，水面との積極的な相互作用やイオン的な作用を必要とし，適用できる高分子は，極性基や親水基，イオン性等の置換基をもつ緻密に分子設計された，いわば分子組織手法に対応した特別な構造をもつ高分子を用いる必要がある。よって，これら作用のない，いわゆる疎水性高分子は，精密な組織制御を行うことができず，この分子組織構造を構築する研究分野の研究の対象外であった。

　ポリ（3-アルキルチオフェン）をはじめ種々の報告されている代表的な高分子半導体材料である共役高分子材料の多くは，有機溶剤への溶解性を上げるためヘキシル基やドデシル基などアルキル鎖が導入された疎水的な高分子である[3]。これらの疎水性共役高分子も，分子組織構造や配向が電子物性に大きく影響することが報告されているものの，通常は上記の分子組織化手法を適用できず，薄膜の形成は，スピンキャスト法，ディップコート法のみにて行われている。このような疎水的な高分子に水面展開を適用しようと考えたとき，安定な水面膜を形成する長鎖脂肪酸などの両親媒性化合物と混合して共展開するアプローチがよく行われる[4〜7]。しかし，そのような水面膜中では，疎水性高分子は単分子膜とはならず，両親媒性化合物の単分子膜に凝集した高分子がちりばめられた構造となり，分子レベルにて疎水性高分子の配向・配列を制御することは

---

*1　Shusaku Nagano　名古屋大学　大学院工学研究科　助教
*2　Seiichiro Kodama　名古屋大学　大学院工学研究科
*3　Akio Toda　名古屋大学　大学院工学研究科

第 12 章　疎水性共役高分子の新規分子組織化手法の開発と界面超階層構造の構築

難しい。

　これらの背景を踏まえ，最近，筆者らは，アルキル鎖をもつ疎水性共役高分子においても水面展開を利用した理想的な広がった単分子膜の形成を可能とする手法を開発し，LB 法による疎水性高分子単独の layer-by-layer 集積膜を構築できる新たな分子組織化手法を提案している。ごく一般的に用いられているアルキル鎖を持つ疎水性 π 共役高分子の単分子膜形成，その単分子膜を基盤とした LB 集積膜の構築，ヘテロ階層構造構築，水面において誘起される主鎖配向制御について筆者らの研究を紹介する。

2　疎水性 π 共役高分子の広がった単分子膜形成（液晶混合展開法）

　先に述べたように長鎖脂肪酸は，水面展開時に凝集性が強いことや疎水性の高分子との相溶性が低いため，共展開と同時に互いが相分離した構造となる。それでは，凝集性がほとんどなく液体膜のように流動的で，かつ安定な単分子膜を形成し[8〜10]，疎水性高分子と良好な相溶性を示す[11]液晶分子を疎水性高分子との共展開に用いたら，どのような構造となるであろうか。このような発想から，筆者らは，液晶分子として 4'-ペンチル-4-シアノビフェニル（5CB）と疎水性高分子を共展開する手法に着手し，疎水性のケイ素系高分子の広がった単分子膜が形成されることを見出していた（液晶混合展開法）[12〜14]。「次世代共役ポリマーの超階層構造制御と革新機能」プロジェクトにあたり，本手法を疎水性 π 共役高分子に展開した。

　図 1 に示すような疎水性 π 共役高分子を単独で水面展開した膜は，いずれも崩壊部の多い不均一な形状を示すことが Brewster 角顕微鏡によって観察され（図 2a, b），単独で水面にて安定な単分子膜を形成しない。このような疎水性 π 高分子を 5CB とともに共展開すると，5CB 単分子

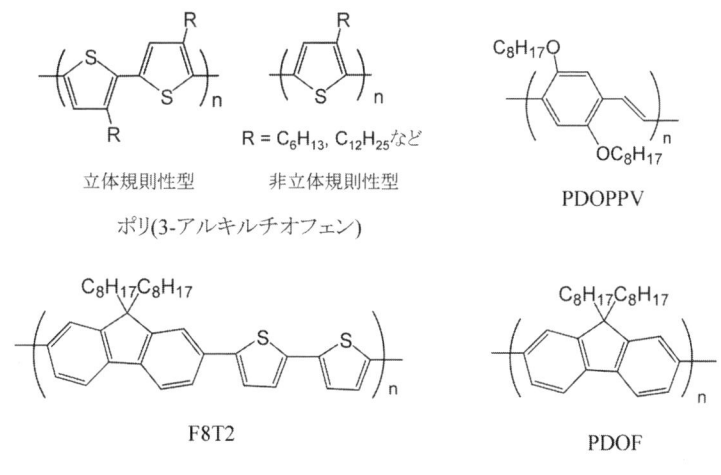

図 1　疎水性 π 共役高分子の例
これらの高分子にて液晶混合展開法により単分子膜形成を確認している。

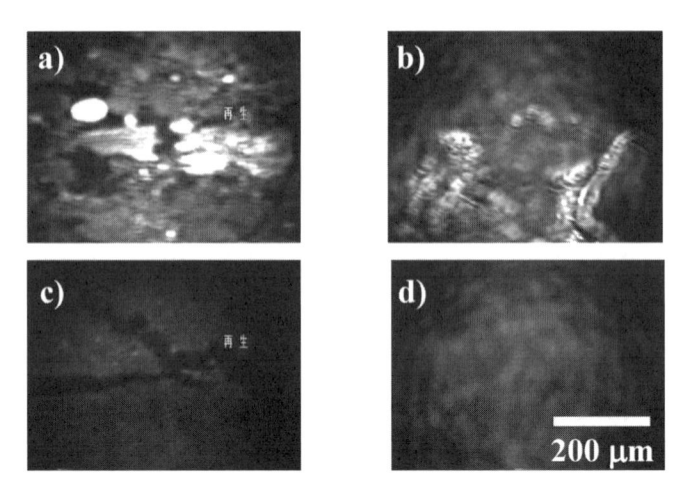

図2 疎水性π共役高分子を単独水面展開した膜 a) *HT*-P3HT, b) PDOPPV および液晶混合展開法で得られた疎水性π共役高分子/5CB 混合水面単分子膜, c) *HT*-P3HT/5CB, d) PDOPPV/5CB の Brewster 角顕微鏡像
単独展開膜は, 不均一なモルフォロジーを示し, 単分子膜を形成していない。一方, 5CB 混合膜は, 液晶分子単分子膜上に疎水性共役高分子の分子レベルにて均一で平滑な単分子膜が形成されている。

膜上に疎水性高分子の平滑な単分子膜が広範囲に形成される（図2c, d）[15]。この膜をマイカ基板上に一層転写した膜を AFM よりモルフォロジー観察すると, 5CB の単分子膜上に疎水性π共役高分子の単分子膜が形成されている様子が観察される（図3）。疎水性π共役高分子の単分子膜は, 分子レベルにて平滑であり, その膜厚は, 1～2nm であることがわかる。たとえば, 立体規則性型ポリ（3-アルキルチオフェン）の *head-to-tail* ポリ（3-ヘキシルチオフェン）[*HT*-P3HT] と *head-to-tail* ポリ（3-ドデシルチオフェン）[*HT*-P3DT] を比較すると, 単分子膜の膜厚はそれぞれ 1.4～1.6nm, 1.6～2.0nm であり, それぞれのアルキル鎖の長さを反映した結果が得られ, π共役主鎖が水面に平行に横たわった広がった単分子膜を想定して妥当な値である[15]。興味深いことに, これらの膜厚は, スピンコート膜のX線回折測定から求められるアルキル鎖を介してポリチオフェン主鎖が形成するラメラ平面の厚さにほぼ一致する。これは, 5CB との混合水面単分子膜のポリ（アルキルチオフェン）は, チオフェン平面が水面と垂直に配向し, ポリチオフェン主鎖がπスタックした構造となっていることを示唆するものである[15]。

以上の結果から, 極性基を全く持たない疎水性π共役高分子が, 液晶分子のアシストにより, いわば理想的な単分子膜展開が可能であることが分かった。5CB は流動的な単分子膜を形成し, かつ, 界面場にてこれらの疎水性π高分子と極めて高い相溶性を持つ"単分子膜溶媒"として振る舞うことを示している。よって, 疎水性π高分子は 5CB 単分子膜上にてあたかも両親媒性ポリマーのごとく振る舞い, 水面上に広がるものと考えられる。

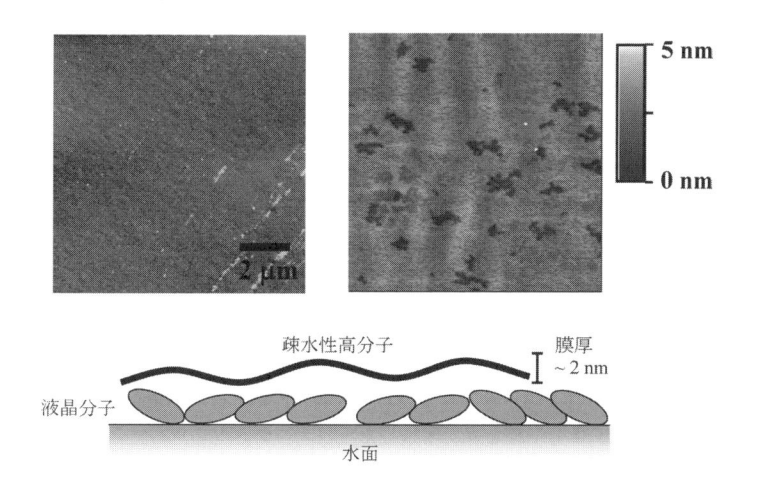

第12章　疎水性共役高分子の新規分子組織化手法の開発と界面超階層構造の構築

図3　液晶混合展開法にて得られる疎水性π共役高分子/5CB混合分子単分子膜のAFM像
　　　（左：HT-P3HT/5CB，右：PDOPPV）
　　　図中暗い部分は5CB単分子膜にあたり，5CB単分子膜上に分子レベルにて平滑な疎
　　　水性高分子の広がった単分子膜が形成されている（模式図）。

3　疎水性π共役高分子の分子組織膜の構築[15]

　これまで，極性基を全く持たない疎水性π共役高分子が，5CBとの混合展開によって理想的とも言える単分子膜が形成されることを紹介した。これは，疎水性π共役高分子であっても，LB法のような単分子膜集積にもとづく分子組織膜の構築，高分子主鎖配向制御を可能とするものである。"単分子膜溶媒"である5CBは揮発性があるため，混合膜を基板に転写したのち5CB分子のみを揮発除去する過程を逐次繰り返すことで，疎水性π共役高分子の単分子膜単独の集積が達成できる（図4）。この手法にて得られた立体規則性ポリ（3-ヘキシルチオフェン）[HT-P3HT]のlayer-by-layer組織膜とスピンキャスト膜について斜入射X線回折（GI-XRD）測定を行った結果を図5に示す。いずれの膜においても，面間隔1.67nm付近にHT-P3HTのチオフェン環主鎖とアルキル側鎖の周期構造に由来する回折ピークが観測された。バルク膜では，面外と面内の両方向に回折が見られるのに対し（図5(b)），単分子集積膜では面外方向にのみ回折ピークが観測される（図5(a)）。これは，単分子集積膜が単分子膜の面を基板と平行方向に高度に配向した構造を有していることを示しており（図中模式図），LB膜特有のlayer-by-layer構造をもつ組織膜を調製できることが明らかとなった。さらに，同様の結果がRI-P3HTやHT-P3DTにおいても確認できている。

　以上から，筆者らの提案する液晶混合展開法を用いることにより，疎水性π共役高分子の単独の単分子膜集積が可能であり，主鎖の立体規則性や側鎖の炭素数によらず，理想的なlayer-by-layer構造を構築できる。この構造は，電界効果トランジスタ等のデバイスの高性能化に理想的な組織構造であり，疎水性共役高分子の新たな分子組織化手法を提案できたと言えよう。また，

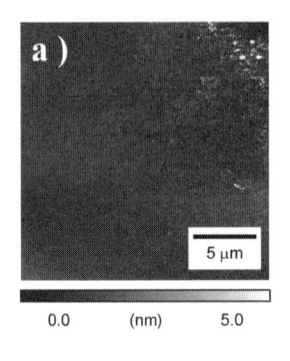

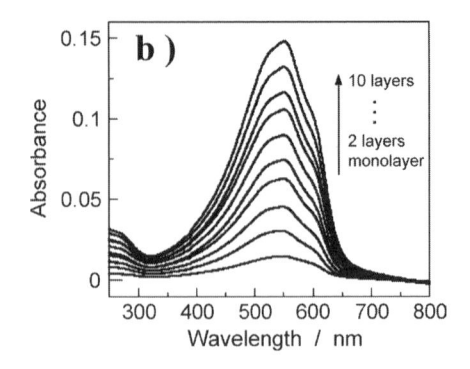

図4 液晶混合単分子膜から液晶を除去したHT-P3HT単分子膜のAFM像(a)と
HT-P3HT単分子膜を逐次累積した吸収スペクトル(b)
平滑な単分子膜が得られ，累積後，逐次液晶分子を揮発除去することで，
疎水性高分子単独の単分子膜集積を達成できる。

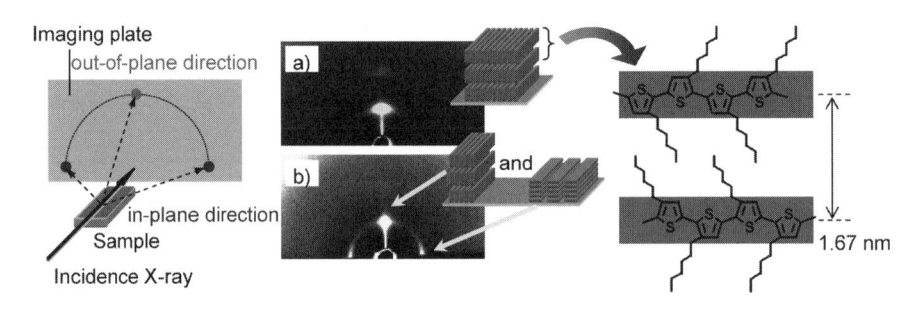

図5 GI-XRDの模式図および立体規則性ポリ（3-ヘキシルチオフェン）(HT-P3HT)
単分子累積膜(a)およびスピンキャスト膜(b)の回折パターン
単分子累積膜は面外方向のみに回折像が観察され，LB法特有の基板面に対し垂
直に規則性の高い積層構造が構築されている。

側鎖にアルキル鎖を持つポリフルオレンやポリフェニレンビニレンなど他の疎水性π共役高分子においても単分子膜の形成を確認しており，異なる高分子を交互に積層するヘテロ構造構築や水面上にて主鎖配向制御も可能であることも示している。

4 おわりに

本稿では，分子組織化分野から対象外であった疎水性π共役高分子においても，広がった単分子膜の形成やその分子組織化膜が達成できることを紹介した。高分子物質のナノレベルの組織化や集積化には界面場の利用がきわめて有用であり，平滑かつ流動的な水面は高分子の自己集合や自己組織化の場として系を単純化する好都合な場である。古くから行われているLB法であるが，多層累積による三次元的な層構造の制御のみならず，高分子主鎖の面内配向制御も達成でき，

第12章 疎水性共役高分子の新規分子組織化手法の開発と界面超階層構造の構築

高分子物質を任意に集積するプロセスとして今もなおすぐれた手法であることを強調したい。本稿で示した液晶混合展開法は，単独ではLB法が適用できない数多くの機能性疎水性高分子に対して単分子膜を構築し，ナノスケールからメゾスケールへ自由に高分子を単分子集積する新たな手段として広く展開できるものと期待できる。現在，共役高分子の主鎖配向と電子物性の異方性の研究や膜厚を単分子膜レベルにて精密制御した膜と電極との仕事関数など，興味深い展開を見せている。

　高分子デバイスの発展には，超薄膜状態の高分子の特性やその組織制御はますます重要となってくるであろう。特に，電極やインスレーター等の固体基板上で機能する半導体高分子デバイスにおいて，固体界面近傍の高分子の振る舞いはきわめて重要となる。また，高分子ナノテクノロジーの展開としても，高分子の有用なナノ構造制御はそのプロセス開発が切望される課題である。ここに示した疎水性高分子の組織化手法が，何らかの形でこのような分野へ実学的に寄与できることを期待する。

文　　献

1) A. Ulman, "An Introduction to Ultrathin Organic Films – From Langmuir-Blodgett to Self-assembly" Academic Press (1991)
2) G. Decher, J. B. Schlenoff, "Multilayer Thin Films –Sequential Assembly of Nanocomposite Materials" Wiley-VCH (2003)
3) G. Hadziioannou, P. F. Hutten, "Semiconducting Polymers" Wiley-VCH (2000)
4) T. Murakata, T. Miyashita, M. Matsuda, *Macromolecules*, **21**, 2730 (1988)
5) I. Watanabe, K. Hong, M. F. Rubner, *Langmuir*, **6**, 1164 (1990)
6) T. Seki, K. Ichimura, *Langmuir*, **13**, 1361 (1997)
7) J. Matsui, S. Yoshida, T. Mikayama, A. Aoki, T. Miyashita, *Langmuir*, **21**, 5343 (2005)
8) J. Xue, C. S. Jung, M. W. Kim, *Phys. Rev. Lett.*, 474 (1992)
9) M. C. Friedenberg, G. G. Fuller, C. W. Frank, C. R. Robertson, *Langmuir*, **10**, 1251 (1994)
10) M. N. G. de Mul, J. A. Mann, Jr., *Langmuir*, **10**, 2311 (1994)
11) 永野修作，関隆広，市村國宏，高分子論文集，**56**, 406 (1999)
12) S. Nagano, T. Seki, K. Ichimura, *Chem. Lett.*, 613 (2000)
13) S. Nagano, T. Seki, K. Ichimura, *Langmuir*, **17**, 2199 (2001)
14) S. Nagano, T. Seki, *J. Am. Chem. Soc.*, **124**, 2074 (2002)
15) S. Nagano, S. Kodama, T. Seki, *Langmuir*, **24**, 10498 (2008)

第13章　固相重合によるポリジアセチレンの合成と構造ダイナミクス

松本章一[*]

1　はじめに

　エレクトロニクス分野で用いられるポリマー材料は，トランジスタ，発光，液晶材料のようにポリマー自身が能動的に電子・光学特性を発現する機能性ポリマー材料と，デバイス構成に欠かせないポリマー基板用の材料とに分類でき，それぞれ異なる特性が要求される。能動的に機能発現する材料は，電子，電場，光，あるいは磁場などの外部刺激に応答して物性変化を出力として与え，要求特性を満たす構造をもつ材料として共役ポリマーが多く用いられる[1~3]。共役系ポリマーは逐次的に進行する縮合系の重合反応で合成されることが多いが，アセチレンやジアセチレンモノマーを重合に用いると，連鎖重合法によって高分子量の共役系ポリマーを効率よく合成できる[4~8]。例えば，ジアセチレン誘導体の結晶に光照射すると，結晶状態を保ちながら連鎖的に固相重合（トポケミカル重合）が進行し，生成物として結晶性ポリマーを容易に得ることができる[7~9]。末端基構造が複雑で重合度分布のないオリゴマーの合成には逐次的な合成反応が適しているが，高分子量ポリマーの効率よい合成が求められる場合には連鎖重合が最適であり，最近の精密重合法の発展により，分子量，分子量分布，分岐構造，末端基，立体規則性などの構造が明確なポリマーの合成が可能になっている[10]。

　固体中の原子や分子の配列によって有機固体の反応，構造や物性を設計する結晶工学（クリスタルエンジニアリング）は1960年中頃から本格的な研究がスタートし，1990年代以降になって，分子間相互作用を考慮した結晶構造の予測や結晶中の分子配列設計法が進んだことや，結晶構造解析装置や解析手法の技術革新によって，さらに発展を続けている。固相重合法は，高度なレベルでのポリマー構造制御，ポリマーのモルフォロジーや高次構造制御，また環境調和型反応などの面で，現在においても注目すべき高分子合成法のひとつである[9]。われわれは，以前に，ジエン誘導体の高分子結晶に関する研究を系統的に行い，重合反応の設計について多くの知見を得てきた[11]。われわれは，研究対象をジアセチレンの重合へと拡大し，まずカルボン酸1-ナフチルメチルアンモニウム構造をモノマーに導入し，アルキルスペーサーの長さの異なる一連のジアセチレン誘導体を合成，重合し，生成ポリマーの構造や性質を明らかにした[12]。次に，π共役系を拡張したポリジアセチレンを合成するため，ジアセチレンに直接フェニル基が置換したモノマーを合成し，重合を試みた[12,13]。同時に，カルボン酸を側鎖に含むポリジアセチレンへのキラルア

---

[*] Akikazu Matsumoto　大阪市立大学　大学院工学研究科　化学生物系専攻　教授

第13章　固相重合によるポリジアセチレンの合成と構造ダイナミクス

ミンの添加による誘起円二色性（ICD）の発現も新たに見出した[13]。室温で有機溶媒に可溶なポリジアセチレン誘導体の合成も行い，溶液系の紫外可視吸収のサーモクロミズムやソルバトクロミズム挙動を明らかにした[14,15]。

2　カルボン酸アンモニウム型ポリジアセチレン[12]

　古くから知られているように，ジアセチレンの固相重合のための理想的な構造は，結晶中でのモノマーのスタッキング距離が約5Å，カラム方向に対するモノマー分子の傾きが約45°である。また，重合中に分子間で共有結合を形成する必要があるためジアセチレン部位がある程度まで回転運動できる構造が必要であり，ジアセチレンの両端にメチレン基がスペーサーとして挿入される。その外側に，さらにエステル，アミド，ウレタン結合などを利用して種々の置換基が導入される。しかしながら，これら分子設計の基本構造は強固な水素結合を含むことが多く，その結果，生成ポリマーは不溶，不融となる。また，一般に，固相重合後に得られるポリジアセチレンは青から青紫色を示すが，外部刺激に応答してポリマーの吸収特性が変化し，赤色のポリマーとなる。この色調変化は，ポリマー鎖の乱れによって引き起こされる共役主鎖のコンフォメーションならびに分子間相互作用の変化によるものであり，青色から赤色への変化は不可逆過程であることが多いが，ポリマーの側鎖末端を分子間相互作用や共有結合で固定すると，吸収特性を可逆的に変化させることができる。

　われわれは，側鎖に長鎖アルキル基とカルボン酸ナフチルメチルアンモニウム塩構造を導入したポリジアセチレン（スキーム1）の分子構造と固体中でのクロミズム挙動の関係を検討した。ここで，ナフチルメチルアンモニウム塩モノマーである m,O-DA-Naph は，アルキル置換基の炭素数（m）に依らず，いずれも粉末状結晶として単離できる。一方，相当するカルボン酸誘導体モノマーは炭素数が9以下の場合に室温で液状となる。$m=4$ の場合のモノマー単結晶構造解析[16]および $m=4〜16$ の場合の一連のモノマー結晶の粉末X線回折の結果から，m,O-DA-Naph モノマー分子がスタッキングしてできる層状構造の層間距離は，m に比例することがわかった。ここで，m,O-DA-Naph モノマーは，反応性のジアセチレン部位に隣接してカルボン酸を持つため，重合が進行すると，カルボン酸アンモニウムが形成する強固な2D水素結合ネットワーク[11]のすぐそばにポリジアセチレンのπ共役鎖が配列することになる。

　光照射により m,O-DA-Naph モノマーは容易に重合し，可視領域に強い吸収を示す。ポリマーの紫外可視吸収スペクトルの最大吸波長 λ_{max} は m に依存し，550nm（$m=4$）から620nm（$m=16$）まで変化した。アルキル鎖が短い場合には赤色のポリジアセチレンが，アルキル鎖が長い場合には青色のポリジアセチレンが生成し，アルキル基のスタッキングの影響が強いほど，主鎖の共役構造が保持されやすいことを示す。また，ポリマーの色調は重合の進行によっても変化し，赤色のポリマーが生成する場合でも重合のごく初期にはより長波長帯に吸収をもつ紫から青色のポリマーが生成することがわかった。

次世代共役ポリマーの超階層制御と革新機能

スキーム 1

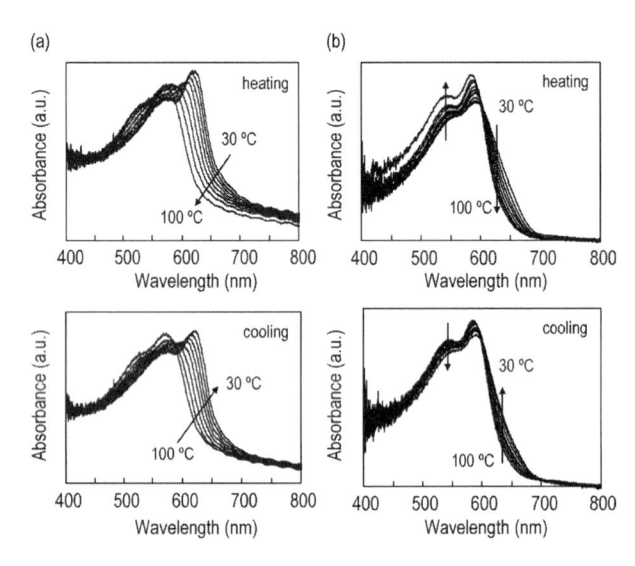

図1 (a) poly(*m,O*-DA-Naph) (*m*=12) と(b) poly(*m,Ph*-DA-Naph) (*m*=16) 固体試料の紫外可視吸収スペクトルの温度依存性

　赤色を呈するポリマーの吸収スペクトルは，温度に依らずほぼ一定のままであるが，青色ポリマーは加熱によって赤色へと可逆的に変化する（サーモクロミズム）（図1(a)）。poly(*m,O*-DA-Naph) が室温から100℃付近までの広い温度範囲でサーモクロミズムを示すことと対照的に，共役主鎖と2D水素結合ネットワークの間にアルキルスペーサーを含む poly(*m,n*-DA-Naph) ではごく狭い範囲でのみ可逆な色調変化を示し，100℃まで加熱したポリマーの色調は，室温に冷却後も元には戻らない。このように，2D水素結合ネットワークの位置に応じて，側鎖アルキル基が融解状態にあるときの主鎖共役鎖のランダム性に違いが生じ，サーモクロミズム挙動に違

第13章 固相重合によるポリジアセチレンの合成と構造ダイナミクス

いが生じることが明らかとなった。

3 π共役拡張型ポリジアセチレン[12,13]

つぎに，共役主鎖とカルボン酸の間に共役可能なフェニレン基を導入した poly(m,Ph-DA-Naph)を合成し，吸収特性やサーモクロミズムについて側鎖共役置換基の構造との関連について検討を行った（スキーム2）。ジアセチレン部位にメチレンスペーサーを介さず直接フェニレン基が結合しているため，重合の際の分子の回転に伴うコンフォメーション変化が起こりにくくなる。その結果，m,Ph-DA-Naph の固相重合反応性は大きく低下する。200kGy の γ 線照射後の m,Ph-DA-Naph や m,Ph-DA-CO$_2$H からのポリマー生成収率は 7-15％ であり，照射量をさらに 1000kGy まで上げても収率はわずか 23％ であった。同条件下で他のジアセチレンあるいはジエンモノマーを重合すると容易に高収率でポリマーが得られ，フェニレン基の導入による m,Ph-DA-Naph の反応性低下の様子がよくわかる。

生成ポリジアセチレンの紫外可視吸収特性について，室温，固体状態で比較したところ，最大吸収波長は，poly(m,Ph-DA-CO$_2$H)（λ_{max} = 676nm, m = 16）＞ poly(m,n-DA-Naph)（λ_{max} = 660nm, m = 12, n = 8）＞ poly(m,O-DA-Naph)（λ_{max} = 625nm, m = 12）＞ poly(m,Ph-DA-Naph)（λ_{max} = 595nm, m = 16）の順となった。フェニレン基の導入は，π 共役系の拡張よりもむしろ主鎖共役構造を妨げる方向に作用し，これは 2D 水素結合ネットワークの存在によって置換基の配置が強固に束縛され，側鎖間での立体障害が大きくなったためと推察される。事実，水素結合ネットワークによる束縛条件がない poly(m,Ph-DA-CO$_2$H) では，側鎖のフェニレン基は主鎖と共役可能な構造をとり，最も長波長側に吸収帯が現れた。重合後に単離した poly(m,Ph-

スキーム2

DA-CO$_2$H) は青緑色を呈する。

ここで、アンモニウム誘導体のサーモクロミズム挙動を検討したところ、図1(b)に示すように、吸収波長の移動は見られず、605nm付近を境にして、長波長側と短波長側の吸収強度の変化のみが観察された。poly(m,O-DA-CO$_2$H)の場合（図1(a)）には、昇温とともに徐々に主鎖共役構造に揺らぎが生じ、吸収帯の短波長側への移動が認められる。poly(m,Ph-DA-CO$_2$H)では、側鎖フェニレン基のコンフォメーション変化により、主鎖共役鎖とフェニレン基の相互作用の仕方が温度によって変化しているものと考えられる。

4 光学活性ポリジアセチレン[13]

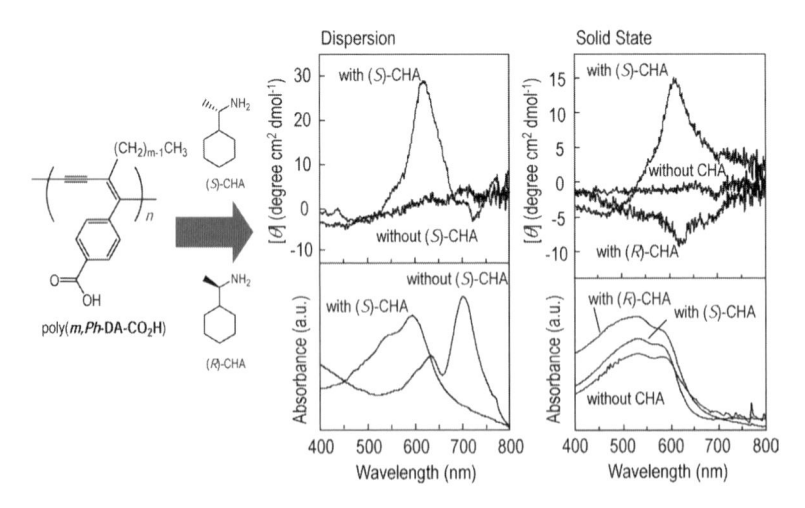

ポリフェニルアセチレン誘導体などのπ共役系ポリマーの動的らせんやICDについて研究が盛んに行われているが[6]、これまでポリジアセチレンを用いてICDを観察した例はなかった。われわれはpoly(m,Ph-DA-CO$_2$H)にキラルなアミンを添加すると、分散溶液ならびに固体中でICDを観測できることを見出した。図2に示すように、poly(m,Ph-DA-CO$_2$H)（m=16）のメタノール分散液に、キラルな1-シクロヘキシルエチルアミンを添加すると、紫外可視吸収スペクトルは短波長側に大きく移動した。同時に、CDスペクトルに大きな変化が認められた。また、ろ過単離したpoly(m,Ph-DA-CO$_2$H)固体試料の粉末X線回折は、poly(m,Ph-DA-CO$_2$H)がアミンの添加前後のいずれの状態においても層状構造を保持しており、層状距離がアミンの添加によって明らかに大きくなることを示していた。これら挙動は、以前にジエンカルボン酸ポリマーを用いた有機インターカレーションの挙動と同様であり、系に添加されたアミンがポリマーの層状に挿入されてアンモニウム塩となっていることがわかる。図2のCDスペクトルは、添加

図2 poly(m,Ph-DA-CO$_2$H)（m=16）のメタノール分散溶液へのキラルアミンの添加による紫外可視吸収スペクトルおよびCDスペクトルの変化（分散溶液と固体状態で測定）

第13章 固相重合によるポリジアセチレンの合成と構造ダイナミクス

するアミンの絶対配置によって逆の符号を示し，ポリマーの層状構造はアミンの絶対構造に応じてそれぞれ一定方向にねじれを生じていると考えられる。poly(m,Ph-DA-CO$_2$H) での ICD 観測とは対照的に，用いるカルボン酸ポリマーを poly(m,O-DA-CO$_2$H) とすると，紫外可視吸収スペクトルのアミン添加による移動とその最大吸収波長の強い溶媒依存性は観察されたものの，ICD は認められなかった。側鎖にフェニレン置換基を含む poly(m,Ph-DA-CO$_2$H) の強固なポリマー構造が ICD の発現に寄与していると推察される。

5　可溶性ポリジアセチレン[14, 15]

われわれは，ジエンモノマーの固相重合に関する研究で得られた知見をもとに[11]，ポリジアセチレンの側鎖に長鎖アルキル基とベンジルエステル基を導入し，側鎖置換基間の相互作用を小さくすることにより，有機溶媒に可溶な新規ポリジアセチレンを合成した（スキーム3）。固相重合後に得られる poly(m,n-DA-Bn-X) は，結晶性ポリマーであり，室温では通常の溶媒に不溶であるが，分子構造中に水素結合を持たないため，ポリマーを高沸点の極性溶媒（例えば，1,2-ジクロロベンゼンなど）で還流すると可溶化し，溶液が得られる。再沈殿により回収したポリマーは部分結晶性を示すものの，重合直後の高い結晶性をもつポリマーとは性質が異なり，室温でクロロホルムやテトラヒドロフラン（THF）などの汎用の有機溶媒に可溶となる。溶液として用いることはもちろん，キャストにより固体薄膜を作成したり，他のポリマー材料との複合化も簡単に行うことができる。poly(m,n-DA-Bn-X) の THF 溶液とポリビニルアルコール水溶液を混合・キャストして得られるフィルム中で poly(m,n-DA-Bn-X) ドメインは数 nm 程度の大きさで均一に分散し，ポリマーマトリックス中でもバルク固体と同様にサーモクロミズムを示すことを確認した。

poly(m,n-DA-Bn-X) の THF 溶液の吸収スペクトルは温度に依存して可逆的に変化する（図3(a)）。短波長側に現れたピークは高温では長波長側に，低温では短波長側にシフトしたが，その変化の様子は昇温時，降温時でそれぞれ異なり，固体試料のサーモクロミズムでは観測されなかったヒステリシスが見られた（図3(b)）。その結果，低温側から室温まで昇温することによって赤色の溶液が，また高温側から冷却すると黄色の溶液が室温で得られ，それぞれ異なる蛍光が

m =12, n = 8, X = 4-OCH$_3$; m = 10, n = 8, X = 4-OCH$_3$;
m =16, n = 8, X = 4-OCH$_3$; m =12, n = 8, X = H;
m =12, n = 8, X = 3-OCH$_3$; m =12, n = 8, X = 4-Cl;
m =12, n = 8, X = 4-Br; m =12, n = 8, X = 4-CO$_2$H

スキーム3

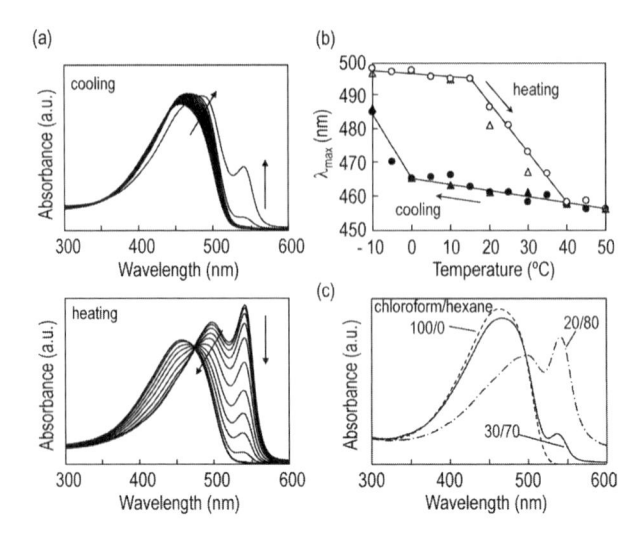

図3 (a) poly(m,n-DA-Bn-X)（m=12, n=8, X=4-OCH$_3$）のTHF中の紫外可視吸収スペクトルの温度依存性，(b)昇温時と降温時の短波長側の吸収帯の最大吸収波長の変化。○，●は1回目，△，▲は2回目の測定結果。(c)クロロホルム／ヘキサン混合溶媒中の紫外可視吸収スペクトルの溶媒組成依存性

観測された。ポリジアセチレンは，クロロホルム／ヘキサン混合溶媒中でも組成に応じて吸収特性の変化（ソルバトクロミズム）を示した（図3(c)）。THFの低温溶液と同様の吸収スペクトルがクロロホルム／ヘキサン混合溶媒中で観察され，ヘキサン組成を増やした貧溶媒中ではポリマー凝集体が生成した。ポリマーは良溶媒中で分子分散の状態で存在しているが，冷却あるいは貧溶媒の添加によってポリジアセチレン分子が会合し，温度や溶媒組成がさらに変化するとポリマーの凝集が進行し，それと同時に凝集体内でポリマー鎖にコンフォメーション変化が生じる。アルキル鎖長の異なるポリジアセチレンで同様の測定を行うと，アルキル鎖長が長くなるにつれて異なる色の溶液への転移温度が高温側に移動し，アルキル鎖間での相互作用が強くなるに従ってより秩序構造をとりやすくなると考えられる。また，置換基の種類に応じて転移温度は変化し，アルキル鎖だけでなく置換基の種類もポリマー鎖の結晶化に大きく関与することがわかった。

文　　献

1) π電子系有機固体，季刊化学総説 No.35，日本化学会編，学会出版センター（1998）
2) 進化する有機半導体：有機エレクトロニクス創成へ向けた光・電子機能デバイスへの応用最前線，筒井哲夫，赤木和夫ら著，エヌ・ティー・エス（2006）

3) Handbook of Conjugating Polymers, 3rd ed., Eds., T. A. Skothem and J. R. Reynolds, CRC Press, New York (2007)
4) K. Akagi, *Polym. International*, **56**, 1192 (2007)
5) T. Masuda, *J. Polym. Sci., Part A, Polym. Chem.*, **45**, 165 (2007)
6) E. Yashima and K. Maeda, *Macromolecules*, **41**, 3 (2008)
7) A. Sarkar, S. Okada, H. Matsuzawa, H. Matsuda and H. Nakanishi, *J. Mater. Chem.*, **10**, 819 (2000)
8) K. Sada, M. Takeuchi, N. Fujita, M. Numata and S. Shinkai, *Chem. Soc. Rev.*, **36**, 415 (2007)
9) 松本章一, 高分子, **46**, 703 (1997); 日本接着学会誌, **41**, 289 (2005); 高分子, **55**, 270 (2006)
10) Handbook of Radical Polymerization, Eds K. Matyjaszewski and T. P. Davis, Wiley: New York, 2002
11) A. Matsumoto, *Polym. J.*, **35**, 93 (2003); *Top. Curr. Chem.*, **254**, 263 (2005)
12) S. Dei, T. Shimogaki and A. Matsumoto, *Macromolecules*, **41**, 6055 (2008)
13) S. Dei and A. Matsumoto, *Macromol. Chem. Phys.*, in press.
14) S. Dei and A. Matsumoto, *Chem. Lett.*, **36**, 784 (2007)
15) S. Dei, A. Matsumoto and A. Matsumoto, *Macromolecules*, **41**, 2467 (2008)
16) A. Matsumoto, A. Matsumoto, T. Kunisue, A. Tanaka, N. Tohnai, K. Sada and M. Miyata, *Chem. Lett.*, **33**, 96 (2004)

第14章 金属集積分子カプセルを用いた精密クラスター

佐藤宗英[*1], 山元公寿[*2]

サイズと形状の制御されたナノ粒子が自己組織化構造を形成することが見出されている[1〜3]。ナノ粒子の合成法として，一般的にはバルク材料の粉砕などによるトップダウン手法では微細化とサイズ制御に限界があり，気相中や基板上，もしくは溶液中における原子や分子からの成長過程を経たボトムアップ手法が主流である。この成長過程を制御することによって興味あるサイズ領域のナノ粒子が種々得られているが，粒子の成長過程自体が統計熱力学に支配される衝突によるものであるため，粒子サイズには統計的な分布が生じる（図1a）[4,5]。得られた粒子をさらに精製・分離，選別を行なうことで単一分子量のナノ粒子やクラスターを得ることも可能であるものの，構成元素数に基づいたサイズ選択的合成手法は未だ未開拓である[6]。

近年，金属ナノ粒子の合成法としてデンドリマーを鋳型とした合成法が注目を集めている[7,8]。なぜなら，鋳型となるデンドリマーは分岐構造が完全に制御されており，単一分子量でかつ均一な構造を有するためである[9]。生成した金属ナノ粒子はデンドリマー内部のナノ空間に保持されていると考えられており，直接保護基をナノ粒子に付ける必要が無い。したがって，活性表面が多く残されており触媒として有用であることがCrooksらによって示されている[10]。しかしなが

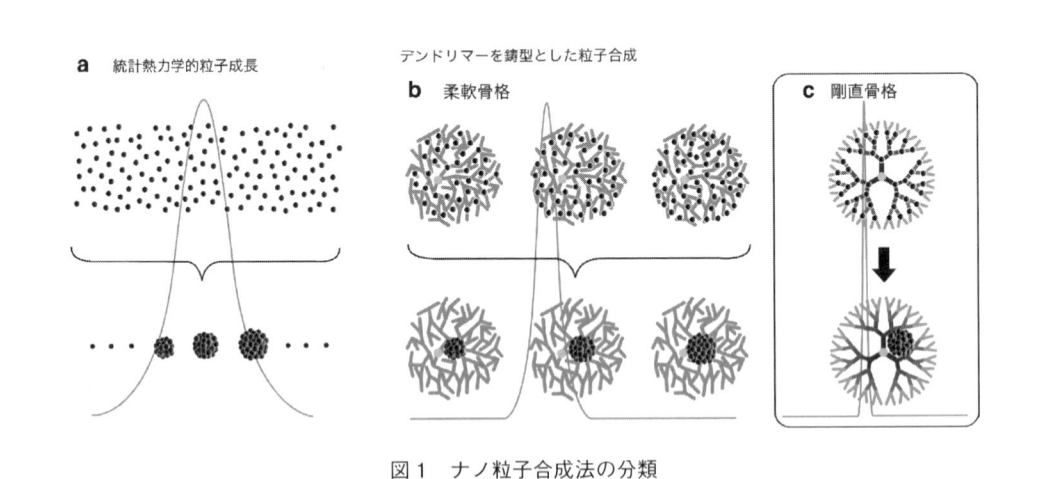

図1 ナノ粒子合成法の分類

[*1] Norifusa Satoh 慶應義塾大学 理工学部 化学科 助教
[*2] Kimihisa Yamamoto 慶應義塾大学 理工学部 化学科 教授

第14章　金属集積分子カプセルを用いた精密クラスター

ら，得られたナノ粒子のサイズの分散は 0.4nm 程度と単離精製された金ナノ粒子[11,12]の 0.2nm と比べて大きく，デンドリマー内部の金属ナノ粒子の粒子サイズは完全に制御されている訳ではない（図1b）[13,14]。これは，鋳型としてのデンドリマー内部に導入された金属イオンの位置や個数が正確に制御されていないためであると考えられる。

従来のデンドリマーが単結合を用いた柔軟な骨格であったのに対し，我々は二重結合を用いた剛直な骨格を有するフェニルアゾメチンデンドリマーへの金属集積が内層から段階的に進行することが見出している[15,16]。このことは，デンドリマー内部での集積金属の位置と個数を制御可能であり，鋳型としてナノ粒子の構成元素数を制御しうることを示している（図1c）。設計上，デンドリマーの分岐密度は外側に向かって倍々に増えていくはずではあるが，柔軟な骨格の場合には種々の立体配座をとれるため理想的な樹状構造は保持されない。骨格が剛直性を有するフェニルアゾメチンデンドリマーの場合には，保持された理想的な樹状構造に沿って C=N 結合の電子供与が内層へと濃縮され，金属との相互作用の強弱（塩基性度の違い）が内層と外層に生じていると考えている[17]。

我々は，フェニルアゾメチンデンドリマーの剛直性について以下の知見を得ている。1つ目に，基板上で扁平せず，柔軟な骨格のデンドリマーに比べてデンドリマー分子の高さが大きく観測される[18,19]。加えて，剛直球状構造であるため基板上の集合状態が球の最密充填構造となる[20]。2つ目は，溶液中において球状タンパク質類似の粘度特性を示し，流体力学的に剛体球の振る舞いを示す[21,22]。その流体力学的半径は世代に比例して増加し，その増加率は分岐骨格の分子モデリングサイズと一致する。同様の傾向はデンドリマーのコアをトリフェニルアミンやポルフィリン[23]に置換した誘導体においても観測され，コア周辺に非占有空間を有する場合においても分子鎖が中心から放射状に成長していることが推察される。これらの現象は柔軟な骨格のデンドリマーでは観測されない[9]。3つ目は，コアをトリフェニルアミンやポルフィリンに置換した誘導体の電気化学計測においても剛直性は支持される[22,23]。コアと電極との電子移動速度が世代上昇に伴う流体力学的半径の増加に伴って指数関数的に減少する。このことはマーカス理論に一致し，これらのコア部位がデンドリマー中心部に保持され，世代の増加とともに電極との距離がデンドロンシェルだけ隔てられていることを示唆している。加えて，電子移動速度の距離に対する減衰率（電子透過係数）はその電子移動空間の環境によって影響を受けるが，電子透過係数（β）はπ共役骨格を介した電子移動で観測される一般的な値（$\beta = 0.35$）と一致する。

フェニルアゾメチンデンドリマーの剛直性が分子内のポテンシャル勾配を維持し，他のデンドリマーでは観測されない特徴的な段階的錯形成の発現に寄与していると考えられる。また，これらのπ共役骨格による物性機能は有機エレクトロニクス素子への展開においても有効である[21,22]。

酸化チタンは光触媒などの光機能材料として注目され，その光物性のサイズ依存性は興味を持たれている。Kormann らは 1988 年に 2.4nm のナノ粒子において 0.15eV のバンドギャップシフトを報告しているものの[24]，Serpone らは 1995 年に量子サイズ効果に基づくバンドギャップシ

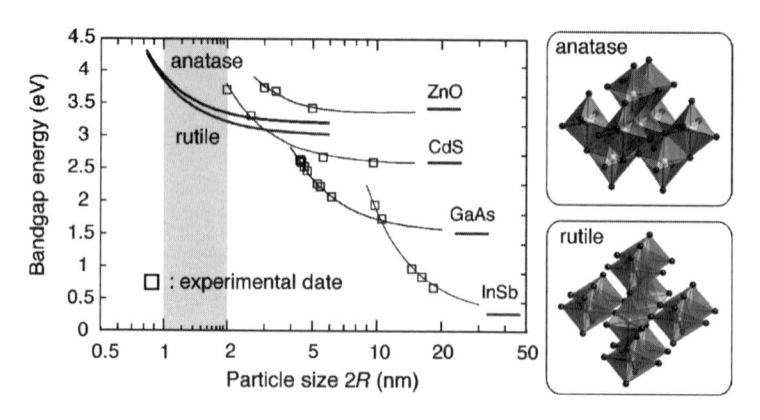

図2 種々半導体のバンドギャップサイズ依存性と酸化チタンの結晶構造の違い

フトのサイズ依存性を否定している[25]。半経験的有効質量近似によれば，酸化チタンの有効質量が他の半導体に比べて一桁以上大きく，その明確な量子サイズ効果に基づくバンドギャップシフトは2nm以下で観測され，かつサブナノメートルサイズでその値は大きく変化する（図2）。Serponeらの2nmの粒子サイズとする実験サンプルは分散が大きく5nm程度の粒子も含んでおり，ほぼバルクと同じバンドギャップを示している。すなわち，酸化チタンの光物性のサイズ依存性は原子レベルのサイズ制御（2nm以下でサブナノ制御）がなされなければ明らかにすることはできない。そこで，π共役デンドリマーを鋳型としてサブナノ制御された酸化チタンの合成を目指した。

フェニルアゾメチンデンドリマーへ集積するTi化合物として5座のTi(acac)Cl_3を選択した。Ti錯体はテトラヘドラル（4配位）とオクタヘドラル（6配位）の構造を作りやすい。したがって，Ti(acac)Cl_3はデンドリマーのイミン配位子と1：1の錯体を形成する。第4世代のフェニルアゾメチンデンドリマーへのTi(acac)Cl_3の滴定においてイミンへの金属ルイス酸の錯形成に帰属されるUV-visスペクトル変化が観測され，30等量のTi(acac)Cl_3を滴定する間に4つの等吸収点が観測された。4つの等吸収点が観測されるということは，4つの錯形成反応が進行していることを意味しており，等吸収点のシフトに要するTi(acac)Cl_3の等量は各層のイミン配位子の数2，4，8，16と一致する。これらの滴定結果はTi(acac)Cl_3のデンドリマーへの段階的金属集積挙動を現している（図3）。これまでに段階的金属集積が確認されている金属種に比べTi(acac)Cl_3の分子サイズは大きい。しかしながら，デンドリマーTi錯体の分子モデリングにおいて30等量のTi(acac)Cl_3が無理なくデンドリマーに集積され，見積もられる分子サイズはAFM測定においても観測される。これらのことはTi(acac)Cl_3がデンドリマー内部に30等量集積されうることを示している。加えて，デンドリマーTi錯体のXPSにおいてTi($2p^{3/2}$)のピークの結合エネルギーが内層のイミンと配位したものほど低エネルギー側へシフトする。すなわち，内層のイミンへ配位したTiほど電子供与を受けていることを示しており，各層のイミンに塩基性度の階段が存在していることを示唆する結果である。

第14章　金属集積分子カプセルを用いた精密クラスター

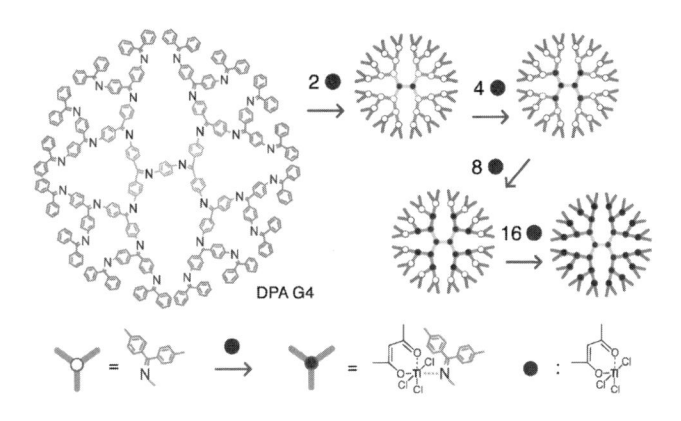

図3 フェニルアゾメチンデンドリマーへのTi精密集積

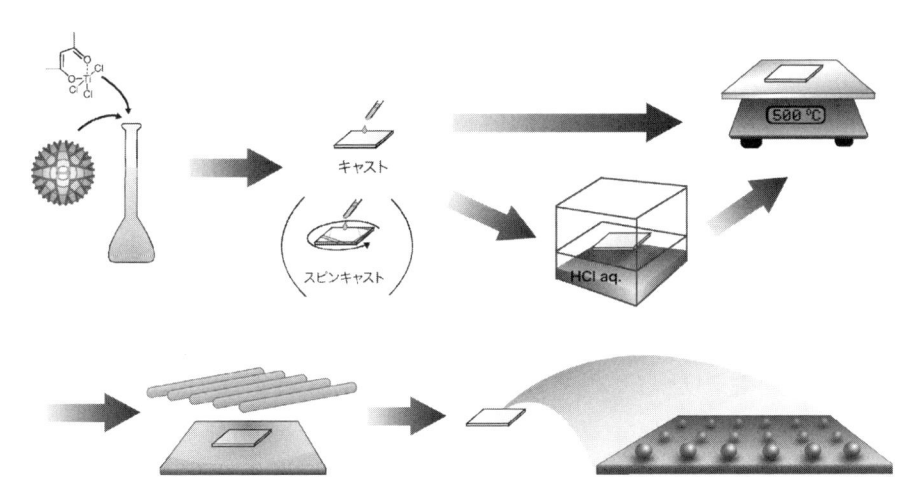

図4 溶液プロセスによる量子サイズ酸化チタンの合成手順

　我々はデンドリマーTi錯体の酸化チタンへの化学変換手法について検討を行った。デンドリマーTi錯体の溶液中での加水分解，粉体での熱分解において，それぞれルチル形とアナターゼ形の酸化チタンを与えることをラマンスペクトルから確認できた。しかし，その粒子サイズは5-10nm程度のバルクサイズであった。これは，化学変換過程においてテンプレートとしてのデンドリマーも同時に分解してしまい，粒子の凝集を抑制できないためである。したがって，我々は基板の上で化学変換処理を行ない，残留有機物を熱処理とオゾン処理によって除去したのちに酸化チタンのサイズと吸収スペクトル（バンドギャップ）を測定することとした。

　π共役デンドリマーを鋳型として合成されるクラスターサイズの酸化チタンは真空プロセスを必要としない，溶液プロセスで作製される（図4）。デンドリマーTi錯体溶液を基板上にキャストもしくはスピンキャストしたのち，塩酸水溶液の蒸気による加水分解，基板の500℃での加熱による熱分解による化学変換処理を行なう。この時，デンドリマーTi錯体の分子サイズは既知

207

であるので,キャスト量(溶液濃度と滴下量の積)は生成する酸化チタンが凝集しないように見積もることができる。残留有機物を除去するための熱処理,オゾン処理に必要な時間は XPS でカーボンのピークが検出されなくなるように設定した。今後の展開として,前駆体となるデンドリマー Ti 錯体のサイズや形状に基づく自己組織化による配列制御を推進することで,得られる量子サイズ酸化チタンの2次元配列制御に繋がることが期待できる。

得られた酸化チタン(前駆体としてのデンドリマー Ti 錯体への金属集積量に応じて,$6TiO_2$, $14TiO_2$, $30TiO_2$)のサイズとして,AFM において高さ,TEM において直径を評価した。高さと直径のそれぞれのサイズ評価において,構成元素数が増加するに従ってサイズの増大が 2nm 以下のサイズ領域で観測された。さらに,それぞれのサイズの分散は 0.2nm と見積もられた。これらの結果は,π 共役デンドリマーが鋳型として粒子サイズの制御に有効に働いていることを示している。また,興味深いことに化学変換手法の違いに基づく粒子サイズの違いは観測されなかった。加えて,これらのサイズはバルク結晶構造を元にしたモデリングサイズとも一致する(表1)。

これらの酸化チタンの吸収スペクトルはシステムインスルメンツ製の表面・界面吸収スペクトル測定装置によって測定した[26]。この測定原理は石英の導波路を用いた ATR に基づいており,導波路に入射された光が導波路上にエバネッセント波としてしみ出し,導波路上のサンプルに吸収されるため,導波路上の単分子層以下のサンプルの吸収スペクトルも測定できる。得られた吸収スペクトルは酸化チタンのサイズの減少に伴いブルーシフトを示しており,そのバンドギャップエネルギーは吸収スペクトルの Tauc プロットを作成することで評価した[27]。見積もられたバンドギャップエネルギーはサイズの減少とともに増加するだけでなく,化学変換手法の違いによっても異なることが明らかになった。すなわち,化学変換手法によってサイズは変化しないにも関わらずバンドギャップエネルギーが異なることは,酸化チタンのルチル形とアナターゼ形の両結晶形における量子サイズ効果が存在する可能性を示している。このことは,得られた酸化チタンの XPS における $Ti(2p^{3/2})$ のピークの結合エネルギーにおいても観測される。

半導体のバンドギャップのサイズ依存性は有効質量近似によって記述されるが,Brus によっ

表1 量子サイズ酸化チタンの構成元素数に基づくサイズ制御とバンドギャップエネルギー

		TEM (dia.,nm)	AFM (height,nm)	OWG spectroscopy		Modeling (dia.,nm)[‡]
				E^*(eV)	$2R$(nm)[†]	
hydrolysis	$6TiO_2$	–	0.70 ± 0.09	3.82	1.00	1.00
	$14TiO_2$	1.47 ± 0.16	0.85 ± 0.11	3.55	1.23	1.23
	$30TiO_2$	1.70 ± 0.20	1.24 ± 0.21	3.34	1.57	1.49
thermolysis	$6TiO_2$	–	0.70 ± 0.12	3.89	1.02	1.09
	$14TiO_2$	–	0.90 ± 0.23	3.64	1.22	1.23
	$30TiO_2$	–	1.18 ± 0.22	3.46	1.53	1.57

[†] 半経験的有効質量近似法に基づいてバンドギャップ観測値から求めた直径
[‡] バルク結晶構造に基づいて粒子の球状成長を仮定した場合の直径

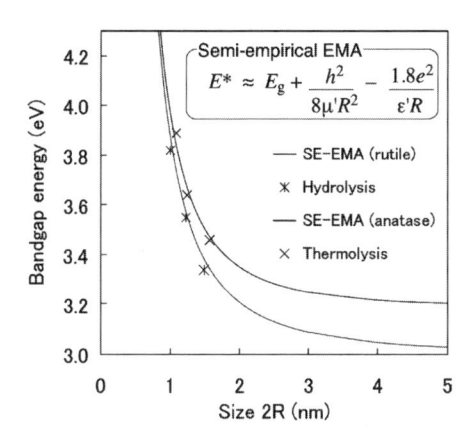

第14章 金属集積分子カプセルを用いた精密クラスター

図5 半経験的有効質量近似法によるバンドギャップの
サイズ・結晶形依存性の記述

て提示された無限ポテンシャルを用いた記述では，微少領域において実験値と不一致がみられることが明らかになっている[28]。我々は前述の半経験的有効質量近似がこれまでに報告された他の半導体ナノ粒子におけるバンドギャップサイズ依存性の実験値を十分に記述できることを明らかにした上で（図2），得られた酸化チタンバンドギャップサイズ依存性を評価した。化学変換手法の違いに基づくバンドギャップエネルギーの違いはサイズが小さくなるに従って小さくなるが，半経験的有効質量近似においてもルチル形とアナターゼ形におけるバルクのバンドギャップエネルギーと誘電率の違いから同様に記述できる（図5）。このことは，量子サイズ領域においても結晶形の違いが存在することを示している。最近，行なわれたルチル形とアナターゼ形の酸化チタン量子ドットの第一原理手法を用いた量子化学計算においても，バルクでみられるような電子構造を有していること，バンドギャップサイズ依存性が我々の実験データと一致することが明らかにされている[29,30]。

半経験的有効質量近似によって示されるバンドギャップサイズ依存性は，0.7nm程度で交差することとなる。このサイズはモデリングによると酸化チタンの構成単位であるTiO_6の三量体のサイズよりも小さい。一方で，酸化チタン粒子の結晶成長過程において三量体はルチル形における直線構造，アナターゼ形におけるジグザク構造を形成する分岐点となる（参考：図2）。Zimmermanらの量子化学計算においても直線構造のTiO_6の三量体がバルクで見られるような$Ti(3d)$の電子雲の非局在化が非占有軌道において確認されている[31]。これらの結果から，三量体以上ではバルクで見られるような結晶構造の特性，電子状態を保持していると推測できる。

文　　献

1) Teranishi, T., Haga, Y., Shiozawa, M. & Miyake, M., *J. Am. Chem. Soc.*, **122**, 4237-4238 (2000)
2) Yonezawa, T., Onoue, S. & Kimizuka, N., *Langmuir*, **17**, 2291-2293 (2001)
3) Kanehara, M., Oumi, Y., Sano, T. & Teranishi, T., *J. Am. Chem. Soc.*, **125**, 8708-8709 (2003)
4) 「金属ナノ粒子の合成・調製，コントロール技術と応用展開」米澤徹監修，技術情報協会
5) 「ナノ粒子科学」岩村秀監訳，廣瀬千秋翻訳，NTS
6) Satoh, N., Nakashima, T., Kamikura, K. & Yamamoto, K., *Nature Nanotech.*, **3**, 106-111 (2008)
7) Zhao, M., Sun, L. & Crooks, R. M., *J. Am. Chem. Soc.*, **120**, 4877-4878 (1998)
8) Balogh, L. & Tomalia, D. A., *J. Am. Chem. Soc.*, **120**, 7355-7356 (1998)
9) Tomalia, D. A., *Prog. Polym. Sci.*, **30**, 294-324 (2005)
10) Scott, R. W. J., Ye, H., Henriquez, R. R. & Crooks, R. M., *J. Phys. Chem. B*, **109**, 692-704 (2005)
11) Whetten, R. L. *et al.*, *Adv. Mater.*, **8**, 428-433 (1996)
12) Tsunoyama, H., Negishi, Y. & Tsukuda T., *J. Am. Chem. Soc.*, **128**, 6036-6037 (2006)
13) Varnavski, O., Ispasoiu, R. G., Balogh, L., Tomalia, D. & Goodson III, T., *J. Chem. Phys.*, **114**, 1962-1695 (2001)
14) Scott, R. W. J., Ye, H., Henriquez, R. R. & Crooks, R. M., *Chem. Mater.*, **15**, 3873-3878 (2003)
15) Yamamoto, K., Higuchi, M., Shiki, S., Tsuruta, M. & Chiba, H., *Nature*, **415**, 509-511 (2002)
16) Yamamoto, K., *J. Polym. Sci. Part A, Polym. Chem.*, **43**, 3719-3727 (2005)
17) Yamamoto, K. *et al.*, *Bull. Chem. Soc. Jpn.*, **78**, 349-355 (2005)
18) Satoh, N. *et al.*, *Poly. Adv. Tec*, **15**, 159-163 (2004)
19) Enoki, O., Katoh, H. & Yamamoto, K., *Org. Lett.*, **8**, 569-571 (2006)
20) Higuchi, M., Shiki, S., Ariga, K. & Yamamoto, K., *J. Am. Chem. Soc.*, **123**, 4414-4420 (2001)
21) Satoh, N., Cho, J.-S., Higuchi, M. & Yamamoto, K., *J. Am. Chem. Soc.*, **125**, 8104-8105 (2003)
22) Satoh, N., Nakashima, T. & Yamamoto, K., *J. Am. Chem. Soc.*, **127**, 13030-13038 (2005)
23) Imaoka, T., Tanaka, R., Arimoto, S., Sakai, M., Fujii, M., Yamamoto, K., *J. Am. Chem. Soc.*, **127**, 13896-13905 (2005)
24) Kormann, C., Bahnemann, D. W. & Hoffmann, M. R., *J. Phys. Chem.*, **92**, 5196-5201 (1988)
25) Serpone, N., Lawless, D. & Khairutdinov, R., *J. Phys. Chem.*, **99**, 16646-16654 (1995)
26) Takahashi, H., Fujita, K. & Ohno, H., *Chem. Lett.*, **36**, 116-117 (2007)
27) Tauc, J., *Mater. Res. Bull.*, **5**, 721-729 (1970)
28) Brus, L. E., *J. Chem. Phys.*, **80**, 4403-4409 (1984)
29) Peng, H., Li, J., Li, S.-S. & Xia, J.-B., *J. Phys. Chem. C*, **112**, 13964-13969 (2008)
30) Iacomino, A., Cantele, G., Ninno, D., Marri, I. & Ossicini. S., *Phys. Rev. B*, **78**, 075405 (2008)
31) Zimmerman, A. M., Doren, D. J. & Lobo, R. F., *J. Phys. Chem. B*, **110**, 8959-8964 (2006)

第15章 デンドリマー集積による共役ネットワークの構築とその特性

小嵜正敏*

1 序論

　デンドリマーは中心から周辺部に向かって規則正しく分岐した高分子化合物であり，デンドリマー構造を応用することで特異な物理現象を発現させることや分子カプセルをつくることが可能である。このような特性を利用して電子材料，医療材料としてデンドリマーを応用することが検討されている[1]。また，デンドリマーは単一分子量を持つナノサイズ分子であり，その構造を精密に制御できる。そのため，多数の機能性部位を精密配列することが必要な分子デバイスや分子機械を構築する分子材料としても非常に有望である。このような観点から，デンドリマーやその部分構造であるデンドロンを構成成分としてナノスケールの分子，分子集合体を精密に構築しようという試みがいくつか行われている。しかし，デンドリマー構造の柔軟性や等方的相互作用を利用していることなどから，精密に設計されたナノ構造を構築することは容易でない[2]。

2 共役鎖内包型デンドリマー

　最近，我々は共役鎖内包型デンドリマーを設計しその合成法を開発した。共役鎖内包型デンドリマーは従来のデンドリマーとは異なり，柔軟な分岐鎖に囲まれた剛直な共役鎖を持っている（図1）。我々の開発した合成法は3つの反応（薗頭カップリング反応，ヨウ素化反応，鈴木—宮浦カップリング反応）によって共役鎖延長と側鎖導入を行いデンドロンを構築するConvergent法である。これら3つの過程を繰り返し行うことによって鎖長の異なる分岐側鎖を共役鎖に順次導入しデンドロンを合成する（図2）。これら3つの反応はさまざまな官能基の存在下においても有効に使えるため，我々の方法は多様な側鎖をもつデンドロン合成にも幅広く応用できる。また，合成したデンドロンの共役鎖末端にあるトリアゼン基，TBS保護された末端アセチレンは独立に官能基変換ができるので，中心核や共役鎖末端に多様な官能基をもつデンドリマーが合成できる[3]。我々は実際にこの合成法を応用してポルフィリン環やフラーレン部位などを有する種々のデンドリマーを合成し，デンドリマーに特徴的な光電子移動，励起エネルギー移動が起きることを報告している。ここで重要なことは共役鎖に機能性部位を結合してデンドリマー構造内に配列することで，機能性部位間の距離，配向，相互作用を精密制御できる点である。分子内お

＊　Masatoshi Kozaki　大阪市立大学　大学院理学研究科　准教授

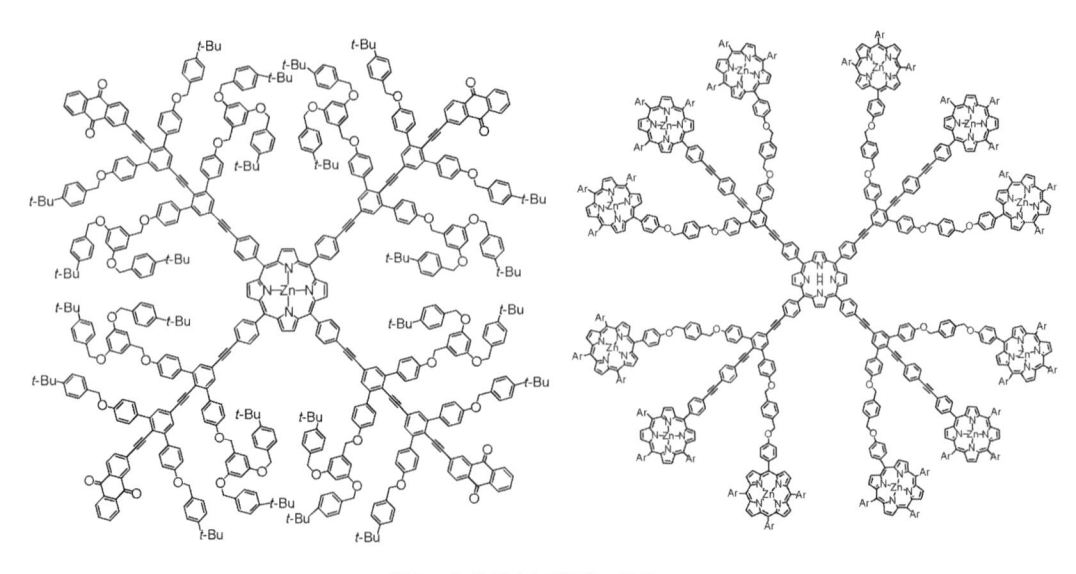

次世代共役ポリマーの超階層制御と革新機能

図1 共役鎖内包型デンドリマー
(左) 電荷分離, (右) 光捕集機能を持つデンドリマー

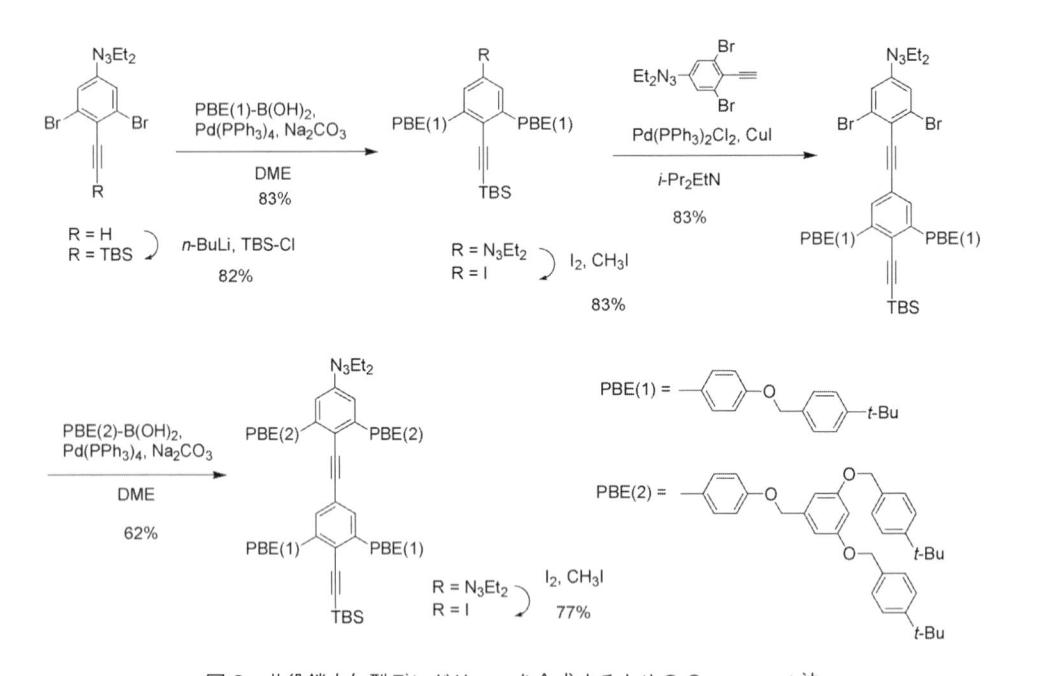

図2 共役鎖内包型デンドリマーを合成するための Convergent 法

よび分子間の電子, エネルギー移動制御は分子素子構築において重要な課題であり, 機能性部位間の距離, 配向は電子, エネルギー移動速度を決める重要因子である。また, 共役鎖は非共役鎖と比較して電子やエネルギーを効率よく伝達できることが知られており, 共役鎖はデンドリマー

第15章 デンドリマー集積による共役ネットワークの構築とその特性

構造内の分子ワイヤーネットワークとみなすことができる[4]。

3 共役鎖内包型デンドリマーを応用した分子集積[5]

先に述べたように，我々はすでに電荷分離，光捕集アンテナなどさまざまな機能を持つ共役鎖内包型デンドリマーを得ることに成功している。さらに，共役鎖内包型デンドリマーをモジュール型ナノ材料として集積すれば，機能複合型ナノスケール分子の構築が可能となる。そのためには分子構築に必要な構造，機能を持つデンドリマーを開発することに加えて，集積化によって個々のデンドリマーの機能を結合させ高い相乗効果を出すことが重要である。その結果，小さな分子では発揮することができない高度な機能をナノスケール分子に発現させることが可能となる。そのためにはデンドリマー間の距離，配向を精密に制御する必要がある。このような観点から我々は共役鎖内包型デンドリマーの共役鎖末端どうしを結合させる分子集積法を考案した。この集積法では最初に目的とするナノ構造を構築するために最適な共役鎖内包型デンドリマーを設計・合成することが必要である。例えば，図3に示した十字型集積体を得るためには，A_4型およびAB_3型末端を持つ平面四辺形型共役鎖を内包するデンドリマーが要求される。共役鎖内包型デンドリマーにおいて共役鎖の数，配向はデンドリマー中心核の構造によって決めることができる。A_4型，AB_3型末端を持つ共役鎖内包型デンドリマーを得るためにはA_4型，AB_3型末端を持つ平面四辺形型中心核を選択すればよい。A_4型デンドリマー1分子にAB_3型末端デンドリ

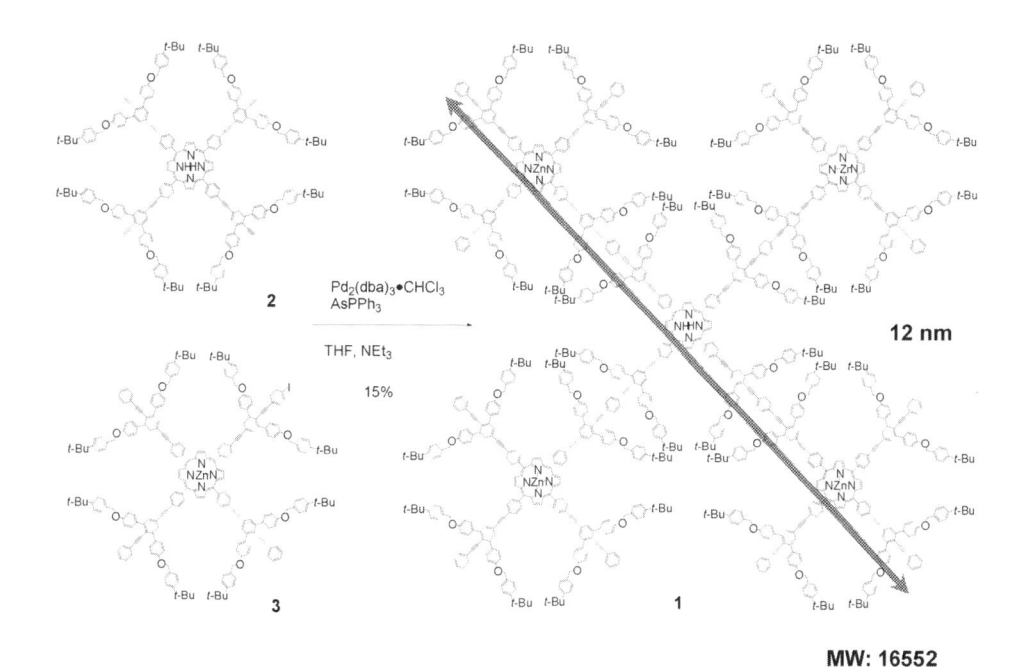

図3 共役鎖内包型デンドリマー集積による十字型集積体の合成

マー4分子を結合させれば十字型集積体が得られる。共役鎖内包型デンドリマーを応用した分子集積は以下の優れた特徴を有している。①適切な数，配向の共役鎖を持つデンドリマーを選択することで，さまざまな構造の分子集積体を構築できる。②分子表面にある共役鎖末端どうしを結合させるので，デンドリマー内部に複雑な構造修飾を行った場合も適用できる。③分子集積と同時に共役鎖骨格が拡張されるため，集積によって得られるナノスケール分子は剛直な共役鎖骨格を内包する。したがって，デンドリマーの精密配列，共役鎖をとうした電子，エネルギー伝達を行うことができる。この分子集積法を成功させるためには，巨大分子の表面にある数個の共役鎖末端どうしを効率よく結合できるカップリング反応の探求，開発がかぎとなる。そこで，比較的単純な構造を持つ第一世代デンドリマーを用いて分子集積を行ったので以下に述べる。

4　十字型集積体の合成と特性評価

4.1　A_4型，AB_3型共役鎖内包型ポルフィリンデンドリマーから十字型集積体の合成

共役鎖内包型デンドリマーを応用した分子集積法をもちいて，対角長約12nmの巨大十字型集積体1の合成を検討した。先に述べたように合成にはA_4型，AB_3型末端を持つ平面四辺形型共役鎖内包型デンドリマーが必要である。十字型集積体内の共役鎖をとうした励起エネルギー移動効率を評価するため，A_4型フリーベス（Fb）ポルフィリンデンドリマー2，A_3B型亜鉛ポルフィリンデンドリマー3を構成成分として選択した。Fbポルフィリン環に銅が配位することを避けるため，銅触媒を用いない薗頭カップリング反応条件下でA_4型Fbポルフィリンデンドリマー2と4当量のA_3B型亜鉛ポルフィリンデンドリマー3を40℃で3日間反応させた[6]。生成した混合物をリサイクル型GPCによって分離し，十字型集積体1を紫色固体として収率15％で得ることに成功した。十字型集積体1のような高分子量化合物の分離において，リサイクル型GPCの使用は大変有効である。とくにデンドリマーを用いる分子集積では高分子量の原料を用いるため副生成物との分子量の差が大きくなる。その結果GPCを用いる生成物の精製を比較的容易に行うことができる。十字型集積体1はクロロホルム，ジクロロメタン，THF，トルエンなど種々の有機溶媒に良好な溶解性を示した。また，十字型集積体1の構造はNMRスペクトル，MALDI-TOF-MS（m/z = 16554，M^+）の測定により確認した。

4.2　十字型集積体の特性

十字型集積体1の紫外可視吸収スペクトルをTHF中で測定すると，ポルフィリン部位に特徴的な吸収（Soret帯：λ_{max} = 433nm，Q帯：λ_{max} = 519，559，601，649nm）とともにベンジルエーテル分岐鎖（λ_{max} = 291nm），共役鎖（λ_{max} = 346nm）の吸収が観測された（図4）。十字型集積体1の部分構造に対応するデンドリマー4（Soret帯：λ_{max} = 426nm，Q帯：λ_{max} = 518，554，595，652nm），5（Soret帯：λ_{max} = 432nm，Q帯：λ_{max} = 560，600nm）の吸収スペクトルを足し合わせることにより（$\varepsilon_4 + 4 \times \varepsilon_5$，$\varepsilon$：モル吸光係数），十字型集積体1の吸収スペクトルを

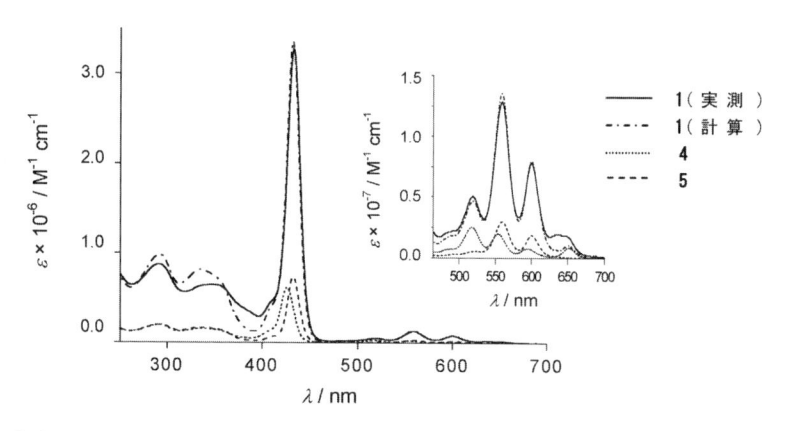

第15章 デンドリマー集積による共役ネットワークの構築とその特性

図4 十字型集積体1，デンドリマー4，5のTHF中の吸収スペクトルおよびデンドリマー4，5のスペクトルを足して（$\varepsilon_{sim} = \varepsilon_4 + 4 \times \varepsilon_5$）得られた十字型集積体1のスペクトル

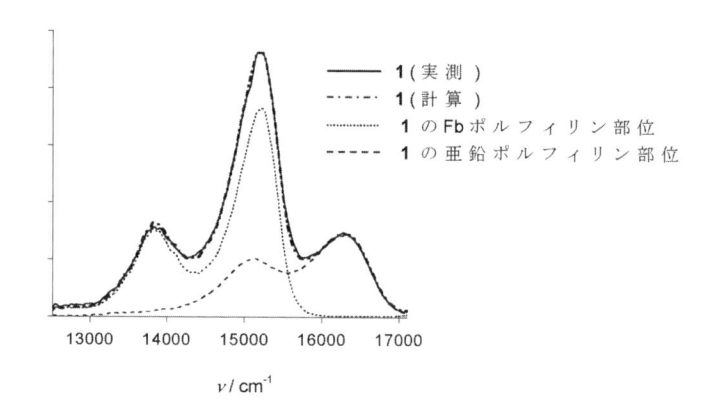

図5 十字型集積体1のTHF中の蛍光スペクトル（λ_{exc}=571nm）およびデンドリマー4，5のスペクトルを用いて得られた十字型集積体1のスペクトル（$I_{sim} = 0.28 \times (I_4 + 2 \times I_5)$）

再現できる。ただし，300〜400nm領域は共役鎖の吸収があるため一致しない。これらの結果は基底状態において十字型集積体1のFbポルフィリン部位と周辺部の亜鉛ポルフィリン部位との間に弱い相互作用しかないことを示している。

十字型集積体1の周辺部亜鉛ポルフィリン部位から中心部Fbポルフィリン部位への励起一重項エネルギー移動効率は蛍光スペクトルから評価できる。脱気したTHF中で十字型集積体1を571nmの光で励起すると614，657，719nmに極大を持つ蛍光が量子収率$\Phi_{f1} = 0.057$で観測された（図5）。デンドリマー4と5のモル吸光係数より求めた十字型集積体中のFbポルフィリン部位と亜鉛ポルフィリン部位の吸光度比1：10.8から，励起波長では主に亜鉛ポルフィリン部位で吸収が起きることがわかる。また，十字型集積体1の蛍光スペクトルはデンドリマー4（$\Phi_{f4} = 0.121$）と5（$\Phi_{f5} = 0.040$）の蛍光スペクトルの線形結合で表すことができ，面積比1.57（Fbポルフィリン部位）：1（亜鉛ポルフィリン部位）で二成分に分割できる。その結果より十字型集積

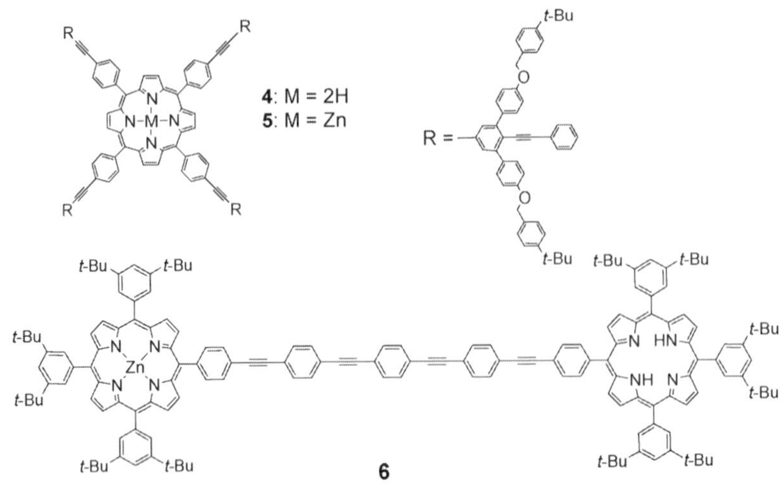

図6 参照化合物 4-6 の構造

体 1 中の Fb ポルフィリン部位と亜鉛ポルフィリン部位の蛍光量子収率は Φ_{f1Fb}（Fb ポルフィリン部位）= 0.057 × 1.57/2.57 × 11.8/1.0 = 0.41，Φ_{f1Zn}（亜鉛ポルフィリン部位）= 0.057 × 1.0/2.57 × 11.8/10.8 = 0.024 となる。Φ_{f1Zn}（0.024）は Φ_{f5}（0.040）よりも小さく十字型集積体で 1 亜鉛ポルフィリン部位の蛍光が 40% 消光されていることを示している。また，Φ_{f1Fb}（0.41）は Φ_{f4}（0.121）よりも 3.4 倍大きく効率的な長距離エネルギー移動が起きていることを示している[7]。一方，オリゴフェニレン─エチニレン鎖で架橋された分子 6 では，亜鉛ポルフィリン部位の蛍光は 30% 消光されている。これらの結果は，デンドリマー構造内にポルフィリン部位および架橋鎖を内包することによって，励起エネルギー移動がより効率的に進行することを示している。

5 まとめ

我々は共役鎖内包型デンドリマーをモジュール型ナノ材料として，共役鎖内包型ナノスケール集積体を段階的に構築する方法を開発した。この分子集積法では共役鎖内包型デンドリマーを用いて分子模型を組み立てるように集積体の構築ができる。すなわち設計した集積体を構築するために最適な数，配向の共役鎖を内包するデンドリマーを選択することにより，集積体を段階的に組み立てることができる。また，構成成分となるデンドリマーに機能を持たせることにより，高機能性集積体を得ることが可能である。我々は本方法をもちいて十字型ポルフィリン集積体を合成することに成功したが，収率は満足のいくレベルではない。今後この点を改善していく必要がある。また，十字型集積体の周辺部亜鉛ポルフィリン部から Fb ポルフィリン中心へのエネルギー移動効率の向上も課題として残っている。現在，適当な色素部位を分子結合部に配置することによって改善を試みている。本分子集積法を応用することにより，多様な構造，性質を持った

第15章 デンドリマー集積による共役ネットワークの構築とその特性

ナノ構造の構築が可能である。

謝辞

本研究の一部は文部科学省科研費補助金(No. 19655016, No. 18039033 "次世代共役ポリマーの超階層制御と革新機能")の助成のもとに行われました。また,実吉奨学会からの研究助成に大変感謝いたします。

文　　献

1) デンドリマーに関する代表的な総説 (a) G. R. Newkome *et al.*, "Dendrimers and Dendrons: Concepts, Syntheses, Applications"; WILEY-VCH: Weinheim, Germany (2001); J. M. J. Fréchet *et al.*, "Dendrimers and other Dendritic Polymers"; John Wiley & Sons: New York (2002)
2) J. S. Lindsey *et al.*, *J. Mater. Chem.*, **12**, 65 (2002); J. G. Rudick, V. Percec, *Acc. Chem. Res.*, ASAP article 10.1021/ar800086w (2008); K. Sugiura *et al.*, *Chem. Lett.*, **28**, 1193 (1999)
3) M. Kozaki, K. Okada, *Org. Lett.*, **6**, 485 (2004); M. Kozaki, K. Akita, K. Okada, *Org. Lett.*, **9**, 1509 (2007); M. Kozaki *et al.*, *Org. Lett.*, **9**, 3315 (2007); M. Kozaki *et al.*, *Org. Lett.*, **10**, 4477 (2008)
4) A. Osuka *et al.*, *J. Org. Chem.*, **60**, 7177 (1995); M. R. Wasielewski *et al.*, *Nature*, **396**, 60 (1998)
5) M. Kozaki *et al.*, *TetrahedronLett.*, **49**, 2931 (2008)
6) L. S. Lindsey *et al.*, *Chem. Mater.*, **11**, 11, 2974 (1999)
7) T. Aida *et al.*, *Angew. Chem. Int. Ed.*, **37**, 1531 (1998)

第16章　単一分子ワイヤーの超階層制御

坂口浩司*

1　はじめに

　1個の分子をエレクトロニクスの素子として利用しようとする分子エレクトロニクスの研究が近年大きな注目を集めている[1]。1個の分子の優れた電子的，光学的性質を利用できれば1個の分子を使ったダイオード，トランジスタ，レーザーなどの極限素子が実現できる。シリコンを使ったナノデバイスの研究が盛んであるが，シリコンが単一元素からなる材料に対し，有機分子は数種の原子により構成された構造を持つため，電子機能の用途にあった様々な種類の組み合わせが期待できる。分子エレクトロニクスを実現するには一個，或いは数個の分子を規則正しく基板上に並べること，及び分子末端と電極とを配線することが非常に重要なテーマとなる。分子を金属で"挟む"数ナノメートルの間隔を持つ電極対（ナノギャップ電極）の作成は，一般に大掛かりな電子ビーム描画装置が必要でありギャップ間隔を自在に制御することが難しく，またそのギャップ間隔は，低分子領域（～数十Å）では原子拡散などの原因により維持することが非常に困難であることを考えると，微細加工が比較的容易な数十ナノメートル領域の長さを持つ"長い分子"の利用が有用であると考えられる。電気を流すプラスチックである導電性高分子は，正にこの条件を満たす"長い分子"の代表格である。更に導電性高分子のバルク材は，プラスチックであるため軽くて曲がる電子素子が可能となる優れた材料である。しかしながら，これまでその不溶性や会合性の問題から単一分子レベルの空間精度で基板に構築し，配列させることが非常に困難であった。本稿では，我々が開発した電気化学エピタキシャル重合法を中心に，導電性高分子の単一分子細線の表面合成と超階層構造に向けた配列制御に関する研究例[2]について解説する。

2　電気化学エピタキシャル重合による単一分子ワイヤーの形成

　導電性高分子は一般的に不溶，不融の材料であり，1分子レベルの細線を基板上に構築する研究例が無かった。青野，大川は，グラファイト表面上にジアセチレン化合物の周期配列構造を形成させ，走査トンネル顕微鏡（STM）の探針から放出する非弾性トンネル電子の注入によりポリジアセチレンを1分子レベルで重合させることに成功した[3]。この方法は任意の位置での重合と分子長の制御が可能な優れた方法である。固相法に対し，電気化学は液相中に溶解させた物質

---

*　Hiroshi Sakaguchi　愛媛大学　大学院理工学研究科　教授；㈱科学技術振興機構
　　さきがけ

第16章 単一分子ワイヤーの超階層制御

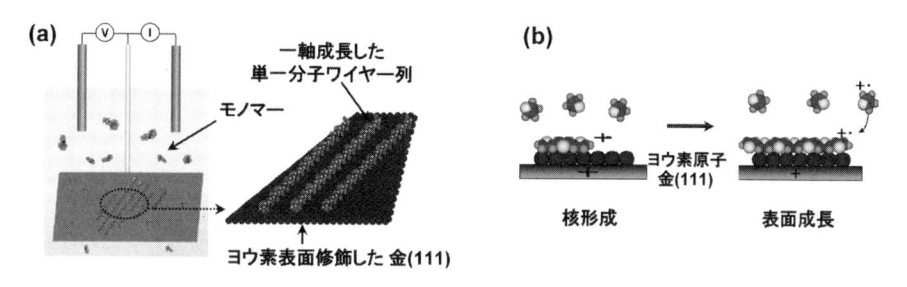

図1 電気化学エピタキシャル重合の概念図

（導電性高分子系の場合はモノマー分子）を外部印加電圧で反応させながら電極基板に堆積させる有効なナノ構造構築法である。固相法に比べると，反応で生成するイオン種やラジカル種を溶媒和により安定化させる利点やモノマー供給が液相中から行える利点がある。このため基板によっては，一分子の空間精度での分子ワイヤの大面積形成，積層化，或いは異種モノマー溶液の使用による異種分子ワイヤ形成の可能性が期待できる。これまで電気化学的手法により分子ナノドットやナノワイヤの形成が報告されてきた。しかしながらそのサイズは数十ナノメートルの多分子会合種であり，一分子レベルでの極微ワイヤ構造の作成には成功していなかった。我々は電気化学を用い液相中で一本の導電性高分子を長さ・密度・方向・形を制御しながら大面積に形成させる新しい技術"電気化学エピタキシャル重合"を開発した[4]。この技術はモノマー（分子細線原料）を含んだ電解質溶液中において，ヨウ素原子で表面修飾した原子平坦金属電極にパルス電圧を印加することにより，基板上の表面ヨウ素原子配列に沿ってモノマーの逐次的な電解重合を起こさせ，単一分子細線を形成させる原理に基づいている（図1）。この現象は①ヨウ素原子による電極表面修飾（結合），②表面上での単一分子核（オリゴマー分子）の形成・埋込み，③モノマーによる核との表面重合反応の三つの素過程からなることが分かった。以下の二つの方法について，単一分子ワイヤを形成のメカニズムを検討し，単一分子ワイヤーの配列制御についての検討を行った。

2.1 モノマー・ヨウ素混合法

モノマーと微量のヨウ素を含んだ電解質溶液に金（111）マイカ基板を浸し，振幅，時間幅，数を制御した電圧パルス（モノマーの酸化電位）を印加した（図2(a)）。基板を液中から取り出し有機溶媒で洗浄した後，室温大気中でSTM観察を行った。通常の電解重合法（ヨウ素を含まずモノマーのみを含む系）ではポリチオフェンの束からなる不規則構造が見られるのに対し，モノマー・ヨウ素混合系では表面に規則正しく重合した，最長で約70nmほどの直線型の単一ポリチオフェンが観測された（図2(b)）。これはチオフェンモノマー（モノマー間隔，3.8Å）が約180個程度結合した長さに相当する。1本の細線を拡大するとチオフェン環に相当する交互に連なった3.8Å間隔の周期の点が確認できた。分子細線の長さと密度は印加した電圧パルスの数，電位，時間幅で制御できることが分かった。単一分子ワイヤの長さと密度に及ぼす印加電圧パル

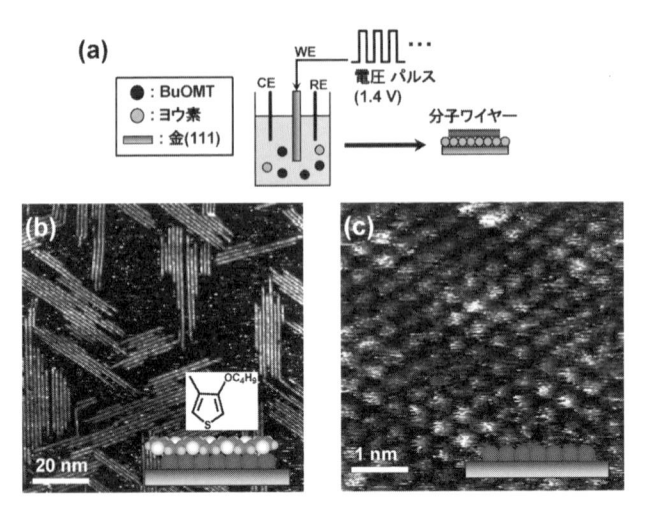

図2 (a)モノマー・ヨウ素混合法による電気化学エピタキシャル重合，(b)三軸配向ポリチオフェンワイヤーのSTM像，(c)ヨウ素修飾金(111)表面のSTM像

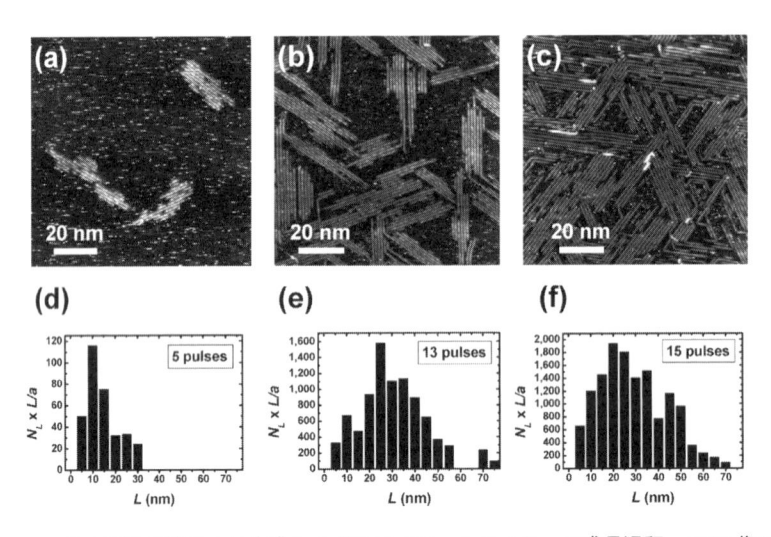

図3 モノマー・ヨウ素混合法により生成したポリチオフェンワイヤーの成長過程。STM像の印加パルス数依存性((a)5パルス印加，(b)13パルス印加，(c)15パルス印加)とその長さ分布((d)-(f))

ス数依存性(統計平均)を検討した結果，印加電圧パルス数の増加に伴い(5, 13, 15パルス)，平均の分子ワイヤ長が増長していくことが分かった(図3)。基板のサイクリックボルタムグラム(電気化学的電流—電圧)測定からポリチオフェンの酸化電位に相当するピークが観測され，表面にポリチオフェンワイヤが形成されていることが確認された。電圧パルスを印加した溶液の吸収スペクトルの測定から，生成したオリゴマーが基板表面に吸着し，これを起点(核：オリゴマーのカチオンラジカル)として溶液中のモノマーカチオンラジカルとの重合反応が逐次的に起こり，単一分子ワイヤがエピタキシャル的に(表面ヨウ素原子配列に沿って)成長したものと結

第16章　単一分子ワイヤーの超階層制御

論された。表面上の分子ワイヤの配列を詳しく見ると，単一ポリチオフェン細線列が基板一面上に3回対称性を持って成長している。下地の金（111）面の高解像STM像を観察すると，表面を覆った化学結合したヨウ素原子のモアレパターンが観測された（図2(c)）。金（111）表面に結合したヨウ素原子の三回対称性を反映してポリチオフェンワイヤは，規制された3軸方向に沿って成長したものと考えられる。すなわちヨウ素原子が分子ワイヤを1分子レベルで整列させる"接着剤"の役割を果たしていることが分かる。高分解能STM測定からポリチオフェンは，チオフェン環とヨウ素原子が1対1で重なるように配列していることが分かった。ヨウ素原子とチオフェン間の相互作用は，電荷移動相互作用，或いは弱い静電的相互作用であると考えられる。更に，本手法により形成させたポリチオフェンは1分子鎖中のSTM輝点の点滅現象や1分子鎖の移動（跳びはね）現象など，今までに報告されていない数多くの興味深い現象を示すことが分かった。このような従来の電解重合ではできなかった1分子レベルでの大面積，分子ワイヤ形成に成功した理由は，①著しく溶解性の高い導電性高分子を与えるモノマーの利用，②1分子レベルでの表面核の導入，③短い電圧パルス印加による重合反応の精密制御であると結論された。

2.2　表面核埋込法

チオフェン3量体であるターチオフェン分子（3T）を含む電解質溶液にヨウ素で表面修飾した金（111）基板を浸し3Tの酸化電位に相当する電圧パルスを印加し，3Tのオリゴマー（6量体，

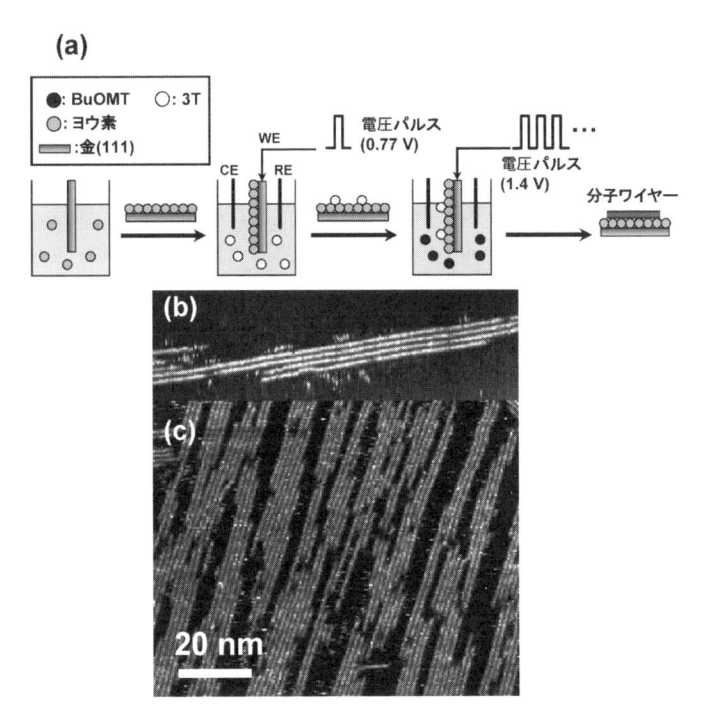

図4　(a)表面核埋込法。一軸配向ポリチオフェンワイヤーのSTM像，(b)低密度，(c)中密度

或いは9量体と推測される）を生成させる。このオリゴマーは溶液中に不溶と推測され，核として基板表面に吸着する。こうして表面核を人為的に埋め込むことができる（図4(a)）。次にモノマーのみを含む電解質溶液中に核埋込基板を浸し，モノマー酸化電位に相当する電圧パルスを印加した。驚くべきことに1軸方向に規則正しく成長した長いワイヤが生成することが分かった（図4(b)，(c)）。ヨウ素・モノマー混合系で分子ワイヤが三軸方向に成長するのと対照的に，表面核埋込法で生成する分子ワイヤは，1軸方向に成長するため成長ワイヤ間での衝突が少ない。このため極端に長い分子ワイヤ成長が可能になったものと考えられる。現在最長で200nmの長さを持つ分子ワイヤの構築に成功している。この基板表面の高解像STM像を観測すると金（111）に結合したヨウ素原子配列が3軸対称：六方晶（ヨウ素・モノマー混合系）から1軸対称：歪んだ六方晶に変化していることが分かった。分子ワイヤもこれに伴い，チオフェン環間隔3.8Åと一致するヨウ素原子配列軸（1軸）に沿って成長したものと考えられる。すなわちこの現象は，結合ヨウ素の原子配列変化により分子ワイヤの配向制御が可能であることを示している。

3 異種分子ワイヤーの連結

前節までに電気化学エピタキシャル重合により，単一種類のチオフェン誘導体を含む電解質中で，ヨウ素で表面修飾した金（111）電極に電圧パルスを印加することにより，表面ヨウ素原子配列に沿ってチオフェンが単一分子レベルで電解重合し，単一ポリチオフェンワイヤを形成させ得ることを述べた。液相法の優れた特色は，異なる溶液にこの方法を適用すれば，異種類の分子ワイヤを形成させ得る可能性を持つことである。我々は，二つの異なるチオフェンモノマー溶液を用いて電子状態・構造の異なる2種類のポリチオフェンを1分子レベルで電気化学的に接合させることに初めて成功した[5～7]。またポリチオフェンねじれ構造の可視化にも初めて成功した。この目的のために，多段浸漬型電気化学エピタキシャル重合を開発した（図5(a)）。この方法は，次の2段階の電気化学エピタキシャル重合からなる。①チオフェンA（3-メチル-4-オクチルチオフェン）を含む電解質溶液にヨウ素修飾・金（111）マイカ基板を浸し，モノマーの酸化電位に相当する電位の電圧パルスを印加する。このプロセスにより，基板表面上にチオフェンAからなる分子ワイヤが成長する。②この基板を溶液中から取り出し洗浄後，チオフェンB（3-メチル-4-オクチロキシチオフェン）を含む電解質溶液に浸し，酸化電位に相当する電圧パルスを印加した。この基板を液中から取り出し洗浄後，室温大気中でSTM観察を行った。チオフェンBのみを含む電解質溶液中で電気化学エピタキシャル重合により生成した単一ポリチオフェンワイヤ列は，ヨウ素原子配列の1軸に沿って成長した，高さ3.5Åの連続的な線として画像化された（図5(b)）。これに対し，チオフェンAを含む電解質溶液から成長したポリチオフェンワイヤは同じく1軸成長したが，驚くべきことに11.4Åの周期を持つ連結した点構造として現れた（図5(c)）。この周期はポリチオフェンのモノマー間隔の3.8Åの4倍に相当することから3ユニット毎にチオフェン環がねじれた構造を示しているものと結論された。従来，ポリチオフェンのねじれ

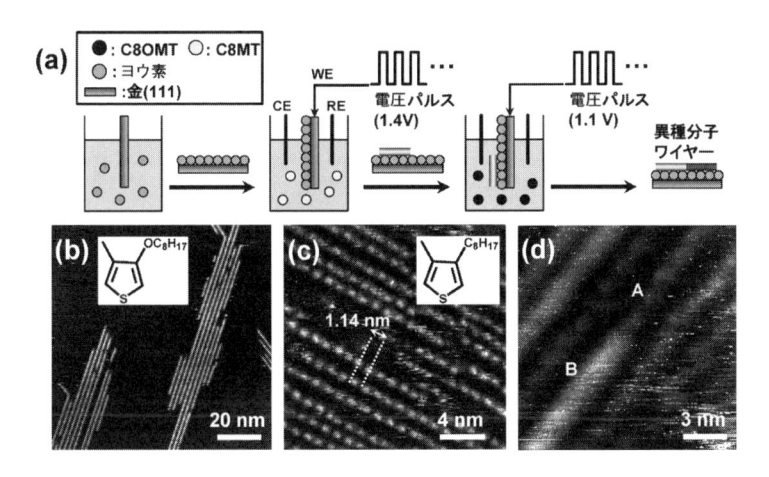

第16章　単一分子ワイヤーの超階層制御

図5　(a)多段電気化学エピタキシャル重合。二種類の各モノマーから生成したワイヤーのSTM像。
(b) C8OMT, (c) C8MT, (d)ヘテロワイヤーのSTM像

構造は，溶液の著しい短波長光吸収結果から示唆されてきたが，これまで構造を直接観察された例は無かった。また，連続浸漬型電気化学エピタキシャル重合を施した基板上で，2種類の異なるポリチオフェンが連結したヘテロ構造が観測された（図5(d)）。このヘテロ構造をSTMで経時変化を観測すると，表面上でチオフェンBワイヤ部分を起点として，チオフェンAワイヤ鞭のように動く"首ふり運動"を示した。こうした1分子ワイヤ部分の表面移動にもかかわらずヘテロ接合部分は破断しないことから，化学結合により2種類の異なる分子ワイヤが連結していることが確認された。また異なる条件設定により，2ブロック，3ブロック，マルチブロック結合した異種分子ワイヤを1分子レベルで電極上に形成させることができた。またその電子状態をトンネル分光法により測定すると，チオフェンBからなる分子ワイヤーは表面上で金属状態を，チオフェンAからなる分子ワイヤーは1eVのバンドギャップを持つ半導体の性質を持つことが分かった。

4　おわりに

以上の結果から，2種類の方法で表面に電気化学的に埋込むことにより，核から単一分子レベルで電解重合が起こることが明らかにされた。核埋込密度を制御することによりワイヤ密度や長さを制御することができた。また，モノマーの種類を変えると，その化学構造に応じて多彩な細線構造（直線型，ねじれ型，会合型）を取り，分子細線の形を制御できることも分かった。更に，今までに報告されていない数多くの興味深い現象を示すことが分かった。また，2種類の異なる分子ワイヤを電気化学的に接合することにも成功した。開発した電気化学エピタキシャル重合は分子細線の長さ，密度，方向，形を制御して，電極上に大面積に単一分子レベルで構築できる液相法の特徴を活かした従来に無い分子アセンブル技術である。最近，電気化学エピタキシャル重

合を用いてヨウ素—金（111）基板上にポリチオフェンを配列制御しながら積層させ，結晶に近い高配列構造を形成できることも分かった．他にもこの特徴を活かした様々なアイディアが期待できそうである．基礎と応用の両面から今後の展開が期待される．

文　　献

1) C. Joachim, J. K. Gimzewski and A. Aviram, *Nature*, **408**, 541 (2000)
2) B. Grevin and P. Rannou, *Nature Mater.*, **3**, 503 (2004)
3) Y. Okawa and M. Aono, *Nature*, **409**, 683 (2001)
4) H. Sakaguchi, H. Matsumura and H. Gong, *Nature Mater.*, **3**, 551 (2004)
5) H. Sakaguchi, H. Matsumura, H. Gong and A. Abouelwafa, *Science*, **310**, 1002 (2005)
6) 坂口浩司，高分子，**56**（665），420（2007）
7) 坂口浩司，応用物理，**75**（12），1461（2006）

第17章　らせん状に集積されたロタキサン組織体の構築と特性

高田十志和[*1]，中薗和子[*2]

1　人工らせんポリマーとポリアセチレン

　生体高分子のらせん構造にしばしば見られる分子内水素結合を構造安定因子として持たない，いわゆる"人工らせん分子"では，合成と構造制御が難しい反面，設計の自由度が高いため，分離素材など幅広い応用が可能である。また近年，光異性化やホスト―ゲスト化学を利用したコイル―ヘリックス転移やらせん反転といったらせんポリマーの動的な特性に関する研究も行われ[1]，新たな材料創製の基盤技術開発として興味深い。

　π共役高分子の典型であるポリフェニルアセチレンでは，側鎖構造や重合触媒の選択により主鎖の幾何構造（シス，トランス）の制御が可能である。特に，1980年代にロジウム錯体がポリアセチレンの立体特異的合成の優れた触媒であることが明らかとなって以来，かさ高い置換基を側鎖に導入することにより，高い立体規則性を有するポリフェニルアセチレンが合成されてきた[2]。

　この発見は古くから言及されていたポリアセチレンのらせん性の制御も可能にさせた。光学活性な配位子，アミン触媒，あるいは側鎖が光学活性なモノマーをロジウム触媒を用いて重合すると，主鎖の共役二重結合に由来するUV-vis吸収波長領域に主鎖の一方向巻きらせんを示すCotton効果が観測されることが多くの実験で証明されている[3~6]。筆者らも，これまでC_2キラルユニットを主鎖に含む幾種類かのポリマーがらせん構造をとることを報告しており，C_2キラルのねじれ構造が安定ならせん構造の誘起に重要な役割を果たすことを明らかにしてきた[7~9]。

　これまでポリアセチレンのらせん誘起には主に点不斉が用いられてきたが，筆者らはらせんポリマーにおける分子不斉の意義を明らかにする研究の一環として，最近C_2キラルユニットなど分子不斉ユニットのポリアセチレンへの導入について研究を進めてきた。最も安定なC_2キラル構造の一つであるスピロビフルオレン（SBF）を側鎖に導入したポリアセチレンでは，溶液中で安定ならせん構造が保持されることをすでに報告しており，SBFのかさ高さと強固な不斉構造が主鎖の立体規則性の向上に大きく影響することを各種スペクトルおよび構造計算の結果から明らかにしている[9]。こうした安定ならせん（静的ならせん）は，不斉反応場や光学分割剤として

[*1]　Toshikazu Takata　東京工業大学　大学院理工学研究科　有機・高分子物質専攻　教授
[*2]　Kazuko Nakazono　東京工業大学　大学院理工学研究科　有機・高分子物質専攻　特任助教

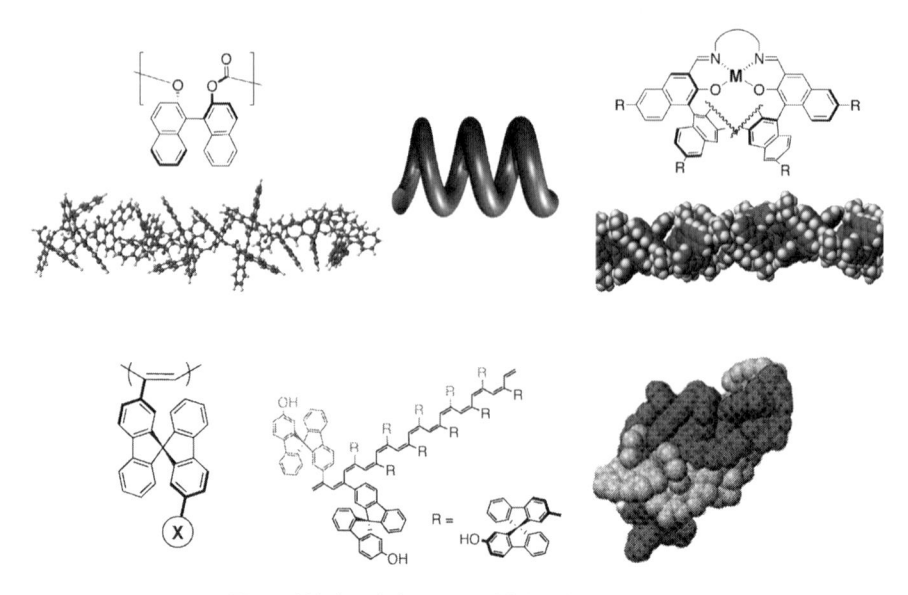

図1 溶液中で安定ならせん構造を持つポリマー

魅力的であるが，スイッチング分子と組み合わせて任意に安定ならせん構造を崩壊・誘起できるようなシステムも，分子メモリー材料等の観点から興味深い。筆者らはこれまで，代表的なスイッチング分子であるロタキサンを側鎖に導入したポリアセチレンの立体規則性とらせん性に関して研究を進めてきた。本稿ではポリアセチレン側鎖へのロタキサンの導入とその意義について議論する。

2 側鎖にロタキサン構造を有するフェニルアセチレンモノマーの設計

　前述のように，分子不斉構造の側鎖への導入が，ポリアセチレン主鎖の構造に大きく影響することが明らかとなった。三次元的な広がりをもつロタキサン構造の側鎖への導入を検討した。ポリアセチレン側鎖にロタキサン構造を導入する場合，エチニルフェニル基を図2(a)の軸成分か，図2(b)の輪成分におくことが可能である。図2(a)では，高分子主鎖からの輪成分の距離が軸成分の長さに応じて調節可能であることから，高分子主鎖周りのかさ高さをチューニングすることが可能である。一方，図2(b)はかさ高い輪成分が高分子主鎖近傍に位置するため，高分子主鎖周りのかさ高さは軸成分の構造によって大きく変化しないものの，三次元的に巨大な側鎖となる。ポリフェニルアセチレンでは，側鎖がかさ高くなるほど高分子主鎖の立体が *cis* に片寄っていくことが報告されていることから，高分子主鎖周りのかさ高さをチューニング可能な図2(a)の構造を持つポリフェニルアセチレンでは，ロタキサンのコンポーネントの高い動的特性により主鎖の立体と高次構造を制御できると期待される。そこで図2(a)型ポリマーの合成を目的として様々なロタキサンモノマーの設計・合成を行った。

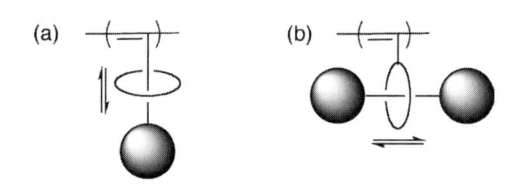

第17章 らせん状に集積されたロタキサン組織体の構築と特性

図2 ロタキサン構造を側鎖に有するポリフェニルアセチレン

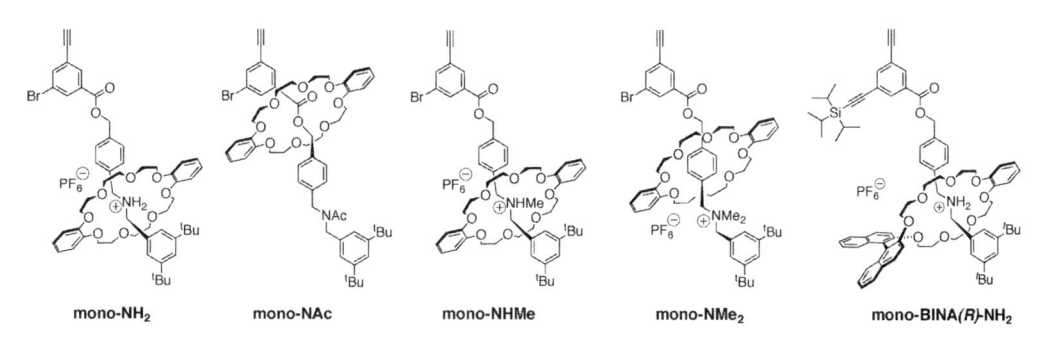

図3 エチニルフェニル基をもつロタキサンモノマー

　合成が容易なロタキサンとしてクラウンエーテル-2級アンモニウム塩型ロタキサンを選択し，エチニルフェニル部位はロタキサンの軸末端封鎖基上に導入した[10]。軸成分上における輪成分の局在位置の異なる誘導体として窒素原子上の構造の異なるモノマーを各種合成した（図6）。輪成分は，2級および3級アンモニウム塩[11a,b]ではジベンゾ-24-クラウン-8-エーテル（DB24C8）との水素結合によりアンモニウム塩上に位置しているのに対し，アミド型ロタキサンではエステル基に隣接したベンジル位に局在し[11a]，4級アンモニウム塩ではフェニレン部位に局在している[11c]ことが ^{1}H NMR スペクトルより示唆された。

　ポリフェニルアセチレン主鎖に一方向巻きらせんを誘起する目的で，C_2 キラルな輪成分を有するロタキサンモノマーも合成した（図3，mono-BINA(R)-NH$_2$）。ビナフチル基を有するクラウンエーテルは DB24C8 よりも環サイズが大きい（26員環）ため，よりかさ高いトリイソプロピルシリル基で保護したエチニル基をもつ末端封鎖基を用いた[12]。

3　ロタキサン型アセチレンモノマーの重合と主鎖の幾何構造[13]

　モノマーに対して 0.5 mol% の [RhCl(nbd)]$_2$ 及び1当量のトリエチルアミン存在下，クロロホルム中室温で重合を行い，いずれのモノマーからも良好な収率で黄色～橙色のポリマーを得た。それぞれのポリマーのアセトン溶液の UV-vis スペクトルではポリアセチレン主鎖に帰属される極大吸収波長が，輪成分をもたない非ロタキサン型のモノマーから重合したポリマーに比べて長波長側にシフトしたことから，持続共役長が非ロタキサン型ポリマーに比べて長くなること

227

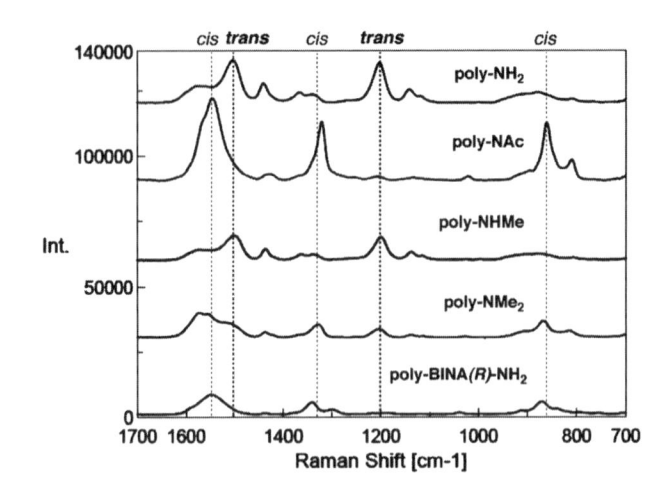

図4 ポリアセチレンのラマンスペクトル（Ar$^+$ laser light at 532nm）

が確認された。特にアミド型ロタキサンでは著しい長波長シフトが観察され，持続共役長が他のポリマーよりもかなり長く，主鎖の幾何構造が高い規則性を有していることが示唆された。

　一方，ラマンスペクトル（図4）から，2級および3級アンモニウム塩型ロタキサンモノマーから合成したポリアセチレン（poly-NH$_2$, poly-NHMe）では trans 構造の割合が高いのに対し，4級アンモニウム塩およびアミド型ロタキサンモノマーから合成したポリアセチレン（poly-NMe$_2$, poly-NAc）では cis 構造の割合が高いことがわかった。[RhCl(nbd)]$_2$ を触媒に用いた場合，一般に cis が優先することから，2級および3級アンモニウム塩型ロタキサンモノマーの重合では，重合中に cis から trans への転移が起こったと考えられた。cis 構造から trans 構造への転移は加熱や加圧，酸によって起こることが知られているため，2級アンモニウム塩型ロタキサンの重合における塩基（トリエチルアミン）の添加量や重合温度の効果についても検討した。その結果，トリエチルアミンの添加量の増大とともに cis 体の割合が増加し，モノマーに対して 2.5 当量加えると cis と trans が 1 : 1 の割合になった。このポリマーを超音波処理すると完全に trans に転移したことから，アンモニウム塩の酸性プロトンが cis から trans への異性化反応を触媒していることが示唆された。さらに，重合温度を −40〜0℃ と変化させて重合したところ，温度の低下に伴って cis の割合が増加したことから，速度論的生成物である cis 体がはじめに生成した後，徐々に熱力学的に安定な trans へと転移するメカニズムが支持された。4級アンモニウム塩型ロタキサンやアミド型ロタキサンモノマーの重合で得られるポリマー（poly-NMe$_2$, poly-NAc）では，酸性プロトンが無いために転移が起こらず cis 選択性が維持されたと考えられる。

4　C_2 キラルな輪成分をもつモノマーの重合と主鎖の構造[14]

　C_2 キラルなビナフチル基を有するクラウンエーテルを用いて合成した光学活性な2級アンモ

第17章 らせん状に集積されたロタキサン組織体の構築と特性

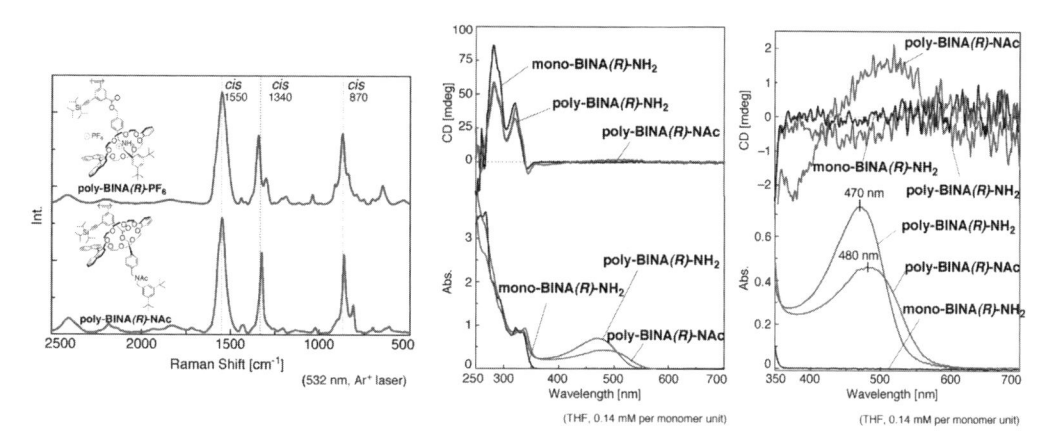

図5 poly-BINA(R)-NH₂ および poly-BINA(R)-NAc のラマンスペクトル（左），および UV-vis, CD スペクトル（中央，右）

ニウム塩型ロタキサンモノマー（mono-BINA(R)-NH₂）を重合し，対応するポリフェニルアセチレンを得た。また，このポリマーのアンモニウム窒素上をアセチル化することによりアミド型ロタキサン構造を有するポリフェニルアセチレンを得た。それぞれの UV-vis, ラマンスペクトルから，どちらも cis 構造の共役ポリマーであることが確認された（図5）。これは，フェニルアセチレンのベンゼン環上の置換基が臭素よりもかなりかさ高いトリイソプロピルシリルエチニル基のため，主鎖近傍の立体障害が大きくなり，cis 構造が安定化された為と考えられる。

ビナフチル基の主鎖への不斉転写効果について議論するために得られたポリフェニルアセチレンの CD スペクトルを測定した。ビナフチル基由来の強いコットン効果の他に，アミド型ポリマーでは主鎖の吸収波長領域における弱いコットン効果が観測された。つまり，比較的かさ高いビナフチル基を含む輪成分が，アセチル化により主鎖の近傍に移動し，輪成分の不斉が主鎖に影響を及ぼした結果，ポリアセチレンの共役主鎖に一方向巻きらせん構造が誘起されたことを示唆している。

5 おわりに

以上のように，分子不斉構造を有するユニットを典型的な共役ポリマーであるポリアセチレン側鎖に導入することにより，一方向巻きらせん構造が誘起されることをはじめて明らかにした。また，ロタキサン構造を導入したポリマーではロタキサンの輪成分がポリアセチレン主鎖に近づくことではじめてらせん構造が誘起されることが明らかとなり（図6），ロタキサンの構成成分の移動がポリアセチレン主鎖構造，あるいはらせん構造そのものに大きく影響することがわかった。すなわち，らせん上にスイッチ素子となるロタキサンを集積することにより，ロタキサンの動的な挙動によって高分子主鎖の2次構造や高次構造が制御されるというナノスケールのダイナ

図6 らせん状に集積されたロタキサン組織体（イメージ図）

ミックなイベントへと発展させることができた．これはあらたな情報伝達システムであり，今後の展開に非常に興味が持たれる．

文　　献

1) (a) 森野一英, 八島栄次, 岡本佳男, 未来材料, **6**, 38-49 (2006)；(b) T. Nakano, Y. Okamoto, *Chem. Rev.*, **101**, 4013-4038 (2001)；(c) T. Aoki, T. Kaneko, *Polym. J.*, **37**, 717-735 (2005)
2) F. Sanda, S. Nishiura, M. Shiotsuki, T. Masuda, *Macromolecules*, **38**, 3075-3078 (2005)
3) (a) T. Aoki, M. Kokai, K. Shinohara, E. Oikawa, *Chem. Lett.*, **22**, 2009-2010 (1993)；(b) G. Kwak, T. Masuda, *Macromolecules*, **33**, 6633-6635 (2000)；(c) G. Kwak, T. Masuda, *J. Polym. Sci. Part A: Polym. Chem.*, **39**, 71 (2001)
4) (a) K. Morino, K. Maeda, Y. Okamoto, E. Yashima, T. Sato, *Chem. Eur. J.*, **8**, 5112-5120 (2002)；(b) E. Yashima, K. Maeda, T. Nishimura, *Chem. Eur. J.*, **10**, 42-51 (2004)
5) (a) E. Yashima, K. Maeda, O. Sato, *J. Am. Chem. Soc.*, **123**, 8159-8166 (2001)
6) T. Aoki, T. Kaneko, N. Maruyama, A. Sumi, M. Takahashi, T. Sato, M. Teraguchi, *J. Am. Chem. Soc.*, **125**, 6346-6347 (2003)
7) ビナフチル構造を主鎖にもつポリカーボナート：(a) T. Takata, Y. Furusho, K. Murakawa, T. Endo, H. Matsuoka, J. Matsuo, M. Sisido, *J. Am. Chem. Soc.*, **120**, 4530-4531 (1998)；(b) T. Takata, Y. Furusho, K. Murakawa, T. Endo, *Chem. Lett.*, **20**, 2091 (1999)；(d) 高田十志和, 後藤正憲, 古荘義雄, 加藤隆史, 高分子論文集, **59**, 778-786 (2002)；(d) 高田十志和, *Jasco Report*, **43**, 54-59 (2001)
8) サレン錯体を基盤とするアプリオリならせん高分子：(a) T. Maeda, Y. Furusho, M. Shiro, T. Takata, *Chirality*, **18**, 691-697 (2006)；(b) T. Maeda, T. Takeuchi, Y. Furusho, T. Takata, *J. Polym. Sci., Part A: Polym. Chem.*, **42**, 4693-4703 (2004)；(c) Y. Furusho, T. Maeda, T. Takata, *Chirality*, **14**, 587-590 (2002)
9) スピロビフルオレン骨格をもつらせん高分子：(a) 井狩芳弘, 瀬戸良太, 前田壮志, 高田十志和, 高分子論文集, **63**, 512-518 (2006)；(b) R. Seto, T. Maeda, G. Konishi, T. Takata,

第17章　らせん状に集積されたロタキサン組織体の構築と特性

Polym. J., **39**, 1351-1359 (2007)
10) Makita, Y.; Kihara, N.; Takata, T. *Chem. Lett.*, **36**, 102-103 (2007)
11) (a) 2級アンモニウム塩およびアミド型ロタキサン：Y. Tachibana, H. Kawasaki, N. Kihara, T. Takata, *J. Org. Chem.*, **71**, 5093-5104 (2006)；(b) 3級アンモニウム塩型ロタキサン Nakazono, K.; Kuwata, S.; Takata, T. *Tetrahedron Lett.*, **49**, 2397-2401 (2008)；(c) 4級アンモニウム塩型ロタキサン unpublished results.
12) (a) Tachibana, Y.; Kihara, N.; Takata, T., *J. Am. Chem. Soc.*, **126**, 3438-3439 (2004)；(b) Tachibana, Y.; Kihara, N.; Ohga, Y.; Takata, T. *Chem. Lett.*, **29**, 806-807 (2000)
13) K. Fukasawa, T. Sato, K. Nakazono, T. Takata, unpublished results.
14) K. Fukasawa, T. Sato, F. Ishiwari, K. Nakazono, T. Takata, unpublished results.

第Ⅲ編
超光電子機能の制御

第1章 共役ポリマーの階層ナノ界面における新規電子機能の創成

金藤敬一[*1], 森田壮臣[*2], 奥 慎也[*3], 高嶋 授[*4]

1 はじめに

　トランジスタ，電界発光素子（EL）や太陽電池などの電子デバイスは，異種材料との接合によってそれらの機能が付与される。これまでの仕事関数，電子親和力やイオン化ポテンシャルなどの研究から，接合界面の電気的特性やデバイスの特性はおおよそ予想できる。しかし，詳細な界面の電子構造および輸送機構については十分理解されていない。これは，有機材料の純度，分子のコンフォメーションや結晶性など，が界面だけでなくバルクの電子状態や輸送特性に影響し，問題をさらに複雑にしているためである。さらに有機材料では，精製や結晶化および分子のコンフォメーションなどの制御が無機半導体に比べて難しいので，再現性，信頼性や寿命などのデバイスの本質的な特性の改善を困難にしている。しかし，共役ポリマーや有機材料によるデバイスは本質的に無機半導体とは異なり軽量，フレキシブル，低温，溶液プロセスなど多くの特徴を持っており，新規な電子デバイスを提供する。

　有機材料による新規なデバイスが期待されるが，これまで提案されてきた殆どの有機電子デバイスの概念は，無機半導体がこれまで確立してきた枠組みの中にある。これはシリコンが優れた半導体材料としてコンピュータを始め太陽電池など現代社会のあらゆる基盤産業を支える電子デバイスとして揺るぎない地位を獲得しているため，シリコンを離れて新しいデバイスを創成することが難しいのではないかと考えられる。ここでは共役ポリマーの界面構造を階層化することによってデバイスのパフォーマンスを高めること，さらに，シリコン技術の呪縛から脱すべく，共役ポリマーの新しい電子デバイスへの創出を目指して，ナノ界面の構築と構造および輸送特性について調べた結果について述べる。

2 P3HT/Al 界面の電気的特性

　電子デバイスには（必ずしも金属とは限らないが）電極が必要で圧着，塗布や真空蒸着など

[*1] Keiichi Kaneto　九州工業大学　大学院生命体工学研究科　教授
[*2] Takeomi Morita　九州工業大学　大学院生命体工学研究科　博士後期課程
[*3] Shinya Oku　九州工業大学　大学院生命体工学研究科　博士後期課程
[*4] Wataru Takashima　九州工業大学　先端エコフィッティング技術研究開発センター　准教授

次世代共役ポリマーの超階層制御と革新機能

色々な方法で着けられる。共役ポリマーでは蒸着が多く用いられるが，高温の金属粒子によって有機材料の界面が損傷を受け，電子注入の妨げになる[1]。Al電極をポリ（3-ヘキシルチオフェン）（P3HT）にトップコンタクト着けたダイオードAl/P3HT/ITO（Indium Tin Oxide）の界面状態を光励起発光（フォトルミネッセンス；PL）のバイアス依存性により調べた[2~4]。Al/P3HT界面には数十nmの厚さの空乏層（絶縁層）がP3HT内部に形成されて良好な整流特性を示す[5]。PL強度のP3HTの膜厚依存性から，膜厚が空乏層より薄い場合PLは殆ど観測されない。これは光起電力の観測から，空乏層内に発生した励起子は強い内部電場（> 10MV/cm）により電子－ホール対に効率よく分離して光キャリアが生成されるからである。P3HTの膜厚が数百nmのAl/P3HT/ITOダイオードを作成し，He-CdレーザーをITO側から照射してAl面から反射されるPL強度のバイアス依存性を調べた。その結果は，図1に示すように逆方向バイアスが増加すると共にPL強度は減少し，約－2V以下で消光は30-40%で飽和することが判った。ただし，消光係数は $Q_{PL} = (I_{PL}(0) - I_{PL}(V))/I_{PL}(0)$ とした。この結果は，逆バイアスにより空乏層の厚さが増加して，その領域の励起子が電子－ホール対へと分離して発光に寄与しないためである。一方，順方向バイアスでは図1に示すように強い消光が起こる。順方向バイアスのPLの消光は順方向電流の大きさとは直接相関がないことより，注入電荷と励起子の相互作用だけでなく，他の要因が関与していると予想される。このメカニズムの詳細は判っていない。また，AlとP3HTの間に約1nmのLiFを挿入することによって，空乏層の厚さはAlに較べて薄くなり，さらに，光電流は増加して光起電力素子（太陽電池）の特性が改善されることが判った[4]。

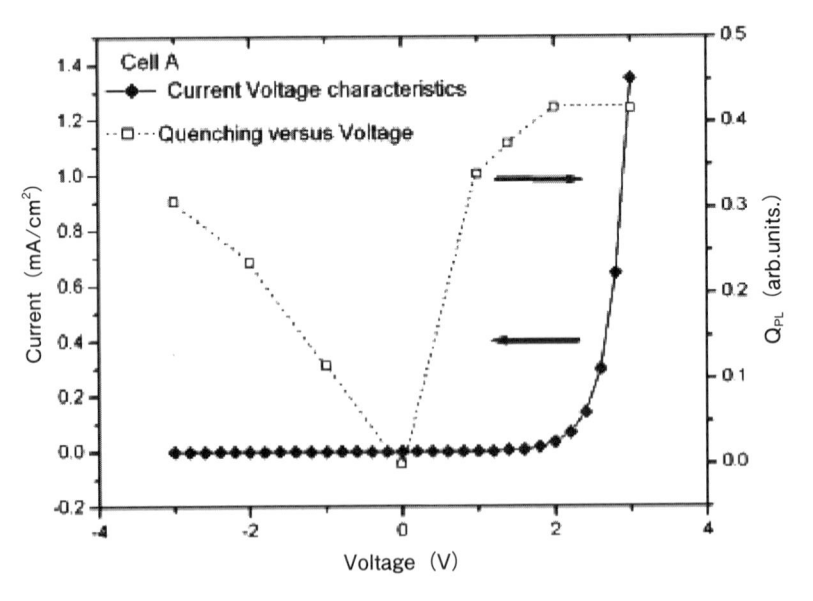

図1 Al/P3HT/ITOダイオードにおけるI-V特性とPLの消光

3 両極性電界効果トランジスタ（Ambipolar Field Effect Transistors）

多数キャリアとしてホール（p型）と電子（n型）が同時に存在する両極性半導体は存在しない。しかし，図2(a)に示す電界効果トランジスタ（FET）では，ゲート電圧によってソース（S）―ドレイン（D）間のチャンネルにp型あるいはn型の多数キャリアを誘起して，チャンネルをオン，オフすることができる両極性FETを作成した[5,6]。シリコン半導体では，FETの作成に数回のプロセスを経る間，nチャンネルとpチャンネルのFETを作り分けることができるので，両極性半導体は必ずしも必要ではない。しかし，有機FETでは一回の塗布行程で両極性のチャンネル層が作成できればプロセスは簡略化し，しかも機能を高めることができる。相補型FET（C-MOS FET）が省エネ回路であることから，両極性輸送材料は注目すべき材料である。

これまで電子デバイスとして特性が良好な可溶性のポリマー材料はポリアルキルチオフェン（PATn）（nは側鎖のアルキル基の炭素数）で，側鎖のファースナー効果によって結晶性が高く移動度が大きい薄膜が得られている。一方，溶媒に溶けるn型材料として [6,6]-Phenyl C61 butyric acid methyl ester（PCBM）が知られている。これらを複合化することによってpn接合の光起電力素子（太陽電池）が開発されている。その効率を高める方法として，接合界面を飛躍的に広げるバルクヘテロ接合と言われるこれらの混合材料が注目を集めている。

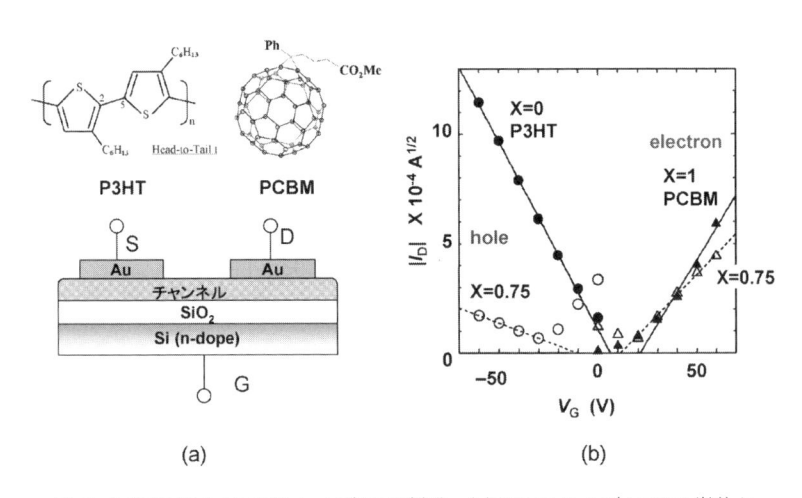

図2 (a) P3HT と PCBM および FET 構造，(b) P3HT および PCBM 単体と x = 0.75 における両極性 FET の伝達特性
$V_D = \pm 50V$，○△は x = 0.75 の混合膜。

4 バルクヘテロ材料による FET 特性

P3HTとPCBMによる混合材料（バルクヘテロ接合）を用いてFETを作成し[6]，混合比 x = 0（x = [PCBM]/([P3HT]+[PCBM])，重量比），および x = 1 のそれぞれ純粋な P3HT と PCBM

およびx=0.75の混合膜の伝達特性を図2(b)に示す。ドレイン電圧（V_D）はホールに対しては－50V，電子に対しては＋50Vである。直線の傾きが移動度を示すことから混合することによって移動度が低下し，両極性が現れることが判る。P3HTによるホール移動度は単膜で$1.4×10^{-3}$cm^2/Vsがx=0.75の複合膜では$4.3×10^{-4}$cm^2/Vsであった。一方，PCBM単膜による電子移動度は$1.0×10^{-2}$cm^2/Vsが複合膜では$6.5×10^{-5}$cm^2/Vsと2桁以上低下する。図3に混合膜における移動度および電荷誘起の混合比依存性を示す。n型の特性はPCBMの含量が60％以上でないと現れないが，p型はP3HTの含量が10％以下でも現れる。いずれのキャリア移動度も混合によっても急激に低下することから，お互いに伝導パスを乱す散乱中心となっていることが判る。バルクヘテロ接合の太陽電池では，電子とホールの移動度がほぼ等しい混合比で効率が最大になるといわれているので，今回の結果からPCBMが6割のWt％での混合比がよさそうである。p型およびn型のしきい値電圧は，混合比が少ない場合余り変わらないが，混合割合が増加するにつれ大きくなる。

図2の混合膜x=0.75のFETに光を照射した結果を図4に示す[7]。光源は532nmの青色レー

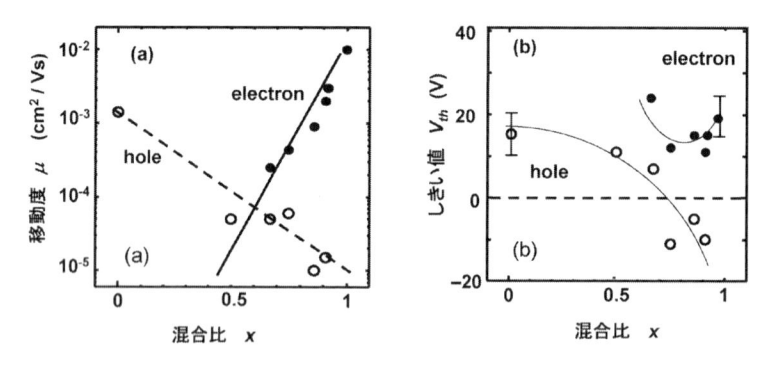

図3　P3HTとPCBMの複合膜の両極性FET特性
(a)移動度，(b)しきい値の混合比依存性

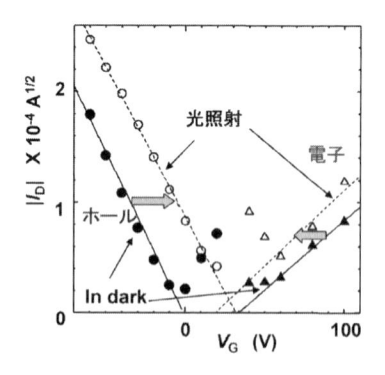

図4　X＝0.75の複合膜における伝達特性の光照射効果
V_D＝±50V，○△はx＝0.75の混合膜。

ザー,光強度は20mW/cm²である。光照射によって,伝達特性の傾きが変わらないことからいずれの移動度も光照射によって影響を受けないことが判る。一方,光照射によってしきい値は減少し,光が強いほど減少の割合は大きい。しきい値の変化はホールの方が電子より大きい。これは照射光の波長がP3HTの吸収波長に相当していることから,ホールの生成は直接P3HTに生成されるのに対して,電子はPCBMへ移動してから輸送されるためと思われる。さらに,興味ある結果として,両極性を示す特徴あるV字型の伝達特性が光照射によって顕著になる。このようにpおよびn型複合膜のFETについて詳細な光照射効果を調べることによって興味ある結果が得られた。

5 p/n 積層膜の FET

HEMTと呼ばれる高速応答のトランジスタがある。これは高電子移動度トランジスタ(High Electron Mobility Transistor)の略語で,n型半導体のキャリア供給層と真性半導体のキャリア輸送を担うチャンネル層からなる。いわゆるモデュレーションドーピングと言われ,チャンネル層には不純物がないので,高いキャリア移動度が期待できる。同じ発想から,n-チャンネルとp-チャンネル層を重ねることによって,両極性トランジスタを実現するものである[8]。図5(a)にその構造図を示す。Si/SiO₂基板上にPCBMのクロロホルム溶液をスピンコートしてn-チャンネル層を作成し,その上部にLiF(1nm)の電極修飾膜およびAuによりソースとドレイン電極を蒸着した。さらに,上部にP3HT薄膜をコートした。そのホールおよび電子の伝達特性をそれぞれ図5(b)および(c)に示す。P3HTおよびPCBMの単膜のFET移動度は,それぞれホール移動度8.8×10^{-4}cm²/Vsおよび電子移動度3.6×10^{-3}cm²/Vsであったが,複合膜では両極性を示しホール移動度は3.1×10^{-5}cm²/Vsおよび電子移動度7.4×10^{-4}cm²/Vsが得られた。積層膜とする

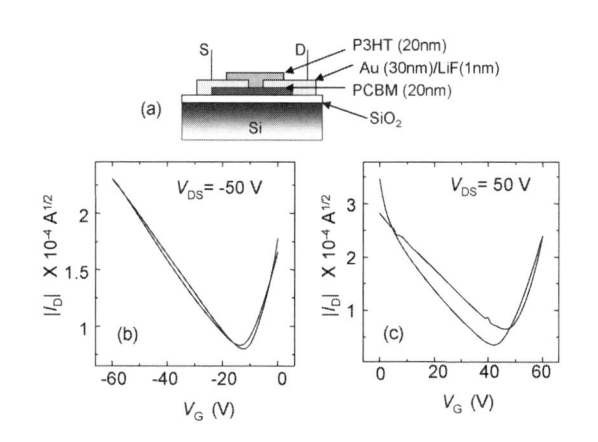

図5 p/n 積層薄膜 FET の両極性特性
(a) FET の構造,(b)ホールの伝達特性,$\mu_p=3.1\times10^{-5}$cm²/Vs,
(c)電子の伝達特性,$\mu_n=7.4\times10^{-4}$cm²/Vs

ことで，上述の混合膜に較べて移動度の低下を小さく抑えることができた。積層膜の問題は，しきい値電圧が高くなることで，高いゲート電圧による駆動が必要となる。特にn-チャンネルの誘起は40V以上で，今後改善が必要である。

6 相補型MOS-FET

P3HTとPCBMを用いたCMOS FETの構造図およびスイッチング特性を図6に示す[9]。図6(A)(a)はCMOS FETの回路図，(b)はP3HTとPCBMの個別単膜を用いたFETの構造，(B)はそのスイッチング特性，(C)はP3HTとPCBMのx=0.5の混合膜の(A)(c)FETのスイッチング特性，および(D)はP3HTをホール注入層となるようにTCNQ，PCBMを電子注入層となるTTFで表面修飾した(A)(d)FETのスイッチング特性である。図6(B)に示すように個別のn-およびp-チャンネルを用いて作成した素子が最も優れた特性を示す。図6(C)の混合膜ではp-チャンネルが完全にoffにならず，off電流が流れ続ける。図6(A)(d)のようにそれぞれの電極表面を修飾することによって，図6(D)の示すように電流をoffにすることができる。このように，接触界面の処理がデバイス特性に大きく影響する。

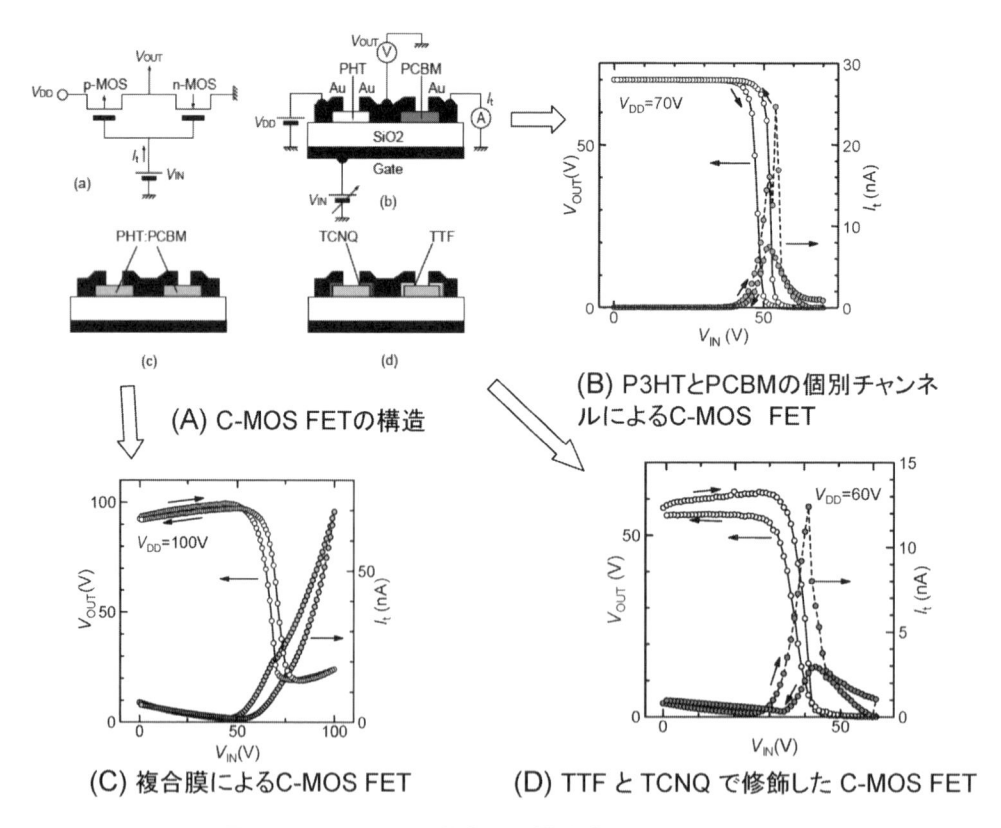

図6 P3HTとPCBM単膜および複合膜によるCMOS FET

7 おわりに

　共役ポリマーだけでなく有機材料による電子デバイスは，材料の種類の豊富さ，表面処理やデバイス構造によって，多様な特性を示す．特に純度や結晶性，分子のコンフォメーションなどの制御が困難な要素が多く，これらの抜本的な対策が不可欠である．シリコン半導体や液晶ディスプレーが辿ったように，必ずユビキタスの情報機器として商品化されるものと信じている．その解決には，色々な場面で生体を模倣する階層構造を取り入れることが鍵となる．

謝辞
　本研究は文部科学省特定領域研究「略称：超階層制御」の支援の下に行った研究成果をまとめたもので，科研の関係者，領域代表および班員の各位，並びに高嶋授准教授，Mr. Vipul Singh をはじめとする研究室の諸君に謝意を表する．

文　　献

1) A. K. Mukherjee, A. K. Thakur, W. Takashima and K. Kaneto, "Minimization of contact resistance between metal and polymer by surface doping", *Journal Physics D. Applied Physics*, **40**, 1789-1793 (2007)

2) V. Singh, A. K. Thakur, S. S. Pandey, W. Takashima and K. Kaneto, "Characterization of Depletion Layer using Photoluminescence Technique", *Appl. Phys. Exp.* **1** (2008) 021801 (3pages).

3) V. Singh, A. K. Thakur, S. S. Pandey, W. Takashima, K. Kaneto, "Evidence of photoluminescence quenching in poly (3-hexylthiophene-2,5-diyl) due to injected charge carriers", *Synthetic Metals*, **158**, Issue 7, 283-286 (2008)

4) V. Singh, A. K. Thakur, S. S. Pandey, W. Takashima and K. Kaneto, "A comparative study of Al and LiF: Al interfaces with poly (3-hexylthiophene) using bias dependent photoluminescence technique", *Organic Electronics*, **9**, Issue 5, 790-796 (2008)

5) K. Kaneto, K. Takayama, W. Takashima, T. Endo and M. Rikukawa. "Photovoltaic Effect in Schottky Junction of Poly (3-alkylthiophene) Al with various Alkyl Chain lengths and Regioregularity" *Jpn. J. Appl. Phys.*, **41**, 2A, 675-679 (2002)

6) M. Shibao, T. Morita, W. Takashima and K. Kaneto, "Ambipolar transport in Field effect transistors based on composite films of poly (3-hexlythiophene) and fullerene derivatives", *Jpn. J. Appl. Phys.*, **46**, 6, L123-L125 (2007)

7) M. Shibao, T. Morita, W. Takashima and K. Kaneto, "Light illumination effects in ambipolar FETs based on poly (3-hexylthiophene) and fullerene derivative (PCBM) composite films" *Thin Solid Films*, **516**, Issue 9, 2607-2610 (2008)

8) K. Kaneto, M. Yano, M. Shibao, T. Morita and W. Takashima, "Ambipolar Field Effect Transistors Based on Poly (3-hexylthiophene)/Fullerene Derivative Bilayer Films" *Jpn. J. Appl. Phys.*, **46**, 4A, 1736-1738 (2007)
9) W. Takashima, T. Murasaki, S. Nagamatsu, T. Morita and K. Kaneto, "Unipolarization of ambipolar organic field effect transistors toward high-impedance complementary metal-oxide-semiconductor circuits" *Appl. Phys. Lett.*, **91**, 13 August (2007) 071905 (3 pages).

第2章 ソリトン，ポーラロンによる共役ポリマーデバイスの機能発現とその制御

黒田新一[*1]，伊東　裕[*2]，田中久暁[*3]，丸本一弘[*4]

1 はじめに

　共役ポリマーは，薄膜化が容易であり，電界発光（EL）素子，電界効果トランジスタ（FET），太陽電池などのデバイスにおける，軽量，安価かつ高効率の素材物質として注目される[1~6]。ポリマー中でスピンや電荷を運ぶ担体として，ソリトン，ポーラロン等の非線形素励起が注目され，これまで多くの研究がなされてきた[2,7]。電子スピン共鳴（ESR）は，常磁性素励起のスピンを高感度に検出する手法であり，ポリアセチレンのソリトンの空間形状の決定などをはじめとして，共役ポリマー材料中のソリトン，ポーラロンの研究で，他の手法では得られないミクロ情報を与えてきた[7~9]。EL，FETをはじめとする共役ポリマーデバイス中の電荷キャリアは，スピンと電荷をもつポーラロンと考えられている[1~6]。そこで，デバイス中でのポーラロンをその場観測することが出来れば，デバイスでの電子過程やそれによる機能発現について本質的な情報を得ることが期待される。このような観点から，我々はESRによる有機デバイス中のキャリアの研究に取り組み，高移動度ポリマー材料である，立体規則性ポリアルキルチオフェン（RR-P3AT）（図1(a)）を用いた金属—半導体—絶縁体（MIS）デバイス構造を作製し，その中に電界注入されたキャリアのESR信号検出に初めて成功した[10~14]。

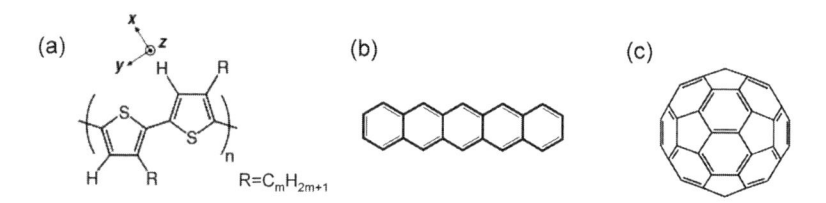

図1　(a)立体規則性ポリアルキルチオフェン（RR-P3AT）の化学構造式，(b)ペンタセンの化学構造式，(c)フラーレン（C_{60}）の化学構造式
　　　(a) R はアルキル基を表す（R＝C_mH_{2m+1}，m は 6，8 など偶数）。π電子の g 値と水素核超微細結合の主軸も示す。x 軸と z 軸は，それぞれ C-H 結合軸と $p\pi$ 軌道軸に平行である。

---

* 1　Shin-ichi Kuroda　名古屋大学　大学院工学研究科　教授
* 2　Hiroshi Ito　名古屋大学　大学院工学研究科　准教授
* 3　Hisaaki Tanaka　名古屋大学　大学院工学研究科　助教
* 4　Kazuhiro Marumoto　筑波大学　大学院数理物質科学研究科　准教授

ポリマーMISデバイスのESRの結果，注入キャリアがスピンをもつポーラロンであることが確認された。また，キャリアの注入量を増加させるとスピン数の飽和現象が観測され，キャリアがスピンをもつポーラロンからスピンをもたないバイポーラロン（またはポーラロン対）へ変化することもわかった。さらに，キャリアが存在する有機半導体―絶縁体界面の有機活性層における分子配向についても直接の知見を得ることが出来た。有機デバイスのESR研究は，最近さらに低分子系の高移動度材料であるペンタセン（図1(b)）のデバイス構造でも成功し，キャリアのスピンや界面分子配向について直接的な情報が得られた[15,16]。さらに顕著な結果として，キャリア波導関数が10分子以上に広がっていることを確認し，キャリアの伝導機構がバンド的であることへのミクロな証拠を得た。現在，有機デバイスのESRは，研究対象を，共役ポリマー・C_{60}（図1(c)）複合体や[17]，高移動度材料のルブレン単結晶などにもひろげ発展しつつある[14]。ここでは，RR-P3ATのMISデバイスの研究結果を中心に，共役ポリマー中の電荷キャリア，ポーラロンのミクロ観測について，その概要を紹介する。

2 共役ポリマーのポーラロン

共役ポリマーにおけるポーラロンの構造模式図を図2に示す[2,5,7]。図では高分子として立体規則性ポリアルキルチオフェン（RR-P3AT）の中でも最も高い移動度を示す，炭素数6のアルキル鎖をもつポリヘキシルチオフェン（RR-P3HT）RR-P3HTを例にとっており，正電荷をもつポーラロンP^+を示している。P^+は高分子に正の電荷をドープした状態であり，電荷$+e$とスピン1/2を持ち，格子歪みを伴う。図中のP^+で，黒丸が不対π電子を，$+$が電荷の位置を示す。黒丸は，中性ソリトン，また$+$は荷電ソリトンと呼ばれるが，詳細は文献を参照されたい[2,7]。模式図では，不対電子や電荷は1個の炭素原子に局在している。実際には，不対π電子や電荷は，高分子鎖上で空間的に広がっていることが，実験的にも理論的にも明らかにされ，高分子の電子状態の理解に寄与している。高分子鎖に対する電荷キャリアのドーピング濃度を高めてゆくと，

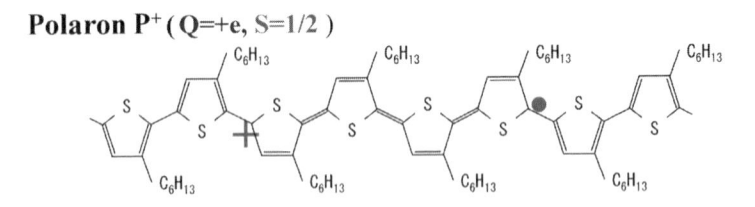

Polaron P^+ (Q=+e, S=1/2)

図2 共役ポリマーにおけるポーラロンの構造模式図
高分子として立体規則性ポリアルキルチオフェン（RR-P3AT）の中でも最も高い移動度を示す，炭素数6のアルキル鎖をもつポリヘキシルチオフェン（RR-P3HT）を例にとっている。正電荷をもつポーラロンP^+を示す。P^+は高分子に正の電荷をドープした状態であり，電荷$+e$とスピン1/2を持ち，格子歪みを伴う。図中のP^+で，黒丸が不対π電子を，$+$が電荷の位置を示す。

ポーラロン（P^+）同士が相互作用してバイポーラロン（BP^{++}）が生ずる[2,7]。この素励起は，P^+の模式図で，黒丸で示した不対電子の箇所が，+の電荷におきかわった状態で，電荷は$+2e$であるが，スピンは持たない。

3 共役ポリマーMISデバイスのESR

図3は，ESR観測に用いたRR-P3ATのMISデバイスの構造模式図である[10～14]。基板と絶縁膜に，それぞれESR信号を出さない石英ガラスとスパッタで作製したアルミナ（Al_2O_3）膜を使用している。RR-P3ATはp型半導体なので，アルミゲート電極に負バイアスを印加することにより，半導体—絶縁体界面に正ポーラロンを蓄積でき，このことは，実際にMISデバイスのキャパシタンスの増加として確認できる。蓄積電荷量は$Q=CV$の関係で，印加電圧に比例する。図4(a)は，このようにして得られた，RR-P3HTデバイスの室温における電場誘起した正ポーラロンの微分型ESR信号の例である。図4(b)は，比較のために示したRR-P3HTとC_{60}複合体の光誘起ESR（LESR）である[18～20]。電場誘起ESR信号のg値（約2.002）は，光誘起ESRにおける高分子の正ポーラロンの信号のg値（約2.002）とよく一致し，電場誘起ESR信号が，RR-P3ATの正ポーラロンによることをミクロに裏付けている。

図5(a)は，ESR信号を2回積分して得られるスピン数のゲート電圧依存性である。スピン数の較正は，標準試料（$CuSO_4・5H_2O$）により行われた。スピン数と注入電荷数はゲート電圧が低い場合は非常によく一致し，注入されたキャリアが電荷とスピンを持つポーラロンであることをさらに裏付けている。一方，ゲート電圧の絶対値を上げて$-15V$を越えると，スピン数には飽和傾向が見られる。このスピン数は，電荷が界面1分子層にあるとして，電荷のドーピング密度，約0.2％に対応する[11,21]。このようなスピン数の飽和は，電荷がスピンを持つポーラロンから，スピンを持たないバイポーラロン（あるいはポーラロン対）へと変化したことを強く示唆している。実際，このようなスピンの飽和傾向が，RR-P3HTの電気化学ドーピングに関するESR研究でも報告され，バイポーラロンの形成可能性が議論されている。一方，このような電荷—スピン関係の線形性からのずれは，低分子系のペンタセンの電場誘起ESRでは観測されない（図5(b)）[15,16]。これより，上記のスピンのクロスオーバー現象は，高分子構造に特有の本質的な電子現象であると結論でき，今後の理論的な研究対象としても興味深い。

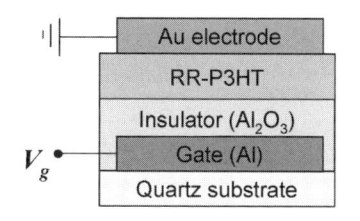

図3 RR-P3HT薄膜を用いたMISダイオード構造の模式図

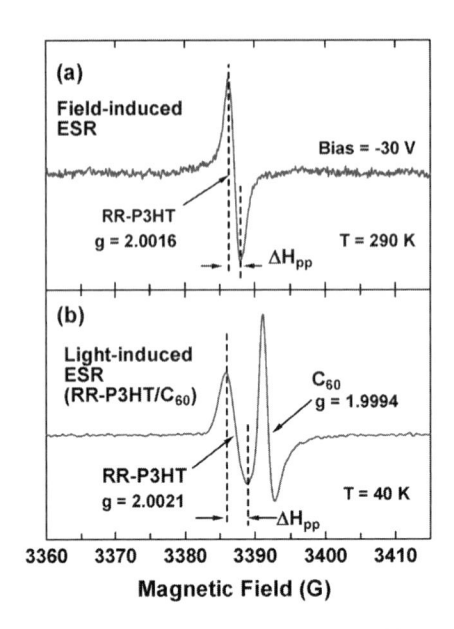

図4 (a) RR-P3HT MIS ダイオードのゲート電圧誘起 ESR 信号，(b) RR-P3HT-C_{60} 複合体の光誘起 ESR 信号。測定温度は 40K (a)ゲート電圧 –30V と 0V 印加時の ESR 信号の差し引きにより得られている。測定は，外部磁場が基板に平行，温度 290K で行われた。

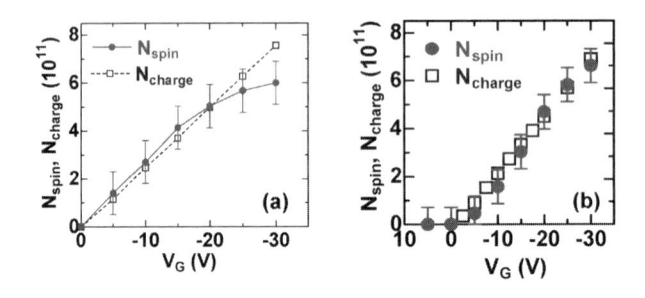

図5 (a) RR-P3HT MIS デバイスのゲート電圧誘起されたスピン数のゲート電圧依存性（実丸）と電荷数のゲート電圧依存性（空四角）。測定温度は 290K，(b)ペンタセン MIS-FET デバイスのゲート電圧誘起されたスピン数のゲート電圧依存性（実丸）と電荷数のゲート電圧依存性（空四角）。測定温度は 290K

なお，このような2倍の電荷をもつキャリア状態の存在を示唆する観測結果は，立体規則性ポリアルキルチオフェンとフラーレン（C_{60}）の複合体における，光誘起電荷キャリアの再結合過程における4分子型の再結合過程の観測とも符合する[19,20,22]。すなわち，この系では，通常に見られる正・負電荷キャリアの2分子再結合ではなく，2個の正電荷キャリアと2個の負電荷キャリアの再結合と考えられる4分子再結合が観測されている。これは，2個の正電荷キャリアの形

第2章　ソリトン，ポーラロンによる共役ポリマーデバイスの機能発現とその制御

成がおこりやすいことを示唆し，上記の MIS デバイスにおける，バイポーラロンないしはポーラロン対の形成を示唆するスピンクロスオーバーの観測結果と符合している。

　電場誘起 ESR から得られるもうひとつの重要な情報は，界面における分子配向である。ポーラロンの g 値は π 電子固有の異方性を固体中で持つ[7~9,23,24]。図1(a)には分子座標が定義されており，$p\pi$ 軌道軸を z 軸としている。このとき g 値は，$g_z < g_x \approx g_y$ の一軸異方性を示す。一方，線幅の起源は，炭素の $p\pi$ 軌道上の電子スピン密度と，炭素に結合している水素の核スピンとの，磁気的な超微細相互作用である。その結合定数は y 軸成分で最大になる[7~9,23,24]。一方，基板上にキャスト法で作製された RR-P3HT 薄膜は，自己組織化のため，図6に模式的に示すラメラ構造と呼ばれる分子配列・配向性を形成することが X 線回折から報告されている[6]。このような規則的なラメラ構造の形成が，この系における高移動度 (0.1-0.3cm^2/Vs) の起源と考えられている。ESR 信号の g 値と線幅の角度依存性を測定した結果，外部磁場が基板と平行の場合，g 値が極小，線幅が極大を示すことがわかった[10~14]。これは上記の分子配向から予想される結果と一致し，電荷キャリアが存在する MIS ダイオード界面の RR-P3HT の分子配向が確認された。

　さらに，g 値の角度依存性については，下位らにより密度汎関数（DFT）法により計算されたポーラロン波導関数により，分子配向分布関数を仮定した ESR スペクトルのシミュレーション計算によって定量的にも再現されている[11]。下位らの計算では，ポリチオフェンのモデルとして比較的長いオリゴチオフェン 14 量体を取り上げ，ハイブリッド型汎関数である BHandHLYP ならびに B3LYP 汎関数の中間的な場合により，実験結果が良く再現されることがわかった。さらに，このような手法により計算されたポーラロンの理論的なスピン密度は，ポリチオフェン，ポリアルキルチオフェンの電子核二重共鳴（ENDOR）の実験スペクトルの形状もよく再現できることがわかった[25]。実験と理論の比較の結果，ポーラロンの広がりは，ポリチオフェンでは，8

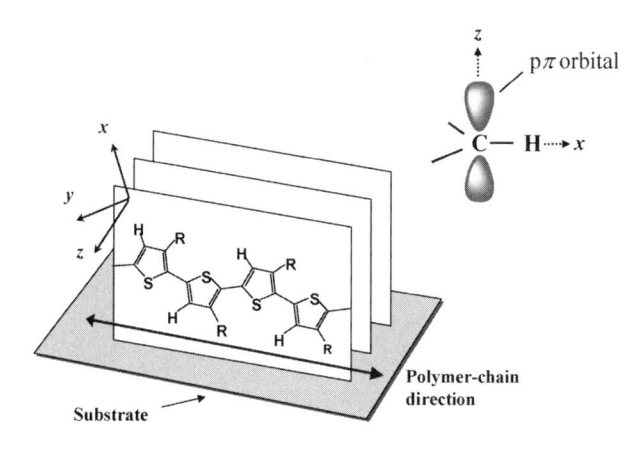

図6　基板上にキャスト膜化された RR-P3AT の自己組織化による分子配列・配向（ラメラ構造）の模式図
　　　　x, y, z 軸は π 電子の主軸を定義する（図1(a)参照）。右上の図は，高分子の $p\pi$ 軌道を模式的に示す。

チオフェン分子ユニット程度で，RR-P3ATでは，10分子ユニット程度となり，後者の方がより広がった結果となっている。これは，光吸収のピーク波長が，RR-P3ATの方がポリチオフェンより長波長シフトし光学ギャップが狭く，ポリマー主鎖の平面性がより高いことに起因すると思われる。このように，ポーラロンの広がりという基本的性質について解明がなされている。

4 今後の展望

有機デバイスのESRの最近の進展としては，比較的低ドープ濃度の汎用のシリコン基板を用いたMISデバイスのESRが可能となったことがあげられる[26]。この系でもアルミナ絶縁膜を用いたデバイスと同様の結果が観測され，特に，キャリアのスピンの飽和現象が，同様の電荷ドーピングレベルで観測され，RR-P3AT系におけるスピンクロスオーバーが，絶縁膜の種類には依存せず本質的な現象であることがわかった。一方，ごく最近，産業技術総合研究所の長谷川達生博士らのグループは，有機材料であるパリレン絶縁膜を用いたペンタセン薄膜FETの電場誘起ESR研究に成功し[27]，デバイスのESR手法の普遍性を示している。

今後，種々の絶縁膜を用いたデバイス構造にESR法を適用することは，界面のコントロールによるデバイス機能制御と有機材料の研究範囲を広げる上から有用であろう。さらに，今後実用化が期待されている電界発光性ポリマーや[3～5,7～9,28]，様々な低分子や高分子の有機デバイスを用いて系統的なESR研究を行うことは，有機材料の理解を深め，有機デバイスの特性向上を進める上で興味深い課題である。また，有機デバイスの研究により，新しい分子機能を探索できる可能性もあり，例えば，電界効果デバイスで高濃度に電荷を注入し薄膜を金属化させる試みなど，新しい素子機能の開発につながるような研究も始められている。今後，材料の合成，デバイスや物性の計測，理論的な研究など，学際的な研究の一層の展開が期待される。

謝辞

本稿で紹介した内容は，以下の方々との共同研究の成果を含む。共役ポリマーのポーラロン研究では，産業技術総合研究所の下位幸弘博士，阿部修治博士，ポリチオフェン試料の提供と議論をしていただいた，東京工業大学の山本隆一教授，ペンタセンデバイスのESR研究については，東北大学の岩佐義宏教授および竹延大志准教授に深く感謝の意を表する。

文　献

1) H. Shirakawa, E. J. Louis, A. G. MacDiarmid, C. K. Chiang, A. J. Heeger, *J. Chem. Soc. Chem. Commun.*, 578 (1977)

第2章 ソリトン，ポーラロンによる共役ポリマーデバイスの機能発現とその制御

2) A. J. Heeger, S. Kivelson, J. R. Schrieffer, W. P. Su, *Rev. Mod. Phys.*, **60**, 781 (1988)
3) R. H. Friend, R. W. Gymer, A. B. Holmes, J. H. Burroughes, R. N. Marks, C. Taliani, D. D. C. Bradley, D. A. Dos Santos, J. L. Bredas, M. Lögdlund, W. R. Salaneck, *Nature*, **397**, 121 (1999)
4) 大西敏博，小山珠美，高分子EL材料，共立出版 (2004)
5) 黒田新一，応用物理，**76**，795 (2007)
6) H. Sirringhaus, *Adv. Mater.*, **17**, 2411 (2005)
7) 黒田新一，日本物理学会誌，**51**，273 (1996)
8) S. Kuroda, *Int. J. Mod. Phys.*, B **9**, 221 (1995)
9) S. Kuroda, *Appl. Magn. Reson.*, **23**, 455 (2003)
10) K. Marumoto Y. Muramatsu, S. Ukai, H. Ito, S. Kuroda, *J. Phys. Soc. Jpn.*, **73**, 1673 (2004)
11) K. Marumoto Y. Muramatsu, S, Ukai, H. Ito, S. Kuroda, Y. Shimoi, S. Abe, *J. Phys. Soc. Jpn.*, **74**, 3066 (2005)
12) 丸本一弘，黒田新一，電子スピンサイエンス学会誌，**3**, 25 (2005)
13) K. Marumoto, Y. Nagano, T. Sakamoto, S. Ukai, H. Ito, S. Kuroda, *Colloids and Surfaces A: Physicochem. Eng. Aspects*, **284-285**, 617 (2006)
14) 丸本一弘，黒田新一，有機トランジスタ材料の評価と応用II，森健彦，長谷川達生監修，第3編，第2章，シーエムシー出版 (2008)
15) K. Marumoto, S. Kuroda, T. Takenobu, Y. Iwasa, *Phys. Rev. Lett.*, **97**, 256603 (2006)
16) 丸本一弘，黒田新一，日本物理学会誌，**62**, 851 (2007)
17) K. Marumoto, T. Sakamoto, S. Watanabe, H. Ito, S. Kuroda, *Jpn. J. Appl. Phys.*, **46**, L1191 (2007)
18) K. Marumoto, N. Takeuchi, T. Ozaki, S. Kuroda, *Synth. Met.*, **129**, 239 (2002)
19) K. Marumoto, Y. Muramatsu, S. Kuroda, *Appl. Phys. Lett.*, **84**, 1317 (2004)
20) H. Tanaka, N. Hasegawa, T. Sakamoto, K. Marumoto, S. Kuroda, *Jpn. J. Appl. Phys.*, **46**, 5187 (2007)
21) P. J. Brown, H. Sirringhaus, M. Harrison, M. Shkunov, R. H. Friend, *Phys. Rev. B*, **63**, 125204 (2001)
22) K. Marumoto, T. Sakamoto, Y. Muramatsu, S. Kuroda, *Synth. Met.*, **154**, 85 (2005)
23) S. Kuroda, M. Tokumoto, N. Kinoshita, H. Shirakawa, *J. Phys. Soc. Jpn.*, **51**, 693 (1982)
24) S. Kuroda, H. Shirakawa, *Solid State Commun.*, **43**, 591 (1982)
25) S. Kuroda, K. Marumoto, T. Sakanaka, N. Takeuchi, Y. Shimoi, S. Abe, H. Kokubo, T. Yamamoto, *Chem. Phys. Lett.*, **435**, 273 (2007)
26) S. Watanabe, K. Ito, H. Tanaka, H. Ito, K. Marumoto, S. Kuroda, *Jpn. J. Appl. Phys.*, **46**, L792 (2007)
27) H. Matsui, T. Hasegawa, Y. Tokura, M. Hiraoka, T. Yamada, *Phys. Rev. Lett.*, **100**, 126601 (2008)
28) S. Kuroda, K. Marumoto, H. Ito, N. C. Greenham, R. H. Friend, Y. Shimoi, S. Abe, *Chem. Phys. Lett.*, **325**, 183 (2000)

第3章　π共役高分子の光機能化

河合　壯[*]

1　はじめに

　π共役系分子の集積体や主鎖に発達したπ共役系を有するπ共役高分子は有機ELや光電変換素子などの電子デバイスへ応用されようとしている[1]。このようなπ共役系分子・高分子材料はそのπ電子系のオーバーラップに基づく電子バンド構造を有しており，荷電キャリヤーの生成，注入が比較的容易であることや電荷輸送特性が高いなどの特徴を有している。電子π電子系のオーバーラップはπ共役高分子の場合はおもに主鎖内π系の平面性や二重結合と一重結合の結合交の対称性に支配されている。また，π共役系低分子のスタック構造体の場合には，その電子バンド構造の性質は分子間のπ電子雲の重なりに依存している。電子バンド構造が形成しているという視点からは，π共役高分子固体の電気的な性質は，無機系の化合物半導体などとの類似性が指摘されている。すなわち，ショットキー接合やp-n接合，光伝導，光電変換など，従来の無機半導体技術の基盤となっている機能や物性の多くは，π共役系分子および高分子固体においても見出される。この様な観点からπ共役系分子・高分子材料は有機半導体として無機半導体材料を代替することが期待される。さらにスピンコートやインクジェットプリンティングなどの特徴的な構造形成方法が可能であることなどの優位性が考えられている。π共役系高分子の場合には機械的なフレキシビリティーが高いことから，フレキシブル・エレクトロニクスへの展開が期待される。有機π共役系材料のフレキシビリティーは単に機械的な柔軟性に限定されるものではない。たとえば極めて幅広い分子や高分子に関する分子構造設計，低次構造から高次構造に至る階層構造制御の可能性，さらにはさまざまな外部刺激に応じてこれらの構造や性質が変化する外部刺激応答性など幅広い意味でフレキシビリティーを有することが有機分子・高分子材料の特長であると考えることができる。特に，さまざまな外部刺激に対して可逆に分子の1次構造が変化する刺激応答性は，無機半導体には無いソフトマテリアルとしての有機材料の特有の性質であり，有機分子材料に関する研究を進める上で大きな魅力となっている。この様な刺激に対する応答性を有する材料は分子スケールのセンシング，メモリ，スイッチング，さらには演算などさまざまな機能応用への展開が可能と期待される。本稿では筆者らさまざまな刺激に対して感受性を有するπ共役高分子や分子集合体の開発とその機能性に関する最近の研究の取り組みを紹介する。

＊　Tsuyoshi Kawai　奈良先端科学技術大学院大学　物質創成科学研究科　教授

第3章　π共役高分子の光機能化

2　フォトクロミック反応に基づくπ共役スイッチング

　フォトクロミック分子は光照射により可逆な分子構造変化とそれに伴う可逆な色変化を示す有機分子である[2]。フォトクロミック分子は広く生体分子にも介在することが知られている。たとえば生体内ではロドプシンやイエロータンパクなどさまざまな光応答性タンパクにおいて，ロドプシンやクマル酸などのフォトクロミックユニットが光の検出に利用されている。これらの感光性タンパクにおけるフォトクロミック分子は光照射に伴って構造変化による光刺激信号を生成し，さらに自発的に速やかにもとの基底状態へともどることで次の光信号の入力に備えるという高速熱逆反応性を有している。合成フォトクロミック分子としてはスピロナフトオキサジンなどの色素分子がサングラスやスポーツ用ゴーグルなどの調光機能性プラスチックレンズに導入されている。このほかアゾベンゼン誘導体については高分子材料の表面による光構造変化が幅広く検討されている[3]。図1に代表的な合成フォトクロミック分子の構造を示す。80年代から注目を集めているジアリールエテンやフルギドなどのヘキサトリエン骨格を有する分子は，光励起状態における分子内環化反応によりシクロヘキサジエン骨格を形成する[4〜7]。類似の光閉環反応を示すスチルベンでは閉環体は速やかに元の開環状態に変化するのに対して，ジアリールエテンやフルギドなどでは光着色閉環体の安定性が高くメモリ性を有する。特に，光異性化に伴って可視域の吸収バンドが可逆に変化し，またπ共役系の広がりも大きく変化することなどから，さまざまな分子物性が変化すると期待される。

　筆者らはフォトクロミック分子により導電性高分子の物性を制御する試みとして，ポリアルキルフルオレンやポリアルキルチオフェンにジアリールエテンを分散させ，その光導電性の変化を

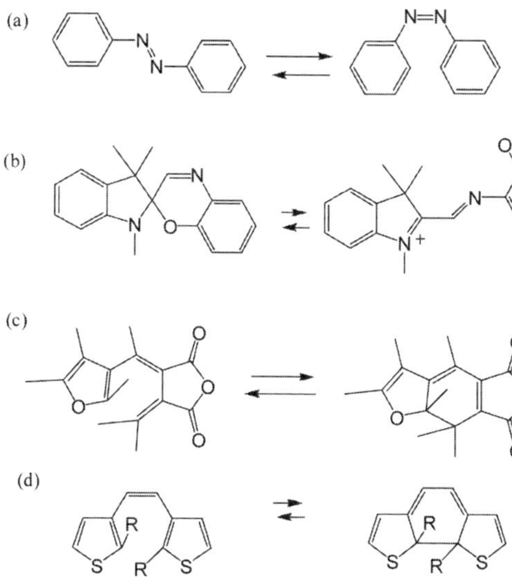

図1　代表的なフォトクロミック分子の分子構造変化

検討した[7,8]。あらかじめジアリールエテンをドープした導電性高分子膜の光伝導を検討した結果，フォトクロミック反応にともなって光伝導特性が大きく可逆に変化する現象を見出した。このような変化は導電性高分子における励起寿命や光キャリアに対するトラップ効果が変化することが原因として考えられる。蛍光発光強度がフォトクロミック反応によって可逆に変化する現象が見出され，この様なキャリアトラップ効果を支持した。

より効果的な光スイッチング現象の実現のために，主鎖にフォトクロミック分子を導入した導電性高分子の開発に取り組んだ。はじめに図2(a)に分子構造を示すアルキルフルオレンとジアリールエテンの共重合高分子1を検討した[9]。このフォトクロミック導電性高分子1は薄膜状態でも比較的優れたフォトクロミック反応性を示した。その蛍光発光はフォトクロミックユニットの光着色に伴って効果的に消光される現象を見出した。これは発光バンドと着色体の吸収帯バンドが重なっており，効果的なエネルギー移動が進行することによるものと考えられる。さらにこの高分子薄膜とアルミ電極の接合構造を形成し，界面における電流整流効果を検討した。その結果，無色状態で見出された整流効果は，光照射後には消失し，さらに可視光照射後には回復した。高分子1においては光反応に伴って生成する閉環体の電子準位が無色体高分子のバンドギャップ内に位置することから，界面の電流障壁に対して漏洩電流を与えるものと考えられる[10]。

図3に示すようにジアリールエテンにおいてはその光閉環・開環反応に伴ってπ共役系の広がりが大きく変化することが考えられる。導電性高分子における電気伝導性はπ共役系の広がりによってもたらされていることから，上記のジアリールエテンを主鎖に導入した導電性高分子では暗時の電気抵抗が光照射によって変化するメモリー性を有することが期待される。高分子1は期待通りに導電率の光可逆変化を示したがその変化幅は50％程度であり，大きなものではなかっ

図2 フォトクロミック導電性高分子の分子構造

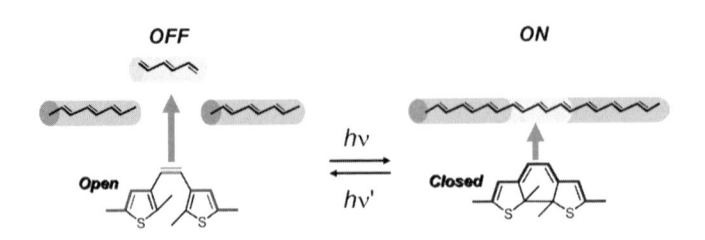

図3 ジアリールエテンのフォトクロミック反応に伴うπ共役系のON-OFFスイッチング

第3章 π共役高分子の光機能化

た。紫外光を当て続けても，閉環反応と開環反応がバランスする光定常状態において多くのフォトクロミックユニットは開環状態に保持されることから，電気抵抗の変化は小さい。そこで光転換率の向上のためにジアリールエテンユニット間にオリゴフェニレンを挿入した構造を有する高分子2（図2(b)）を合成した[11]。この高分子の室温における導電率は20倍程度変化することが見出された。これは図3に示されるようなπ共役系のON-OFFに伴って着色状態で低い電気抵抗を示すものと理解される。ただし着色状態ではバンドギャップが低下するためにキャリア密度が増大するとの考え方も可能であり，スイッチング機構の解明には詳細な議論が必要と思われる。π共役系のスイッチングはジアリールエテン以外のヘキサトリエン系フォトクロミック分子でも検討されている[13]。たとえばジヒドロピレン系フォトクロミックユニットを主鎖に組み込んだ共役高分子はその電気化学特性の光スイッチが可能であり，これを利用して電解液中ではあるが電気抵抗を制御することが可能である。ジアリールエテンの場合には電気化学反応が分子の異性化をもたらす場合が知られていることなどから，このような電気化学応答の変化を利用する光スイッチングポリマーは思いもよらない特性をもたらす可能性がある[14]。

最近，筆者らはフォトクロミックユニットとして図4に示すようなスイッチングユニットを提案している。この場合は単純なON-OFFのスイッチングではなく，π共役系の連結方向を切り替える効果が期待できる[15]。この様なターアリーレン系フォトクロミックユニットでは，光反応量子収率が70％程度を示すものや，単結晶中でも高い反応性を示すものなどさまざまな可能性が示されている。たとえば，図5に示すイミダゾリウムを分子内に有するフォトクロミック分子の場合にはイミダゾリウム基の正電荷の局在状態が光反応によって大きく変化し，その結果，化学反応性が大きく変化することが明らかになった。すなわち，電荷は6π電子系に基づく芳香族性を有するイミダゾリウム基が紫外線照射後には非芳香族のイミダゾリニウム構造へと変化す

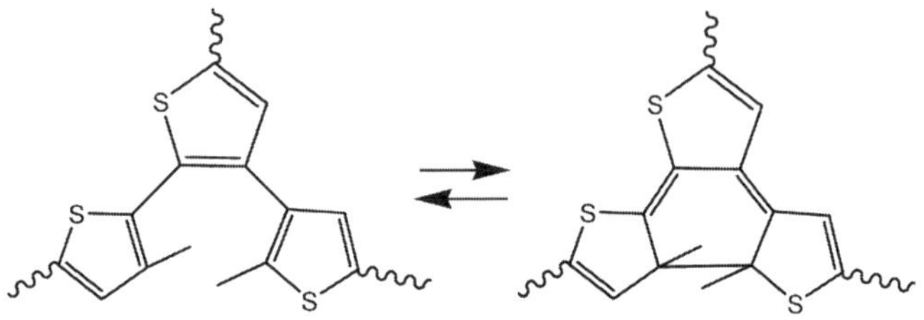

図4 "Triangle ter-arylene"の骨格構造変化

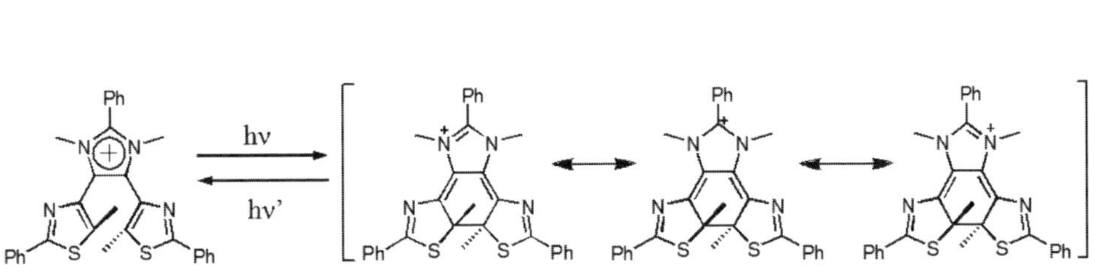

図5 イミダゾリウムを含有するターアリーレン系フォトクロミック分子の分子構造

る。イミダゾリニウム構造では，たとえば図5に示すような極限共鳴構造が寄与して正電荷の局在化が進み，求電子剤すなわちルイス酸としての反応性が大きくなるとともに共役ユニットとしても大きな変化が期待される。実際，閉環体状態に塩基を添加すると，劇的な吸収スペクトル変化が見られ，π共役系が制限されることが見出された[16]。類似の現象はイミダゾリウム基を有するジアリールエテン誘導体においても見出されたことから，イミダゾリウム構造に特有のスイッチング機能であると理解される[17]。

3 π共役平面の自発的なねじれ構造

　π共役系を有する分子は，π共役系の広がりが大きくなることで電子的な安定化を受けることから，π共役系分子ワイヤーなど，π共役系が1次元的に広がっている分子では共平面構造が安定となりやすい。もちろん，この様な共平面構造の安定化に対して，さまざまな立体効果が寄与するため，現実の分子の構造は必ずしも共平面構造となるわけではない。すなわち，π共役系分子の構造はπ共役系の広がりと立体障害とのバランスでその共平面性が決まると考えられてきた。この考え方の背景にあるのは，もちろん最初に述べたように共平面構造における本質的な安定性が前提となっている。さまざまなπ共役系分子の中でも，3重結合で芳香族分子を連結したジアリールアセチレン構造は，芳香族分子の回転障壁が小さいことから，立体障害をうまく利用することでその共平面性が制御可能であることや，比較的大きな発光特性などから，基礎化学的な研究におけるモデル化合物として幅広く研究されてきた。アセチレン自体は C_∞ 軸の対称性を含んでいることから，そのπ電子系も C_∞ 対称，すなわち軸対称な電子分布を有していると考えられる。しかし，ベンゼン環が加わった，フェニルアセチレンは C_{2v} に属しているため，アセチレン部の二つのπ電子系，Pz-Pz系とPy-Py系は縮退していないと考えられる。すなわち，たとえばPz-Pz系はベンゼン環のπ共役系と共鳴することで安定化されるが，Py-Py系はこの様な共鳴の寄与を受けず安定化されない。第2のフェニル基を導入したジフェニルアセチレンでは，2つのフェニル基が直行したねじれ構造をとれば，Pz-Pz系，Py-Py系のそれぞれのπ電子系はそれぞれフェニル基との間でπ共役系を形成することから，安定化を受けることが期待される。しかし実際には，2つのフェニル基が共平面構造をとる構造が安定とされており，これはπ共役系の安定化を分け合わずに，3重結合における片方のPπ系をより強く安定化させたほうが全体のエネルギーが下がることを意味している。DFT計算では，共平面構造が最も安定で，ねじれ構造が不安定となることが報告されている。また，そのエネルギー差は室温程度と見られており，この観点からはジアリールアセチレンは室温での回転異性化が可能であると考えられる。ジアリールアセチレンの共平面構造はπ共役分子のパイエルス転移などにも見られる，対称性の低い構造がより安定となるケースの一例と考えることができる。

　最近筆者らは，この様なジアリールアセチレン構造を詳細に調べた結果，図6に示す分子3において，ねじれ構造が安定であることを見出した。この分子はイミダゾリウム基とアントラセン

第3章　π共役高分子の光機能化

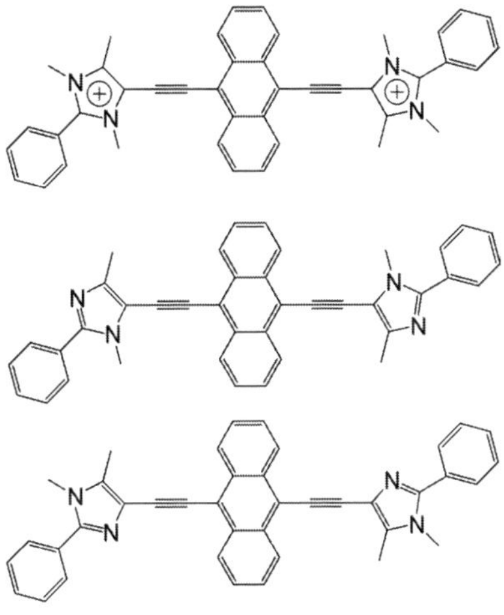

図6　ジエチニルアントラセン誘導体 3, 4, 5 の分子構造

を有しており，対アニオンとしてヨウ素イオンを有している。イミダゾリウム基に換わって，イミダゾール基を有する分子，4, 5 については，共平面構造が最安定構造であることがDFT計算などから明らかになった。しかし，分子 3 はほぼ90度ねじれた直交状態が最安定構造であることが，DFT計算などから明らかになった。DFT計算によると，ねじれ構造と共平面構造のエネルギー差は室温の kT を超えており，室温で主に出現する構造はねじれ構造であることがわかった。さらにNOEスペクトルからも，溶液中の主要な構造がねじれ構造であることが示された。吸収スペクトルにおいては，分子 3 は分子 4, 5 に比べて短波長シフトを示し，この結果はTD-DFTの計算結果とよく一致した。すなわち，分子 3 においては，先に述べたような3重結合を形成している2つのπ電子系が，イミダゾリウム基とアントラセンのそれぞれとπ共役系を形成して，安定化を受けていると推定することができる。分子 4, 5 の吸収スペクトルはpHの変化に対して可逆に変化し，酸性溶液中では両者の吸収スペクトルは一致し，短波長に吸収を示す分子 3 の吸収スペクトルとほぼ同じとなった。これらのことはπ共役系の共平面性の構造変化がプロトン化，脱プロトン化に伴って可逆に進むことを示している。

　DFT計算によりさまざまな分子の構造を推定した結果，この様なねじれ構造を与えるジアリールアセチレンの候補は他にも見つかっており，今後，系統的な検討が必要と考えられる。いずれにせよ，π共役系分子は本質的に共平面構造をとる傾向があるとの従来の考え方には例外もあり，慎重な検討が必要であることがわかった。

文　　献

1) 吉野勝美編 "ナノ・IT 時代の分子機能材料と素子開発", エヌティーエス（2004）
2) 日本化学会編, 有機フォトクロミズムの化学, 化学総説, **28**, 化学同人（1996）
3) (a) P. Rochon, E. Batalla, A. Natansohn, *Appl. Phys. Lett.*, **66**, 136-138,（1995）;（b）D. Y. Kim, S. K. Tripathy, L. Li, J. Kumar, *Appl. Phys. Lett.*, **66**, 1166-1168（1995）
4) H. G. Heller, R. M. Megit, *J. Chem. Soc., Perkin Trans.*, **1**, 923（1974）
5) M. Irie, M. Mohri, *J. Org. Chem.*, **53**, 803（1988）
6) M. Irie, *Chem. Rev.*, **100**, 1683（2000）
7) (a) 河合壯, 入江正浩, "ナノ・IT 時代の分子機能材料と素子開発", 吉野勝美編, エヌティーエス（2004）;（b）T. Kawai, M. Irie, "Synthesis and Applications of Amorphous diarylethenes", in "Photoreactive Organic Thin Films", pp541, Z. Sekkat and W. Knoll ed. Elsevier（2002）
8) T. Kawai, T. Koshido, M. Nakazono, K. Yoshino, *Chem. Lett.*, 697（1993）
9) T. Koshido, T. Kawai, K. Yoshino, *Synth. Met.*, **73**, 257-260（1995）
10) T. Kawai, T. Kunitake, M. Irie, *Chem. Lett.*, 905（1999）
11) T. Kawai, Y. Nakashima, T. Kunitake and M. Irie, *Curr. Appl. Phys.*, **5**, 139（2005）
12) T. Kawai, Y. Nakashima, M. Irie, *Adv. Mater.*, **17**, 309（2005）
13) M. J. Marsella, Z. Q. Wang, R. H. Mitchell, *Org. Lett.*, **2**, 2979（2000）
14) T. Koshido, T. Kawai, K. Yoshino, *J. Phys. Chem.*, **99**, 6110（1995）
15) T. Kawai, T. Iseda, M. Irie, *Chem. Commun.*, 72（2004）
16) T. Nakashima, M. Goto, S. Kawai, T. Kawai, *J. Am. Chem. Soc.*, **130**, 14570-14575（2008）
17) T. Nakashima, K. Miyamura, T. Sakai, T. Kawai, *Chem.-Eur. J.*, **14**, in press（2008）
18) T. Terashima, T. Nakashima and T. Kawai, *Org. Lett.*, **9**, 4195（2007）

第4章 構造制御した共役ポリマーの三次非線形光学応答

岸田英夫*

1 はじめに

　三次非線形光学応答とは，"光による光の制御"を行うために必要となる光学応答である。"光による光の制御"とは，光によって他の光線の状態（進行方向，強度，位相など）を制御することを意味するが，これを実現するためには大きな三次非線形感受率（$\chi^{(3)}$）を有する物質が必要である。共役ポリマーの三次非線形光学特性は1970年代より研究され，大きな$\chi^{(3)}$を示し，なおかつ高速な応答特性を示すことが明らかにされてきた[1]。近年，種々の方法により共役ポリマーの立体的構造，電子状態について複雑かつ精密な制御が可能になってきた。ここでは，$\chi^{(3)}$の増強という観点から，主鎖構造および電子構造を制御した共役ポリマーの三次非線形光学応答特性について紹介する。

　非線形感受率の評価には，種々の実験方法が用いられ，手法により異なる値が得られる。非線形感受率$\chi^{(3)}$は物質に入射する3つの光子エネルギーω_1, ω_2, ω_3の関数になっているため，実験手法に応じ入射光子エネルギーが異なり，非線形感受率の値が様々な値をとることになる。一般に，ある測定方法によって得られる$\chi^{(3)}$が大きい場合，別の方法によって得られる$\chi^{(3)}$も大きい。すなわち，物質間の比較を行う場合には，統一した実験手法による評価が重要である。そこで，本稿では定量性に優れる第三高調波発生法（Third-harmonic generation, THG）を用い，物質間の精密な比較を行う。また，非線形感受率だけではなく，吸収係数と三次非線形感受率の比，いわゆる性能指数（Figure of merit）を増大させる方法についても，詳細な電子状態の理解に基づき考察する。

　共役ポリマーにおける主たる三次非線形光学応答は図1に示す通り，基底状態|0>から一光子遷移許容状態|1>および一光子遷移禁制状態|2>を経て基底状態に戻る4光子過程で表される。これら関与する状態は，"essential states"とよばれる。この状態（基底状態，二つの励起状態）からなるモデル（essential-state model）は一次元半導体の非線形光学応答を理解する際の基礎的なモデルとなっている[2]。共役ポリマーの非線形光学応答がEssential-state modelで記述できる点は，多くの半導体における非線形光学応答が，基底状態と一光子遷移許容状態で記述されるのとは大きく異なっている。基底状態からの遷移双極子モーメント<0|x|1>は吸収強度（振動子強度$f \propto |<0|x|1>|^2$）を支配している。一方，<1|x|2>は非線形光学応答にのみ寄与を与え

＊ Hideo Kishida　名古屋大学　工学研究科　マテリアル理工学専攻　准教授

る。ここで非線形感受率 $\chi^{(3)}$ は $\chi^{(3)} \propto |<0|x|1><1|x|2>|^2$ と表される。このため，$\chi^{(3)}$ を大きくするには，$<0|x|1>$ の増強（すなわち振動子強度の増大），$<1|x|2>$ の増強の二種類の方法が考えられる。$<0|x|1>$ を増強すると，非線形感受率が大きくなると同時に，吸収係数も大きくなる。一方，$<1|x|2>$ の増強は，吸収係数の増大を伴わず，非線形感受率のみを大きくすることが可能である。このことから，$<1|x|2>$ を増強することは，性能指数を向上させる理想的な方法であるといえる。

2 立体規則性ポリアルキルチオフェンにおける三次非線形感受率[3]

head-to-tail ポリアルキルチオフェン（HT-PT）は，HT 結合の割合（r）によって構造秩序度を制御することが出来る。構造を制御した $r=0.985$，0.80，0.30，0 の poly(3-hexylthiophene)（P3HT）(図2(a)参照)について，吸収スペクトルと第三高調波発生法（THG）により求めた $\chi^{(3)}$ スペクトルを図3に示す。THG スペクトルは励起エネルギー（Fundamental photon energy）に対し，プロットしてある。r の増大に伴い，吸収スペクトルのピークエネルギー E_g は低下する。$r=0.80$ から 0.985 の変化にともなうピークエネルギーのシフトは約 100meV と小さい。一方，$\chi^{(3)}$ の最大値は，$r=0.80$ から 0.985 の間において，約3倍増加する。図4に $\text{Max}|\chi^{(3)}|(\hbar\omega_1')^2$ を $\alpha_{max}/(\hbar\omega_1)$ に対してプロットした。図中，縦軸は，$|<0|x|1><1|x|2>|^2$ に比例し，横軸は，$|<0|x|1>|^2$ に比例する量である。$r=0$ から $r=0.80$ までの変化は，傾き2の直線で再現される。これは $<1|x|2>$ が $<0|x|1>$ に比例していると考えると説明が出来る。r の増大に伴い，励起状態が空間的に広がり，$<0|x|1>$ と $<1|x|2>$ の両者が同様に増大したと考えられる。しかし，$r=0.80$ から 0.985 の振る舞いは，$<1|x|2>$ がより顕著に増大していることを示唆している。こ

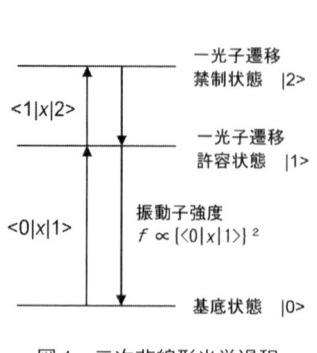

図1 三次非線形光学過程

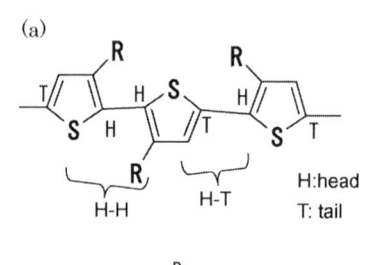

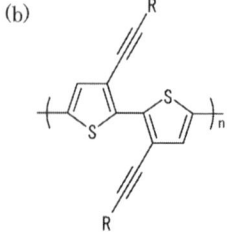

図2 (a)立体規則性 H-T 型ポリアルキルチオフェン，(b) H-H 型ポリアルキニルチオフェン

第4章 構造制御した共役ポリマーの三次非線形光学応答

図3 P3HTの吸収・THGスペクトル[3]

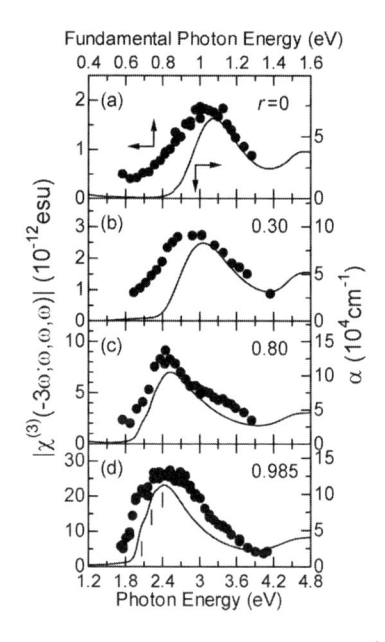

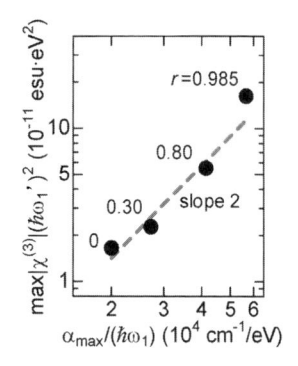

図4 立体規則性ポリチオフェンP3HTにおける非線形感受率と吸収係数の関係[3]

れは，$r > 0.80$において，比較的小さな半径を持つ最低励起子$|1\rangle$の広がりはそれほど影響を受けないが，より大きな励起子半径を持つ$|2\rangle$の状態が構造秩序度の変化に対しより敏感に変化したためと考えられる。このように，秩序度を高くすることは，中間状態としてより高い量子数の励起状態を利用する非線形光学過程には重要である。

3 ポリアルキニルチオフェンの三次非線形感受率[4]

上述のhead-to-tail型のP3HTよりもさらに秩序性の高い共役ポリマーは存在しうるであろうか？ P3HTではアルキル鎖とチオフェンの硫黄原子との間の立体障害が存在する。このため，head-to-tail構造にしても完全に理想的な一次元電子状態が実現できない。しかし，側鎖に三重結合を導入した，head-to-head（HH）型ポリアルキニルチオフェン（図2(b)，HH-P3(C≡CR)Th）においては，この立体障害が取り除かれる[4]。このポリマーのスピンコート膜における吸収スペクトルを図5（実線）に示す。図から明らかな通り，吸収ピークが著しく先鋭化し，フォノンサイドバンドが明確に分離している。このような明確なフォノン構造は，これまでの共役ポリマーのスピンコート膜では観測されなかったものである。この先鋭化は，構造の乱れや有効共役長のばらつきに起因する不均一幅が狭くなったことを意味しており，側鎖構造の制御により，主鎖骨格が理想的な一次元系に近づいたためと考えられる。$\chi^{(3)}$スペクトルを図5（黒丸）に示す。吸収スペクトルで観測された0フォノン遷移（1.95eV）エネルギーにおいて$\chi^{(3)}$も鋭い共鳴

259

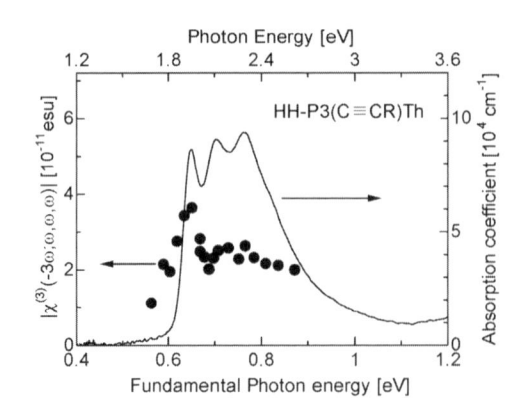

図5 ポリアルキニルチオフェンの吸収・THGスペクトル[4]

を示している。この$\chi^{(3)}$のピーク値は，H-Tポリチオフェン（$r=0.985$）のものよりもさらに30%以上大きく，構造秩序性を高めた効果が現れている。

4 電荷移動型共役ポリマーにおける三次非線形感受率[5~7]

ドナー性分子とアクセプター性分子が交互に結合した電荷移動型共役ポリマーにおいては，ドナーアクセプター分子間の電荷移動遷移が光学ギャップの起源である[8]。このため，ドナーとアクセプターの組み合わせを選ぶことにより，光学ギャップが制御できる可能性がある。ここでは，ドナー性分子（チオフェン（Th），BzO（図6参照））とアクセプター性分子（キノキサリン（Qx），BTz，Tz）を交互に結合した電荷移動型共役ポリマーPThQx，PAE（BzOとBTzの交互結合共役ポリマー），PThTzについて，THG法により$\chi^{(3)}$を評価した[5~7]。PThQxとPAEはドナー性，アクセプター性の強い組み合わせであり，電荷移動性が強いポリマーである。一方，PThTzは電荷移動性の弱いポリマーである。これらのポリマーの吸収スペクトルとTHGスペクトルを図7に示す。比較のために，ポリヘキシルチオフェン（$r=0.80$，Ra-PTh）についても示す。電荷移動性の強いPAEが最も大きな非線形性を示している。一方，同じく電荷移動性の強いPThQxはそれほど大きな非線形性を示していない。これは，PThQxは吸収係数が小さく，基底状態からの遷移双極子モーメントが小さいためである。電荷移動性の弱いPThTzの吸収係数はPAEとほぼ同程度であるが，非線形感受率は約半分であり，電荷移動性の大きさが非線形性に重要な役割を果たしていることがわかる。

5 種々のポリマー間の比較

これまで示してきた種々のポリマー間の比較を行うために，各ポリマーのピークにおける吸収係数と非線形感受率の値を図8に示す。非線形光学材料としては，吸収が小さく，非線形性の大

第4章　構造制御した共役ポリマーの三次非線形光学応答

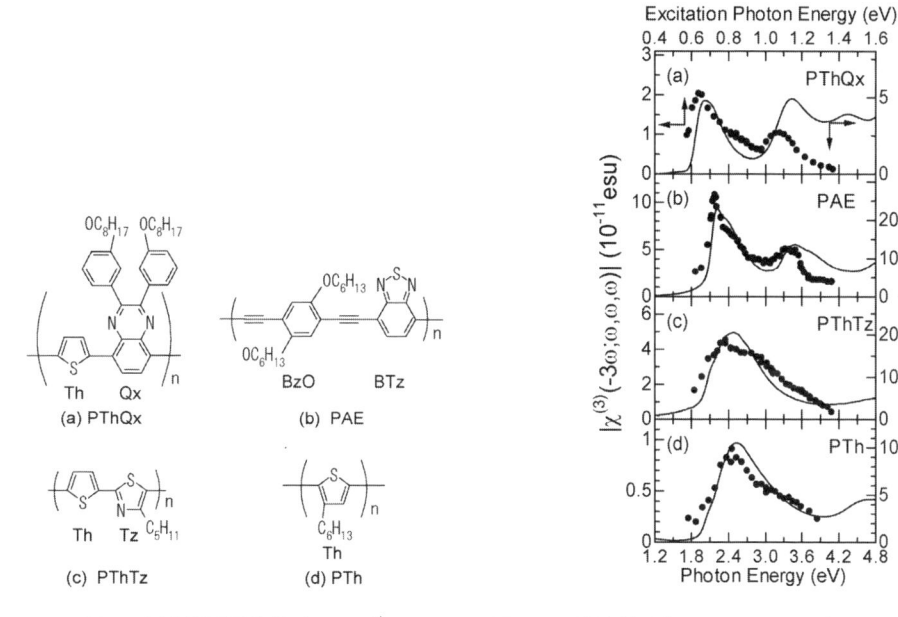

図6　電荷移動型共役ポリマー[7]

図7　電荷移動型共役ポリマーの吸収・THG スペクトル[7]

きいものが望ましい。そこで非線形応答の（一つの）性能指数である $\chi^{(3)}/\alpha$ について考える。この図中では，原点から各点へ引いた直線の傾きが $\chi^{(3)}/\alpha$ に相当する。この性能指数は，おおよそ $|<1|x|2>|^2$ に比例する量である。P3HT においては H-T 割合の増大に伴い，$\chi^{(3)}/\alpha$ が増大していることがわかる。さらに HH-P3（C≡CR）Th は HT-P3HT よりも $\chi^{(3)}/\alpha$ が大きいことがわかる。このことから側鎖構造の制御により，有意に $\chi^{(3)}/\alpha$ が増大したといえる。これは励起状態間の遷移双極子モーメントが増大したことによるためである。次に電荷移動型ポリ

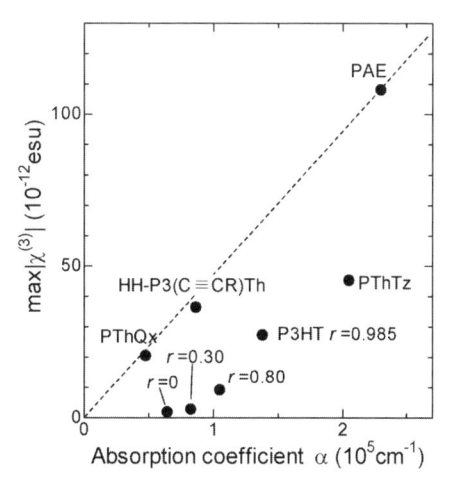

図8　種々の共役ポリマーの吸収係数と $\chi^{(3)}$

マーに着目する。PThとPThQx, PAEを比較すると, PThQxやPAEの方が $\chi^{(3)}/\alpha$ が大きく励起状態間の遷移双極子モーメントが大きくなっていると考えられる。最低励起状態|1>が電荷移動型の励起状態になり，基底状態からの遷移強度が抑制される一方，電荷移動型の励起状態である|2>と|1>の波動関数の空間的広がりが近くなり，<1|x|2>が増大し，$\chi^{(3)}$ が大きくなったと考えられる。

このように，ポリチオフェンにおいては，その主鎖構造を制御することにより，非線形感受率と性能指数の増大が得られた。また，電荷移動型共役ポリマーにおいては，ドナー分子とアクセプター分子を構造的に交互に配置し，電子励起状態を電荷移動型にすることにより，励起状態間の遷移双極子モーメントが増大し，吸収係数の減少と非線形感受率 $\chi^{(3)}$ の増大，性能指数の増大が得られた。このように，電子構造，立体構造を制御することにより，励起状態の波動関数の形状を非線形光学応答に適するようにすることで，非線形感受率，性能指数を向上させることが可能である。

謝辞

本稿で紹介したすべてのポリマーは，東京工業大学山本隆一教授グループにより合成されました。また非線形光学測定は，東京大学岡本博教授との共同研究にて行われました。ここに謝意を表します。

文　献

1) C. Sauteret *et al.*, *Phys. Rev. Lett.*, **36**, 956 (1976)
2) S. N. Dixit *et al.*, *Phys Rev. B*, **43**, R6781 (1991)
3) H. Kishida *et al.*, *Appl. Phys. Lett.*, **87**, 121902 (2005)
4) T. Sato *et al. Synth. Metals*, **157**, 318 (2007)
5) T. Yamamoto *et al.*, *Macromol. Rapid Commun*, **24**, 440 (2003)
6) H. Kishida *et al.*, *Phys. Rev. B*, **70**, 115205 (2004)
7) H. Kishida *et al.*, *Appl. Phys. Lett.*, **92**, 033309 (2008)
8) T. Yamamoto *et al. J. Am. Chem. Soc.*, **118**, 10389 (1996)

第5章 π共役ラジカルポリマー

加藤大輔[*1], 阿部二朗[*2]

1 はじめに

1991年に世界で最初に発見されたp-NPNN(p-nitrophenyl nitronyl nitroxide)の分子性結晶を初めとして,複数の安定局在ラジカルを導入した有機強磁性体が報告されている。p-NPNNが強磁性体へ転移するキュリー点は0.65Kであり,この発見以降,様々な有機強磁性分子結晶が開発されたが,いずれも磁性発現温度が極めて低く,加工性などに問題点があった[1,2]。磁性材料分野において,金属イオンを含まない純粋な有機化合物からなる有機強磁性材料を室温で利用できる技術はない。一方,高スピン有機化合物の分野では,1961年の多重項カルベンの発見を機に,1分子内に多数の電子スピンを整列させたπ共役ラジカル高分子の開発が盛んに行われている[3~5]。分子性結晶の有機強磁性体とは相反し,300Kの高温領域において強磁性を発現する化合物が複数確認されている。しかしながら,磁気特性の再現性に乏しく,その発現機構は詳細に検討されるには至っていない。この様な分子磁性体の開発にあたり,有機物質が持つ電子スピン間に長距離的な磁気相互作用を有し,巨視的な磁気秩序の確立が不可欠である。そのためには,分子の配向制御および電子スピンの集積化が重要である。また,報告されている大部分の有機強磁性体は大部分が不溶性であり,機能性材料への応用を考慮した際に扱いにくい欠点を有している。

以上のような状況に鑑み,新たな分子設計理論に基づいたπ共役ラジカルポリマーを開発し,室温において強磁性成分を含むことを明らかとしてきた。本稿では,開殻電子構造の特徴であるビラジカル性を有するBDPI-2Yに着目し,非局在ビラジカル化合物をモノマーユニットとするπ共役ラジカルポリマーに関する研究の成果を解説する。

2 非局在ビラジカル

2,2',4,4',5,5'-hexaarylbiimidazole(HABI)は1960年に,お茶の水女子大学の林太郎,前田候子らが発見した純国産のラジカル解離型フォトクロミック化合物である。当グループではHABIの研究を進めていく過程で,分子内に2つのイミダゾリル部位を有する非局在型のビラジカル化合物が特異な電子状態を有することを見出してきた[6]。非局在ビラジカルである1,4-Bis(4,5-

---

[*1] Daisuke Kato 青山学院大学 大学院理工学研究科 理工学専攻 博士後期課程
[*2] Jiro Abe 青山学院大学 理工学部 化学・生命科学科 准教授

diphenylimidazole-2-ylidene)cyclohexa-2,5-diene（BDPI-2Y）は1966年にZimmermannらによって，金属光沢を有する青緑色結晶として発見された[7~10]。BDPI-2Yは電子常磁性共鳴（EPR）に応答し，反磁性種の閉殻キノイド状態と常磁性種である熱励起三重項状態間の熱平衡を有する。閉殻キノイド状態と開殻ビラジカル状態の平衡を制御することは，ビラジカル化学の発展・解明において重要なファクターの1つである。室温，溶液状態におけるBDPI-2Yの常磁性スピンの割合はおよそ0.1%にすぎないが，BDPI-2Yの中央のベンゼン環上の4つの水素原子をフッ素原子に置換したtF-BDPI-2Yはおよそ0.4%を示し，比較的に高い常磁性種の存在を示す。このtF-BDPI-2YはBDPI-2Yとは異なり，分子間のラジカル再結合反応を示し，フォトクロミック二量体を形成する特徴を有している[11,12]。

また，当グループではBDPI-2Yの構造異性体（BDPI-4Y）を開発し，非局在ビラジカルの実験的な知識を蓄積してきた。この構造異性体はBDPI-2Yと比較して，分子の平面性の低下に起因するスピン濃度の大幅な増大（1.6%）が観測されている[13]。共役ビラジカル種の平面性の低下は閉殻キノイド状態の不安定化を誘起し，開殻ビラジカル状態の安定化に寄与する。そこで，当グループでは新たにπ共役ポリマーの主鎖骨格に異なる電子状態を有する2種類の非局在ビラジカル化合物，BDPI-2YおよびBDPI-4Yのユニットを組み込む分子設計理論に基づく検討を行ってきた。これまでに開発されてきた高分子磁性体は，高分子の主鎖又は側鎖に局在ラジカル部位を導入した化合物が大部分であることから，非局在ラジカルユニットを主鎖の繰り返し構造としたπ共役高分子の磁気特性は非常に興味深い。poly-BDPIは異なるラジカルサイト数を有する高分子集合体を形成することが予想され，その集合状態では多様な電子スピン状態間においての異なるスピン相互作用が期待される。また，非局在ビラジカルユニットが主鎖上で広く共役し，長距離に及ぶスピンの浸み出しが予測される。

3 π共役ラジカルポリマー[14]

π共役ラジカルポリマー，poly-BDPIの合成は図1(d)に従い行った。開発したpoly-BDPIは，その合成条件を検討することにより分子量分布を制御することが可能であり，条件を最適化することでベンゼンに対して溶解性を示す数平均分子量（M_n）が3200のπ共役高分子が得られた。poly-BDPIは前駆体poly-BDPI lophineの酸化生成物であることから，前駆体poly-BDPI lophineの重合度を測定することでπ共役ラジカルポリマーの重合度としている。テレフタルアルデヒドとビスベンジル誘導体のイミダゾール縮合環化反応によって得たpoly-BDPI lophineは，ゲルパーミエーションクロマトグラム（GPC）からM_n，M_w/M_nを3200，1.29と決定した。poly-BDPIはpoly-BDPI lophineをベンゼン，2N水酸化カリウム水溶液中，フェリシアン化カリウムを用いた二層酸化によって深青色の粉末として得た。

Poly-BDPIの溶液は深青色を示す一方で，ベンゼン以外の溶液中では徐々に青色から黄色への退色を示す。この退色現象は，溶媒分子からのプロトン引き抜き反応によるラジカルの失活を

第5章　π共役ラジカルポリマー

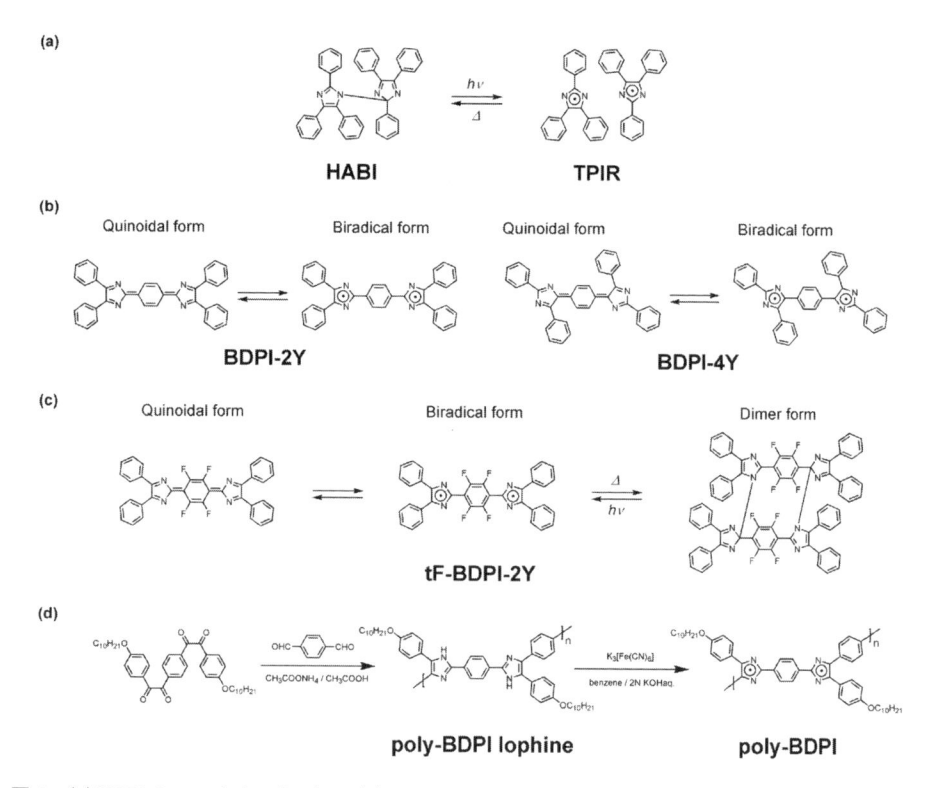

図1　(a) HABI のフォトクロミズム，(b) BDPI-2Y，BDPI-4Y のキノイド−ビラジカル間の熱平衡，(c) tF-BDPI-2Y の熱平衡およびフォトクロミズム，(d) poly-BDPI の合成スキーム

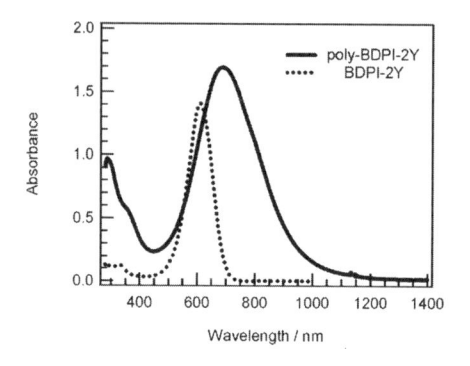

図2　poly-BDPI（実線，0.75mg/mL），BDPI-2Y（点線，1.25×10^{-5}mol/L）のベンゼン溶液の紫外可視吸収スペクトル

支持し，poly-BDPI が比較的活性の高いラジカル種であることを示している。紫外可視吸収スペクトルを図2に示す。モノマーユニットである BDPI-2Y が 600nm 付近に極大吸収波長を有するのに対して，およそ 500nm から 1200nm にかけた幅広い吸収帯を示し，ポリマー主鎖骨格上に非局在化したπ電子の存在を示している。

次世代共役ポリマーの超階層制御と革新機能

磁気特性の検討には，カンタムデザイン社製の SQUID を用いた。2K から 300K の温度範囲を磁場 150 Oe の存在下で，磁場中冷却（FC）およびゼロ磁場中冷却（ZFC）過程の磁化を測定した（図3）。ZFC と FC 間には差異はなく，前駆体 poly-BDPI lophine の不完全な酸化体に由来するキュリー成分が 30K 以下で増大し，30K よりも上の温度範囲では一定な磁化が示された。磁化の磁場依存測定を行うと，図4に示すように室温（300K）で強磁性体に特徴的な磁気ヒステリシス・ループが観測された。飽和磁化（M_s），残留磁化（M_r），保磁力（H_c）は 3.02×10^{-4} emu Oe g^{-1}，4.32×10^{-5} emu Oe g^{-1}，10 Oe である。M_s の値は，これまでに報告されている既存の有機強磁性体に比べて非常に小さいものの，異なる分子量分布の高分子試料においても同温度で強磁性を示し，磁気特性の優れた再現性が得られている。強磁性成分に由来する poly-BDPI の磁化は時間経過に従って，不活性雰囲気化，低温保存において減少が観測されるものの，生成直後から目立った色変化は見受けられない（図5）。以上のことから，観測された強磁性成分は鉄などの強磁性元素を含む不純物由来ではなく，有機ラジカルに起因している実験的な証拠である。また，熱的に失活した poly-BDPI が反磁性を示すことも有機強磁性体の存在を示す確かな証拠である。このような強磁性を示す発現機構は明白になってはいないが，実験的に室温にて強

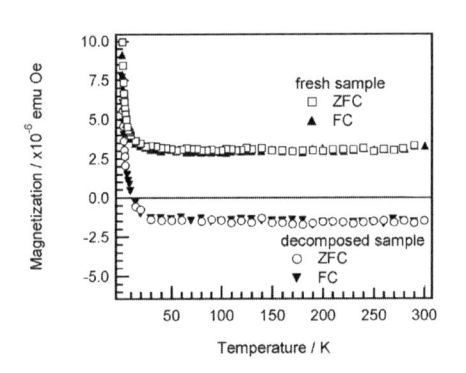

図3 ラジカル失活前後の poly-BDPI の磁場 150 Oe 中の温度依存磁化測定

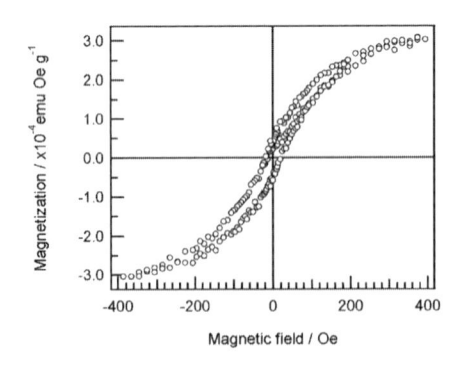

図4 poly-BDPI の室温（300K）における磁気ヒステリシス・ループ

第5章　π共役ラジカルポリマー

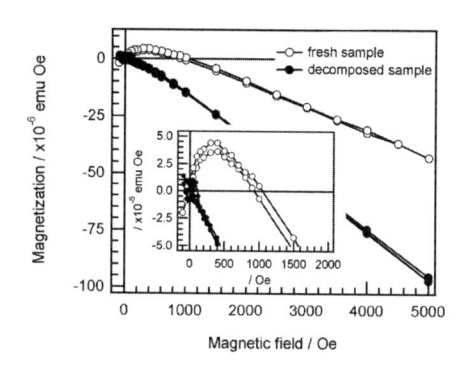

図5　ラジカル失活前後のpoly-BDPIの磁気ヒステリシス・ループ

磁性を示すπ共役高分子を開発でき，今後鋭意検討を行うことで非局在ラジカルの織りなす特異な磁気特性の発現が期待される。

4　おわりに

　本稿では，我々が新たに開発したπ共役ラジカルポリマーの合成と磁気特性の検討について述べた。この分子の発想の着眼点は，これまで当グループにて行ってきた非局在ラジカル化合物の基礎的な知見が多く反映されている。これまでの，有機強磁性体の設計指針はメインの高分子主鎖に側鎖として強磁性的な相互作用に根差した配置で有機ラジカルを導入する，もしくは局在ラジカルを主鎖骨格に配置し，強磁性的な相互作用の発現を意図した化合物が大部分であった。我々は，これまでに例のない非局在ラジカルを高分子主鎖中に有する新たなπ共役ラジカルポリマーの指針を打ち出し，開発したpoly-BDPIが強磁性を室温（300K）にて再現性よく発現することを見出した。発現機構は，現在までに明らかにできていないが，開発した強磁性体が有機溶媒に可溶であることから，有機磁性体の発展において重要な結果が得られたといえる。将来的には，湿式法を用いた有機磁性薄膜材料への展開が渇望される。磁化が小さい問題点があるものの，この磁気特性はビラジカルユニットの数，つまりはポリマーの重合度の増加により更なる改善が図れると期待される。

文　　献

1) M. Kinoshita, P. Turek, M. Tamura, K. Nozawa, D. Shiomi, Y. Nakazawa, M. Ishikawa, M. Takahasi, K. Awaga, T. Inabe, Y. Maruyama, *Chem. Lett.*, 1225 (1991)
2) M. Tamura, Y. Nakazawa, D. Shiomi, K. Nozawa, Y. Hosokoshi, M. Ishikawa, M.

Takahashi, M. Kinoshita, *Chem. Phys. Lett.*, **186**, 401 (1991)
3) Y. V. Korshak, T. V. Medvedeva, A. A. Ovchinnikov, V. N. Spector, *Nature*, **326**, 370 (1987)
4) J. B. Torrance, P. S. Bagus, I. Johannsen, A. I. Nazzal, S. S. P. Parkin, P. Batail, *J. Appl. Phys.*, **63**, 2962 (1988)
5) H. Tanaka, K. Tokuyama, T. Sato, T. Ota, *Chem. Lett.*, 1813 (1990)
6) T. Hayashi, K. Maeda, *Bull. Chem. Soc. Jpn.*, **33**, 565 (1960)
7) U. Mayer, H. Baumgärtel, H. Zimmermann, *Angew. Chem.*, **78**, 303 (1966)
8) Y. Sakaino, T. Hayashi, K. Maeda, *Nippon Kagaku Kaishi*, 100 (1972)
9) Y. Sakaino, H. Kakisawa, T. Kusumi, K. Maeda, *J. Org. Chem.*, **44**, 1241 (1979)
10) Y. Sakaino, *J. Chem. Soc., Perkin Trans.*, **1**, 1063 (1983)
11) A. Kikuchi, F. Iwahori, J. Abe, *J. Am. Chem. Soc.*, **126**, 6526 (2004)
12) A. Kikuchi, J. Abe, *Chem. Lett.*, **34**, 1552 (2005)
13) A. Kikuchi, H. Ito, J. Abe, *J. Phys. Chem. B*, **109**, 19448 (2005)
14) D. Kato, J. Abe, *Chem. Lett.*, **37**, 694 (2008)

第6章　加熱溶融法による共役ポリマー有機トランジスタの高機能化

梶井博武*

1 はじめに

一般的には，共役ポリマーから作製する薄膜には，主に共役ポリマーがゲル化しにくい溶媒を選択して，ポリマーを所望の溶媒に溶かして液体状態にしてから成膜するスピンコート法，インクジェット法[1]，スクリーニング印刷法に代表されるウェットプロセス法が用いられる。他には，その固体状態から摩擦転写法[2]等による薄膜形成が報告されている。共役ポリマーは，溶媒中において高分子鎖の構造，形態を変化させることで，溶媒の種類の変化により現れるソルバトクロミズム現象や加熱溶媒中でサーモクロミズム現象といった種々の共役ポリマーの構造変化に伴う現象が観測される。すなわち，有機溶媒を，共役ポリマーを溶解させ，ウェットプロセス可能な状態にするための溶剤として単に使用するだけでなく，溶媒と共役ポリマーとの相互作用を積極的に利用することで，ポリマー溶液の加熱溶融状態を制御することで共役ポリマー鎖の階層的な構造制御の可能性が期待できるものと考えられる。

本稿では，逆に積極的に共役ポリマーをある種の溶媒に溶解させることで徐々に流動性を失いゲル化する現象を利用してゲル状共役ポリマーを作製し，ゲル状共役ポリマーの特性とそれを加熱基板上へ溶融させ，熱転写する方法による薄膜形成とその応用に関して述べる。

2 薄膜特性とその応用

ポリアルキルフルオレン[3,4]は，単体で量子収率が高く，青色発光材料として広く用いられてきた。一方，ポリアルキルチオフェン[5〜7]も，有機半導体材料として様々なデバイス応用が研究されている。本稿では，共役ポリマー材料としてポリフルオレン系材料の青色発光高分子 poly(9,9-dioctylfluorenyl-2,7-diyl) (PFO) とポリチオフェン系材料である poly(3,3'''-didodecyl quarter thiophene) (PQT-12)[8]を用いた場合の，ゲル状共役ポリマーの特性とその薄膜特性及び応用について述べる。両ポリマーとも，図1に示すようにある種の溶媒に溶解させることで徐々に流動性を失いゲル化する。

PFOに関して様々な溶媒で調べると，基本的にオルト位を有する溶媒分子中で，PFOはゲル化しやすい性質を有しており，図2に示すように，1,2,4-トリクロロベンゼン，2-クロロ-p-キシ

---

* Hirotake Kajii　大阪大学　先端科学イノベーションセンター　助教

レン，1,2-ジクロロベンゼンの溶媒に依存せず，ゲル状 PFO の吸収スペクトルの長波長側のピーク波長は，どの溶媒からも 438nm に観測される。

図 3(a)に PFO が 1.7wt% の 1,2,4-トリクロロベンゼン溶液を用いて作製したゲル状 PFO と溶

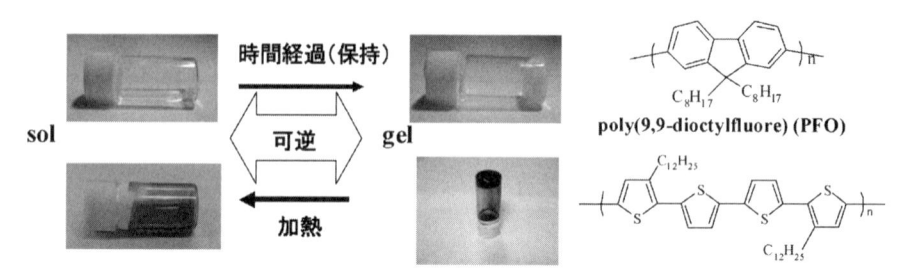

図 1 溶液状態とゲル状態の写真と分子構造

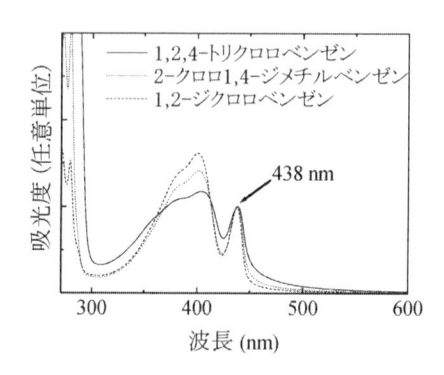

図 2 様々な溶媒におけるゲル状 PFO の吸収スペクトル

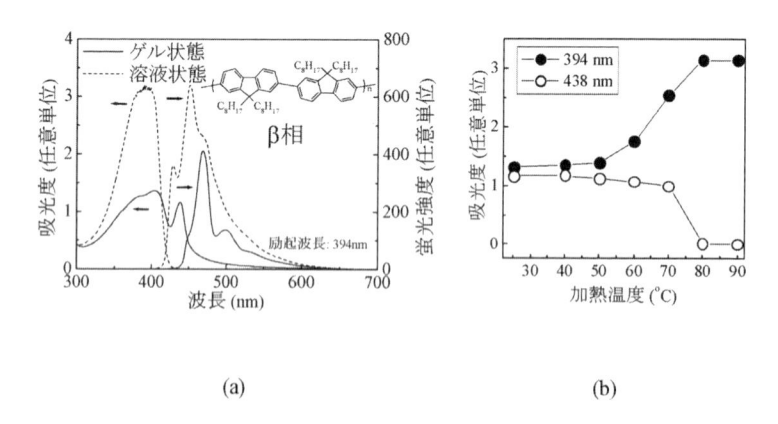

図 3 (a)ゲル状 PFO と溶液状態の PFO の吸収と蛍光スペクトル，(b)ゲル状 PFO を加熱した場合の 394nm と 438nm の吸光度の加熱温度依存性

第6章　加熱溶融法による共役ポリマー有機トランジスタの高機能化

液状態のPFO（ゾル）の吸収と蛍光スペクトルを示す。ゲル状PFOの蛍光ピークは，溶液状態と比較して長波長側にシフトしている。ゲル状PFOのピーク波長が447，468，499，530nmの青色発光を示している。PFO溶液では，394nm付近に吸収ピークを有している。このピークは，PFOのアモルファス状態に対応する吸収である。一方，ゲル状PFOの場合，長波長側の438nmに新たに吸収ピークが現れている。この結果から，溶液状態と比較して低エネルギーギャップを有するゲル状PFOの高分子鎖は，平面性や共役長が増大していると考えられる。図3(a)の挿入図に示した平面性の高いβ相の形成に伴い，それに起因するピークが，438nm付近に現れることが報告されており[9～13]，ゲル状態で現れる新たな吸収帯の特徴は，よく一致している。

図3(b)にゲル状PFOを加熱した場合の394nmと438nmの吸光度の加熱温度依存性を示す。測定は，所望の加熱温度で10分程度加熱後，室温状態に冷やして吸収スペクトルを測定した。394nmの吸収強度は，50℃以上から増加を始めた。一方，438nmの吸収ピークは，PFOのガラス転移温度に対応する約75℃以上に加熱すると，ゲル状態から溶液状態への変化に伴い，急激に消失していることがわかる。以上の結果から，平面性の高いβ相の形成がゲル状態の起因となっていることが推察される。

一方，チオフェン系材料PQT-12の場合は，1,2,4-トリクロロベンゼン，o-ジクロロベンゼンを用いて作製したゲル状PQT-12を用いて5℃の吸収スペクトルを測定すると，長波長側のピーク波長は，それぞれ608と625nmに観測され，一致していない（図4(a)）。また，o-ジクロロベンゼンを用いて作製したゲル状PQT-12の吸収スペクトルの温度変化を図4(b)に示す。温度の増加に伴い，溶液状態になることで，徐々に吸収スペクトルは，ブルーシフトしており，特に35℃以上で共役長が低下していることがわかる。従って，溶液状態に比べて，低エネルギーギャップを有するゲル状PQT-12の高分子鎖は，平面性や共役長が増大していると考えられる。チオフェン系材料PQT-12の場合は，長波長側の吸収ピークは，PQT-12と溶媒分子との間の電子的相互作用により生じていると考えられ，ソルバトクロミズム現象及びサーモクロミズム現象が見られた。

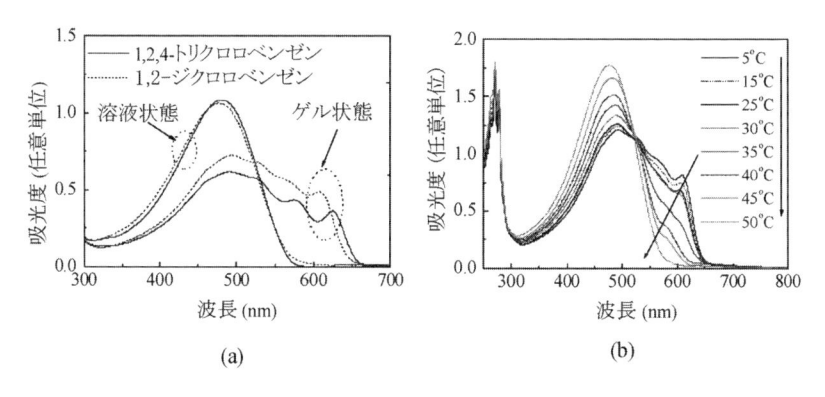

図4　(a)1,2,4-トリクロロベンゼンと1,2-ジクロロベンゼンから作製したゲル状態と溶液状態の吸収スペクトル，(b)1,2-ジクロロベンゼンを用いて作製したゲル状PQT-12の吸収スペクトルの温度依存性

次世代共役ポリマーの超階層制御と革新機能

ゲル状共役ポリマーを用いた熱転写による薄膜作製の模式図を図5(a)に示す。例えば，PFOを約0.5wt%以上の濃度で1,2,4-トリクロロベンゼンに溶解させることで徐々に流動性を失いゲル化する。その自己集合したゲル状共役ポリマーは，自己保持していて，やわらかいペースト状のような状態なため，様々な形の容器に充填することが可能となる。従って，図5(a)のようなゲル状共役ポリマーを充填したシリンジからゲルを押し出し，基板を加熱しながら塗布することで，ほぼ均一に数十～数百nm程度の薄膜を成膜することが可能になる。また，パラメータとして共役ポリマーの溶液への含有濃度，基板温度，塗布速度等を変化させることで，熱転写法で成膜される有機薄膜の特性を変化させることが可能となる。ゲル状PFOは，約75℃以上の加熱によりゾル状態へと転移し，基板への成膜が可能になる。一方，ゲル状PQT-12の場合は，更にゲル状PQT-12をペルチェ素子にて冷却しながら，約35℃以上の加熱した基板上に熱転写法にて成膜を行った。

まずゲル状態から溶液状態に変化する転移温度に近い75.5℃でゲル状PFOを基板に熱転写することで，薄膜を作製した。図5(b)に基板温度75.5℃，シリンジの挿引速度20μm/sで作製したPFO薄膜の表面のAFM像を示す。この条件で作製した薄膜においては，通常のスピンコート法で成膜された薄膜と異なり，楕円状で卵形のPFO粒子（長軸：約150～200nm，短軸：50～75nm）が階層的に連なり，矢印で示した挿引方向に対して向きが揃っている特長的な階層

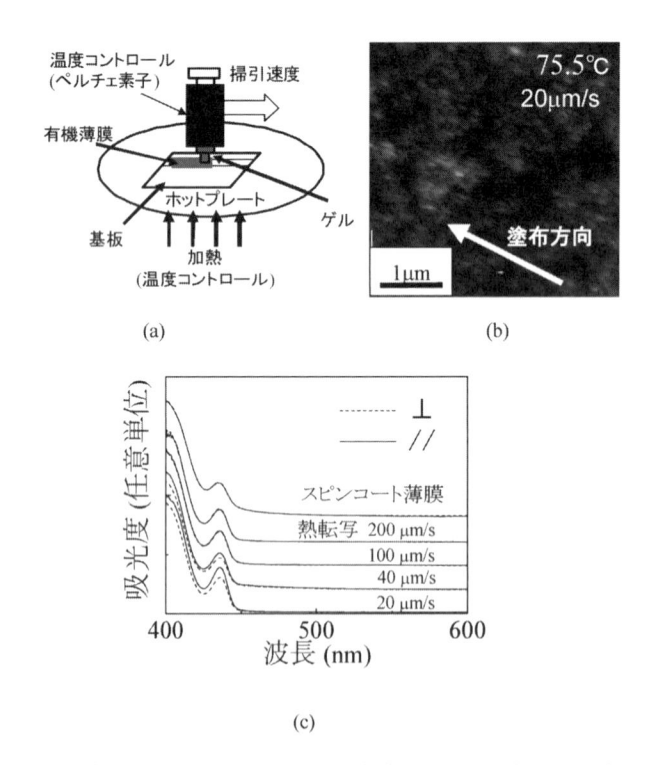

図5 (a)熱転写法によるゲル状共役ポリマー成膜の模式図，(b)PFO薄膜のAFM像，(c)挿引速度によるPFO薄膜の吸収スペクトルの変化

第6章 加熱溶融法による共役ポリマー有機トランジスタの高機能化

構造を有していることがわかる。また，PQT-12薄膜からも，PQT-12粒子が積み重なったモフォロジーが観測される。

特にゲル状PFOから作製した階層構造を有する薄膜から，挿印方向に対して垂直方向の吸収強度（I(⊥)）が，平行方向の吸収強度（I(∥)）に比べて小さく，I(⊥)/I(∥)の吸収強度比は約0.85と見積もられた。また，挿引速度が遅いほど438nmにピーク波長をもつ吸収強度が増加していることがわかる（図5(c)）。この結果は，薄膜中の平面性の高いβ相の増加を示しており，加熱溶融状態を制御することで薄膜の高機能化や偏光性デバイス作製が期待できる。ゲル状共役ポリマーは，溶液状態から形成されるため，溶液にホストとなる共役ポリマー以外に機能性色素材料や他の共役ポリマー材料をドーパントとして添加することで，ドーパントを含んだゲル状共役ポリマーを作製することが可能である。それ故，通常の溶液によるウェットプロセスと同様に，機能性ドーパントを含んだ共役ポリマー薄膜が作製可能であり，様々な発光色を有する有機EL素子の作製も期待できる。実際，ゲル状PFO及びフルオレン誘導体をドープしたゲル状PFOを用いてゲル状態から溶液状態に転移する温度付近で熱転写法にて作製した薄膜を用いた有機EL素子から偏光性を有する発光が報告[14]されている。

熱転写法によりゲル状PQT-12から作製した薄膜を用いた有機トランジスタ素子の構造を図6(a)に示す。ソースとドレイン電極は，金電極を用い，indium tin oxide（ITO）をコートした市販のガラス基板をゲート電極として用いた。ゲート絶縁膜にpoly(4-vinylphenol)を用いたトップコンタクト構造の素子を作製した。トランジスタ特有の飽和特性が得られ，スピンコート法で作製した素子と同程度の特性が得られた（図6(b)）。PQT-12粒子が積み重なったモフォロジーを有する薄膜を用いた有機トランジスタの場合，閾値電圧と移動度が，それぞれ−0.1Vと0.0006cm^2/Vsの特性が得られている。

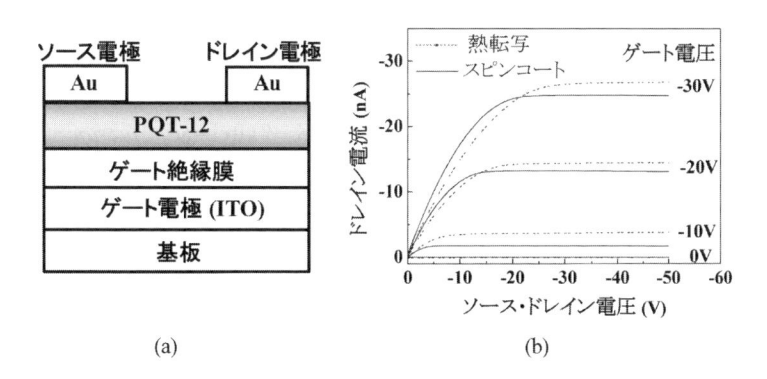

図6 (a)有機トランジスタの素子構造と(b)熱転写法とスピンコート法で作製した有機トランジスタ素子のソース・ドレイン電圧―ドレイン電流特性

3 おわりに

　溶媒と共役ポリマーとの相互作用を積極的に利用し，共役ポリマー溶媒の自己集合体をペースト状の擬似固体化させることで，加熱溶融状態にて大面積基板への適用が可能な熱転写による成膜法とその応用について述べた．熱転写法による成膜は，スピンコート法による薄膜作製法に比べて，溶液を効率よく利用できるため，共役ポリマーの使用量を減らせる利点がある．本稿では，共役ポリマーは，必ずしも溶液状態のまま使用するだけでなく，あえて積極的に共役ポリマーをゲル化させて加熱溶融状態を制御することで，共役ポリマー鎖の階層的な構造制御の可能性が期待できることを示した．

文　　献

1) T. R. Hebner, C. C. Wu, D. Marcy, M. H. Lu and J. C. Sturm, *Appl. Phys. Lett.*, **72**, 519 (1998)
2) M. Misaki, Y. Ueda, S. Nagamatsu, M. Chikamatsu, Y. Yoshida, N. Tanigaki and K. Yase, *Appl. Phys. Lett.*, **87**, 243503 (2005)
3) M. Fukuda, K. Sawada and K. Yoshino, *Jpn. J. Appl. Phys.*, **28**, L1433 (1989)
4) Y. Ohmori, M. Uchida, K. Muro and K. Yoshino, *Jpn. J. Appl. Phys.*, **30**, L1941 (1991)
5) R. Sugimoto, S. Takeda, H. B. Gu and K. Yoshino, *Chem. Express*, **1**, 635 (1986)
6) Y. Ohmori, M. Uchida, K. Muro and K. Yoshino, *Jpn. J. Appl. Phys.*, **30**, L1938 (1991)
7) K. Yoshino, X. Hong Yin, S. Morita, T. Kawai and A. A. Zakhidov, *Solid State Commun.*, **85**, 85 (1993)
8) B. S. Ong, Y. Wu, P. Liu, S. Gardner, N. Zhao, G. Botton, *J. Am. Chem. Soc.*, **126**, 3378 (2004)
9) M. Grell, D. D. C. Bradley, X. Long, T. Chamberlain, M. Inbasekaran, E. P. Woo and M. Soliman, *Acta Polum.*, **49**, 439 (1998)
10) M. Grell, D. D. C. Bradley, G. Ungar, J. Hill, K. S. Whitehead, *Macromolecules*, **32**, 5810 (1999)
11) A. J. Cadby, P. A. Lane, H. Mellor, S. J. Martin, M. Grell, C. Giebeler, D. D. C. Bradley, *Phys. Rev., B*, **62**, 15604 (2000)
12) M. Ariu, M. Sims, M. D. Rahn, J. Hill, A. M. Fox, D. G. Lidzey, *Phys. Rev., B*, **67**, 195333 (2003)
13) K. Asada, T. Kobayashi and H. Naito, *Jpn. J. Appl. Phys.*, **45**, L247 (2006)
14) H. Kajii, D. Kasama, Y. Ohmori, *Jpn. J. Appl. Phys.*, **47**, 3152 (2008)

第7章 反磁性環電流発現機構の考察：
室温超伝導実現に向けて

加藤　貴*

1　緒言

　室温での実用化に向けた超伝導体の開発は，物理学者を中心に長年に亘って行われてきたが，未だに実現されていない。一方，ベンゼン（**6an**），ナフタレン（**10ac**），アントラセン（**14ac**），テトラセン（**18ac**）等のπ共役系炭化水素分子等の一分子内においては，室温においてでさえ超伝導的な性質をもつ反磁性環電流が存在することは昔から知られている現象であり，100年以上にも亘って化学者を中心に研究されてきたが，その発現機構も，固体における超伝導性との関連も，未だに解明されていない[1]。ここでは，π共役系炭化水素分子における反磁性環電流発現機構について考察し[2]，さらには，室温超伝導実現に向けた新しい設計指針について提案する。

　図1には，**6an**，**10ac**，**14ac**，**18ac** 等，ポリアセンにおける反磁性環電流発現の様子を示す。これらの分子の分子面に垂直に磁場をかけると，その磁場を打ち消すように，分子内に環状電流が誘起される。しかも，この電流は，あたかも超伝導電流のように振る舞い，磁場がかけられている限り，減衰することはない。このような一分子における反磁性環電流は100年以上も前から広く知られている現象で，物理化学等のテキストにも必ずといっていいほど取り上げられている現象である[3]。しかしながら，このよく知られている現象がなぜ起きるのか，つまり，なぜ，磁場を付加すると，反磁性環電流が誘起されるのかという根源的な問いかけに対する答えは未だに得られていない。それどころか以下に述べるように，これらの一分子内の電子の挙動は固体物理学的には絶縁的でなければならないはずであり，反磁性環電流が誘起されることは，固体物理学的には全く理解できないはずである。そこで，まず始めに「電流が流れるということはどのようなことか？」ということを量子力学の観点から考察する。

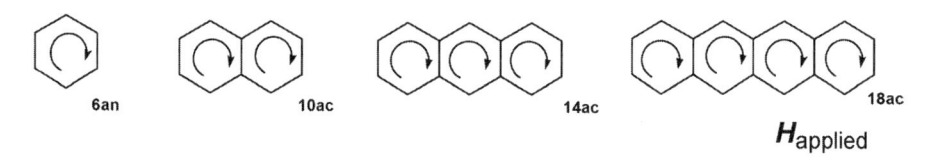

図1　ポリアセンにおける反磁性環電流

＊　Takashi Kato　長崎総合科学大学　大学院工学研究科　新技術創成研究所　准教授

2 電子の運動量と電気伝導性との関係

電流が流れるということはどういうことかについてミクロな立場から考察する。まず，いかなる外部の力（電場や磁場）も付加していない場合について考える。通常，絶縁体であろうと，金属であろうと，各電子はランダムな運動を行っている（図2(a)における細い矢印）。しかし，全電子の運動量の和をとると各々の運動量は打ち消し合い，正味の運動量は必ずゼロになる。つまり，電子全体としては，いかなる方向にも正味の運動量をもたないことになる。さもなければ，我々が何もしていないのに自発的に電流が流れることになり，明らかにこれは事実と矛盾する。

さて，次に外部の力（電場や磁場）を付加した場合について考える（図2(b)）。特に今，右側に電子が運動量を獲得しうるような電場（太い矢印で示す）を加えた場合について考える。このような場合，先ほどの各々の電子のランダムな運動の他に，付加した電場に応じた運動量を各電子が獲得する可能性がある。もし付加した電場に応じた運動量を各電子が獲得できれば，電子全体として，太い矢印で示すような右側方向の正味の運動量を得ることができる。このような場合，左から右の方向へ，全電子が移動することができる。これがいわゆる電流が流れている状態といえる。これが金属における電子が示す挙動である。一方，もし電場を付加しても各電子が付加した電場に応じた運動量を各電子が獲得できなければ，依然として，各々の電子はランダムな運動を行うのみであり，電子全体としては，いかなる方向にも正味の運動量をもたないことになる。したがって電流は流れないことになる。これが絶縁体における電子が示す挙動である。

つまり要約すると，「電流が流れるためには，付加した外部の力（電場や磁場）に応じて，全体の電子の運動量が変化しなければならない」ということである。さて，ある物質の電子が金属的な挙動を示すか，あるいは絶縁体的な挙動を示すかは，その物質の電子配置によって決まる。以下で，そのことについて考察する。

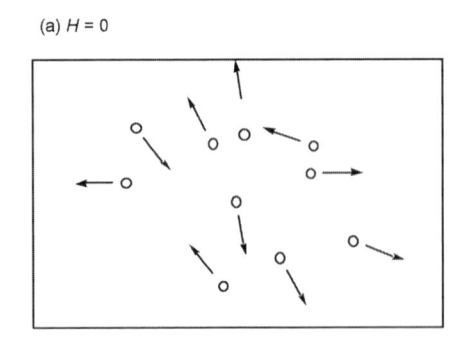

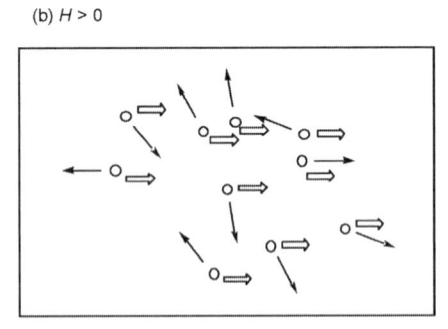

図2 付加した磁場と電子の運動量の関係

第7章　反磁性環電流発現機構の考察：室温超伝導実現に向けて

3　電子配置と電気伝導性との関係

　図3においては，横軸は各軌道を占有している電子の持つ運動量を示し，縦軸は，各軌道を占有している電子の持つエネルギーを表す。白丸は，電子占有軌道を表し，黒丸は，電子空軌道を示す。例えばグラファイトの場合には，固体（例えば10^8Åのオーダー）であるので，炭素原子の数が事実上無数に存在し，またエネルギー準位は事実上無数に存在し，実質上連続的となっている（図3(a)）。したがって，最高電子占有軌道（HOMO）と最低電子空軌道（LUMO）との間のエネルギー差は事実上0 eVとなっている。さてこのような，グラファイトのような電子配置の場合，いかなる外部の力（電場や磁場）も付加していない場合，同じ軌道を占有している2つの電子の運動量が相殺し合い電子全体の正味の運動量はゼロになる。これが，図2(a)で示した場合に相当する。もしこのような電子状態をもつグラファイトに，外部の力（電場や磁場）を付加した場合について考える（図2(b)）。特に今，右側に電子が運動量を獲得しうるような電場を加えた場合について考える。このような場合，各々の電子のランダムな運動の他に，付加した電場に応じた運動量を各電子が獲得できる。そのため，ある方向に正味の電子移動が起こる。つまり，ある方向に電流が流れるようになる。したがって，グラファイトは金属的な挙動を示すことが期待できる。実際，グラファイトはセミメタルとして知られている。

　もし，バルクでのグラファイトを半分のサイズに切ったとしても，依然，炭素原子の数は，無数にあるといってもよく，さらにエネルギー準位も事実上無数に存在し，実質上連続的となっている。恐らくさらに半分に切っても同様のことが成り立つものと思われる。ところが，半分に切る作業を続けていき，ついには，**6an**，**10ac**，**14ac**，**18ac**等，一分子レベルといった非常にミクロなレベル（1Åのオーダー）になるまで切り刻んでいくと，炭素原子の数は，それぞれ6，10，14，18となり，つまり有限となり，さらにエネルギー準位も不連続に存在する。特にHOMOとLUMOとの間のエネルギー差は非常に大きくなり，例えば**6an**の場合10 eVとなり非常に大きくなっている（図3(b)）。このような場合，外部の力（電場や磁場）を付加しても，電子は，HOMOからLUMOには励起されない。つまり，電場を付加しても各電子が付加した

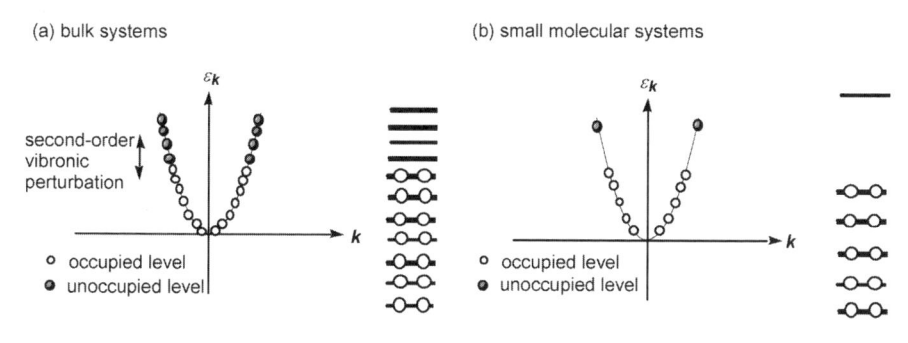

図3　物質サイズと電子状態との関係

電場に応じた運動量を獲得できず，依然として，各々の電子はランダムな運動を行うのみであり，電子全体としては，いかなる方向にも正味の運動量をもたないことになる。したがって電流は流れないことになる。これが絶縁体における電子が示す挙動であり，6an，10ac，14ac，18ac 等，一分子レベルでは分子内においてこのような電子挙動を行うはずである。つまり，6an，10ac，14ac，18ac 等，一分子内レベルにおける電子挙動は，固体物理学的には，絶縁体的な挙動となるはずである。しかし，事実は異なっており，6an，10ac，14ac，18ac 等，ポリアセン分子の分子面に垂直に磁場をかけると，その磁場を打ち消すように，分子内に環状電流が誘起される。しかも，この電流は，室温でさえも，あたかも超伝導電流のように振る舞い，磁場がかけられている限り，減衰することはない。以下ではこの矛盾を解決するために，一分子における反磁性環電流発現機構を提案する。

4　従来の固体における超伝導発現メカニズム（BCS 理論）

まず，古くからよく知られている固体における従来の超伝導がなぜ存在するかについて考察する。これは BCS 理論によって説明される[4]。BCS 理論の概要は以下の通りである。前述したように通常の金属固体においては原子の数が事実上無数に存在し，エネルギー準位も事実上無数に存在し，エネルギー準位は実質上連続的と見なすことができる（図4(b)）。一方で，固体の中で無数にある各原子核はじっとしているのではなく，各平衡点を中心に振動運動している。各一つの電子はこのような各原子核の振動運動している空間を移動していく。このような過程で各一つの電子は原子核の振動運動と相互作用（電子―フォノン相互作用）し，原子核の振動運動の大きさや向きに応じて，電子占有軌道を占めていた電子が励起され，電子非占有軌道を占めるようになり，さらに電子状態は混沌としてくる。このように，電子―フォノン相互作用が有効に働き，実質上，二電子間に引力が働くような状態になれば，電子対（Cooper pair）を形成しゆるやかな束縛状態となり2個の電子で一つの粒子として振る舞うようになれる。つまり2個の電子で1個の Bose 粒子を生成することができ，この Bose 粒子が超伝導電流を担う伝導電子（電子二個からなる電子対）となる。このような電子―フォノン相互作用が働く過程で，図4(b)の左から右側に電子状態が変遷し，最終的には右側のような状態に落ち着く。左側の図が Fermi 粒子の挙動によって形成される通常の金属の電子状態であり，右側の図が電子―フォノン相互作用が働く過程で生じた Bose 粒子の挙動によって形成される超伝導における電子状態である。図4(b)を見るとわかるように，固体においては原子の数が事実上無数に存在し，エネルギー準位も事実上無数に存在し，エネルギー準位は実質上連続的と見なすことができる。狭いエネルギー準位の領域に電子は存在しており，これに原子核の振動も考慮すると電子は，占有する軌道をあちらこちらに変えて，全電子状態は刻々と変化する。つまり電子状態は混沌としている。この混沌としている状態から電子―フォノン相互作用という弱い微妙な力を借りて，通常の金属状態のエネルギーに比べて，わずかな安定なエネルギーを作り出し，やっと作り上げてできたのが図4(b)の右側の

第 7 章　反磁性環電流発現機構の考察：室温超伝導実現に向けて

(a) diamagnetic current states in small molecules

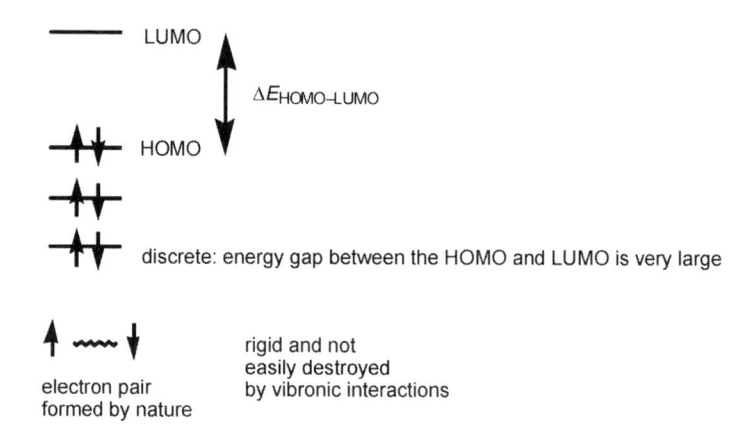

LUMO

$\Delta E_{\text{HOMO-LUMO}}$

HOMO

discrete: energy gap between the HOMO and LUMO is very large

electron pair formed by nature

rigid and not easily destroyed by vibronic interactions

(b) conventional superconductivity

$2\omega_0$　　ε_F

$\Delta(0)_{\text{BCS}}$

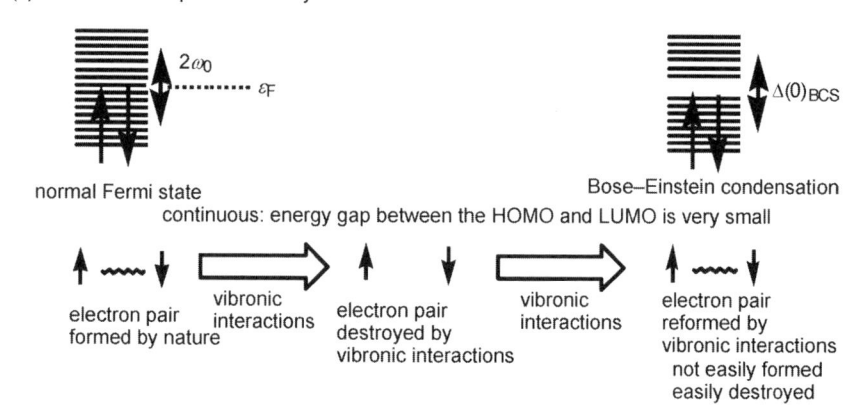

normal Fermi state　　　　　　　　　　　　　　　　Bose–Einstein condensation

continuous: energy gap between the HOMO and LUMO is very small

electron pair formed by nature → vibronic interactions → electron pair destroyed by vibronic interactions → vibronic interactions → electron pair reformed by vibronic interactions
not easily formed
easily destroyed

図 4　(a)分子内反磁性環電流と(b)従来の超伝導における，電子状態と電子—フォノン相互作用との相関

図で描かれてあるような超伝導における電子状態である．しかもやっとのことで作り出した超伝導状態も非常に不安定である．図 4(b)の右側の図で示されている $\Delta(0)_{\text{BCS}}$ の値は通常非常に小さく，温度に換算すると数 K から数 10 K であり，現在知られている最高でも銅酸化物超伝導の 135 K 程度である．このような背景から，長年に亘って世界中が非常に優秀な人材を超伝導の研究に投じているのにも関わらず，室温における超伝導体は未だに発見されていない．つまり，研究者の努力不足で室温における超伝導体が未だに発見されていないのではなく，原理的に非常に微妙な電子状態を扱っていることが，不可能とは思えないが，固体における室温超伝導体が未だに発見できない理由の一つであると考えられる．

5 反磁性環電流発現機構の考察

次に，一分子内での反磁性環電流について考察し，従来の固体における超伝導体と比較してみよう。以前に何度も述べたように，6an, 10ac, 14ac, 18ac 等，ポリアセン分子の分子面に垂直に磁場をかけると，その磁場を打ち消すように，分子内に室温でさえも超伝導的な環状電流が誘起される。ここでこれらの一分子の電子配置を見てみる（図4(a)）。図4(a)を見るとわかるように，6an, 10ac, 14ac, 18ac 等，一分子は固体物理学的には，絶縁体的になると期待できるが，一方で，図4(b)の右側の図で描かれてあるような超伝導における電子状態の図に酷似している。ただ決定的に異なる点は，HOMO と LUMO のエネルギー差が非常に大きいことである。実際に HOMO-LUMO ギャップの値は非常に大きく，温度に換算すると，$10^4 \sim 10^5$ K のオーダーとなり，室温をゆうに超えている。図4(a)に示されている図において，全ての電子が，もし正反対の運動量とスピンをもつ2個の電子間（例えば運動量 $+k$ で上向きスピンを持つ電子と運動量 $-k$ で下向きスピンを持つ電子との間）に電子間引力が働きゆるやかな束縛状態となり2個の電子で一つの Bose 粒子として振る舞えば，BCS 理論との類推から電気抵抗ゼロで運動を行うことになる。問題は，6an, 10ac, 14ac, 18ac 等の一分子においては電子―フォノン相互作用の大きさがゼロになるため，BCS 理論における電子―フォノン相互作用によるメカニズムでは，電子対生成が説明できないことである。そこで新たなメカニズムの提唱が必要となる。詳細な計算によると，プラスに帯電した原子核と二電子を考えたとき，これらの系での静電エネルギーは大きな負の値をとり，6an, 10ac, 14ac, 18ac 等の一分子においては電子―フォノン相互作用を介さずに，静電力そのものが，電子対生成に重要な役割をすることがわかった[2]。このことは，BCS 理論とは全く異なった点である。このようにして生成された電子対は非常に強く，簡単には壊れない。これは，$\Delta_{\text{HOMO-LUMO}}$ の値が非常に大きく温度に換算すると，$10^4 \sim 10^5$ K のオーダーとなり，室温をゆうに超えているからである。実際，このことはポリアセンに限らず，多くの閉殻電子構造をもつ有機分子内はもちろん，He 原子や Ne 原子といった閉殻電子構造をもつ原子内にも，室温で反磁性環電流が確実に存在しているという事実からも裏付けられる。このことが，$T_{c,\text{BCS}}$ の値が非常に低く（数 K から数 10 K のオーダー），どのような物質が超伝導体になるのか全く予測のつかない固体における従来の超伝導とは全く異なる点である。このようにして，一分子内における反磁性環電流発現メカニズムを理解することができ，一分子内における反磁性環電流が，BCS 理論のみでは説明できない，局所的な室温超伝導である可能性を示した。このように考えると，むしろ，図4(a)で示されているような電子配置における，一分子内での反磁性環電流こそが「自然によって与えられた真の安定した超伝導」であり，私達が長年に亘って，固体で「超伝導」と呼んできた，図4(b)で描かれてあるプロセスで得られるような超伝導は，「人間の努力によって無理にやっと作り出せた脆い人工的な超伝導」と考え直すこともできる。つまり，従来の固体における超伝導は，「せっかく自然によって与えられたかもしれない電子対（図4(b)の左側で描かれてある電子状態を参照）をエネルギー準位が連続的であるために電子―フォノン

第 7 章　反磁性環電流発現機構の考察：室温超伝導実現に向けて

相互作用によって一度壊さなければならず，またさらに壊された電子対を弱い微妙な電子―フォノン相互作用の力を借りて再構築している（図4(b)の右側で描かれてある電子状態）という作業を行っている」と解釈できる。それに対し，一分子内での反磁性環電流を形作っている電子配置は非常にシンプルでかつ非常に安定である（図4(a)）。いわば，自然によって与えられた電子配置をそのまま使わせてもらっていると考えられる。しかし自然は我々にとって甘いものではなく，室温超伝導的挙動を示す一分子内反磁性環電流のせっかくの優れた性質も，非常に局地的な，ミクロな領域でのみ有効である。それはあたかも局所的なトルネードのようである。分子間の電荷移動が不可能であるため，我々の実世界であるマクロな世界ではこの優れた超伝導の性質を直接活かすことができない。したがって一分子内反磁性環電流は「直接的には役に立たない室温超伝導」と言える。それに対し，いわゆる固体における超伝導は，非常に低温でしか起こらないが，電子は固体物質全体を動き回ることができ，我々の実世界であるマクロな世界で活かすことができる。それはあたかも広大な範囲に影響を及ぼすハリケーンのようである。したがって固体におけるいわゆる従来の超伝導は「直接的に役に立つ低温超伝導」と言える。それでは，何とかして一分子内反磁性環電流のせっかくの優れた性質を，我々の実世界であるマクロな世界で直接活かすことができないものであろうか？　以下でこの可能性について考える。

6　室温での超伝導発現の実現に向けて

　図5では，横軸に物質のサイズを，縦軸には超伝導臨界温度を示す。図5を見ればわかるように，6an，10ac，14ac，18ac の，超伝導臨界温度は HOMO と LUMO との間のエネルギー差に関連し，およそ $10^4 \sim 10^5$ K 程度である。6an，10ac，14ac，18ac へと物質サイズが大きくなればなるほど，超伝導臨界温度が低くなっていく。これは上述したように，6an から 10ac，14ac，18ac へと物質サイズが増大するに従って物質の原子数が増えるため，それに従い，軌道エネルギー準位間が密になってきて，特に HOMO と LUMO との間のエネルギー差が小さくなってくるからである。そしてあるサイズ以上になると，物質の原子数が実質上無限とみなされ，それに従い，軌道エネルギー準位間が非常に密になってきて，エネルギー準位は実質上連続的になり，もはや HOMO を占めている電子が LUMO へ励起することが無視できなくなり，つまり電子―フォノン相互作用を無視できなくなる。したがって，上述したミクロな領域における我々の理論（一分子内における反磁性環電流に関する理論）が成立しなくなり，通常の BCS 理論で論じなければならなくなる。BCS 理論に従う超伝導は通常低温でしか存在できず，例えばグラファイト層間化合物がもつ，超伝導臨界温度は 5 K 程度である。つまりサイズの増大に伴う HOMO-LUMO ギャップの減少が一分子内反磁性環電流のせっかくの優れた性質を，我々の実世界であるマクロな世界で直接活かすことができない理由である。

　しかし，もし，我々の実世界であるマクロな世界で，HOMO と LUMO との間のエネルギー差が非常に大きい物質があれば，「役に立つ室温超伝導」の実現の可能性が出てくる。例えば，

281

次世代共役ポリマーの超階層制御と革新機能

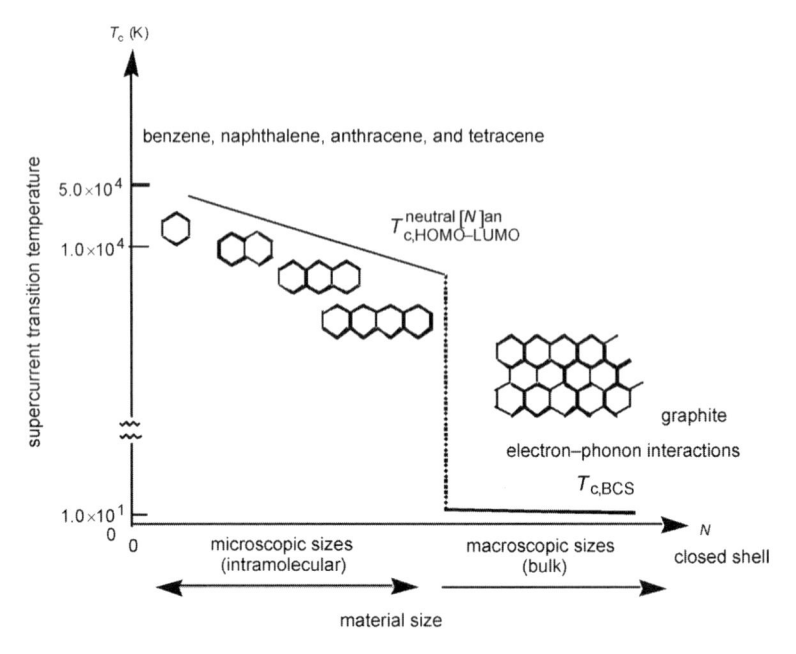

図5 物質サイズと超電流臨界温度の関係

ダイヤモンドなどは，我々の実世界であるマクロな世界で存在する固体であるが，その HOMO と LUMO との間のエネルギー差は一分子並みに非常に大きく，5 eV 程度に達する。つまり，もしダイヤモンドを大きな HOMO-LUMO ギャップをもつ，巨大一分子と見なせば，我々の一分子内における反磁性環電流に関する理論が適用でき，$10^4 \sim 10^5$ K 程度の超伝導臨界温度をもつ室温超伝導が実現できる可能性がある[5]。ただし，これまでに生成されている純度のダイヤモンドでは，不純物が多すぎるために，我々の理論が適用できない。不純物がゼロである非常に純粋なダイヤモンドの加工技術の進歩が望まれる。つまり，**6an** から **10ac**，**14ac**，**18ac** 等の一分子内における反磁性環電流の現象からの類推により，不純物がゼロである非常に純粋なダイヤモンドでの室温超伝導実現の可能性が期待できる。

謝辞

本総説で紹介されている研究は，文部科学省特定領域研究「次世代共役ポリマーの超階層制御と革新機能」（19022037）及び科学研究費「若手研究」（JSPS-20740244）からの補助のもとで行った。ここに感謝の意を表する。

第 7 章　反磁性環電流発現機構の考察：室温超伝導実現に向けて

文　　献

1) (a) Little, W. A., *Phys. Rev.*, **134**, A1416 (1964)；(b) Haddon, R. C., *J. Am. Chem. Soc.*, **101**, 1722 (1979)；(c) Squire, R. H., *J. Phys. Chem.* **91**, 5149 (1987)
2) (a) Kato, T., *Chemical Physics Research Journal*, Nova Science Publishers Inc.：New York, **1** (1), 61 (2007)；(b) Kato, T., Yamabe, T., *Synth. Met.*, **157**, 793 (2007)；(c) Kato, T.；Yamabe, T., *J. Phys. Chem. A*, **111**, 8731 (2007)；(d) Kato, T., *J. Phys. Chem. C* in press.
3) (a) Sugano, S., *Jisei to Bunshi* (*Magnetism and Molecules*), Kyoritsu：Tokyo, 1967；(b) Kanamori, J., Jisei (Magnetism), Baifukan：Tokyo, 1969
4) (a) Kittel, C., Quantum Theory of Solids, Wiley：New York, 1963；(b) Ziman, J. M., Principles of the Theory of Solids, Cambridge University：Cambridge, 1972；(c) Ibach, H., Lüth, H., Solid-State Physics, Springer：Berlin, 1995；(d) Mizutani, U., Introduction to the Electron Theory of Metals, Cambridge University：Cambridge, 1995；(e) Fossheim, K., Sudbø, A., Superconductivity：Physics and Applications, Wiley & Sons Ltd：West Sussex, 2004.
5) Kato, T., *Chem. Phys.*, **345**, 1 (2008)

第8章 配列制御された共役ポリマーの ピコ秒赤外吸収測定と励起電子― 分子振動相互作用の解明

坂本 章*

1 はじめに

　共役π電子系を持つ有機高分子（導電性高分子）は，バンドギャップより大きなエネルギーを持つ光で励起されると光電導性を示す。光励起に伴い生成する局在励起状態の構造とダイナミクスを明らかにすることは，光電導機構を明らかにするうえで重要である。本研究では，短寿命過渡種の分子構造とダイナミクスに関する情報を同時に得ることができるピコ秒時間分解赤外分光法を用いて，配列制御された共役π電子系高分子の電子励起状態や光電荷分離状態の赤外吸収スペクトルを測定し，これらの光励起状態の分子構造を明らかにするとともに，光励起された電子が分子振動を介して共役高分子間でやり取りされる様子（電子―分子振動相互作用）を観測することを目的とした。このような電子―分子振動相互作用は，共役π電子系高分子における正負イオン対への電荷分離の効率や光電気伝導度，さらに非線形感受率と相関があると考えられる。このような相関関係について解明し，革新的な機能を持つ階層制御された共役高分子の開発・設計にフィードバックすることを目指した。ここでは，ピコ秒時間分解赤外分光法による延伸配向ポリ（p-フェニレンビニレン）フィルムの光励起ダイナミクスの研究[1]と，光励起によって生成した局在励起状態のモデルとなる共役ラジカルアニオン・2価アニオンの赤外吸収スペクトルの測定と電子―分子振動相互作用の解析[2]について述べる。

2 ピコ秒時間分解赤外分光法による延伸配向ポリ（p-フェニレンビニレン） フィルムの光励起ダイナミクスの研究[1]

　我々はすでに無配向ポリ（p-フェニレンビニレン）［PPV］フィルムの室温におけるピコ秒時間分解赤外吸収スペクトルを報告し，ピコ秒時間分解赤外分光法が導電性高分子の光励起ダイナミクスの研究に非常に有効であることを示した[3]。本研究では，延伸配向により配列を制御したポリ（p-フェニレンビニレン）フィルムのピコ秒時間分解赤外吸収スペクトルを77 Kで測定し，光励起状態の帰属とそのダイナミクスを検討した。また，配向した高分子フィルムに対するポンプ光およびプローブ光の偏光を変えてピコ秒時間分解赤外吸収スペクトルを測定し，共役高分子

---

* Akira Sakamoto　埼玉大学　大学院理工学研究科　准教授

第8章 配列制御された共役ポリマーのピコ秒赤外吸収測定と励起電子—分子振動相互作用の解明

鎖間と高分子鎖内での電荷分離過程を分離して検討した。

2.1 実験

[装置] モード同期エルビウムドープファイバーレーザーの第二高調波をシード光とするピコ秒チタン：サファイア再生増幅器（Clark-MXR CPA-2000）の基本波出力を二つに分け，一方で第二高調波（波長：388 nm）を発生させポンプ光として用いた。もう一方で光パラメトリック発生・増幅システム［OPG/A］（Quantronix TOPAS）を励起し，OPG/A からのシグナル光出力とアイドラー光出力の差周波を $AgGaS_2$ 結晶で発生させることにより，波長 2.5-10 μm（波数 4000-1000 cm^{-1}）の範囲で波長可変なピコ秒赤外パルス光を得て，これをプローブ光として用いた。検出は，液体窒素で冷却した二つの MCT 検出器（Hamamatsu P3412-02）を用いて複光束方式で行った。

[試料] 8 倍に延伸配向した PPV フィルムを 2 枚の CaF_2 板（直径 15 mm，厚さ 1 mm）にはさんで，液体窒素冷却型クライオスタット（Oxford Instruments Optistat DN-V）のコールドヘッドに取り付けて 77 K で測定した。試料の配向方向に対するポンプ光の偏光は，フレネルロム板と偏光子を用いて変化させた。プローブ光の偏光は，試料を 90° 回転して付け替えることにより変化させた。

2.2 結果と考察

延伸配向 PPV フィルムの指紋領域（1435 cm^{-1}）及び高波数領域（3000 cm^{-1}）における光誘起赤外吸収のピコ秒ダイナミクスは，ともに速い減衰成分と遅い減衰成分からなる時間的挙動を示した。図 1 にプローブ光波数 3000 cm^{-1}，温度 77 K において測定した延伸配向 PPV フィルムの光誘起赤外吸収のポンプ・プローブ偏光依存性を示す。配向フィルムの配向方向に垂直，平行どちらのポンプ光で励起した場合も，フィルムの配向方向に平行なプローブ光を用いて測定すると，強い光誘起赤外吸収が観測された（図 1 ●，○）。一方，配向方向に垂直なプローブ光を用いると，非常に弱い赤外吸収しか観測されなかった（図 1 ■，□）。波数 3000 cm^{-1} 付近の赤外吸収は，PPV の光励起状態のサブギャップ電子遷移に帰属される。したがって，光励起状態の電子遷移モーメントは高分子鎖方向を向いていると考えられる。また，光励起状態の分子振動が観測される指紋領域における光誘起赤外吸収（プローブ光波数 1435 cm^{-1}）でも，同様のプローブ光偏光依存性が観測された。このことから，光励起状態の 1435 cm^{-1} のバンドの振動遷移モーメントも高分子鎖方向を向いていると考えられる。これらのことは，PPV の光励起状態（局在励起状態）が高分子鎖方向にある程度の広がりをもって局在化していることと矛盾しない。

図 2 にプローブ光の偏光方向を配向方向に一致させておき，ポンプ光の偏光を配向方向に対して垂直（図 2(a), (b)）及び平行（図 2(c)）にして，遅延時間約 2 ps（図 2(a), (c)）と約 100 ps（図 2(b)）で測定した光励起された延伸配向 PPV フィルムのピコ秒時間分解赤外吸収スペクトル（77 K）を示す。図 1 から分かるように，遅延時間 2 ps では短寿命の過渡種を，遅延時間 100 ps

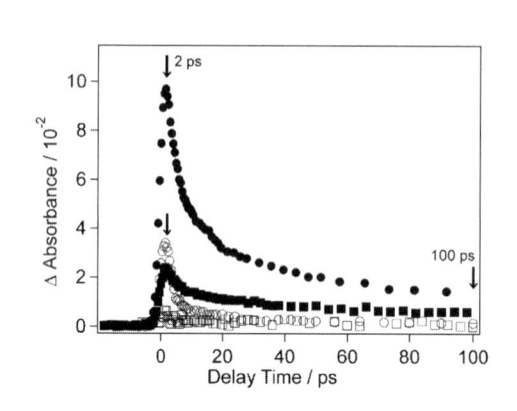

図1 延伸PPVフィルムの光誘起赤外吸収の偏光依存性 （3000 cm^{-1}, 77 K）
●：配向//プローブ光，配向⊥ポンプ光，○：配向//プローブ光，配向//ポンプ光，■：配向⊥プローブ光，配向⊥ポンプ光，□：配向⊥プローブ光，配向//ポンプ光

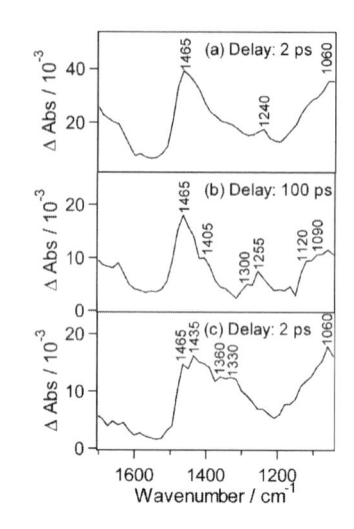

図2 延伸PPVフィルムのピコ秒時間分解赤外吸収スペクトル （77 K）
(a), (b) 配向⊥ポンプ光，配向//プローブ光，
(c) 配向//ポンプ光，配向//プローブ光

では非常に長い寿命を持つ過渡種をそれぞれ観測していると考えられる。図2に示したいずれのスペクトルも基底状態のPPVのスペクトルとは全く異なっていた。

配向方向に垂直なポンプ光で励起し，遅延時間約100 psで測定したスペクトル（図2(b)）は，77 Kにおける定常光励起赤外差スペクトル及び，濃硫酸でドープされたPPVの赤外吸収スペクトルと，その基本的なスペクトルパターンが一致していた。濃硫酸でドープされたPPVの赤外吸収スペクトルは，共鳴ラマンスペクトルに基づく我々のこれまでの研究[4,5]から，ドーピングにより生成したポーラロン（高分子中に生成したラジカルイオンに相当）に帰属される。また，77 Kでの定常光励起赤外差スペクトルでは，連続発振のレーザーを励起光源としているので，非常に長い寿命をもつ過渡種のみが観測される。これら3つのスペクトルが比較的良い一致を示したことから，延伸フィルムの配向方向に対し垂直なポンプ光で励起したときの遅延時間100 psのスペクトル（図2(b)）は，主にフリーな正負ポーラロンに帰属され，それは77 Kにおいては定常光励起においても観測できるほど長い寿命をもつと考えられる。

これに対し，遅延時間約2 psのスペクトル（図2(a), (c)）は，どちらも遅延時間約100 psのスペクトル（図2(b)）とは異なるため，フリーなポーラロンとは異なる過渡種が観測されていると考えられる。さらに，同じ遅延時間2 psでもポンプ光の偏光方向が配向方向に対して垂直（図2(a)）と平行（図2(c)）でスペクトルが異なっている。このことから，配向している高分子鎖に対して垂直励起と平行励起をした場合には，光励起直後に観測される過渡種が異なっていると考えられる。平行励起では，主に同一の高分子鎖で電子—正孔対が生成しやすいと考えられる（鎖内励起）。このような電子—正孔対は，直ちに電子励起一重項状態に相当するシングレットエ

キシトンを生成するであろう。一方，垂直励起では，主に異なった（隣接する）二本の高分子鎖の間で電子―正孔対が生成すると考えられる（鎖間励起）。このような電子―正孔対は，直ちに隣接する高分子鎖上で相互作用している正負ポーラロン対，すなわち，束縛ポーラロン対を生成するであろう。以上の考察とダイナミクスの検討から，図2(a)を束縛ポーラロン対に，図2(c)をシングレットエキシトンにそれぞれ帰属した。言い換えると，本研究では，配向フィルムに対するポンプ光の偏光を変えて平行励起（鎖内励起）と垂直励起（鎖間励起）を行うことで，共役高分子鎖内と高分子鎖間での電荷分離過程を分離し，優先的にシングレットエキシトンと束縛ポーラロン対を生成させることができたと考えている。また，平行励起（鎖内励起）と垂直励起（鎖間励起）における光誘起赤外吸収のダイナミクスの違い（図1）は，主に"生成する局在励起状態"と"高分子の配向に対して平行と垂直に偏光したポンプ光の吸光係数の違い"によると考えられる。すなわち，高分子の配向に平行なポンプ光は非常に効率よく吸収されて多量のシングレットエキシトンを生成するために，エキシトン―エキシトンのアニヒレーションにより非常に早く消滅（減衰）するのに対し，高分子の配向に垂直なポンプ光で励起した場合には，ポーラロン対が隣接する高分子鎖上に生成するために，再結合を避けてフリーな正負ポーラロンに電荷分離する確率が高くなると考えている。

3 共役ラジカルアニオン・2価アニオンの赤外吸収スペクトルの測定と電子―分子振動相互作用の解析[2]

　共役π電子系を有するラジカルイオンと2価イオン（ジイオン）は，導電性高分子や電荷移動錯体などの機能性物質や光合成反応中心などの生体物質の機能発現と密接な関係がある。そのような共役π電子系ラジカルイオン・2価イオンの分子構造と，機能発現に果たす役割を理解する上で，それらの精密な振動スペクトルの測定と解析は重要である。とくに分子振動に伴う電子構造の変化，すなわち電子―分子振動相互作用を詳細に解析する場合，振動分光法（とくに赤外分光法）による精密なスペクトルの測定と理論化学計算による解析が有効である。しかしながら，共役π電子系ラジカルイオン・2価イオンは一般に酸素や水に対して不安定であり，溶液中の種々なラジカルイオン・2価イオンの赤外吸収スペクトルを精密に測定する方法はこれまでなかったに等しい。

　我々は，これまでに溶液中の共役ラジカルイオンの赤外吸収スペクトルを測定するいくつかの方法を開発してきた[6~8]。そして，中性種とは全く異なる実測スペクトルを量子化学計算を併用して解析することにより，分子内電荷移動を引き起こす基準振動モードが非常に大きな赤外吸収強度を持つこと（電子―分子振動相互作用）を明らかにした。本研究では，高純度不活性ガス精製装置付グローブボックスの中に，フーリエ変換赤外分光光度計と紫外・可視分光光度計を導入し，酸素や水に対して非常に不安定な共役π電子系ラジカルイオン・2価イオンの赤外吸収スペクトルと電子吸収スペクトルを精密に測定するシステムを製作し，p-ターフェニルのラジカルア

ニオンと 2 価アニオンに応用した。

3.1 実験と計算

［試料溶液の還元］Na ミラーを張った自作の真空ガラス反応容器の中に p-ターフェニルの THF-h_8 及び THF-d_8 溶液を調製した。このガラス反応容器を高純度不活性ガス精製装置付グローブボックス（MBRAUN UNIlab，酸素・水ともに 0.1 ppm 以下）内に導入し，Na ミラーとの接触時間を変えながら試料を還元し，ラジカルアニオンと 2 価アニオンを発生させた。グローブボックス内の紫外・可視分光光度計（JASCO V-530）を用いて電子吸収スペクトルを測定し，発生したイオン種を同定した。さらに，フーリエ変換赤外分光光度計（JASCO FTIR-4100）を用いてその赤外吸収スペクトルを測定した。

［計算］p-ターフェニルの中性種，ラジカルアニオン，2 価アニオンを対象として，構造最適化および振動数計算を，Gaussian03 プログラムを用いて B3LYP/6-311+G** レベルで行った。計算振動数は，実測振動数と対応させることにより求めた単一のスケーリングファクターを用いてスケーリングを行った。

3.2 結果と考察

Na ミラーとの接触時間を変えることによって作り分けた p-ターフェニルのラジカルアニオンと 2 価アニオンの電子吸収スペクトルは，すでに報告されているラジカルアニオンと 2 価アニオンのスペクトル[9]とよく一致していた。

図 3，図 4 に，それぞれ p-ターフェニルのラジカルアニオンと 2 価アニオン（電子吸収スペクトルを測定したものと同じ試料）の赤外吸収スペクトルを示す。計算赤外スペクトル（図 3(b)，図 4(b)）は，実測赤外スペクトル（図 3(a)，図 4(a)）を比較的よく再現した。ラジカルアニオンと 2 価アニオンの赤外スペクトルは中性種のスペクトルとは全く異なっており，特定の振動モードの赤外吸収強度が著しく増大していた。

本研究で製作した測定システムでは，同一の試料に対して電子吸収スペクトルと赤外吸収スペクトルをほぼ同時に測定できるので，電子吸収スペクトルから決定した試料濃度を用いて，赤外吸収バンドに対するモル吸光係数を求めることができる。ラジカルアニオンと 2 価アニオンの赤外吸収スペクトル（図 3(a)，図 4(a)）において最も大きな強度で観測された 1491 と 1564 cm^{-1} のバンドの赤外モル吸光係数（ε）は，それぞれ 3430 mol^{-1} dm^3 cm^{-1}，7820 mol^{-1} dm^3 cm^{-1} であった。一般に赤外吸収強度が非常に大きいと言われているカルボニル化合物の C＝O 伸縮振動バンドのモル吸光係数は 300-1500 mol^{-1} dm^3 cm^{-1} であり[10]，これらと比較しても，ラジカルアニオンと 2 価アニオンの特定の振動モードの赤外吸収強度が非常に大きいことがわかる。

p-ターフェニルの 2 価アニオンの赤外吸収スペクトル（図 4(a)）において特に大きな強度で実測された 4 つの赤外吸収バンド（1564，1483，1332，1177 cm^{-1}）の基準振動形を図 5 に示す。ラジカルアニオンのスペクトル（図 3(a)）に大きな強度で観測された 4 つの赤外吸収バンド

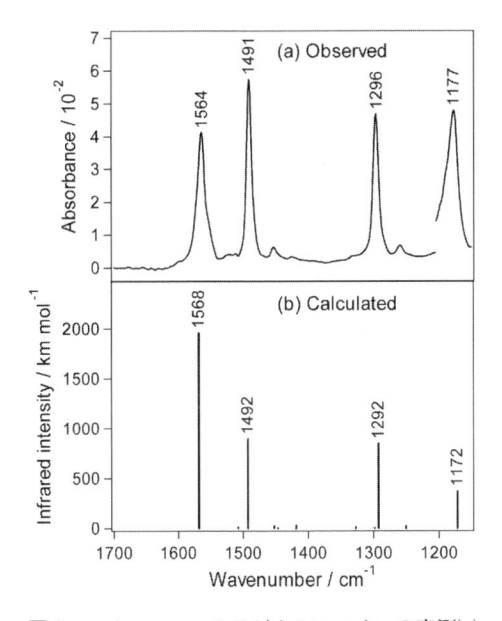

第8章　配列制御された共役ポリマーのピコ秒赤外吸収測定と励起電子―分子振動相互作用の解明

図3　p-ターフェニルラジカルアニオンの実測(a)及び計算(b)赤外スペクトル

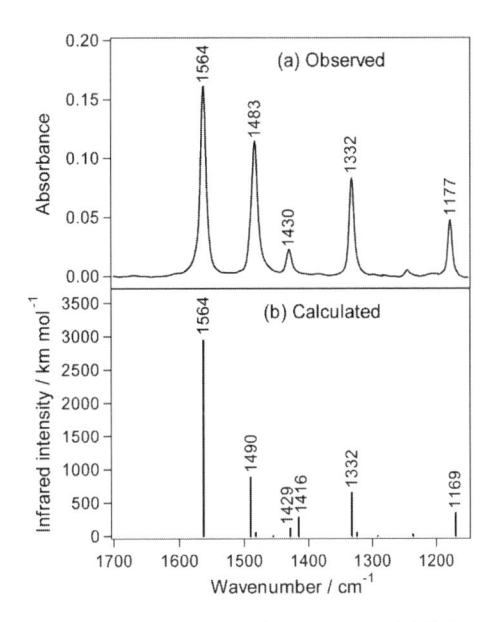

図4　p-ターフェニル2価アニオンの実測(a)及び計算(b)赤外スペクトル

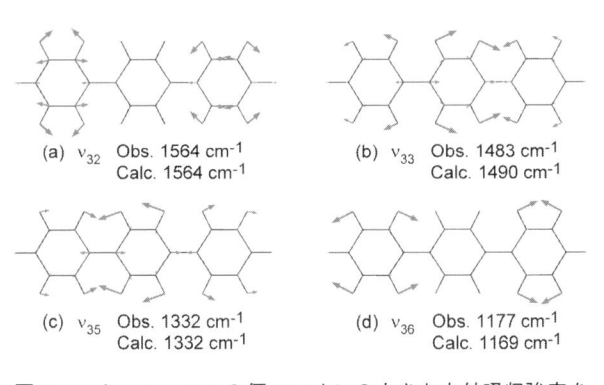

図5　p-ターフェニル2価アニオンの大きな赤外吸収強度を有する b_{1u} モードの基準振動形（B3LYP/6-311+G** レベルで計算）

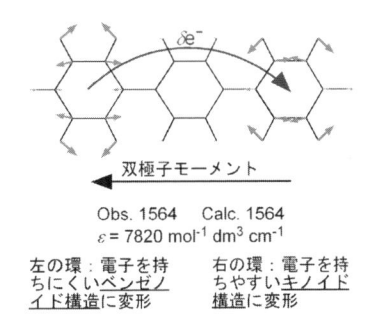

図6　p-ターフェニル2価アニオンの ν_{32} モードにおける"分子振動にともなう電子の分子内移動"（模式図）

（1564，1491，1296，1177 cm^{-1}）の基準振動形も，それぞれ図5に示したモードと非常に類似した振動形であった。これらの振動モードは，いずれもCC伸縮とCH面内変角振動が混合した面内モードであり，右の環と左の環で逆位相に振動するモードである。そして，これらのモードは，いずれも分子振動に伴い分子の長軸方向に電荷をやり取りする振動モード（電子―分子振動相互作用）と解釈できる。このことを図5(a)の振動モードを例として少し詳しく述べる（図6）。図6に示した振動モードの右の環の振動変位は，p-ターフェニルの中性種からラジカルアニオ

ン，2価アニオンへの構造変化（ベンゼノイド構造からキノイド構造）に対応する。言い換えると，右の環の構造は，より電子を持ちやすい構造へ変化している。このとき，左の環は逆位相で振動（ラジカルアニオン，2価アニオンから中性種への構造変化に対応）しており，電子を持ちにくい構造へ変化している。つまり，図6の振動モードは，左の環から右の環へ電子の分子内移動を引き起こす振動モードであり，大きな双極子モーメント変化を引き起こす。図5に示した他の3つの振動モードも，同様に分子長軸方向の左右で電荷のやり取りを引き起こす振動モードと解釈することができた。これにより，これらの振動モードのモル吸光係数（ε）は，中性種に比べて10^2-10^3オーダーも大きく，電子遷移の吸収強度に匹敵するような大きな値を示すようになったと考えられる。

さらに，ビフェニルとp-ターフェニルのラジカルアニオンの赤外吸収強度（ε）を比較することで，電荷の移動距離が大きいp-ターフェニルの方がビフェニルよりも大きな実測赤外吸収強度を示すことが明らかになった。また，p-ターフェニルのラジカルアニオンと2価アニオンの赤外吸収強度（ε）を比較することで，分子内に弱く束縛されている電子の数が多い2価アニオンの方が，実測・計算ともに赤外吸収強度が大きいことも明らかになった。すなわち，電子の分子内移動を引き起こす振動モードの赤外吸収強度は，電荷の移動距離や分子内に弱く束縛されている電荷の量と密接に関係していることが明らかになった。

文　　献

1) A. Sakamoto, O. Nakamura and M. Tasumi, *J. Phys. Chem. B*, in press (2009)
2) A. Sakamoto, T. Harada and N. Tonegawa, *J. Phys. Chem. A*, **112**, 1180 (2008)
3) A. Sakamoto, O. Nakamura, G. Yoshimoto and M. Tasumi, *J. Phys. Chem. A*, **104**, 4198 (2000)
4) A. Sakamoto, Y. Furukawa and M. Tasumi, *J. Phys. Chem.*, **98**, 4635 (1994)
5) A. Sakamoto, Y. Furukawa and M. Tasumi, *J. Phys. Chem.*, **101**, 1726 (1997)
6) J.-Y. Kim, Y. Furukawa, A. Sakamoto and M. Tasumi, *Synth. Met.*, **129**, 235 (2002)
7) H. Torii, Y. Ueno, A. Sakamoto and M. Tasumi, *Can. J. Chem.*, **82**, 951 (2004)
8) A. Sakamoto, M. Kuroda, T. Harada and M. Tasumi, *J. Mol. Struct.*, **735-736**, 3 (2005)
9) P. Balk, G. J. Hoijtink, J. W. H. Schreurs, *Recl. Trav. Chim. Pay-Bas*, **76**, 813 (1957)
10) 中西香爾，P. H. Solomon，古舘信生共著，「赤外線吸収スペクトル―定性と演習―（改訂版）」，南江堂（1978）

第9章 メソフェーズ系電子材料における分子の動的階層秩序制御と電荷輸送機能

清水 洋[*]

1 はじめに

　本章では近年ゲル等有機分子の緩やかな分子間相互作用が形成する柔らかな分子集合状態であるソフトマターとして，新たな注目を浴びているメソフェーズについてその電荷輸送材料としての考え方を概説する。メソフェーズが液晶に代表される相であることは言うまでもないが，液晶については定評のあるいくつかの著書，文献等があるのでここでは簡単に液晶とメソフェーズの言葉の違いを先に述べ，その後電子的な電荷輸送プロセスを示す材料についてこれまでの研究を紹介する。特に重要と思われる分子集合体中に形成されるナノスケールの分子配向，分子運動の秩序制御との相関を次に概説し，新たな高性能機能材料創出について若干の展望を示したい。

2 液晶とメソフェーズ

　液晶は今まで述べられて来た定義に従えば，「分子は棒状，円盤状等の異方的な形状を有し，結晶固体が融解する結果，分子の集合秩序が崩壊する一過程として分子重心の位置秩序が崩壊（3次元の格子空間が喪失），配向の秩序が維持された状態」とされる[1]。一方，研究の歴史的経緯の上で区別される柔粘性結晶は「分子は球対称性のような高い対称性を持ち，結晶固体が融解する結果，その重心は位置秩序を保つが，配向の秩序は崩壊した状態」とされる。今日この二つの状態を包括して中間相（メソフェーズ）と呼んでいる[2]。要は，分子はとある秩序のもと寄り集まり，配向，或いは位置の秩序を有する状態であり，さらに共通した事象は分子が回転，並進といった運動性を有するということにある。すなわち時間平均的描像として分子の並び方を区別することとなる（図1）。

　最近の有機半導体研究の中で異彩を放ちつつある液晶性半導体の研究では高速キャリヤ輸送と自己組織化能に基づく高い均一配向性を軸に研究展開が図られ，特にトランジスタ応用に対応する材料として研究が展開しつつある[3]。しかしながらこれらの材料はアモルファスシリコンに匹敵する高速キャリヤ移動度（$\sim 10^{-1}\,\mathrm{cm^2\,V^{-1}\,s^{-1}}$）を示すものの，ほとんどが分子が位置の秩序を持つ状態という点でもはや液晶ではなく，学問的には新たな整理の必要を感じさせる時代を迎え

---

[*] Yo Shimizu ㈱産業技術総合研究所　ナノテクノロジー研究部門　ナノ機能合成グループ　グループリーダー

棒状液晶分子と円盤状液晶分子の関係
代表的な配向秩序

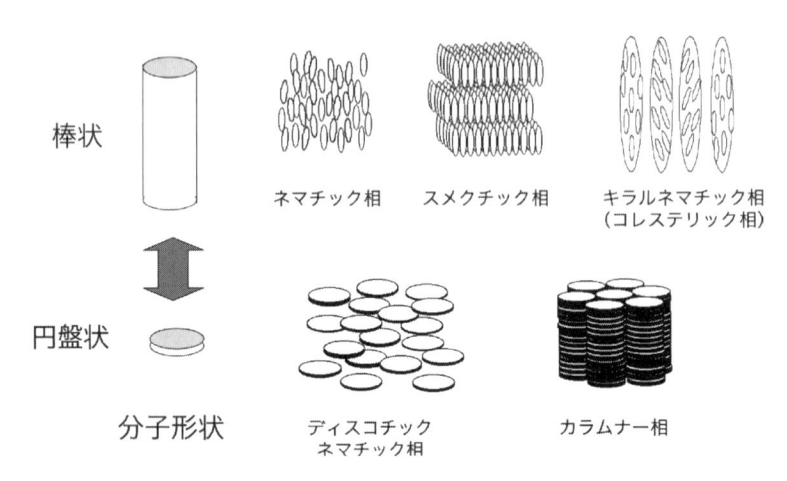

図1 液晶状態の代表的な分子配向様式
いずれも一次元ないしは二次元の秩序を持つ。

ている。重要なことは分子は時間平均的描像として重心の位置の秩序は維持しつつも分子重心や分子の部分的な並進，回転といった揺動が存在する。この分子の動きやすさが均一配向性の高さに関係しており，かつまた状態密度の限定的分散が揺動下の時間平均的位置，配向の秩序に依存するいわゆる液晶性半導体の結晶或いはアモルファス固体系有機半導体と異なる特性と言える。

以下，液晶性半導体についてその特徴を紹介する。

3 有機半導体としての液晶性半導体

液晶性半導体の研究分野におけるパイオニア的研究を例にとると，ヘキサヘキシルチオトリフェニレンの場合，円盤状分子が積層して形成されるカラム構造が基本となり，温度領域により高温側から六方格子を形成し配向するヘキサゴナルカラムナー相を，その低温側には一層熱揺動が抑制されることに起因する積層秩序にらせん秩序が発生した相（ヘリカル相）を形成する。キャリヤが対向電極間を移動する速度をドリフト移動度と言い，デバイス用材料として最も現実的な意味合いを有するキャリヤ移動度でこの2つのメソフェーズについては秩序が高度化するに従って10^{-3}から$10^{-1}\mathrm{cm^2\,V^{-1}\,s^{-1}}$と高速化する（図2）[4]。液晶中の電荷輸送はイオン伝導も介在することが予想されるが，電子的過程の場合は電荷が分子に捕獲された局在準位間をホッピングするホッピング伝導と解釈されている。また，興味深い事象は固体系と異なりドメイン境界が電荷ホッピングに大きな支障を与えないということで[5]，一般的に液晶のようなある程度の秩序が崩壊した状態は分子揺動を持ち，分子配向を持つ特異性から境界領域では自由エネルギー低減の

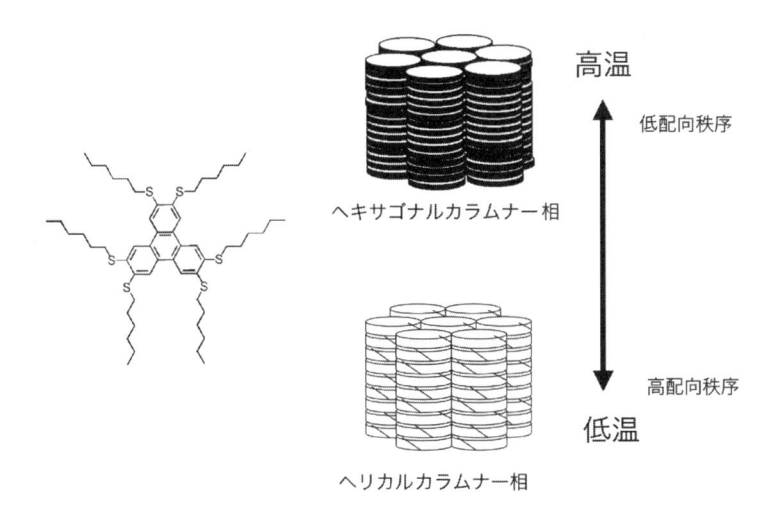

第9章 メソフェーズ系電子材料における分子の動的階層秩序制御と電荷輸送機能

図2 ヘキサヘキシルチオトリフェニレンの2つのカラムナー相と電荷移動度

観点からドメイン間の境界は連続的な配向変化で補修されたかのような状態を取りうることが推測される。

　有機半導体の研究開発は，結晶固体やアモルファス固体において低分子量分子から高分子量分子に至る多様な材料系において実施されてきた。前者では高真空下の蒸着，後者では溶液からのキャスト，或いはスピンコートによる薄膜が研究の対象であり，かつデバイスの対象であった。近年，ポリマー等フレキシブル基板上に半導体回路，電極等を順次実装し，高速でかつ大面積のデバイス生産を目指した roll-to-roll 生産が有機半導体に有機溶媒への可溶性と塗布膜における粒界の低減化等の点で有機化合物本来の問題点である耐久性や信頼性といったことの他に新たな要求仕様が示されている。この点，液晶性の特徴として，強い自発的配向性による基板上での大面積一様配向膜形成が容易なことは重要である。しかし，ディスプレー材料となっているネマチック相については基板間での配向制御技術として確立されているが，多くの液晶性半導体では高配向秩序，高粘性故に新たな発想の配向制御も必要と考えられる。実際，ネマチック相やスメクチックA相等低配向秩序，低粘性相を持つ材料では150mmに及ぶ大きな均一配向膜の形成をトランジスタとして実現した例が報告されているが[6]，前述のようにキャリヤ移動度が高速化するに伴って系の粘性は上昇，かつ配向秩序は高次のものとなる傾向が一般的であり，これら高次配向メソフェーズにはネマチック相において確立された従来の手法の適用は困難である。実際，$10^{-1} cm^2 V^{-1} s^{-1}$ オーダーのキャリヤ移動度が報告されたヘキサベンゾコロネンの誘導体では種々の新たな配向制御法が提案され，薄膜トランジスタとしての性能も検討された[7,8]。

4　液晶における階層構造

　液晶状態における分子配向は，液晶分子が芳香環にフレキシブルなアルキル長鎖が結合すると

棒状液晶分子：rigid core + flexible chains

炭化水素アルキル鎖誘導体　　　　全フッ素化アルキル鎖誘導体

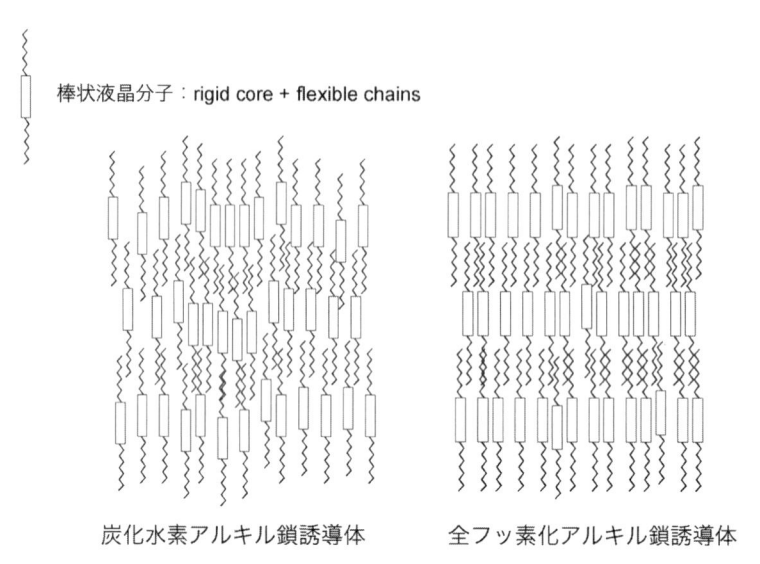

図3　模式的に見た炭化水素アルキル鎖と全フッ素化アルキル鎖による液晶配向秩序の違い
棒状液晶系のスメクチック相（層状構造を特徴とする）における長鎖部分及びコア部分の分子スケールの
segregation により層構造の安定化が起こる。

いった特徴的化学構造を持つことからも判るように，分子骨格同士の親和性に基づいた分子レベルの segregation が多かれ少なかれ誘起されている。従って，それに基づく階層構造を設計することが可能であれば，配向秩序のみならず動的秩序をも制御された場としての液晶状態，もしくは広義のメソフェーズの実現による高速キャリヤ移動度を示す新たな自己組織化有機半導体材料の開発につながる可能性を持つ。

　例えば，全フッ素化アルキル基の導入は液晶配向における segregation 誘起の典型例である。図3に示されるように通常の炭化水素アルキル基を全フッ素化アルキル基で置換すると層構造を有するスメクチック相の誘起または熱安定性の向上が見られる[9]。これはフッ素化アルキル鎖の分散力が炭化水素鎖のそれに比べて小さいことからそれぞれが個別に凝集することによる自由エネルギーの低下，即ち親フッ素・疎フッ素効果（fluorophilic and fluorophobic interactions）に基づくものと解釈されている。また，ディスコチック液晶系でも同様の相互作用効果によりカラム内に segregation が誘起され，そのためにカラムナー相の安定化が達成されることが報告されている[10]。さらに，デンドリックな構造をもつ化合物の周辺長鎖に全フッ素化アルキル基を配することによってそれらが寄り合いあたかも一つの円盤状分子として振る舞い，カラムナー液晶相が誘起されることも報告されている。このような手法が新たな有機半導体設計に有用であるという主張もなされている[11]。

5 高性能自己組織化有機半導体と次世代共役系ポリマーの創出

このように液晶性或いはメソフェーズ性を持つ有機半導体は新たな有機電子材料として興味深いものがある，と同時に新たな自己組織化性共役系ポリマー実現の可能性にも関係している。アルキル化ポリチオフェンのように液晶性を持つ半導体或いは伝導体共役系液晶性ポリマーは良く知られており，その自己組織化的配向性や相関するキャリヤ移動度並びにそのトランジスタへの応用など多様な研究展開が図られている[12,13]。このような主鎖共役系のポリマーを典型的共役系ポリマーと位置付けるともう一方でπ電子共役系が積層するような液晶性ポリマー系も存在する。フタロシアニンケイ素錯体を前駆体として脱水縮合させるとフタロシアニン環のケイ素イオンの軸配位子が酸素原子により，すなわちシロキサン構造を主鎖とするように結合し，それに直交するπ電子系の積層配向秩序を持つポリマーとなることが報告されている（図4）。これはフタロシアニン環の周りに8本の長鎖アルキル基を導入して液晶性を持たせたポリマーで $10^{-2}\mathrm{cm}^2\mathrm{V}^{-1}\mathrm{s}^{-1}$ 程度のホール移動度が観測されている[14]。期待されたほどの移動度ではなく，ポリマーの持つ分子量分布や測定試料における配向の非一様性等解決すべき問題が含まれていると考えられる。基本的にポリマーでは精緻な配向制御は困難であることから，配向制御のより容易なモノマー系，或いはダイマー系における検討がなされた。フタロシアニン金属錯体の場合，積層ダイマーの中で一つの中心金属イオンが2つのフタロシアニン環と配位結合する場合をDouble-decker型と称しており，先の酸化ケイ素錯体のような積層ダイマーと区別している。Double-decker型のフタロシアニン液晶では，中心の金属イオンが Lu^{4+} の系について液晶性とキャリヤ移動度が報告されており，ドリフト移動度ではなくPR-TRMC法による真因的移動度であるものの $0.7\mathrm{cm}^2\mathrm{V}^{-1}\mathrm{s}^{-1}$ という最速のキャリヤ移動度が報告された[15]。同系の Ce^{4+} イオン錯体では発現する液晶相は同様であるものの，そのドリフト移動度は 10^{-2} から $10^{-3}\mathrm{cm}^2\mathrm{V}^{-1}\mathrm{s}^{-1}$ 程度に留ま

Double-decker型　　　　　μ-oxo dimer型

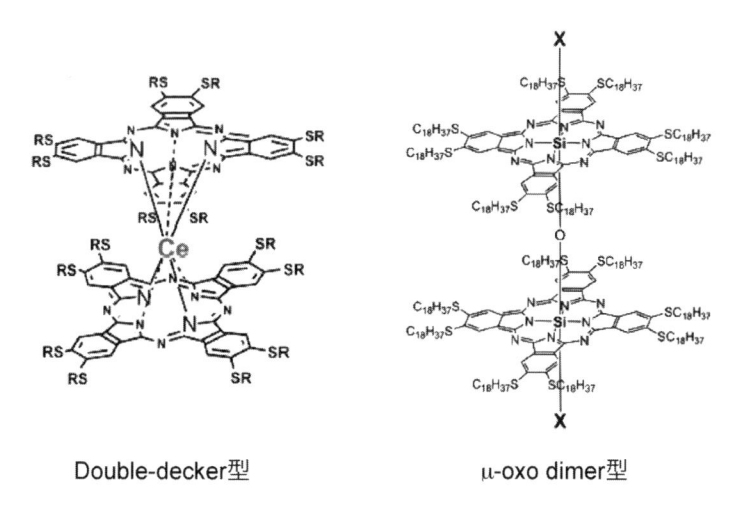

図4　フタロシアニンをベースとする2種のタイプのπ電子共役系分子ブロック

ることも報告されており，この数値からはDouble-decker型の分子形状よりも中心金属の違いによる電子状態の差異が移動度に効果的に現れることが示唆される[16]。

一方，シロキサン結合で2つのフタロシアニンを結合させたダイマーではカラムナー相を示し，TOF法で求めたキャリヤ（ドリフト）移動度は両末端の軸配位子にも依存するが10^{-3}cm^{2}V^{-1}s^{-1}のオーダーであった[17]。このことは，ポリマーにするという策以外にもダイマー化によりこれが電子のホッピングパスの一ブロックとして作用する考え方の有効性を示唆している。この場合は配向制御性の観点からも自己組織化分子ブロックが優位であろうことは言うまでもない。

6 おわりに

本章では，新たな自己組織化性を持つ有機半導体及び共役系半導体，或いは伝導体ポリマーの考え方の一つが液晶性にあることを協調しておきたい。キャリヤ移動度の点では分子揺動が不利に作用することが推測されるが，今後階層構造の導入により動的状態に基づく顕著な自己組織化性と電荷ホッピングの効率を最大限に生かす状態密度の向上を特異的分子間相互作用により実現し，性能向上への新たな研究展開が期待される。

文　　献

1) 液晶辞典，日本学術振興会情報科学用有機材料第142委員会液晶部会編，培風館，1989年
2) Liquid Crystals and Plastic Crystals, G. W. Gray and P. A. Windsor, Ed., 1974, Chichester, Ellis Horwood Limited.
3) Y. Shimizu, K. Oikawa, K. Nakayama and D. Guillon, *J. Mater. Chem.*, **27**, 2443 (2007)
4) D. Adam, P. Schuhmacher, J. Simmerer, L. Häussling, K. Siemensmeyer, K. H. Etzbach, H. Ringsdorf and D. Haarer, *Nature*, **371**, 141 (1994)
5) H. Maeda, M. Funahashi, J. Hanna, *Mol. Cryst. Liq. Cryst.*, **346**, 183 (2000)
6) A. J. J. M. van Breemen, P. T. Herwig, C. H. Chlon, J. Sweelssen, H. F. M. Schoo, S. Setayesh, W. M. Hardeman, C. A. Martin, D. M. de Leeuw, J. J. P. Valeton, C. W. M. Bastiaansen, D. J. Broer, A. R. Popa-Merticaru and S. C. J. Meskers, *J. Am. Chem. Soc.*, **128**, 2336 (2006)
7) W. Pisula, A. Menon, M. Stepputat, I. Lieberwirth, U. Kolb, A. Tracz, H. Sirringhaus, T. Pakula and K. Müllen, *Adv. Mater.*, **17**, 684 (2005)
8) A. M. van de Craats, N. Stutzmann, O. Bunk, M. M. Nielsen, M. D. Watson, K. Müllen, H. D. Chanzy, H. Sirringhaus and R. H. Friend, *Adv. Mater.*, **15**, 495 (2003)
9) B.-Q. Chen, Y.-G. Yoang and J.-X. Wen, *Liq. Cryst.*, **24**, 539 (1998)

10) N. Terasawa, H. Monobe, K. Kiyohara and Y. Shimizu, *Chem. Lett.*, **32**, 214 (2003)
11) V. Percec, M. Glodde, T. K. Bera, Y. Miura, I. Shiyanovskaya, K. D. Singer, V. S. K. Balagurusamy, P. A. Heiney, I. Schnell, A. Rapp, H.-W. Spiess, S. D. Hudson and H. Duan, *Nature*, **419**, 384 (2002)
12) B. H. Hamadani, D. J. Gundlach, I. McCulloch and M. Heeney, *Appl. Phys. Lett.*, **91**, 243512 (2007)
13) I. McCulloch, M. Heeney, C. Bailey, K. Genevicius, I. MacDonald, M. Shkunov, D. Sparrowe, S. Tierney, R. Wagner, W. Zhang, M. L. Chabinyc, R. J. Kline, M. D. McGehee and M. F. Toney, *Nat. Mat.*, **5**, 328 (2006)
14) F. Gattinger, H. Rengel, D. Neher, M. Gurka, M. Buck, A. M. van de Craats and J. M. Warman, *J. Phys. Chem. B*, **103**, 3179 (1999)
15) K. Ban, K. Nishizawa, K. Ohta, A. M. van de Craats, J. M. Warman, I. Yamamoto and H. Shirai, *J. Mater. Chem.*, **11**, 321 (2003)
16) F. Nekelson, H. Monobe, M. Shiro and Y. Shimizu, *J. Mater. Chem.*, **17**, 2607 (2007)
17) F. Nekelson, H. Monobe and Y. Shimizu, 2007 日本液晶学会討論会，予稿集，pp31

第10章 キャリア蓄積型・発生型デバイスを目指した高分子半導体／無機ナノ粒子複合薄膜開発

藤田克彦＊

1 はじめに

　高分子エレクトロニクスは近年，フレキシブルディスプレイや roll-to-roll プロセスによる安価な太陽電池開発など多くの話題をもたらしている。一方で高キャリア密度など有機物のみでの実現が難しい物性を付与するため無機材料との複合化が大きなトピックとして取り上げられている。その中でもナノ粒子を高分子半導体材料に分散させたデバイスが開発されている。ナノ粒子はデバイス中でキャリアの蓄積サイトあるいは発生サイトとして機能し，様々なデバイス特性を発現させている。

　無機微粒子が重要な役割を果たすデバイスの代表的な例は，有機抵抗メモリである。これは電流双安定性を示す有機薄膜の高抵抗状態（オフ）と低抵抗状態（オン）を印可する電圧によってスイッチングすることができ，かつそれぞれの状態が開放後も維持される不揮発性を有するものを指す（図1）。

　素子構造としては二電極型のサンドイッチ構成，または三電極型のトランジスタ構成などが考えられ，それぞれに研究が進められているが，二電極型有機抵抗メモリでは無機粒子が大きな役割を果たしている。二電極型メモリ素子にも，膜内に無機ナノ粒子を混入させているもの[1]と，意図的には混入していないもの[2]に大別できる。前者は粒子状の金属の周囲を酸化膜または有機物－金属の化合物が取り囲むことでキャリアトラップサイトを形成し，空間電荷によるキャリアの注入または分子間のホッピングの阻害によって高抵抗状態が出現すると説明されている。後者については，有機分子の構造変化や集合状態，電荷移動錯体中での電荷分布の変化などが電圧印

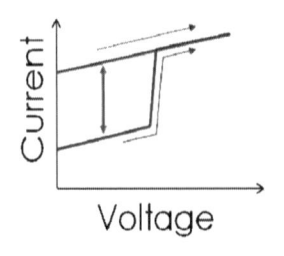

図1　電流双安定性素子の典型的な電圧―電圧プロファイル

＊　Katsuhiko Fujita　九州大学　先導物質化学研究所　准教授

第10章 キャリア蓄積型・発生型デバイスを目指した高分子半導体／無機ナノ粒子複合薄膜開発

可によって可逆的に起こると当初説明されていたが，電極形成時に意図せずに有機膜中に混入した金属が同様の働きをしているデバイスが多く含まれていることがわかった。本稿ではこれら二電極型有機抵抗メモリの開発と現状について述べる。

2 二電極型低分子有機メモリ

有機薄膜でのスイッチングは 1969 年に A. Szymanski らが tetracene 薄膜で最初に報告している[1]。600nm の tetracene 薄膜を Al と Au 電極で挟んだサンドイッチ構造で，一定電圧以上でオフ状態からオン状態に移行する。メモリ性についても，再現性は低いが，電圧を切っても状態が維持されるとしている。H. Kawakami らは使う低分子の双極子モーメントの大きさによってスイッチングが発現するかどうかが決まる[3,4]，と述べている。

2002 年，Y. Yang ら UCLA グループは外部電極／有機層／アルミナノクラクター層／有機層／外部電極の構造で有機層として 2-amino-4,5-imidazolecarbonitrile（AIDCN）を用いた素子において大きな ON-OFF 比を示す電流双安定性素子を報告した[5]。電流双安定性の原因は，アルミナノクラスターにトラップされる電荷が外部電極からの注入を増幅させて低抵抗状態を作ることだとしているが[6]，真空チャンバー内の残存酸素による酸化，蒸着速度の微妙なばらつきでナノクラスター表面のアルミナ層の厚さ，ナノクラスターの大きさがばらつくため再現が難しいとされている。一方，L. D. Bozano ら IBM グループは同じアルミナノクラスター層を持った素子 Al/Alq3/Al/Alq3/Al を作り，電流双安定性発現機構について UCLA グループとは異なる機構を提案している[7]。素子構造は類似であるが，I-V 特性に UCLA グループの素子には見られない負性抵抗領域（negative differential resistance：NDR）が現れる。この NDR はアルミナノクラスター層に電荷がトラップされ，その電荷によっておこる電流制限が原因とされ，スイープ電圧を変え，トラップ電荷量を変化させることでオン状態の電流値を制御できるとしている。

我々は金属層を間にはさまない有機単層でのメモリ素子が Al/AIDCN/Ag で作製できることを見いだした。上部電極に Al を用いるとメモリ性はほとんど観測されないが，Ag を用いるとオンオフ比 10^3〜10^4 の再現性の良いメモリ素子を得ることができる[8]。図 2 に I-V 特性を示す。4V 以上の電圧で NDR の出現が認められ，アルミナノクラスター層を有機層内に挟み込んだ構造を用いた IBM グループの結果[7]と類似したスイッチング特性を示した。このオン状態，オフ状態は電圧印可をやめても保持される。素子作成当初は I-V が安定しないが 1，2 回の電圧スイープを加えることで，安定した電流双安定性を示すようになる。安定なスイッチングでのオフ状態の電流密度は 1V で 10^{-3}A/cm^2 のオーダーであるが，素子作成直後の初期状態では 2〜3 桁低い電流密度を示す。最初の電圧スイープにより導電率が上昇していることがわかる。

電子顕微鏡による断面観察，およびエネルギー分散 X 線分析（EDX）による元素分析によると，有機層 AIDCN 中に深くまで上部電極である Ag が存在していることがわかった[9]。単層型メモリ素子でも金属層を内部に挿入した素子と同様に金属クラスターの影響によりスイッチング

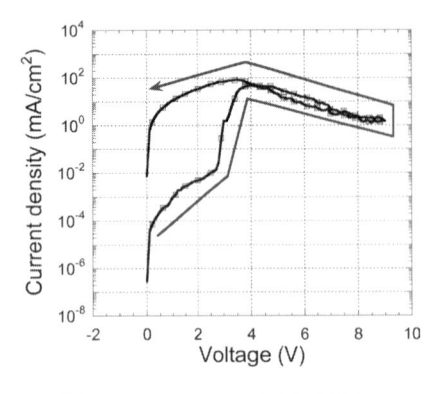

図2　Al/AlDCN/Ag 素子の電圧―電圧プロファイル

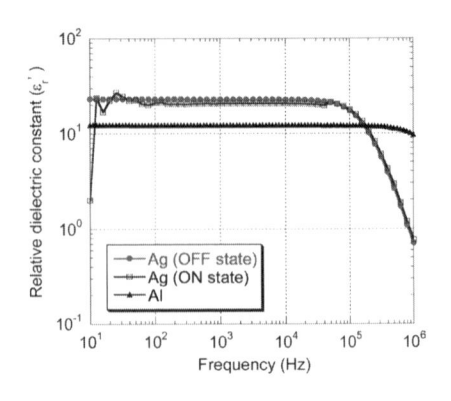

図3　Al/AlDCN/(Ag or Al) 素子の比誘電率―周波数特性

が発現しているものと考えられる。この Ag 電極を用いた素子のオン状態とオフ状態，およびスイッチングを示さない Al 電極素子で誘電応答（図3）を測定してみると，誘電率はオン状態，オフ状態でほとんど変化がない。ナノクラスターに電荷が蓄積されて電流制限が起こっているとすると，誘電率はオン状態とオフ状態で変わると考えられるが，誘電率に変化がないことから少なくともバルク全体にわたる電荷の蓄積はないと考えられる。

3　二電極型高分子有機メモリ

　高分子をマトリックスとして金属ナノ微粒子を層としてではなく，混合した素子でもメモリー性の発現が報告されている。Y. Yang ら UCLA グループから dodecanethiol を安定剤としてコーティングした Au 微粒子（Au-DT）と 8-hydroxyquinoline（8-HQ）を混合した polystyrene（PS）薄膜を使用した双安定性素子[10]である。この素子では高電界で 8HQ（ドナー）から Au-DT（アクセプター）へ電子が移動し，帯電したナノ粒子周りの有機半導体のオン状態が出来るとしている。一方，2-naphtalenethiol でコーティングした Au 微粒子（Au-NT）のみを PS に混合した膜を使用した素子は，オフ状態からオン状態に転移すると，その後は逆バイアスをかけてもオフ状態には戻らない write one, read many（WORM）タイプのメモリ素子となる[11]。Bozano ら IBM のグループでも金属ナノ粒子を混入させたメモリ素子を発表している[12]。この場合でも UCLA のグループでは見られない NDR の出現がみとめられ，トラップによる空間電荷制限モデルを提言している。

　高分子マトリックス中に金属ナノ粒子がどのように分散しているかを確かめるため，PS＋8HQ＋Au-DT の混合膜を調製し，断面を STEM によって観察したところ，Au-DT は膜の上下の界面に局在しており，均一な混合が得られていないことがわかった。PS マトリックスと Au-DT の相溶性の悪さが原因と考えられる。そこで，金ナノ粒子の安定化剤にマトリックス高分子

第10章 キャリア蓄積型・発生型デバイスを目指した高分子半導体/無機ナノ粒子複合薄膜開発

を用いて相溶性を向上させることを試みた。

使用した高分子は金と特異的に相互作用するジチオカルバメート（DC）基を分子中に持つハイパーブランチポリスチレン（HPS，図4）である。これを保護剤として，金ナノ微粒子の合成を行ったところAu-DTとほぼ同様のサイズをもつ金ナノ微粒子（HPS-Au）を得ることが出来た。HPS-Auと8-HQ，及びHPSの混合溶液から作成した薄膜を，アルミニウム電極で挟んで単層型素子Glass/Al/(HPS+HPSAu+8HQ)/Alとしたところ，電流双安定状態が観測された（図5）。この素子は特定領域の電圧を与えてから急激に電圧を落とす電圧印加方式と，徐々に電圧を低下させる電圧印加方式とによって，オン状態とオフ状態を安定的に切り替えられる。この動作モードはUCLAやIBMから報告されているものとは異なるが，Al/AlDCN/Agの素子で見られたスイッチングモードと同様である。また，素子作製直後の初期状態は安定駆動時のオフ状態より2桁以上低い導電率を示すことも同様である。

オン状態，オフ状態は電圧印可をやめても3ヶ月以上持続することを確認している。また，PS+8-HQ+Au-DTの構造ではスイッチングを発現させるためには金の重量分率が3%以上必要であるのに対し，HPS+8-HQ+HPS-Auの系では重量分率0.3%でもスイッチングが発現することが分かった。

素子の断面電子顕微鏡観測により，電圧印可前において金ナノ粒子は電極界面近傍に局在していることがわかった。この金ナノ粒子が電圧印加後は薄膜内部に拡散している様子が観察された。有機薄膜内部における金属ナノ微粒子の分散状態や移動性が，双安定状態の形成に寄与していることが示唆される。

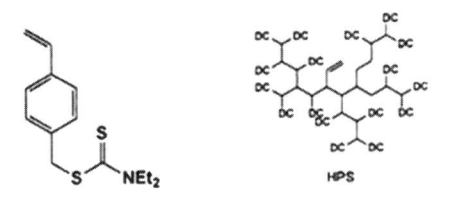

図4 HPSのモノマーとポリマーの構造

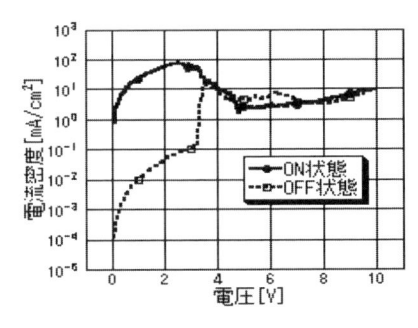

図5 Al/(HPS+HPSAu+8HQ)/AlのON/OFF特性

4 おわりに

　有機抵抗メモリでは同様の構造であっても報告によってスイッチングモードが異なるのが現状であり，駆動機構そのものに様々な様式が存在することが推測される。研究はようやく緒についたばかりで，再現性も耐久性も実用素子にはまだほど遠い。しかし，プリンタブルデバイスの将来を展望すると不可欠の要素素子であることは間違いなく，一貫したプロセスで有機発光素子への導入が可能といった特徴をいかした活用法を模索しつつ，動作原理の解明・素子性能の向上・微細加工技術の開発を平行して進めていく必要があろう。

文　　献

1) A. Szymanski, D. C. Larson and M. M. Labes, *Appl. Phys. Lett.*, **14**, 88 (1969)
2) A. Bandyopadnyay and A. J. Pal, *Appl. Phys. Lett.*, **82**, 1215 (2003)
3) H. Kawakami, H. Kato, T. Iwamoto and M. Kuroda, Proceedings of SPIE 5217, 71 (2003)
4) H. Kawakami, H. Kato, K. Yamashiro, N. Sekine and M. Kuroda, Ext. Abstr. (2003 Fall meeting), *Mater. Res. Soc.*, J3.13.
5) L. P. Ma, J. Liu and Y. Yang, *Appl. Phys. Lett.*, **80**, 2997 (2002)
6) L. Ma, S. Pyo, J. Ouyang, Q. Xu and Y. Yang, *Appl. Phys. Lett.*, **82**, 1419 (2003)
7) L. D. Bozano, B. W. Kean, V. R. Deline, J. R. Salem, J. C. Scott, *Appl. Phys. Lett.*, **84**, 607 (2004)
8) M. Terai, K. Fujita, T. Tsutsui, *Jpn. J. Appl. Phys.*, **45**, 3754 (2006)
9) M. Terai, K. Fujita, T. Tsutsui, *Mater. Res. Soc. Symp. Proc.*, **965**, 0965-S10-10 (2007)
10) J. Ouyang, C. W. Chu, C. R. Szmanda, L. P. Ma and Y. Yang, *Nat. Mater.*, **3**, 918 (2004)
11) J. Ouyang, C. W. Chu, D. Sieves and Y. Yang, *Appl. Phys. Lett.*, **86**, 123507 (2005)
12) L. D. Bozano, B. W. Kean, M. Beinhoff, K. R. Carter, P. M. Rice and J. C. Scott, *Adv. Func. Mater.*, **15**, 1933 (2005)

第11章　界面場を利用したπ共役高分子の超階層制御

松井　淳[*1], 宮下徳治[*2]

1　はじめに

　π共役高分子を2次元，3次元へと階層制御することは，π共役平面の配向配列による伝導度の向上や，異種機能を有する高分子をヘテロ積層することが可能であることから，有機トランジスタや有機太陽電池への応用にむけて重要であると考えられる。界面場を用いた共役高分子の階層制御として以前より気液界面を用いた Langmuir-Blodgett 法が用いられてきた。我々も気液界面で安定な高分子単分子膜を形成するアクリルアミド系高分子と共役高分子を混合することでπ共役高分子の超階層制御と，その電気デバイス，電気化学デバイスへの展開を行っている[1,2]。一方で水—油などの不相溶性液体から形成される液—液界面は分析化学や界面化学の観点から研究されているものの材料の集積場として応用する報告例は少ない。コロイド粒子が乳化剤として働く Pickering エマルションは，コロイド粒子が液—液界面で集積化することでエマルションを安定化している。これは液—液界面を用いることでコロイド粒子を階層制御可能であることを示している。Pickering エマルションに関しては近年 Binks らにより理論的な取り扱いがなされており[3]，また液—液界面を用いた金属，半導体ナノ粒子の集積化についても報告されてきている[4~6]。我々はその中でもカーボンナノチューブや有機・高分子ナノ結晶などの炭素材料，有機材料に着目し研究を行っている。本稿ではその中において我々がこれまで研究を行ってきたカーボンナノチューブの集積化について述べ，続いてπ共役高分子ナノ結晶へ展開した結果を報告する。

2　液—液界面へのコロイド粒子の集積メカニズム

　既に述べた様に Pickering エマルションとはコロイド粒子が乳化剤として働いてできるエマルションである。形成されるエマルションの形態は図1に示すように水—油系中において，液—液界面における粒子の接触角（θ）に依存して変化する[3,7]。例えば，$\theta < 90°$の場合では粒子は水相中で，$\theta > 90°$の場合では油相中で安定化し，それぞれ，o/w および w/o 型のエマルションを形成する。一方，$\theta = 90°$の場合では，粒子は平面状の液—液界面に吸着して界面を安定化す

[*1] Jun Matsui　東北大学　多元物質科学研究所　多元ナノ材料研究センター　助教；㈱科学技術振興機構　さきがけ　研究員
[*2] Tokuji Miyashita　東北大学　多元物質科学研究所　多元ナノ材料研究センター　教授

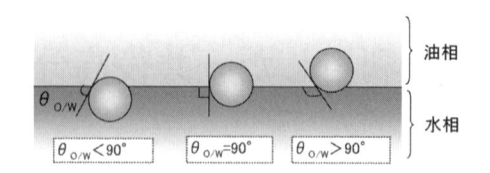

図1 接触角の違いによるコロイド粒子の安定化位置

ることができる。これは平面上の界面のみを考える場合 $\theta=90°$ で界面に強く吸着し，$\theta=90°$ から小さく（あるいは大きく）なるにつれ溶液中に分散しやすくなることを示している。ここで，我々が取り扱うナノチューブのような円筒状の材料が界面へ吸着する際の吸着エネルギーについてチューブの接触角との関係を検討してみる。図2に示すように，半径が R，長さ l のチューブ状の物質が接触角（θ (rad)）で油―水界面に存在していると考える。ここで，油相中，水相中に浸ったチューブの表面積はそれぞれ(1)，(2)式のようにして表される。

$$2R\theta l \tag{1}$$

$$2R(\pi-\theta)l \tag{2}$$

また，チューブの吸着により取り除かれる油―水界面の面積（A_e）は，

$$A_e = 2Rl\sin\theta \tag{3}$$

となる。ここで，チューブが油相中，水相中，および油―水界面に存在している系の全体の自由エネルギーは，(4)〜(6)式のように表される。ここで A はチューブが吸着していない状態での油―水界面の面積である。

$$2R\pi l\gamma_{s/o} + A\gamma_{o/w} \tag{4}$$

$$2R\pi l\gamma_{s/w} + A\gamma_{o/w} \tag{5}$$

$$2R(\pi-\theta)l\gamma_{s/w} + 2R\pi l\gamma_{s/o} + (A-2Rl\sin\theta)\gamma_{o/w} \tag{6}$$

ここで $\gamma_{s/o}$，$\gamma_{s/w}$，$\gamma_{o/w}$ はそれぞれ粒子―油，粒子―水，油―水界面の界面張力である。これらの関係式より，チューブを油―水界面から油相中へ，または水相中へ移す際に必要なエネルギーはそれぞれ，(7)，(8)式のようにして表される。

$$E = 2R\pi l\gamma_{o/w}\{(\pi-\theta)\cos\theta + \sin\theta\} \tag{7}$$

$$E = 2R\pi l\gamma_{o/w}(\sin\theta - \theta\cos\theta) \tag{8}$$

ここで，(7)，(8)式はそれぞれ，$90°\leq\theta\leq180°$，$0°\leq\theta\leq90°$ の範囲で適用可能である。これより，チューブの液―液界面への吸着エネルギーの接触角依存性が得られ，図2のようにして表される。ここで $R=1.0$ nm，$l=1.0\,\mu$m，$\gamma_{o/w}=36\times10^{-3}$ N/m と仮定して計算した。これより，チューブ状の物質においても粒子の場合と同様，$\theta=90°$ において吸着エネルギーが最大となり，チュー

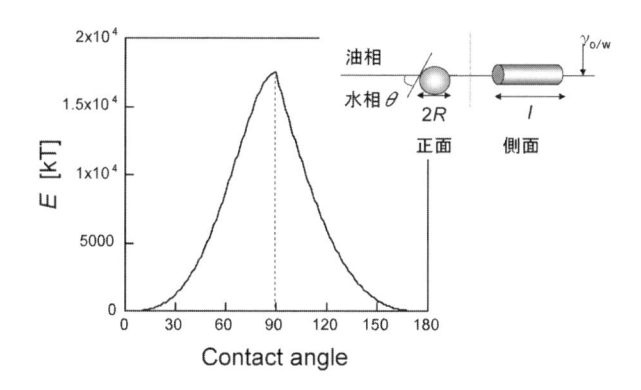

第11章　界面場を利用したπ共役高分子の超階層制御

図2　チューブ状物質の液―液界面への吸着エネルギーの接触角依存性
挿入図：油―水界面上のチューブ状物質とその接触角。

ブが油―水界面で安定化される。

　以上のような理論より，液―液界面へナノチューブを集積化するための要因としては，①界面におけるナノチューブの接触角，②油―水界面の界面張力，③ナノチューブのサイズがあげられる。本稿ではこの理論を元にカーボンナノチューブを界面へ集積化した手法を報告する。

3　液―液界面を用いたカーボンナノチューブ集積体の構築[8, 9]

3.1　MWCNTのぬれ性制御

　本実験では鋳型法により合成された multi-walled carbon nanotube（MWCNT）を用いた。鋳型法で合成したMWCNTの特徴として，鋳型から取り出す際のアルカリ処理により表面にカルボン酸やヒドロキシル基などの含酸素基が付与されることが上げられる。そのためこのMWCNTは後処理なく容易に水へ分散する[10]。液―液界面を用いてこのMWCNTを集積化するためにはその表面ぬれ性が，接触角を90°となるように制御することが必要となる。表面のぬれ性制御する手法として表面を化学修飾する手法や[4]，両相に可溶な第3溶媒をぬれ性制御溶媒として使用する手法などが上げられる[5]。本研究ではエタノールをぬれ性制御溶媒として用いMWCNTの表面のぬれ性の制御を試みた。図3にMWCNT分散液にエタノールを加えた際のMWCNTのゼータ電位を示す。エタノール濃度が増加するに従いMWCNTのゼータ電位が減少する傾向が見られた。これはエタノールのヒドロキシル基がMWCNT表面のカルボキシル基やヒドロキシル基と水素結合して吸着し，表面電荷を遮蔽したためと考えられる[11]。以上より鋳型法で合成されたMWCNTにおいても，エタノールを用いることでその表面電位が制御できることが示された。そこでエタノールを表面電位制御の溶媒とすることで，液―液界面を用いたMWCNTの集積化を試みた。

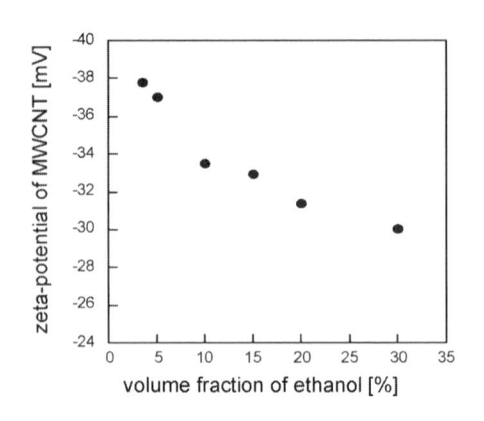

図3 エタノールの滴下に伴うMWCNTの表面電位変化

3.2 種々のエタノール濃度を滴下した際のMWCNTの液―液界面への自己集積化[9]

液―液界面へのMWCNTの集積化は以下のように行った。まずMWCNT分散液8 mL（濃度170 μg/mL）をサンプル管に加え、ここにn-ヘキサンを2 mL加えることで液―液界面を形成させた。続いてエタノールを水相に対して5～20 vol%になるように滴下して、MWCNTを液―液界面へ集積化した。図4は界面で形成されたMWCNT集積体のAFM像である。図のようにエタノールの滴下量が増加するに従い、膜密度が増加する傾向が見られた。例えば、5 vol%のエタノールを滴下して作製したMWCNT薄膜は膜密度が低く、膜中に多く空隙部分が観察された。これは、5 vol%のエタノール濃度ではゼータ電位は－37 mVと高いためにMWCNT間の静電反発力が支配的であり、大部分のMWCNTが水相中で分散しているためであると考えられる。一方、20 vol%のエタノールを滴下した場合は、MWCNTが多層化した部分や凝集体が多く観察された。20 vol%ではゼータ電位が大きく減少し、その結果MWCNTの凝集を引き起こしているためであると考えられる。一方、10 vol%の場合では均一な膜構造が観察され、膜密度は70%程度であった。さらにAFM像の断面プロファイルより得た膜厚は17～20 nm程度であり、MWCNTの直径の値とほぼ一致していた。従って、10 vol%のエタノールの滴下により作製した薄膜は、MWCNT単層膜であることがわかった。以上より、エタノールの添加によりMWCNTのゼータ電位を制御することで、液―液界面を用いたMWCNTナノ薄膜の構築が可能であり、その膜密度や構造がエタノール濃度により制御可能であることが示された。またMWCNT単層膜は繰り返し転写を行うことで多層化することも可能である。

4 π共役高分子ナノ結晶への応用

液―液界面を用いた集積化のメカニズムを考えると、コロイド材料の表面エネルギーを自在に制御できれば、様々な材料へ展開可能である。そこで我々は、再沈法により作製されたポリジアセチレン（PDA）ナノ結晶への展開を試みた。MWCNTの場合と同様な手法を用い、PDAナ

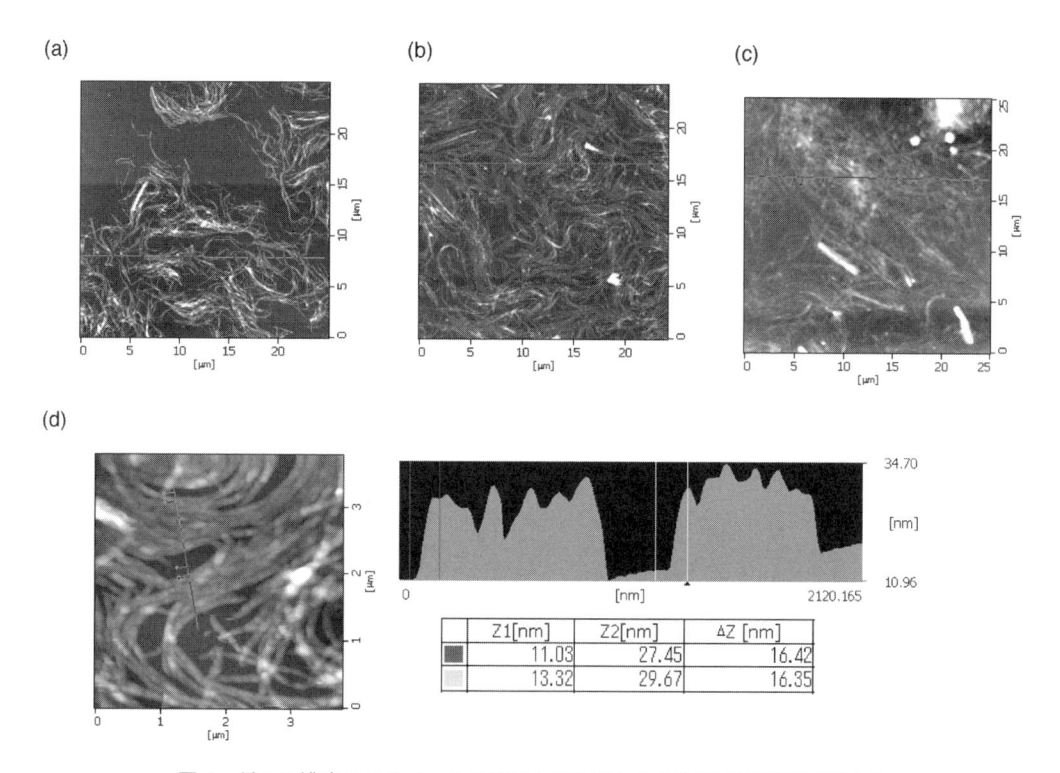

第11章　界面場を利用したπ共役高分子の超階層制御

図4　種々の濃度のエタノールを滴下して作製した MWCNT 薄膜の AFM 像
エタノール滴下量(a) 5 vol%, (b) 10 vol%, (c) 20 vol%, (d) 10 vol%で作製した物の拡大像と断面プロファイル。

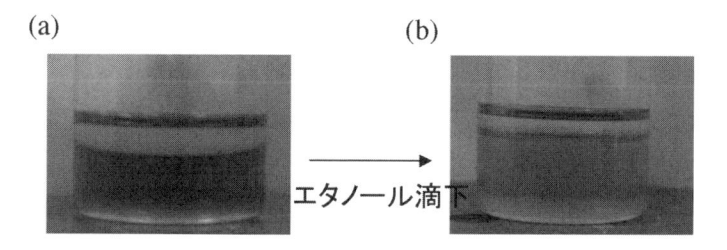

図5　ポリジアセチレンナノ結晶水分散液-n-ヘキサンからなる2相液体のデジタルカメラ像
(a)エタノール滴下前，(b)エタノール滴下後

ノ結晶分散液を水相とし，油相にヘキサンを用いエタノールを滴下することで PDA ナノ結晶を液―液界面へ吸着させた。集積化前の PDA ナノ結晶分散液は青い色を示すが，エタノールを滴下すると，PDA が界面へと吸着するため水相の色は薄くなり界面付近に青い色が濃縮することが確認できる（図5）。この PDA ナノ結晶を基板に転写し走査型電子顕微鏡（SEM）で観測したところ，高密度な PDA 単粒子膜が形成されていることが明らかとなった（図6）。このように，本手法は無機ナノ粒子だけでなく，有機ナノ結晶，高分子微粒子などへの展開が可能と考えられる。

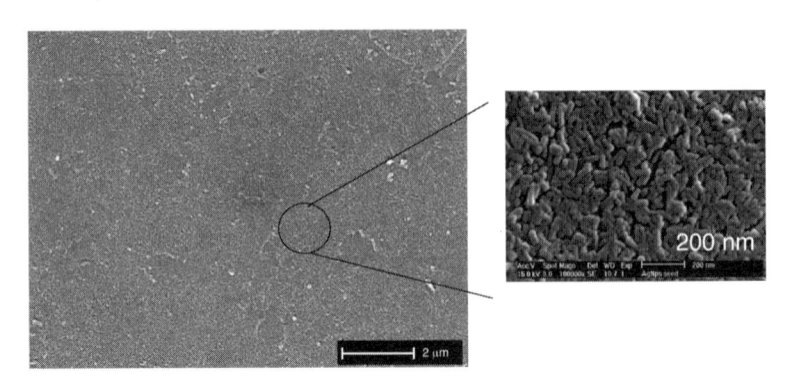

図6 液—液界面を用いて作製したPDAナノ結晶集積体

5 おわりに

以上,液—液界面を用いたナノ材料の集積化に関して我々の研究を中心に紹介した。このような湿式法による集積化としては序論で述べたLB法や,静電相互作用を利用する交互吸着法などが上げられる。これらと比較した場合,液—液界面を用いた集積化手法は両親媒性分子や高分子電解質などのバインダを必要としない特徴がある。今後はこの特徴をいかした異種材料のヘテロ積層への展開が重要と考えられる。

文　　献

1) J. Matsui; Yoshida, S.; Mikayama, T.; Aoki, A.; Miyashita, T. *Langmuir*, **21**, 5343 (2005)
2) J. Matsui; Sato, Y.; Mikayama, T.; Miyashita, T. *Langmuir*, **23**, 8602 (2007)
3) B. P. Binks *Current Opinion in Colloid & Interface Science*, **7**, 21 (2002)
4) H. W. Duan; Wang, D. A.; Kurth, D. G.; Mohwald, H. *Angewandte Chemie-International Edition*, **43**, 5639 (2004)
5) F. Reincke; Hickey, S. G.; Kegel, W. K.; Vanmaekelbergh, D. *Angewandte Chemie-International Edition*, **43**, 458 (2004)
6) Y. Lin; Skaff, H.; Emrick, T.; Dinsmore, A. D.; Russell, T. P. *Science*, **299**, 226 (2003)
7) B. P. Binks; Lumsdon, S. O. *Langmuir*, **16**, 8622 (2000)
8) J. Matsui; Iko, M.; Inokuma, N.; Orikasa, H.; Mitsuishi, M.; Kyotani, T.; Miyashita, T. *Chem. Lett.*, **35**, 42 (2006)
9) J. Matsui; Yamamoto, K.; Inokuma, N.; Orikasa, H.; Kyotani, T.; Miyashita, T. *J. Mater. Chem.*, **17**, 3806 (2007)
10) H. Orikasa; Inokuma, N.; Okubo, S.; Kitakami, O.; Kyotani, T. *Chem. Mater.*, **18**, 1036 (2006)
11) S. Scheiner Hydrogen Bonding A-thoretical Perspective; Oxford University Press Inc, 1997

第12章 構造制御したπ共役ポリマー薄膜の誘導共鳴ラマン散乱によるレーザー作用

柳　久雄[*1], 冨田知志[*2], 山下兼一[*3]

1 はじめに

現在の光情報通信システムにおける光増幅器として，石英光ファイバの低損失波長帯域（〜1.5μm）に適合したErドープ光ファイバ増幅器（EDFA）が広く使用されている[1]。また今後の情報伝達容量の増大や高速化に対応するため，波長分割多重（wavelength division multiplexing；WDM）技術による多波長での光増幅を可能とする高利得な光増幅器の開発が望まれる。その一つとして，石英光ファイバの誘導ラマン散乱（stimulated Raman scattering；SRS）現象を利用した光ファイバラマン増幅器（FRA）の開発が進められている。FRAはラマン散乱を利用しているので，励起波長を変えることにより任意の波長で光増幅が得られることが特徴である。しかし，EDFAやFRAといった光ファイバ増幅器は数メートル以上の利得長を要することから，これらを将来の集積化光デバイスに直接転換することはできない。そこで最近，オンチップ型ラマン増幅器として，シリコン導波路のSRSを利用したラマンレーザー素子が報告され注目されている[2,3]。この素子はシリコンのフォノンによるラマン散乱光をリソグラフィー加工成形したS字型一次元リブ型導波路中でフィードバック増幅し，導波路両末端のミラー共振器で発振させるものである。また，活性領域をpin構造にすることで二光子吸収により生成した光キャリアによるSRS光の散乱を抑制し，連続光（CW）励起による発振を実現している。しかし，このラマン増幅は非共鳴下のSRSに基づいているため利得が小さく数cmの導波路長を必要とし，集積化を行うには更なる小型化が必要である。

一方，SRSと類似した現象として，有機低次元結晶を用いて共鳴励起条件下で分子の振動モードに由来する共鳴ラマン光を増幅した誘導共鳴ラマン散乱（stimulated resonant Raman scattering；SRRS）に基づく有機固体レーザー作用が見出されている[4〜8]。このSRRSによる光増幅現象は，秩序配列した一次元鎖状π共役系オリゴマーの分子振動が低次元結晶全体に渡ってコヒーレントに励振するラマン活性なフォノンモードによるもので，室温大気下でサブミリメートルスケールの微結晶から安定して光増幅が得られることから，小型で集積化が可能な有機光増幅器や有機ラマンレーザーとして応用が期待される。しかし，これらの低分子結晶材料は脆く加

[*1] Hisao Yanagi　奈良先端科学技術大学院大学　物質創成科学研究科　教授
[*2] Satoshi Tomita　奈良先端科学技術大学院大学　物質創成科学研究科　助教
[*3] Kenichi Yamashita　京都工芸繊維大学　大学院工芸科学研究科　助教

工が困難であるため，実用化を目指す上でよりフレキシブルで加工性，耐久性に富んだポリマー材料への応用展開が必要となる。

そこで，本研究では代表的な発光性π共役ポリマーであるポリフェニレンビニレン（PPV）誘導体を用いてスラブ型薄膜導波路を作製し，まず自然蛍光が誘導放出により増幅する amplified spontaneous emission（ASE）の膜厚依存性や偏光特性から光増幅の条件を検討し，三層非対称スラブ型導波路モデルによる導波解析を行った後，SRRS による発光増幅現象について述べる。

2 PPV 誘導体薄膜導波路の ASE

PPV 誘導体試料として，2,5-dioctyloxy poly（p-phenylenevinylene）（DOO-PPV）を用いた。DOO-PPV の分子構造を図1中に示す。スラブ型薄膜導波路は，スピンコート法とキャスト法により DOO-PPV のクロロベンゼン溶液（5mg/ml）をガラス基板上に塗布することにより作製した。スピンコートは回転数を 2000-3000rpm で行い，塗布した試料を大気中 80℃にて乾燥させることで DOO-PPV 薄膜導波路を形成した。なお，分光エリプソメトリー測定用には，Si 基板上にスピンコートした薄膜を用いた。薄膜導波路の膜厚は表面の一部を削り取ることで段差を形成し，触針式表面段差計を用いて測定した。作製した DOO-PPV 薄膜導波路の発光増幅特性は，波長可変の YAG-OPO（yttrium aluminum garnet-optical parametric oscillator）パルスレーザー（パルス幅5nm，10Hz）を励起光源に用いて光ポンピング測定した。シリンドリカルレンズを通して励起光をストライプ状に絞って照射し，試料端面から放射した発光を CCD 分光検出器により測定した。

図1にはスピンコート法により作製した DOO-PPV 薄膜の可視吸収スペクトル(a)，自然蛍光スペクトル(b)，および光ポンピング励起により得られた ASE スペクトル(c)を示す。吸収スペクトルには，DOO-PPV 分子骨格の PPV π共役二重結合炭素鎖のπ-π*遷移によるブロードな吸収が 450～550nm に現れている。この共鳴吸収帯域の波長 λ_{ex} = 500nm で励起した蛍光スペクトルには，λ = 585nm と 635nm 付近にピークをもつ発光が現れている。さらに共鳴吸収帯域で YAG/OPO レーザーを用いて光ポンピングすると，λ = 635nm にスペクトル半値幅が約 10nm に狭線化して増幅した ASE が観測される。この ASE は，基板ガラスおよび空気より大きな屈折率をもつ DOO-PPV 薄膜が二次元スラブ型導波路として働き，その中に自然蛍光が閉じ込められ，薄膜中を伝播する間に誘導放出を起こして狭線化増幅したものである。そこで PPV 誘導体薄膜の屈折率を分光エリプソメトリーにより測定した。図2に，屈折率 n と消衰係数 k の波長依存性の解析結果を示す。これより，DOO-PPV 薄膜の ASE 波長 635nm における屈折率 n は 1.81 と決定され，消衰係数 k のスペクトルは図1の吸収スペクトルの形とよく一致している。

次に，DOO-PPV 薄膜導波路の ASE に対する膜厚依存性を調べるため，回転数を変化させたスピンコート法とキャスト法により膜厚の異なる薄膜を作製して光ポンピング測定を行った。図3(a)に示すように，回転数 3000rpm でスピンコートした膜厚 32nm の薄膜ではブロードな自然

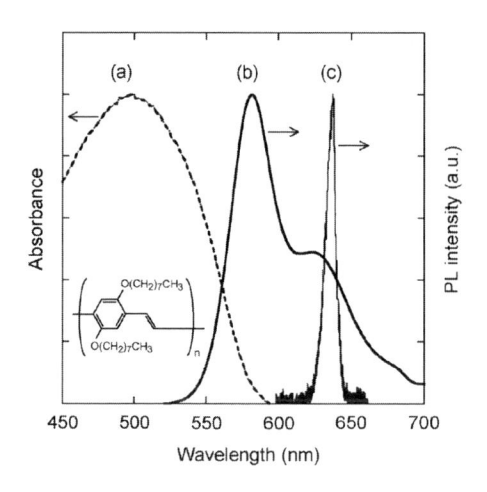

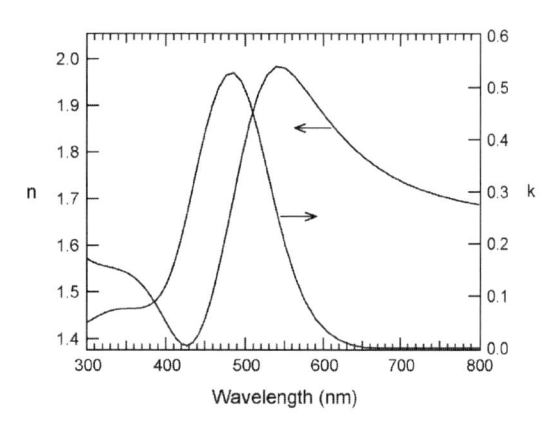

第12章 構造制御したπ共役ポリマー薄膜の誘導共鳴ラマン散乱によるレーザー作用

図1 DOO-PPV薄膜の吸収スペクトル(a), λ_{ex}=500nmで励起した蛍光スペクトル(b)およびλ_{ex}=530nmで光ポンピングしたASEスペクトル(c) 挿入図はDOO-PPVの分子構造

図2 DOO-PPV薄膜の屈折率と消衰係数の波長依存性

蛍光のみが現れ,ASEは観測されなかった。一方,回転数2000rpmでスピンコートした膜厚85nmの薄膜およびキャスト法により作製した膜厚2.7μmの薄膜では,それぞれ図3(b),(c)に示すように,λ=635nm付近にASEが観測された。このように膜厚32nmの薄膜導波路では発光増幅が得られないことから,光閉じ込めによる誘導放出にはあるカットオフ以上の膜厚が必要であることがわかる。

さらに,スラブ型導波路中での光閉じ込めには薄膜中で伝播する光の偏光状態が影響すると考えられる。そこでASEが発生する膜厚をもつDOO-PPV薄膜を用いて,導波路端面から放射するASE強度の偏光依存性を測定した。図4には,λ_{ex}=570nmにおける光ポンピング下で得られたASE強度の偏光角依存性を示す。これより発光の電場面が基板面に平行となるϕ_{em}=0°のときにASEは最も強い発光強度を示すことがわかる。すなわちASEは薄膜導波路中をtransverse electric(TE)モードで伝播している。

3 三層非対称スラブ型導波路モデルによる導波解析

前節で得られたASEの膜厚依存性や伝播モードについて考察するため,ガラス基板上のDOO-PPV薄膜について,三層非対称スラブ型導波路モデルを用いた導波解析によりカットオフ膜厚を求めた[9]。コア層として屈折率n_1で膜厚dのDOO-PPV薄膜,クラッド層として屈折率n_2のガラス基板と屈折率n_3の空気から成る三層非対称スラブ型導波路を考える。伝搬定数βが$n_2k_0<\beta<n_1k_0$(k_0は真空中の波数)を満たすとき,いずれのクラッドに対しても導波条件が成立

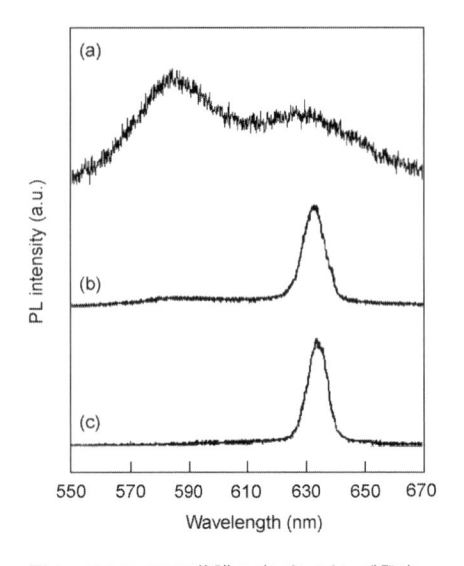

図3 DOO-PPV薄膜の光ポンピング発光
　　スペクトルの膜厚依存性
　　膜厚は(a) 32 nm, (b) 85 nm, (c) 2.7 μm

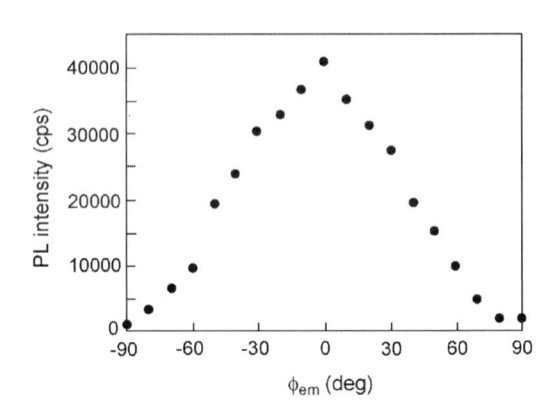

図4 DOO-PPV薄膜導波路端面から放射するASE
　　発光強度の偏光依存性（$\lambda_{ex} = 570$ nm）

し完全導波となる。$\beta < n_3 k_0$ のときは全領域で導波されず放射モードとなる。一方，$n_3 k_0 < \beta < n_2 k_0$ のときは空気側では基板側よりも屈折率差が大きいため，電界が急激に減衰して部分的導波する。このとき n_3 のクラッド層の導波路特性を決めるパラメータである規格化周波数は次式で定義される。

$$v_3 = \left[\left(\frac{\kappa_1 d}{2} \right)^2 + \left(\frac{\gamma_3 d}{2} \right)^2 \right]^{1/2} = \frac{k_0 d}{2} \sqrt{n_1^2 - n_3^2} \tag{1}$$

ここで，κ_1 と γ_3 はそれぞれ n_1 と n_3 の層の横方向伝播定数である。いま $n_1 > n_2 > n_3$ の条件下で，TEモードが n_3 の層で導波するときにカットオフとなる規格化周波数 v_{c3} を考える。$\gamma_3 = 0$ であり(1)式より $v_{c3} = \kappa_1 d/2$ が得られる。$\beta = n_3 k_0$ であり，n_2 の層では振動解となるので $i\gamma_2$ を使う。これらを三層非対称スラブ型導波路のTEモードに対する固有値方程式に適用すると，TEモードが n_3 の層でカットオフとなる規格化周波数 v_{c3} は次式で与えられる。

$$v_{c3} = \frac{1}{2} \left[\tan^{-1} \left(\sqrt{\frac{n_2^2 - n_3^2}{n_1^2 - n_3^2}} \right) + m\pi \right] \tag{2}$$

ここで，m は0または正の整数で，TE$_m$ モードの次数に対応している。

上式に従って，DOO-PPV薄膜の屈折率をASEのピーク波長である635 nmで分光エリプソメーターにより求めた $n_1 = 1.81$ とし，ガラス基板の屈折率は $n_2 = 1.52$，空気の屈折率は $n_3 = 1$ として計算すると，TE$_0$ モードのカットオフ膜厚は43.5 nm，TE$_1$ モードのカットオフ膜厚は

254.0 nm と求められる。この結果より，前節の図 3 においてカットオフ膜厚より薄い $d = 32$ nm の薄膜において発光は放射モードとなり，薄膜中に光が閉じ込められず ASE による増幅が得られないことがわかる。一方，$d = 85$ nm の薄膜中では閉じ込められた発光が TE_0 モードで伝播し，誘導放出により ASE を発生していると考えられる。

4　PPV 誘導体薄膜導波路の SRRS

以上のように，PPV 誘導体薄膜を用いて三層スラブ型導波路構造を形成することにより，光ポンピング励起下で ASE が得られる。しかし，ASE は自然蛍光が自己吸収のない波長域で誘導放出により増幅したもので，そのスペクトル幅は数 nm 以上と大きい。これに対して，光ポンピングにおいて励起波を長波長側の共鳴吸収端付近にシフトさせると，共鳴ラマン散乱光が誘導放出により増幅した ASE よりスペクトル幅の狭い SRRS が得られる[10~12]。図 5 にガラス基板上にスピンコートした DOO-PPV 薄膜（膜厚 85 nm）のスラブ型導波路を励起波長を $\lambda_{ex} = 568$ nm から 577 nm まで変化させて励起したときの発光スペクトルの変化を示す。各励起波長において，$\lambda = 636$ nm 付近で半値幅が約 7 nm の発光帯が現れているが，これは前述の通り自然蛍光が誘導放出により増幅した ASE である。さらに，この ASE に重なって発光ピークが観測され，そのピーク位置は λ_{ex} の増加とともに長波長側にシフトしているのがわかる。このとき，それぞれの発光と励起光のエネルギー差を求めたところ 1583 cm^{-1} で一定であることから，この発光ピークは PPV 骨格構造の伸縮振動に起因するラマン散乱光がスラブ型導波路に閉じ込められて誘導放出により増幅した SRRS であると考えられる。また PL 強度は，ASE では λ_{ex} が 568 nm から 572 nm へ励起波長を長波長に増加するとともに弱くなった。これは，DOO-PPV 薄膜の吸収係数が λ_{ex} の増加に伴って徐々に減少するためであると考えられる。一方，SRRS については $\lambda_{ex} = 568$ nm において SRRS のピークが現れ，$\lambda_{ex} = 575$ nm 付近でピーク値が最大となり，さらに λ_{ex} が増加するにつれて SRRS のピーク強度が再び弱くなった。この SRRS が現れている波長域は ASE の発光波長帯とほぼ一致する。すなわち，SRRS は ASE が発生する波長帯でのみ現れることがわかる。これは，ASE と同様に，導波路中に閉じ込められた共鳴ラマン散乱光が伝播する間に自己吸収の小さい波長域で有効に誘導放出が起こり増幅されるためだと考えられる。

5　おわりに

以上のように，SRRS は PPV 分子のラマン散乱に起因するので無共振器下で ASE よりはるかにスペクトル幅の狭い増幅ピークが得られ，励起波長を変化させることにより任意の波長で発光増幅が得られることが特徴である。しかし，PPV 薄膜の SRRS スペクトルをこれまでに報告されている π 共役オリゴマー結晶の SRRS と比較すると，SRRS の強度が弱くそのピーク幅も広い。また，スペクトルには ASE が重なって現れておりこの ASE は入力光の増幅にとってノイ

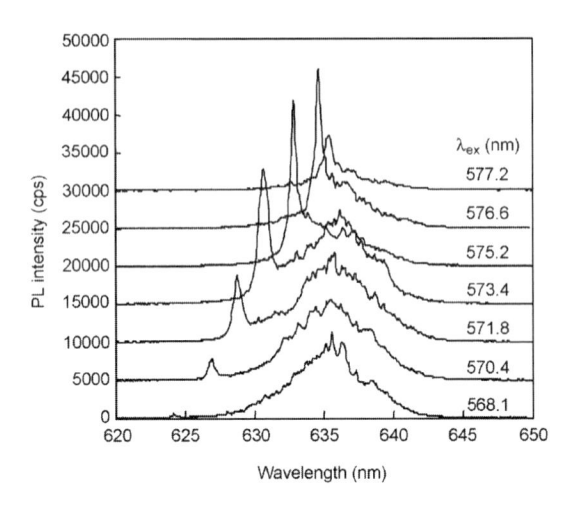

図5　DOO-PPV薄膜導波路の発光スペクトルの励起波長依存性

ズとなる．従って，今後ポリマー薄膜のSRRSを光増幅として利用するにはその効率を高める必要がある．その方法のひとつとして，ポリマー薄膜に分布帰還型共振器（DFB）やリング共振器構造を導入し，SRRSを発振モードとカップリングさせることにより，ASEノイズを低減しSRRS強度を増強することが期待される．

　本章で述べた研究成果は，科学研究費補助金特定領域研究「超階層制御」No.19022023により得られたもので，研究に参加し実験を行った奈良先端科学技術大学院大学学生の河津直人君，武明励君に感謝の意を表する．

文　　　献

1) 山下真司，応用物理，**73**（11），1358（2004）
2) H. Rong, A. Liu, R. Jones, O. Cohen, D. Hak, R. Nicolaescu, A. Fang, M. Paniccia, *Nature*, **433**, 292（2005）
3) H. Rong, R. Jones, A. Liu, O. Cohen, D. Hak, A. Fang, M. Paniccia, *Nature*, **433**, 725（2005）
4) A. A. Maksimov, I. I. Tarakovskii, *Phys. Stat. Sol.* (*b*), **107**, 55（1981）
5) H. Yanagi, A. Yoshiki, S. Hotta, S. Kobayashi, *Appl. Phys. Lett.* **83**, 1941（2003）
6) H. Yanagi, A. Yoshiki, *Appl. Phys. Lett.* **84**, 4783（2004）
7) H. Yanagi, A. Yoshiki, S. Hotta, S. Kobayashi, *J. Appl. Phys.* **96**, 4240（2004）
8) H. Yanagi, I. Sakata, A. Yoshiki, S. Hotta, S. Kobayashi, *Jpn. J. Appl. Phys.* **45**, 483（2006）
9) 左貝潤一，導波光学，共立出版（2004）
10) M. N. Shuknov, W. Gellermann, Z. V. Vardeny, *Appl. Phys. Lett.* **73**, 2878（1998）
11) I. Sakata, S. Fujimoto, H. Yanagi, *Appl. Phys. Lett.* **88**, 191104（2006）
12) H. Yanagi, T. Murai, S. Fujimoto, *Appl. Phys. Lett.* **89**, 141114（2006）

第13章 強磁場とスピン化学を活用した共役ポリマーの超階層構造の構築と光機能特性の磁場制御

米村弘明[*]

1 はじめに

　超伝導磁石が発生する強磁場（>6T）では，磁場が及ぼす効果は飛躍的に増大するので，ナノ領域の構造体に対して効果的に強磁場が影響を与える事が期待できる[1,2]。また，光誘起電子移動反応に対する磁場効果を含めたスピン化学を巧く活用すれば，光機能材料の特性を外部から多元的に自在に操作できる制御手法に成りえる事が期待できる[3,4]。

　そこで，本章ではまず強磁場によって，①カーボンナノチューブ及びその複合体，②ドナー–C_{60}系，③共役ポリマーから構成されるナノ構造を制御する事で新規の超階層構造を構築し，新しい物性をもつ材料の創製を目指した筆者らの研究について紹介する。さらに，スピン化学を活用したドナー–C_{60}系のナノ構造における光機能特性（光電変換機能）の磁場制御についての筆者らの研究についても紹介する。

2 強磁場によるナノ構造の制御

2.1 カーボンナノチューブ及びその複合体の強磁場によるナノ構造の制御

　カーボンナノチューブ（CNT）の物性は構造に由来した異方性を示すため，その応用において構造制御が重要であり，強磁場を用いたCNTの磁場配向が報告されている[5]。筆者らも単層カーボンナノチューブ（SWNT）やその導電性共役ポリマーであるMEHPPVや金ナノロッド（AuNR）の複合体における磁場配向を行ったのでそれらについて紹介する[6,7]。

　超音波照射で切断を行った切断SWNTを導電性ポリマーであるMEHPPV（図1(a)）のDMF溶液に加え，ポリマーラッピングによる可溶化を行った。マイカもしくはガラス基板に上記のDMF溶液を滴下し，乾燥過程に強磁場印加を行った。磁場強度は8Tで，磁場方向は基板に対し水平である。溶媒乾燥後，基板のAFM及び偏光吸収スペクトル測定を行った[6]。

　強磁場を印加した時（8T）のマイカ基板のAFM像には，外部磁場と平行に配向したSWNT/MEHPPV複合体が観察された（図1(c)）。一方，無磁場では複合体はランダム配向であった（図1(c)）。さらに，磁場を印加したガラス基板上の複合体の偏光吸収スペクトルを測定すると，外部磁場に対して平行偏光を用いた場合の方が垂直偏光を用いた場合よりSWNTの半導体相に帰

---

[*] Hiroaki Yonemura　九州大学　大学院工学研究院　応用化学部門　准教授

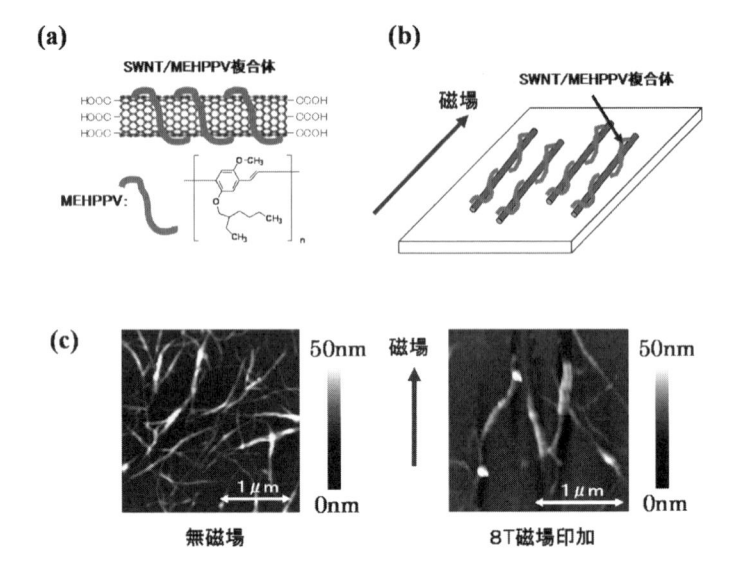

次世代共役ポリマーの超階層制御と革新機能

図1 (a) SWNT/MEHPPV 複合体の模式図と(b) SWNT/MEHPPV 複合体の磁場配向の概念図と(c) SWNT/MEHPPV 複合体の AFM 像（無磁場，強磁場（8T）を印加した場合）

属される近赤外領域の吸収が大きくなった。これらの結果より，SWNT/MEHPPV 複合体がチューブ軸と磁場方向が平行に磁場配向していることが明らかになった（図1(b)）。参照系として切断 SWNT を用いて同様の測定を行ったところ，複合体と同様な磁場配向が確認された。従って，SWNT/MEHPPV 複合体の磁場配向は SWNT の磁気異方性によって起こっていると考えられる。

また，この SWNT/MEHPPV 複合体を ITO 電極に修飾した電極を作製した[8]。この修飾電極では MEHPPV の吸収に対応した光電流が発生した。さらに，SWNT が電子リレーの役割を果たしていることがわかった。今後，筆者らは磁場配向した修飾電極の研究を行うつもりである。

次に，縦向きの強磁場印加装置（15T）で重力と逆向きに磁気力が釣り合う微小重力場において，切断 SWNT について上記と同様な実験を行うと，数ナノメーターのファイバーが組織化した非常に興味深いナノ構造が観測できた（図2）[2]。他の磁場環境場ではこのナノ構造は観測できず，強磁場が生み出す特殊環境場でのみ形成されるナノ構造であり非常に興味深い結果である。

AuNR も CNT と同様に物性として電子的特徴及び異方性を有している。特に，AuNR の吸収スペクトルには，長軸方向と短軸方向の表面プラズモン（SP）バンドが観測される。これまでに AuNR の配向は延伸方法等で報告されている[9]。しかしながら AuNR の磁場配向は報告されていない。そこで，筆者らは AuNR の磁場配向を試みた[7]。

切断 SWNT を Poly(styrenesulfonate)（PSS）水溶液に加え，ポリマーラッピングによる可溶化を行った[8]。次に，PSS/SWNT の溶液と CTAB 修飾 AuNR の溶液を混合して，静電相互作用により AuNR/PSS/SWNT 複合体を作製した（図3(a)）。複合体の形成を吸収スペクトルや

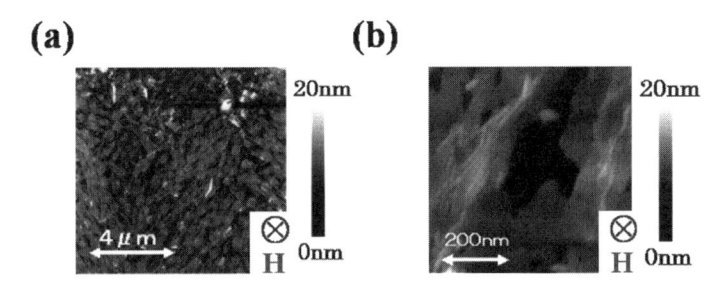

第13章 強磁場とスピン化学を活用した共役ポリマーの超階層構造の構築と光機能特性の磁場制御

図2 強磁場特殊環境場で観察された(a) SWNT のナノ構造体の AFM 像と(b)拡大図

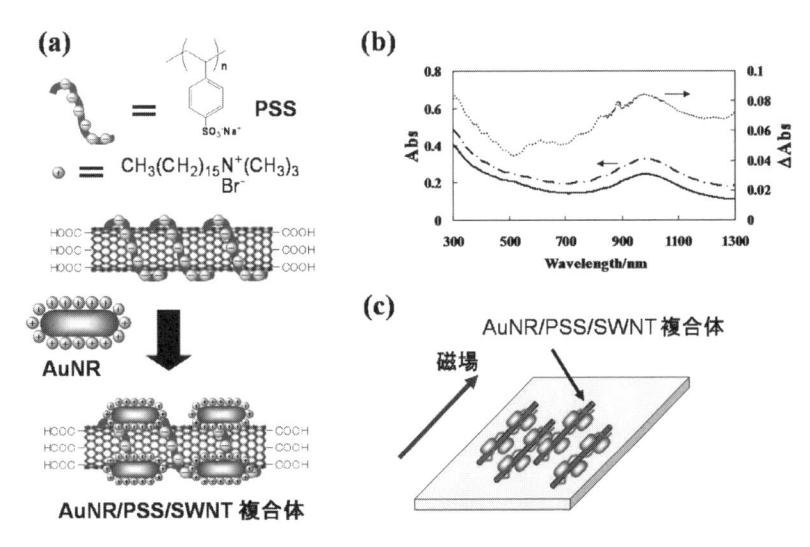

図3 (a) AuNR/PSS/SWNT 複合体の作製と(b)強磁場(10T)を印加した場合のガラス基板上の AuNR/PSS/SWNT 複合体の偏光吸収スペクトル(磁場と平行偏光を用いた場合(H(//):一点破線)と垂直偏光を用いた場合(H(⊥):実線))と差スペクトル(H(//)-H(⊥):点線)と(c) AuNR/PSS/SWNT の磁場配向の概念図

TEM 像及び AFM 像で確認した。次に,複合体溶液をマイカもしくはガラス基板に滴下し,乾燥させる際に強磁場印加(10T)を行った。溶媒乾燥後,偏光吸収スペクトル測定を行い,磁場配向を検討した。

最初に,AuNR 単独について強磁場配向を試みた。しかしながら,AFM および偏光吸収スペクトル測定より強磁場印加を行っても AuNR 単独ではランダム配向することがわかった。次に,AuNR/PSS/SWNT 複合体に強磁場印加(10T)を行った。基板の偏光吸収スペクトル測定では,磁場を印加していない場合では平行偏光と垂直偏光を用いた時には AuNR 長軸の SP 由来のバンドにはほぼ同じ吸光度が観測された。これに対して,強磁場を印加した場合(10T)では,磁場と平行偏光を用いた場合(H(//))の方が長軸の SP 由来のバンドの吸収度が垂直偏光を用いた場合(H(⊥))よりも大きくなった(図3(b))。さらに,差スペクトル(H(//)−H(⊥))にお

いて，1000nm付近のAuNRの長軸のSPに由来する波長ではピークが，一方510nm付近の短軸のSPに由来する波長ではディップが観察された（図3(b)）。これらの結果より，複合体におけるAuNRの長軸が磁場方向に対して平行になる磁場配向を達成していることがわかった（図3(c)）。上記のように，PSS/SWNTやSWNTではチューブ軸と磁場方向が平行な磁場配向が観測されている[6]。以上より，AuNR/PSS/SWNT複合体の磁場配向はSWNTの磁気異方性が原因であり，単独では磁場配向できないAuNRをSWNTとの複合体を形成させることで，はじめてAuNRの磁場配向が達成できた。

2.2 ドナー–C_{60}系ナノクラスターの構造及び特性制御

次に，$C_{60}N^+$-MePH及びPH(4)C_{60}（図4(a)）ナノクラスターをITO電極に修飾する際に，強磁場印加（8T：横方向）を行った。そして，作製した修飾電極における形態・電気化学・光電気化学に及ぼす強磁場印加の影響について検討した[10, 11]。

AFM測定より，強磁場印加を行った場合では，無磁場の場合に比較して，形状の異なる小さなC_{60}ナノクラスターが観測された（図4(b)）。また，修飾ITO電極の電気化学測定を行うと，C_{60}ナノクラスターの還元ピークが強磁場印加を行った電極では負の方向にシフトした。さらに，光電流の電位依存性も強磁場印加によって変化した（図4(c)）。これらの効果はローレンツ力によってC_{60}ナノクラスターの形態変化したことが原因と考えられる[10]。PH(4)C_{60}については強磁場印加によって，ナノ構造の形態が大きく変化する事も見出した[11]。

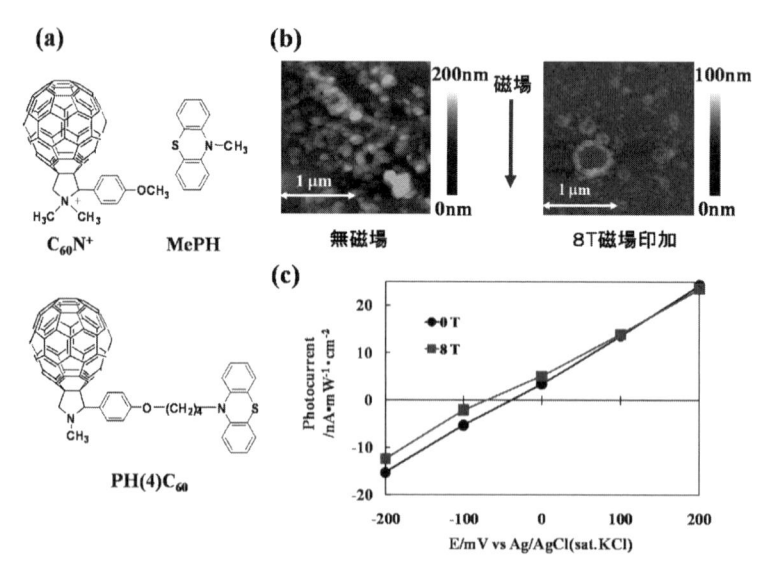

図4 (a) $C_{60}N^+$とMePHとPH(4)C_{60}の化学構造と(b) $C_{60}N^+$-MePHナノクラスターのAFM像（無磁場，強磁場（8T）を印加した場合）と(c) $C_{60}N^+$-MePHナノクラスター電極における光電流の電位依存性（無磁場（0T），強磁場（8T）を印加した場合）

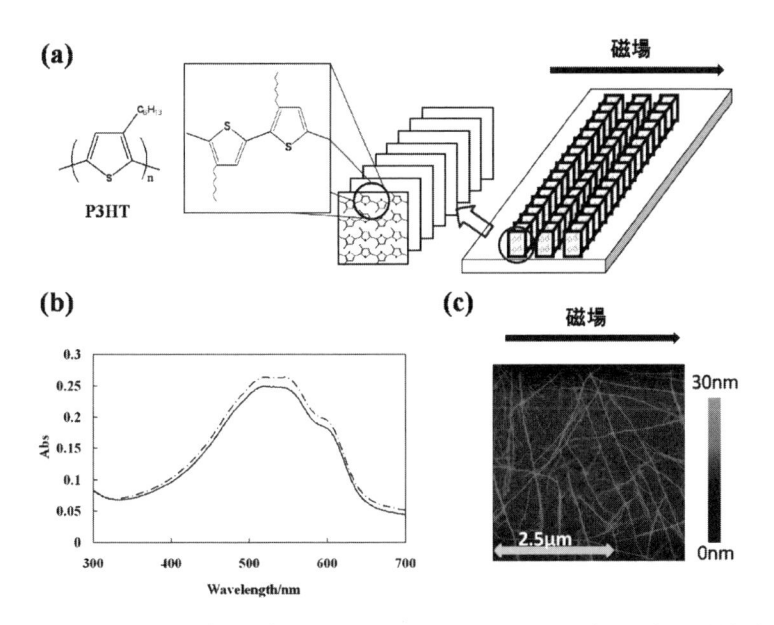

第13章　強磁場とスピン化学を活用した共役ポリマーの超階層構造の構築と光機能特性の磁場制御

図5　(a)ポリチオフェン（P3HT）から成るナノワイヤーの磁場配向の概念図と(b)偏光吸収スペクトル（磁場と平行偏光を用いた場合（H(//)：一点破線）と垂直偏光を用いた場合（H(⊥)：実線））と(c)ナノワイヤーのAFM像（強磁場（8T）を印加した場合）

2.3 共役ポリマーから成るナノワイヤーの構造及び配向制御

ポリチオフェンは自己組織化によって1次元ナノワイヤー構造を形成することが報告されている。そこで，筆者らは共役ポリマーであるP3HT（図5(a)）のナノワイヤーの磁場配向について試みた[12]。基板の偏光吸収スペクトルにおいて図3(b)と同様に強磁場を印加した場合（8T）では，ポリマー主鎖の吸収度が磁場と平行偏光を用いた場合（H(//)）の方が垂直偏光を用いた場合（H(⊥)）よりも大きくなった（図5(b)）。AFM像より，無磁場ではランダム配向であったが，強磁場を印加すると外部磁場とほぼ垂直な方向に配向しているワイヤーが多く観測された（図5(c)）。これらの結果より，P3HTから成るナノワイヤーの磁場配向が達成されたと考えられる。

3　スピン化学によるナノ構造における光機能特性の磁場制御

スピン化学の視点からC_{60}をみると，非常に興味深い特性を兼ね備えている。そこで，筆者らはC_{60}をアクセプターとして用いたドナー-C_{60}連結化合物において，従来の磁場効果と異なった新規の磁場効果について報告している[13]。ナノ構造においては，単一分子系と異なる磁場効果が期待できる。そこで，溶液での$C_{60}N^+$-MePH（図6(a)）混合ナノクラスターにおける光誘起電子移動反応に対する磁場効果を検討した[14]。混合クラスター系にすると，単一分子と異なる大きな磁場効果が観測された。

そこで，磁場で制御可能な新規光機能ナノ材料の創製という応用を目指して，上記の$C_{60}N^+$-

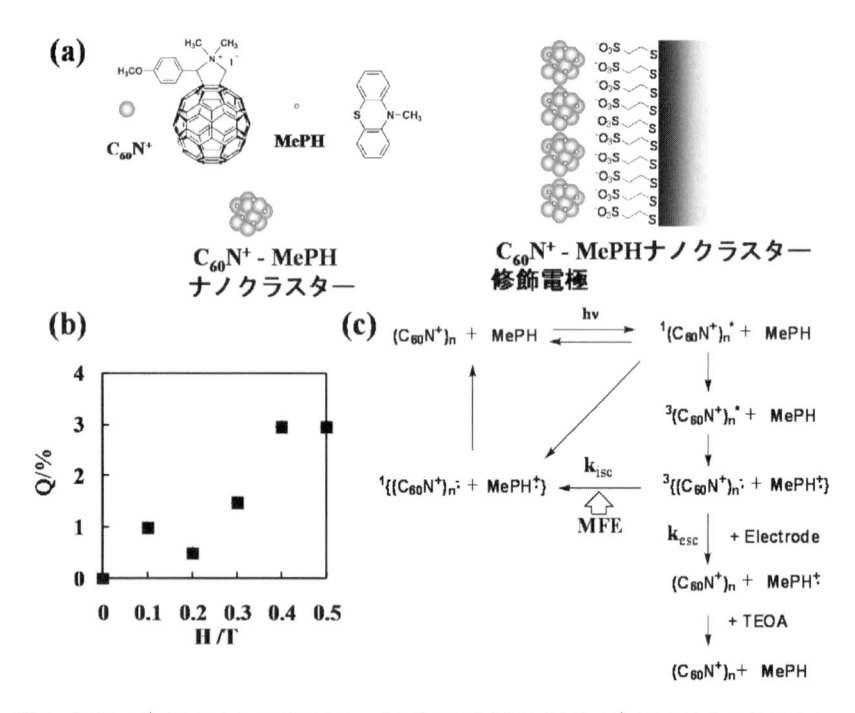

図6 (a) $C_{60}N^+$-MePH ナノクラスター金電極の模式図と(b) $C_{60}N^+$-MePH ナノクラスター金電極における光電流に対する磁場効果と(c)磁場効果の反応メカニズム

MePH混合ナノクラスター溶液を金電極に固定した修飾電極（図6(a)）を作製し，その光電極変換機能の磁場制御を検討した[15]。光電極に可視光を照射すると光誘起電子移動反応が起こり，アノード光電流が観測できた。この光電極を電磁場中に置き，磁場を変化させながら光電流を比較した。Q(%) を Q(%) = (I(H) − I(0))/I(0) ×100 と定義した。ここで，I(H) と I(0) はそれぞれ磁場（H；T）を印加した時としない時の光電流の値を示している。光電流は磁場に対して可逆的に応答し，Q値は磁場強度の増加に伴って増加した（図6(b)）。光電流に対する磁場効果は図6(c)に示すラジカル対機構で説明できる。磁場を印加するとラジカル対の項間交差速度定数（k_{isc}）が小さくなり，3重項ラジカル対から電極への電子移動する割合（$k_{esc}/(k_{isc}+k_{esc})$）が大きくなったため光電流が増加したと考えられる。以上の様に，光機能ナノ材料の光特性を制御する手段としてスピン化学が活用できることを示せた。

4 おわりに

筆者らが最近見出した強磁場によるナノ構造の制御とスピン化学によるナノ構造における光機能特性の磁場制御の研究成果について紹介した。これらの結果が他の方法で出来ない共役ポリマーを含めたナノ構造を創製する強磁場プロセッシングの研究や，有機スピントロニクスの研究に繋がることを大いに期待する。

第13章　強磁場とスピン化学を活用した共役ポリマーの超階層構造の構築と光機能特性の磁場制御

文　　献

1) 北澤宏一監修，尾関寿美男，谷本能文，山口益弘編著，磁気科学，アイピーシー（2002）
2) 米村弘明，化学と教育，**54**, 20（2006）
3) 米村弘明，電気化学および工業物理化学，**78**, 450（2005）
4) 米村弘明，*Material Stage*, **5**, 102（2006）
5) M. Fujiwara, E. Oki, M. Hamada, Y. Tanimoto, I. Mukouda, Y. Shimomura, *J. Phys. Chem. A*, **105**, 4383（2001）
6) H. Yonemura, Y. Yamamoto, S. Yamada, Y. Fujiwara, Y. Tanimoto, *Sci. Tech. Adv. Mater.* **9**, 024213（2008）
7) H. Yonemura, J. Suyama, Y. Yamamoto, Y. Niidome, S. Yamada, Y. Fujiwara, Y. Tanimoto, manuscript in preparation
8) H. Yonemura, Y. Yamamoto, S. Yamada, *Thin Solid Films*, **516**, 2620（2007）
9) L. M. Liz-Marzn, *Langmuir*, **22**, 32（2006）
10) H. Yonemura, Y. Wakita, N. Kuroda, S. Yamada, Y. Fujiwara, Y. Tanimoto, *Jpn. J. Appl. Phys.*, **47**, 1178（2008）
11) H. Yonemura, Y. Wakita, S. Yamada, Y. Fujiwara, Y. Tanimoto, *Sci. Tech. Adv. Mater.*, in press.
12) H. Yonemura, K. Yuno, Y. Yamamoto, S. Yamada, Y. Fujiwara, Y. Tanimoto, manuscript in preparation
13) S. Moribe, H. Yonemura, S. Yamada, *Chem. Phys*, **334**, 242（2007）
14) H. Yonemura, N. Kuroda, S. Moribe, S. Yamada, *C. R. Chimie*, **9**, 254（2006）
15) H. Yonemura, N. Kuroda, S. Yamada, *Sci. Technol. Advanced Materials*, **7**, 643（2006）

第14章　共役ポリマー／カーボンナノチューブ複合体の構造特性

池田篤志*

1　はじめに

　カーボンナノチューブは半導体，超伝導，光電変換，導電材料，医療材料など様々な応用が期待されている。しかし，ほとんどの溶媒に溶けないためその応用研究の進展が阻まれてきた。この問題点を解決する一つの方法は可溶化剤を用いるものである。これまで，カーボンナノチューブに用いられてきた可溶化剤は，生体高分子，合成高分子，界面活性剤，低分子芳香族化合物に限られてきた。これらの可溶化剤は，それぞれ長所と短所を有する。例えば，高分子可溶化剤の場合，可溶化能が高いが，その取扱いや，さらなる機能化が難しいのに対し，低分子可溶化剤の場合，取り扱いや化学修飾が容易であるが，可溶化能の低さが問題となる。本研究では，超分子錯体や有機金属錯体を可溶化剤とすることで，これまでの可溶化剤の問題点をうまくカバーし，カーボンナノチューブの可溶化を行うとともに，超分子錯体や有機金属錯体を用いたことを生かした機能付与を実現できた。一方，可溶化剤として共役ポリマーを用いて，カーボンナノチューブの高い剛直性と直線性を利用して，高い剛直性と直線性を有するカーボンナノチューブに巻きつかせることによる共役ポリマーの有効共役長を伸ばすことに成功した。これらの可溶化には，当研究室において初めてカーボンナノチューブの可溶化に用いた高速振動粉砕法（図1）を適用した[1,2]。

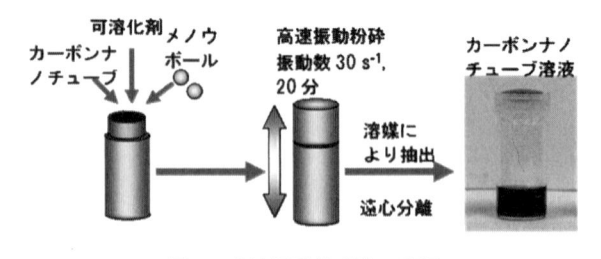

図1　高速振動粉砕法の手順

＊　Atsushi Ikeda　奈良先端科学技術大学院大学　物質創成科学研究科　准教授

第14章 共役ポリマー／カーボンナノチューブ複合体の構造特性

2 カーボンナノチューブの可溶化

2.1 超分子錯体によるカーボンナノチューブの可溶化

　カーボンナノチューブは，その巻き方や太さにより半導体性と金属性を有することから共役ポリマーの一つとみなすことができる。しかし，カーボンナノチューブの可溶化は難しく，そのことがカーボンナノチューブの応用・実用化を困難としている。カーボンナノチューブの可溶化には，①強酸によりカーボンナノチューブの切断と表面に親水基を導入する方法，②親水性もしくは親油性の置換基をカーボンナノチューブ表面に共有結合により導入する方法，③可溶化剤とカーボンナノチューブの物理的相互作用を利用して可溶化する方法が挙げられる。特に③はカーボンナノチューブ表面を傷つけないということで多くの可溶化剤が報告されている。これまでの研究では，高分子と低分子の可溶化剤が主に用いられてきた。前者の高分子可溶化剤は一般的に可溶化能が高いものの，その取扱いが比較的困難であり，後者の低分子可溶化剤は可溶化能が低いものの，その取扱いが容易であるという性質を有する。われわれは，この両者の利点を兼ね備えた可溶化剤として，水素結合によりネットワーク構造を形成できるバルビツール 1 とトリア

化合物

1

2
(R^1 = -(CH$_2$)$_{11}$CH$_3$)

3

R^2 =

4

R^3 =

5
(R^4 = -CH$_2$(OCH$_2$CH$_2$)$_2$OCH$_3$)

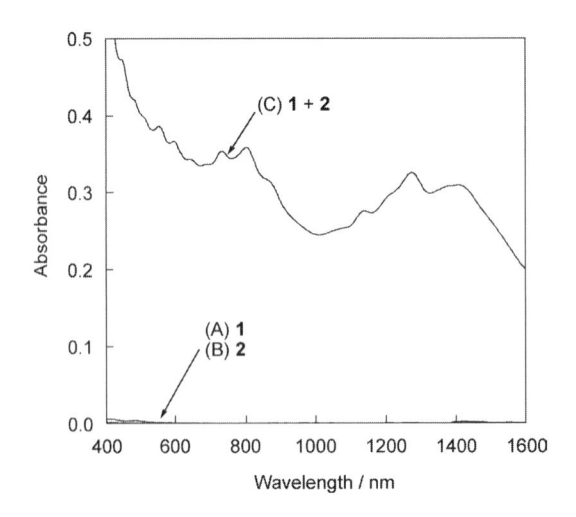

図2 (A) 1・カーボンナノチューブ錯体，(B) 2・カーボンナノチューブ錯体，そして(C) 1＋2・カーボンナノチューブ錯体の可視―近赤外吸収スペクトル

ミノピリミジン誘導体2からなる超分子錯体を利用することにした。

可視―近赤外吸収スペクトルから，バルビツールのみ，もしくはトリアミノピリミジン誘導体のみではカーボンナノチューブは有機溶媒中に可溶化されなかったが，これらを1：1で混合すると高い可溶化能を有することが明らかとなった（図2)[3]。

これらの水素結合ネットワークを形成する化合物の組み合わせは種々の可能性があるため，今後，よりπ系の広がった化合物や不斉を有する化合物での検討を行えば，カーボンナノチューブの分離精製に利用できるものと期待される。

2.2 有機金属錯体によるカーボンナノチューブの可溶化

有機金属錯体も，水素結合ネットワークを形成する超分子錯体と同様，配位子を遷移金属イオンにより連結することでπ系を延ばすことができ，カーボンナノチューブとより強く相互作用できるものと予測される。実際に，銅（Ⅱ）イオンはキノリノール誘導体やビピリジン誘導体と平面四配位することで平面性の高い錯体を形成し，配位子のみに比べ高いカーボンナノチューブの可溶化能を示すことがわかった[4,5]。金属錯体3はマイカ基板上でお互いに120°で並んだ構造を形成することが明らかとなった[4]。この結果は，将来的にナノスケールの電子回路の作製を実現できるものと期待される。一方，金属錯体4は還元反応により，銅（Ⅰ）イオンにするとカーボンナノチューブが不溶となり沈澱化し，酸化反応により銅（Ⅱ）イオンに戻すと再びカーボンナノチューブを可溶化できることが示された[5]。この酸化―還元反応の起こりやすさはカーボンナノチューブの種類により異なるものと予測される。そのため，この結果は今後カーボンナノチューブの金属性―半導体性やキラリティーの分離精製に用いることができるものと期待される。

第14章 共役ポリマー／カーボンナノチューブ複合体の構造特性

2.3 カーボンナノチューブを鋳型とする共役ポリマーの伸長

　共役ポリマーの多くは溶液中においてランダムな構造となり有効共役長が非常に短くなる。このことは，共役ポリマーが本来持つ導電性など様々な特性を損なう原因となる。そこで，多くの研究者が様々な方法により有効共役長の伸長を行っている[6,7]。われわれは，カーボンナノチューブの特徴である剛直性と直線性に注目し，カーボンナノチューブを鋳型として共役ポリマーの直線性を維持できないかと考えた[8]。ここで，共役ポリマーとしてポリチオフェン誘導体を用いた。このとき，共役ポリマーは同時にカーボンナノチューブの可溶化剤としても働くことが要求されるため，可溶化剤自身の溶解性を向上させるためエチレングリコール鎖を側鎖として有する5を用いた。

　メノウ容器にカーボンナノチューブ，ポリチオフェン誘導体5，そしてメノウボールを入れ，高速振動粉砕器により撹拌した。その固体にクロロホルム，ジメチルスルホキシド（DMSO），N-メチルピロリドン（NMP），N,N-ジメチルホルムアミド（DMF）をそれぞれ加えた。このとき，ほとんどカーボンナノチューブが可溶化しなかったため，残渣にもう一度各溶媒を加え，超音波を照射した。遠心分離により不溶物を取り除き，5・カーボンナノチューブ錯体の溶液を得た。

　まず，紫外―可視吸収スペクトルを測定した。ここでは，クロロホルムとNMPの結果のみを示す（図3）。図3より，5・カーボンナノチューブ錯体の溶液ではカーボンナノチューブの吸収に加え，400～650nmの領域にポリチオフェンに基づくと考えられる吸収が見られた。ポリチオフェン5の吸収は本来約450nmに吸収極大を持つ。そのため，550～650nmの新たな吸収はポリチオフェンとカーボンナノチューブの相互作用に基づくポリチオフェンの吸収がレッドシフトした新たな吸収であると考えられる。このポリチオフェンのレッドシフトの原因として，

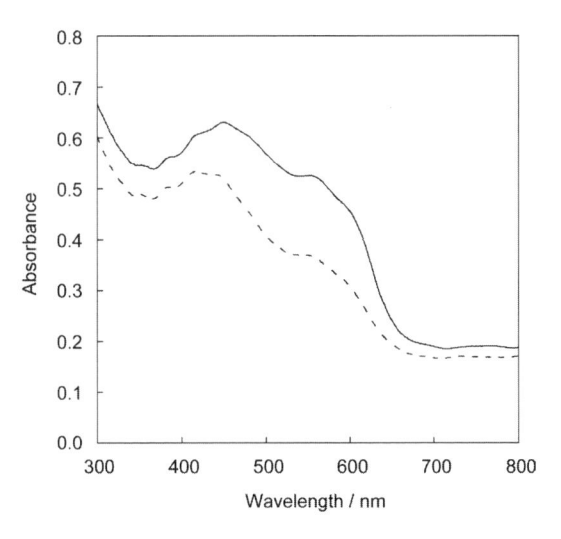

図3　5・カーボンナノチューブ錯体の(A) NMP溶液（実線），および(B) クロロホルム溶液（点線）の可視―紫外吸収スペクトル

(ⅰ) ポリチオフェンとカーボンナノチューブの π-π 相互作用による効果，および (ⅱ) カーボンナノチューブと相互作用することによりポリチオフェンの有効共役長が伸長した効果の二つが考えられる。前者の仮説は，これまでのポルフィリン誘導体などの π 系分子がカーボンナノチューブと相互作用してもそれほど大きなレッドシフトを起こさないことから否定される。このため，このレッドシフトはポリチオフェンがカーボンナノチューブに巻きつくことで共役長が伸びたことによるものであることがわかった。このことをさらに確認するため，透過型電子顕微鏡 (TEM) を測定した (図4)。その結果，NMP から調製した 5・カーボンナノチューブ錯体はより多くの 5 が巻きついており，一方クロロホルムから調製した 5・カーボンナノチューブ錯体は 5 の本数が少ないことがわかった。特に，図4(B)では，カーボンナノチューブのバンドルが解けて，一本ずつになっており，しかもその周りに 5 が巻きついている様子を観測することができた。これらの結果から，各溶媒で図5のような形でポリチオフェンが巻きついていると考えられる。

以上の結果から，カーボンナノチューブは共役ポリマーの鋳型となり，その共役長を伸長できることが明らかとなった。今後，様々な太さのカーボンナノチューブを用いることで，その有効共役長を制御することが可能となるものと予測される。また，ポリチオフェン・カーボンナノ

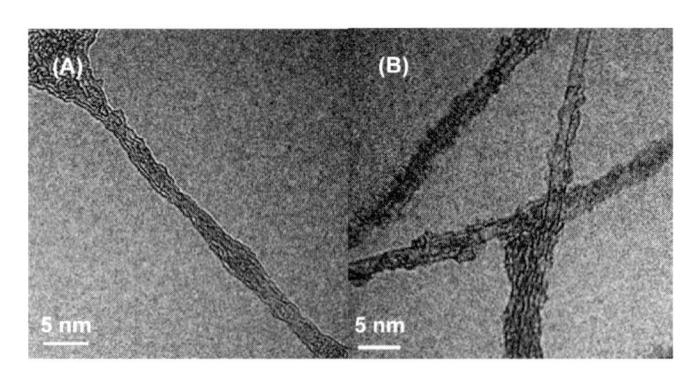

図4 (A) NMP 溶液，および (B) クロロホルム溶液からそれぞれ調製した
5・カーボンナノチューブ錯体の透過型電子顕微鏡 (TEM) 像

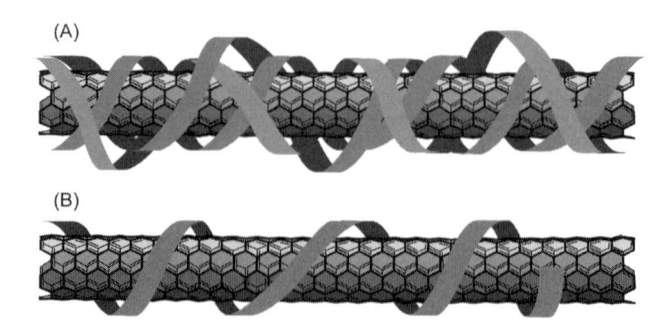

図5 TEM 画像から予測される (A) NMP 溶液，および (B) クロロホルム溶液中の
5・カーボンナノチューブ錯体の構造

第14章 共役ポリマー／カーボンナノチューブ複合体の構造特性

チューブ錯体からなる薄膜を形成することで，その導電性についても非常に興味が持たれる。

3 おわりに

可溶化剤として超分子錯体，有機金属錯体，共役ポリマーを用いて高速振動粉砕を行うことにより，カーボンナノチューブの可溶化に成功した。この時，①超分子錯体では，高分子と同様高い可溶化能を有すること，②有機金属錯体では基板へのカーボンナノチューブの配列と酸化還元による可溶化─沈澱化の制御が行えること，さらに③共役ポリマーでは共役ポリマー自身の有効共役長の伸長することが確認された。これらの知見は今後カーボンナノチューブの分離精製を可能とする技術になるものと考えられ，導電性薄膜作製などの応用が期待される。

文　　献

1) A. Ikeda, K. Hayashi, T. Konishi and J. Kikuchi, *Chem. Commun.*, 1334 (2004)
2) A. Ikeda, T. Hamano, K. Hayashi and J. Kikuchi, *Org. Lett.*, **8**, 1153 (2006)
3) A. Ikeda, Y. Tanaka, K. Nobusawa and J. Kikuchi, *Langmuir*, **23**, 10913 (2007)
4) K. Nobusawa, A. Ikeda, Y. Tanaka, M. Hashizume, J. Kikuchi, M. Shirakawa, T. Kitahara, N. Fujita and S. Shinkai, *Chem. Commun.*, 1801 (2008)
5) K. Nobusawa, A. Ikeda, J. Kikuchi, S. Kawano, N. Fujita and S. Shinkai, *Angew. Chem. Int. Ed.*, **47**, 4577 (2008)
6) H.-A. Ho, M. Boissinot, M. G. Bergeron, G. Corbeil, K. Doré, D. Boudreau and M. Leclerc, *Angew. Chem., Int. Ed.*, **41**, 1548 (2002)
7) C. Li, M. Numata, T. Hasegawa, K. Sakurai and S. Shinkai, *Chem. Lett.*, **34**, 1354 (2005)
8) A. Ikeda, K. Nobusawa, T. Hamano and J. Kikuchi, *Org. Lett.*, **8**, 5489 (2006)

第15章　カーボンナノチューブの複合化

梅山有和[*1]，今堀　博[*2]

1　はじめに

　単層カーボンナノチューブ（SWNT）はそれ自体が分子量 $10^5～10^6$ 程度の巨大な分子であり，強力な π-π 相互作用が分子間にはたらくため，束（バンドル）状の凝集構造をとりやすく，いかなる溶媒にも難溶で成形加工性が低い。そのため，SWNT の可溶化とさらなる高機能化を目指し，共有結合による化学修飾あるいは非共有結合相互作用により，チューブ外壁に機能性分子を修飾する研究が活発に行われている[1]。中でも，π 共役系高分子は π-π 相互作用により SWNT の凝集体を解離させ，種々の有機溶媒に可溶な光機能性複合体を与えることができる[1]。しかしながら，SWNT の凝集体を一本一本にまで解きほぐし，バンドルを組んでいない状態で分散させるのは困難であるため，π 共役系高分子と孤立分散された SWNT との複合体の光物性などに関して十分な知見は得られていない。そのため，SWNT を効率よく孤立分散することのできる共役系高分子の開発が望まれている。

　一方，酸処理による末端部位へのカルボキシル基の導入や，チューブ側壁への付加反応による置換基の導入によっても，SWNT に新たな機能性分子を複合化し，水あるいは有機溶媒への溶解性を向上させることができる[2]。これにより，分散剤を用いない単一成分の溶液が得られる。しかしながら，一般的に，末端あるいは側壁部位の共有結合導入による修飾は SWNT の電子構造などの基礎物性を少なからず変化させてしまう。そのため，共有結合修飾 SWNT を分子デバイス材料として応用する際には注意が必要である。

　本稿では，共有結合および非共有結合相互作用により，機能性分子を SWNT に修飾・複合化し，光物性や光電変換特性について検討した筆者らの最近の研究を紹介する。

2　共役系高分子による SWNT の孤立分散と光誘起エネルギー移動

　筆者らは，全トランス形の構造を有するポリ（p-フェニレンビニレン）のビニレン部位の一部がビニリデン構造にランダムに置き換わった coPPV（図1）を合成し，SWNT 分散剤としての性能や，その複合体の基礎的光物性を調べた[3]。

　coPPV の合成は，長鎖アルコキシル基を有するジヨードベンゼンとジビニルベンゼンの，ヘッ

[*1] Tomokazu Umeyama　京都大学　大学院工学研究科　分子工学専攻　助教
[*2] Hiroshi Imahori　京都大学　物質—細胞統合システム拠点　教授

第15章　カーボンナノチューブの複合化

図1　coPPVの構造

ク反応を素反応とした重合により行った[4]。次に，coPPVのSWNT分散能を評価するため，SWNTとcoPPVをTHF溶媒中で超音波照射し，遠心分離を行った後の上澄み液の可視―近赤外吸収スペクトルを測定した。図2にその結果を示す。界面活性剤であるドデシルベンゼンスルホン酸ナトリウム（SDBS）を用いた場合と同様に，coPPV-SWNTにおいて複数の鋭いピークが観測された。これらは，SWNT状態密度に存在するファンホーブ特異点間の遷移に帰属できる。一般に，効率よくSWNTが分散されている場合にピーク強度が大きくなることから，THF中におけるcoPPVは，水中での代表的なSWNT分散剤であるSDBSと同程度にまでSWNTのバンドル構造を解きほぐしていることがわかる。さらに，余剰のcoPPVを濾過により除いた試料をマイカ上へスピンコートし，AFM観察を行ったところ，coPPV-SWNT複合体の平均直径は2.3nmと見積もられた。この結果から，複合体中では，孤立SWNTを数層のcoPPVが被覆した構造をとっていると考えられる。

次に，coPPV-SWNT複合体THF分散液の蛍光スペクトル（励起波長440nm）を可視光領域で測定したところ，coPPV由来の発光強度が，coPPV単独のTHF溶液の発光強度と比較して大きく減少していることが明らかとなった[3]。これはcoPPVの励起状態がSWNTとの相互作用によって失活されていることを示している。さらに，励起波長範囲400〜900nm，検出波長範囲1000〜1500nmにて半導体性SWNTのバンドギャップ発光を観測した。図3にその近赤外発光マッピングの結果を示す。一般に，SWNT凝集体ではSWNT間での相互作用により励起状態

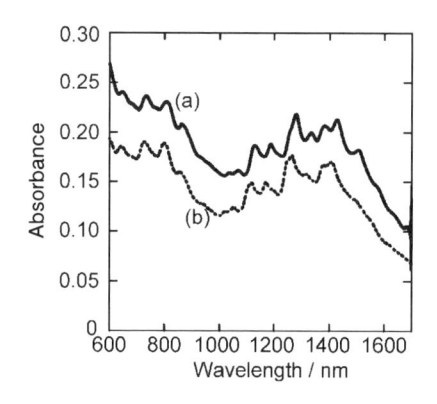

図2　可視―近赤外領域の吸収スペクトル
(a) coPPV-SWNTのTHF分散液，
(b) SDBS-SWNTのD_2O分散液

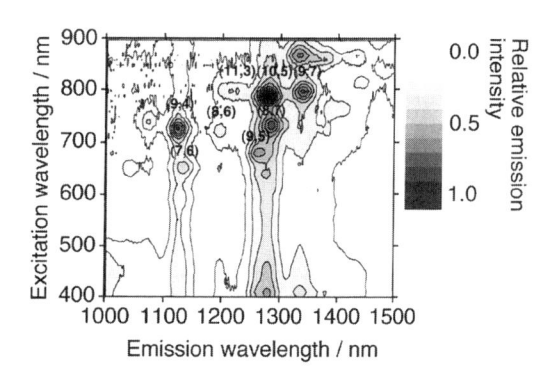

図3　THF中で測定したcoPPV-SWNTの発光スペクトルマッピング
図中の(m,n)はSWNTのカイラル指数を示す。

の自己失活が起こり，近赤外発光は観測されない[5]。すなわち，coPPV-SWNTにおいて近赤外発光が観察されたことは，coPPVがSWNT凝集体を孤立分散状態にまで解きほぐすことのできる優れた分散剤であることを支持している。

また，図3では励起波長範囲400～500nmにおいてもSWNTの近赤外蛍光がはっきりと観測された[3]。光学的に不活性な界面活性剤を用いた場合と比較して著しくこの範囲の発光強度が増している。さらに，各発光波長における励起スペクトルを測定したところ，coPPVの吸収の寄与が認められた。これらの結果から，400～500nmの励起光による発光は，coPPVの励起状態からSWNTへエネルギー移動の結果生じたSWNT励起状態に由来すると結論できる。これは，分散剤からSWNTへの光誘起エネルギー移動によるSWNTの近赤外発光増強を観測した初めての例であり，これに続いてポルフィリン[6]やポリフルオレン[7]を用いた系でも同様なエネルギー移動挙動が報告された。筆者らの研究以前の系では，分散剤である共役系分子の消光は確認されていたが，SWNTが電子受容体として機能している可能性などを否定できず，エネルギー移動が起こっているかどうかは明らかでなかった。本系の結果はSWNTを活用した光電変換デバイスの構築[8]などにも重要な知見を与えると考えられる。

3 ポルフィリンが共有結合で結合されたSWNTによる光電変換

一方で筆者らは，共有結合を利用してSWNTの末端や側壁に嵩高い置換基を有するポルフィリンを連結することでバンドル化を抑制し，光電変換効率を向上させるとともに，会合状態や化学修飾が光電気化学特性に与える影響を系統的に検討した[9]。

本系で用いたSWNTを図4に示す。これらのDMF溶液をマイカ上にスピンコートし，AFMでバンドル直径を比較すると，NT-ref > NT-H_2P > H_2P-NT-H_2Pの順に減少した。このことから，嵩高いポルフィリンがバンドル化の抑制に寄与していることが確認できる。次に，各SWNTを泳動電着法により酸化スズ半導体電極上に薄膜化し，光電変換特性を湿式三極系（電解液：0.5M LiI，0.01M I_2 アセトニトリル溶液）で評価した。その結果，最大外部量子収率

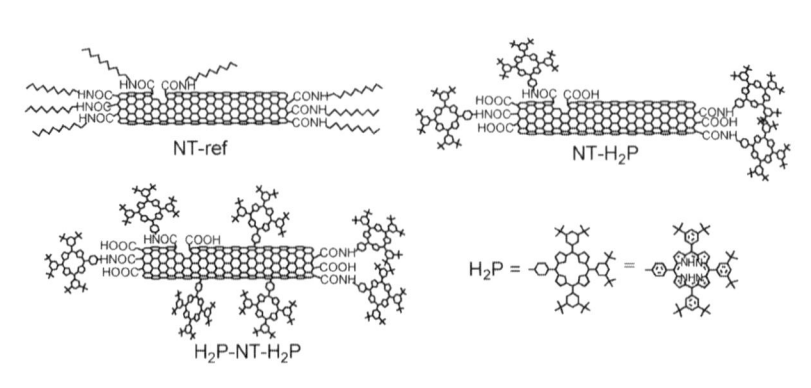

図4 NT-ref，NT-H_2P，H_2P-NT-H_2Pの構造

第15章 カーボンナノチューブの複合化

（IPCE）は NT-ref（2.3％）＜ NT-H$_2$P（4.0％）＜ H$_2$P-NT-H$_2$P（4.9％）の順に増加し，バンドル径が小さいほど効率よく光電流を発生することがわかった。嵩高いポルフィリン基の導入によるバンドル化の抑制に伴い，光励起後のチューブ間の自己失活が抑制されたことや，電解液中のヨウ素イオンと電子授受のできる SWNT 表面の面積が大きくなったことが原因として挙げられる。

一方，光電流発生の作用スペクトルにおいて，NT-H$_2$P および H$_2$P-NT-H$_2$P の吸収スペクトルに確認されるポルフィリン由来の光電流応答は観測されなかった[9]。つまり，ポルフィリン励起状態からの電子移動あるいはエネルギー移動により開始される光電流発生は起きず，SWNT の直接励起のみによって光電流が発生していることがわかった。また，NT-H$_2$P および H$_2$P-NT-H$_2$P の蛍光スペクトルにおいて，ポルフィリン由来の蛍光強度の低下が確認されていることから，ポルフィリン-SWNT 間でのエキシプレックスの形成[10]とその電荷分離を伴わない失活などの経路により，ポルフィリンの励起状態は消光され，光電流の増大に寄与しなかったものと考えられる。ここで，静電的相互作用などの非共有結合的相互作用により形成されたポルフィリン-SWNT 集合体を用いた光電変換系では，ポルフィリンの励起状態から SWNT への電子移動による光電流発生が報告されていることを考えると[11,12]，共有結合修飾によりポルフィリンの結合部位周辺の SWNT 電子構造が変化を受けたために，電荷分離およびその後の電子輸送が起こらなくなってしまった可能性も考えられる。

4　ビンゲル反応で修飾された SWNT の電子構造

上述の結果から，共有結合で連結された色素分子の高光捕集能を活用するためには，SWNT の電子構造に影響を及ぼさない共有結合修飾法の開発が望まれる。そこで筆者らは，フラーレンの修飾法として一般的なエノラートイオンの環化付加反応（ビンゲル反応）を SWNT に適用し，溶解性の向上を図るとともに，側壁への置換基の導入が SWNT の電子状態に与える影響を，導入率を制御しながら検討した[13]。

図5に示す手法により，圧縮空気による冷却とともに出力の異なるマイクロ波（0，40，50，60W）を照射しながら SWNT のビンゲル反応を行い，有機溶媒に可溶な側壁修飾 SWNT（b-SWNT-MW（0，40，50，60W））を得た。熱重量分析（TGA）曲線に現れる相対重量の減少分から，SWNT に導入された置換基数を評価したところ，b-SWNT-MW（0，40，50，60W）のそれぞれに対して，付加したジエステル基1個あたりのチューブ炭素数は，270，300，140，75個と見積もられた。この結果から，照射するマイクロ波の出力を変化させることによって，SWNT の側壁修飾率を制御できることがわかった。

次に，THF 中で測定した各修飾 SWNT の紫外—可視—近赤外吸収スペクトルを図6に示す[13]。いずれのスペクトルにおいても，SWNT の状態密度に現れるファンホーブ特異点間での光学遷移に帰属される吸収が確認できる。興味深いことに，各スペクトルのピークの位置・形状

にほとんど変化が見られない。このことは，側壁修飾反応後においても SWNT の電子状態が保持されていることを示唆しており，ビンゲル反応が SWNT の可溶化・官能基化と電子構造の保持を両立する有用な修飾法であることを示している。

一方，ジクロロカルベンの環化付加反応に対する理論的研究からは，生成した三員環平面に対する SWNT 長軸の角度が平行に近い場合では，SWNT の電子構造が大きく変化するのに対し，直交に近い場合には，側壁炭素 80 個あたりに 1 置換基の修飾率においても電子構造に大きな変化は見られないことが報告されている[14]。これは，後者では立体歪みの大きな三員環が付加することで，反応部位の炭素—炭素結合の開裂が誘起され，sp^2 混成ネットワークが維持されるため

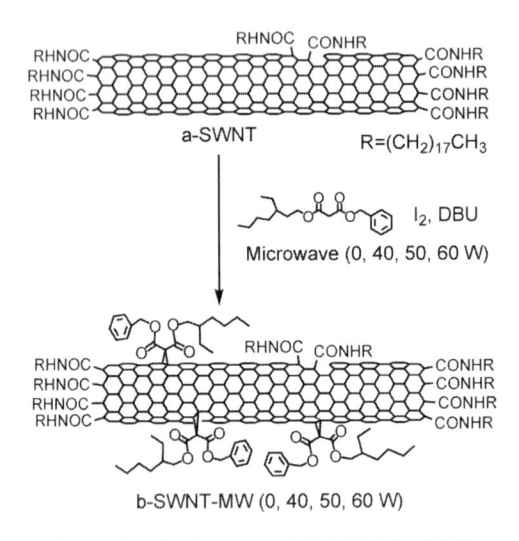

図 5 ビンゲル反応による SWNT の化学修飾

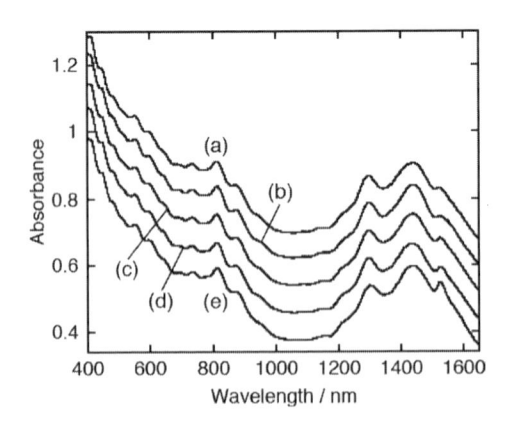

図 6 紫外—可視—近赤外領域の吸収スペクトル
(a) a-SWNT, (b) b-SWNT-MW (0W), (c) b-SWNT-MW (40W), (d) b-SWNT-MW (50W), (e) b-SWNT-MW (60W)。オクチルアミンを用いた THF 分散液にて測定。

第 15 章　カーボンナノチューブの複合化

と結論付けられている。したがって，ビンゲル反応においては，直交型の付加が選択的に起こることでSWNTの電子状態が保持された可能性が考えられる。SWNTは巨大分子であるために，有機化学に広く用いられる^{13}C NMR スペクトルの詳細な解析やX線構造解析などは適用できない。そのため，実験と理論の結果をあわせて考察することで，SWNTの側壁化学修飾における結合様式の推定を行うことが今後重要になると考えられる。

5　おわりに

今回紹介した共有結合および非共有結合によるSWNTの複合化に関する研究は，今後SWNTを活用した有機分子デバイスなどを実現して行く過程で重要な知見を与えるものと考えている。SWNTの選択的大量合成法や大量分離精製技術の確立とともに，有機化学・高分子化学・超分子化学を駆使した複合材料の開発により，代替品としてではなく，SWNTの優れた諸物性を引き出したSWNTオリジナルの応用に結びつくことを期待したい。

文　　献

1) H. Murakami et al., *J. Nanosci. Nanotechnol.*, **6**, 16 (2006)
2) D. Tasis et al., *Chem. Rev.*, **106**, 1105 (2006)
3) T. Umeyama et al., *Chem. Phys. Lett.*, **444**, 263 (2007)
4) S. Klingelhöfer et al., *Macromol. Chem. Phys.*, **198**, 1511 (1997)
5) S. M. Bachilo et al., *Science*, **298**, 2361 (2002)
6) J. P. Casey et al., *J. Mater. Chem.*, **18**, 1510 (2008)
7) A. Nish et al., *Nanotechnology*, **9**, 095603 (2008)
8) T. Umeyama et al., *Energy Environ. Sci.*, **1**, 120 (2008)
9) T. Umeyama et al., *J. Phys. Chem. C*, **111**, 11484 (2007)
10) T. J. Kesti et al., *J. Am. Chem. Soc.*, **124**, 8067 (2002)
11) D. M. Guldi et al., *Angew. Chem. Int. Ed.*, **44**, 2015 (2005)
12) T. Hasobe et al., *J. Am. Chem. Soc.*, **127**, 11884 (2005)
13) T. Umeyama et al., *J. Phys. Chem. C*, **111**, 9734 (2007)
14) E. Cho et al., *Chem. Phys. Lett.*, **19**, 134 (2006)

第16章 極限的短パルスによる共役ポリマーの超高速分光

籔下篤史[*1],岩倉いずみ[*2],小林孝嘉[*3]

1 序論

アントラセン[1,2],ピレン[3],フルオランテン[4],電荷移動錯体[5],J会合体[6],その他重合体[7~11]など芳香族分子結晶においては,強励起下において電子励起状態やフレンケル励起子の寿命が短くなることが知られている。その寿命が短くなる機構はオージェ過程によるものであると考えられている。オージェ過程とは過渡的な双極子—双極子相互作用により,隣り合った励起(電子励起ないしはフレンケル励起子)の片方が高次の励起(高次電子励起状態ないしは励起された励起状態)に励起され,もう片方が基底状態に遷移する過程のことである[4,5,8,9]。オージェ効果により励起された高次の励起状態から低次の励起一重項状態への超高速遷移は電子緩和(内部転換)と振動緩和の両方を含んでおり,これまで時間分解することができなかった。その緩和過程に先駆けて起きるオージェ過程はほぼ瞬間的に起きる,ないしは実験条件によって決まる時間分解能よりずっと速いと考えられてきた。通常,最低励起状態が許容されている場合,有機分子における最低電子励起状態や有機結晶のフレンケル励起子の寿命はナノ秒のオーダーである。これまでの研究で,ピコ秒やナノ秒のパルスが使用されてきたが,高次の励起から低次の励起状態を経て最低励起状態へ至る緩和は時間分解することができなかった。それは,オージェ励起の終状態付近において発生する高密度の振電状態の為に100フェムト秒よりも速い時間スケールでその緩和が起きると考えられるからである。高密度励起により引き起こされるオージェ過程で生まれる高次の励起の緩和経路を調べることは興味深い。高次の励起は一般に,高次の電子励起と振動励起を含んだ振電励起状態であり,少なくとも二つの緩和経路が考えられる。一つめは基底状態への電子エネルギー緩和であり,これは大きな量子数のさまざまな振動モードを伴って起きる。二つ目は基底状態への電子緩和に先駆けて起きる振動の緩和である。

我々はこの,高密度励起下のオージェ過程によって起きる高次励起振動状態のダイナミクス

[*1] Atsushi Yabushita National Chiao-Tung University Department of Electrophysics Contract Assistant Professor
[*2] Izumi Iwakura ㈱科学技術振興機構 戦略的創造研究推進事業「光の利用と物質材料・生命機能」研究領域 さきがけ 研究員
[*3] Takayoshi Kobayashi 電気通信大学 量子・物質工学専攻 レーザー新世代研究センター 特任教授

の，サブ5フェムト秒分子振動分光による研究を行った。炭素—炭素1重結合伸縮モードと炭素—炭素2重結合伸縮モード間の和周波・差周波モードはフォノン（分子振動の量子）の融合・分裂によって発生する励起子と結合する。以上のサブ5フェムト秒分子振動分光による研究により，これらのモードの実時間観測に初めて成功した。

2 超短レーザーパルスによるPDA-3BCMUの超高速分光

使用した試料はガラス基板上に作成されたポリジアセチレン-3-ブトキシカルボニルメチルウレタン（PDA-3BCMU）のキャスト膜である。500nmから710nmに至るブロードなスペクトルを持つ5フェムト秒パルスを用いて，この試料のポンププローブ測定を行った（図1）。

240,400,840GW/cm^{2}の3通りの励起パルスの強度（7.5×10^{29}, 12.5×10^{29}, 26.8×10^{29} 個/cm^{2}s の励起光子束密度に対応）で測定した。プローブパルスの強度は120GW/cm^{2}の一定値に保持した。図1は遅延時間0～100フェムト秒での平均を取った吸収差スペクトル$\Delta A(\lambda)$である。

図2は10個の異なるプローブ光子エネルギーでの過渡吸収変化の時間分解トレースを低密度・高密度励起にてそれぞれ観測したものであり，各々分子振動による大きな変調が確認される[13～15]。高密度励起においては減衰が速くなり，単一指数減衰関数ではフィットできないが[16]，単分子及び二分子減衰項を入れた解析解でフィットできる[1～4,17]。1重項励起子の2分子消滅が起きる際には，励起子密度nの時間発展は下記の式で表される。

$$1/n = (\gamma/\alpha + 1/n_0)\exp(\alpha t) - \gamma/\alpha \tag{1}$$

ここでn_0, α, γは各々nの初期値，単分子緩和定数，2分子緩和定数である。$1/n$と$\exp(\alpha t)$の間の線形な関係から，αとγは5×10^{11}/sと5.5×10^{-9}cm^3/sと求まった。この後者の値から，励起子のホッピングレートλは5.5×10^9/sと決められる。これはフルオランテン[4]における値

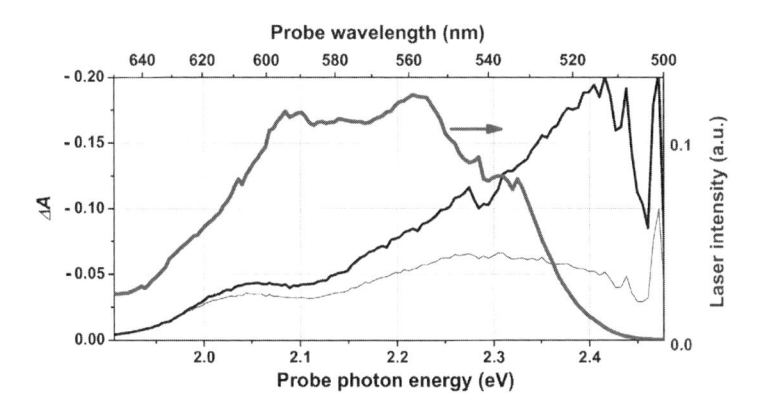

図1 励起強度400GW/cm^2（黒色，細線），840GW/cm^2（黒色，太線）での遅延時間0～100fsにおける平均の吸光度差スペクトルΔA，及び5fsレーザーのスペクトル（灰色，実線）

(2.2×10^9/s) より速いが，それは共役性によるものである。このように共役性は3, 4周期に渡って励起子を非局在化するのみならず[18]，励起子のホッピングをも助ける。

　図3(a)及び(b)は遅延時間160fsから1100fsまでの領域の実時間トレースΔA（λ）のフーリエパワースペクトルの波長依存性を示したものである。C-Cの対称伸縮振動モード（ν_{C-C}）は$1241 cm^{-1}$に観測された（モード2）。$1485 cm^{-1}$の強いモードはC=Cの伸縮モード（$\nu_{C=C}$），$2726 cm^{-1}$のピークはν_{C-C}（$1241 cm^{-1}$）と$\nu_{C=C}$（$1485 cm^{-1}$）の間の結合モードに帰属される[10]。244，448，712，$2116 cm^{-1}$のピークは各々，C-C=C変角振動モード（$\rho_{C-C=C}$），C-C≡C-C縦ゆ

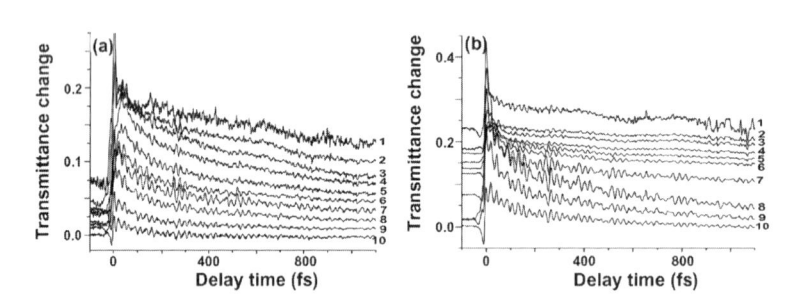

図2　励起強度(a) $400 GW/cm^2$，(b) $840 GW/cm^2$ における遅延時間 $-100 \sim 1100 fs$ での誘導吸光度変化の時間分解信号

データ1から10は各々プローブ波長（エネルギー）が異なり，1：515nm（2.406eV），2：530nm（2.338eV），3：545nm（2.274eV），4：560nm（2.213eV），5：575nm（2.155eV），6：590nm（2.100eV），7：605nm（2.048eV），8：620nm（1.999eV），9：635nm（1.952eV），10：650nm（1.907eV）に対応。

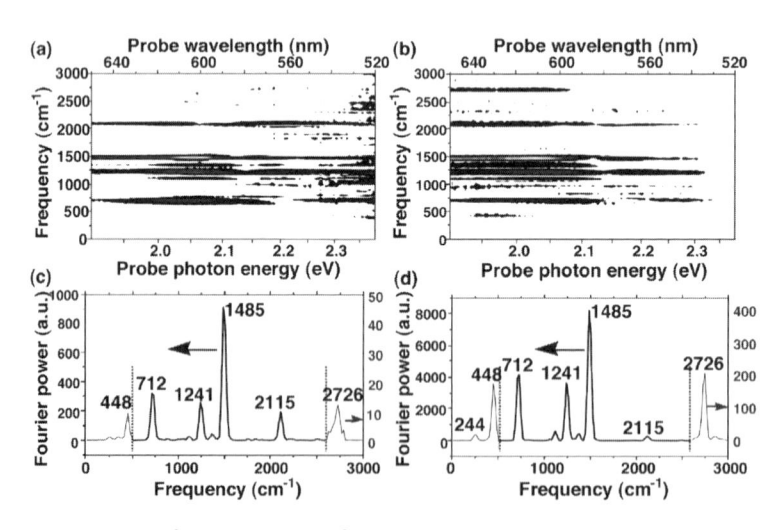

図3　励起強度(a) $400 GW/cm^2$，(b) $840 GW/cm^2$ における遅延時間 $160 \sim 1100 fs$ のΔA信号の2次元フーリエ変換パワースペクトル。特に誘導吸収が観測された 1.9～2.0eV のプローブ領域でのフーリエパワースペクトルを励起強度(c) $400 GW/cm^2$，(d) $840 GW/cm^2$ においてそれぞれ示した。細線の領域はフーリエパワーを20倍している。

第16章 極限的短パルスによる共役ポリマーの超高速分光

れ振動モード（$\omega_{C-C\equiv C-C}$），C-C=C 捩れモード（$\tau_{C-C=C}$）and C≡C 伸縮モード（$\nu_{C\equiv C}$）によるものである[12,19]。図1に見られるように，吸光度変化 ΔA は励起光のエネルギーには依存せず，1.9～2.0eV のプローブエネルギー領域ではほぼ一定値を保っている。一方，2.0～2.4eV の領域では吸光度変化は励起光にほぼ比例して増加している。この結果は，最低励起（励起子状態）から高次の励起（励起子の励起状態）への励起に伴って結合モードが現れていることを示している。誘導吸収のこのプローブエネルギー領域におけるフーリエパワースペクトルを図3(c)及び(d)に示す。これらの結果から，ν_{sC-C}，$\nu_{C=C}$，$\omega_{C-C\equiv C-C}$，$\tau_{C-C=C}$ が励起光強度の増加に対してほぼ線形に増加することが分かる。一方，244cm^{-1}，2726cm^{-1} のモードは励起光強度に対し超一次な関係を持っていることが見つかった。さらに，244cm^{-1}（モード1）は ν_{sC-C}（1241cm^{-1}）と $\nu_{C=C}$（1485cm^{-1}）の周波数差と正確に一致することが判明した。ν_{sC-C}（1241cm^{-1}）と $\nu_{C=C}$（1485cm^{-1}）は主鎖内の面内変角モード（244cm^{-1}）を介して結合することがこれまでの報告から知られている[13,20]。これは高密度励起下においてはその三つの関連したモード間の結合が強まることを示す。

高次の振動励起状態への励起経路としては二つの可能性が考えられる。一つ目は連鎖的な光励起，二つ目はオージェ過程による励起である。前者の場合，励起光の強度を増加させても励起ダイナミクスは変化せず，電子遷移による信号振幅だけが高密度励起で増加する。測定された実験結果は既述の通り励起ダイナミクスが励起光強度に依存することから，この一つ目の励起経路の可能性は排除される。すなわちオージェ効果による励起であると考えられる。

図4はモード1，2，3の振幅のプローブ光子エネルギー依存性を示している。全てのモードにおいて，1.95～2.05eV の光子エネルギー領域の振幅はその他の領域と比較して高い。モード2，3の周波数間で発生する差・和周波はモード1，4の周波数とよく一致する。これは結合モード

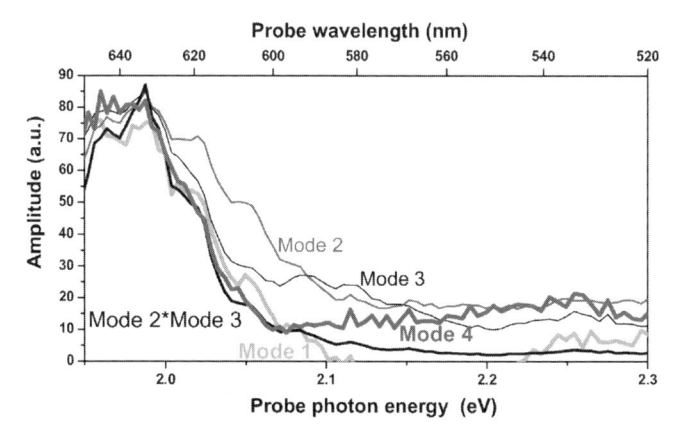

図4　各モードの強度の 1.95～2.3eV におけるプローブ光子エネルギー依存性
5つのモードは ν_{sC-C}1241cm^{-1}（モード2），$\nu_{C=C}$1485cm^{-1}（モード3），差周波モード 244cm^{-1}（モード1），2726cm^{-1}（モード4），1241*1485cm^{-1}（モード2*モード3）に対応。

（モード4），差周波モード（モード1）が確かに，モード2とモード3の振電励起（振電励起子）の衝突によって発生していることを示している。これら二つのモード（モード2とモード3）はフェムト秒レーザーによって直接光励起されたモードであり，その他の二つ（モード1とモード4）はオージェ過程によって生成されたものである。プローブ波長λにおけるモードi（i=1, 2, 3, 4）の信号振幅$c_i(\lambda, t)$の包絡線のダイナミクスは下記のように表せる。

$$\frac{dc_i(\lambda, t)}{dt} = a_i I(\lambda, t) - k_i c_i(\lambda, t) \qquad i = 2, 3 \tag{2}$$

$$\frac{dc_j(\lambda, t)}{dt} = b_j c_2(\lambda, t) c_3(\lambda, t) - k_j c_j(\lambda, t) \qquad j = 1, 4 \tag{3}$$

モードiの瞬時振幅は周波数ω_i初期位相ϕ_iを用いて$c_i(\lambda, t)e^{i(\omega_i t + \phi_i)}$と表される。ここでI(t)は励起レーザーの強度である。パラメーターa_i（i=2, 3）及びb_j（j=1, 4）は，それらと関連したモードが各々直接光励起及びオージェ過程によって生成する際の生成効率を表している。k_i（i=1, 2, 3, 4）は各々のモードの振動振幅緩和レートである。これらの式は以下のように解ける。

$$C_i(t) = a_i \int_{-\infty}^{t} I(t') e^{-k_i(t-t')} dt' \qquad i = 2, 3 \tag{4}$$

$$C_j(t) = b_j \int_{-\infty}^{t} c_2(\lambda, t') c_3(\lambda, t') e^{-k_j(t-t')} dt' \qquad j = 1, 4 \tag{5}$$

レートk_iは実験結果から$k_1^{-1}=220$fs, $k_2^{-1}=1600$fs, $k_3^{-1}=1600$fs, $k_4^{-1}=450$fsと求まった。式(4), (5)からモード2, 3の励起パルス強度依存性は線形，モード1, 4は2乗に比例すると期待される。信号強度の励起強度依存性を示す図5より，強度依存性I^{si}の指数s_iは$s_1=2.2\pm0.1$, $s_2=1.4\pm0.4$, $s_3=1.3\pm0.2$, $s_4=1.7\pm0.2$と求まる。これらの値は上述の期待された強度依存性に合致する。s_1とs_4の2からのずれは，各々より高次の励起及び飽和のため，s_2とs_3の1からのず

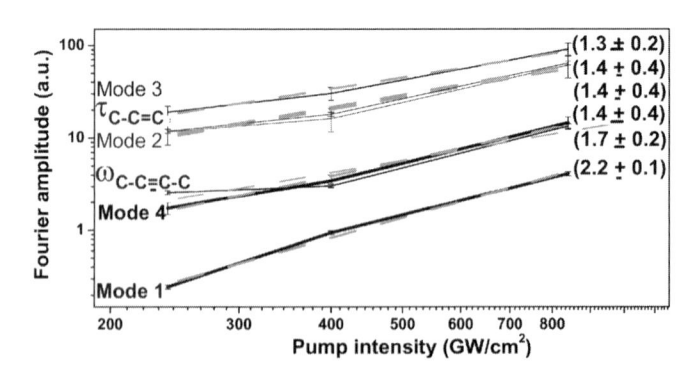

図5 1.9から2.0eVのプローブエネルギー領域における励起強度とフーリエ振幅の関係
6つのモードは各々モード2（$\nu_{sC-C}=1241$cm^{-1}），モード3（$\nu_{C=C}=1485$cm^{-1}），モード1（$\nu_{C=C}-\nu_{sC-C}=244$cm^{-1}），モード4（$\nu_{C=C}+\nu_{sC-C}=2726$cm^{-1}），$\omega_{C-C=C-C}$（448cm^{-1}），$\tau_{C-C=C}$（712cm^{-1}）に対応。

第16章 極限的短パルスによる共役ポリマーの超高速分光

れは，ω_1，ω_4 の発生後 $\omega_2 = \omega_3 - \omega_1$，$\omega_3 = \omega_4 - \omega_2$ の過程も起きているためと考えられる。

分子振動によって引き起こされる電子遷移の変調振幅 $C_1(\lambda, t)$，$C_4(\lambda, t)$ は寿命が短いため，$C_2(\lambda, t)$，$C_3(\lambda, t)$ に比例すると期待される。またこれらは変調の減衰時間はプローブ波長に依存しないため，プローブ遅延時間上で積分した積分変調振幅 $C_k(\lambda) = \int_{t_1}^{t_2} c_k(\lambda, t) dt$ (k = 1, 2, 3, 4, t_1 = 0fs, t_2 = 1100fs) は $C_i(\lambda) \propto C_2(\lambda) C_3(\lambda)$ (i = 1, 4) を満たすと期待される。すなわち $C_1(\lambda, t)$，$C_4(\lambda, t)$ の幅は $C_2(\lambda, t)$，$C_3(\lambda, t)$ の幅よりも狭くなると期待される。これはモード1，モード4のスペクトル幅がモード2，モード3より狭いという図4の実験結果に整合する。

オージェ過程における双極子—双極子相互作用が振動量子の交換に関与することが，本研究により実験的に明確になった。また，振電励起子の衝突前後で分子振動エネルギーの合計が保存され，振動モードにはさまざまな振動レベルがありうるにもかかわらず，分子振動エネルギーと電子エネルギーはそれぞれ独立保存されるということが明らかになった。このように本研究では，オージェ過程における振動量子の交換を初めて直接観測し，和・差周波の内部条件を満たすモードに対しては効率的な振動エネルギーの交換が起きることが発見された。

文　献

1) A. Bergman, M. Levine and J. Jortner, *Phys. Rev. Lett.*, **18**, 593 (1967)
2) T. Kobayashi and S. Nagakura, *Mol. Cryst. Liq. Cryst.*, **26**, 33 (1974)
3) A. Inoue, K. Yoshihara and S. Nagakura, *Bull. Chem. Soc. Jpn.*, **45**, 1973 (1972)
4) T. Kobayashi and S. Nagakura, *Mol. Phys.*, **24**, 695 (1972)
5) Z. Z. Ho and N. Peyghambarian, *Chem. Phys. Lett.*, **148**, 107 (1988)
6) K. Minoshima, M. Taiji, K. Misawa and T. Kobayashi, *Chem. Phys. Lett.*, **218**, 67 (1994)
7) S. Adachi, V. M. Kobryanskii and T. Kobayashi, *Phys. Rev. Lett.*, 027401 (2002)
8) A. Terasaki et al, *J. Phys. Chem.*, **96**, 10534 (1992)
9) V. S. Williams et al, *J. Phys. Chem.*, **96**, 4500 (1992)
10) T. Kobayashi, T. Fuji, N. Ishii and H. Goto, *J. Lumin.*, **94-95**, 667 (2001)
11) V. Gulbinas, M. Chachisvilis, L. Valkunas and V. Sundstrom, *J. Phys. Chem.*, **100**, 2213 (1996)
12) A. Baltuska and T. Kobayashi, *Appl. Phys. B*, **75**, 427 (2002)
13) M. Ikuta, Y. Yuasa, T. Kimura, H. Matsuda and T. Kobayashi, *Phys. Rev. B*, **70**, 214301 (2004)
14) J. Y. Bigot, T. A. Pham and T. Barisien, *Chem. Phys. Lett.*, **259**, 469 (1996)
15) Q. Wang et al, *Science*, **266**, 422 (1994)
16) T. Kobayashi et al, *J. Opt. Soc. Am.*, **B7**, 1558 (1990)

17) T. Kobayashi and S. Nagakura, *Mol. Phys.*, **23**, 1211 (1972)
18) H. Tanaka, M. Inoue and E. Hanamura, *Solid State Commun.*, **103-107**, 63 (1987)
19) T. Kobayashi, A. Shirakawa, H. Matsuzawa and H. Nakanishi, *Chem. Phys. Lett.*, **321**, 385 (2000)
20) A. Vierheilig *et al*, *Chem. Phys. Lett.*, **312**, 349 (1999)

第Ⅳ編
革新機能の探索

第1章 弱い相互作用による超構造の設計と超機能化

藤木道也[*]

1 自然界を支配する基本的な力[1)]

　素粒子，原子，分子，高分子，生命へと続く物質の階層構造性からその背後にある普遍的原理が理解できれば，機能性高分子の効率的設計や環境に優しい画期的創成法に繋がるであろう。物理の世界では自然界を支配する対称性として電荷（C：物質と反物質），パリティ（P：右と左），時間（T：過去と未来）が知られ，2008年度ノーベル物理学賞は，南部博士の「素粒子における自発的対称性の破れ」，小林・益川両博士の「CP対称性の破れの起源」という，二つの対称性の破れに関する理論に対して与えられた。CP対称性の破れにより宇宙には（反物質ではなく）物質が満ちあふれるようになったという。「素粒子における自発的対称性の破れ」理論から，物質が質量を獲得したというヒッグス粒子の存在を予測している。欧州に建設された大型ハドロン衝突型加速器（Large Hadron Collider，略称LHC）が2008年9月より稼働を始めた。ヒッグス粒子の検出を目指し，2個の陽子ビームの衝突により14T（10^{12}）eVの衝突エネルギーを得る実験である。室温のエネルギーが25meVであるので実に14桁ものエネルギー差があり，温度換算で10^{16}Kという宇宙のビッグバンにせまる超高温状態である。

　物質は6種類のクォークと6種類のレプトンの素粒子から構成される。これら素粒子には，強い力，電磁気力，弱い力，重力という基本的な4つの力が作用し，その相対的な力の大きさは，$1:10^{-2}:10^{-5}:10^{-38}$である。これらの力を伝えるゲージ粒子として，グルーオン（強い力），光子（電磁気力），ウィークボソン（弱い力），重力子（重力）の4種類が知られている。素粒子物理の世界では，クォークやレプトンがゲージ粒子をあたかもキャッチボールのように授受することにより4つの力が発生していると考えられており，ゲージ粒子の質量の値は大きな意味を持つ。すなわち力の到達距離は，質量が大きいと短く，質量がゼロだと無限遠である。力を伝えるゲージ粒子のうち，重力子は未確認の仮想粒子であるが，その質量はゼロと予想され，重力は無限遠である。光子とは電磁波そのものであるが，その質量はゼロであるため，電磁気力は無限の距離にまで到達する。弱い力を伝えるウィークボソンには，正負の電荷を持つW^+，W^-と中性のZ^0がある。ウィークボソンは80-90GeVという非常に大きな質量を持つため，その到達距離は原子核の直径程度の10^{-9}nm以下であるため弱い力は極めて短距離の相互作用である。

＊　Michiya Fujiki　奈良先端科学技術大学院大学　物質創成科学研究科　教授

2 化学における強い力と弱い力

物質を構成する化学結合には,共有結合,配位結合,イオン結合,金属結合,分子間力（vdW力）,水素結合があるとされている[2〜4]。近年,これらの古典的な「強い」水素結合に対して,C-H/π,N-H/π,O-H/πのようなM-H…M'型の非古典的な水素結合や,π/π,C-H/F-C,M$^+$/π（M$^+$=Li$^+$,Na$^+$,K$^+$）,C=O/N,X/X（X：Cl, Br, S, Se）,Se/F,C-F/Zrのような非古典的な弱い分子間・分子内相互作用の重要性が認識されている[5〜9]。分子性結晶中の分子配列制御,RNAやタンパクのコンフォメーション安定化,超分子構造と機能,イオン導電性,重合触媒活性などにこれらの弱い相互作用が深く関わっている。一般にその相互作用は「強い」水素結合に比べかなり弱い[5〜8]。そのため室温では熱的擾乱（0.6kcal/mol）によって構造が乱され,溶液中での検出は困難である。結晶解析や理論計算,極低温下での分光解析によって,弱い相互作用の存在が確認されている。代表的な非共有結合・非共有相互作用の種類と力の大きさを表1

表1 非共有結合力・非共有相互作用と結合エネルギーの大きさ

種類		エネルギー (kcal/mol)	関連する文献
vdW力	-CH$_2$-	1	3, 4)
古典的強い水素結合	F$^-$/H-F$^-$	27(KHF$_2$)	3, 4)
	F-H/F	7(HF)$_6$	3, 4)
	O-H/O	3-8	3, 4)
	O-H/N	7	3, 4)
	O-H/π	2-4	3, 4)
	C-H/N	3-4	3, 4)
	C-H/O	0.5	*J. Am. Chem. Soc.*, **126**, 3244 (2004)
			J. Am. Chem. Soc., **125**, 13910 (2003)
	N-H/F	5	4)
	N-H/N	2-4	3, 4)
	N-H/O	2	3, 4)
非古典的弱い水素結合	C-H/π	1-3	5, 8)
			J. Am. Chem. Soc., **122**, 3746 (2000)
	N-H/π	2	*J. Am. Chem. Soc.*, **122**, 11450 (2000)
	C-H/F-C	1	*Angew. Chem. Int. Ed.*, **42**, 1628 (2003)
			J. Am. Chem. Soc., **126**, 3244, 2004
非古典的相互作用	π/π	1-6	*Chem. Phys. Lett.*, **319**, 547 (2000)
	M$^+$/π M：Li, Na, K	12-35	*J. Phys. Chem. A*, **105**, 769 (2001)
	C=O/N	3	*Chem. Commun.* 2326 (2003)
	S/S	0.5	*J. Am. Chem. Soc.*, **124**, 10638 (2002)
	Se/F	1	*J. Am. Chem. Soc.*, **124**, 1902 (2002)
	C-F/Zr	8	*J. Am. Chem. Soc.* **119**, 11165 (1997)
非古典的微弱相互作用	C-F/Si	0.001	11, 12)
	SiC-H/H-CSi	データなし	17)

にまとめる。

3 弱い C-F/Si 相互作用の発見と構造・物性・機能相関

C-H/π相互作用に代表される弱い M-H/M'相互作用は多く知られるようになったが[5～9]，C-F/Si 相互作用に関する報告は殆どなかった。2000 年 Huang らは反応生成物と反応中間体の NMR 解析から，立体反発により不利であるはずの syn 型中間体構造が分子内 C-F/Si 相互作用により安定化されているという仮説を提唱した[10]。筆者らは，ポリシランに関する側鎖基・主鎖コンフォメーション・らせん構造・光物性相関に関して蓄積した知見をもとに，3,3,3-トリフルオロプロピル側鎖基を有するポリシランと非フルオロアルキルポリシランを用いて，C-F/Si 相互作用とらせん構造の相関を調べた[11,12]。

ポリ（メチル-3,3,3-トリフルオロプロピルシラン）（1）は，25℃，THF 中，2 種類の主鎖吸収帯を有する（図1左）[11]。280nm 付近の弱くブロードな吸収帯はランダムコイルに，320nm の急峻な吸収帯は 7_3 らせん棒状構造に帰属される。320nm/280nm の吸収強度比は重量平均分子量（M_w）の増加とともに増大し，M_w = 340,000（重合度：約 2000）の高分子量体では 7_3 らせん構造のみとなる。THF 中，40℃での Mark-Houwink-Sakurada プロット（図1右）から，重合度 350-700（M_w = 50,000-100,000）を超えると，高分子鎖の巨視的形態がランダムコイル構造（粘度指数 0.27）から半屈曲性構造（粘度指数 0.81）に転移する。7_3 らせん／ランダムコイルの積分 UV 強度比の温度依存性から，M_w = 100,000（重合度 700）の試料に対する C-F/Si 相互作用は 0.65kcal/mol（THF 中）程度と見積もられ，Si 繰返し単位当りで規格化するとわずかに 1cal（THF 中）程度である。非極性のトルエン中ではその相互作用が 4 倍増強される。共有結合に比べると 5 桁も小さな力により，共有結合で連結したポリシラン鎖をランダムコイルから 7_3 らせん構造に構造相転移させる。一方 1 類似体の 2 からは，重合度増加に伴う構造相転移は認められない。このような協同現象は鎖状高分子に特徴的な性質であり，主鎖内の微少な構造変化が主鎖全体に伝播し，信号増幅される。ポリイソシアネートでは 0.4cal/mol 程度の微小なエネルギー

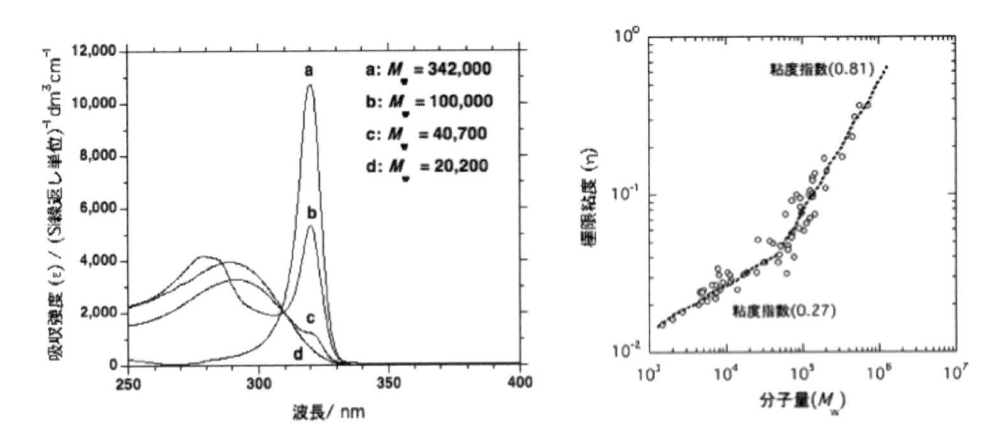

図1 ポリシラン1の（左）UV吸収スペクトルの分子量依存性（THF，25℃）と（右）極限粘度─分子量との相関（THF，40℃）

バイアスでも一方向らせん構造ができる[13,21]。

C-F/Si相互作用の存在に対する証拠は，C-F伸縮振動シフトとキャスト溶媒依存性，NMR（^{13}C，^{19}F）の化学シフトの温度依存性と溶媒依存性，^{29}Si核照射による^{19}F-NMR NOE差スペクトル，ガラス転移温度の上昇からも得られる[11]。C-F/Si相互作用を増強させるトルエン溶液からのキャスト膜では，擬似的な環構造形成によるC-F伸縮振動が1211cm^{-1}に出現し，C-F/Si分子内相互作用がない状態に比べ12cm^{-1}高波数シフトする。トルエン-d_8中，C-F/Si相互作用の増強によってらせん構造をとる低分子量1（M_w=11,000，重合度80）の^{19}F-NMRスペクトルから，4つの単結合を介しているにもかかわらず，$^4J_{Si-F}$ 32Hzと非常に大きなカップリング値を示し，$^1J_{Si-F}$結合定数250Hzの約1/8である。一方，THF-d_8中 C-F/Si相互作用を非常に弱めたランダムコイル構造ではそのような$^4J_{Si-F}$結合が認められない。^{29}Si照射による^{19}F-NMR NOE差スペクトル（トルエン-d_8）から，主鎖Siと側鎖Fが空間的に非常に接近していることを反映してF信号強度が大きく減少する。

1には主鎖や側鎖に不斉中心がないため，左と右が50：50で共存する光学不活性（ラセミ）らせん状態（Circular Dichroism（CD）Silent）にある。そこで，C-F/Si相互作用と不斉アルキル側鎖基の相乗効果を期待して3を設計創成した。3のUV，CD，蛍光スペクトル（室温，THF）を，C-F/Si相互作用のない4と比較すると（図2）[12]，予期した通り3は，一方向らせん棒状構造に基づく急峻で強い円二色性信号を与えた。また3は+80℃から-40℃の広範囲で強いCD強度を与え，安定な一方向らせん構造を有する。それに対して，4のCD強度は非常に弱く，不斉アルキル側鎖基があるにも関わらず，一方向へのらせん誘起力は極めて弱い。なお3は$^4J_{Si-F}$ 70Hz（CDCl$_3$）と大きな値を示し，Si主鎖とフルオロアルキル鎖のFが空間的に接近していることを示す。

弱い分子内水素結合によって形成された擬似的な環構造のC-H伸縮振動は，通常の分子間水

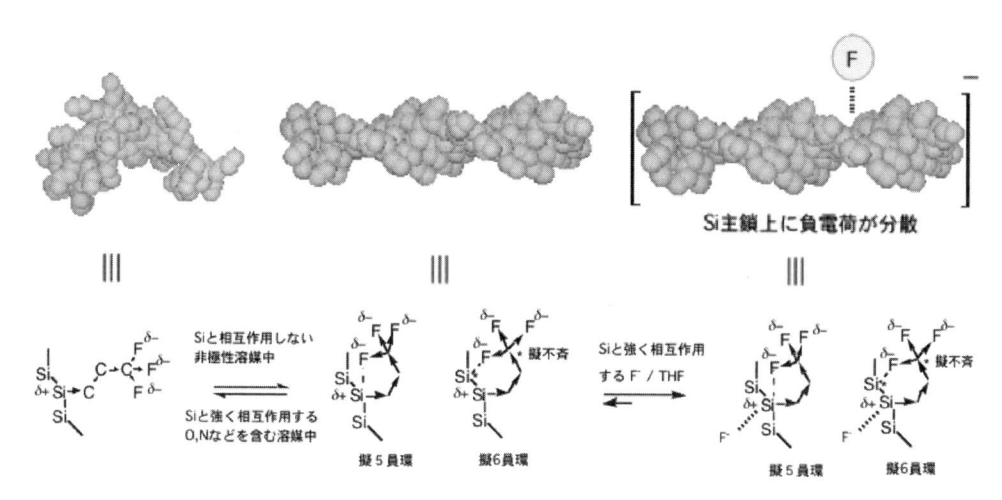

第1章 弱い相互作用による超構造の設計と超機能化

図2 C-F/Si 分子内相互作用によるポリシラン1と3の主鎖と側鎖基の疑環状構造形成モデル図とランダムコイルから剛直 7_3 らせん構造へ構造相転移およびFアニオンとの相互作用モデル図

素結合とは逆に高波数シフトする[9]。よって1と2は C-F/Si 分子内相互作用によって，疑5員環ないし疑6員環の形成が考えられる（図2）。C-F/Si 分子内相互作用の本質は，電気陰性度の大きな CF_3 基による誘起効果（$-I_s$ 効果）と非局在化した $Si^{\delta+}$ との静電相互作用（長距離力）および空 d-軌道を持つ Si と F の n 電子との弱い相互作用（近距離力）に由来する。

剛直らせん1には，Fアニオンを超高感度かつ特異的に認識する機能を有する[14]。1にFアニオンを添加して得られる蛍光消光実験（Stern-Volmer プロット）から求めた1とFアニオンの結合定数は $10^7 M^{-1}$ に達し，これまで報告されていたFアニオンセンシング材料の中でチャンピオンデータである。微弱な C-F/Si 相互作用，$Si^{\delta+}$/F アニオン間の静電相互作用と負電荷の非局在化など，強弱の異なる複数の相互作用をバランス良く制御された結果による（図2）。

この弱い C-F/Si 相互作用を分子設計に利用すれば，ポリシランによる有機オルガノゲルの形成にも役立てることができる[15]。

4 長距離ファンデルワールス相互作用によるらせんコマンドサーフェイス

市村らによって提案され確立された光駆動によるコマンドサーフェイスの概念[16]をらせん系に適用すると光学活性らせんポリシラン（5）と光学不活性ポリシラン（6）との高分子鎖間に働く弱い vdW 相互作用によって固体膜におけるらせん構造の発生と転写，伝搬などの目に見えぬらせん世界のできごとが分光的に可視化できる[17]。この場合の vdW 力は，SiC-H/H-CSi 間の相互作用である。光学活性を増幅するらせんコマンドサーフェイス系の構築は，①反応性 Si-H 末端基を有する5の調製（Wurtz 合成により1段階で自発合成されている）[18]，②5末端基の石英基板表面への固定化[19]，③6溶液のスピンコート塗布による 5/6 の積層薄膜化[17]，④加熱処理に

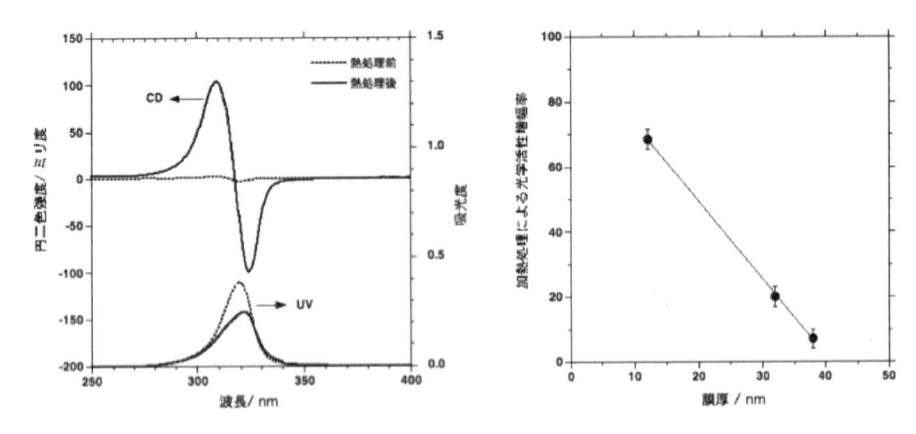

図3 ポリシラン5/6コマンドサーフェイス系での熱処理前後における（左）UV吸収，円二色スペクトル変化と（右）光学活性増幅効果のポリシラン膜厚依存性

より，分子界面で接触している5から6へのらせん情報転写，⑤らせん化6から非らせん6へのらせん自己増殖，⑥冷却固定化によるらせん情報の記憶[17]という6段階から構成される。南部理論の自発的対称性の破れ（高エントロピー状態から低エントロピー状態への構造相転移）をヒントにして系を設計し具現化したものである。

石英表面に光学活性5を固定化し，光学不活性な6を積層薄膜化しただけでは，5の寄与によるCD信号のみが観測され，強度はわずかに2mdeg（310nm）と極めて弱い。そこで薄膜を80℃で1時間加熱徐冷処理し自由体積を少なくすると，5/6ならびに6/6の分子間vdW相互作用により6全体に一方向らせん構造が誘起され，110mdeg（310nm）と非常に増幅されたCD強度が観測される（図3左）。この増幅効果の膜厚依存性から，6の膜厚が薄いほど光学活性増幅効果が大きい（図3右）。

このように2種類のポリシランを用いた光学活性増幅コマンドサーフェイス系では，表面に固定化された高分子らせん情報がvdW分子間相互作用を通じて，異種高分子に転写・増幅される。本知見は，らせんポリシランに限定されることなく，固体表面に固定化された高分子や分子をコマンドにすれば，異種の高分子，低分子，超分子系との微弱な分子間相互作用により，固体表面上でらせん構造の発生を実現する新しいアプローチとなりうる。応用例の一つとして，光学活性信号の増幅・消去・書換機能が付与されたらせん高分子薄膜が実現できれば，次世代の紫外レーザー対応大容量情報記録媒体への適用ができるかも知れない。

5 弱い相互作用による発光性ナノサークル共役高分子の常温・常圧作製

半導体産業の基幹材料である結晶シリコンの光物性・電子物性を凌駕する革新的な共役高分子の登場に期待が集まっている。環境負荷の低減，安全・省エネルギーで集積デバイスの実現が可

第1章　弱い相互作用による超構造の設計と超機能化

能との期待からである。最近，結晶シリコンやGaAsなどの無機半導体をリソグラフィーの手法により直径数μmからサブμm程度の環状構造の形成と量子効果の出現も報告されている。筆者らはσ共役高分子（ポリシラン）[22〜24]，π共役高分子（ポリフルオレン）[23]から，常温・常圧下，直径100nm程度の環状構造を固体基板上に簡便に作製する方法を見出した。青色発光性のポリフルオレンからは，ナノサークル構造とナノドット構造に発光スペクトルに大きな違いが見られた。疎水性高分子・クロロホルム（良溶媒）・クロロホルムに飽和させた0.1%程度の水（貧溶媒）・疎水性空気・親水性マイカ基板表面との間に作用する複数の弱い相互作用が絶妙にコラボレーションした結果と考えられる[25]。ソフトマターであるπ共役高分子を用いてナノサークル構造とナノドット構造の作り分けが簡便にできるため，将来，微小レーザーや発光ダイオードなど100nmサイズの微小な青色光源へとして期待できる。

　調製法の概略を述べる。長鎖アルキル側鎖を持つポリフルオレンの希薄溶液に水を0.1%程度混入させ，マイカ基板上に直径100nm，高さ2nm程度のナノサークル構造を形成した。展開溶媒中の水分量と分子量・側鎖基長・ポリマー濃度によって，基板上に孤立したナノサークル構造やナノドット構造の形成が決定される。マイカ基板に担持したナノサークル構造，ナノドット構造，スピンコート薄膜の発光スペクトル測定（77K）から，サークル構造は高結晶性β相からの急峻な青色発光を与え，ドット構造は不均一β相からのやや広幅の青色発光，スピンコート薄膜からは非晶性β相からの非常に広幅の青色発光を示した（図4）。

　環状構造を持つ発光性高分子・超分子（例えば，デンドロン側鎖を持つPPV誘導体やポルフィリン誘導体）の報告例はこれまでいくつかあったが，再現性が悪く，歩留まりがよくないという問題があった。今回，水飽和のクロロホルムの使用により再現よくナノサークル構造が形成できた。この結論を得るのに概ね6年の歳月を要した。研究開始当初は再現性に乏しく，天候や気温，湿度などによって大きく左右し，低温・乾燥した冬場と高温多湿の夏場，比較的温度・湿度が安定している春・秋で歩留まりが非常に異なり，サークル構造が全くできない日々が続いた。低沸点有機溶媒を雰囲気（湿度）制御しても再現性に乏しかった。そこで意図的に水（沸点100℃）飽和のクロロホルム（沸点65℃）を使用したところ，四季や天候に関係なく，概ね50%程度の歩留まりでナノサークル構造が形成してきた。水飽和のクロロホルムは，水を0.1%程度溶解する。この微量の水が直径100nm程度の極微の水滴テンプレートとなって，ポリフルオレンの環状構造が自発的に形成し，水滴の自然蒸発により，わずか数秒でナノサークルポリフルオレンが作製できる。この方法のもう一つの特徴は，β相と呼ばれるポリフルオレンの結晶相が特別に熱アニールすることなく形成する。従来β相の薄膜を得るために200℃以上の高温と数日のアニール処理を必要とした。

　ナノサークル構造とナノドット構造は，クロロホルム中の水分量と側鎖基長・分子量によって作り分けることができる。ナノサークル構造の直径は主として側鎖基長によって決定される。一例を図5に示す。側鎖基がn-hexyl，n-octyl，n-decylの場合にはナノサークルが，n-dodecyl，n-tetradecyl，n-octadecylの場合にはナノサークル構造は形成せず，ドット状やドットと尻尾

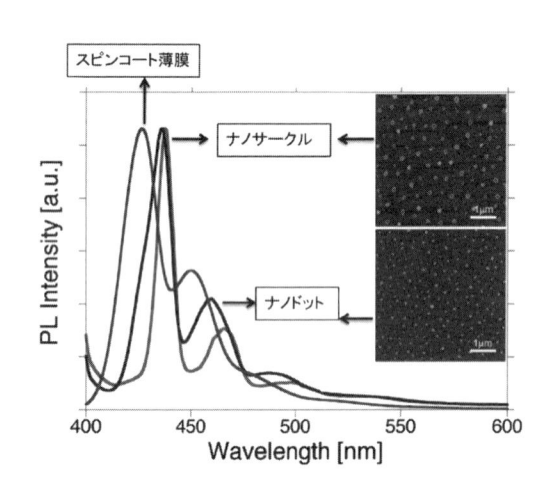

図4 マイカ基板上に形成したポリフルオレン（側鎖基：n-decyl）のナノ構造（サークル・ドット）とスピンコート薄膜からの発光スペクトル（77K）

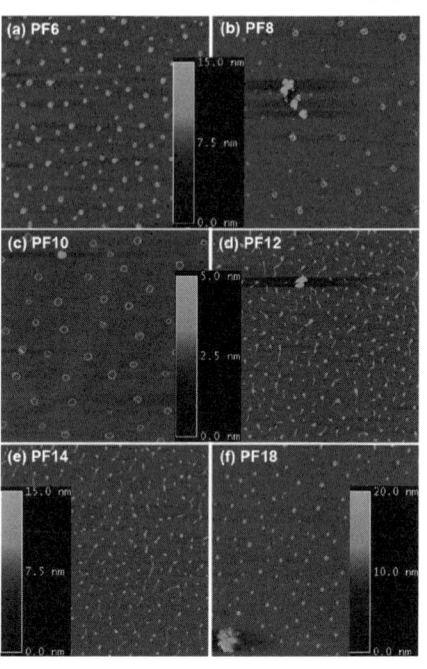

図5 水飽和クロロホルムの溶媒キャストで得られたポリフルオレンナノ構造（側鎖基：n-hexyl, n-octyl, n-decyl, n-dodecyl, n-tetradecyl, n-octadecyl，マイカ基板上）

がドッキングしたような構造を与えた。

　現在量子ドット・量子細線の研究が盛んであるが，共役高分子は潜在的に量子性を有するソフトマターとみなすことができる。π共役高分子やσ共役ポリシランは，一つ一つが独立した半導体分子エレメントとして，固有の光物性・電子物性が期待できる。ナノサークル共役高分子は量子リングとして，室温で動作する量子コンピューターの基本エレメントとして，ナノロッド共役高分子は量子細線として基本エレメントとして，ナノドット共役高分子は点光源として期待できる。最近，弱い相互作用から共有結合までを統一的に解釈しようという機運が高まっている[6,9,20,24,26]。精密設計されたらせん高分子を用いると，これまで検出が困難であった自然界に潜む超微弱な相互作用を十桁以上増幅検出できる[24]。素粒子，原子，分子，高分子，生命へと続く物質の階層構造性からその背後にある原理が理解できれば，機能性高分子の効率的設計や環境に優しい画期的創成に繋がるであろう。

第1章 弱い相互作用による超構造の設計と超機能化

文　献

1) 二間瀬敏史，"図解雑学 素粒子"，ナツメ社（2000）
2) 高校教科書，"化学IB"，第一学習社（1997）
3) L. N. Ferguson, "The Modern Structural Theory of Organic Chemistry"（Prentice-Hall, 1963）
4) G. C. Pimentel, R. D. Spratley, "Chemical Bonding"（Holden-Day, 1969）
5) M. Nishio, *CrystEngComm*, **6**, 130（2004）
6) D. H. Williams, M S. Westwell, *Chem. Soc. Rev.*, **27**, 57（1998）
7) T. Steiner, *Angew. Chem. Int. Ed.*, **41**, 48（2002）
8) G. R. Desiraju, *Acc. Chem. Res.*, **35**, 565（2002）
9) S. Pinchas, *J. Phys. Chem.*, **67**, 1862（1963）
10) X.-H. Huang, P.-Y. He, G.-Q. Shi, *J. Org. Chem.*, **65**, 627（2000）
11) A. Saxena *et al.*, *Macromolecules*, **37**, 5873（2004）
12) S.-Y. Kim *et al.*, *Chem. Commun.*, 538（2004）
13) A. Teramoto, *Prog. Polym. Sci.*, **26**, 667（2001）
14) A. Saxena *et al.*, *Macromol. Rapid Commun.*, **25**, 1771（2004）
15) T. Kawabe, M. Naito, M. Fujiki, *Polym. J.* **40**, 317-326（2008）
16) K.Ichimura, *Chem Rev.* **100**, 1847（2000）
17) A. Saxena *et al.*, *Macromolecules*, **37**, 3081（2004）
18) A. Saxena *et al.*, *Macromolecules*, **37**, 367（2004）
19) G. Guo *et al.*, *Chem. Commun.* 276（2004）
20) P. R. Mallinson *et al.*, *J. Am. Chem. Soc.*, **125**, 4259（2003）
21) T. Sato *et al.*, *Polymer*, **44**, 5477（2003）
22) K. Furukawa, K. Ebata, M. Fujiki, *Adv. Mater.*, Vol. 12, pp. 1033-1036（2000）
23) Ohira, A., Kim, S.-Y., Fujiki, M., Kawakami, Y., Naito, M., Kwak, G., Saxena, A. *Chem. Commun.* 2705-2707（2006）
24) M. Fujiki, A. Saxena, *J. Polym. Sci. Part A, Polym. Chem.*, **46**, 4637-4650（2008）
25) Liu Y., Murao, T., Nakano, Y., Naito, M., Fujiki, M., *Soft Matter*, **4**, 2396-2401（2008）
26) M. Fujiki, Helix Generation, Amplification, Switching, and Memory of Chromophoric Polymers（Kenso Soai, ed. Amplification of Chirality, Springer, 2008）

第2章 有機材料として見た天然および金属イオンを導入したDNAの電子状態

溝口憲治*

1 はじめに

　生命体の設計図である遺伝情報を担い，その情報を元に必要なタンパク質の合成を行う，デオキシリボース核酸（DNA）の遺伝子配列の解明は近年，画期的な発展を見せている。一方で構造的には，図1(a)に模式的に示すように，リン酸とデオキシ糖が交互に結合して出来た高分子で，デオキシ糖には遺伝情報を担う塩基が結合している。向かい合う2本のDNAのデオキシ糖に付いた塩基の対が，4種の塩基，グアニン（G），シトシン（C），アデニン（A），チミン（T）の相補性から許される2つの組み合わせ，G-CとA-Tの場合にのみ3本乃至は2本の水素結合により2重螺旋構造が形作られる[1~3]。この組み合わせは，任意の配列に設計・合成が可能であり，この塩基対の持つ相補性による自己組織化能を利用して，例えば正八面体などの[4]，任意の設計可能なナノ構造体の形成が可能である。

　この高いナノ構造の設計性に加えて，電気伝導性も持ち合わせれば，ナノエレクトロニクスの重要な材料となりうる，という観点からも，多くの研究成果が発表されてきた[5~9]。しかし，興味深いことに，これらの結論は，金属であったり，半導体，或いは超伝導の近接効果，絶縁体とDNAの不可思議さと共に，直接DNAの電気抵抗を測定することの困難さを再認識させる結果となった。そこで，われわれのグループでは，これまでの導電性高分子研究の一環として，電気

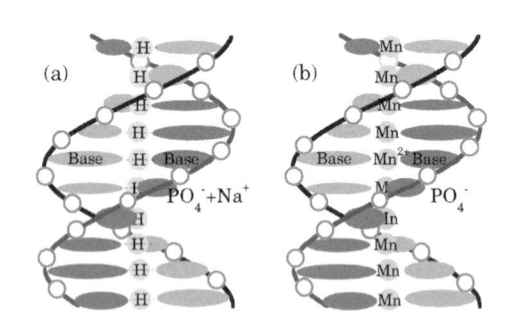

図1　(a) DNAの模式的な2重螺旋構造，(b) 水素結合位置に2価の金属イオン（Mn）が挿入されたM-DNAの水和されたB-form構造の模式図
　　　2本の曲線は，塩基（楕円）の付いたデオキシ糖とリン酸（○）（+Na）が交互に結合したDNAの高分子鎖を表す。「H」は2つ乃至は3つの水素結合の位置を表す。

---

*　Kenji Mizoguchi　首都大学東京　理工学研究科　物理学専攻　教授

第2章　有機材料として見た天然および金属イオンを導入したDNAの電子状態

伝導度の直接測定のような微妙なコンタクトの問題に煩わされることなくその物性を検討できる，磁気的な側面からDNAの物性に迫ることにした[10〜15]。

2　天然のDNA

最初に，天然の鮭の白子由来DNAを試料として，その磁気的な側面を調べた。市販のDNAとして，乾燥状態の粉末状と繊維状の2種を購入し，そのまま測定に用いた。繊維状試料は粉末状試料を更に精製した状態にある。図2にこれらの試料のESRスペクトルを示す[14]。顕著な特徴として，観測されるESR信号強度の精製に伴う急激な減少がある。$S = 1/2$のスピンの数に換算すると，粉末試料では塩基対（bp）当たり0.2%であったのが，精製した繊維状試料では更に1/40の約0.005%/bpまで減少する。この様な微少なスピン数は，DNAに本質的な磁性と考えるのは無理があり，不純物に起因していると考えるのが適当である。すなわち，天然のDNAが，4eV強のエネルギーギャップを持つ半導体[6,7,16〜18]であれば，それに相応しい磁性と考えられる。

一方で，天然のλ-ファージから抽出したマイクロメートルに及ぶλ-DNAが，たまたまリングを作ると散乱のない干渉性の電流が流れ，磁場中では20K以下の低温では常磁性磁化率が観測される[19]，との報告もある。大変興味深い結論でもあり，更に鎖長の長い鮭のDNAを使って追試を試みた[13,20]。その結果明らかになったことは，鮭のDNAでも同様の磁化率の温度依存性が観測されること，更に詳しく調べると，この温度依存性は，試料としてDNAが無くても，試料固定用の石英綿と僅かの空気があれば再現することが分かった[13,20]。すなわち，石英綿に吸着した酸素分子の磁性で再現されるので，DNAの電荷担体の干渉性軌道運動による常磁性磁化率の存在を議論するには，まず完全に酸素の影響を除く必要がある。

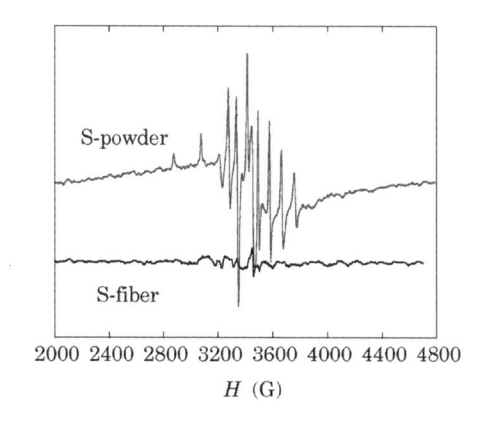

図2　鮭のDNAのESRスペクトル
繊維状（S-fiber）DNAは，粉末状（S-powder）DNAよりも精製度が高い。

3 金属イオンを入れた DNA：M-DNA（M＝Ca, Mg, Mn, Fe, Co, Ni, Zn）

最初は，Lee等[21]により，ethidium bromide（EB）でpHを制御して，2価金属イオン，Zn, Co, Ni が DNA の塩基対間の水素結合と入れ替わり挿入できることが報告された。磁気測定を手段に M-DNA の電子状態を調べるには Mn を導入するのが良いが，この方法では挿入できなかった。そこで，DNA 水溶液と塩化金属水溶液（MCl_2）を常温で混合し，-20℃程度に冷却したアルコールを添加することにより M-DNA を作成する方法を開発した。また，取り出した析出物をキャストすることにより，フィルムに整形できる[10,14,15]。フィルム中の水分量の違いにより，DNA の2重螺旋構造が影響されるため，真空乾燥させた「dry」試料と，常温の飽和水蒸気圧で平行にした「wet」試料とを用意した。

図1(b)に Lee 等により提案された M-DNA の構造[21]を示す。この構造の実験的な根拠は以下の通りである。

① 塩基対間の水素結合のNMR信号強度が，2価金属イオンの挿入に伴い減少・消滅する[21]。

② Mn イオンが図1(b)の様に1次元配列を作ると仮定すると，電子スピン間双極子相互作用により ESR 線幅が再現できる[14]。

③ 図4に示すように，Mn-DNA の ESR スペクトル線形は，水分量を制御した wet と dry とでは明確に変化する。その様子は Mn-DNA も天然 DNA と同様な水分量による B-form/A-form 構造転移をすると仮定することで再現可能[10,11,15]。

④ 水素結合を必要としない Mn-DNA は，水素結合に起因する相補性から天然には存在し得ない塩基の組み合わせ（G-Mn-T, A-Mn-C）でも作成可能[10]。

⑤ Fe-DNA は，乾燥させると水には溶解しなくなる。仮に，2重螺旋の外側にFeイオンが配位しているとすると，水和が起こるはずで，この不溶性が理解できない[10]。

⑥ Ni-DNA の高磁場 ESR の解析から，Ni イオンが感じている結晶場は1軸対称性に近い。1軸対称な結晶場は，Ni イオンが2重螺旋外部に配位しているとする仮定とは相容れない。しかしながら，最終的には，X線構造解析による確認が望ましい。

3.1 M-DNA の磁性・電子状態
3.1.1 Ca-, Mg-, Zn-DNA[14]

図3にCa, Mg, Zn を挿入した DNA の ESR スペクトルを示す。原料イオンの不純物として混入する Mn の超微細分裂した2本の信号の間，約12,100 ガウスの位置に M-DNA の信号が観測される。特徴としては，信号強度が非常に弱いこと，Zn-DNA から Mg-DNA，Ca-DNA と，その強度が減少することであるが，この振る舞いと似た結果を予測する計算結果が報告されている[22]。このモデルの特徴は，M-DNA から水分を除いていくと，水和されていた2価金属イオンがたまたま完全に水分子を失い，結果として，Zn, Mg の場合には2価から1価に変わる。それに伴い塩基のグアニン（G）にホールがドープされる，という点にある。そこで，M-DNA中の

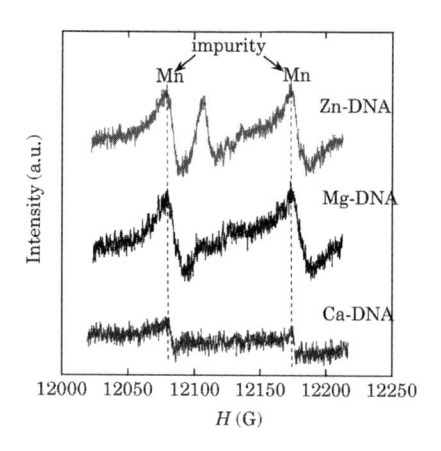

第2章　有機材料として見た天然および金属イオンを導入したDNAの電子状態

図3　Ca-DNA，Mg-DNA，Zn-DNAのESRスペクトル
測定周波数は約35GHzで，約12,100ガウスにM-DNAの信号が観測される。

水分量を変化させてESR強度を調べてみたが，水分量には依存しないことが分かった。従って，現実の系はこのモデルには当てはまらないことが確認された。

基本的に，これらのM-DNAから本質的なESR信号は観測されていないので，金属イオンが2価のままで非磁性状態にあることが分かる。すなわち，2価イオンは（骨格の燐酸アニオンのカウンターイオンとして存在していた）2つのNaイオンの変わりに入ったことを示し，正味の電荷移動は起こらず，電荷担体の導入の役目はしていない。

3.1.2　Mn-DNA, Fe-DNA[10,15]

図4にWet状態とDry状態のMn-DNAのESRスペクトルを示す。両者の線形の違いは明確で，図4（右）の「スペクトルピークからのズレの2乗」に対する「信号強度の逆数」のプロットにより，更に定量的な線形の違いが分かる。Dry状態のローレンツ型に対し，Wet状態では1次元的な磁気相互作用に特徴的であることが分かる。この振る舞いは，図5に示すWet状態で安定なB-formとDry状態で安定なA-form構造を考えると合理的に理解できる。B-formでは，Mnイオンが1次元的直鎖を形成するため，イオン間の交換相互作用は準1次元的になると期待され，DryのA-formでは螺旋構造を取るために，隣接する2重螺旋のMnイオンとも近く，ローレンツ線形を与える3次元的交換相互作用となる[10,15]。この3次元的磁気相互作用は，低温で長距離秩序を生み出すと予想される。約0.4Kにピークを持つ低温比熱データから，それ以下の温度で反強磁性的な秩序が発生していることが示唆された[10]。

これまで見てきたM-DNA中の金属イオンは全て2価であり，DNAへの電荷移動は生じていなかった。唯一の例外として，Fe-DNAでは，Fe^{2+}で導入した金属イオンが3価に変わり，DNAに電子が移動している可能性が見出された[10]。Fe^{2+}イオンの色は薄緑色であるが，最終的に得られるFe-DNAの色はFe^{3+}に特徴的な黄土色に変わる。ESRスペクトルも，Fe^{3+}の5つのd-電子数に対応してg-シフトは殆ど無い。更に特徴的な事は，ESRと2Kにおける磁化曲線

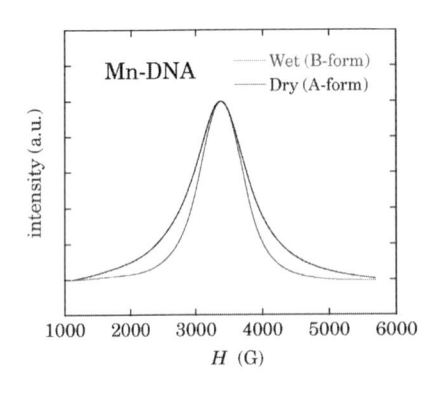

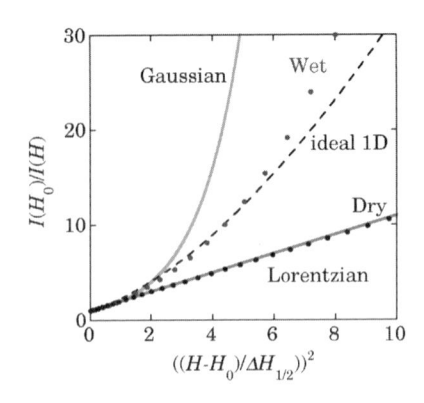

図4 Mn-DNA の ESR 吸収スペクトル（左）とその線形解析（右）
Wet 状態と Dry 状態ではスペクトル線形が明確に変化する。ローレンツ型では Dry 状態のように直線になる。しかし，Wet 状態の線形は，1次元的な交換相互作用に特徴的な線形（ideal 1D）を示す。

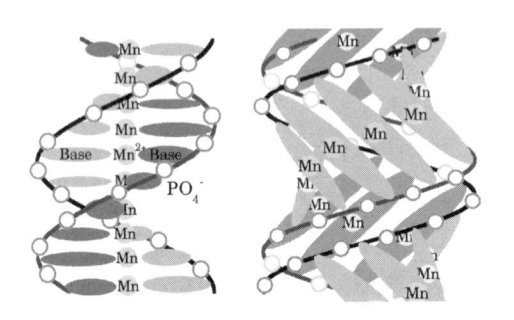

図5 （左）B-form 構造と（右）A-form 構造
B-form では，Mn イオンが1次元的な直鎖を形成し，A-form では螺旋構造を成す。

から，Fe^{3+} の high-spin 状態の $S=5/2$ と low-spin 状態の $S=1/2$ の両方が観測される事である。現時点において十分な理解は得られていないが，この系の興味深い物性を示唆している。

謝辞

　本報告の内容は，首都大学東京の ESR 物性研究室の坂本浩一博士を始め，歴代の卒研生，大学院生との共同研究の成果です。東北大学の松井広志博士には多くの有益な議論をしていただきました。大阪大学の萩原政幸博士，柏木隆成博士には，Ni-DNA の高磁場 ESR 測定・解析でお世話になりました。この場をお借りして心より感謝いたします。

第2章　有機材料として見た天然および金属イオンを導入したDNAの電子状態

文　　献

1) J. D. Watson and F. H. Crick, *Nature,* **171**, 737 (1953)
2) R. E. Franklin and R. G. Gosling, *Nature,* **171**, 740 (1953)
3) M. H. F. Wilkins, A. R. Stokes and H. R. Wilson, *Nature,* **171**, 738 (1953)
4) W. M. Shih, J. D. Quispe and G. F. Joyce, *Nature,* **427**, 618 (2004)
5) H.-W. Fink and C. Schenenberger, *Nature,* **398**, 407 (1999)
6) P. J. de Pablo, F. Moreno-Herrero, J. Colchero, J. Gomez Herrero, P. Herrero, A. M. Baro, P. Ordejon, J. M. Soler and E. Artacho, *Phys. Rev. Lett.,* **85**, 4992 (2000)
7) D. Porath, A. Bezryadin, S. d. Vries and C. Dekker, *Nature,* **403**, 635 (2000)
8) A. Y. Kasumov, M. Kociak, S. Gueron, B. Reulet, V. T. Volkov, D. V. Klinov and H. Bouchiat, *Science,* **291**, 280 (2001)
9) Y. Zhang, R. H. Austin, J. Kraeft, E. C. Cox and N. P. Ong, *Phys. Rev. Lett.,* **89**, 198102 (2002)
10) K. Mizoguchi, S. Tanaka, M. Ojima, S. Sano, M. Nagatori, H. Sakamoto, Y. Yonezawa, Y. Aoki, H. Sato, K. Furukawa and T. Nakamura, *J. Phys. Soc. Jpn.,* **76**, 043801 (2007)
11) K. Mizoguchi, in International Conference of Electroactive Polymers 2004 (ICEP04), edited by S. A. Hashmi (Allied Publishers, Dalhausie, India, 2007), Vol. 1, p. 1.
12) K. Mizoguchi, S. Tanaka and H. Sakamoto, *J. Low Temp. Phys.,* **142**, 379 (2007)
13) K. Mizoguchi, S. Tanaka and H. Sakamoto, *Phys. Rev. Lett.,* **96**, 089801 (2006)
14) K. Mizoguchi, S. Tanaka, T. Ogawa, N. Shiobara and H. Sakamoto, *Phys. Rev.,* **B 72**, 033106 (2005)
15) K. Mizoguchi, Proc. SPIE, 7040, 70400Q (2008)
16) P. Tran, B. Alavi and G. Gruner, *Phys. Rev. Lett.,* **85**, 1564 (2000)
17) K. Iguchi, *J. Phys. Soc. Jpn.,* **70**, 593 (2001)
18) A. Omerzu, D. Mihailovic, B. Anzelak and I. Turel, *Phys. Rev.,* **B 75**, 121103R (2007)
19) S. Nakamae, M. Cazayous, A. Sacuto, P. Monod and H. Bouchiat, *Phys. Rev. Lett.,* **94**, 248102 (2005)
20) S. Nakamae, M. Cazayous, A. Sacuto, P. Monod and H. Bouchiat, *Phys. Rev. Lett.,* **96**, 089802 (2006)
21) J. S. Lee, L. J. P. Latimer and R. S. Reid, *Biochem. Cell Biol.,* **71**, 162 (1993)
22) H. Kino, M. Tateno, M. Boero, J. A. Torres, T. Ohno, K. Terakura and H. Fukuyama, *J. Phys. Soc. Jpn.,* **73**, 2089 (2004)

第3章 寸法と分子形状を超精密制御したハイブリッド共役ポリマーの極限性能

堀田　収[*1]，山雄健史[*2]

1 はじめに

近年，ペンタセン[1]やルブレン[2]等の天然物縮合多環炭化水素あるいはオリゴチオフェンや，オリゴフェニレン等の直鎖分子等，オリゴマー系有機半導体の物性が活発に研究されている。筆者らはこれらの化合物をモデルに，(チオフェン／フェニレン) コオリゴマー (TPCO)[3]と呼ぶ，分子サイズと形状を超精密制御した一連の次世代共役ポリマー材料を新規に開発しつつある（図1参照）。これらの材料はユニークな構造をもち[4,5]，興味深い光電子物性を示す[6]。このことは結晶底面に対する分子（即ち，遷移電気双極子モーメント）の直立として理解できる[4,5]。

TPCO は，耐熱性，耐酸化性等の環境安定性を備えたロバスト（強靭）な材料であり，半導体プロセスに耐える。この特徴を生かして，マイクロリングレーザー[7,8]を作製し所望の特性を得た。本稿では，従来の液相および気相結晶成長法を改良した新たな結晶成長法[9,10]によって得た TPCO 材料の単結晶薄膜について，最近見出した特異な光学的および電気的性質を報告する。

さらに，TPCO 材料結晶および薄膜を用いた発光トランジスタ[11]（Light-Emitting Field-Effect Transistor：LEFET）の駆動方式について顕著な進展を見たので，併せて報告する。

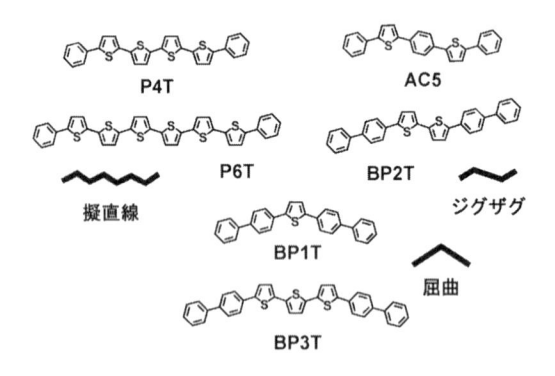

図1　いくつかの TPCO と分子形状

---

*1　Shu Hotta　京都工芸繊維大学　大学院工芸科学研究科　高分子機能工学部門　教授
*2　Takeshi Yamao　京都工芸繊維大学　大学院工芸科学研究科　高分子機能工学部門　助教

第3章　寸法と分子形状を超精密制御したハイブリッド共役ポリマーの極限性能

2　結晶作製

ハイブリッド共役ポリマーの性能を最大限に引き出すためには，高品質の結晶を得ることが必須である。筆者らの研究室では，気相および液相においてこれまでの結晶成長法を改良して，良質の単結晶薄膜を作製することに成功している。

山雄ら[9]，Physical Vapor Transportと呼ばれる気相結晶成長法を改良した。二つのヒーターを水平に置き，そのうちの一つは材料の昇華用（source heater）で，もう一つは結晶成長用（growth heater）である（図2）。成長用ヒーターの温度を昇華用ヒーターよりも低く保つことで装置内の温度勾配を小さくし，大型の結晶（数mmサイズ）を得た。図3に，直交ニコル条件下の偏光顕微鏡で撮影した，AC5（図1参照）結晶の対角位および消光位での写真を示す。結晶上のいくつかの結晶小片を除くと，消光位において結晶の像が完全に消えることから，これらの結晶が単結晶であると決定できる。特に，図3(c)では特定の結晶軸，結晶方位とそれらが形成する特徴的な角度が明瞭に出ており，6角形の結晶が観察される。

さらに，山雄ら[10]，液相においてさらに高品質の単結晶薄膜を作製した。TPCO材料は有機溶媒に溶け難く，飽和濃度の懸濁液が得られる。結晶育成装置（図4）には放熱板が取り付けてあり，一部は装置外に露出する。懸濁液を下からヒーターで暖めると，放熱板に接する部分およびその近傍で溶液が局所的に冷却される。このため，液中で放熱板上にシリコンウエハなどの基板を固定させておくと，再結晶によって基板上に結晶が析出する。通常，結晶成長は，数時間から数日かけて行なう。

この方法で成長させたAC5結晶の写真を図5に示す。サイズは小さい（～数百μm）ものの，昇華再結晶法による結晶試料よりも，より明確な6角形の結晶が直接基板上に成長する様子が分かる。さらに，結晶の厚さが数百nmのオーダーで均一であり，光電子デバイスの作製にうってつけである。

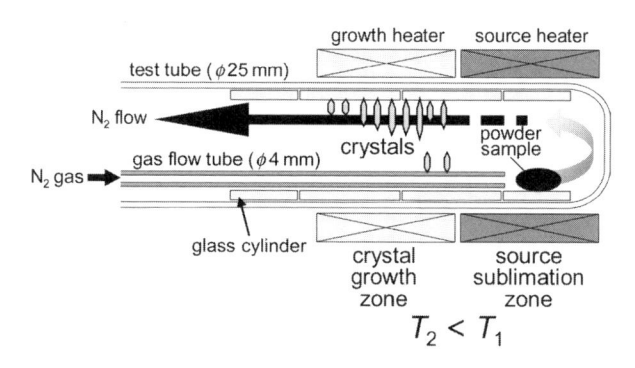

図2　昇華再結晶装置の概念図

（許可により，"Improved sublimation growth of single crystals of thiophene/phenylene co-oligomers," Takeshi Yamao, Satoshi Ota, Tomoharu Miki, Shu Hotta, and Reiko Azumi, *Thin Solid Films*, **516**(9), 2527-2531(2008). 文献9) より転載。Copyright 2008, Elsevier B.V.）

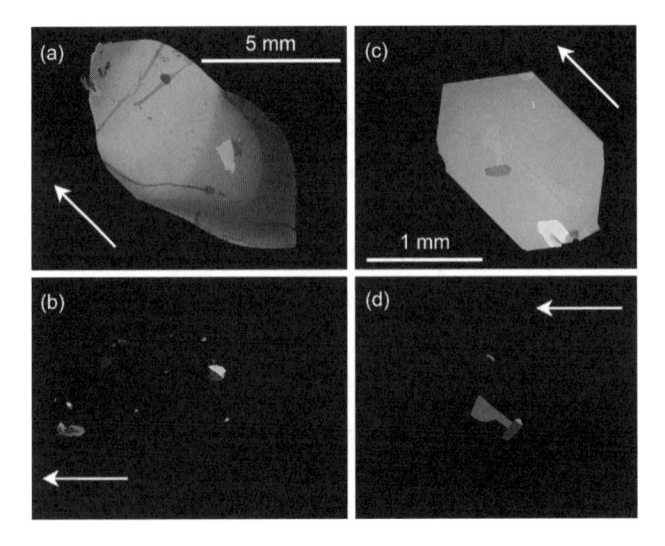

図3　昇華再結晶法により成長した結晶の写真
(a), (b)直径～8mm の薄片結晶の偏光顕微鏡写真, (c), (d)六角形の薄片結晶の偏光顕微鏡写真, (a), (c)は直交ニコル条件下の対角位, (b), (d)は消光位で撮影した。
(許可により, 文献9) より転載。Copyright 2008, Elsevier B.V.)

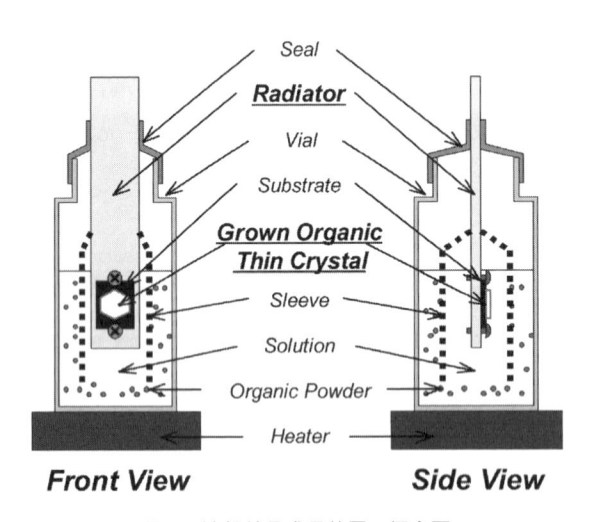

図4　液相結晶成長装置の概念図
(許可により, "Direct formation of thin single crystals of organic semiconductors onto a substrate," Takeshi Yamao, Tomoharu Miki, Hiroshi Akagami, Yoshihiro Nishimoto, Satoshi Ota, and Shu Hotta, *Chemistry of Materials*, 19(15), 3748-3753(2007). 文献10) より転載。Copyright 2007, American Chemical Society.)

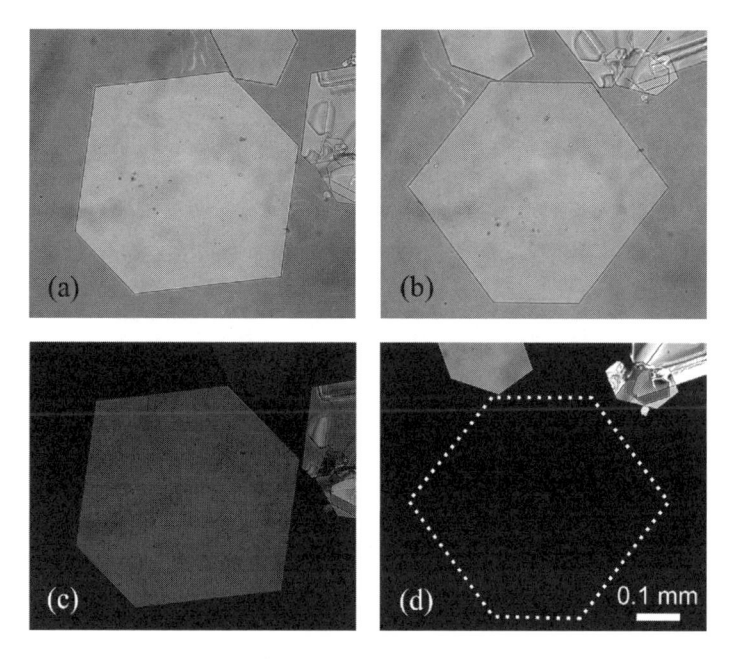

第3章 寸法と分子形状を超精密制御したハイブリッド共役ポリマーの極限性能

図5 液相成長法で作製したAC5結晶の写真
(a), (b)顕微鏡写真, (c), (d)対応する偏光顕微鏡写真, (c)は直交ニコル条件下の対角位, (d)は消光位において撮影した。
(許可により, 文献10) より転載。Copyright 2007, American Chemical Society.)

3 光学特性：レーザー発振と狭線化発光

TPCO結晶は光励起すると端面のみが強く発光し, 結晶内部からの発光は全く観察されない（図6参照）。結晶の相対する両端面は, 平行である。これらの特徴は, 結晶が光閉じ込めに有利に働き, 優れたレーザー媒質であることを意味する。

図7に, AC5結晶をレーザー光励起して得た, AC5結晶からのレーザー発振スペクトルを示す。540, 544および546nm付近に結晶両端面をファブリー・ペロー共振器とした, 縦多モードに由来する発光スペクトルが観察される。539〜547nmの波長帯における等間隔のモード群の半波高全幅値（FWHM）は, 約20pmであった。モード間隔から屈折率を計算し, 吸収端より長波長側で4.0と有機高分子物質としては格段に高い値をレコードした[12]。最大の強度をもつピークにおけるQ値は, 24500に達した[12]。スペクトルはc軸方向に高度に偏光するので, この屈折率はc軸方向の値である。

液相成長結晶を用いて顕微分光の手法で異方屈折率等の光学定数を決定した[13]。このために, 反射式の偏光顕微鏡とマルチチャンネル・スペクトル・アナライザーからなる光学装置を用いた。水銀ランプからの無偏光の白色光を偏光子（polarizer）に通して, 基板面に平行な結晶軸方向に偏光させた光を結晶表面に照射する。試料からの反射光を同じ結晶軸の方向に偏光方向を合

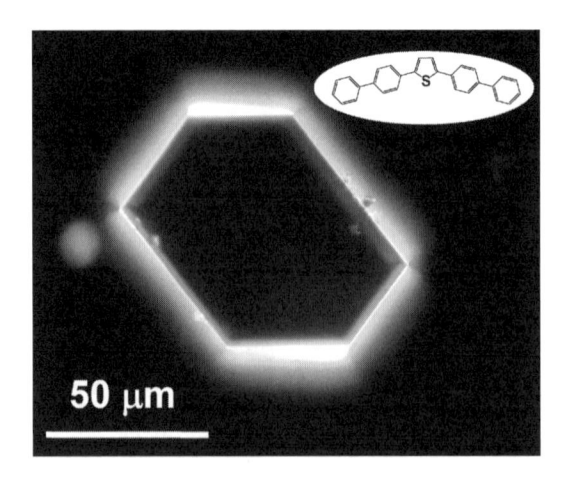

次世代共役ポリマーの超階層制御と革新機能

図6 液相成長BP1T単結晶薄膜と蛍光顕微鏡像
発光は青色である。

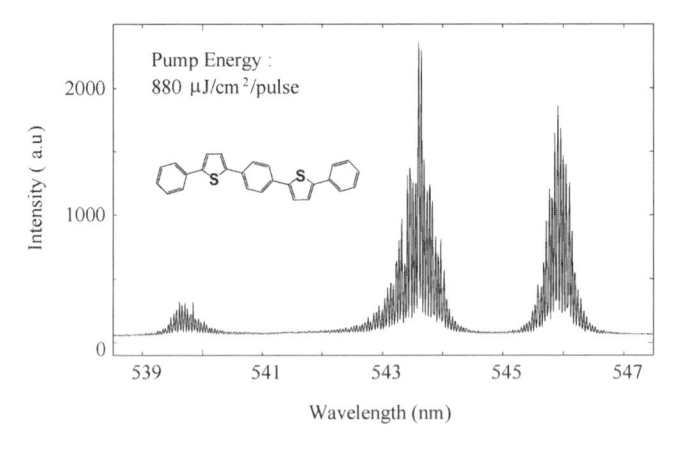

図7 AC5単結晶薄膜からのレーザー発振スペクトル

(許可により, "Laser oscillation in a highly anisotropic organic crystal with a refractive index of 4.0," Takeshi Yamao, Kazunori Yamamoto, Yuki Taniguchi, Tomoharu Miki, and Shu Hotta, *Journal of Applied Physics*, **103**(9), 093115(2008). 文献12) に基づいて改作。Copyright 2008, American Institute of Physics.)

わせた検光子 (analyzer) を通して分光観測する。結晶表面からの反射光と基板表面からの反射光が干渉し, 反射スペクトルに干渉波が乗るので, これを解析して屈折率を決定した。AC5結晶の場合, a軸およびb軸方向の屈折率は, それぞれ1.87および1.62であった[13]。上述のレーザー発振に基づく屈折率決定と合わせると, TPCO結晶が高い光学異方性を示すことが分かる。

さらに, 上と同じ光学装置を用いてAC5結晶端面を水銀ランプで微小光励起して発光スペクトルを観察した。〜90mW/cm^{2}あるいはそれ以下の弱い励起強度で, 482, 510および547nmの位置に狭線化し (FWHM：〜4nm), c軸に強く偏光した強い発光線を観測した[14]。このうち,

547nmの発光線は，上記のレーザー発振と関係があるものと考えられる。励起強度が微弱な場合（3.4mW/cm^2），FWHMがおよそ4nmと狭いスペクトル線幅を保つ。無閾値狭線化の可能性も考えられ，今後の研究の一層の進展が望まれる。

4 電気物性：トランジスタ応用

TPCO結晶薄膜はトランジスタ等，電子デバイスに応用できる。図8は液相法によるBP3T結晶を用いて作製したFETの写真とその電流─電圧特性を示したものである[10]。酸化膜付シリコン基板上に成長させた結晶に金を蒸着してソースおよびドレイン電極とし，デバイスをつくる。酸化膜下のシリコン基板本体がゲート電極として働く。電流─電圧特性（図8(b)）を見ると，比較的低い閾値でドレイン電流が立ち上がり，ドレイン電流の飽和特性が明瞭である。飽和領域でこのFETのキャリア移動度を評価して，0.16cm^2/Vsの値を得た[10]。

近年，トランジスタと光デバイスが融合した発光トランジスタの研究開発が盛んである。筆者らの研究室では，このデバイスの駆動方式を刷新して高い発光効率を示すデバイスを開発しつつある。駆動方式は，ゲート電極に交流電圧を印加することを特徴とする（図9(a)）[15]。金等の安定な電極材料を用いて効果的な電子注入を実現できたことがポイントである。交流電圧の周波数増大に伴って強い発光が得られる（図9(b)）。これによって，デバイス構成や電極材料を変更することなく，従来の直流ゲート電圧印加方式に比べて1桁高い発光効率を達成した。

5 まとめと将来展望

以上，TPCOおよびその結晶薄膜作製を軸としたハイブリッド共役ポリマーの性能について，研究の最新状況を概観した。TPCO結晶は無機半導体をも凌ぐ高い屈折率を示し，大きなキャ

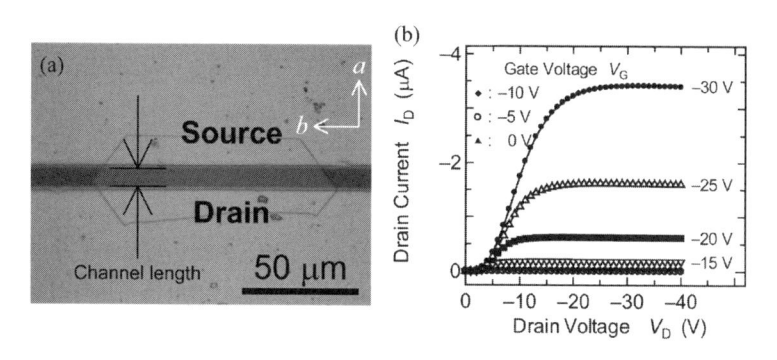

図8 液相成長法によるBP3T結晶を用いた有機電界効果トランジスタ
(a)デバイスの顕微鏡写真，(b)電流─電圧特性
（許可により，文献10）より転載。Copyright 2007, American Chemical Society.）

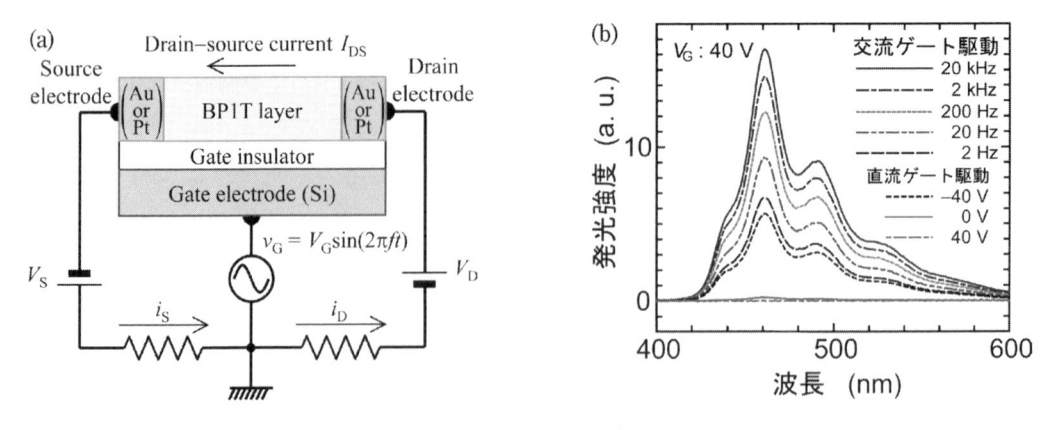

図9 発光トランジスタデバイス
(a)駆動方式(交流ゲート電圧印加法)を示す概念図, (b)発光スペクトル
(許可により, "Organic Light-Emitting Field-Effect Transistors Operated by Alternating-Current Gate Voltages," Takeshi Yamao, Yasuhiro Shimizu, Kohei Terasaki, and Shu Hotta, *Advanced Materials*, **20** (21), 4109-4112(2008). 文献15) より転載。Copyright 2008, Wiley-VCH Verlag GmbH & Co. KGaA.)

リア移動度に特徴づけられる。さらに,発光トランジスタの駆動方式改良に基づく電荷注入の改善等,注目すべき進展が見られる。長年の懸案である有機電流注入レーザーの開発も,もう一歩のところまで近づいた感がある。

TPCOをはじめ,新奇材料の開発と優れた物性に支えられた極限性能の実現が待たれる。

文　　献

1) J. Y. Lee, S. Roth and Y. W. Park, *Appl. Phys. Lett.*, **88**, 252106 (2006)
2) J. Takeya, M. Yamagishi, Y. Tominari, R. Hirahara, Y. Nakazawa, T. Nishikawa, T. Kawase, T. Shimoda and S. Ogawa, *Appl. Phys. Lett.*, **90**, 102120 (2007)
3) For example, S. Hotta, H. Kimura, S. A. Lee and T. Tamaki, *J. Heterocyclic Chem.*, **37**, 281 (2000)
4) S. Hotta, M. Goto, R. Azumi, M. Inoue, M. Ichikawa and Y. Taniguchi, *Chem. Mater.*, **16**, 237 (2004)
5) S. Hotta, M. Goto and R. Azumi, *Chem. Lett.*, **36**, 270 (2007)
6) K. Yamane, H. Yanagi, A. Sawamoto and S. Hotta, *Appl. Phys. Lett.*, **90**, 162108 (2007)
7) S. Fujiwara, K. Bando, Y. Masumoto, F. Sasaki, S. Kobayashi, S. Haraichi and S. Hotta, *Appl. Phys. Lett.*, **91**, 021104 (2007)
8) F. Sasaki, S. Kobayashi, S. Haraichi, S. Fujiwara, K. Bando, Y. Masumoto and S. Hotta, *Adv. Mater.*, **19**, 3653 (2007)
9) T. Yamao, S. Ota, T. Miki, S. Hotta and R. Azumi, *Thin Solid Films*, **516**, 2527 (2008)

10) T. Yamao, T. Miki, H. Akagami, Y. Nishimoto, S. Ota and S. Hotta, *Chem. Mater.*, **19**, 3748 (2007)
11) A. Hepp, H. Heil, W. Weise, M. Ahles, R. Schmechel and H. von Seggern, *Phys. Rev. Lett.*, **91**, 157406 (2003)
12) T. Yamao, K. Yamamoto, Y. Taniguchi, T. Miki and S. Hotta, *J. Appl. Phys.*, **103**, 093115 (2008)
13) T. Yamao, Y. Taniguchi, K. Yamamoto, T. Miki, S. Ota, S. Hotta, M. Goto and R. Azumi, *Jpn. J. Appl. Phys.*, **46**, 7478 (2007)
14) T. Yamao, K. Yamamoto, Y. Taniguchi and S. Hotta, *Appl. Phys. Lett.*, **91**, 201117 (2007)
15) T. Yamao, Y. Shimizu, K. Terasaki and S. Hotta, *Adv. Mater.*, **20**, 4109 (2008)

第4章 次世代共役ポリマーの革新機能の理論・シミュレーション

阿部修治[*1], 下位幸弘[*2], 片桐秀樹[*3], 関 和彦[*4]

1 はじめに

　共役ポリマーやオリゴマーは，高い電気伝導度，大きな非線形光学応答や強い電界発光など優れた機能を持ち，ウエットプロセスによるデバイス作成の容易さや経済性，低環境負荷などの特質を持つ機能性有機材料であり，分子エレクトロニクスの基礎素材の一つである。その実際上の応用が広がるためには，共役高分子の輸送特性の飛躍的改善や革新的機能の発現が必要である。理論的立場からは，ナノスケールの構造と機能の相関，および界面や基板表面と高分子の接合に関する理論的解明が必要であり，特にポーラロン，ソリトンなどの荷電・スピン担体，発光にかかわる励起子などの素励起の存在形態と輸送特性の基礎的理解が重要である[1,2]。高度に構造制御された高分子におけるこれらの素励起の性質やダイナミクスを理論的に明らかにすることにより，輸送特性や光機能の高機能化および新機能発現のための理論的指針を得ることが可能となる。

2 オリゴチオフェンの電荷状態と分子間相互作用

　オリゴチオフェンは，高い移動度などの優れた性質を示し，有機FET材料として注目を集めている[3]。共役ポリマーならびにオリゴマーに注入された電子ないしホールは，電子—格子相互作用により自己束縛化されたポーラロンやバイポーラロンを形成する傾向があり[4]，輸送特性などの電子物性に大きく影響していると考えられる。

　我々は，以前から，共役高分子のポーラロンのスピン密度を計算し，電子スピン共鳴（ESR）実験と比較する研究を行ってきた[5〜10]。ポリチオフェンのモデルとして比較的長いオリゴチオフェン14量体を取り上げ，ポーラロン状態を密度汎関数（DFT）法により計算した。求められたスピン密度を，ポリチオフェン，ポリアルキルチオフェンに対するESR，電子核二重共鳴（ENDOR）の実験結果と比較したところ，ハイブリッド型汎関数であるBHandHLYP[11]ならび

---

*1　Shuji Abe　㈱産業技術総合研究所　ナノテクノロジー研究部門　副部門長
*2　Yukihiro Shimoi　㈱産業技術総合研究所　ナノテクノロジー研究部門　主任研究員
*3　Hideki Katagiri　㈱産業技術総合研究所　計算科学研究部門　主任研究員
*4　Kazuhiko Seki　㈱産業技術総合研究所　ナノテクノロジー研究部門　主任研究員

第4章　次世代共役ポリマーの革新機能の理論・シミュレーション

に B3LYP[12]汎関数の中間的な場合で，ESR スペクトルの形状や異方性を再現できることがわかり，ポーラロンの広がりなどその基本的な性質について理論・実験の両面から明らかにした[8~10]。

　ここでは，比較的短いオリゴチオフェンの電荷状態の性質に関して，分子間相互作用により電荷担体が分子間にどのように広がるかに注目して研究を行った結果を紹介する。計算は DFT 法ならびに非経験的量子化学計算を用いた。

　図1は，オリゴチオフェン4量体（4T）2分子にホールを1個ドープした場合のスピン密度を2種類のハイブリッド型汎関数で計算した結果である（左：BHandHLYP，右：B3LYP）。分子構造は孤立したラジカルカチオン状態および中性状態で最適化し，それを 4.0Å の間隔で積み重なるように配置してある。2つの汎関数で電荷担体の広がりが大きく異なることがわかる。BHandHLYP では，ホールが一方の分子にほぼ局在し，ポーラロンを形成しているのに対し，B3LYP では，2分子に広がっている。

　図2は，中性状態で構造最適化した方の 4T 分子上の電荷密度とスピン密度を分子間隔に対してプロットしたものである。上述の2つの汎関数に加え，ハートリー・フォック（HF）法なら

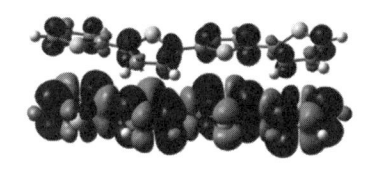

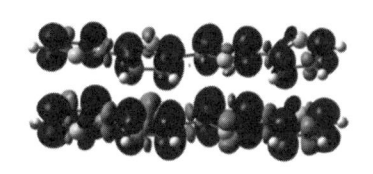

BHandHLYP/6-31G(d)　　　　　　　B3LYP/6-31G(d)

図1　オリゴチオフェン4量体（4T）2分子にホールを1個ドープした場合のスピン密度

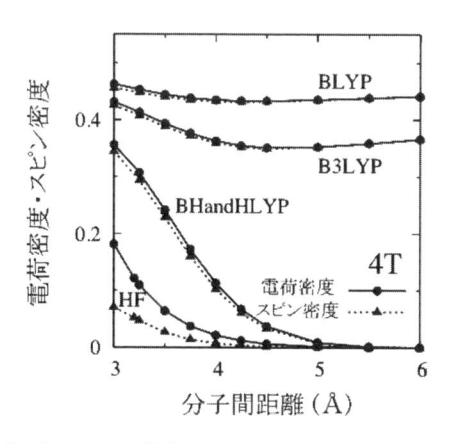

図2　オリゴチオフェン4量体2分子にホールを1個ドープした場合の
　　　中性状態の構造をとった分子の電荷密度とスピン密度
　　　横軸は，2分子を積み重なるように配置した場合の分子間距離。

びに純粋 DFT である BLYP 汎関数の結果も加えてある。BHandHLYP ならびに HF 法では，分子間隔がおよそ 4.5Å より短くなると，こちらの分子にも電荷が広がりだすことがわかる。一方，B3LYP ならびに BLYP 汎関数を用いた場合には，距離にあまり依存することなく電荷担体が非局在している。この非局在的な振る舞いは，ラジカルカチオンと中性状態の分子軌道レベルの相対的な位置関係により理解することができる。

以上の結果から，非局在化の程度は計算に用いる汎関数に強く依存することが明らかになった。ポリチオフェンにおける ESR 実験が 2 つのハイブリッド汎関数の中間的な場合でよく再現されることを考えると，現実の系は局在・非局在の境界付近にあることが示唆され，構造などの微妙な変化によりキャリアの局在性が大きく変わる可能性もあると推察される。また，この結果は，DFT 計算における汎関数の選択に注意を要することも示している。

3 アントラセン分子性結晶の光励起状態と緩和励起状態

分子間の局在・非局在の問題は，光励起によって作られる励起子についても重要な課題である。アントラセンジスルホン酸（ADS），アミン及び各種の有機溶媒を組み合わせた多種の結晶において，多様なアントラセンの配向構造が実現され，それに応じて異なる光学特性が得られることが見出されている[13,14]。図 3 に示すように ADS 分子は 1 次元に配列しているが，隣接分子間の相互作用によって分子間に非局在化したエキシマー的な励起状態が生成し，その緩和状態から発光する機構も考えられる。特に，有機溶媒としてジオキサンを用いた結晶構造においては他の場合とは顕著に異なる発光スペクトルが観測され，エキシマー的な励起状態の可能性が示唆された[13]。

そこで我々はアントラセンの励起子が 2 分子にまたがって緩和する分子間緩和モデルを考え，各結晶におけるアントラセンの配向の違いが緩和エネルギーや平衡位置のずれに与える影響をアントラセン 2 分子に対する量子化学計算によって調べた。その結果，ジオキサンの場合は有機溶

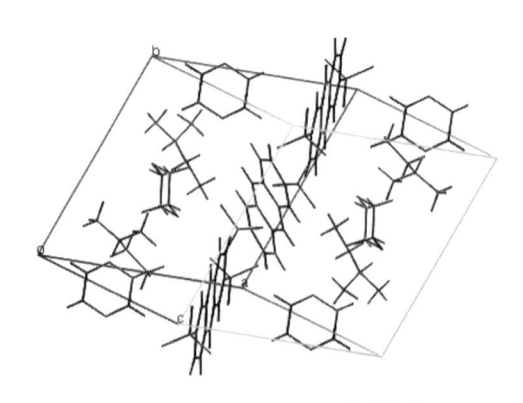

図 3　ADS＋dioxane の結晶構造

第4章 次世代共役ポリマーの革新機能の理論・シミュレーション

媒としてチオキサンまたはベンゼンを用いた場合に比べてアントラセン2量体の励起エネルギーの分子間距離依存性が大きく，緩和エネルギーが相対的に大きくなる可能性があることを見出した。ただし，この計算はADS分子をアントラセン分子で近似しており，また，ADS分子と周囲の分子の構造緩和は取り入れておらず，観測された発光のストークスシフトを定量的に説明するには，より多くの自由度を入れた計算が必要である。

次に，上の3種のADS結晶をQM/MM法（ONIOM法[15]）でモデル化した量子化学計算を行った。我々のモデルでは，ADS結晶を3次元方向それぞれに3周期分とったクラスターで記述し，中心のADS分子（1個または隣接する2個）のみを量子力学的（QM）に扱い，それ以外の分子は分子力場（MM）法で記述する。基底状態および励起状態の計算はHartree-Fock法およびsingle-CI法で行い，分子力場にはUFF（universal force field）を用いて，全エネルギーをQM/MM法で計算した。また，構造最適化はQM部分についてのみ行い，MM部分の構造は固定した。基底状態と励起状態それぞれを最適化して得られた2つの構造について基底状態と励起状態両方の全エネルギーを求め，それらを元にして励起状態における構造緩和エネルギーを単分子緩和と2分子緩和の場合の両方について求め，3種の結晶で比較した。まず，2分子緩和におけるこれらの結晶の最適化構造を解析したところ，ジオキサン，チオキサン，ベンゼンいずれの場合においても，一つのADS分子のみが励起状態にあって，もう片方は基底状態にあることがわかった。次に構造緩和エネルギーについて述べる。チオキサン，ベンゼンの場合は，単分子緩和の方が2分子緩和よりも大きいという結果が得られた。ジオキサンの場合は，図3に示されているように単位格子内に2つの区別可能なADS分子が存在するため，一方だけが励起状態になっているような緩和構造は2通りある。それぞれの励起状態に対応する構造緩和エネルギーを求めたところ，ひとつは1分子緩和の方が2分子緩和よりも大きく，もう片方は1分子緩和と2分子緩和の緩和エネルギーがほぼ等しいという結果となった。詳しく解析したところ，この差はジオキサンの場合に存在する2種類のサイトの励起エネルギーがわずかに異なっていることを反映していることが分かった。これらQM/MM法の結果は，どの結晶においても2分子緩和によるエキシマー的な会合状態の形成は起こらないことを示唆している。測定されたジオキサンの場合の発光スペクトルの形状は他の2つの結晶と異なっているが，その原因として上に述べた励起エネルギーのサイト依存性が関与していることが考えられる。

4 フォトクロミック高分子の光異性化過程

複合的な構造を有する高分子系の例として，側鎖にフォトクロミック分子を導入した共役高分子がある。フォトクロミック分子が開環体から閉環体に光異性化すると主鎖の励起子が消光されるような系を考え，励起子からの発光を理論的に研究した。初期に開環体であった分子が光異性化により閉環体となる場合，消光反応は光異性化により閉環体ができるに従い進行する。光異性化反応が消光反応よりも速い場合には，消光はほぼ指数減衰する。逆に，光異性化反応が消光反

応よりも遅い場合には，光異性化反応が律速となり，やはり指数減衰で近似される。しかし，光異性化反応と消光反応が競合する場合には非指数減衰を示す。この時の減衰関数を理論的に求めた。

さらに，階層構造のために反応が様々な中間体を経由し，反応がそれぞれの中間体に固有な時定数で進行する場合について，光異性化が進行する割合の時間変化が非指数関数となることを示した。光異性化反応は階層構造に特有な初期状態依存性を示し，光異性化反応の進行の仕方が励起波長に大きく依存することを見いだした[16,17]。

5 多励起子状態からの単一光子発生過程

複数の色素を含んだデンドリマー，有機結晶や，複数の励起サイトを持った共役高分子を用いて単一光子発生の実験的研究が行われている[18]。多数の励起サイトを持っていることから効率良く光子を吸収し単一光子を発生することができると期待される。共役高分子がパルス励起され複数の励起子が生成すると，励起子対消滅と単分子的な失活が競合する。そこで，対消滅と単分子過程の競合でアンチバンチング及び単一光子が発生する条件を理論的に求めた[19]。単分子的な失活では発光と非発光の両方の過程を考慮する。アンチバンチング計測は，同一パルスにより発生した光子の相関と，異なるパルスにより発生した光子の相関が計測されていると解釈できる。この2種類の相関の比 $g^{(2)}$ はパルスにより生成した励起子の数および，対消滅の速度と単分子的な失活の速度の比のみに依存し，図4に示すように，生成した励起子の数が小さい程，対消滅の速度と単分子的な失活の速度の比が大きい程，$g^{(2)}$ は小さくなる。励起子対消滅が効率良く起きる

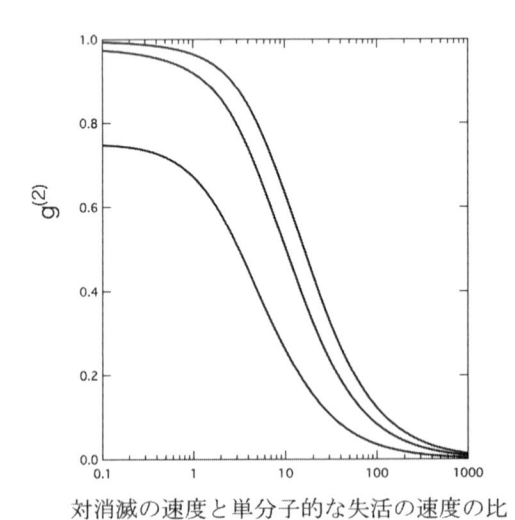

図4 縦軸は同一パルスにより発生した光子相関と異なるパルスにより発生した光子相関の比，横軸は対消滅の速度と単分子的な失活の速度の比，実線は下から初期生成励起子数が4，50，500の場合の計算結果

第4章　次世代共役ポリマーの革新機能の理論・シミュレーション

と，対消滅を逃れた単一励起子から発光が起こるが，実際に単一光子が発生しているかどうかは単分子の発光効率に依存する。従ってアンチバンチングの計測のみならず，対消滅が起こらないよう，例えば溶液中でクロモファーを分散させた実験等を行い，単分子の発光効率を知る事が重要である。$g^{(2)}$ は共役高分子毎に異なる値を取る事も観測されている。これは，高分子の異なる配置に従い対消滅の起こり易さが変化するためであると解釈できる。図4によると $g^{(2)}$ の値が0.5付近で分布を持つ場合には，対消滅は単分子過程の10倍の速度を中心として分布を持っている事が結論される。

文　　献

1) 下位幸弘，阿部修治，応用物理，**76**, 1050 (2007)
2) 阿部修治，下位幸弘，応用物理，**76**, 1174 (2007)
3) D. Fichou, *J. Mater. Chem.*, **10**, 571 (2000)
4) A. J. Heeger, S. Kivelson, J. R. Schrieffer and W.-P. Su, *Rev. Mod. Phys.*, **60**, 781 (1988)
5) Y. Shimoi, S. Abe, S. Kuroda and K. Murata, *Solid State Commun.*, **95**, 137 (1995)
6) S. Kuroda, Y. Shimoi, S. Abe, T. Noguchi and T. Ohnishi, *J. Phys. Soc. Jpn.*, **67**, 3936 (1998)
7) S. Kuroda, K. Marumoto, H. Ito, N. C. Greenham, R. H. Friend, Y. Shimoi, S. Abe, *Chem. Phys. Lett.*, **325**, 183 (2000)
8) K. Marumoto, Y. Muramatsu, Y. Nagano, T. Iwata, S. Ukai, H. Ito, S. Kuroda, Y. Shimoi and S. Abe, *J. Phys. Soc. Jpn.*, **74**, 3066 (2005)
9) S. Kuroda, K. Marumoto, T. Sakanaka, N. Takeuchi, Y. Shimoi, S. Abe, H. Kokubo and T. Yamamoto, *Chem, Phys. Lett.*, **435**, 273 (2007)
10) 黒田新一，次世代共役ポリマーの超階層制御と革新機能，第Ⅲ編第2章，シーエムシー出版 (2008)
11) A. D. Becke, *J. Chem. Phys.*, **98**, 1372 (1993)
12) A. D. Becke, *J. Chem. Phys.*, **98**, 5648 (1993)
13) Y. Mizobe, M. Miyata, I. Hisaki, Y. Hasegawa and N. Tohnai, *Org. Lett.*, **8**, 4925 (2006)
14) 藤内謙光，次世代共役ポリマーの超階層制御と革新機能，第Ⅳ編第11章，シーエムシー出版 (2008)
15) T. Vreven, K. S. Byun, I. Komaromi, S. Dapprich, J. A. Montgomery, Jr., K. Morokuma, M. J. Frisch, *J. Chem. Theory Comput.*, **2**, 815 (2006)
16) K. Seki and M. Tachiya, *J. Chem. Phys.*, **126**, 044904 (2007)
17) K. Seki, B. Bagchi and M. Tachiya, *J. Phys. Chem. B*, **112**, 6107 (2008)
18) 増尾貞弘，次世代共役ポリマーの超階層制御と革新機能，第Ⅳ編第14章，シーエムシー出版 (2008)
19) K. Seki and M. Tachiya, 印刷中

第5章　共役ポリマーのリングレーザー応用と有機レーザーダイオード用ポリマー複合体の開発

藤井彰彦*

1 はじめに

　共役ポリマーは様々な機能性を有することから，デバイス応用が期待されている。特に薄膜固体化しても濃度消光を起こさず，優れた発光性を示す共役ポリマーが多数存在することから，有機EL素子を中心とした薄膜系の発光デバイス応用が注目されている[1]。共役ポリマーはそのポリマー主鎖に発達するπ電子の実効共役長の制御により様々な発光色が得られ，高効率な発光特性を示すものが存在する。また，大きなストークスシフトを示す材料も多数存在し，その発光機構が，レーザー媒質として活用される四準位系レーザー材料と類似の発光過程で説明されることから，反転分布形成が容易と考えられ，レーザー用材料として非常に期待されている[2]。また，加工性や柔軟性に富んでいるため，フレキシブルデバイス用の材料としても重要な役割を果たすと考えられている。このような共役ポリマーを用いたレーザーダイオードが実現された場合，発振波長の多色化，省電力化，小型軽量化につながり，新概念による発光プロセスや新発想による微細構造を生み出す可能性を有している。

　ここでは，高い蛍光量子効率を有する共役ポリマーを発光材料として用いたリングレーザー応用，特にマイクロリング及びマイクロディスク構造のレーザー発振について述べる。さらに，電流注入に基づくレーザー発振のために必要なレーザー媒質の開発として，共役ポリマーの複合体の開発について述べる。

2 共役ポリマーのリングレーザー応用

　共役ポリマー薄膜は直接微細加工により種々の微小共振器構造等とすることが可能である。レーザー共振器には様々な構造が提案されているが，ここでは，マイクロリングやマイクロディスクといった円形のシリンドリカル微小共振器構造を取り扱う。この構造においては，光が円周内に閉じ込められ，導波路モード，もしくはウィスパリングギャラリーモードといったレーザーモードによって共振し，面内の全ての方向にレーザー光が漏れ出すことで観測される。そのため，通常のリングレーザーの場合は，面内では指向性は存在しない。また，高いQ値を示すことから，レーザー発振が低しきい値でおこることが知られている。

＊　Akihiko Fujii　大阪大学　大学院工学研究科　電気電子情報工学専攻　准教授

第5章　共役ポリマーのリングレーザー応用と有機レーザーダイオード用ポリマー複合体の開発

　共役ポリマーのマイクロリング構造の作製例としては，直径100μm程度の石英ファイバー上に共役ポリマー溶液を塗布させる方法があり，石英ファイバーをコアとして，その円周にリング形状が形成される。このリングの半径がレーザー発振に適当なサイズであることが重要である。別の作製例としては，内径75μm程度のガラス製のマイクロキャピラリ内に毛細管現象を利用してキャピラリ内壁への共役ポリマー薄膜を塗布する方法がある。ガラス管内部に塗布された共役ポリマーがリング形状をしており，マイクロリング構造とみなすことができる。ここでは，前述の石英ファイバー上に作製するものと区別するためマイクロキャピラリ構造と呼ぶことにする。これらマイクロリング構造やマイクロキャピラリ構造をパルス幅100ピコ秒の超短パルス光で励起することにより多モードのレーザー発振が観測される。マイクロキャピラリ構造の場合，さらにマイクロキャピラリの外壁にも共役ポリマーを塗布することで，2重マイクロリング構造とすることができ，同一発光物質によるレーザー発振はもちろん，異種発光物質による2色発光型のレーザー発振も可能となる。図1はポリ（9,9-ジオクチルフルオレン）（PDAF8）とポリ（1,4-(2-ドデシルオキシ-5-メトキシフェニレン）ビニレン）（MDDOPPV）の2重マイクロリング構造による2色発光型導電性高分子リングレーザーの発光スペクトル例であり，青色と赤色のレーザー発振が同時に観測される[3]。

　リングレーザーの実用化を検討する際，常に問題となるのはその指向性であり，リングレーザーの利点を生かしつつ，指向性を上げるための，共振器構造の検討がなされている。ここでは非対称型のマイクロディスク構造として，スパイラル型マイクロディスク構造に注目した。スパイラル型マイクロディスク構造は，円の半径が角度に依存して線形に長くなるように設計されており，0度と360度で半径のミスマッチとなるノッチができる。これにより非対称なマイクロディスク形状となる[4,5]。

　スパイラル型マイクロディスク構造の作製は，石英基板の平面上に作製した共役ポリマー薄膜

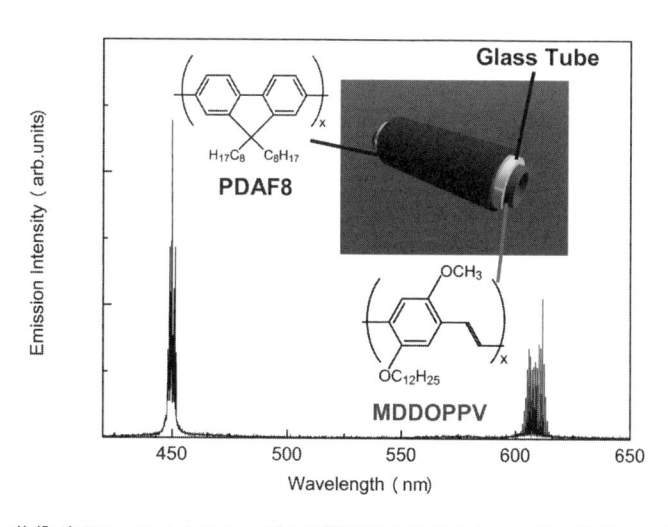

図1　共役ポリマーマイクロキャピラリ構造における2色レーザー発振スペクトル

をフォトリソグラフィー技術とドライエッチング加工により行うことができる。前述のマイクロリング構造の場合と同様に，光励起によりレーザー発振が観測されるが，スパイラル型マイクロディスク構造の場合，図2(a)に示すような円中心から円周方向への角度に依存した発光強度，つまりレーザー光の指向性が観測される。また，ノッチのサイズを制御することにより，指向性が変化することも見出されている。

スパイラル型マイクロディスク構造の場合，ノッチを出射光窓もしくは散乱点とすることで，発光が指向性をもつが，さらにレーザー光を誘導するために，導波路をノッチと直接結合させた構造が提案されている[5,6]。この導波路付きのスパイラル型マイクロディスク構造では，図2(c)のように導波路の方向に依存してレーザー光の指向性が制御できる。これは，実験的だけでなく，FDTD法を用いた電界強度分布のシミュレーションにおいて，図2(b)(d)のようなディスク内及びレーザー光の放射方向における電界分布となることも明らかになっている[5]。また，出力されるレーザー光は異方性があり，TEモードとTMモードの間に一定の強度比が存在することがわかっている[6]。

マイクロディスク構造の場合，有機EL素子と同様に薄膜を作製する過程をとることから，デバイス応用の観点から比較的有効と考えられ，スパイラル型マイクロディスクとすることでレー

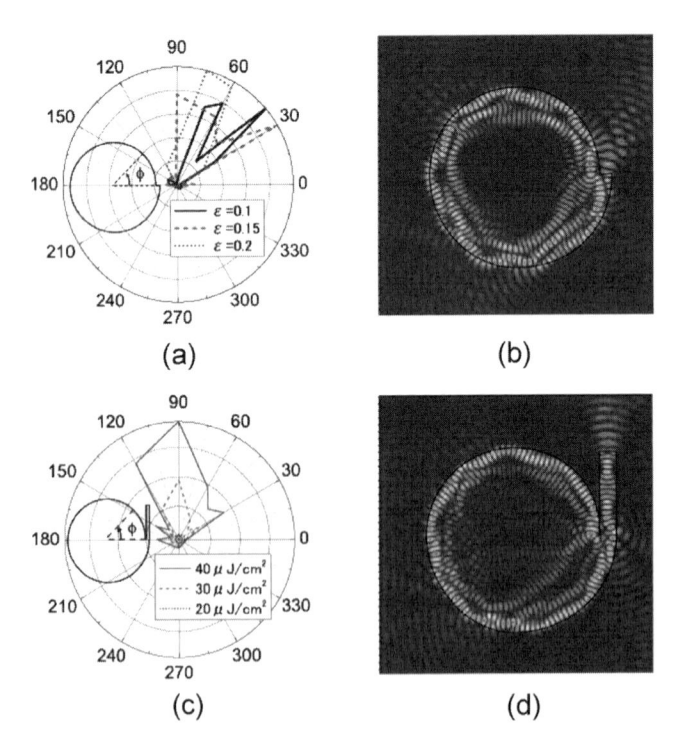

図2 MDDOPPVの非対称型マイクロディスクのレーザ発振時における発光強度の角度依存性及びFDTD法による電界強度分布シミュレーション(a)(b)スパイラルマイクロディスク構造(c)(d)導波路付きスパイラルマイクロディスク構造

第5章　共役ポリマーのリングレーザー応用と有機レーザーダイオード用ポリマー複合体の開発

ザーデバイスとして実用化への展開が図られるものと考えられる。

3　電流注入用共役ポリマー複合体の開発

　有機材料を用いた電流注入型のレーザーデバイス，すなわち有機レーザーダイオードは未だ実現に至っていないが，その実現のためには解決すべき問題点がある。その問題点の一つとしては，レーザー発振に必要な励起のための非常に高い電流密度が必要なことが挙げられる。前述のとおり，光励起によるレーザー発振は既に多数報告があるが，光励起によるレーザー発振しきい値を，電流密度に換算した場合，少なくとも $10^3 A/cm^2$ のオーダーといわれている。この電流入力が100％発光に寄与する場合という試算であるため，さらに高い電流密度が要求されることになる。それ故，有機レーザーダイオード実現のための研究としては，①低発振しきい値の有機発光材料の開発，②高い電流密度で電流注入可能なデバイス構造の開発，③有機レーザーダイオードに最適な共振器構造の開発などがある。

　しかしながら，現状では有機材料のもつ発光性と導電性はトレードオフの関係にあり，両方の特性に優れた材料はほとんどなく，その材料開発は非常に重要である。発光性と導電性を両立させるための一つの解決策として検討されているのは，発光性に優れた共役ポリマーと電荷移動度の高い共役ポリマーの複合体をレーザー媒質へ適用する提案である。

　共役ポリマーには，分子構造の立体規則性に依存して発光性と導電性が著しく異なる共役ポリマーがあるが，ポリチオフェン誘導体がその代表例である。アルキル側鎖長が6のポリ（3-ヘキシルチオフェン）（PAT6）は機能性の高い共役ポリマーとしてよく知られており，チオフェン環の3位の位置に規則正しくアルキル側鎖がついたPAT6（以下，PAT6-RRegとする）は立体規則性が高く2次元配列を自己組織的におこす。PAT6-RRegは，主鎖間相互作用が強く，πスタッキング構造をとることから，固体薄膜中で電荷輸送経路を容易に形成でき，高い正孔移動度を示すことから，有機トランジスタへの応用が期待されている。一方，アルキル側鎖が3位，もしくは4位に不規則に置換されている立体規則性の低いPAT6（以下，PAT6-RRanとする）は正孔移動度が低く，電気的特性は劣るが，主鎖間相互作用が弱いことに起因して発光性に優れ，薄膜状態においても高い蛍光量子収率を示す。前述のリングレーザーの発光材料としても用いられ，レーザー発振が報告されている[7]。

　これらPAT6-RRegとPAT6-RRanの複合化を行った場合，図3のようにPAT6-RRegとPAT6-RRanの混合比率に依存して蛍光量子収率と導電率が変化する[8,9]。PAT6-RRegを混合すると，混合比20％まで，著しく蛍光量子収率が減少し，50％の混合比までは緩やかな減少となる。さらに混合比を上げていくと再び顕著な減少が起こり，PAT6-RRegの単体では1％以下の低い蛍光量子収率となる。一方，導電率のPAT6-RRegの混合比率に対する変化は，蛍光量子収率の変化と対照的な増加を示す。

　X線回折による回折ピークの強度から結晶化度のPAT6-RRegの混合比率に対する変化を調

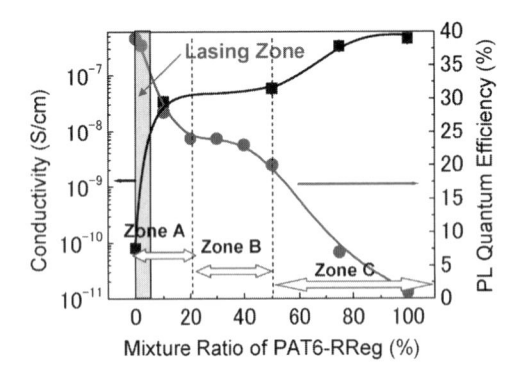

図3 立体規則性の異なるPAT6複合体の蛍光収率と導電率の混合比依存性（網掛領域はレーザー発振可能な混合比領域）

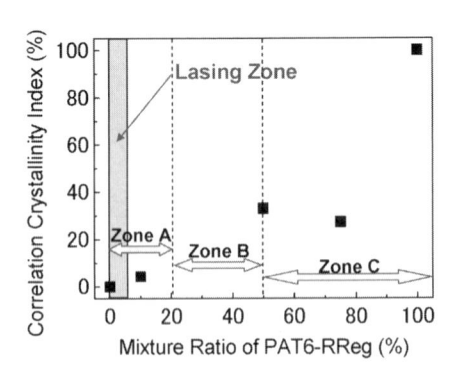

図4 立体規則性の異なるPAT6複合体薄膜の結晶性の混合比依存性（網掛領域はレーザー発振可能な混合比領域）

べると，図4のようになる．結晶状態は段階的に増加する傾向にあることがわかる．PAT6-RRegは薄膜状態において主鎖間相互作用が強く，πスタッキングと呼ばれる配向を微小領域で起こすため，PAT6-RRegの混合比が増すと結晶性が向上すると考えられる．

上記，PAT6-RRegの混合比率に対する変化は3つの領域に分けて説明される．

- Zone A（PAT6-RReg：0～20%）微量の混合によりパーコレーション経路が形成され，導電率が向上し，PAT6-RRanからPAT6-RRegへのエネルギー移動のため蛍光量子収率が減少する．PAT6-RRegの凝集が一部でき微小な結晶粒が形成される．
- Zone B（PAT6-RReg：20～50%）微小な結晶粒が徐々に成長するが，結晶粒間の接触や結合には至らず，電荷輸送経路やエネルギー移動のための分子界面には実質的な変化がなく，蛍光量子収率および導電率には大きな変化がない．
- Zone C（PAT6-RReg：50～100%）強いπスタッキングにより，結晶粒が大きく成長し，結晶粒間の結合ができはじめるため，導電率の向上と蛍光量子収率の顕著な減少が起こる．

これらPAT6-RRegとPAT6-RRanの複合体薄膜をリングレーザー媒質として用い光励起したところ，Zone A中のPAT6-RRegが5%以下の領域において，レーザー発振が観測される．PAT6-RRegが5%程度でもパーコレーション経路は形成され，導電率がある程度向上すると考えられることから，混合比率の調整により，高導電性とレーザー発振を両立させることができると考えられる．

しかしながら，このPAT6-RRegとPAT6-RRanの複合体薄膜の場合，レーザー発振が可能な混合比率領域が小さく，また，必ずしも十分な導電性が得られていない．さらに本来PAT6-RRanからの発光を共振させる必要があるが，PAT6-RRanからPAT6-RRegへのエネルギー移動が起こり，低蛍光量子収率のPAT6-RReg分子上で非発光遷移過程をとるなどの問題点が存在する．それゆえ，レーザー発振可能な混合比率の領域を広げる試みが必要であり，異なる共役ポリマーの複合化の探索が必要となる．

第5章 共役ポリマーのリングレーザー応用と有機レーザーダイオード用ポリマー複合体の開発

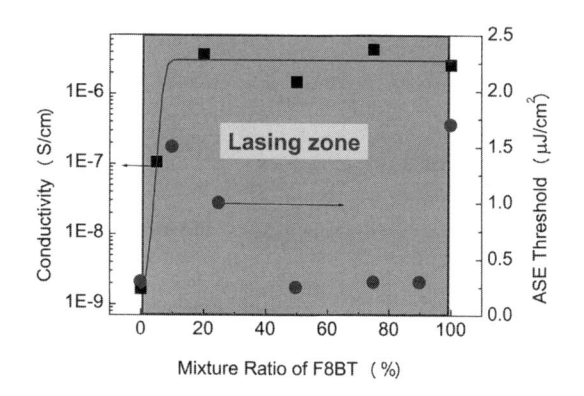

図5 PPV誘導体：F8BT複合体薄膜の導電率とASEしきい値の混合比率依存性
（網掛領域はレーザー発振可能な混合比領域）

例えば，n型半導体として知られるフルオレン共重合体（F8BT）と優れた発光性を示すMDDOPPVで構成される複合体薄膜では，マイクロキャピラリ構造において，光励起によるレーザー発振が低しきい値で起こることが明らかになっている[10]。

F8BTとMDDOPPVの複合体薄膜において，その導電率と自然放出の増幅現象（ASE）を調べると，図5のようになる。PAT6の結果と同様，導電率は微量のF8BTの混合により著しく増加する。F8BTとMDDOPPVの複合体の場合は中間的な領域は存在せず，高い導電率が混合比率に依存せず一定となる。一方，ASEが観測される励起光強度のしきい値を混合比率に対して比較すると，F8BTの混合比率が50～90%において極小値をとることがわかる。レーザー発振は，F8BTとMDDOPPVの単体を含め，すべての混合比率において可能であるが，F8BT単体のしきい値は非常に高く，MDDOPPVとの複合体とすることで，蛍光寿命が短くなり，レーザーしきい値もASEしきい値と同様にF8BTの混合比率が50～90%において極小値をとる。すなわち，F8BTとMDDOPPVを複合体とすることで，電荷移動度の高い共役ポリマーのF8BTから発光性に優れた共役ポリマーのMDDOPPVへの効率的なエネルギー移動が起こり，発振しきい値が増加することなく，レーザー発振が可能な混合領域が大幅に広がった。また，レーザー発振可能な領域において，高い導電率を有することも明らかになっており，高発光性と高導電性の両立した複合化共役ポリマー薄膜の作製が実現されている。

4 おわりに

共役ポリマーを用いたリングレーザー応用と共役ポリマー複合体の有機レーザーダイオード用材料としての可能性について述べた。共役ポリマーの優れた性質をいかすことにより，従来にはない製造方法，加工方法による作製，ソフトな素材としてのフレキシブルデバイスへの期待など，共役ポリマーをデバイスに用いることによる付加価値は間違いなく存在するといえる。有機半導

体単結晶，有機EL素子，有機発光トランジスタの最近の進展は著しく，様々な技術を合わせることで有機レーザーダイオード実現の期待が高まりつつある。但し，依然として克服しなければならない課題が多く存在することも事実であり，今後の研究成果にかかっているといえ，将来画期的な有機レーザーダイオードの開発に期待したい。

文　　献

1) K. Yoshino, Y. Ohmori, A. Fujii and M. Ozaki, *Jpn. J. Appl. Phys.*, **46**, 5655 (2007)
2) S. V. Frolov, M. Shkunov, A. Fujii, K. Yoshino and Z. V. Vardeny, *IEEE Journal of Quantum Electronics* **36**, 2 (2000)
3) Y. Yoshida, T. Nishimura, A. Fujii, M. Ozaki and K. Yoshino, *Appl. Phys. Lett.*, **86**, 141903 (2005)
4) A. Fujii, T. Nishimura, Y. Yoshida, K. Yoshino and M. Ozaki, *Jpn. J. Appl. Phys.*, **44**, L1091 (2005)
5) A. Fujii, T. Takashima, N. Tsujimoto, T. Nakao, Y. Yoshida and M. Ozaki, *Jpn. J. Appl. Phys.*, **45**, L833 (2006)
6) N. Tsujimoto, T. Takashima, T. Nakao, K. Masuyama, A. Fujii and M. Ozaki, *J. Phys. D: Appl. Phys.*, **40**, 1669 (2007)
7) Y. Yoshida, T. Nishimura, A. Fujii, M. Ozaki and K. Yoshino, *Jpn. J. Appl. Phys.* **44**, L1056 (2005)
8) H. Tanaka, Y. Yoshida, T. Nakao, N. Tsujimoto, A. Fujii and M. Ozaki, *Jpn. J. Appl. Phys.*, **45**, L1077 (2006)
9) T. Nakao, H. Tanaka, Y. Yoshida, N. Tsujimoto, A. Fujii and M. Ozaki, *Thin Solid Films*, **516**, 2767 (2008)
10) M. Watanabe, N. Yamasaki, T. Nakao, K. Masuyama, H. Kubo, A. Fujii and M. Ozaki, submitted to *Synth. Met.*

第6章 ポルフィリン分子アレイ：共役系オリゴマーの超分子配列を用いた革新的ナノリソグラフィー法の開発を目指して

有賀克彦[*1]，Jonathan P. Hill[*2]，若山　裕[*3]

1　はじめに

　情報の高密度化，非常に効率のよいエネルギー変換，精緻な分子認識などの革新的機能には，ナノメートルスケールの構造の精密制御は欠かせない。超微細加工は，これまでトップダウン型の技術体系に支えられてきた。これらの技術によれば，バルクの材料を削っていくことにより，精巧な微細構造を得ることができる。その中でも，微細なテンプレートを用いることにより，基板表面上に所望の超微細パターンを構成する方法論が，フォトリソグラフィーなどの手法の中心をなす。このアプローチからわかるように，テンプレートの構造精度よりは小さなパターンを描き出すことはできないし，光の回折現象などの物理的な限界もある。それに代わるものとして注目されているのは，物質の単位となる原子や分子などを集めていって構造を作製するボトムアップ的なアプローチである。この方法論では，構造精度が原子や分子そのものになりうるというメリットがあるが，いかに思い通りに原子や分子を集めるかという技術の開発が難しい。超分子化学による自己組織化[1]，その技術展開の鍵になると目されているが，基礎研究の域を出ないのが現状である。

　そのようなジレンマの中，現実的な解決策になると思われるのが，ボトムアップとトップダウンの両アプローチをハイブリッドする技術の開発である。我々は，図1に示すように，テンプレートを分子のボトムアップ型のアプローチである自己組織化構造により作製し，構造の描出を構造転写技術による手法を提案している。このうち，自己組織化テンプレートの形成においては，分子のコンフォメーションの多様性による形状の不安定さ及び構造予測の難しさが問題となる。そこで，我々は共役分子の剛直性に着目し，それらの分子を自己組織化テンプレートの構成単位として用いることを思い立った。特に共役オリゴマーは分子設計によりその形やサイズを精密に定めることができ，自己組織化テンプレートの素材としては最適である。我々は，共役オリゴ

[*1]　Katsuhiko Ariga　㈵物質・材料研究機構　WPI国際ナノアーキテクトニクス研究拠点
　　　主任研究者（超分子グループディレクター兼任）
[*2]　Jonathan P. Hill　㈵物質・材料研究機構　WPI国際ナノアーキテクトニクス研究拠点
　　　MANA研究者
[*3]　Yutaka Wakayama　㈵物質・材料研究機構　半導体材料センター　主席研究員

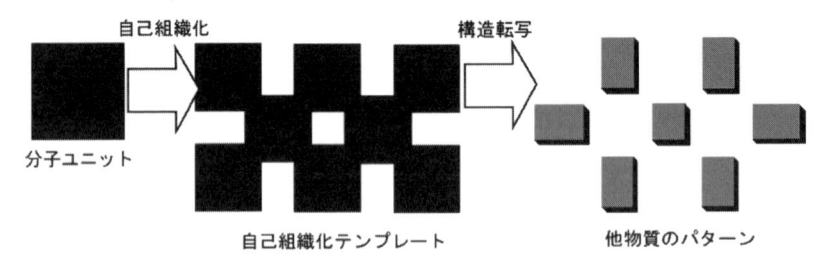

図1 自己組織化テンプレートを用いるナノリソグラフィー法

マーによる検討を開始する前に，分子設計の方法論が確立しておりかつ形の定まった分子群として，ポルフィリンおよびその誘導体を用いた分子配列パターン（ポルフィリン分子アレイ）に関する研究をまず行うことにした．本稿では，我々の提案する革新的ナノリソグラフィー法の第一歩としてのポルフィリン分子アレイ作製に関してこれまでに得られている研究成果を報告する．

2 熱振動によるパターン変換

我々は，この研究目的のため，図2に示すような分子を構造単位として用いた．この分子の還元型構造では中心ポルフィリン環とフェニル置換基との間に回転が許され相対的な位置関係が変化するが，酸化型にしてこの間を二重結合化すれば全体構造は平坦化する．また，置換基末端には水素結合能を持つ水酸基があり，同じフェニル環に結合しているアルキル置換基がその水素結合の立体因子を調整する．

このポルフィリン誘導体（還元型）をCu(111)表面にサブ単分子膜レベルで蒸着した際のトンネル電子顕微鏡（STM）像を図3に示した．分子配列パターンは，低温において密にパッキングしたヘキサゴナル型であるが，温度を上げるとスクエア型の配列パターンに変わっていく．このパターン変化はドメインの端からドミノ倒しのように協同的に起こっていき，温度変化に応じて可逆的に変化した[2,3]．いかにも，熱振動のいかんに応じて分子が自発的に配列していくようであり，我々はその様子をリアルタイムに制御・観察することに成功した．ヘキサゴナル相においては，ポルフィリン環に対してフェニル環が横になった平面上構造が得られているが，これは結晶構造などと比べると必ずしも安定コンフォメーションではない，基板との相互作用および分子間の相互作用を最適にするようにして，この分子アレイが形成されているものと考えられる．スクエア相においてはフェニル置換基はポルフィリン環に対してねじれた構造を取っており，結晶相に見られる最安定コンフォメーションに近い．この場合には，分子のコンフォメーションが優先された分子アレイとなっているようである．これらの状態間のエネルギー差はそれほど大きくなく，温度条件によって優劣が変化する．そのために，熱で分子を振動させて分子配列パターンを変化させることに成功したものと考えられる．また，この分子を酸化型にして，平面構造に固定化すると，温度条件によらずにヘキサゴナル型の分子アレイが観察される．これは，

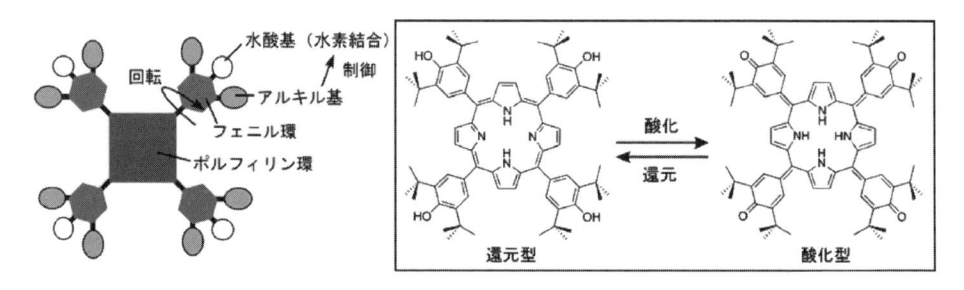

図2　本研究で用いたポルフィリン誘導体

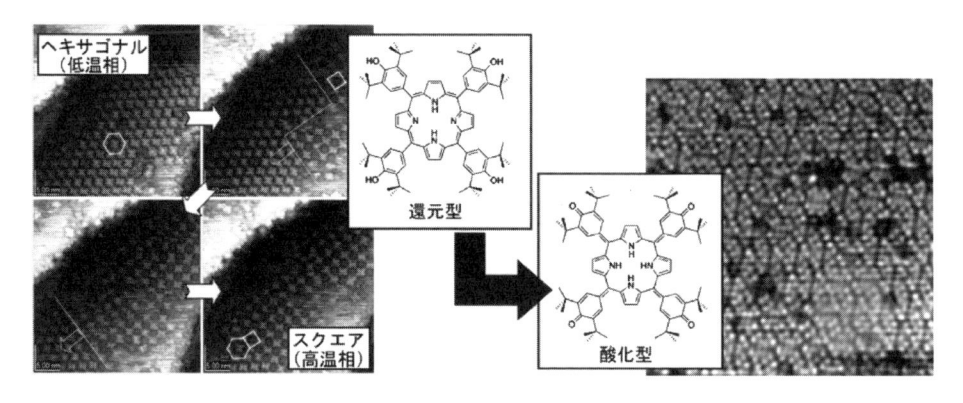

図3　熱振動によるパターン変換と酸化による固定化

酸化還元を通じて分子パターンの固定化をはかることができることを示唆している。

3　分子自らが相境界を補正する

　STMによる分子アレイ構造の観察により，パターン中の分子のコンフォメーションの詳細な解明が可能になる。それによって，分子自体がドメイン境界の構造的な食い違いを補正していることがわかった[4]。図4には，別の条件で作成したポルフィリン誘導体のCu(111)基板上での配列パターンを示した。基板上には，密にパッキングした相が見られるが，その中の分子の形が異なる。一方の相では，八つの明るい輝点が観察されており，ドメイン内ではフェニル環が平面上に横たわった分子全体として平坦な構造を形成していることがわかった。それと接する相の中の分子は長方形をしており，ここでは，フェニル環が立ったコンフォメーションがとられている。これらのドメインはその構成要素の形が全く異なっているにもかかわらず，その境界には隙間（ミスマッチ）が全くない。これは，二つのドメインが完全に整合して接触していることを意味する。さらに，その原因を詳しく見てみると，驚くべきことに分子自体が自らの形を変えてドメイン間のミスマッチを補正していることがわかった。詳細なSTM観察により，この二つのドメ

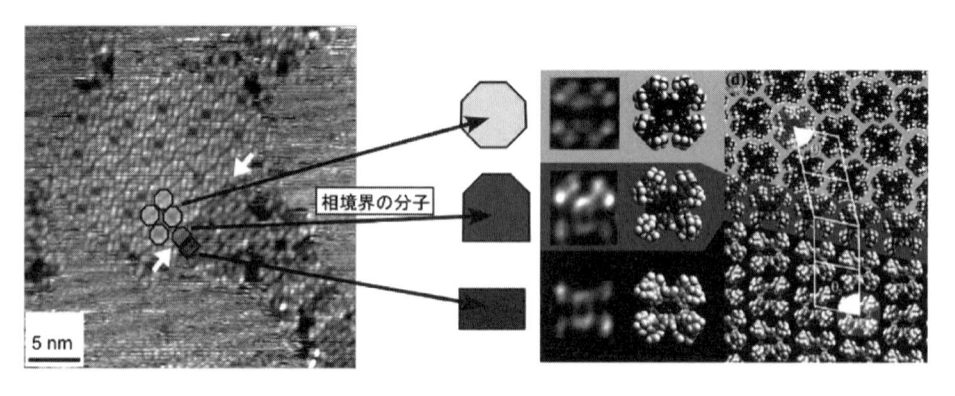

図4 相境界を分子コンフォメーションによって整合する様子

インの間には，第三のコンフォメーションを取る分子が一列存在することが明らかとなった。その分子では，四つのフェニル基のうち片側の二つを横にし残りの二つを立てることにより，コンフォメーションの違いからくる二つの相を仲介しているのである。これは，あたかも分子自体がドメインを知り，そのミスマッチを解消しているとみなすことができる。このようなドメイン間の構造については，無機物質での格子ミスマッチに関する研究例としては多いが，有機分子の二次元パターン構造においてこのような知見が得られるのはまれである。

4 水素結合ネットワークによるカゴメ格子の形成

より，高級な分子アレイを作製するためには，分子間の超分子的な相互作用をコントロールすることが不可欠となる。このポルフィリン誘導体は末端の水酸基を通して，周囲の分子と水素結合を形成する能力を持っているが，上記の例ではこの特性が生かされてはいなかった。その原因は，かさ高い tert-ブチル基が近傍に存在するために水素結合形成が立体的に阻害されていたのである。我々は，この官能基を tert-ブチルから小さいメチル基に変換し，水素結合ネットワークを分子アレイ作製に積極的に利用することとした[5]。この分子の Cu(111) 上のサブ単分子膜レベルの配列構造を図5に示した。この分子は，Cu(111) 上で平面的な水素結合ネットワークを形成する。詳細な観察によると三量体やそれ以外の水素結合パターンが観察され，その中でも三量体型の水素結合パターンが主体に見られることが明らかとなった。ポルフィリンユニットは多面でこのような水素結合構想を形成することができるため，全体としては二次元面に発達した分子パターンが得られることになる。典型的な場合では，C_5 対称性の三量体型水素結合パターンから形成されるヘキサゴナルパターンにおいて，ハニカム型の多孔性二次元格子（カゴメ格子）が形成されることが観察された。このような多孔性パターンを構造転写法に供すれば，さまざまな物質のナノドットアレイの形成が可能になるものと期待される。

第6章 ポルフィリン分子アレイ：共役系オリゴマーの超分子配列を用いた革新的ナノリソグラフィー法の開発を目指して

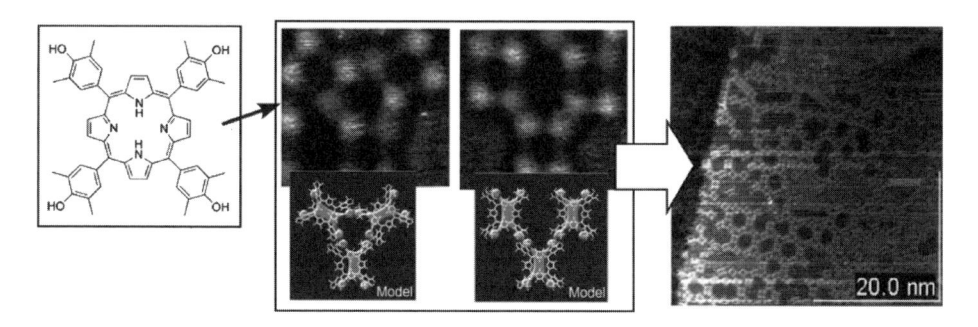

図5 水素結合ネットワークによるカゴメ格子の形成

5 おわりに

本稿では，ボトムアップ型のアプローチをトップダウン型の技術に組み込んだ革新的ナノリソグラフィー法の開発を目指す第一歩として，ポルフィリンアレイの形成について最近の研究成果を紹介した。高解像度のSTM観察を通して，コンフォメーション変化に基づく熱振動によるパターン変換や相境界自動補正などの新現象が明らかになった。また，水素結合ネットワーク形成による多孔性パターンの作製も実証された。このようなパターン化技術をさらに推し進めて，自己組織化テンプレートの作製化技術を一般化することにより，表題として示した革新的なナノリソグラフィー法が完成されるものと期待される。

文　　　献

1) K. Ariga et al., *Sci. Technol. Adv. Mater.*, **9**, 014109 (2008)
2) J. P. Hill et al., *Chem. Commun.*, 2320 (2006)
3) Y. Wakayama et al., *Surf. Sci.*, **601**, 3984 (2007)
4) J. P. Hill et al., *Phys. Chem. Chem. Phys.*, **8**, 5034 (2006)
5) J. P. Hill et al., *J. Phys. Chem. C*, **111**, 16174 (2007)

第7章 チエニルポルフィリン類を用いた共役ポリマーの拡張と新機能の開拓

小柳津研一*

1 はじめに

　共役ポリマーに繰返し単位当り密度高く官能基を導入すると，密集した官能基の配向や相互作用，協同効果などに基づく特異な性質が現れる。例えば，β位がコバルトポルフィリンで置換された構造のポリチオフェン（**1**，M＝Co(II)）は，整列したポルフィリン環が酸素架橋配位席を形成するため，燃料電池の正極触媒として高い活性を示し，金属錯体を用いた触媒としては従来の性能最高値を更新している。また，ビチオフェンのβ位水素が硫黄（スルフィド結合）で置換された縮合環（**2**および**3**）はアニオンラジカルが安定であり，ポリチオフェンのβ位水素が全て置換された構造のチエノアセン（**4**）はn型ドーピング可能である。レドックスサイト間の自己電子交換反応はサイト間距離に依存するため，n型ドーピング部位が高密度に置換されたポリマーはホッピングにより電荷を輸送・貯蔵可能で，有機二次電池の電極材料として新たな可能性が見出されている。

　本稿では，チオフェンのβ位とポルフィリン環のmeso位が直結したチエニルポルフィリン類から得られる共役ポリマーを中心に，レドックス活性な置換基が高密度に導入されたポリチオフェン誘導体について，構造制御に基づくエネルギー変換・貯蔵系への応用を例示する。

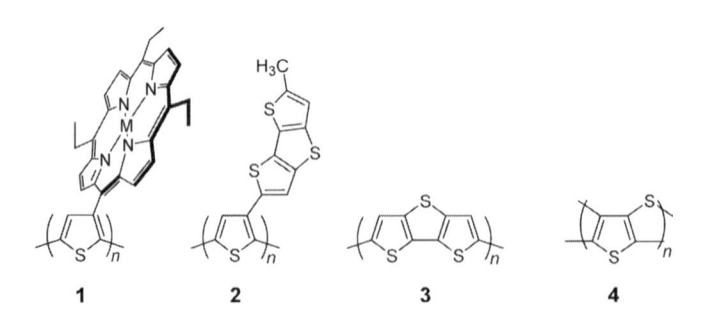

図1　レドックス活性なβ位置換ポリチオフェン

＊　Kenichi Oyaizu　早稲田大学　理工学術院　准教授

第7章 チエニルポルフィリン類を用いた共役ポリマーの拡張と新機能の開拓

2 ポルフィリン置換ポリチオフェンの合成と電極触媒への応用

　燃料電池において，酸素還元を行うカソードの触媒には，炭素粒子に担持された白金触媒（Pt/C触媒）が用いられている。水素燃料から効率よくエネルギーを取り出すには，酸素を水まで4電子還元する必要がある。酸素還元触媒としての活性が知られている様々な金属錯体は，Pt/C触媒の代替として白金使用量の低減に寄与できる可能性がある。中でもポルフィリンやフタロシアニンなどの大環状配位子を有する金属錯体は，対面結合型コバルトジポルフィリン類での選択的な酸素4電子還元系が注目されて以来，酸素配位の動的過程や中間体の構造解析などの基礎的検討を含めて活発に研究されている[1]。錯体系触媒は白金に比べ自由に分子設計できる一方で，触媒担体である炭素粒子への担持や，耐久性の向上など課題も多く残っている。最近の研究により，2つの金属原子に酸素が架橋配位してμ-パーオキソ錯体を形成するために適した距離（3〜4Å）が保たれ，窒素原子4個が供与体原子となった平面4配位構造が有効な活性点として提案されている[2]。このような触媒活性点を比表面積の大きい炭素粒子上に形成させると，触媒活性が顕著に向上する[3]。

　チエニルポルフィリンの電解重合は，このような活性点を形成させる簡便な方法である。ポリチオフェンにポルフィリンを組み合わせた例は，チオフェンの電解重合膜にポルフィリンを分散させた複合系や，アルキル鎖を介して結合させた分子が報告されているのみで，ポルフィリンがポリチオフェンのペンダント基として高密度に導入された例は少ない。これに対し，meso位の1つだけが3-チエニル基で置換されたポルフィリンをモノマーとして用いると，直鎖ペンダント型の高分子錯体が得られ，剛直な主鎖により配向したポルフィリン環同士の相互作用，主鎖の導電性に基づくレドックス活性の向上，ポルフィリン環の整列による酸素架橋配位席の形成など興味ある性質が明らかになっている[4]。共役ポリマーがマトリックスとなって，触媒層の機械的強度が高まることも利点である。

　ポリマー1のモノマーに当たる，meso位が3-チエニル基と3つのエチル基で置換されたポルフィリン（5-(3-チエニル)-10,15,20-トリエチル-21H,23H-ポルフィン H_2(ttep)）は，プロピオンアルデヒドとチオフェンカルボアルデヒドの3：1混合物から環巻反応により簡単に得られる。1のフリーベース体は，チオフェン環β位に直結したかさ高いポルフィリン環の立体効果により構造規則性（HT-HT率95%以上）を有し，I_2ドープにより導電性を示す（$\sigma_{RT} \approx 4\times10^{-1}$S/cm）。Soret吸収帯の長波長シフトなどから，ポルフィリン環の分子内配向が予測されている。

　コバルト錯体（[Co(ttep)]）の電解重合は，カーボンの平板電極上に緻密な重合膜 [Co(ttep)]$_n$ を与える。この電極を用いて酸素飽和させた1.0M過塩素酸水溶液のサイクリックボルタンメトリーを測定すると，ピーク電位 E_p = 0.38V に酸素還元に基づく還元波が観測され，酸素還元触媒として働くことが確認されている。

　電解質溶液に分散させた炭素粒子（カーボンブラック，BET比表面積＝約800m^2/g）を作用極として電解重合を行うと，炭素粒子の表面がポリマーで被覆された構造の [Co(ttep)]$_n$/C 触

媒が得られる。これを Nafion のアルコール溶液に分散させ，エッジ面パイロリティックグラファイト電極にキャストした修飾電極でサイクリックボルタンメトリを測定すると，ピーク電位 E_p = 0.48V vs. SCE に酸素還元波が観測される。この値は，[Co(ttep)]$_n$ をグラッシーカーボン電極に直接形成させた場合より高く，炭素粒子への担持により高い活性を引き出せることを示している。回転リングディスク電極から求まる過酸化水素の副生量は，テトラチエニルポルフィリンから得られるランダムな構造のポリマーより少なく（図2），また，拡散限界電流（i_L）の Koutecky-Levich プロット（i_L^{-1} vs. $\omega^{-1/2}$）による解析から高い4電子反応選択度（反応電子数 n = 3.8）が確認され，規則性の高いポリマー構造が触媒活性中心と電子移動経路を提供していることが示唆されている。さらに，不活性ガス雰囲気下で熱処理を行うと E_p = 0.51V まで活性が向上し（回転ディスク電極における半波電位 $E_{1/2}$(O$_2$) = 0.57V vs. SCE（= 0.81V vs. NHE）），2電子還元電位より貴な電位で過酸化水素の副生なく反応することも興味ある性質である。$E_{1/2}$(O$_2$) は多くの錯体触媒の性能比較に有用であり，従来データとの系統的な比較から [Co(ttep)]$_n$/C 触媒が錯体触媒の中で際立って高い活性を有することが明らかになっている。

この触媒を Nafion と組み合わせた膜電極接合体（MEA）を用いると，錯体触媒としては初めて燃料電池の連続発電（> 40h）が可能となる。電解重合や熱処理条件を最適化して [Co(ttep)]$_n$ 膜を炭素粒子上に均質かつ薄く形成させて抵抗分極を抑制することにより，さらなる活性向上が期待されている。

鉄ポルフィリンは活性酸素種の一つであるスーパーオキシドアニオン（O$_2^-$・）の自己不均化を触媒すると同時に，H$_2$O$_2$ の電解還元触媒としても働くことが知られている。1-メチルイミダゾール（Im）を軸配位子に用いて6配位錯体を形成させると O$_2^-$・の電解酸化が選択的に進行す

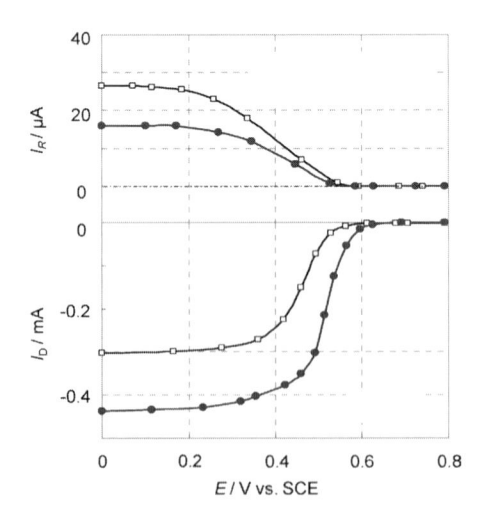

図2　[Co(ttep)]$_n$/C 触媒（●）およびコバルトテトラ（3-チエニル）ポルフィリンから得られた触媒（□）の酸素還元の回転リングディスクボルタモグラム
リング電位 = 0.8V vs. SCE. 電極回転速度 = 100rpm.

第7章　チエニルポルフィリン類を用いた共役ポリマーの拡張と新機能の開拓

るため，活性酸素種センサー部材として有用である[5]。1（M = (Im)$_2$Fe(II)）の修飾電極をO$_2^-$・の酸化電位より貴な電位に保ち，酸素雰囲気下キサンチン（XAN）溶液にキサンチンオキシダーゼ（XOD）を加えてO$_2^-$・を発生させると（XAN + 2O$_2$ + H$_2$O → urate + 2O$_2^-$・ + 2H$^+$）直ちにO$_2^-$・の酸化電流が観測され，O$_2^-$・の消去酵素であるSOD添加により速やかに消失する。定常状態近似（d[O$_2^-$・]/dt = k_{XOD}[XOD] = k_D[O$_2^-$・]^2）に基づき，XOD濃度の1/2乗（∝ O$_2^-$・濃度）と電流値に1次の相関があり，検量線より定量的に検出可能である。1は超臨界二酸化炭素（scCO$_2$）中で電解重合を行うと緻密・平滑な膜として得られ，検出感度が20倍程度向上する。

3　チエノアセンの合成と n 型ドープに基づく有機負極材料への展開

芳香族スルホニウム塩は，芳香族スルホキシド類から脱水縮合により簡単に誘導することができる。活性種であるヒドロキシスルホニウムイオンの芳香族求電子置換反応は，定量的かつ位置選択的に進行するため，ポリマー合成に応用すると直鎖の高分子量体が簡単に得られる（図3(a)）[6]。この反応を，ポリマーの生長反応ではなく分子内環化反応に応用すると，ヘテロアセンが構造欠陥なく得られる（図3(b)）。

芳香族スルホキシド類の分子内環化反応は，π過剰系複素環に拡張されている[7]。チオフェン環β-位への求電子置換反応がチオフェンの縮合環を生成することを利用し（図4），β-位が長鎖アルキルスルフィニル基で置換されたHT-HTポリチオフェンの環化反応により，チエノ[n]アセン（**4**）が得られている（図5）。オリゴマーレベルのチオフェン縮合環は従来から研究され，逐次的な縮合反応によりチオフェン環7個からなるヘプタチエノアセンまでが得られている。また，β-位で結合したジブロモジチオフェンをリチオ化後にスルホニルスルフィドと反応させることによって，らせん骨格を有するチエノヘリセンも合成されている。芳香族スルホキシドから出発する方法は，ポリマーの縮合環が得られることが特徴である。

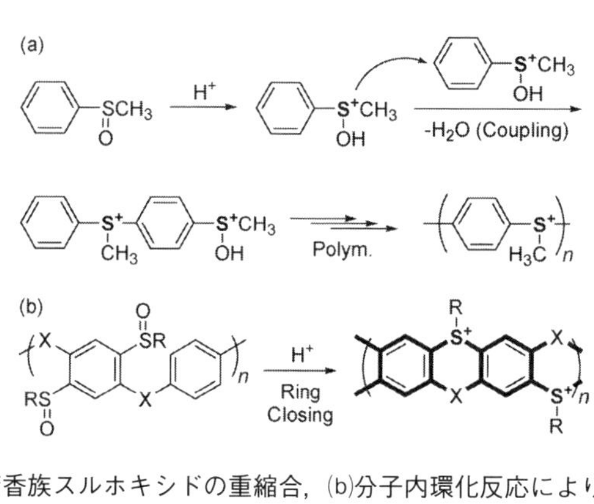

図3　(a)芳香族スルホキシドの重縮合，(b)分子内環化反応により主鎖にλ^4-アルキルスルファニリウムジイル基を導入したヘテロアセンの合成
X = O, S, NHなど

図4 オリゴチエノアセン（$n = 0, 1$）の合成

図5 チエノ[n]アセン（**4**）の合成

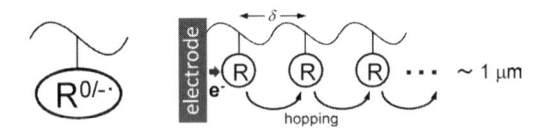

図6 n型ドープユニット間のホッピングに基づく負極活物質の設計
矢印は充電時の電子の流れ方向を示す。

　溶媒可溶な5量体までのオリゴマーを用いて，1電子還元によるアニオンラジカル生成が電気化学的に可逆な反応であることが明らかになっている。このような n 型ドープ可能なユニットを繰返し単位当たり高密度に導入し，ポリマー膜中での濃度が数 mol/L 以上（$\delta < 10Å$）になると，ユニット間の自己電子交換（電荷伝播の拡散係数 $D = k_{ex}\delta^2 C/6$ ただし k_{ex} 速度定数，C 濃度，δ サイト間距離（$=(CN_A)^{-1/3}$））によるホッピング伝導が生起し（図6），有機二次電池の負極材料として展開できる可能性が明らかになっている[8〜10]。

文　　献

1) K. Oyaizu, H. Murata, M. Yuasa, Molecular Catalysis for Energy Conversion, ed by T. Okada, Springer-Verlag, pp.139-162, Berlin (2009)
2) M. Yuasa, K. Oyaizu, A. Yamaguchi, M. Kuwakado, *J. Am. Chem. Soc.*, **126**, 11128-11129 (2004)
3) M. Yuasa, A. Yamaguchi, H. Itsuki, K. Tanaka, M. Yamamoto, K. Oyaizu, *Chem. Mater.*, **17**, 4278-4281 (2005)
4) K. Oyaizu, M. Hoshino, M. Ishikawa, T. Imai, M. Yuasa, *J. Polym. Sci., A*, **44**, 5403-5412 (2006)
5) M. Yuasa, K. Oyaizu, *Curr. Org. Chem.*, **9**, 1685-1697 (2005)

6) K. Oyaizu, T. Mikami, E. Tsuchida, *Macromolecules*, **37**, 2325-2327 (2004)
7) K. Oyaizu, T. Iwasaki, Y. Tsukahara, E. Tsuchida, *Macromolecules*, **37**, 1257-1270 (2004)
8) H. Nishide, K. Oyaizu, *Science*, **319**, 737-738 (2008)
9) K. Oyaizu, Y. Ando, H. Konishi, H. Nishide, *J. Am. Chem. Soc.*, **130**, 14459-14461 (2008)
10) K. Oyaizu, T. Suga, K. Yoshimura, H, Nishide, *Macromolecules*, **41**, 6646-6652 (2008)

第8章　導電性ハニカム膜の自己組織的作製と透明導電フィルムへの応用

藪　浩[*1]，下村政嗣[*2]

1　はじめに

　液晶やプラズマディスプレイに代表されるフラットパネルディスプレイ（FPD）の電極材料として，透明導電材料の需要が高まっている。さらに近年，携帯端末や電子ペーパー，タッチパネル等への応用のために，フレキシブルで透明性が高い透明導電材料が求められている。現状では透明性が高い導電材料であるインジウム―スズ酸化物（ITO）薄膜をガラスやポリエチレンテレフタレート等のプラスチック基材に形成したものが用いられている。しかしながらインジウムは希少元素であり，需要が逼迫している元素の一つである。従って酸化亜鉛（ZnO）を代表とする代替金属酸化物が模索されている[1]。

　一方上記酸化物薄膜とは異なり，本来不透明な導電材料を多孔化し，空孔率を高め，透過する実効的な光量を上げることにより，光透過率の高い導電フィルムを得ようとする試みがなされている。この手法によれば金属粒子や導電ポリマー等，既存の導電材料から透明導電フィルムを作製できる可能性がある。しかしながら，可視光波長よりも大きな周期構造であると肉眼で観察できるムラとして認識され，一方可視光波長程度の構造であると，Mie散乱による散乱および回折により透過率が低下する[2]。従って高い透明性と導電性を持つ導電フィルムを得るためには，高い空孔率と可視光波長サイズ以下の周期を持ち，網の目のように連結した導電材料のネットワー

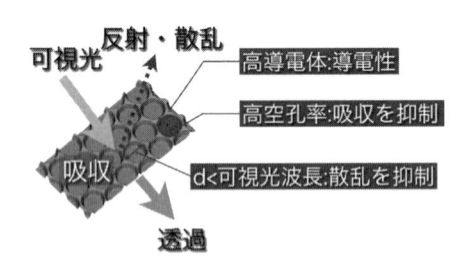

図1　多孔質透明電極に求められる諸条件

---

*1　Hiroshi Yabu　東北大学　多元物質科学研究所　助教；�独）科学技術振興機構　さきがけ研究員

*2　Masatsugu Shimomura　東北大学　原子分子材料科学高等研究機構；東北大学　多元物質科学研究所　教授；㈰独）科学技術振興機構　CREST

第8章　導電性ハニカム膜の自己組織的作製と透明導電フィルムへの応用

クをフィルム表面に形成する必要がある（図1）。

　我々は今までに高分子の希薄溶液を高湿度下でキャスト製膜すると，結露した水滴を鋳型としてハニカム状の多孔質膜が形成されることを見いだしてきた．本稿では自己組織化によって導電性ポリマーによる微細パターンを形成し，その透明導電フィルムへの応用について検討した結果について紹介する．

2　水滴を鋳型としたハニカムフィルム

　高湿度下でポリマー溶液をキャスト製膜すると，溶媒の蒸発に伴い溶液の表面が気化熱により雰囲気露点を下回る温度まで冷却され，結露が生じる．溶媒蒸発後，結露した水滴が鋳型となって，ポリマーフィルムの表面に孔が穿たれる．このような現象は通常フィルムの透明性や均一性を低下させる原因となる．ところがFrançoisらおよび我々はそれぞれロッド―コイル型のブロックコポリマーや両親媒性ポリマーを用いることにより，溶液表面に結露した水滴のアレイを

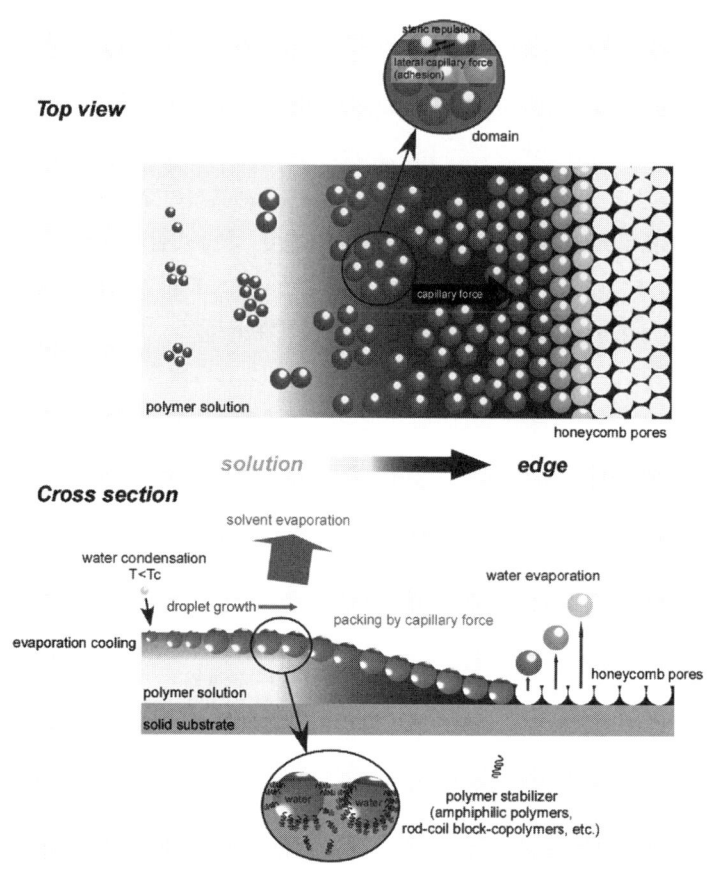

図2　ハニカムフィルムの形成プロセスの模式図

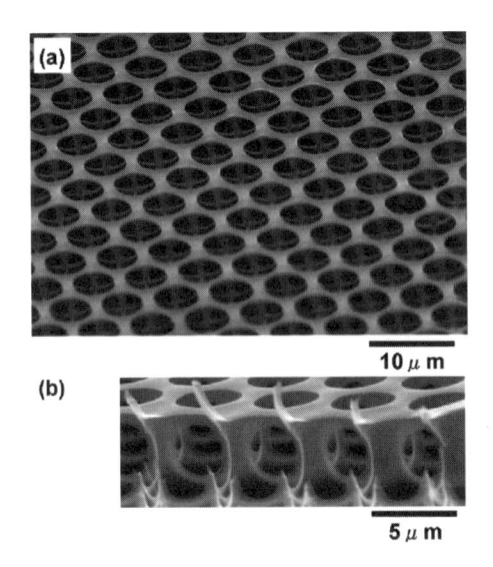

図3 ハニカムフィルム表面の走査型電子顕微鏡像(a)と断面像(b)
水滴の形状を反映して球状の空孔が連なった構造を持ち, 二層の多孔フィルムがピラーで支えられた構造が観察される。

鋳型として孔径が均一で孔がヘキサゴナルに配列した多孔質膜，すなわちハニカムフィルムが得られることを見いだした（図2）[3]。この手法はコロイド結晶を鋳型とした逆オパール構造やその他の多孔質膜形成手法と比べて，水滴を鋳型としているため鋳型の除去等の必要が無い上，孔径が原理的には数十nm程度から百μm程度まで制御可能で，様々な材料に適用可能な手法である。

たとえば我々は今までにジアルキルアンモニウム塩とポリスチレンスルホン酸のポリイオンコンプレックス[4]やポリアクリルアミド誘導体等の両親媒性ポリマー[5]から，ハニカム状の多孔質フィルムが得られることを報告している（図3）。また，これら両親媒性化合物を微量添加することで，汎用プラスチック[6]からエンジニアリングプラスチック[7]，生分解性プラスチック[8]等のポリマー材料，ゾルゲル法を用いることで無機酸化物[9]などからもハニカムフィルムが得られることを見いだしている。

両親媒性ポリマーは溶液中で結露した水滴に吸着し，水滴同士の融合を妨げ，均一なサイズの水滴を形成する働きを担っている[10]。蛍光色素でラベルした両親媒性ポリマーとポリスチレンなどの汎用高分子をクロロホルムに溶かし，ハニカムフィルムを作製し，共焦点レーザ顕微鏡により観察を行ったところ，空孔の周辺部に両親媒性ポリマーが濃縮して偏在していることが明らかとなった（図4）。このことからも両親媒性ポリマーが有機溶媒中で水滴に吸着し，保護コロイドとして働いている事が示唆された。

空孔のサイズは鋳型となる水滴のサイズを制御することで調節することが出来る[11]。鋳型水滴は空気中から結露した後，溶媒が蒸発しきるまで溶液表面上で成長する。水滴の成長速度は雰囲気の露点と溶液表面の温度差に依存する。従って温度・露点を決定すれば，水滴同士の融合が無

第 8 章　導電性ハニカム膜の自己組織的作製と透明導電フィルムへの応用

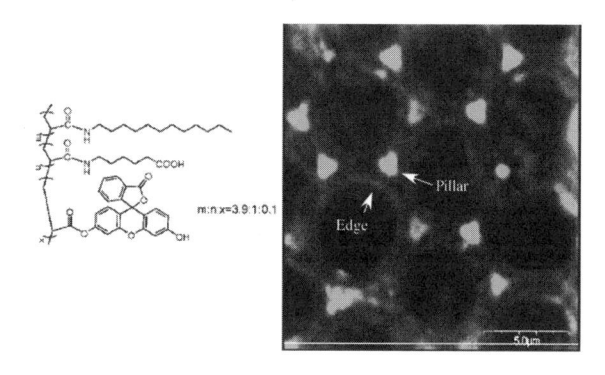

図4　蛍光色素を導入した両親媒性ポリマーと作製したハニカムフィルムの共焦点顕微鏡像
空孔の縁とピラー部位に強い蛍光が観察される。

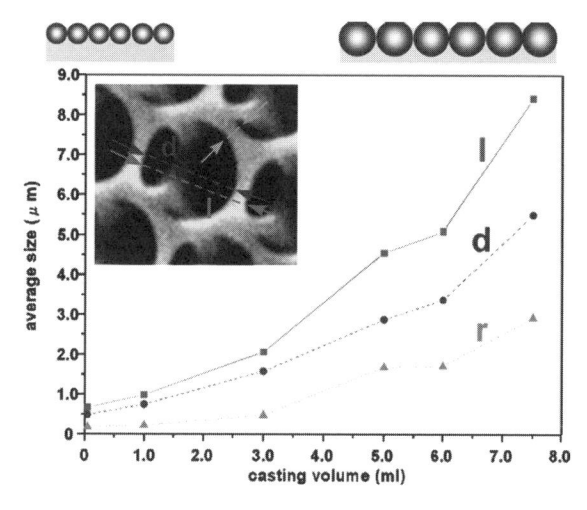

図5　溶液のキャスト量と空孔サイズの関係

ければ大きさは時間に比例して大きくなる[12]。図5は面積が一定でキャスト量のみを変えた場合の空孔サイズを示している。キャスト量を増加させるに従い、溶媒が蒸発しきるまでの時間は増加するが、それに伴い空孔サイズが増加する様子が示されている。

一方溶媒の蒸発時間を短くすることでナノレベルの微細な空孔を持つハニカムフィルムを得ることが出来る。溶媒蒸発時間を極力短くするために、ガラス基板上に$100\mu m$程度のギャップを空けて金属ブレードを設置し、溶媒を塗布した後基板をスライドさせることで、ポリマー溶液を薄層塗布する装置を開発した（図6）[13]。その結果、空孔サイズの下限値は溶媒蒸発の時間を短くし、迅速に鋳型水滴をポリマーフィルム表面に固定化することで得られた20nm程度であった。これは常温・常圧下での水の臨界核半径である10nmとほぼ一致する[14]。但し、この時点では空孔の配列は未発達であり、ヘキサゴナル配列は100nm程度のサイズから観察される。この

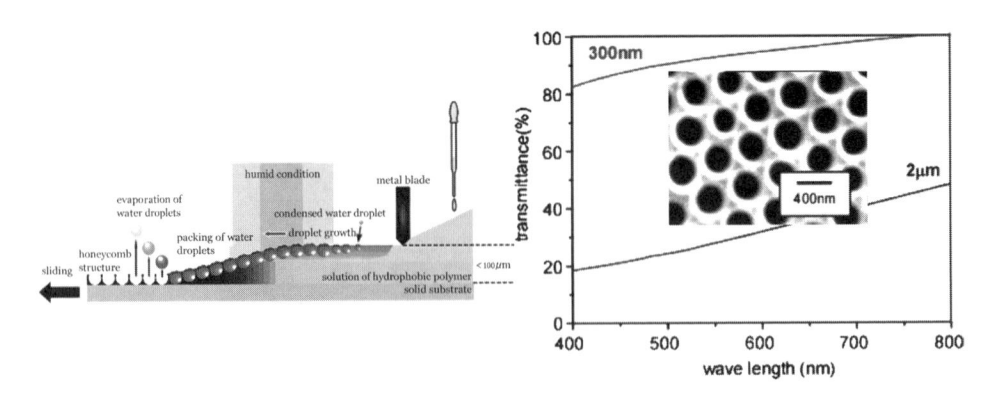

図6 ブレード塗布法を用いた微細孔ハニカムフィルムの形成プロセス（左図）と可視光領域における透過率　300 nm 程度の空孔を形成することで2μmの場合と比較し，飛躍的に透過率が向上する（サンプルはフッ素樹脂を使用）．

結果はヘキサゴナルに空孔が配列するためには鋳型水滴が再配列する時間が必要であることを示している．このような可視光波長以下のサイズを持つハニカムフィルムは可視光領域での散乱が抑制され，光学的に透明なフィルムが得られる．

3 共役系ポリマーを用いたハニカムフィルムの作製と透明導電フィルムへの応用

ハニカムフィルムの空孔を可視光の波長以下のサイズにすることで，散乱を抑制し，光学的に透明なフィルムが得られることを示した．同じ原理を利用し，ポリエチレンテレフタレート（PET）等のフレキシブル基板上に導電性材料からハニカムフィルムを作製することが出来れば，フレキシブルな透明導電フィルムを作製することが可能になると考えられる．我々は今までにポリマーのハニカムフィルムをベースに表面に無電解メッキを施すことにより，自己支持製の導電

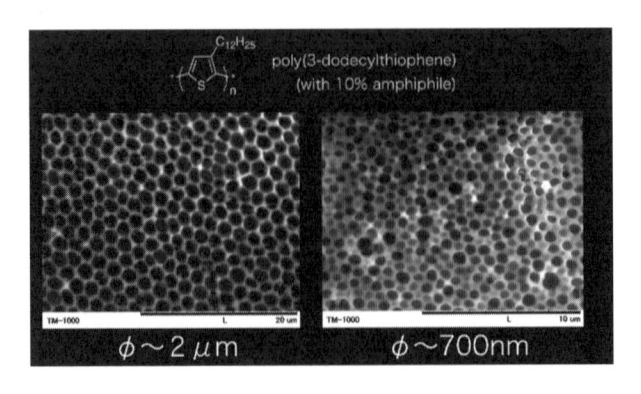

図7 ポリ（3-ドデシルチオフェン）から作製したハニカムフィルムの SEM 像

第 8 章　導電性ハニカム膜の自己組織的作製と透明導電フィルムへの応用

性多孔質膜が得られることを報告している[15]。一方導電性ポリマーから微細孔径のハニカムフィルムが得られれば，ワンステップで透明導電フィルムを作製することが可能となると期待される。

　液晶性のポリアセチレン[16]をクロロホルムに溶解させ，高湿度下において固体基板上にキャストすることによりハニカム状の多孔質膜が形成された。さらにポリ（3-ドデシルチオフェン）に両親媒性ポリマーを少量添加したクロロホルム溶液を固体基板上にキャストし，高湿度下でキャスト製膜することにより図7のSEM像に示すように導電性ポリマーからなるハニカムフィルムを得られた。さらに前出のスライド塗布法を適用することにより，分布はあるが1μmを切るサイズのハニカムフィルムが得られることも見いだしている。今後孔径の均一化・微細化が進行すれば，フレキシブルな透明導電フィルムへの応用が期待される。

4　おわりに

　自己組織化を用いたポリマー溶液の塗布によるパターニングは高額なマスクや装置を必要とせず，簡便に大面積のパターニングが可能な手法である。また，基本的に普遍的な物理現象を利用しているため，様々な材料系に適用可能である。このような手法を用いることで，微細なマイクロ・ナノパターンをフレキシブル基板上に作製することで，今回示した導電フィルムへの応用だけではなく，エレクトロニクス，フォトニクス[17]，バイオテクノロジー[18]を含む多方面への応用が今後期待される。

謝辞

　本研究の一部は文部科学省科学研究費補助金特定領域研究「次世代共役ポリマーの超階層制御と革新機能」領域の補助を受けて行いました。

文　　　献

1) B. Bayraktaroglu, K. Leedy, R. Bedford, *Appl. Phys. Lett.*, **93**, 022104 (2008)
2) G. Mie, *Ann. Phys.*, **25**, 377 (1908)
3) (a) G. Widawski, M. Rawiso, B. François, *Nature*, **369**, 387 (1994) ; (b) N. Maruyama, T. Koito, J. Nishida, T. Sawadaishi, X. Cieren, K. Ijiro, O. Karthaus, M. Shimomura, *Thin Solid Films*, **327-329**, 854 (1998)
4) O. Karthaus, N. Maruyama, X. Cieren, M. Shimomura, H. Hasegawa, T. Hashimoto, *Langmuir*, **16** (15), 6071 (2000)
5) T. Nishikawa, J. Nishida, R. Ookura, S.-I. Nishimura, S. Wada, T. Karino, M. Shimomura, *Mat. Sci. Eng. C*, **10**, 141 (1999)

6) H. Yabu, M. Shimomura, *Langmuir*, **17** (5), 1709 (2005)
7) H. Yabu, M. Shimomura, *Langmuir*, **22** (11), 4992 (2006)
8) T. Nishikawa, M. Nonomura, K. Arai, J. Hayashi, T. Sawadaishi, Y. Nishiura, M. Hara, M. Shimomura, *Langmuir*, **19** (15), 6193 (2003)
9) (a) O. Karthaus, X. Cieren, N. Maruyama, M. Shimomura, *Mater. Sci. Eng. C.*, **10**, 103 (1999) ; (b) H. Yabu, M. Shimomura, *Int. J. Nanosci.*, **5-6**, 195 (2006)
10) M. Kojima, H. Yabu, M. Shimomura, *Macromol. Symp.*, **267**, 109 (2008)
11) H. Yabu, M. Tanaka, K. Ijiro, M. Shimomura, *Langmuir*, **19** (15), 6297 (2003)
12) D. Baysens, C. M. Knobler, *Phys. Rev. Lett.*, **57** (12), 1433 (1986)
13) H. Yabu, M. Shimomura, *Chem. Mater.*, **17** (21), 5231 (2005)
14) C. Kittel, H. Kroemer, "Thermal Physics", W. H. Freeman Company (1980)
15) H. Yabu, Y. Hirai, M. Shimomura, *Langmuir*, **22**, 9760 (2006)
16) X.M. Dai, H. Goto, K. Akagi, H. Shirakawa, *Koubunshi Ronbunshu*, **56** (12), 797 (1999)
17) N. Kurono, R. Shimada, T. Ishihara, M. Shimomura, *Mol. Cryst. Liq. Cryst.*, **377**, 285 (2002)
18) S. Yamamoto *et al.*, *Langmuir*, **23** (15), 8114 (2007)

第9章 マイクロ波による共役ポリマー分子鎖の1次元伝導特性の電極レス評価

関　修平[*1], 佐伯昭紀[*2]

1 はじめに

　共役高分子を用いた有機半導体は，一般に無定形固体状態で材料として用いられることが多い。これまで報告されてきた電荷移動度（μ）は，$\mu < 1 \text{ cm}^2\text{V}^{-1}\text{s}^{-1}$ であることがほとんどであったため，主として高分子主鎖内・主鎖間のキャリア hopping モデルによって解析が行われてきた。特に無定形固体高分子や分子分散系においては，その hopping サイト間の距離や準位がまちまちであることが多い。これらの構造的な不均一性は，キャリアの移動度を多様に分布させる原因となり，観測される過渡電流の解析法として 1990 年代まで積極的にさまざまなモデルの提案が行われた。現在でも無定形固体中の実際のキャリア輸送現象の定量的解析モデルとして非常に良く用いられるものに，Bässler らによる Disorder Formalism が挙げられる[1]。モンテカルロ型の波形解析から定式化されたこの手法は，電荷輸送に伴うキャリアの hopping を，その hopping サイトの深さの"不均一"さと，サイトとサイトの間の配置（距離）の"不均一"さに分けて取り扱い，それぞれを σ（エネルギーの次元）及び Σ（無次元）の二つのパラメータとして，電荷移動度と電界強度（E）及び温度（T）との関係が[1,3]，

$$\mu(T, E) = \mu_0 \exp\left[-\left(\frac{2\sigma}{3kT}\right)^2\right] \times \exp\left[C\left\{\left(\frac{\sigma}{kT}\right)^2 - \Sigma^2\right\}\sqrt{E}\right] \tag{1}$$

　ここで k は Boltzman 定数である。

のように与えられる。注意すべきは，このモデルにおける電界強度依存性も，一般的な Poole-Frenkel 型の hopping モデルを踏襲している点である。移動度の電界強度依存性を詳細に検討することにより，Σ に代表される"構造的な乱れ"か，あるいは σ による"エネルギー的な"乱れのどちらか支配的かについての予測が可能であり，温度依存性の評価によって両者を定量解析できる。特に構造的な乱れがきわめて大きい場合，たとえば不定形固体・結晶相の極端な混在系などにおいては，(1)式における電界強度依存性が見かけ上，負となる場合も存在する[2]。

　ここで，(1)式による "Disorder Formalism" が端的に示すように，多くの有機伝導性材料・光電変換材料中では，"乱れ"の構造が，全体の電荷輸送特性を決定している。言い換えれば，

[*1] Shu Seki　大阪大学　大学院工学研究科　応用化学専攻　准教授
[*2] Akinori Saeki　大阪大学　産業科学研究所　助教

材料中での最も"遅い"電荷移動プロセスを，これまで定量的に評価してきたことになり，高速な移動プロセスの寄与は不明なままであった。

　高分子材料にしばしば見られる部分結晶固体を例にとれば，非常に高い電荷輸送能を示すと考えられる結晶相に対して，不定形固体における電荷輸送，あるいは結晶 – 不定形固体界面におけるキャリアトラップが全体の電荷輸送を決定するため，不当に低い電荷移動度の見積もりがなされてきた可能性が高い。

2　DC 法と AC 法による電荷移動度の定量

　このような従来の電荷移動度評価法及びその解析手法における問題点は，キャリアの hopping（あるいは平均自由行程）といった移動の素過程の空間的なサイズに対し，測定におけるキャリアの絶対並進移動距離が圧倒的に長いことに由来している（図1）[3]。では，電荷移動度の定量において，並進移動距離を極限まで抑制した場合について考えてみよう。キャリアの並進移動そのものは，先に述べた TOF 法だけでなく，近年盛んに行われている Field-Effect-Transistor（FET）素子作成による評価も含めて，すべて静的に印加された外部電場によって誘起される。これらは，電荷の輸送に伴う電流の方向が一定であることから，Direct-Current（DC）法と分類される。この"直流"的な方法に対し，時間的に変調された電場を用いれば，キャリアの振動子運動だけを誘起し，並進運動を完全に抑制することが可能である。ただし"電流"としての検出は事実上不可能なため，この振動子運動を正確に評価する必要がある。

　ここで電荷移動度にしておよそ 1 $cm^2V^{-1}s^{-1}$ 程度を対象に考えると，分子サイズ（1 nm）以下に振動子運動を抑制するためには，GHz 以上の周波数で変調された電磁波を使用する必要がある。先の DC 法に対し，このような変調電場を用いる手法は，Alternating Current（AC）法と位置付けることができる。

　材料中の孤立電荷及び電荷双極子の生成に伴って，導入されたマイクロ波の誘電損失に関する研究は枚挙に暇が無いが，特にこれらを電荷再結合過程や共役分子鎖中の電荷移動度の定量に適

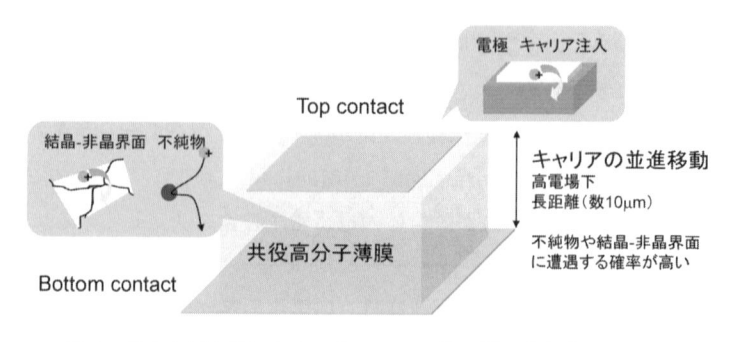

図1　従来の測定法におけるキャリアの長距離並進移動の問題点

第 9 章　マイクロ波による共役ポリマー分子鎖の 1 次元伝導特性の電極レス評価

用する測定法が 1990 年代に Delft 工科大学の Warman らによって提案された[4]。Time Resolved Microwave Conductivity（TRMC）測定法と呼ばれるこの手法では，マイクロ波による変調電場を直接用いるため，材料に電極を接触させる必要がない。したがって電極―材料界面における電荷の注入や不純物による局在の問題を完全に取り除くことが可能な一方で，直接材料内にキャリアを生成させる必要がある。Warman らは，材料へのパルス放射線照射によるイオン化によってキャリア生成を行うと同時に，この材料中でのマイクロ波の誘電損出測定を精密に行い，キャリア移動度の絶対定量分析に成功している[3,5]。筆者らは近年，材料中への非接触電荷注入法として，光電荷分離過程を利用し，パルスレーザー照射に伴うマイクロ波誘電損失測定と，光過渡吸収測定の同時分析，あるいは DC 法による電荷積算法とを組み合わせ，さまざまな有機・無機材料中の"本質的"な電荷移動度を，完全実験的に分析が可能な測定システムの提案を行った[3,4,6~9]。

　図 2 に TRMC 測定部のブロックダイアグラムを示す。実際の試料検体の量や実験的取り扱いのしやすさから，現在，ESR 分光にも良く用いられる 10 GHz 帯（X バンド）域を中心に測定を行い，マイクロ波分光部は極めて簡潔な構成となっている。また，最重要部位のひとつである共振空洞部は，高感度計測とダイナミクス追跡における時間分解能の両立の観点から，共振 Q 値にして Q = 1000～3000 程度の空洞（TE_{102} モード）を設計した。実際の測定は，図 3 中の空洞共振器内で，最大電場強度となる位置に試料を設置して行う。外部からの短パルスレーザーによる過渡的なキャリア生成に伴って，空洞共振器からの反射マイクロ波強度（P_r）は過渡的に変化（ΔP_r）するため，これを広時間領域（ns～ms）にわたって観測することで，キャリア密度の時間的な変化と相関測定を行う。伝導度の微小変化量 $\Delta \sigma$ は次式で表される[10]。

$$\langle \Delta \sigma \rangle = \frac{1}{A} \frac{\Delta P_r}{P_r} \tag{2}$$

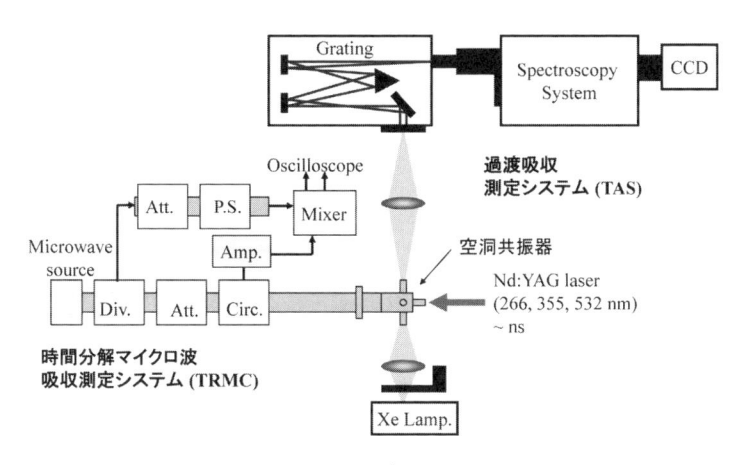

図 2　TRMC 測定法のブロックダイアグラム

$$A = \frac{\mp Q\left(1/\sqrt{R_0} \pm 1\right)}{\pi f_0 \varepsilon_0 \varepsilon_r} \tag{3}$$

ただし、A：感度因子、f_0：共振周波数、$R_0 = P_r/P_i$（反射・入射マイクロ波パワー比）である。A は測定試料ごとに一意に決まる変数なので、(2)式より実験から直ちに $\langle \Delta \sigma \rangle$ が求まる。光子を1個吸収し、電荷キャリアが生成して TRMC の時間分解能においてこの電荷キャリアが再結合せずに残る確率を量子効率 ϕ と定義すると、次式が得られる。

$$\phi \sum \mu = \frac{1}{e \cdot I_0 \cdot F_{Light}} \cdot \frac{1}{A} \cdot \frac{\Delta P_r}{P_r} \tag{4}$$

I_0 は単位面積あたりの入射フォトン数（反射されたものを除く）、F_{Light} は電場の空間分布に対し、有効に誘電損失に寄与する電荷キャリアの空間分布（光照射エリア・線吸収係数・試料の形状と設置位置）に関する補正情報を含んでおり、実験条件に合わせて計算で値を与えることができる。$\langle \Delta \sigma \rangle$ は I_0 の大きさで増減するので、(4)式を使って規格化することで定量的な議論ができる。$\phi \sum \mu$ は移動度と同じ次元（$cm^2V^{-1}s^{-1}$）を持ち、ϕ を独立に求めることで直ちに移動度 $\sum \mu$ が得られる。ここで、$\phi \leq 1$ なので、得られた $\phi \sum \mu$ は移動度の最小値と考えることもできる。$\sum \mu$ は正負のキャリアの移動度の和（$\mu_+ + \mu_-$）であり、TRMC 法では、光電荷分離過程を利用する以上、本質的に正負キャリア両者の寄与が存在する。但し、後に述べる特別な反応系の設計によるキャリアの選択的な捕捉、あるいは広時間帯域計測による時間帯別のそれぞれのキャリアの寄与の弁別により、正または負のキャリア移動度を選択的に求めることが可能である。

電荷分離効率 ϕ の実験的定量については、過渡光吸収測定法（Transient Absorption Spectroscopy：TAS 法）、あるいは電極接触及び比較的多量の試料を必要とするが、先に述べた TOF 測定と同様な測定系を用いて製膜可能なほとんどありとあらゆる材料に適用できる、過渡電流積算法（Current Integration：CI 法）を用いて定量分析を行う。これらの手法はごく一般的な手法であるため、それぞれ他の文献を参考されたい[3]。それぞれ組み合わせる電荷分離効率定量法の違いにより、TRMC-TAS 及び TRMC-CI と呼称する。

ここで、TRMC-TAS や TRMC-CI 法の特色を改めて列挙しておく。

① 電極を接触させずに測定が可能であること。電極界面や結晶粒界の影響を排除した測定が可能である。

② 測定する空間領域を限定可能であること。電荷は並進運動しないため、移動度・電界強度・マイクロ波周波数によってどの程度の空間領域内の電荷の"移動"を測定しているか、変調可能である。

③ 測定対象の形状を選ばない。たとえば製膜が困難な難溶性材料や規則性構造において初めて高い伝導特性を発現すると考えられる単結晶などの測定が容易であること。

④ 微量で分析が可能であること。およそ $0.1 \ cm^2V^{-1}s^{-1}$ の移動度、電荷分離効率 0.1% を仮

定すれば,現状で1 mg以下での測定が可能である。

それではTRMC法による測定の実例について,有機光電荷分離システムの重要な構成材料となる主鎖共役高分子・共役有機分子結晶を中心に,①溶液中の単一分子内移動度,②均一有機薄膜,をそれぞれ代表例として紹介したい。

3 AC法（TRMC法）による測定の実際

3.1 溶液中の単一分子鎖の伝導特性

主鎖共役高分子の骨格構造は,高分子材料が示すべき光・電子物性に顕著な影響を与えるため,両者の定量的な相関関係の解明は,実際の共役高分子を有機エレクトロニクス材料として用いる上で極めて重要である。主鎖共役型の高分子は,一般にその共役系電子構造とHOMO-LUMO遷移吸収特性に密接な相関を示し,鎖の基本的な"かたち"である骨格の二次構造（コンフォメーション）の変化を分光分析により比較的容易に推測する事が可能である。ここでは,一例として主鎖σ共役高分子であるpolysilanes（PSi）を対象に,その単一（孤立）分子鎖伝導特性を,TRMC法により明らかにした結果について紹介する[5,11]。

希薄溶液系でTRMC-TAS測定を行った場合,分子鎖それぞれの相関や不純物の影響をほとんど受けない,純粋な系の伝導度変化を見積もる事が可能である。多くのPSiは,ベンゼンに代表される溶媒中においてRandom Coil型のコンフォメーションを取ることが報告されているが[12],比較的嵩高い置換基の導入により,骨格の剛直性を高め,棒状に近い構造を維持できる[13~15]。中でも,各ケイ素原子の一方にphenyl基を有するPoly(n-alkylphenylsilane)は,他方の直鎖アルキル基の伸長に伴い,骨格の剛直性が大きく向上し,n-hexyl基以上では5 nm以上のかなり長い平均持続長を有するRod-like型の高分子となることが知られている。

溶液のイオン化に伴い,生成した正電荷は,溶媒よりもはるかに浅いHOMOを有する共役高分子に速やかに捕捉される一方,負電荷もまた,溶媒に比べて圧倒的に低い共役高分子のLUMOに捕捉され,それぞれRadical Cation・Radical Anionを与える。実際の反応系においては,この希薄溶液系にそれぞれの電荷の効率的な捕捉剤を添加することにより,正・負の電荷を選択的に生成することが可能である[13~16]。また,生成したRadical Cation・Anionは共役骨格上の"正孔"及び"電子"にあたり,分子間相互作用の十分に無視できる希薄溶液下,TRMC測定に用いるマイクロ波の電場による正孔・電子の運動は,完全に分子内に制限される。さらに,共役高分子の場合では,一般に主鎖共役系は分子内においても,いくつかの共役セグメントに分断されていると考えられるため,Radical Cation・Anionの生成後,分子内電荷移動過程を経て[17],安定な（比較的長い）共役セグメント内部での電荷の運動を測定することとなる。

図3(a)は,剛直な骨格を有すると考えられるPoly(n-hexylphenylsilane)（PSi6）を対象とし,この希薄溶液系にて観測されたPSi6上の正孔による過渡伝導度（TRMC）,および過渡吸収測定結果である。ベンゼン中に溶解したPSi6の希薄溶液に対し,飽和濃度のO_2を添加することによ

り，PSi6 上の負電荷形成を阻害した系について示している[15,16]。溶液中には，初期に同量の正・負電荷が生じているが，PSi6 の濃度はおよそ 2.0 mmol dm^{-3}（base mol unit）であるため，O_2 のベンゼン中における飽和濃度（11.8 mmol dm^{-3}）よりも十分に低い。このため，O_2 分子による電子捕捉が優先し，結果として，PSi6 上への正孔付与のみが過渡的に引き起こされるのであるが，最終的には正負電荷の再結合により両者ともに消失する。このように，電子移動反応による高速な正負イオンの生成過程と，分子イオンの拡散による低速な再結合過程のタイムラグを利用し，この間に過渡的に生成した共役分子上の Radical Cation（正キャリア）の伝導特性を評価できる。

PSi の Radical Cation・Anion は一般に，近紫外領域に明確な光学遷移を有し，PSi6 の Radical Cation では 372nm に強い吸収帯を示す[12,14~17]。図 3(a) の TAS による 372 nm の Kinetics はまさに骨格上に正電荷が移動して Radical Cation が生成する過程から，最終的に消失する過程までを示している。さらに，372 nm における光学遷移の電荷あたりの分子吸光係数は，電荷移動反応を利用して実験的に算出できる[15]。この結果，図 3(a) のどの"時点"においても，いくつの正孔が PSi6 上に生成し，残っているかを完全に実験的に算出できる。

一方で，TRMC 法による Kinetics は，系中の電気伝導度の変化を示している。約 7 桁にわたる非常に広い時間領域において，TAS と TRMC の Kinetics はほぼ完全に一致しており，電気伝導度が PSi6 上の正電荷によって与えられていることが明らかである。さらに，TRMC から伝導度（$\Delta\sigma$）が，TAS から正電荷の正確な数（n）が与えられるため，電気伝導度（σ），キャリア密度（n），電荷素量（e），及び電荷移動度（μ）の間の関係：

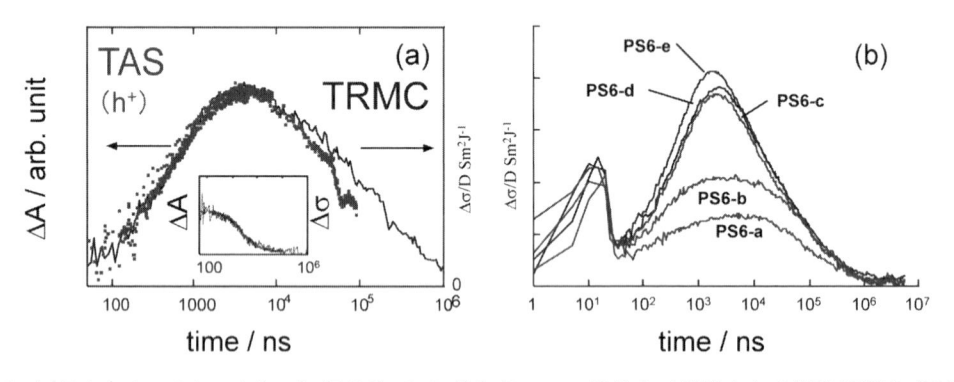

図 3 (a) Poly(n-hexylphenylsilane)（PSi6）の O_2 飽和 Benzene 溶液中で観測される過渡伝導度（実線）と 372nm における光過渡吸収 Kinetics（点線），(b) 異なる鎖長の PSi6 の O_2 飽和 Benzene 溶液中で観測される過渡伝導度
(a) 挿入図は同じ PS6 濃度条件において，Ar 飽和下，triethylamine を 5.0 mmol dm^{-3} 添加した啓における過渡伝導度（破線）と光過渡吸収（点線，385 nm）
(b) PSi6-a〜e の分子量はそれぞれ，数平均分子量 Mn = 58, 32 8.3, 6.1, 4.2（×10^3），重量平均分子量 Mw = 98, 57, 18, 12, 9.4（×10^3）。

第9章 マイクロ波による共役ポリマー分子鎖の1次元伝導特性の電極レス評価

$$\sigma = en\mu \tag{5}$$

を用いれば,「分子内の共役セグメントに乗っている電荷の移動度」が算出されることになる。これらの測定はすべて実験的に完結しており,PSi6の場合,共役セグメント内の正孔移動度として,0.27-0.30 cm^{2}V^{-1}s^{-1} なる値が得られている。また,電荷捕捉のための添加剤をO$_2$からtriethylamine(TEA)に変更した場合,前項と同様のスキームで正電荷のみを捕捉し,PSi6上に負電荷のみを生成することが可能である[16]。この結果を図3(a)の挿入図に示した。負電荷のPSi6への移動(Radical Anion の生成)は,正電荷に比べ圧倒的に速く,ns領域の極初期で完結している。この場合もTAS・TRMC双方のKineticsが完全に一致しており,この場合の伝導度が共役骨格上の電子によるものであることを示唆している。共役分子のLUMO上の電子は一般に不純物,たとえば先に述べたO$_2$の影響などを非常に受けやすいため,従来のTOF法などでのキャリア移動度の計測が著しく困難か,あるいは計測可能であっても非常に低いケースがほとんどであった。TRMC法では,電荷の長距離並進移動が起こらないため,本質的にこれら不純物の影響を受けにくく,ここに示すように完全実験的な計測が可能であると同時に,分子鎖自体はかなり高い負電荷の移動度($\mu = 6\times 10^{-2}$ cm^{2}V^{-1}s^{-1})を有していることが明らかとなった[5,11,18]。

図3(b)はPSi6の鎖長を変化させた場合に観測された,骨格上の正電荷による過渡伝導度を示している。このように,骨格の長さを増すにつれ,著しい分子鎖内電荷移動度の向上が認められ,一定の長さで飽和する様子がはっきり認められる。つまり,PSi6では,ある程度の鎖長の分子(この場合は,およそ重合度にして50〜60,持続長にして8〜10 nm程度)までを,"一つ"の共役系とみなすことができ,これ以上の長さでは,分子内の共役系が骨格の構造によって分断されることを示唆している[19〜22]。

ここまで,希薄溶液系でTRMC-TAS複合計測法を適用した事例について述べてきた。分子鎖内に制限された電荷の運動計測により,孤立分子上の正・負電荷の移動度を算出した結果,共役した"鎖"自体の電荷輸送ポテンシャルはかなり高く,将来剛直な骨格を持つ分子を理想的に接合し,不純物を徹底的に排除した場合には,「この程度の移動度まで期待できる」という目標値を示すことができたと言えるであろう。以下,実際の素子応用に最も近いと考えられる有機固体薄膜において,TRMC法を適用した場合について紹介する。

3.2 有機薄膜の光電気物性

共役高分子は主鎖骨格や側鎖を変えることで光・電子物性を大きくチューニングすることができるだけでなく,ウェットプロセスすなわち溶液から大面積にスピンコートできるといった優れた利点を持つ。しかし逆にそのアモルファス性から,薄膜中には多くのグレイン境界や分子間障壁が存在し,また,重合で使用した金属触媒や他の不純物,長さ・形の異なった分子鎖など,電荷キャリアの輸送においてマイナスとなる要因が数多く存在している。ポリチオフェンは共役高

分子の中で古くから研究が行われており,立体規則性ポリチオフェン (RR-PT) は強い分子間相互作用によって薄膜中でラメラ構造を形成し,高い FET ホール移動度 ($\sim 10^{-1}\,\mathrm{cm^2V^{-1}s^{-1}}$) が報告されてきた[23]。また,フラーレン誘導体とのバルクヘテロジャンクションでは太陽電池材料として優れた光学・電気特性を示し,数々の誘導体が開発されている[24, 25]。しかしながら溶液系の TRMC で得られた主鎖骨格上の分子内電荷移動度は $10^{-2}\,\mathrm{cm^2V^{-1}s^{-1}}$ オーダーであり[26],ポリチオフェンでは立体規則性側鎖で誘起される効率的な分子間電荷輸送,あるいは剛直に伸びた主鎖上の電荷輸送が重要であることが示唆される。したがって,溶液ではなく薄膜中での電荷移動度およびダイナミクスを検討することが必要となる。前述のように TAS 等により光誘起電荷キャリア密度を独立に求めなければ移動度を算出することが困難であるが,これを解決するために,Perylendiimide (PDI) をフィルムに添加し,電荷分離の増加によって TRMC 信号を増加させるだけでなく,生成した PDI ラジカルアニオンを TAS で検出することで電荷キャリア密度を求める方法を用いた[27]。その結果,RR-P3HT では 0.12 cm²V⁻¹s⁻¹ なる値が得られた一方で,ランダムポリチオフェン (RRa-P3HT) では溶液系で得られた移動度と同程度の値となった (図4)。PDI を過剰に添加するとラメラ構造の生成を妨害し,RR-P3HT 中の移動度は 40% 近く減少した。しかし,RRa-P3HT ではそのような現象は観測されなかった。また,側鎖のアルキル鎖長の依存性を同様に調べたところ,長くなるにつれて移動度が減少していき,さらに TRMC 過渡信号の減衰も遅くなっていった。このように希薄溶液系とは異なり,固体薄膜では分子間配置,Packing に伴う主鎖構造そのものの変化の影響についても TRMC を用いて評価することが可能である。

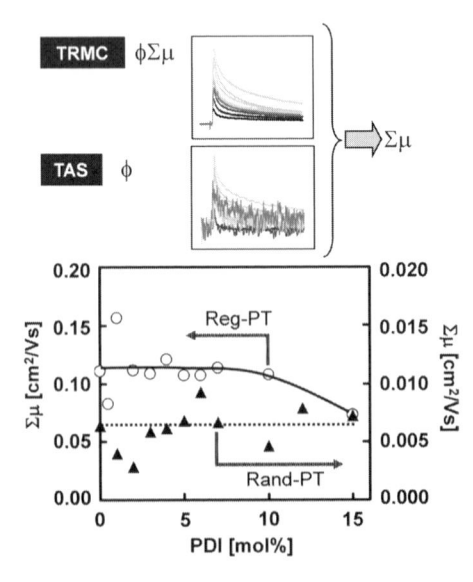

図4 PDI 添加ポリチオフェン (RR-P3HT, RRa-P3HT) フィルムの (上部) FP-TRMC 信号 (中部) FP-TAS 信号, (下部) FP-TRMC および FP-TAS により求められた移動度

第9章 マイクロ波による共役ポリマー分子鎖の1次元伝導特性の電極レス評価

4 まとめ

以上，TRMC法を中心に，TAS法・CI法を組み合わせることにより材料の電荷移動度・伝導メカニズムを明らかにするまったく新しい手法について述べてきた。TRMC-TAS測定では，「すべて実験的に，非接触で，材料の形態を問わず」，その本質的な電荷移動度を算出できることに特徴があるが「精密な分光測定が可能であること」が必要条件となる[28]。一方で，TRMC-CIでは，「ほとんどありとあらゆる」材料に適用が可能であるが，一般的な製膜性と，TRMC-TAS法に比べ，約一桁（一般的には数10 mg）多い量の試料が必要となる。上記いずれかの手法の適用により，電荷移動度を明らかにできる材料系は，従来の手法に比べ圧倒的に広範囲にわたる。これまで量的な問題や純度の問題から測定が難しかった材料，あるいは不純物・構造の乱れの問題から不当に低い電荷移動度しか示さないと誤解されてきた材料を，TRMC法によって徹底的にスクリーニングし，今後，真の高電荷輸送材料を開発するキーテクノロジーとして展開できると考える。

文　献

1) (a) H. Baïssler, *Physica Status Solidi*, **B 175**, 15 (1993)；(b) A. Dieckmann, H. Baïssler, P. M. Borsenberger, *Chem. Phys.*, **99**, 8136 (1993)
2) Y. Kunimi, S. Seki, S. Tagawa, *Solid State Commun.*, **114**, 469 (2000)
3) S. Seki, Y. Yoshida, S. Tagawa, K. Asai, K. Ishigure, K. Furukawa, M. Fujiki, and N. Matsumoto, *Philos. Mag.* **79**, 1631 (1999)
4) (a) G. P. van der Laan, M. P. de Haas, A. Hummel, H. Frey, S. Sheiko, M. Möller, *Macromolecules*, **27**, 1897 (1994)；(b) R. J. O. M. Hoofman, M. P. de Haas, L. D. A. Siebbeles, J. M. Warman, *Nature*, **392**, 54 (1998)；(c) J. M. Warman, G. H. Gelinck, and M. P. de Haas, *J. Phys. Condens. Matter*, **14**, 9935 (2002)
5) F. C. Grozema, L. D. A. Siebbeles, J. M. Warman, S. Seki, S. Tagawa, and U. Scherf, *Adv. Mater.*, **14**, 228 (2002)
6) (a) A. Acharya, S. Seki, A. Saeki, Y. Koizumi, S. Tagawa, *Chem. Phys. Lett.*, **404**, 356 (2005)；(b) A. Acharya, Y. Koizumi, S. Seki, A. Saeki, S. Tagawa, Y. Ie, Y. Aso, *J. Photochem. Photobiol. A*, **173**, 161 (2005)
7) 佐伯昭紀，関修平，田川精一，放射線化学，**81**, 29 (2006)
8) A. Saeki, S. Seki, T. Sunagawa, K. Ushida, S. Tagawa, *Philos. Mag.* **86**, 1261 (2006)
9) A. Saeki, S. Seki, Y. Koizumi, and S. Tagawa, *J. Photochem. Photobiol. A*, **186**, 158 (2007)
10) P. P. Infelta, M. P. de Haas, J. M. Warman, *Radiat. Phys. Chem.* **10**, 353 (1977)
11) S. Seki and S. Tagawa, *Polym. J.* **39**, 277 (2007)

12) (a) S. Seki, Y. Yoshida, S. Tagawa, K. Asai, *Macromolecules*, **32**, 1080 (1999); (b) S. Seki, Y. Kunimi, K. Nishida, Y. Yoshida, S. Tagawa, *J. Phys. Chem. B*, **105**, 900 (2001)
13) (a) Fujiki, M. *J. Am. Chem. Soc.*, **118**, 7424 (1996); (b) Fujiki, M. *J. Am. Chem. Soc.*, **116**, 6017 (1994); (c) Koe, J. R.; Fujiki, M.; Nakashima, H.; Motonaga, M. *Chem Commun.* 389 (2000)
14) S. Seki, Y. Matsui, Y. Yoshida, S. Tagawa, J. R. Koe, M. Fujiki, *J. Phys. Chem. B*, **106**, 6849 (2002)
15) (a) S. Seki, Y. Koizumi, T. Kawaguchi, H. Habara, S. Tagawa, *J. Am. Chem. Soc.*, **126**, 3521 (2004); (b) S. Seki, Y. Matsui, S. Tagawa, H. Tsuji, A. Toshimitsu, K. Tamao, *Chem. Phys. Lett.*, **380**, 141 (2003); (c) T. Kawaguchi, S. Seki, K. Okamoto, A. Saeki, Y. Yoshida, S. Tagawa, *Chem. Phys. Lett.*, **374**, 353 (2003)
16) S. Seki, Y. Yoshida, S. Tagawa, *Radiat. Phys. Chem.*, **60**, 411 (2001)
17) (a) Y. Matsui, K. Nishida, S. Seki, Y. Yoshida, S. Tagawa, K. Yamada, H. Imahori, A. Sakata, *Organometallics*, **21**, 5144 (2002); (b) Y. Matsui S. Seki, S. Tagawa, *Chem. Phys. Lett.*, **357**, 346 (2002)
18) A. Acharya, S. Seki, Y. Koizumi, A. Saeki, S. Tagawa, *J. Phys. Chem. B*, **109**, 20174 (2005)
19) (a) S. Seki, S. Tsukuda, K. Maeda, S. Tagawa, H. Shibata, M. Sugimoto, K. Jimbo, I. Hashitomi, A. Koyama, *Macromolecules*, **38**, 10164 (2005); (b) S. Seki, S. Tsukuda, S. Tagawa, M. Sugimoto, *Macromolecules*, **39**, 7446 (2006)
20) S. Seki, A. Acharya, Y. Koizumi, A. Saeki, S. Tagawa, K. Mochida, *Chem. Lett.*, **34**, 1690 (2005)
21) S. Seki, A. Saeki, Y. Koizumi, A. Acharya, S. Tagawa, K. Mochida, *Radiat. Phys. Chem.*, **77**, 1323 (2008)
22) A. Acharya, S. Seki, A. Saeki, S. Tagawa, *Synthetic Metal*, **156**, 293 (2006)
23) H. Sirringhaus, N. Tessler, R. H. Friend, *Science*, **280**, 1741 (1998)
24) F. Radinger, R. S. Rittberger, N. S. Sariciftci, *Adv. Funct. Mater.*, **13**, 85 (2003)
25) H. Ohkita, S. Cook, Y. Astuti, W. Duffy, S. Tierney, W. Zhang, M. Heeney, I. McCulloch, J. Nelson, D. D. C. Bradley, J. R. Durrant, *J. Am. Chem. Soc.*, **130**, 3030 (2008)
26) G. Dicker, M. P. de Haas, L. D. A. Siebbeles, J. M. Warman, *Phys. Rev. B*, **70**, 045203 (2004)
27) A. Saeki, S. Ohsaki, S. Seki, S. Tagawa, *J. Phys. Chem. C*, **112**, 6643 (2008)
28) A. Saeki, S. Seki, T. Takenobu, Y. Iwasa, S. Tagawa, S. *Adv. Mater.*, **20**, 920 (2008)

第10章　カーボンナノチューブナノ複合体の構築

中嶋直敏[*1], 藤ヶ谷剛彦[*2]

1　はじめに—カーボンナノチューブ可溶化の重要性

1991年に発見されたカーボンナノチューブ（CNT）は，優れた導電性，機械的特性，熱特性，化学的安定性をもつ1次元構造の導電性分子ナノワイヤーである[1]。しかし，強いファンデルワールス力，π-π相互作用により強固な束の集合体を形成し，基本的には水にも有機溶媒にも溶けず，取り扱いが困難であった。従って，この束をほぐしCNTを溶媒中に孤立して分散させる（可溶化する）（図1）ことは化学，複合材料，生化学，医学，薬学分野のみならずエレクトロニクス分野において重要な意味を持つ[2]。CNTには様々なアプリケーションが提案されているが，この材料の基礎的研究，実用的応用へのキーサイエンス・テクノロジーとして重要な意味を持っているテーマがCNTの可溶化である。

私たちはこれまでにさまざまな「CNT可溶化剤」を設計合成し，CNTの「物理吸着法」による溶媒可溶化・機能化を可能にしてきた[2]。本稿では，ポリマー（あるいは脂質）ナノ複合体のデザイン，作製についての筆者らの研究を中心にまとめた。すなわち，私たちがこれまでに展開してきたCNT可溶化の戦略は，既に実用化されているポリマーにも拡大できる。本章の前半では，機能性ポリマー，ポリイミドおよびポリベンズイミダゾールに焦点を当てる。また後半では，導電性のCNTハニカムフィルムの作製について解説する。

2　ポリイミド／孤立溶解CNT複合体の開発

ポリイミド（PI）は，スーパーエンジニアリングプラスチックとして，化学，電子・IT分野

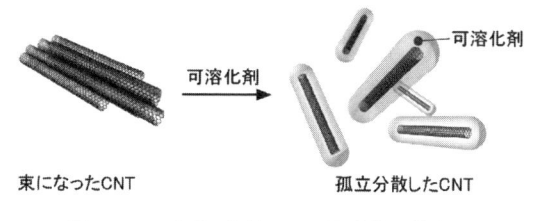

図1　CNT可溶化剤による可溶化の模式図

---

*1　Naotoshi Nakashima　九州大学　大学院工学研究院　応用化学部門　教授
*2　Takehiko Fujigaya　九州大学　大学院工学研究院　応用化学部門　特任准教授

全芳香族スルホン酸塩ポリイミド（sulfo-PI）

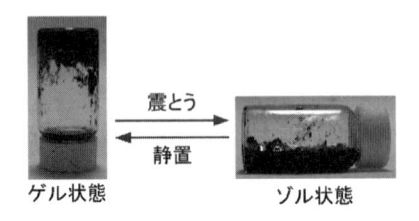

図2　ポリイミド（sulfo-PI）によるSWNT可溶化

で広範囲に利用されている材料である。私たちは，PIとCNTのナノコンポジットによる新規材料開発研究を行っている。全芳香族PIは，溶媒に不溶であるが，図2に示したスルホン酸塩型全芳香族PI（sulfo-PI）はジメチルホルムアミド（DMF）やジメチルスルホキシド（DMSO）などの溶媒に溶解する。これらに単層CNT（SWNT）を加えて超音波照射すると，SWNTが極めて高効率に可溶化され[3]，その量はポリイミド溶液（sulfo-PI = 1mg/1mL DMSO）に3mg/mLものSWNTを可溶化できるほどに及ぶ。低濃度のSWNT可溶化溶液では，粘性はないが，このような高濃度において溶液はゲル化する（図2下）。興味あることにこのようなゲル化状態においても，SWNTの近赤外吸収スペクトルやフォトルミネッセンス（PL）スペクトルは，低濃度の場合と同様の孤立溶解状態に由来するスペクトルを与える。これは，sulfo-PIが，SWNTと非常に強く相互作用し高効率に可溶化していることに起因している。SWNT/sulfo-PIの複合ゲルは，チキソトロピー性を示し，強く震とうするとゾル化するが，静置すると元のゲルにもどる。従ってゲル中で孤立SWNTは互いに近接し，弱く相互作用することで架橋点を形成していると考えられる。

　Sulfo-PIは，これまでに開発されたCNT可溶化剤の中でも最も効率的にSWNTを高濃度で孤立溶解することが出来る可溶化剤である。この特性を利用した新しい機能材料の開発が期待される。

3　ポリベンズイミダゾール／CNT複合体の開発

　ポリベンズイミダゾール（PBI：図3）は高い耐熱性を持つポリマー材料として消防服などに実用化されているスーパーエンジニアリングプラスチックである。PBIは高い耐熱性を持つが，強度の面で他のスーパーエンジニアリングプラスチックに劣る。従ってPBIに機械的強度を付与することは幅広い応用展開を可能にすると期待できる。CNTは高い機械的強度および高いアスペクト比を有しており，フィラー補強剤として最も有望な新しいナノ材料である。最も効果的な補強効果を得るためにはフィラーとなるCNTがポリマー中において孤立状態で均一に分散し

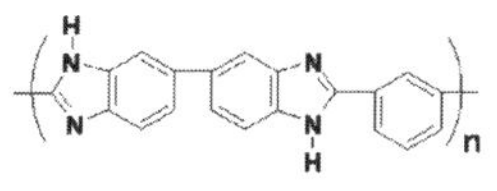

第10章　カーボンナノチューブナノ複合体の構築

ポリベンズイミダゾール (PBI)

図3　PBIの構造式

ていることが望まれる。強固なバンドル構造を解く「CNT可溶化」はこのようなポリマーナノコンポジットにおいても極めて重要である。

　私たちはPBIがSWNTを可溶化することを見いだした[4]。PLスペクトルで半導体SWNTに由来する発光が見られたことから，PBIはSWNTを完全に孤立状態までバンドルを解いて可溶化していることがわかる。PBI/SWNTの界面において強い相互作用が存在する事実は，過剰なPBIをろ過と良溶媒洗浄を繰り返すことで得られた複合体がジメチルアセトアミド（DMAc）に容易に再可溶化できることからも理解できる。

　可溶化溶液からのキャスト法によって，目視では凝集がないPBI/SWNT複合体フィルムが作製できる。このフィルムの機械的強度の測定を行ったところ，SWNTを添加していないサンプルと比較し，ヤング率は1.6GPaから2.5GPaへ，引張強度は平均で120MPaから172MPaへと大きく向上する。このサンプル中には，わずか0.06wt%のSWNTしか添加されていない事実を考慮に入れるとこの向上は大きな意味をもつ。従来実現できなかった効果的な機械的強度の増大が実現できたのは，PBIのSWNTに対する相互作用とそれに伴うSWNTの孤立分散化による寄与であると考察できる。熱重量分析において複合フィルムの分解開始温度の低下がなかったことから，耐熱性は保持したまま機械的強度を付与できたことがわかる。PBIは多層CNT（MWNT）も同様に可溶化できる。私たちは，PBIを用い，現在さらなる高機能複合材料への展開を行っている。

4　高性能CNT／光硬化性樹脂複合体導電性膜の開発―CNTナノインプリンティング

　私たちは光硬化性樹脂材料とSWNTとの複合化によって高い加工性とSWNT分散性を同時に実現することに成功した[5]。室温で液体の光硬化性樹脂モノマーは溶媒を必要としないために成型加工性に優れる。さらに室温で素早く硬化できるために，溶媒除去や溶融・冷却といった複合体樹脂作成過程で起こるSWNTの再凝集の問題も避けられる。光硬化性モノマー（UV-1：図4上）は室温で粘度の高い液体であり，このままSWNTを添加して超音波照射しても分散はしない。しかし，50℃に加熱し粘度を下げたUV-1中で超音波照射することで分散状態のよいUV-1/SWNT複合体が得られる。粘度の高い室温において安定に分散状態を保っていることから，多核芳香環のような可溶化部位を持たなくてもSWNTの運動性を制御することで安定分散

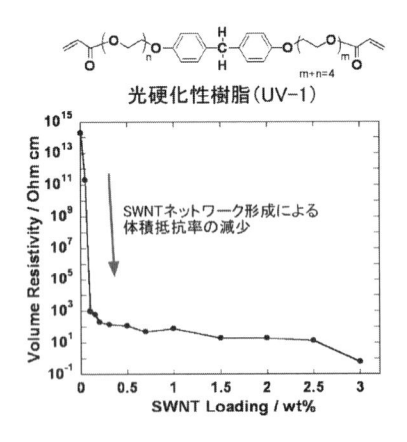

図4 （上）UV硬化性モノマーUV-1の構造式，
（下）UV-1/SWNT複合体フィルムの体積抵抗率

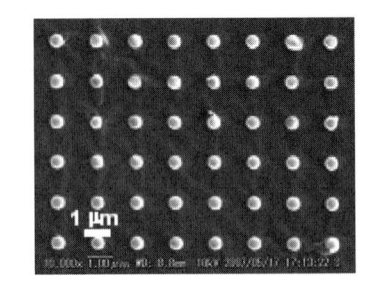

図5 インプリント法により作成したUV-1/SWNT複合体ドットパターン

が実現できたものと考察している。

　この分散液を型に流し込み，UV照射により容易にUV-1/SWNT複合体フィルムが作製出来る。光照射前と照射後における近赤外領域の吸収スペクトル測定において，ピークの半値幅に変化がないことから硬化前後においてSWNTの分散状態は，良好に保持されていることがわかる。さらに興味深いことに，添加するSWNTの量の異なるサンプルにおいて体積抵抗率を測定したところ，0.05wt%という極めて低いパーコレーション閾値を示した（図4下）。これは樹脂中のSWNTが高度に分散していることに起因する。実際に複合体樹脂の超薄切片の透過型電子顕微鏡観察によりSWNTが分散している様子を観察できた。本手法は超音波照射と光照射という極めてシンプルな方法により，無溶媒系で高いCNTナノコンポジット材料が得られることを示している。

　さらに，高い加工性を示すためにポリジメチルシロキサン（PDMS）モールドを用いたナノインプリンティングを行った。基板に滴下したモノマー／CNT複合体にPDMSモールドを押し付けそのままUV照射を行ったところ，図5の電子顕微鏡写真に示すようにモールドの最小パターンである500nmのドットを造型できることが明らかとなった。すなわち，このコンポジット材料は，光造形が出来る魅力的なナノ材料であることが明らかである。

5　導電性カーボンナノチューブハニカムフィルム

　物質をミクロ／ナノパターン化する技術は，これまでいわゆるトップダウン手法であるマイクロ／ナノリソグラフィーを用いて行われてきた[6]。トップダウン手法に対して，物質の自己組織化現象に基づいて規則配列する分子の形成機構を利用して，ナノ分子を組織配列させるいわゆるボトムアップ手法がある。この代表例としてポリマーを利用した簡便なハニカム構造作製が報告

第10章　カーボンナノチューブナノ複合体の構築

されている。すなわち、Françoisらは、ロッド—コイル型 ブロック共重合体高分子ポリ（スチレン—パラフェニレン）を二硫化炭素に溶解し、湿った気体を吹きかけた条件下でキャストすることにより、ハニカムパターンの形成に成功した[7]。Françoisらの報告以来、ポリマー[8]、対称ジブロックポリマー[9]、ロッドコイル型ジブロックポリマー[10]、ポリイオンコンプレックス[11]、擬一次元ハロゲン架橋白金錯体とアニオン性脂質からなる3成分複合体[12]、poly(D,L-latic-co-glycolic acid)[13]、など多彩な材料からのハニカムパターン形成が報告されている。

ここでは、カチオン性脂質（トリドデシルメチルアンモニウムクロリド，図6）とSWNTから合成した有機溶媒に可溶なポリイオンコンプレックス（以下ComplexIとよぶ）を用いたCNTハニカムフィルムの作成について解説する[14]。ComplexIは、切断SWNTとカチオン性脂質のイオン対形成により容易に合成でき、ジクロロメタン，クロロホルムなどの有機溶媒に溶解する。

ComplexIを高湿度下で基板上にキャストフィルムを作製するとハニカムパターンを形成する（図7）。典型的な走査型電子顕微鏡（SEM）それらの孔径は4-20μm、ハニカムパターンの幅は3-9μm、その高さは5-8μm程度であるが、それらはフィルム作製条件によりコントロール出来る。鋳型となる微小水滴のサイズを変化させる。

ComplexIは、ナノチューブが脂質アンモニム塩にコートされており、このため、上述したハニカムフィルムは絶縁性である。しかし、脂質は以下のイオン交換（酸処理）によって容易に除去でき、この処理によりフィルムは導電性へと変化する。脂質を除去する為のイオン交換処理法を図8に示す。イオン交換後では、ハニカム構造体の骨格は、イオン交換前に比べ小さくなる（図9）。すなわち、幅はイオン交換前3-9μmがイオン交換処理により1-4μmに減少し、高さは5-8μmが3-4μmに減少する。

図6　トリドデシルメチルアンモニウムクロリドの化学構造

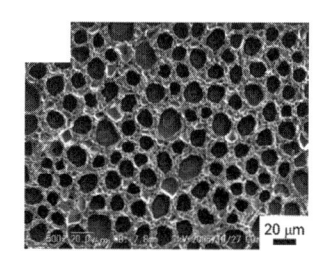

図7　ガラス上のComplex 1 フィルム（1.0mg/mL クロロホルム溶液からキャスト。80%RH）のSEM画像

図8　ComplexIのイオン交換（酸処理）

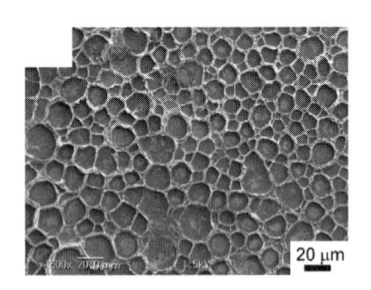

図9 ガラス基板上の Complex I フィルム（クロロホルム溶液からキャスト。80%RH）のイオン交換後の SEM 画像

イオン交換前後における表面抵抗率測定を行った。イオン交換前では SWNT が絶縁性の脂質に覆われていた為，表面抵抗率は機器の測定限界以上（$> 10^8$ ohm/square）であったのに対し，イオン交換処理を施すことにより劇的な表面抵抗率の減少（導電性の向上）が確認され，表面抵抗 600Ω/□が得られた。このように簡単な手法で，ハニカム構造の導電性カーボンナノチューブフィルムが作製出来る。

自己集合により形成できるハニカム構造の SWNT は，エレクトロニクス，ナノデバイス，ナノセンサーなどの素材として，今後の展開が期待される。

6 おわりに

ポリマーによる可溶化 CNT からなる複合材料のデザインにより，既存の複合材料では到達できなかった物性を示す新しいナノコンポジット材料を生み出すことが可能となる。これにより，導電性の付与や機械的強度の増大が可能となる。これまでに発見されていない化学的な機能，物理的な機能の開発にも可溶化 CNT が利用できよう。本章では述べなかったが，可溶化を利用した金属性 SWNT と半導体 SWNT の分離実験が大きな展開を見せている。目的により金属性ナノチューブと半導体ナノチューブを使い分ける時代が来るのもそう遠くはないだろうと思われ，それにより更なる高機能化，高性能化がデザイン出来る。さらには単一のカイラリティ指標をもつ CNT 可溶化剤の開発が成功すれば，CNT の科学はさらに大きく進展すると期待できる。

この分野は生まれて間もなく，未踏の領域を多く含んでいる新しい領域である。斬新なアイデアの元で，21 世紀の科学技術を支えるナノサイエンス・ナノテクノロジー創製が期待できる。

第10章 カーボンナノチューブナノ複合体の構築

文　　献

1) S. Iijima, *Nature*, **354**, 56 (1991)
2) (a) 中嶋直敏,"カーボンナノチューブの溶媒への可溶化「超分子科学」"中嶋直敏編, 化学同人, 431-440 (2004);(b)N. Nakashima, "Soluble Carbon Nanotubes", *Int. J. Nanoscience*, **4**, 119 (2005);(c) 中嶋直敏, 篠原浩美,"カーボンナノチューブは溶媒に溶ける", 化学工業, **56**, 47-52 (2005);(d) 中嶋直敏,"化学の目で見たカーボンナノチューブ", 高分子, **54**, 572-575 (2005);(e)H. Murakami, N. Nakashima, *J. Nanoscience Nanotech.*, **6**, 16 (2006);(f) 中嶋直敏,"化学的手法によるカーボンナノチューブの可溶化, 機能化","カーボンナノチューブの機能複合化の最新技術", 中山喜萬編, シーエムシー出版, 115-126 (2006);(g) 中嶋直敏, 藤ヶ谷剛彦,"カーボンナノチューブの溶媒への可溶化と機能化—化学的なアプローチ—", 現代化学, pp. 38-43 (2008);(h)N. Nakashima and T. Fujigaya, *Chem. Lett.*, **36**, 692 (2007)
3) M. Shigeta, M. Komatsu, and N. Nakashima, *Chem. Phys. Lett.*, **418**, 115 (2006)
4) M. Okamoto, T. Fujigaya, and N. Nakashima, *Adv. Funct. Mater.*, 2008, in press.
5) T. Fujigaya, S. Haraguchi, T. Fukumaru, and N. Nakashima, *Adv. Mater.*, **20**, 2151 (2008)
6) a) 基礎から学ぶナノテクノロジー, 平尾一之編, 東京化学同人 (2003);b) ナノテクノロジーハンドブック, ナノテクノロジーハンドブック編集委員会編, オーム社 (2003)
7) a)G. Widawski, M. Rawiso, B. François, *Nature*, **369**, 387 (1994);b)O. Pitois, B. François, *Colloid Polym. Sci.*, **277**, 574 (1999)
8) a)N. Maruyama, T. Koito, J. Nishida, S. Nishimura, X. Cieren, O. Karthaus, M. Shimomura, *Thin Solid Films*, **327**, 854 (1998);b)O. Karthaus, N. Maruyama, X. Cieren, M. Shimomura, H. Hasegawa, T. Hashimoto, *Langmuir*, **16**, 6071 (2000);c)N. Maruyama, O. Karthaus, K. Ijiro, M. Shimomura, T. Koito, S. Nishimura, T. Sawadaishi, N. Nishi, S. Tokura, *Supramol. Sci.*, **5**, 331 (1998)
9) Z. Li, W. Zhao, Y. Liu, M. H. Rafailovich, J. Sokolov, K. Khougaz, A. Eisenberg, R. B. Lennox, G. Krausch, *J. Am. Chem. Soc.*, **118**, 10892 (1996)
10) S. A. Jenekhe, X. L. Chen, *Science*, **283**, 372 (1999);b)M. Srinivasarao, D. Collings, A. Philips, S. Patel, *Science*, **292**, 79 (2001)
11) H. Yabu, M. Tanaka, K. Ijiro, M. Shimomura, *Langmuir*, **19**, 6297 (2003)
12) C.-S. Lee, N. Kimizuka, *Proc. Natl. Acad. Sci. U.S.A.*, **99**, 4922 (2002)
13) X. Zhao, Q. Cai, G. Shi, Y. Shi, G. Chen, *J. Appl. Polym. Sci.* **90**, 1846 (2003)
14) H. Takamori, T. Fujigaya, Y. Yamaguchi, N. Nakashima, *Adv. Mater.*, **19**, 2535 (2007)

第11章 超分子ポリマーの階層的構築および機能性ナノ空間に基づく革新的機能の創出と応用展開

藤内謙光[*1], 久木一朗[*2], 宮田幹二[*3]

1 はじめに

　現在，有機固体材料は有機化合物が持つ多様性により導電性材料，発光性材料，非線形光学材料など様々な応用が期待されている[1,2]。これまでの機能性有機材料開発では，分子構造の探索による研究，すなわち有機合成によって種々の化学修飾を分子に加えることにより，分子がもつ本質的な性質を改変することで用途に応じた性能を達成する手法が用いられてきた[3~5]。しかし，計算化学的手法より，きわめて有効な分子構造であることが明らかになっても，しばしば合成経路が多段階になり複雑で低い収率となったり，あるいは固体状態で期待したほどの性能が得られなかったりすることがある。一方で，有機固体の物性はその分子構造だけでなく，分子配列にも大きく依存することが知られている。計算化学で用いられる真空中や，溶液中では分子は等方的で孤立した状態にあり，平均的な性質が得られるが，分子の運動が制限された固体中では分子一つの性質だけではなく，隣接している分子同士の影響を大きく受ける。したがって，分子配列を制御することによる機能性材料の研究開発も，非常に有効な手段であるといえる。特に分子配列が精緻に制御された結晶状態では，その機能が結晶構造に大きく依存し，有効な研究開発対象であるといえる。しかし実際には，意図した分子配列の結晶を作成するのが難しかったことから，このような研究手法はあまり取られてこなかった。系統的な研究を行うためには，同じ機能性部位の集合が少しずつ変化した結晶が必要で，多形結晶の偶然性に頼らねばならないからである。そこで藤内，宮田らは有機塩による超分子構造の構築を応用し，容易に機能性部位の配列を変更できるシステムの構築を行った[6,7]。いったん機能性有機分子を機能性部位と構造制御部位に分割し，それぞれを非共有結合で再結合させることで超分子複合体（擬似分子）を構築する。構造制御部位との組み合わせを変更することによって，結晶中で機能性部位の配列が変化し，同じ機能性部位を用いながら配列に依存して機能は変化する。本章では非共有結合として，有機塩の強力な水素結合（charge assisted hydrogen bond）を利用し，有機発光分子として知られるアントラセンの分子配列を変化させることで発光特性を制御した例について述べる。

---

*1　Norimitsu Tohnai　大阪大学　大学院工学研究科　生命先端工学専攻　准教授
*2　Ichiro Hisaki　大阪大学　大学院工学研究科　生命先端工学専攻　助教
*3　Mikiji Miyata　大阪大学　大学院工学研究科　生命先端工学専攻　教授

第11章 超分子ポリマーの階層的構築および機能性ナノ空間に基づく革新的機能の創出と応用展開

2 有機塩による系統的機能性結晶の構築

無修飾のアントラセンの結晶構造はCambridge Structure Database (CSD) に現在17構造登録されているが，本質的な違いはなく，すべてヘリングボーン型の同一結晶である。すなわち，きわめて多形現象が起こりにくい分子であるといえる。そこでアントラセンの2位，6位にスルホン酸を導入した2,6-アントラセンジスルホン酸と脂肪族一級アミンを1対2の割合で混合し，有機塩を作成した（図1）。このシステムはいくつか優位な特徴を有している。酸塩基によるイオン性の水素結合は非常に強力で，必ず2成分混合の結晶を形成する。また，脂肪族一級アミンの側鎖はアルキル基であり，発光性部位に電子的な影響をほとんど与えない。この，アルキル鎖は大きさや形状，キラリティーなど様々な多様性をもっており，系統的な構造制御部位としては最適である。さらに有機塩の作成はジスルホン酸とアミンを混合するだけでよく，非常に簡便であり，産業的にはコンビナトリアルケミストリー的手法によりハイスループット（高速大量処理）の材料スクリーニングが可能である。もちろん，アミン成分側にも機能性分子を配することで劇的に物性を変化させることができる。

3 アントラセン有機塩結晶の構造的特徴

アントラセンジスルホン酸と炭素数が7までの直鎖の脂肪族アミンと，炭素数が5までの枝分かれのある脂肪族アミンを用いたところ，アルキル鎖の違いにより様々な構造およびアントラセン配向をもつ結晶が得られた（図2）。アルキル鎖の短いメチルアミンでは側鎖による立体障害が小さく，またアントラセンが本来持っている自己組織化能のために，ヘリングボーン型に配列する（図2(1)）。この時，アントラセン部位同士にはπ/π相互作用が働き，配列を安定化させる。このような構造は比較的アルキル鎖の小さなエチルアミン，イソプロピルアミン，sec-ブチルアミンとの組み合わせでも形成される。ヘリングボーン型は無修飾のアントラセンと同じ配列であり，直線型のポリアセン（アントラセン，テトラセン，ペンタセン）でよくみられる構造である。

次に直鎖上のアミンであるn-ブチルアミン，n-アミルアミン，イソアミルアミンでは，細長いアルキル鎖がアントラセンの間に入り込むためにヘリングボーン構造を形成できなくなり，短軸方向にずれた1次元状のスリップスタック型構造となる（図2(2)）。結果としてアントラセン

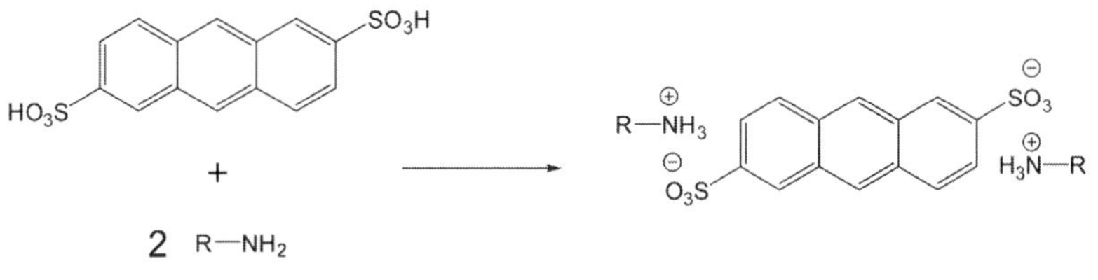

図1 アントラセンジスルホン酸アルキルアンモニウム塩

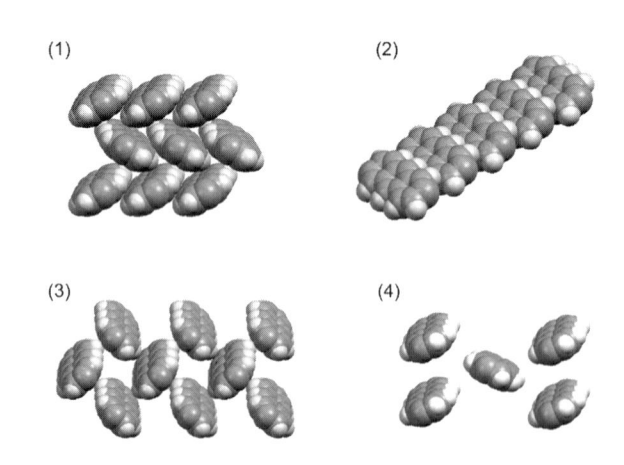

図2　アントラセン発光部位の集合様式
(1)ヘリングボーン型，(2)スリップスタック型，(3)T型，(4)孤立型

部位間に働くπ/π相互作用は1軸方向だけとなり，減少する。

さらに側鎖が嵩高い *tert*-ブチルアミン，*tert*-アミルアミンでは，アントラセン同士が容易に近づけなくなる（図2(3)）。これにより，隣接するアントラセン間はT型配列となり，π/π相互作用がなくなる。また同じ直線分子でも炭素数が7である *n*-ヘプチルアミンでは，分子長が長いためにアントラセンの長軸方向に収容できなくなり，違う結晶形に転換する（図2(4)）。結果，アントラセン部位同士が完全に乖離した構造となり，こちらもπ/π相互作用がなくなる。ただし，構造が転換する境界領域の *n*-プロピルアミンや *n*-ヘキシルアミンでは有効な単結晶が得られない。これは転換前後どちらの結晶構造においても分子のパッキングが不安定となり，その結果結晶が形成されにくいためであると推察される。このように組み合わせるアミンの大きさ，形状を変えることにより，アントラセン部位の会合パターンを大きく変化させることができる。

4　アントラセン有機塩結晶の発光挙動

図3に典型的なアントラセンジスルホン酸アミン塩のメタノール溶液のUV-Visスペクトルおよび蛍光スペクトルを示す。それぞれアルキル鎖の違うアミンを用いても，UV-Visスペクトル，蛍光スペクトルの波形，および発光強度は一致する。また，凝集が予測される濃厚溶液でも，発光強度は濃度消光のため低下し，波形はブロードにはなるが，それぞれのアントラセンジスルホン酸アミン塩間で全く同じ発光挙動を示す。これらの結果から，等方的な溶液状態ではアミンの側鎖は発光挙動に影響を及ぼさないといえる。

それに対して種々のアントラセンジスルホン酸アミン塩は結晶中で，そのアントラセン部位の配列に依存した特有の発光スペクトルを示す（図4）。ただし，アントラセン部位の配列が同系

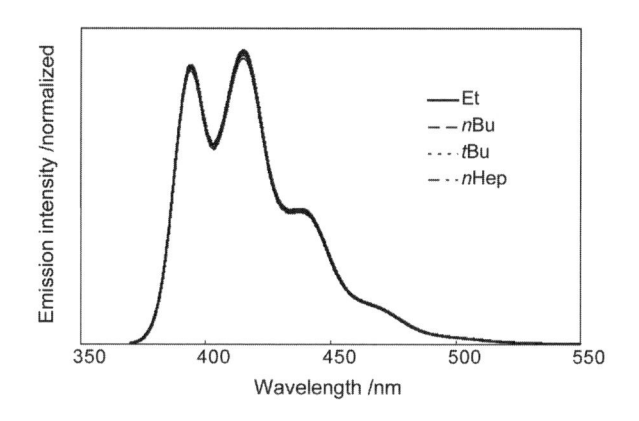

第11章　超分子ポリマーの階層的構築および機能性ナノ空間に基づく革新的機能の創出と応用展開

図3　種々のアントラセンジスルホン酸アルキルアンモニウム塩の
メタノール溶液中における蛍光発光スペクトル

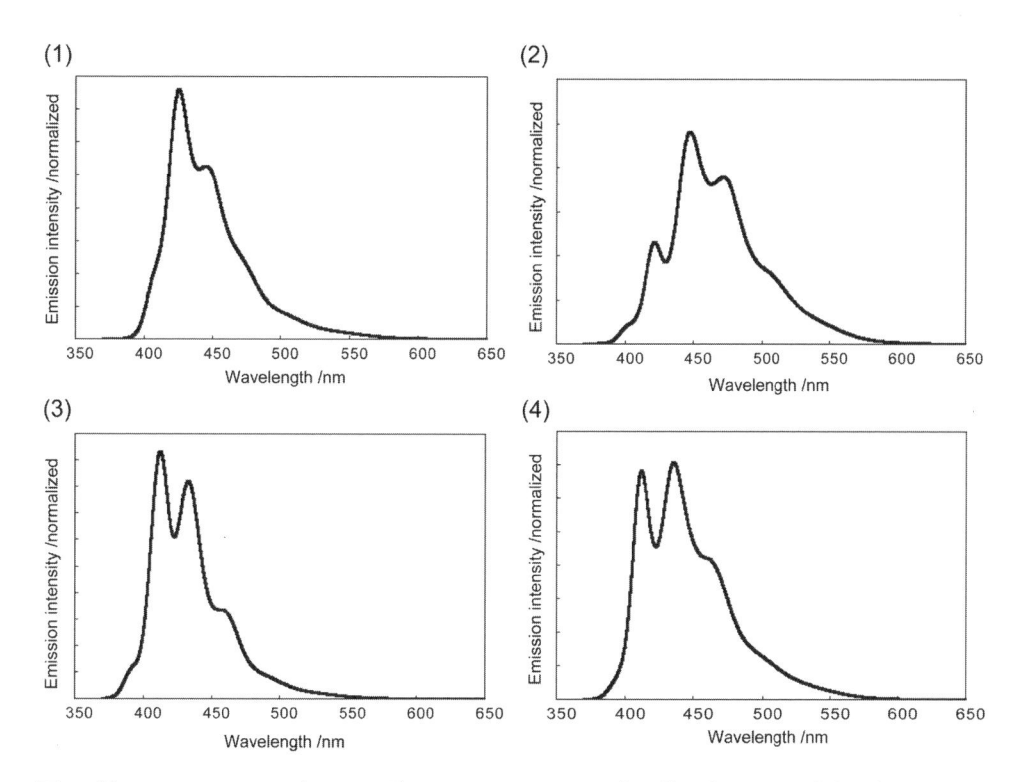

図4　種々のアントラセンジスルホン酸アルキルアンモニウム塩の結晶中における蛍光発光スペクトル
(1)エチルアミン，(2)n-ブチルアミン，(3)$tert$-ブチルアミン，(4)n-ヘプチルアミン

の結晶では，それぞれ似通った発光スペクトルである。また，n-ヘプチルアミンによる結晶の発光スペクトルは，希薄溶液のスペクトルに近い。これは長いアルキル基が挿入されることにより，アントラセン同士の接近が妨げられ，完全に孤立した分散状態に近い状況であるといえる。

このように，アントラセンジスルホン酸アミン塩の発光スペクトルは，アントラセン環同士の相互作用（π/π相互作用）が増えるにしたがって，長波長側にシフトする。すなわち，孤立した構造がもっとも短波長側にあり，スリップスタック型構造，ヘリングボーン型構造となり，配列の次元性が0次元，1次元，2次元となるにしたがって，長波長シフトする。

発光量子効率に関して，アントラセンと同じヘリングボーン型構造の結晶では，アントラセンと同様の構造を示すのにもかかわらず，低い値となっている（表1）。これはアントラセンに電子吸引基であるスルホニル基が導入されていることと，スルホン酸とアミンによる水素結合が原因であると考えられる。これまで固相中における発光量子効率は，発光団に働く相互作用の強さが増加するにつれて低下すると報告されてきた。しかし，一連のアントラセンジスルホン酸アミン塩系では，相互作用の少ない孤立した0次元の構造がもっとも高い量子効率を示すが，次に高い量子効率を示すのは多くのπ/π相互作用を形成するヘリングボーン型構造である。π/π相互作用の比較的少ないスリップスタック型構造はきわめて量子効率は低く，わずか数%である。この結果から，結晶中で発光効率を支配するのはこれまで考えられてきた発光団に働く相互作用だけではなく，他の要素があることが示唆された[8]。そこでそれぞれの結晶構造を精査すると，発光量子効率の低いスリップスタック型構造では発光団（アントラセン部位）周りの空間が非常に大きく，強く固定されていないことがわかった（図5）。また，同じ低収率のスリップスタック型構造の中でも，発光団周りの空間充填率が高く，分子振動の小さなものほど高い量子効率を示す。さらに低温にすると同等の発光強度を示すことから，結晶中ではこれまで考慮に入れられていなかった振動失活が存在し，大きな影響を与えていることが明らかとなった。アミン成分としてベンジルアミンを用いると，スリップスタック型構造を形成するが，フェニル基により発光団

表1 種々のアントラセンジスルホン酸アルキルアンモニウム塩の結晶中における発光量子効率

amine	Me	Et	isoPr	n-Bu	t-Bu	n-Am	t-Am	n-Hep
quantum efficiency Φ_F	0.25	0.22	0.09	0.01	0.36	0.02	0.52	0.54

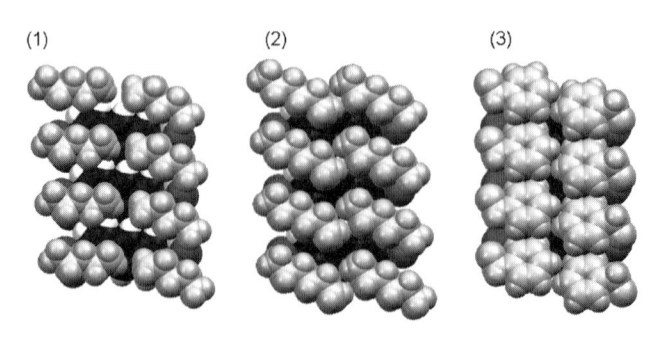

図5 結晶中における発光団（アントラセン）周りのパッキング様式
(1) n-ブチルアミン，(2) n-アミルアミン，(3) ベンジルアミン

第11章 超分子ポリマーの階層的構築および機能性ナノ空間に基づく革新的機能の創出と応用展開

周りの空間は完全に充填され，同じ発光スペクトルでありながら高い量子効率を示すようになる。

一方 tert-アミルアミン，n-ヘプチルアミンを用いた結晶構造では，スルホニル基が導入された不利な状況でありながら，無修飾のアントラセンよりも高い量子収率を示す。これらのアミンではアントラセン部位が孤立した構造となるために π/π 相互作用がなく，周りをアミンの置換基でしっかり固定されることによって振動失活が抑えられた理想的な配列を形成しているためである。このようにアントラセン（発光団）の配列や周囲環境を制御することによって，発光を抑制したり，増進させることが可能である。

5 第3成分による発光特性制御

このような発光挙動は第3成分によっても制御することが可能である[9]。キラルな脂肪族アミンである sec-ブチルアミンでは，それぞれの R 体，S 体のエナンチオマー一方だけを用いた場合，スリップスタック型構造を形成する。これに対して，ラセミ体を用いたとき，種々の有機物を取り込んだ包接結晶となる。同じ6員環構造であるジオキサン，チオキサン，ベンゼンを包接させると，それぞれ同系包接結晶を与える。アントラセン部位はそれぞれ1次元状の集合様式を形成するが，包接される有機物によって特異な配列を形成する。チオキサン，ベンゼンを包接した結晶では，アントラセン部位はスリップスタック型構造をとるが，ジオキサンを包接させた結晶では，ジグザグ型構造を与える（図6下）。これにより，アントラセン間に働く π/π 相互作用

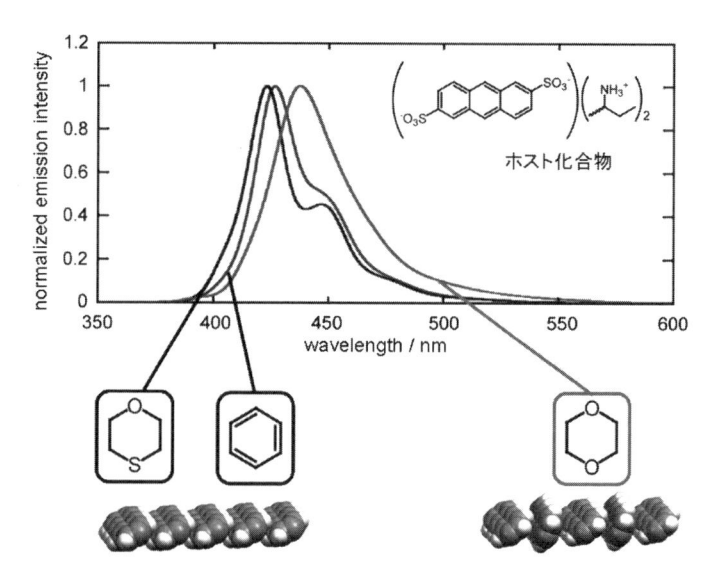

図6 アントラセンジスルホン酸 sec-ブチルアンモニウム塩の包接結晶中における蛍光発光スペクトルとアントラセン部位のパッキング様式

が変化し，その発光挙動，発光素過程は異なる。スリップスタック型構造による発光は，振動構造をもつモノマー発光である（図6上）。一方，ジグザグ型構造からの発光は，長波長シフトしているが励起スペクトルはモノマー発光と同様であり，ストークスシフトが大きく，ブロード化していることから，エキシマー発光であると推察される。このようなアントラセンの常温固体状態でのエキシマー発光は非常に稀な例である。またこれらのジオキサン，チオキサン，ベンゼンは連続的に交換可能であり，微視的な構造変化を伴って，発光挙動，発光素過程が変換する。

6 おわりに

本稿では非共有結合を用いて，機能性部位と構造制御部位を自己組織化し，その配列に応じて物性・機能を変調できることについて述べた。非共有結合としてスルホン酸とアミンの間で形成される強固な水素結合をもちいており，様々な有用性がある。現在ナノテクノロジーのアプローチとしてボトムアップ方式が注目されているが，これら多成分の構成分子でできている有機複合塩は，電気，磁気，光など様々な物性・機能のスクリーニングに非常に適したシステムである。

文　　献

1) A. W. Czarnik et al., Acc. Chem. Res., 1994, **27**, 302 (1994)
2) C. W. Tang et al., Appl. Phys. Lett., **70**, 1665 (1997)
3) D. Stalke et al., Angew. Chem., Int. Ed., **42**, 783 (2003)
4) J. L. Scott et al., New J. Chem., **28**, 447 (2004)
5) K. Yoshida et al., J. Chem. Soc., Perkin Trans. **2**, 708 (2001)
6) N. Tohnai et al., Chem. Commun., 1839 (2005)
7) N. Tohnai et al., Bull. Chem. Soc. Jpn., **80**, 1162 (2007)
8) N. Tohnai et al., Chem. Commun., 2126 (2006)
9) N. Tohnai et al., Org. Lett., **8**, 4295 (2006)

第12章　超分子相分離構造の設計と機能化

藤田典史*

　分子の機能発現には，分子間にはたらく弱い相互作用が重要かつ不可欠であることが明らかになっている。超分子化学はこのような分子間相互作用に立脚した新しい構造や機能性を見いだすことを目的とした分野であるが，これまで研究対象とされてきたものの多くは固体や溶液であった。近年になり，超分子化学の新しい研究対象として，オルガノゲルの報告が増えている。

　オルガノゲル化剤は比較的低分子量の有機化合物が用いられる。事前に設計されたゲル化剤分子は，溶液中で加熱により溶解し，放冷過程において一次元状に集積して発達した三次元網目構造を与える。溶液中に生じたナノスケール網目状の隙間に溶媒分子が取り込まれてその運動性が極端に低下し，マクロにも流動性を失ったゲル状態が生じると理解されている。この過程は，結晶化に酷似した現象だが，結晶においては分子が三次元的に配列していることを考えると，オルガノゲルは一次元方向に特異的に成長した擬結晶と見なすこともできよう。その分子設計においては，ゲル化剤分子と溶媒分子をいかにミクロ相分離（超分子—溶媒相分離）させるかが鍵となる（図1）。

　オルガノゲルのゲル化現象自体は18世紀後半には，既に報告されている[1]。しかしながら，

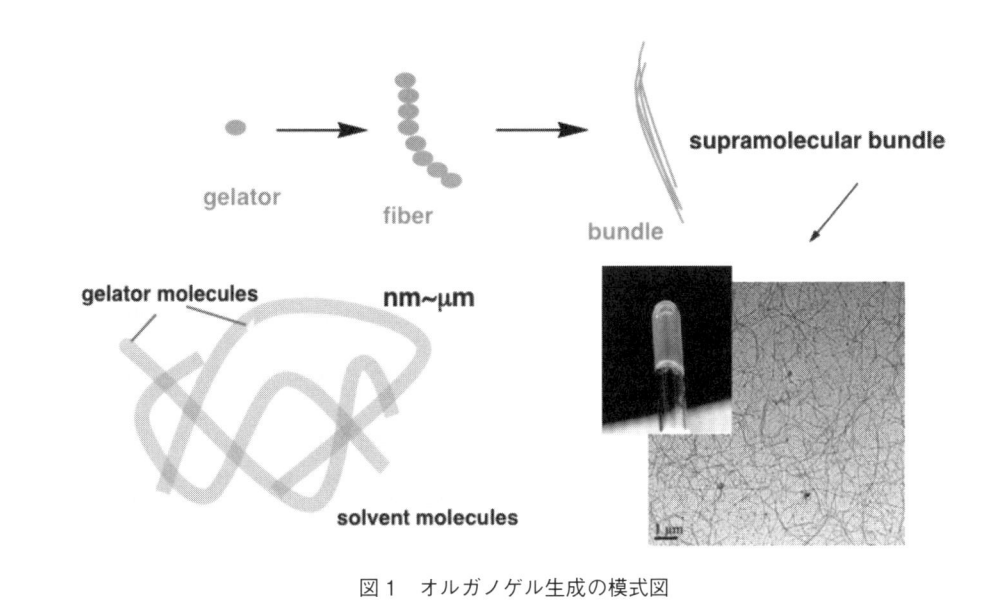

図1　オルガノゲル生成の模式図

＊　Norifumi Fujita　東京大学　大学院工学系研究科　化学生命工学専攻　講師

ごく最近までゲル化の詳細なメカニズムや構造については言及されず,オルガノゲルはもっぱら食品の増粘剤や化粧品の改質剤,廃油の凝固剤などといった用途に用いられてきた。1980年代にコレステロールを基体としたオルガノゲル化剤が発見され,ゲル化能とゲル化剤分子構造の相関解明が検討され,オルガノゲル内における分子の集積状態が電子顕微鏡などの分析技術の発達によって明らかにされた[2]。最近では,オルガノゲル内に生成する発達したナノスケールの繊維状集合体のナノデバイスへの応用について注目が集まっている。

発達した芳香族系化合物の中には,固体中で一次元状にスタックし,半導体性や導電性を示すものがある。このような有機導電体は軽量化・柔軟性などを活かしたプラスチックエレクトロニクスの中心に位置する素材として期待が高まっている。有機導電体の代表的な例であるテトラチアフルバレン(TTF)骨格をオルガノゲル化剤に組み込み,ナノスケールの導線を得る試みが検討された[3]。一般に,発達した芳香族系化合物は剛直な平面分子構造とπスタックによる強い自己会合性を有し,溶媒和による単分散化を受けにくい。図2に示したTTF誘導体の側鎖は比較的柔軟な構造を有するアルボロール誘導体を含み,これがゲル化剤の溶媒への可溶化を促進すると共に疎水的なアルキル側鎖が疎水相互作用による分子集合に貢献している。一方,TTF部位は強いπスタックにより一次元的に凝集する性質があり,側鎖の良溶解性とは対照的である。溶媒への加熱溶解後,放冷により分子を再組織化させることで,溶解性の違いが設計に組み込まれたTTFゲル化剤の超分子相分離によるナノスケールの導線,即ちナノワイヤが作成された。その後同種の系において測定された導電性の値は決して高いものでは無かったが,分子集合を鍵としたボトムアップ的なアプローチにより,ナノスケールのデバイスが得られた点において意義深い。最近では,TTF骨格を有するゲル繊維が,剪断流動[4]や液晶場[5]において異方的に配向した例も報告されている。

半導体性有機化合物をオルガノゲルに導入した例も報告されている。8-キノリノール骨格は,EL材料における電子輸送層として用いられるAlq_3の配位子として知られている。一次元状スタックに有利なように,平面四配位型錯体を形成するPt(II)・Pd(II)・Cu(II)を用いた8-キノリノール錯体がオルガノゲルに導入された。ゲル化駆動部位としてアルキル長鎖を有する三置換ベンゼンを用い,アルキル鎖間のvan der Waals力・アミド部位間の水素結合・キノリノール環

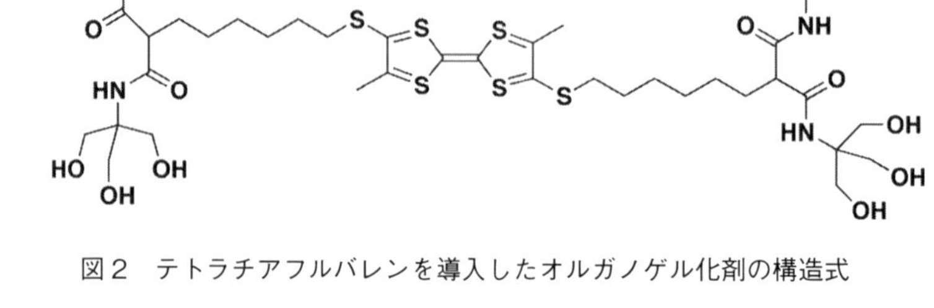

図2 テトラチアフルバレンを導入したオルガノゲル化剤の構造式

第12章　超分子相分離構造の設計と機能化

間のπ-π相互作用などの非共有結合性相互作用の効果を期待して配位結合性低分子ゲル化剤 2M（M = Pt, Pd, Cu）が設計された。炭化水素などの無極性溶媒中ではアルキル鎖間の相互作用はほとんど期待できないがアミド部位間の水素結合は効果的に働くと考えられ，極性溶媒中ではその逆である。複数の分子間相互作用を同一のオルガノゲル化剤内に組み込む戦略は，多様な有機溶媒に対してゲル化能を獲得する方策である。実際に 2M は良好なゲル化能を示し，極性溶媒から非極性溶媒まで少なくとも 26 種類の有機溶媒を固化させる。2M から得られるゲルを透過型電子顕微鏡（TEM）により観察すると，ゲル繊維内に存在する 1 本の一次元状分子集合体の直接観察に成功した（図3）。

さらに，紫外可視吸収スペクトル測定，粉末 X 線回折測定の結果より，ゲル状態では 2Pt の錯体部位は J 会合様式でスタッキングしていることが明らかとなった。この J 会合に伴い錯体部位の ILCT バンドが長波長シフトするため，ゾル-ゲル相転移により溶液の明瞭な色調変化が観察された。半導体性ゲル化剤 2M が与えるナノスケールの繊維は電圧印可により，その先端から電子を放出する可能性がある。オルガノゲルは高い粘稠性を有するため成形性・成膜性などの材

図3　8-キノリノール錯体を基体としたオルガノゲル化剤の構造式とその電子顕微鏡写真

次世代共役ポリマーの超階層制御と革新機能

料加工性に優れているが，2M ゲルで表面を修飾した ITO 電極を用いて，高真空下で電界電子放出能を評価したところ，2Pt, 2Cu, 2Pd はそれぞれ 40 V/μm, 80 V/μm, 120 V/μm 付近で turn-on field があらわれ，ゲル繊維の末端から電子を放出することが示唆された。有機材料を基体とした電子銃の作成が期待される。

2Pt は室温でリン光発光性を示す。EL 材料の作成において効率的な発光素子を作成する上で，高い発光量子収率を有するリン光性材料が注目されている。リン光性材料を有効に扱う上で重要なことは，いかにして励起三重項状態の酸素による消光を抑制するかである。オルガノゲル中において溶媒とゲル化剤分子とがナノスケールで相分離構造を形成していることに着目し，ゲル化剤にリン光性部位を導入することで，溶媒中の酸素からリン光性部位が隔離されリン光消光を抑制できる可能性がある。2Pt ゲルの酸素に対する消光効率（$E_{\text{v.s.02}}$）を，参照化合物 3Pt と比較して評価した。その結果，2Pt がゲルを形成する溶媒中では，2Pt の $E_{\text{v.s.02}}$ は 3Pt の 2〜4 倍程度であった。一方で 2Pt がゲルを形成しない溶媒中では，$E_{\text{v.s.02}}$ はほとんど変わらなかったことから，ゲル繊維の周囲に存在するアルキル鎖はその消光挙動にはほとんど関与せず，ゲル化による相分離が効率的な酸素消光の抑制に主に関与していることが明らかとなった（図4）[6,7]。

オルガノゲルはそのほとんどが溶媒によって構成されているため，その強度は本質的に低い。上述の超分子-溶媒相分離構造（低分子ゲル）において，高分子を溶媒として用いることで得られる相分離構造の強度を高めることが可能である。ペリレン核を有する低分子ゲル化剤（4）[8]が，芳香族系溶媒をゲル化することに着眼して，ポリスチレンを混合し乾燥したところ，安定で透明な自立性高分子複合化薄膜が得られた。得られた高分子・超分子複合フィルムは充分な力学強度を有し，マトリックスであるポリスチレンのガラス転移点以上において適当な剪断応力を加えることで一次元低分子ゲル組織のみが応力方向に完全配向する現象が現れた（図5）。小角 X 線散乱などからこの一次元分子集合体は，低分子ゲル化剤と高分子の体積分率に応じた一定の周期で高分子マトリックス内に配向分散していることが明らかとなった。導電性媒体としても注目されている機能性πスタック超分子ポリマーを支持高分子中に配向して埋包させうる本手法の三次元高度長距離秩序性発現メカニズムの解明と共に，得られたフィルムの偏光フィルム特性（ポラロ

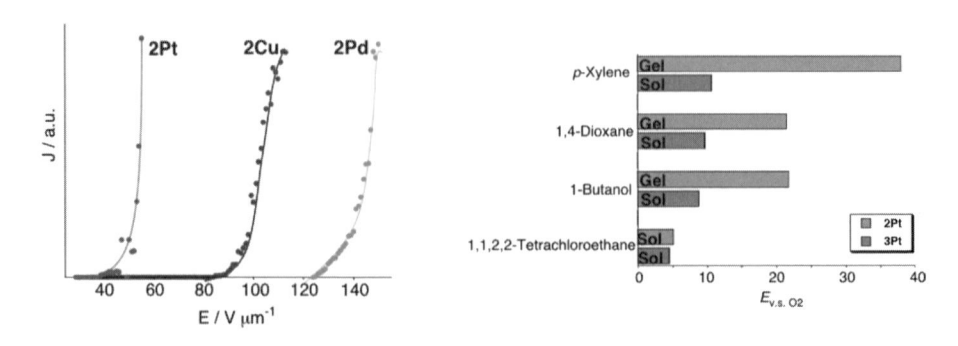

図4 （左）2Pt, 2Cu, 2Pd の電界電子放出能と（右）2Pt のリン光消光阻害能の評価

第12章　超分子相分離構造の設計と機能化

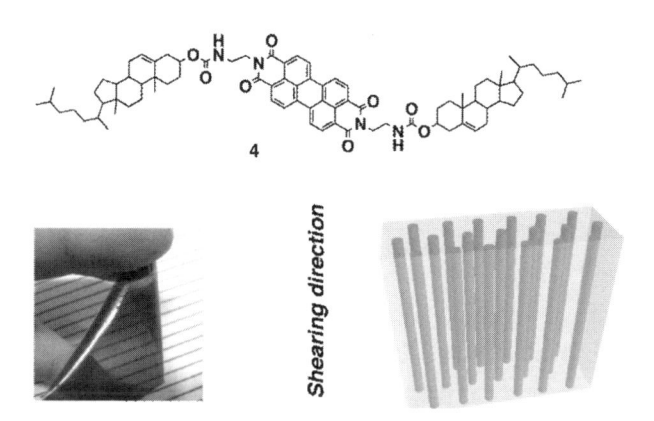

図5　ペリレンを基体としたオルガノゲル化剤の構造式と高分子複合体の写真

イドフィルム），異方導電フィルム特性，配向した数 nm–十数 nm の一次元状分子集合体の断面が露出したフィルム側面からの電界電子放出素材への応用が待たれる[9]。

　以上，超分子化学の新しい展開の一つである超分子相分離構造についていくつかの例をふまえて紹介した。オルガノゲルを含む超分子相分離構造は溶液・固体・液晶の間に位置し，有機物・無機物を分子設計に組み込むことが可能であり，低分子のみならず高分子もその対象となる非常に広い分野である。様々な立場から今後も引き続き基礎的な知見が積み重なり，近い将来次世代基盤技術の中核に位置するプラスチックエレクトロニクスの一躍を担うことが期待される。

文　　献

1) T. Grhaham, *Phil. Trans. Roy. Soc.*, **151**, 183–224 (1861)
2) 総説として P. Terech, R. G. Weiss, *Chem. Rev.*, **97**, 3133–3159 (1997)
3) M. Jørgensen, K. Bechgaard, T. Bjørnholm, P. Sommer-Larsen, L. G. Hansen, K. Schaumburg, *J. Org. Chem.*, **59**, 5877–5882 (1994)
4) K. Kitahara, M. Shirakawa, S. I. Kawano, U. Beginn, N. Fujita, S. Shinkai, *J. Am. Chem. Soc.*, **127**, 14980–14981 (2005)
5) T. Kitamura, S. Nakaso, N. Mizoshita, Y. Tochigi, T. Shimomura, M. Moriyama, K. Ito, T. Kato, *J. Am. Chem. Soc.*, **127**, 14769–14770 (2005)
6) M. Shirakawa, N. Fujita, T. Tani, K. Kaneko, S. Shinkai, *Chem. Commun.* 4149–4151 (2005)
7) M. Shirakawa, N. Fujita, T. Tani, K. Kaneko, M. Ojima, A. Fujii, M. Ozaki, S. Shinkai, *Chem. Eur. J.*, **13**, 4155–4162 (2007)
8) K. Sugiyasu, N. Fujita, S. Shinkai, *Angew. Chem. Int. Ed.*, **43**, 1229–1233 (2004)
9) To be submitted.

第13章　アニオン応答性ナノ構造の創製

前田大光*

1　はじめに

　sp^2 混成軌道を基盤とした平面状構造を容易に形成する正電荷を有する有機分子（カチオン素子）と対照的に，平面性を維持した負電荷を帯びた有機分子（アニオン素子）を得るためには，芳香環などの共役系への組み込みによる過剰電子の非局在化が不可欠である。これまでおもにセンサー素材として利用されてきたアニオンレセプターに焦点を当てると[1]，π共役系ユニットから構成される平面状レセプター素子と無機アニオン（ハライドなど）の組み合わせによって，形状（大きさ）や電荷非局在性およびこれらと相関する集積化能などのパラメータを自在制御可能な「平面状アニオン素子（会合体）」の創製が実現可能となる。また，正電荷および負電荷を有するユニットから構成される「有機塩（イオンペア）」に注目すると，たとえばテトラブチルアンモニウムヨージドは室温で結晶すなわち3次元組織体固体状態を形成し[2]，一方，ジアルキルイミダゾリウム塩に代表される常温イオン液体は局所的なクラスター構造を形成するものの平均的には秩序的な組織体を形成しない0次元体として，反応溶媒などの汎用素材として利用されている[3]。これらの有機分子からなる塩（イオンペア）に対し，正電荷および負電荷を有する有機素子の交互配列による次元が制御された組織構造形成の例はこれまでにない。平面状電荷素子（カチオン，アニオン）から構成される次元制御型有機塩は，結晶や液状とは異なる適度な構成素子の移動能力を有し，局所的な配列形態制御による「超分子強誘電体」の構築が期待できる。以上の観点から，筆者のグループでは平面状構造を有するπ共役系アニオンレセプターを新たに設計・合成し，溶液中でのゲスト種（アニオン）との会合能の評価，レセプターからなる組織体構造形成，およびそのアニオン応答性の発現を検討している[4]。

2　π共役系非環状型アニオンレセプターの合成と共役系拡張への展開

　2005年に筆者らは1,3-ジピロリル-1,3-プロパンジオン（ジピロリルジケトン）のBF_2錯体（**1a**）を初めて報告し，この平面状π共役系色素分子がアニオンに対してピロールNH部位と架橋CH部位で相互作用し，平面状会合体を形成することを明らかにした（図1(a)）。この非環状型アニオンレセプターは2個のピロール環が「反転」することによってアニオンとの会合体形成

---

*　Hiromitsu Maeda　立命館大学　総合理工学院　薬学部　薬学科　准教授；㈱科学技術振興機構　さきがけ

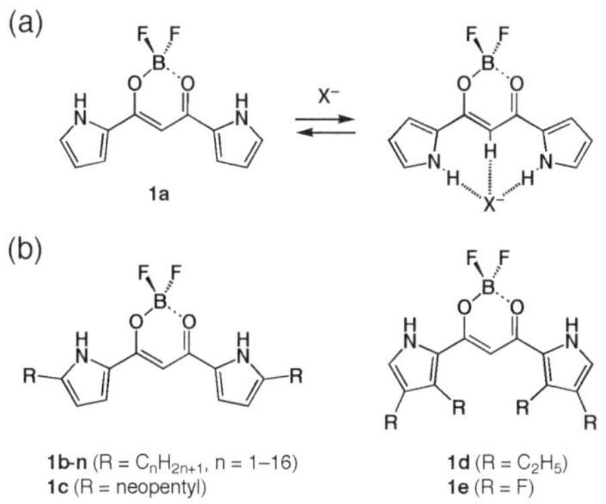

第13章　アニオン応答性ナノ構造の創製

図1　(a)非環状型アニオンレセプター（モレキュラーフリッパー）1a およびそのアニオン会合モード，(b)ピロール α 位または β 位に置換基を有する非環状型アニオンレセプター 1b-e

　が可能になり，すなわち外部刺激（アニオン）によって2種類の平面状構造を遷移する空間制御が可能な平面状レセプター（モレキュラーフリッパー）として捉えることができる。実際に有機溶媒中ではNMR測定によって，アニオン（テトラブチルアンモニウム（TBA）塩）添加にともなうピロールNHおよび架橋CHのシグナルが低磁場シフトする様子が見られた。さらに，レセプター分子（1a）はCH_2Cl_2中で可視光領域である432 nmおよび451 nmに最大吸収および蛍光を示し，アニオン（TBA塩）添加によって溶液の色彩・発光挙動が変化することからセンサー素子としての可能性が期待できる[5]。また，両端のピロールNH部位の間に位置するCH部位が効果的なアニオンとの会合体形成に不可欠であることは，ピロールN部位や架橋C部位をアルキル置換したレセプターを合成し，そのアニオン認識能の評価によっても示唆された[6]。

　モレキュラーフリッパーを構成する π 共役素子ピロール環はポルフィリンの基本ユニットとして古くから知られており，また反応性や選択性から多様な誘導体が合成されている[7]。多様なピロール誘導体ライブラリーを基盤とし，種々の置換基を非環状型アニオンレセプター骨格に導入することによって，多様な電子物性や光物性を π 共役系レセプター素子に付与することが可能となる。実際に，ピロール α 位をアルキル置換したピロールを出発原料としてレセプター誘導体（1b-n，1c，図1(b)）を合成したところ，アルキル鎖が長くなるにつれ，アニオンに対する会合能の低下が見られ，さらにストップトフロー法によって会合速度の低下が観測された[5, 8]。また，ピロール β 位がエチル基で置換されたレセプター（1d，図1(b)）は α 位を反応点として有しているため，共有結合多量化可能なビルディングブロックと見なすことができる[9]。さらに，β 位を電子求引性基であるフルオロ基で置換したレセプター（1e，図1(b)）は相互作用部位（NH，CH）の分極が大きく，アニオンに対する会合定数の増大が示された[10]。一連の非環状型アニオンレセプター誘導体のアニオン認識能を検証した結果，①周辺置換基の電子供与性・求引性，②周辺置換基の立体障害，さらに，③ピロール環が反転した空間固定構造（予備組織化構造）の相対安定性，が重要な要因であることが明らかとなった。

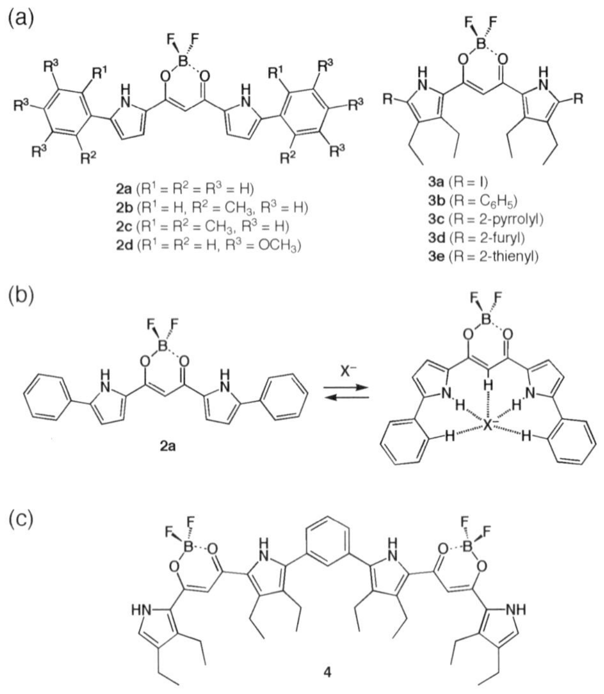

図2 (a)芳香環置換アニオンレセプター2a-d,ヨウ素置換体3a,β-エチル置換芳香環置換レセプター3b-e, (b)芳香環置換アニオンレセプター2aのアニオン会合モード,(c)フェニレン架橋レセプター2量体4

　π共役系拡張を目的として,アニオンレセプターのα位に芳香環の導入を検討した。クロスカップリングによって得た芳香環置換ピロールを出発原料として芳香環置換型アニオンレセプター (2a-d,図2(a)) を合成し,たとえばフェニル置換誘導体 (2a) の場合,側鎖 o-CH 部位もアニオンに対する相互作用部位としてふるまうことが明らかとなった (図2(b))[11]。一方,β-エチル置換レセプター (1d) にNISを作用させることによって,ピロールα位を選択的にヨウ素化することに成功し,ヨウ素二置換体 (3a) および一置換体を基軸とした,フェニル置換誘導体 (3b) やアニオンレセプター2量体 (4,図2(c)) の合成が実現した。これはβ-無置換型芳香環置換レセプター (2a-d) の合成とは異なり,レセプター骨格からの容易な誘導体合成や共有結合多量化が可能になったことを示している[12]。実際に,ヨウ素置換体 (3a) を出発原料としてピロール,フラン,チオフェン環を導入した誘導体 (3c-e,図2(a)) を合成し,置換基に依存した電子状態の変調が見られた。たとえば,CH_2Cl_2 中での最大吸収は451 (1d),499 (3b),527 (3e),551 (3c) nmであり,最大吸収で励起した場合の発光はそれぞれ471 (1d),535 (3b),570 (3e),598 (3e) nmであった。分極したNH部位を複数個有するピロール置換レセプター (3c) は,多点水素結合に起因してアニオンに対する非常に高い会合能を示した[13]。一連の芳香環置換によるπ共役系の拡張により,フリーレセプターおよびアニオン会合体のいずれにおいても平面性 (=平面領域) の増大が誘起され,積層構造の形成および機能性マテリアル創製

第 13 章　アニオン応答性ナノ構造の創製

への展開が期待できる。

3　π共役系非環状型アニオンレセプターの積層化による機能発現

　固体状態における非環状型アニオンレセプターの集積化形態は，単結晶X線構造解析によって明らかとなった（図3）。たとえば，無置換型レセプター（**1a**）[5,14]や α-アルキル置換レセプター（**1b-1, 4, 1c**）[5,8]，β-フルオロ置換レセプター（**1e**）[10]の場合，π面がスリップした1次元積層構造が形成された。また，芳香環置換レセプター（**2a, b, d**）のなかでも，とくに**2b**は末端芳香環のコアレセプター部位に対する傾きが顕著であり，一方 o-位がジメチル化されたレセプター（**2c**）では積層構造が形成されなかった[11]。対照的に，**1b-2** および β 位にエチル基を有する誘導体（**3a-e**）は芳香環の有無にかかわらず対面型2量体の形成が見られた[8,9,12,13]。これらのレセプター分子は良溶媒中では単分散状態で存在し，一方，貧溶媒中では規則的な3次元組織体（結晶構造）を形成する。π共役系分子の規則的な集積体形成に起因する，単結晶状態における光物性や導電性の評価に興味がもたれる。

　非環状型アニオンレセプターへの側鎖芳香環の導入によって，π共役系拡張だけでなく，芳香環をプラットフォームとした多様な置換基のレセプター骨格への連結が可能となり，分子集積化や機能性マテリアル[15,16]への展開が実現しうる。組織構造を形成する素子（ビルディングブロック）がアニオン応答性を有するため，分子レベルの構造変化が系全体に伝播することが期待でき

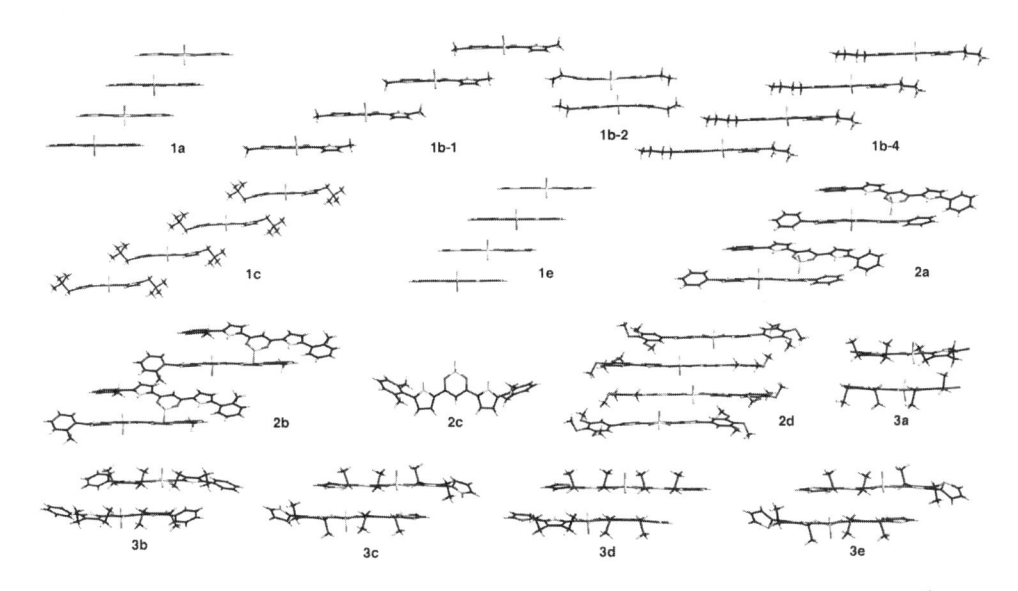

図3　固体状態における非環状型アニオンレセプターの集積化構造（単結晶X線構造解析）
CCDC#：270295（**1a**），666247（**1b-1**），666248（**1b-2**），666249（**1b-4**），288404（**1c**），290270（**1e**），639766（**2a**），639767（**2b**），639768（**2c**），639770（**2d**），680227（**3a**），680228（**3b**），585533（**3c**），585534（**3d**），585535（**3e**）.

る。しかし，アニオン応答性組織構造の制御を体系的に検証するためには，アニオン認識能を有する，機能性誘導体への変換が容易なビルディングブロックの創製が効果的であり不可欠であるが，その開発が途上段階にあるのが現状である。そこで，長鎖アルキル基を有する非環状型アニオンレセプター（5a-c, 図4(a)）を合成したところ，これらはオクタン中（10mg/mL）でゲルを形成し，ゲル－溶液間の転移温度はそれぞれ－8.5℃（5a），4.5℃（5b），27.5℃（5c）であることから，アルキル鎖が長くなるにつれゲルは安定化することが分かった。ヘキサデシルオキシ置換された5cのオクタンゲル（10mg/mL）のUV/vis吸収スペクトルは525および555nmの最大吸収と470nm付近のショルダーからなる分裂したバンドを示し，オクタン溶液に単分散している希釈条件（10^{-5}M）での単一ピーク（493nm）と対照的であることから，H会合とJ会合が混在した集積体がゲル形成に寄与していることが示唆された。オクタンゲルは654nm（励起波長470nm）に発光を示し，希釈溶液（533nm発光，励起波長493nm）と比較して長波長へのシフトが観測された。この蛍光性オクタンゲルに各種アニオンのTBA塩（10当量）を固体のまま添加したところ，アニオン塩周辺から時間をかけて溶液へと転移する過程が観測され（図4(b)），その経過時間はアニオン種に依存した。この転移過程はアニオン塩のゲルへの分散効率が大きく関与しているが，言い換えるとゲルを形成しているレセプターがアニオンと会合し，それと協奏的にTBAカチオンが近傍に配置することが「溶解」に重要な要素であることが示唆された（図4(c)）。アニオン添加にともなう吸収および発光スペクトルも変化し，集合体から単分散

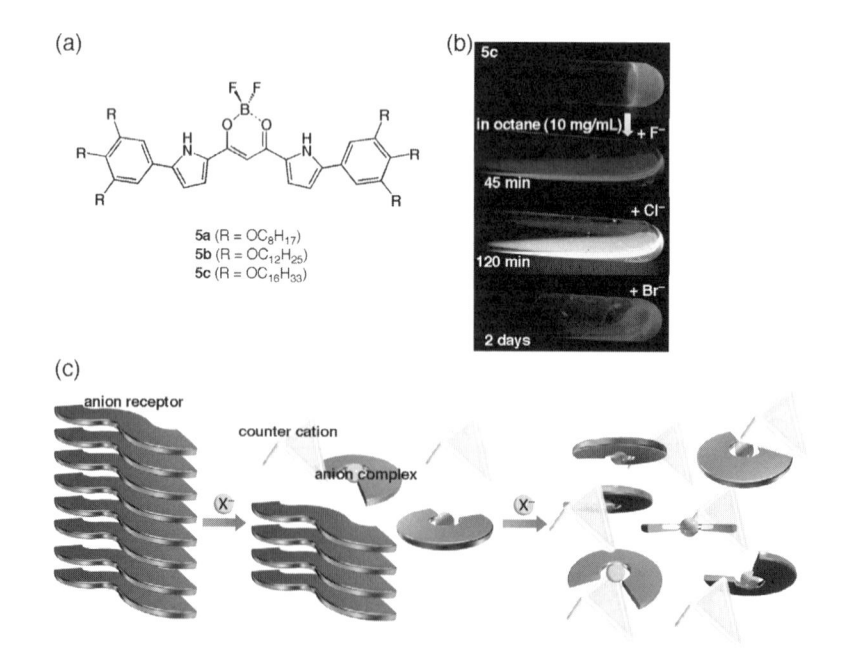

図4 (a)非環状型アニオンレセプター5a-c, (b)5cのオクタンゲル（10mg/mL）におけるアニオン応答性（365nm UV光照射下），(c)アニオンレセプター素子から構成される組織構造のアニオン応答モデル

第13章　アニオン応答性ナノ構造の創製

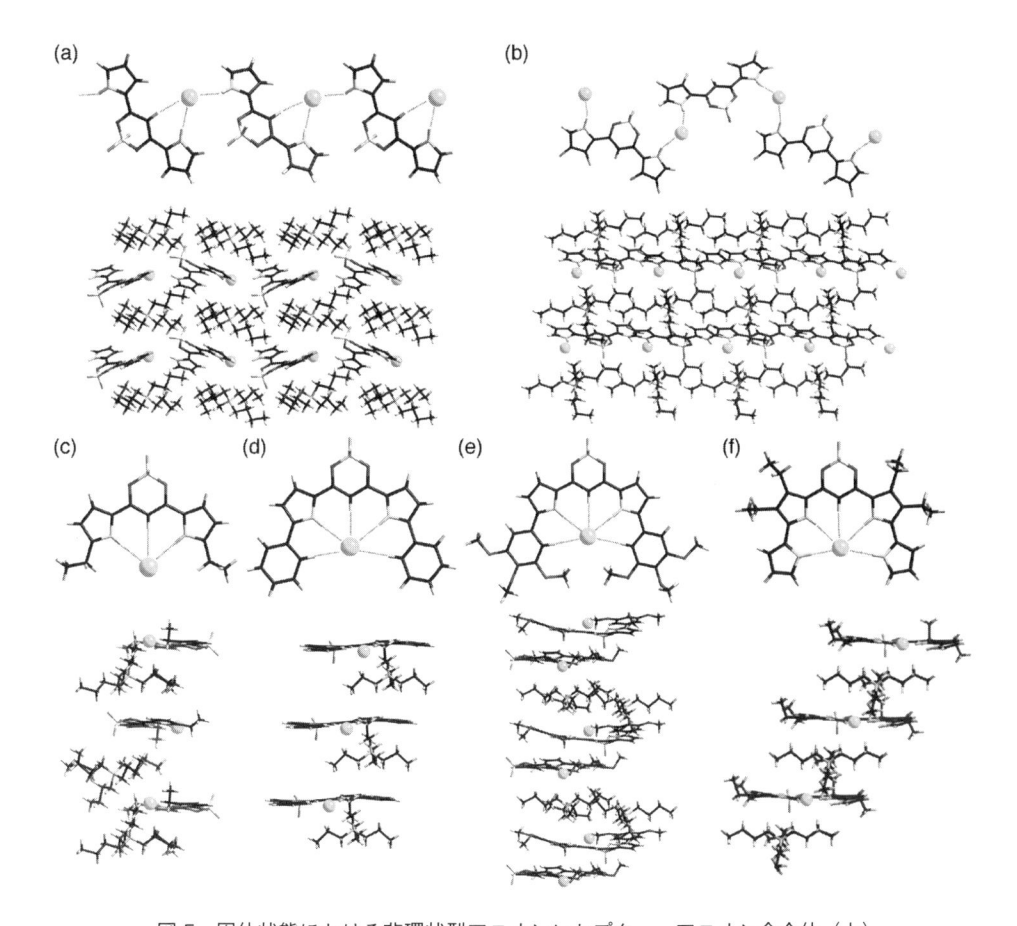

図5　固体状態における非環状型アニオンレセプター－アニオン会合体（上）
および対カチオンとの集積化構造（下）（単結晶X線構造解析）
(a) **1a**·Cl⁻；(b) **1e**·Cl⁻；(c) **1b-2**·Cl⁻；(d) **2a**·Cl⁻；(e) **2d**·Cl⁻；(f) **3c**·Cl⁻．CCDC#：270297（**1a**·Cl⁻），290271（**1e**·Cl⁻），666250（**1b-2**·Cl⁻），646480（**2a**·Cl⁻），639771（**2d**·Cl⁻），585536（**3c**·Cl⁻）．

状態への転移を示唆した[11,17]。

　周辺に長鎖アルキル基を持たない非ゲル化剤レセプター分子のアニオン（テトラアルキルアンモニウム塩）との会合体は，良溶媒中において単分散状態で存在し，一方，炭化水素溶媒（貧溶媒）において単結晶を形成する場合があり，X線構造解析によって固体状態での集合体形成の詳細が明らかとなった（図5）。無置換型レセプター（**1a**）およびβ-フルオロ置換レセプター（**1f**）の場合，溶液中での会合モードと異なり，固体状態ではアニオン架橋型1次元鎖状構造を形成し，さらに対カチオンがその鎖状構造と交互に配列していることが分かった[5,10]。一方，アルキル置換型レセプター（**1b-2**）は溶液中と同様の会合モードを与え[8]，さらに芳香環置換レセプター（**2a，d，3c**）の場合も5点でのアニオン会合体を形成し，いずれもアニオン会合体と対カチオン間での積層構造が見られた[11,13]。現時点では固体状態での挙動に限定されているが，負電荷を有する

431

ユニット（レセプター-アニオン会合体）と対カチオンが規則的に配列した「電荷積層構造」の形成が確認された。このような3次元組織体（結晶）の集合体形態に基づき，種々の組織体形成条件を検討することにより平面状アニオン素子を基軸とした次元制御型塩への展開が期待できる。

4 おわりに

筆者のグループで合成したπ共役系非環状型アニオンレセプター（ジピロリルジケトンホウ素錯体）[18]は，溶液中で動的構造変化を示すセンサー素材としてだけでなく，固体（結晶）状態やソフトマテリアル（超分子ゲル）においてもアニオンとの相互作用を反映する構造変化および組織体形態の制御が可能であることが示された。アニオン認識部位を有するレセプター素子から構成される集合体が，アニオンとの相互作用による組織構造形成能の変調，すなわち集合体形成に寄与する相互作用部位がアニオンによって「ブロック」され，組織構造を「崩壊」または「変化」させることは，自然な現象と考えられる。これはアニオンを集合体阻害剤として利用するという点において，アニオンによって変調可能な機能性マテリアル創製に向けた準備段階に過ぎない。非ゲル化剤レセプター分子の結晶構造に見られたように，多様な特徴を有する負電荷種（アニオン）および対カチオンを集合体の構成要素として導入するという観点から，アニオンとレセプター素子の会合形態を維持しつつ組織構造を構築することによって，アニオン種の選択による物性制御および実用化を指向したマテリアル開発への展開が可能となる。今後，適切な分子設計と精密有機合成を駆使した構成ユニットの創製を基盤として，π共役系レセプターから形成される「平面状アニオン」素子を基軸とした，革新的機能を付与した多様なアニオン駆動型ソフトマテリアルの開発が期待される。

本研究は科学研究費補助金・特定領域研究「超階層制御」（2006/2007-2008年度）の援助を受け，立命館大学総合理工学院薬学部薬学科超分子創製化学研究室のメンバーによって実施されたものです。また分子集合体に関する各種評価手法の指導だけでなく，実際に種々の測定をしていただいたマックスプランク研究所コロイド界面部門グループリーダー・中西尚志博士（物質・材料研究機構主任研究員兼任），X線構造解析や質量分析など多大な便宜を図っていただいた京都大学大学院理学研究科・大須賀篤弘教授，現名古屋大学大学院工学研究科・忍久保洋教授ほか大須賀研のメンバー，およびNMRやUV/visをはじめ種々の分光装置を利用させていただいた立命館大学総合理工学院薬学部・民秋均教授ほか民秋研のメンバーに感謝いたします。

第13章　アニオン応答性ナノ構造の創製

文　　献

1) (a) Supramolecular Chemistry of Anions, A. Bianchi, K. Bowman-James and E. García-España, Eds.; Wiley-VCH, New York (1997); (b) Fundamentals and Applications of Anion Separations, R. P. Singh and B. A. Moyer, Eds.; Kluwer Academic/Plenum Publishers, New York (2004); (c) Anion Sensing, I. Stibor, Ed.; Topics in Current Chemistry, Springer-Verlag：Berlin, 255, pp. 238 (2005); (d) J. L. Sessler, P. A. Gale, W.-S. Cho, Anion Receptor Chemistry, RSC, Cambridge (2006)
2) W. Prukala, B. Marciniec and M. Kubicki, *Acta Cryst. E*, **63**, o1463-o1466 (2007)
3) たとえば，北爪智哉・淵上寿雄・沢田英夫・伊藤敏幸，イオン液体―常識を覆す不思議な塩―，コロナ社 (2005)
4) H. Maeda, *Eur. J. Org. Chem.*, 5313-5325 (2007) (Microreview) and references therein.
5) H. Maeda and Y. Kusunose, *Chem. Eur. J.*, **11**, 5661-5666 (2005)
6) C. Fujimoto, Y. Kusunose and H. Maeda, *J. Org. Chem.*, **71**, 2389-2394 (2006)
7) H. Fischer and H. Orth, Die Chemie des Pyrrols, Akademische Verlagsgesellschaft M. B. H., Leipzig (1934)
8) H. Maeda, M. Terasaki, Y. Haketa, Y. Mihashi and Y. Kusunose, *Org. Biomol. Chem.*, **6**, 433-436 (2008)
9) H. Maeda, Y. Kusunose, Y. Mihashi and T. Mizoguchi, *J. Org. Chem.*, **72**, 2612-2616 (2007)
10) H. Maeda and Y. Ito, *Inorg. Chem.*, **45**, 8205-8210 (2006)
11) H. Maeda, Y. Haketa and T. Nakanishi, *J. Am. Chem. Soc.*, **129**, 13661-13674 (2007)
12) H. Maeda and Y. Haketa, *Org. Biomol. Chem.*, **6**, 3091-3095 (2008)
13) H. Maeda, Y. Mihashi and Y. Haketa, *Org. Lett.*, **10**, 3179-3182 (2008)
14) 最近，結晶多形が得られた。H. Maeda, Y. Bando, Y. Haketa, S. Seki and N. Tohnai：to be submitted.
15) (a) J. N. Israelachvili, Intermolecular and Surface Forces, Academic Press, London, pp. 450 (1992); (b) I. W. Hamley, Introduction to Soft Matter - Polymers, Colloids, Amphiphiles and Liquid Crystals, John Wiley & Sons, Chichester, pp. 342 (2000)
16) (a) Low Molecular Mass Gelators, F. Fages, Ed.; Topics in Current Chemistry, Springer-Verlag, Berlin, 256, pp. 283 (2005); (b) T. Ishi-i and S. Shinkai, in Supramolecular Dye Chemistry, F. Würthner, Ed.; Topics in Current Chemistry, Springer-Verlag, Berlin, 258, 119-160 (2005); (c) Molecular Gels, R. G. Weiss and P. Terech, Eds.; Springer, Dordrecht, pp. 978 (2006); (d) P. Terech and R. G. Weiss, *Chem. Rev.* **97**, 3133-3159 (1997); (e) D. J. Abdallah and R. G. Weiss, *Adv. Mater.*, **12**, 1237-1247 (2000); (f) J. H. van Esch and B. L. Feringa, *Angew. Chem., Int. Ed.*, **39**, 2263-2266 (2000)
17) (a) H. Maeda, *Chem. Eur. J.*, **14**, in press (2008); (b) 前田大光，「アニオン応答性超分子ゲル」，超分子サイエンス (国武豊喜監修) NTS, in press (2008)
18) ジピロリルジケトンBF$_2$錯体だけでなく，ホウ素周辺をカテコール架橋した誘導体やジピロリルピラゾール誘導体が，それぞれ特徴的なアニオンとの会合挙動や組織構造形成を発現することを報告している。(a) H. Maeda, Y. Fujii and Y. Mihashi, *Chem. Commun.* 5285-5287 (2008); (b) H. Maeda, Y. Ito, Y. Kusuose and T. Nakanishi, *Chem. Commun.* 1136-1138 (2007)

第14章 共役ポリマー超階層構造のナノサイズ化による単一光子発生源の創製

増尾貞弘[*1], 板谷 明[*2], 町田真二郎[*3]

1 はじめに

近年，共役ポリマーは，有機ELをはじめ，有機薄膜トランジスタ，有機太陽電池，化学センサー，アクチュエーターなど光・電子デバイスとして，非常に魅力的な材料であることから幅広く用いられている。本章では，発光性共役ポリマーの単一光子発生源としての機能について紹介する。

単一光子発生源とは，ある時間に1つの光子のみを発生させることが可能な光源のことをいう。この単一光子発生源は，原理的に盗聴が不可能な究極の暗号通信である「量子暗号通信」などの次世代量子情報技術において必要不可欠なものである。これら量子情報技術では1つの光子に情報を持たせることが基本原理だからである。一般に光源といえばランプやレーザーを考えるが，例えばパルスレーザーの場合，1発のパルス内に含まれる光子数はポアソン分布であるため，どんなにレーザー光強度を低くしても，1発のパルスに常に1つの光子のみが含まれる状態を作り出すことは不可能である。そこで，これら光源からの光を励起光としてある物質に照射し，そこから得られる発光光子を単一光子発生源として用いる方法が多く用いられている[1]。例えば，1つの蛍光性分子に励起光を連続的に照射し，放出される蛍光光子を観測してみる（図1）。分子は光吸収により励起状態となり，蛍光光子を放射するか無輻射過程により基底状態に戻る。このサイクル1回につき，放出される光子の数は1つか0である。基底状態に戻った分子はまた励起される。このサイクルを繰り返すことにより，最低でも励起状態の寿命（τ）だけ離れて1つの

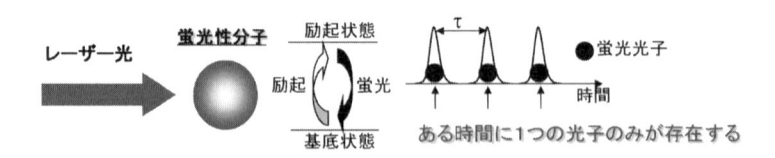

図1 単一光子発生源の概念図

---

* 1 Sadahiro Masuo 京都工芸繊維大学 大学院工芸科学研究科 高分子機能工学部門 助教
* 2 Akira Itaya 京都工芸繊維大学 大学院工芸科学研究科 高分子機能工学部門 教授
* 3 Shinjiro Machida 京都工芸繊維大学 大学院工芸科学研究科 高分子機能工学部門 准教授

第14章 共役ポリマー超階層構造のナノサイズ化による単一光子発生源の創製

光子が発生する。このように単一光子を発生させることが可能なものを単一光子発生源といい，ある時間には1つの光子のみが存在する状態を光アンチバンチングという。近年，単一光子発生源の開発は非常に多く行われており，単一原子[2,3]や単一イオン[4]の共鳴発光を始め，単一蛍光性分子[5,6]，単一量子ドット[7～9]，または固体中の単一不純物準位からの発光[10]など，いわゆる「単一量子システム」が単一光子発生源として働くことが一般に知られている。これに対し，複数の発光体から構成される「マルチクロモファ系」は，光励起により複数の発光体が同時に励起されてしまい，それらが同時に発光するために光アンチバンチングを示さないことが常識である。しかしながら，我々はこのようなマルチクロモファ系であっても，そのサイズをナノメートルスケールで制御することにより光アンチバンチングを示す，すなわち単一光子発生源として働くことを見出してきた[11～13]。これらの結果は複数の分子から構成される分子集合体であっても，サイズをコントロールすることにより単一光子発生源になり得ることを示唆している。本研究の目的は，発光性共役ポリマーからつくられた超階層構造をナノメートルサイズでうまく制御することにより，これまでにない高効率な単一光子発生源を創製することである。共役ポリマーの特徴として，主鎖のπ電子はモノマーユニット十数個にわたって非局在化しており，これらモノマーユニット十数個が1つのクロモファとして働くことが知られている[14]。そのため，共役ポリマー鎖1本がすでに複数のクロモファから構成されるマルチクロモファ系である。ここでは，共役ポリマー鎖1本について，その空間的サイズ，すなわち分子量や分子鎖のコンフォメーションをナノメートルサイズでコントロールすることにより，共役ポリマー鎖1本が単一光子発生源として働く条件について検討した[15]。

2 試料作製

発光性の共役ポリマーとしては，poly[2-methoxy-5-(2'-ethylhexyloxy)-p-phenylene-vinylene]（MEH-PPV，図2）を選んだ。分子量，すなわちクロモファ数と単一光子発生挙動の相関を観測するため，数平均分子量（M_n）55,000，125,000，および2,600,000 g/molのMEH-PPVを用いた。15モノマーユニットが1つのクロモファとして働くと仮定すると，これらのMEH-PPV単一分子鎖は，それぞれ14，32，670個のクロモファから構成されていることになる。以下，これらの分子量のMEH-PPVをそれぞれPPV14，PPV32，およびPPV670と略す。MEH-PPV単一分子鎖のコンフォメーションを制御する方法としては，MEH-PPV分子鎖をホストポリマー薄膜中に分散させる方法を用いた。ホストポリマーとしては，ポリメチルメタクリレート（PMMA），およびポリスチレン（PS）を用いた。MEH-PPVの溶解度パラメーターはPMMAよりもPSの溶解度パラメーターに近いことから，MEH-PPV分子鎖は，PMMA中においては縮まったつぶれたコンフォメーションを形成し，PS薄膜中においてはPMMA薄膜中と比べ，伸びたコンフォメーションを形成することが知られている[16]。そこで，これらのポリマー薄膜中にMEH-PPV分子鎖を極低濃度に分散させることにより，孤立した単一分子鎖のコンフォメー

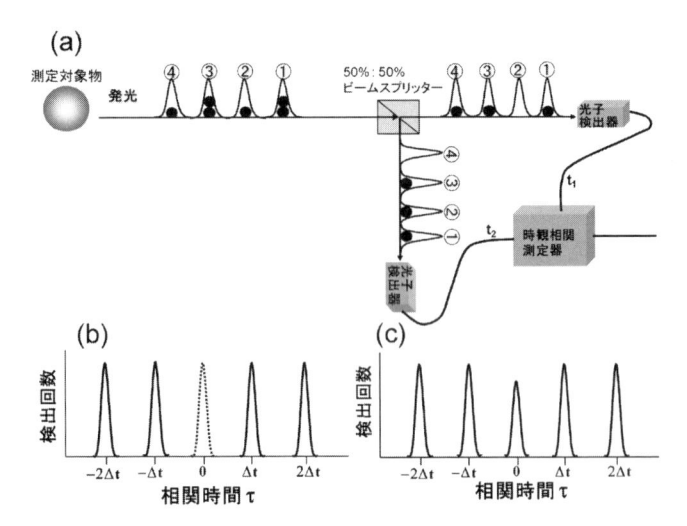

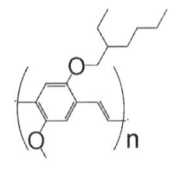

図2 MEH-PPVの構造式

図3 (a)光子相関測定の概念図，(b)，(c)光子相関のヒストグラム，(b)単一光子発生源の場合，(c)単一光子発生源でない場合

ションと単一光子発生挙動の相関を検討した。測定用試料は，MEH-PPV（約 10^{-10}M），およびホストポリマー（PMMA，またはPS）を1wt%含んだクロロホルム溶液を洗浄したカバーガラス上に滴下し，スピンコートすることにより作成した。

3 単一光子発生挙動の測定方法

単一MEH-PPV鎖の単一光子発生挙動は，Hanbury-Brown and Twissタイプ[17]の光子相関測定法（コインシデンス測定）により測定した。この測定法の概略図を図3に示す。測定対象物からの発光光子を50%:50%ビームスプリッターで2つに分けた後，それぞれを光子検出器で検出する。おのおのの光子検出器の出力パルスの時間差 $t_2-t_1 = \tau$ を測定することにより，その分布，すなわち光子（強度）相関の分布（ヒストグラム）（図3(b),(c)）が求められる。常に1個の光子が測定対象物から発せられている場合であれば，2台の光子検出器が同時に光子を検出する確率は0となるので $\tau = 0$ において相関は観測されない（図3(b)）。これに対し，複数の光子が同時に発せられている場合であれば，2台の光子検出器が同時に光子を検出する確率は高くなるので，$\tau = 0$ において相関が観測されることになる（図3(c)）。我々の測定では，この光子相関測定をステージ走査型共焦点顕微鏡下において行った。測定装置の概略図を図4に示す。励起光として，フェムト秒チタンサファイアレーザーからの基本波（発振波長976nm，パルス幅約100fs（半値幅），繰り返し80MHz）をパルスピッカー＆ダブラーを通して得られる第二高調波（488nm，パルス幅200fs，繰り返し8MHz）を用いた。これを油浸対物レンズにより集光し，ピエゾステージ上に置かれた単一MEH-PPV鎖を励起した。単一MEH-PPVからの発光光子は

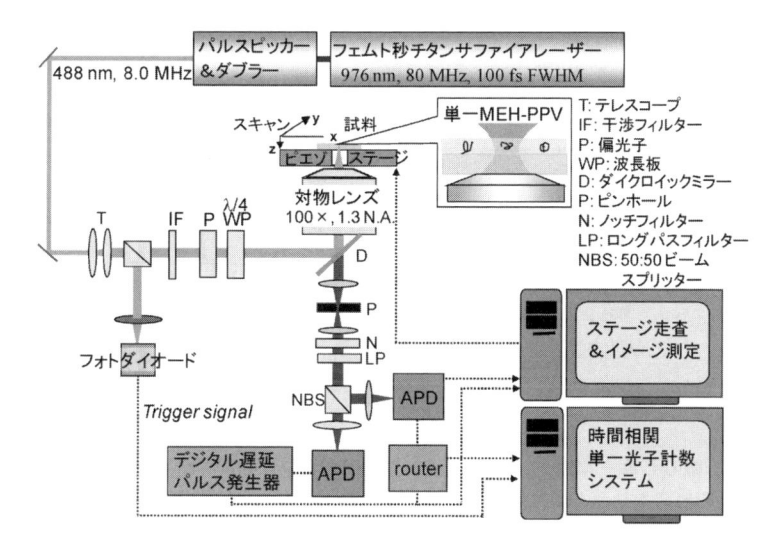

第14章　共役ポリマー超階層構造のナノサイズ化による単一光子発生源の創製

図4　測定装置の概念図

同じ対物レンズで集光し，共焦点ピンホールを通した後，光学フィルターにより励起光をカットした．その後，ビームスプリッターで2方向にわけ，それぞれを光子検出器（アバランシェフォトダイオード：APD）により検出し，光子相関測定を行った．測定はすべて室温・窒素雰囲気下で行った．

4　単一共役ポリマー鎖の単一光子発生挙動

図5(a), (b)には，PS中における単一PPV14分子鎖から得られた測定結果の一例を示す．(a)は発光強度の時間変化，(b)が光子相関のヒストグラムである．本実験では，8.0MHzの繰り返しでレーザー光を照射したため，光子相関のヒストグラム図5(b)において，光子が検出される時間は125ns（±発光寿命）ごととなっている．このヒストグラムにおいて，相関時間 $\tau = 0$ における検出回数が非常に少なくなっていることがわかる．この結果は，測定した単一PPV14分子鎖は常に単一光子のみを発していた，すなわち単一光子発生源として働いていたことを意味する．この光子相関のヒストグラムを定量的に評価するため，N_C/N_L 比を用いた．この N_C/N_L 比は，光子相関のヒストグラムにおいて $\tau = 0$ の検出回数（N_C）に対するその他の相関時間における検出回数の平均値（N_L）の比である．背景光の影響がない理想的な場合，常に1つの光子が発せられていればこの比の値は0となり，同時に発せられる光子数が常に2光子，3光子，4光子となるにつれ，この比は0.5，0.67，0.75となる．図6(a), (b)には約100個の単一PPV14分子鎖についてPMMA中，およびPS中で光子相関測定を行った結果，得られた N_C/N_L 比のヒストグラムを示す．図6(a)において，ほとんどの単一分子鎖は0.2以下の N_C/N_L 比を示している．このことから，ほとんどの単一PPV14分子鎖は，PMMA中においてつぶれたコンフォメーションを

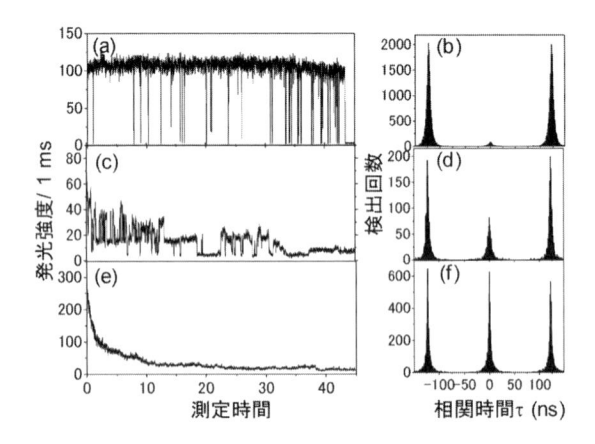

図5 PS 中に分散した単一 MEH-PPV 分子鎖から検出した発光強度の時間変化(a), (c), (e), および光子相関のヒストグラム(b), (d), (f)。(a), (b) PPV14, (c), (d) PPV32, (e), (f) PPV670

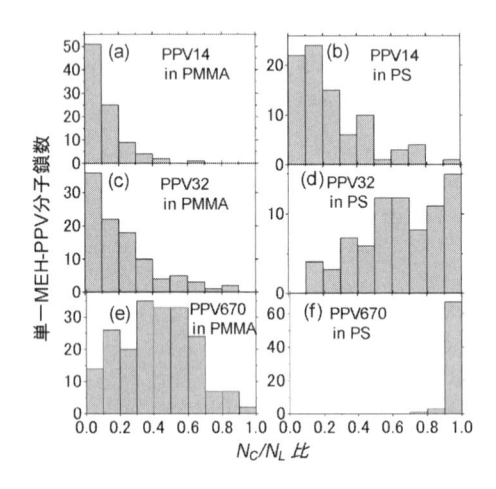

図6 単一 MEH-PPV 分子鎖の光子相関測定から求めた N_C/N_L 比のヒストグラム
それぞれのヒストグラムは約 100 個の単一分子鎖測定の結果から作成された。PMMA 中(a)および PS 中(b)における PPV14, PMMA 中(c)および PS 中(d)における PPV32, PMMA 中(e)および PS 中(f)における PPV670。

形成する場合，単一光子発生源として働くことがわかる。一方，PS 中においては PMMA 中の場合と比べ，若干ではあるが，N_C/N_L 比が大きくなっている。この結果は，PS 中において PMMA 中よりも伸びたコンフォメーションを形成することで単一光子発生確率が若干低下していることを示唆している。

同様に，PPV32, PPV670 の単一分子鎖について PS 中での測定結果の一例を図5(c)～(f)に，また，PMMA 中および PS 中における測定結果から求めた N_C/N_L 比のヒストグラムを図6(c)～(f)に示す。図6において，PMMA 中における単一 PPV32 分子鎖は比較的小さい N_C/N_L 比を示しており，多くの分子鎖が単一光子発生源して働いているが，単一光子発生確率は PMMA 中に

第 14 章　共役ポリマー超階層構造のナノサイズ化による単一光子発生源の創製

おける PPV14 鎖と比べると低下している。一方，PS 中において伸びたコンフォメーションを形成した場合，ほとんどの単一分子鎖は大きい N_C/N_L 比を示しており，ほとんどの単一分子鎖がもはや単一光子発生源として働かなくなっていることがわかる。つまり，PPV32 程度の分子量においては，単一光子発生確率はコンフォメーションに依存し劇的に変化することがわかる。さらに分子量の大きい PPV670 においては，PMMA 中のつぶれたコンフォメーションであっても，多くの分子鎖が単一光子発生源として働いておらず，さらに PS 中で伸びたコンフォメーションを形成すると，ほとんどの分子鎖が 1 に近い N_C/N_L 比を示していることから，常に複数個の光子を発している状態であると考えられる。以上のように，MEH-PPV 単一分子鎖の単一光子発生確率は，分子量，および分子鎖のコンフォメーションに非常に大きく依存しており，分子量が小さくなるにつれて，およびつぶれたコンフォメーションを形成することで，単一光子発生確率は増大することが実験的に見出された。では，なぜこのような分子量，およびコンフォメーション依存性がみられるのかについて，以下に説明する。

　測定は，1 発の励起パルスにより単一分子鎖中のほとんどのクロモファが励起される励起光強度を用いて行われた。そのため，PPV 分子鎖に 1 発の励起パルスが照射されると非常に多くの励起子が生成する。この励起された単一 PPV 分子鎖が単一光子発生源となるためには，ただ 1 つの励起子のみが 1 分子鎖中に残り発光しなくてはならない。つまり，ほとんどの励起子は何らかの過程により消滅しなくてはならない。その過程としては，励起子 − 励起子消滅過程や励起子 − 三重項消滅過程[18]，または欠陥による励起子のトラップなど，様々な過程が考えられる[19]。そしてこれらの過程は，生成した励起子が 1 分子鎖中を移動する過程で起こると考えられる。そのため，効率的に励起子の移動が起こるほど，これらの励起子消滅の過程も効率的に起こると考えられる。MEH-PPV 分子鎖中における励起子移動の効率はコンフォメーションに依存することが知られている[20〜23]。MEH-PPV 鎖が伸びたコンフォメーションを形成している場合，主に主鎖に沿った励起子移動が起こる。これに対し，つぶれたコンフォメーションの場合であれば，主鎖に沿った励起子移動に加え，近づいた 1 分子鎖の主鎖間でも励起子移動が起こるため，効率的に励起子移動が起こることになる。つまり，つぶれたコンフォメーションを形成することで，励起子移動の効率が高くなり励起子消滅過程が効率的に起こるため，つぶれたコンフォメーションの単一光子発生確率は，伸びた場合と比べ高くなったと考えられる。しかしながら，分子量の小さい PPV14 では，伸びたコンフォメーションであっても励起子の消滅がある程度起こるため，ほとんどの単一分子鎖は単一光子発生源として働く。しかし，分子量が大きくなるにつれ消滅効率が低下するため，PPV32 ではコンフォメーション依存性が顕著に観測されたと考えられる。これらの結果は，分子量を小さくする，または小さいコンフォメーションを形成する，つまり，単一分子鎖の空間的サイズを小さくすることで単一光子発生確率を高めることが可能であることを示唆している。

5 おわりに

　本章では，発光性共役ポリマーの光機能の1つとして，その単一光子発生挙動について紹介した。ここで示した結果は，共役ポリマーのような複数のクロモファから構成されるマルチクロモファ系であっても，サイズをナノメートルスケールで巧みにコントロールすることにより，単一光子発生源となり得ることを実験的に見出したものである。共役ポリマーなどの有機分子を単一光子発生源と用いるに際しては，光耐久性，発光波長の制御など多くの課題がある。しかしながら，多種多様な有機分子の階層構造を巧みに制御することにより，室温で高効率に働く単一光子発生源の創製が期待される。

文　献

1) 桝本泰章ほか，光学，**37** (8), 439 (2008)
2) M. Dageneais *et al.*, *Phys. Rev. A.*, **19**, 2217 (1987)
3) H. J. Kimble *et al.*, *Phys. Rev. Lett.*, **39**, 691 (1977)
4) F. Diedrich *et al.*, *Phys. Rev. Lett.*, **58**, 203 (1987)
5) T. Basché *et al.*, *Phys. Rev. Lett.*, **69**, 1516 (1992)
6) B. Lounis *et al.*, *Nature*, **407**, 491 (2000)
7) S. Kako *et al.*, *Nat. Mater.*, **5**, 887 (2006)
8) C. Santori *et al.*, *Phys. Rev. Lett.*, **86**, 1502 (2001)
9) P. Michler *et al.*, *Nature*, **406**, 968 (2000)
10) C. Kurtsiefer *et al.*, *Phys. Rev. Lett.*, **85**, 290 (2000)
11) 増尾貞弘，機能材料，**28** (2), 6 (2008)
12) S. Masuo *et al.*, *Jpn. J. Appl. Phys.*, **46**, L268 (2007)
13) S. Masuo *et al.*, *J. Phys. Chem. B*, **108**, 16686 (2004)
14) H. Meier *et al.*, *Acta. Polym.*, **48**, 379 (1997)
15) S. Masuo *et al.*, *Appl. Phys. Lett.*, **92**, 233114 (2008)
16) G. Yang *et al.*, *J. Phys. Chem. B*, **103**, 5181 (1999)
17) R. Hanbury-Brown *et al.*, *Nature*, **177**, 27 (1956)
18) A. J. Gesquiere *et al.*, *J. Phys. Chem. B*, **109**, 12366 (2005)
19) A. J. Gesquiere *et al.*, *J. Am. Chem. Soc.*, **127**, 9556 (2005)
20) P. F. Barbara *et al.*, *Acc. Chem. Res.*, **38**, 602 (2005)
21) C. W. Hollars *et al.*, *Chem. Phys. Lett.*, **370**, 393 (2003)
22) T. Huser *et al.*, *Proc. Natl. Acad. Sci. USA*, **97**, 11187 (2000)
23) T. Q. Nguyen *et al.*, *Science*, **288**, 652 (2000)

第15章 高次光増感型デンドリマーの構造制御と発光素子への応用

川井秀記*

1 はじめに

　デンドリマーは，規則正しい枝分かれ構造を有し，分子量が完全に制御された巨大分子であり，近年ナノ高分子材料として多くの関心を持たれている化合物である。このデンドリマーの特異性は，分子中心（コア）から分岐されたデンドロンが3次元に展開していくことにより生じるコア・シェル構造に由来する。このコア・シェル構造は，デンドリマー内部に空房を有するために，分子を取り込むことが可能であり，ドラッグ・デリバリー・システムなどへの応用が期待されている。また，コアとデンドロンから成る構造は，天然の光捕集系複合体の反応中心と光捕集アンテナ部を連想させられる。これまでに，エネルギーアクセプターをコアに持ち，ドナーをデンドロンに持つデンドリマーにおいて，効率のよいエネルギー移動が報告され，人工光合成モデルが提唱されている[1~3]。

　著者らは，このようなデンドリマーにおける人工光合成モデルである「光増感型デンドリマー」に着目し，新たな新規機能材料に発現することが可能ではないかと着想した。「光増感型デンドリマー」は，植物の光合成モデルに起因しており，「反応中心」を「発光中心」に置き換える系により，これまでにない高効率のクロモフォア（発光中心）励起を行うことが可能である（図1）。そこで，この「光増感型デンドリマー」をレーザー発振媒体に用いることで，低しきい値化が達せられると考えられる。

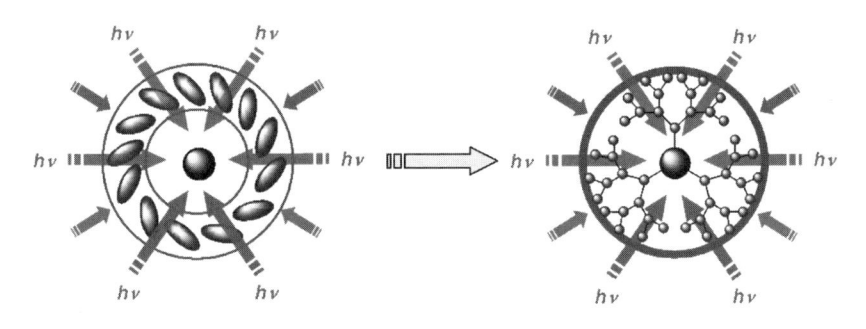

図1　クロロフィルの光合成モデル（左），光増感型デンドリマー（右）の光捕集概念図

---

* Hideki Kawai　静岡大学　電子工学研究所　准教授

この「光増感型デンドリマー」の特性として下記の点が挙げられる。
① デンドリマーの表面及び内部に有する光増感クロモフォア間で，エネルギー移動が生じる
② 光増感クロモフォアからデンドリマーコア部の発光中心へエネルギーが集中する
③ 発光中心は，デンドロンに覆われているため濃度消光を抑えることができる

この③の濃度消光の抑制は，デンドリマーにおける特異な site-isolation 効果によるものであり，有機 EL（エレクトロルミネッセンス）[4]やレーザー発振媒体[5,6]などに用いられていることが報告されている。筆者らは，このようなコンセプトに基づいた「光増感型デンドリマー」の発光素子への応用を目指すことを目標として，デンドリマー分子構造がもたらす分子内エネルギー移動及び，光励起による増幅自然放出光（ASE：Amplified Spontaneous Emission）の評価を行ってきた。以下，本稿では光増感型デンドリマーにおけるエネルギー移動と発光特性について紹介し，発光素子への可能性について述べる。

2 光増感型デンドリマーの合成

デンドリマーの代表的な合成法として，Divergent 法と Convergent 法が挙げられる。前者は，デンドリマーのコアから段階的に反応を繰り返していき分岐を増やして合成を行う。それに対して後者は，外殻から逆に段階的にデンドロン部を合成し，最後にコアで複数のデンドロンを結合する方法である。ここでは，後者の Convergent 法を用いた光増感型デンドリマーの合成法を紹介する。

図2の合成スキームに記すように，デンドロン部であるアントラセンユニットとコア部であるペリレンユニットを複数種あらかじめ合成し，それぞれのユニットのエーテル化反応によりデンドリマーを得ることができる[7~10]。この合成法により，それぞれのユニットの組み合わせにより

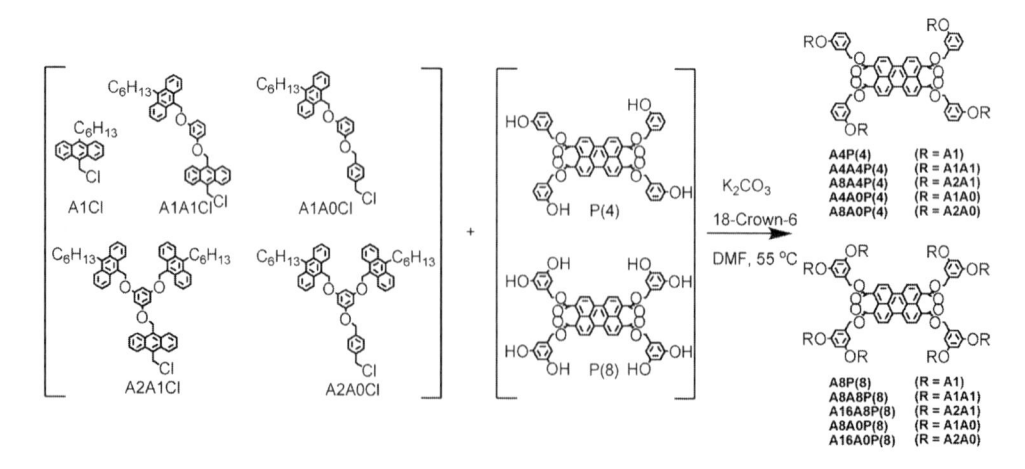

図2 光増感型デンドリマーの合成スキーム

第15章　高次光増感型デンドリマーの構造制御と発光素子への応用

様々のデンドリマーを生み出すことができるという利点を有する。また，このような手法により同世代においても異なった分岐構造のデンドリマーを生成することが可能である。

3　光増感型デンドリマーのエネルギー移動

　光励起による分子内エネルギー移動現象は，電子移動とともに光物性として最も興味深い現象の一つである。特に本稿で取り上げている光増感型デンドリマーでは，前述の通り分子骨格が光合成モデルに起因しているために，デンドロンにより光捕集されたエネルギーが，デンドリマーの中心コア部に集まる。このエネルギー移動効率が，光増感型デンドリマーの分子骨格（分岐構造）にどのように影響するかといったことについて検討を行った。

　図2に示す光増感型デンドリマーにおいて，光捕集デンドロン部であるアントラセンの吸収帯である382nmで光励起を行うと，アントラセン自身からの発光はほとんど観測されず，その代わりに500nm付近にペリレンからの蛍光が観測された。また，観測されたペリレンの極大発光を観測波長として励起スペクトルの測定を行ったところ，アントラセンの吸収に相当したスペクトルが観測された。これらの結果は，デンドロンであるアントラセンで捕集された光エネルギーが，分子中心であるペリレンへエネルギー移動が生じていることを示している。なお，このとき吸収スペクトルの測定から，基底状態においてデンドリマー分子内のアントラセンクロモフォア間の電子的相互作用が生じていないことが観測されている。

　一連の光増感型デンドリマー分子においてエネルギー移動効率を求めたところ，50〜70%の比較的高い値であることがわかった[9]。このとき，デンドリマーの外殻に有するアントラセンの数に対してエネルギー移動効率はほとんど変化がなかったが，内殻に存在するアントラセンクロモフォアの数において，4個のものと8個のものでは，異なったエネルギー移動効率を生じた。これは，デンドリマー分子のコアへのエネルギー移動が，内部クロモフォアを経由していることを示唆するものである。

4　増幅自然放出光（ASE）

　前項で示した光増感型デンドリマーでの効率のよいエネルギー移動によって，デンドリマーコア部の発光中心を効率よく励起されることが示唆される。この高効率の励起により発光材料に用いることが期待される。これらのデンドリマーを用いたレーザー発振特性評価の一つとして，増幅自然放出光（ASE：Amplified Spontaneous Emission）がある。ASEとは，媒質から発生した自然放射光が，媒質自身の誘導放射過程によって増幅された指向性の高い光のことである。図3に示す分子骨格が異なる光増感型デンドリマーにおいて，ASEの評価を行った。

　図4は，光増感型デンドリマーを分散したポリスチレン薄膜を，ナノ秒Nd：YAGレーザーの第三高調波（355nm）で励起したときの，基板端面からの発光スペクトルである。(a)の

A8A8P(8)　　　　　　　　　　　A8A0P(8)

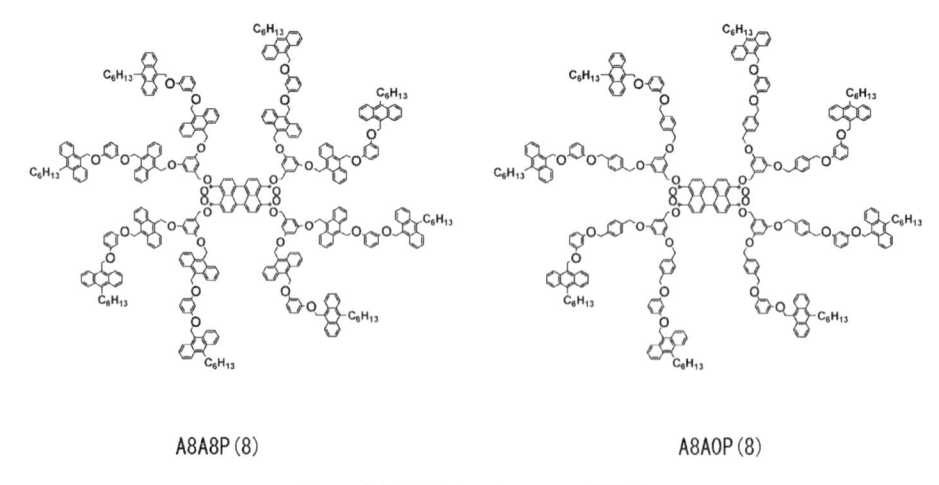

図3　光増感型デンドリマーの構造式

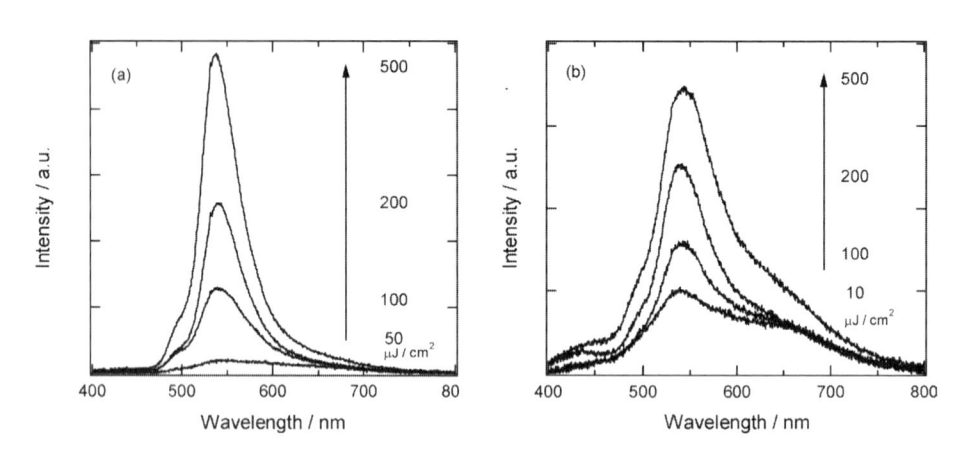

図4　光増感型デンドリマーを分散したポリスチレン薄膜のレーザー励起による発光スペクトルの変化，(a) A8A8P(8)，(b) A8A0P(8)

A8A8P(8)では，励起光強度が低い状態において発光スペクトルの半値幅（FWHM）は約100nm程度であるが，励起光強度を増加させていくと，発光スペクトルの半値幅は徐々に狭まった（FWHM＝47nm）。これは，前述の増幅自然放出光（ASE）によるものである。一方，デンドリマーの内殻にアントラセンを有しないものA8A0P(8)では，若干のアントラセンの発光が見られ，発光スペクトルの半値幅は，84nmであり，ほとんど先鋭化が見られなかった。なお，アントラセンユニットモノマー及びペリレンユニットモノマーを分散した薄膜系では，このような発光スペクトルの先鋭化は生じなかった。これは，前項の通りデンドリマー内部に有するアントラセンへのエネルギー移動を経由し，効率よくデンドリマーコア部のペリレンを励起することにより，ASEの効率が高まったことを示している。

第15章 高次光増感型デンドリマーの構造制御と発光素子への応用

5 おわりに

本稿では,生体系において究極の完成体といえる「光合成システム」を,全くの分野の異なった「エレクトロニクス・フォトニクス」に応用するという異分野融合型のものであり,デンドリマーならではの特性を利用した機能の発現を紹介した。有機材料,特に高分子材料における革新的な機能発現においては,従来とは異なったアプローチにより新たなブレイクスルーがもたらされると考えられる。デンドリマーは,その特異な形状により,これまでにない可能性をもった化合物といえ,さらに多方面からの切り口によって,これまでのカテゴリーに留まるものではない革新的な機能の発現を期待したい。

文　献

1) D.-L. Jiang and T. Aida, *J. Am. Chem. Soc.*, **120**, 10895 (1998)
2) M.-S. Choi *et al*, *Chem. Eur. J.*, **8**, 2667 (2002)
3) M.-S. Choi *et al*, *Angew. Chem. Int. Ed.*, **42**, 4060 (2003)
4) Cambridge Display Technology (CDT), 自己組織化によるナノマテリアルの創成と応用 "OLED フラットパネル・ディスプレイへのデンドリマーの応用", エヌ・ティー・エス, p. 207 (2004)
5) A. Otomo, S. Yokoyama, T. Nakahama, S. Mashiko, *Appl. Phys. Lett.*, **77**, 3881 (2000)
6) S. Yokoyama, A. Otomo, S. Mashiko, *Appl. Phys. Lett.*, **80**, 7 (2002)
7) M. Takahashi, H. Morimoto, Y. Suzuki, T. Odagi, M. Yamashita, H. Kawai, *Tetrahedron*, **60**, 11771 (2004)
8) M. Takahashi, H. Morimoto, Y. Suzuki, M. Yamashita, H. Kawai, Y. Sei, K. Yamaguchi, *Tetrahedron*, **62**, 3065 (2006)
9) M. Takahashi, H. Morimoto, K. Miyake, M. Yamashita, H. Kawai, Y. Sei, K. Yamaguchi, *Chem. Commun*, 3084 (2006)
10) M. Takahashi, H. Morimoto, K. Miyake, H. Kawai, Y. Sei, K. Yamaguchi, T. Sengoku, H. Yoda, *New J. Chem.*, **32**, 547 (2008)

次世代共役ポリマーの超階層制御と
革新機能《普及版》
(B1095)

2009年1月30日　初　版　第1刷発行
2014年9月9日　普及版　第1刷発行

　監　修　　赤木和夫　　　　　　　　　　Printed in Japan
　発行者　　辻　賢司
　発行所　　株式会社シーエムシー出版
　　　　　　東京都千代田区神田錦町1-17-1
　　　　　　電話 03(3293)7066
　　　　　　大阪市中央区内平野町1-3-12
　　　　　　電話 06(4794)8234
　　　　　　http://www.cmcbooks.co.jp/

〔印刷　倉敷印刷株式会社〕　　　　　　© K. Akagi, 2014

落丁・乱丁本はお取替えいたします。

本書の内容の一部あるいは全部を無断で複写（コピー）することは，法律で認められた場合を除き，著作者および出版社の権利の侵害になります。

ISBN978-4-7813-0898-2　C3043　¥7000E